国家出版基金项目
NATIONAL PUBLICATION FOUNDATION

中国
药用植物
种质资源
研究

药用植物种质资源
保护研究 下

魏建和　王秋玲　主编

北京科学技术出版社

茄科　Solanaceae

碧冬茄属　*Petunia*

矮牵牛　*Petunia × hybrida* Hort. ex Vilm.

功效主治　种子：行气，杀虫。用于腹水，腹胀，便秘，蛔虫病。

迁地栽培保存

保存地点	种质份数	个体数量	引种方式	生长状况	来源地
JS1	1	a	购买	C	江苏
SH	1	c	采集	A	待确定
BJ	1	c	采集	G	江西

种质库保存

保存地点	保存方式	种质份数	个体数量	引种方式	来源地
BJ	种子	4	a	采集	云南，上海

颠茄属　*Atropa*

颠茄　*Atropa belladonna* L.

功效主治　全草（颠茄草）：解痉，止痛，止分泌。根：镇痛。用于风湿病，痹证，腰痛，脉痹，痔疮痛，肛瘘。

迁地栽培保存

保存地点	种质份数	个体数量	引种方式	生长状况	来源地
BJ	4	b	采集、赠送	A	保加利亚，中国云南、广西
LN	1	d	采集	A	辽宁
GD	1	f	采集	G	待确定
JS1	1	a	购买	D	江苏

种质库保存

保存地点	保存方式	种质份数	个体数量	引种方式	来源地
BJ	种子	65	c	采集	海南、重庆、云南、广西、黑龙江、湖北、四川

番茄属 *Lycopersicon*

番茄 *Lycopersicon esculentum* Mill.

功效主治 果实（番茄）：甘、酸，微寒。生津止渴，健胃消食。用于口渴，食欲不振。

迁地栽培保存

保存地点	种质份数	个体数量	引种方式	生长状况	来源地
HN	1	b	采集	A	海南
HB	1	a	采集	A	湖北
CQ	1	a	购买	C	重庆
GZ	1	b	采集	C	贵州

枸杞属 *Lycium*

宁夏枸杞 *Lycium barbarum* L.

功效主治 果实（枸杞子）：甘，平。滋补肝肾，益精明目。用于虚劳精亏，腰膝酸痛，眩晕耳鸣，内热消渴，血虚萎黄，目昏不明。根皮（地骨皮）：甘，寒。凉血除蒸，润肺降火。用于阴虚潮热，骨蒸盗汗，肺热咳嗽，咯血，衄血，内热消渴。叶：苦、甘，凉。补虚益精，清热，止渴，祛风明目。用于虚劳发热，烦渴，目赤肿痛，翳障，夜盲，崩漏，带下病，热毒疮肿。

濒危等级 中国特有植物，中国植物红色名录评估为无危（LC）。

迁地栽培保存

保存地点	种质份数	个体数量	引种方式	生长状况	来源地
BJ	2	d	购买	G	宁夏、山西
HEN	1	b	购买	A	河北
JS1	1	a	赠送	D	江苏
GX	*	f	采集	G	北京

枸杞 *Lycium chinense* Mill.

功效主治　功效与宁夏枸杞相同。果实：河北地区以此作枸杞子入药。根皮（地骨皮）：本品与正品地骨皮的药材性状相类似，通常认为甘肃地区所产的质量较好，历来与其他地区所产的同等入药，不加区分。

濒危等级　中国植物红色名录评估为无危（LC）。

迁地栽培保存

保存地点	种质份数	个体数量	引种方式	生长状况	来源地
BJ	4	b	采集	G	北京、陕西、山东
HEN	2	a	采集	A	河南
JS1	1	a	采集	D	江苏
SH	1	b	采集	A	待确定
SC	1	f	待确定	G	四川
NMG	1	a	购买	F	内蒙古
LN	1	b	购买	C	辽宁
JS2	1	b	购买	C	江苏
HLJ	1	b	购买	A	黑龙江
HB	1	a	采集	C	湖北
GZ	1	a	采集	C	贵州
CQ	1	a	采集	C	重庆
GD	1	a	采集	E	待确定
HN	1	a	赠送	C	海南
GX	*	f	采集	G	北京

种质库保存

保存地点	保存方式	种质份数	个体数量	引种方式	来源地
BJ	种子	511	e	采集	安徽、河北、山西、贵州、内蒙古、吉林、重庆、宁夏、青海

云南枸杞 *Lycium yunnanense* Kuang & A. M. Lu

濒危等级　中国特有植物，国家重点保护野生植物名录（第二批）二级，中国植物红色名录评估为易危（VU）。

迁地栽培保存

保存地点	种质份数	个体数量	引种方式	生长状况	来源地
GX	*	f	采集	G	云南

红丝线属　*Lycianthes*

单花红丝线 *Lycianthes lysimachioides* (Wall.) Bitter

功效主治　全草（佛葵）：辛，温。有小毒。杀虫，解毒。用于痈肿疮毒。

濒危等级　中国植物红色名录评估为无危（LC）。

迁地栽培保存

保存地点	种质份数	个体数量	引种方式	生长状况	来源地
HB	1	a	采集	C	湖北
CQ	1	a	采集	C	重庆
GZ	1	c	采集	C	贵州
GX	*	f	采集	G	湖北

红丝线 *Lycianthes biflora* (Lour.) Bitter

功效主治　全株（毛药）：涩，凉。祛痰止咳，清热解毒。用于感冒，虚劳咳嗽，气喘，消化不良，疟疾，跌打损伤，外伤出血，骨鲠喉，疥疮，狂犬咬伤。

濒危等级　中国植物红色名录评估为无危（LC）。

迁地栽培保存

保存地点	种质份数	个体数量	引种方式	生长状况	来源地
GD	3	f	采集	G	待确定
CQ	1	a	采集	C	重庆

保存地点	种质份数	个体数量	引种方式	生长状况	来源地
GZ	1	a	采集	C	贵州
YN	1	a	购买	C	云南
GX	*	f	采集	G	日本

种质库保存

保存地点	保存方式	种质份数	个体数量	引种方式	来源地
BJ	种子	12	b	采集	重庆、云南、海南、广西、福建

截萼红丝线 *Lycianthes subtruncata* (Wall. ex Dunal) Bitter

功效主治 根：滋补。

濒危等级 中国植物红色名录评估为近危（NT）。

迁地栽培保存

保存地点	种质份数	个体数量	引种方式	生长状况	来源地
GX	*	f	采集	G	广西

密毛红丝线 *Lycianthes biflora* var. *subtusochracea* Bitter

濒危等级 中国植物红色名录评估为近危（NT）。

种质库保存

保存地点	保存方式	种质份数	个体数量	引种方式	来源地
BJ	种子	1	a	采集	待确定

假酸浆属 *Nicandra*

假酸浆 *Nicandra physalodes* (L.) Gaertn.

功效主治 全草（假酸浆）：甘、淡、微苦，平。镇静，祛痰，清热，解毒。用于感冒，咳嗽，狂犬病，癫狂，癫痫，风湿痛，疮疖，瘰气，疥癣。花、果实、种子：微甘、酸、涩，平。有小毒。清热，解毒，祛风，退火，利尿。用于发热，胃热，热淋，风湿关节痛，疮痈肿毒。

迁地栽培保存

保存地点	种质份数	个体数量	引种方式	生长状况	来源地
BJ	4	d	交换、赠送	G	保加利亚，中国北京
LN	2	d	采集	A	辽宁
HLJ	1	b	采集	A	黑龙江
GD	1	f	采集	G	待确定
CQ	1	b	采集	C	重庆
GX	*	f	采集	G	美国

种质库保存

保存地点	保存方式	种质份数	个体数量	引种方式	来源地
BJ	种子	30	c	采集	四川、贵州、福建、云南、黑龙江

辣椒属 *Capsicum*

朝天椒 *Capsicum annuum* var. *conoides* (Mill.) Irish

迁地栽培保存

保存地点	种质份数	个体数量	引种方式	生长状况	来源地
SH	1	b	采集	A	待确定
HN	1	a	采集	B	海南
BJ	1	b	购买	G	甘肃
CQ	1	a	购买	B	重庆

灌木状辣椒 *Capsicum frutescens* Linn.

迁地栽培保存

保存地点	种质份数	个体数量	引种方式	生长状况	来源地
BJ	1	a	购买	G	甘肃

续表

保存地点	种质份数	个体数量	引种方式	生长状况	来源地
HB	1	b	采集	A	湖北
HN	1	b	采集	B	海南
SH	1	b	采集	A	待确定

辣椒　*Capsicum annuum* L.

功效主治　果实：辛，温。外用于冻疮，脚气，狂犬咬伤。

迁地栽培保存

保存地点	种质份数	个体数量	引种方式	生长状况	来源地
BJ	4	b	购买	G	北京
HN	2	b	采集	B	海南
JS1	1	b	购买	C	江苏
GD	1	f	采集	G	待确定
HB	1	a	采集	B	湖北

种质库保存

保存地点	保存方式	种质份数	个体数量	引种方式	来源地
BJ	种子	9	b	采集	贵州、甘肃、广西、四川、吉林

樱桃椒　*Capsicum annuum* subsp. *cerasiforme* Irish

迁地栽培保存

保存地点	种质份数	个体数量	引种方式	生长状况	来源地
CQ	1	a	购买	A	重庆

龙珠属 *Tubocapsicum*

龙珠 *Tubocapsicum anomalum*（Franch. & Sav.）Makino

功效主治 根（龙珠根）：用于痢疾。全草：苦，寒。用于水肿，疔疮，疮疡肿毒，淋证。果实（龙珠子）：苦，寒。清热解毒，除烦热。用于恶疮，疝肿。

濒危等级 中国植物红色名录评估为无危（LC）。

迁地栽培保存

保存地点	种质份数	个体数量	引种方式	生长状况	来源地
HB	1	a	采集	C	湖北
GX	*	f	采集	G	日本

种质库保存

保存地点	保存方式	种质份数	个体数量	引种方式	来源地
HN	种子	1	a	采集	湖南
BJ	种子	1	a	采集	待确定

曼陀罗属 *Datura*

多刺曼陀罗 *Datura ferox* L.

迁地栽培保存

保存地点	种质份数	个体数量	引种方式	生长状况	来源地
BJ	1	a	采集	G	印度

曼陀罗 *Datura stramonium* L.

功效主治 花、根、叶、果实、种子：麻醉，镇痛，平喘，止咳。

迁地栽培保存

保存地点	种质份数	个体数量	引种方式	生长状况	来源地
BJ	6	a	赠送、采集、交换	G	前苏联，中国江苏、北京、辽宁、浙江
SC	3	f	待确定	G	四川
SH	2	b	采集	A	待确定
JS1	1	a	采集	D	江苏
LN	1	d	采集	A	辽宁
HLJ	1	c	购买	A	湖北
HB	1	a	采集	C	湖北
GD	1	a	采集	D	待确定
FJ	1	a	采集	A	福建
CQ	1	a	购买	F	重庆

种质库保存

保存地点	保存方式	种质份数	个体数量	引种方式	来源地
BJ	种子	61	c	采集	辽宁、内蒙古、海南、重庆、云南、安徽、陕西、河北、江西、山西、四川、吉林、贵州、湖北、福建、广西、上海
HN	种子	2	b	采集	海南

毛曼陀罗 *Datura innoxia* Mill.

迁地栽培保存

保存地点	种质份数	个体数量	引种方式	生长状况	来源地
HN	2	a	赠送	C	广西
BJ	2	a	采集、赠送	G	前苏联，中国辽宁
CQ	2	a	采集	B	重庆
JS1	1	a	采集	D	江苏
SH	1	b	采集	A	待确定

种质库保存

保存地点	保存方式	种质份数	个体数量	引种方式	来源地
BJ	种子	6	b	采集	吉林、陕西

洋金花 *Datura metel* L.

功效主治 花（洋金花）：辛，温。有毒。平喘止咳，镇痛，解痉。用于哮喘咳嗽，脘腹冷痛，风湿痹痛，小儿慢惊，外科麻醉。根（曼陀罗根）：用于恶疮，筋骨疼痛，牛皮癣，狂犬咬伤。叶（曼陀罗叶）：苦、辛。用于咳喘，痹痛，顽固性溃疡，脚气，脱肛。果实、种子（曼陀罗子）：辛、苦，温。有大毒。平喘，祛风，止痛。用于咳喘，惊痫，风寒湿痹，泻痢，脱肛，跌打损伤。

迁地栽培保存

保存地点	种质份数	个体数量	引种方式	生长状况	来源地
BJ	4	b	采集	G	海南、辽宁、北京、四川
LN	1	c	采集	A	辽宁
YN	1	a	采集	C	云南
SH	1	a	采集	A	待确定
SC	1	f	待确定	G	四川
GZ	1	b	采集	C	贵州
JS1	1	a	赠送	D	广东
HLJ	1	a	购买	A	黑龙江
GD	1	a	采集	B	待确定
HN	1	e	赠送	C	广西
JS2	1	c	购买	C	安徽
GX	*	f	采集	G	河北

种质库保存

保存地点	保存方式	种质份数	个体数量	引种方式	来源地
BJ	种子	50	c	采集	安徽、黑龙江、河北、陕西、云南、广西、辽宁、吉林
HN	种子	5	c	采集	海南

紫花曼陀罗 *Datura stramonium* var. *tatula*（L.）Torr.

迁地栽培保存

保存地点	种质份数	个体数量	引种方式	生长状况	来源地
CQ	1	a	赠送	B	云南
JS1	1	b	采集	C	江苏

紫花无刺曼陀罗 *Datura inermis* 'Violacea'

迁地栽培保存

保存地点	种质份数	个体数量	引种方式	生长状况	来源地
BJ	2	a	交换、赠送	G	中国江苏，德国

木曼陀罗属　*Brugmansia*

黄花木曼陀罗 *Brugmansia aurea* Lagerh.

迁地栽培保存

保存地点	种质份数	个体数量	引种方式	生长状况	来源地
BJ	1	a	采集	G	待确定

木曼陀罗 *Brugmansia arborea*（L.）Steud.

功效主治　叶、花、种子：麻醉，镇痛。

迁地栽培保存

保存地点	种质份数	个体数量	引种方式	生长状况	来源地
BJ	2	b	采集	G	江苏，待确定
CQ	2	a	赠送	C	广西
GZ	1	b	采集	C	贵州
SH	1	a	采集	A	待确定
YN	1	a	采集	C	云南

种质库保存

保存地点	保存方式	种质份数	个体数量	引种方式	来源地
BJ	种子	1	a	采集	广西

欧莨菪属 *Scopolia*

欧莨菪 *Scopolia carniolica* Jacq.

迁地栽培保存

保存地点	种质份数	个体数量	引种方式	生长状况	来源地
BJ	1	c	赠送	G	前苏联

泡囊草属 *Physochlaina*

漏斗脬囊草 *Physochlaina infundibularis* Kuang

功效主治　根（华山参、热参）：甘、微苦，热。有毒。平喘止咳，安神镇惊。用于寒痰喘咳，心悸失眠，易惊。叶：止血。

濒危等级　中国特有植物，陕西省渐危保护植物，中国植物红色名录评估为易危（VU）。

迁地栽培保存

保存地点	种质份数	个体数量	引种方式	生长状况	来源地
HEN	1	c	采集	A	河南

树蕃茄属 *Cyphomandra*

枳番茄 *Cyphomandra betacea* (Cav.) Sendtn.

功效主治　果实：解毒。

迁地栽培保存

保存地点	种质份数	个体数量	引种方式	生长状况	来源地
BJ	2	a	交换	G	北京、云南

种质库保存

保存地点	保存方式	种质份数	个体数量	引种方式	来源地
BJ	种子	6	b	采集	云南

茄属　*Solanum*

澳洲茄　*Solanum aviculare* G. Forst.

功效主治　根、皮、叶、果实：祛风除湿。

迁地栽培保存

保存地点	种质份数	个体数量	引种方式	生长状况	来源地
LN	1	b	购买	C	辽宁
GX	*	f	采集	G	法国

种质库保存

保存地点	保存方式	种质份数	个体数量	引种方式	来源地
BJ	种子	1	a	采集	待确定

白英　*Solanum lyratum* Thunb.

功效主治　地上部分（白英）：甘、苦，寒。清热解毒，祛风利湿，化瘀。用于湿热黄疸，风湿关节痛，带下病，水肿，淋证，丹毒，疔疮，肿毒。根（白毛藤根）：苦、辛，平。用于风火牙痛，头痛，瘰疬，痈肿，痔漏。果实（鬼目）：酸，平。明目。用于目赤，牙痛。

濒危等级　中国植物红色名录评估为无危（LC）。

迁地栽培保存

保存地点	种质份数	个体数量	引种方式	生长状况	来源地
BJ	3	b	采集	G	四川、江西、重庆
CQ	1	a	采集	C	重庆
FJ	1	a	采集	C	福建
GD	1	a	采集	D	待确定

续表

保存地点	种质份数	个体数量	引种方式	生长状况	来源地
GZ	1	b	采集	C	贵州
JS1	1	a	采集	B	江苏
SH	1	c	采集	A	待确定
ZJ	1	e	购买	A	浙江
GX	*	f	采集	G	湖南

种质库保存

保存地点	保存方式	种质份数	个体数量	引种方式	来源地
HN	种子	2	a	采集	湖南
BJ	种子	53	b	采集	重庆、四川、湖北、安徽、福建、广西、江西

刺茄 *Solanum quitoense* Lam.

功效主治 用于防治皮肤斑点（如雀斑、黄褐斑）、晒伤。

迁地栽培保存

保存地点	种质份数	个体数量	引种方式	生长状况	来源地
BJ	1	b	采集	C	江西

刺天茄 *Solanum indicum* L.

功效主治 果实：在泰国可作利尿剂。用于消渴。

濒危等级 中国植物红色名录评估为无危（LC）。

迁地栽培保存

保存地点	种质份数	个体数量	引种方式	生长状况	来源地
SC	1	f	待确定	G	四川

大花茄　*Solanum wrightii* Benth.

功效主治　果实：用于皮肤病。

迁地栽培保存

保存地点	种质份数	个体数量	引种方式	生长状况	来源地
CQ	1	a	赠送	C	云南

种质库保存

保存地点	保存方式	种质份数	个体数量	引种方式	来源地
BJ	种子	1	a	采集	四川

光白英　*Solanum borealisinense* C. Y. Wu & S. C. Huang

濒危等级　中国植物红色名录评估为无危（LC）。

迁地栽培保存

保存地点	种质份数	个体数量	引种方式	生长状况	来源地
GX	*	f	采集	G	新疆

光枝木龙葵　*Solanum merrillianum* Liou

功效主治　全草或根、果实：散瘀活血，麻醉镇痛，镇咳平喘。用于跌打损伤，风湿腰腿痛，痈疖肿痛，冻疮，哮喘，咳嗽。

濒危等级　中国特有植物，中国植物红色名录评估为无危（LC）。

种质库保存

保存地点	保存方式	种质份数	个体数量	引种方式	来源地
BJ	种子	1	a	采集	云南

海南茄　*Solanum procumbens* Lour.

功效主治　根：微苦，凉。有小毒。凉血散瘀，消肿止痛。用于乳蛾，咽喉痛，跌打损伤，毒蛇咬伤。叶：用于乳痈。

濒危等级 中国植物红色名录评估为无危（LC）。

迁地栽培保存

保存地点	种质份数	个体数量	引种方式	生长状况	来源地
HN	1	a	采集	B	海南
GX	*	f	采集	G	广西

种质库保存

保存地点	保存方式	种质份数	个体数量	引种方式	来源地
BJ	种子	1	a	采集	山西

海桐叶白英 *Solanum pittosporifolium* Hemsl.

功效主治 全株：清热解毒，散瘀消肿，祛风除湿。

濒危等级 中国植物红色名录评估为无危（LC）。

迁地栽培保存

保存地点	种质份数	个体数量	引种方式	生长状况	来源地
BJ	1	b	采集	G	四川

种质库保存

保存地点	保存方式	种质份数	个体数量	引种方式	来源地
BJ	种子	4	a	采集	重庆

红果龙葵 *Solanum alatum* Moench

濒危等级 中国植物红色名录评估为无危（LC）。

迁地栽培保存

保存地点	种质份数	个体数量	引种方式	生长状况	来源地
BJ	1	d	采集	G	四川

种质库保存

保存地点	保存方式	种质份数	个体数量	引种方式	来源地
BJ	种子	1	a	采集	待确定

黄果茄　*Solanum xanthocarpum* Schrad. & H. Wendl.

功效主治　全草或根（野颠茄）：苦、辛，温。有毒。活血散瘀，麻醉止痛，镇咳平喘。用于风湿腰腿痛，跌打损伤，慢性咳嗽痰喘，胃脘痛，附骨疽，瘰疬，冻疮，脚癣，疮痈肿毒。果实：有毒。外用于龋齿。

濒危等级　中国植物红色名录评估为无危（LC）。

迁地栽培保存

保存地点	种质份数	个体数量	引种方式	生长状况	来源地
CQ	2	b	采集	B	重庆
BJ	2	b	采集、交换	G	北京，待确定
SH	1	b	采集	A	待确定
HN	1	a	采集	C	海南
GX	*	f	采集	G	广东

种质库保存

保存地点	保存方式	种质份数	个体数量	引种方式	来源地
BJ	种子	19	c	采集	云南、四川、湖北、广西、贵州，待确定
HN	种子	2	b	采集	海南

黄水茄　*Solanum stipulatum* Vell.

功效主治　根（黄水茄）、果实（黄水茄）：苦、辛，温。清热利湿，消肿止痛。用于风湿关节痛，子痈，牙痛，腹痛，淋证，痒疹，头皮痒。全株：苦、涩，寒。有毒。清热解表，止痛。用于疟疾，感冒，小儿疳积。

迁地栽培保存

保存地点	种质份数	个体数量	引种方式	生长状况	来源地
BJ	2	c	采集	G	海南、广西
HN	1	a	采集	B	海南
JS1	1	a	采集	D	江苏
YN	1	a	采集	C	云南

种质库保存

保存地点	保存方式	种质份数	个体数量	引种方式	来源地
HN	种子	*	f	采集	待确定
BJ	种子	8	b	采集	甘肃、云南，待确定

假烟叶树 *Solanum verbascifolium* Kunth

功效主治 全株或根、叶、花、果实：清热解毒，镇惊安神，用于咳嗽，哮喘。

迁地栽培保存

保存地点	种质份数	个体数量	引种方式	生长状况	来源地
GD	1	f	采集	G	待确定

金银茄 *Solanum texanum* Hort. ex Ten.

迁地栽培保存

保存地点	种质份数	个体数量	引种方式	生长状况	来源地
BJ	1	b	购买	G	待确定

喀西茄 *Solanum khasianum* C. B. Clarke

功效主治 根：微苦，寒。有小毒。清热解毒，镇痉止痛。用于风湿，跌打疼痛，头痛，胃痛，牙痛，乳痛，疟腮。果实（刺天茄）：微苦，寒。有小毒。清热解毒，镇痉止痛。用于风湿，跌打疼痛，头痛，胃痛，牙痛，乳痛，疟腮；外用于疮毒。叶（刺天茄叶）：微苦，凉。清热止痛，解毒。用于小儿惊厥，麻风，腹痛，牙痛；外用于疮毒。

濒危等级 中国植物红色名录评估为无危（LC）。

种质库保存

保存地点	保存方式	种质份数	个体数量	引种方式	来源地
BJ	种子	25	c	采集	江西、贵州

苦刺 *Solanum deflexicarpum* C. Y. Wu & S. C. Huang

濒危等级 中国特有植物，中国植物红色名录评估为易危（VU）。

种质库保存

保存地点	保存方式	种质份数	个体数量	引种方式	来源地
BJ	种子	4	a	采集	云南

龙葵 *Solanum nigrum* L.

功效主治 全草（龙葵）：苦，寒。有小毒。清热，解毒，活血，消肿。用于疔疮，痈肿，丹毒，跌打扭伤，咳嗽痰喘，水肿，积聚。根：苦、微甘，寒。用于痢疾，淋浊，带下病，跌打损伤，痈疽肿毒。种子：甘，温。明目，镇咳，祛痰。用于乳蛾，疔疮。

濒危等级 中国植物红色名录评估为无危（LC）。

迁地栽培保存

保存地点	种质份数	个体数量	引种方式	生长状况	来源地
BJ	2	d	采集	G	四川、贵州
LN	1	d	采集	A	辽宁
CQ	1	a	采集	C	重庆
ZJ	1	e	采集	B	浙江
YN	1	c	采集	A	云南
SC	1	f	待确定	G	四川
JS2	1	e	购买	C	安徽
JS1	1	c	采集	C	江苏
HLJ	1	c	采集	A	黑龙江
HEN	1	c	采集	A	河南

续表

保存地点	种质份数	个体数量	引种方式	生长状况	来源地
HB	1	a	采集	C	湖北
GZ	1	b	采集	C	贵州
SH	1	b	采集	A	待确定

种质库保存

保存地点	保存方式	种质份数	个体数量	引种方式	来源地
BJ	种子	96	d	采集	重庆、云南、海南、吉林、四川、安徽、辽宁、福建、河北、贵州、湖北、江西、甘肃、广西

马铃薯 *Solanum tuberosum* L.

功效主治 块茎：甘，平。补气，健脾。用于疟腮，烫伤。叶：外用于下肢溃疡。

迁地栽培保存

保存地点	种质份数	个体数量	引种方式	生长状况	来源地
BJ	1	b	采集	G	北京
HB	1	e	采集	A	湖北
SH	1	b	采集	A	待确定

毛茄 *Solanum ferox* L.

功效主治 根：有小毒。通脉定痛，散瘀消肿。用于跌打肿痛，疝气。全株：用于咳嗽，咽喉痛，水肿，淋证，跌打损伤，疝气。

濒危等级 中国植物红色名录评估为无危（LC）。

迁地栽培保存

保存地点	种质份数	个体数量	引种方式	生长状况	来源地
HN	1	a	采集	A	海南

种质库保存

保存地点	保存方式	种质份数	个体数量	引种方式	来源地
HN	种子	1	b	采集	海南

牛茄子 *Solanum surattense* Burm. f.

濒危等级 中国植物红色名录评估为无危（LC）。

迁地栽培保存

保存地点	种质份数	个体数量	引种方式	生长状况	来源地
GZ	1	b	采集	C	贵州
GX	*	f	采集	G	重庆

欧白英 *Solanum dulcamara* L.

功效主治 全株：甘，寒。清热解毒。用于恶疮，疥疮，噎膈，石瘕，乳石痈，外伤出血。果实（苦茄）：利尿消肿。用于头痛。

濒危等级 中国植物红色名录评估为无危（LC）。

迁地栽培保存

保存地点	种质份数	个体数量	引种方式	生长状况	来源地
BJ	2	b	交换、采集	G	四川、北京
SC	1	f	待确定	G	四川
GX	*	f	采集	G	日本

茄 *Solanum melongena* L.

功效主治 根（茄根）：甘，凉。清热利湿，祛风止咳，收敛止血。用于风湿关节痛，老年慢性咳嗽痰喘，水肿，久咳，久痢，带下病，遗精，尿血，便血；外用于冻疮。叶（茄叶）：散血消肿。用于血淋，血痢，肠风下血，阴挺，齿䘌，痈肿，冻伤。花（茄花）：用于金疮，牙痛。果实（茄子）：甘，凉。清热，活血，止痛，消肿，宽肠，杀虫，止痒，利尿。用于疟疾，痢疾，心痛，肠风下血，血痔，小儿抽搐，皮肤溃疡，乳痈，疔疮痈疽，冻疮。宿萼：用于肠风下血，痈疽肿毒，口疮，牙痛。

迁地栽培保存

保存地点	种质份数	个体数量	引种方式	生长状况	来源地
HN	1	a	采集	C	海南
HB	1	a	采集	B	湖北
GZ	1	b	采集	C	贵州
BJ	1	b	购买	G	待确定
GD	1	f	采集	G	待确定
SH	1	b	采集	A	待确定
GX	*	f	采集	G	广西

茄树 *Solanum donianum* Walp.

功效主治 根：苦，温。有毒。清热解毒，止痛，祛风解表。用于胃痛，腹痛，骨折，跌打损伤，瘀毒；外用于疮毒，癣疥。全株：辛，温。有毒。消肿，杀虫，止痒，止血，止痛，行气，生肌。用于疮痈肿毒，毒蛇咬伤，湿疹，腹痛，骨折，跌打肿痛，小儿泄泻，阴挺，外伤出血，水渍疮，风湿痹痛，外伤感染。叶（野烟叶）：辛，平。有毒。消肿，止痛，止血，杀虫。用于水肿，痛风，血崩，跌打肿痛，牙痛，瘰疬，疮痈肿毒，湿疹，癣疥，皮肤溃疡，外伤出血。

迁地栽培保存

保存地点	种质份数	个体数量	引种方式	生长状况	来源地
BJ	1	a	采集	G	云南
HN	1	a	采集	C	海南
YN	1	a	采集	A	云南

种质库保存

保存地点	保存方式	种质份数	个体数量	引种方式	来源地
BJ	种子	15	b	采集	贵州、山东、河北、云南、海南
HN	种子	10	e	采集	海南

青杞 *Solanum septemlobum* Bunge

功效主治 全草或果实：苦，寒。有毒。清热解毒。用于咽喉肿痛，目昏眼赤，皮肤瘙痒。

濒危等级　中国植物红色名录评估为无危（LC）。

迁地栽培保存

保存地点	种质份数	个体数量	引种方式	生长状况	来源地
BJ	1	b	采集	G	北京

种质库保存

保存地点	保存方式	种质份数	个体数量	引种方式	来源地
BJ	种子	4	b	采集	广西

乳茄　*Solanum mammosum* L.

功效主治　果实：苦、涩，寒。有毒。镇痛，散瘀，消肿。用于心胃气痛，瘰疬，疮疖肿痛。全草：有毒。用于胃脘痛。

迁地栽培保存

保存地点	种质份数	个体数量	引种方式	生长状况	来源地
HN	1	a	采集	C	广西
BJ	1	b	采集	G	广西
CQ	1	a	赠送	F	云南

种质库保存

保存地点	保存方式	种质份数	个体数量	引种方式	来源地
BJ	种子	10	b	采集	广西、福建

珊瑚豆　*Solanum pseudocapsicum* var. *diflorum*（Vell.）Bitter

迁地栽培保存

保存地点	种质份数	个体数量	引种方式	生长状况	来源地
GZ	1	c	采集	C	贵州
CQ	1	a	采集	C	重庆
BJ	1	a	采集	G	北京
GX	*	f	采集	G	上海

种质库保存

保存地点	保存方式	种质份数	个体数量	引种方式	来源地
BJ	种子	20	b	采集	四川、贵州、黑龙江、待确定

珊瑚樱 *Solanum pseudocapsicum* L.

迁地栽培保存

保存地点	种质份数	个体数量	引种方式	生长状况	来源地
SH	1	a	采集	F	待确定

种质库保存

保存地点	保存方式	种质份数	个体数量	引种方式	来源地
BJ	种子	6	b	采集	福建、云南、四川

少花龙葵 *Solanum photeinocarpum* Nakam. & Odash.

功效主治 全草（少花龙葵）：微苦，寒。清热，解毒，利尿，散血，消肿。用于感冒发热，痢疾，淋证，目赤，咽喉痛，疔疮，狂犬咬伤。

濒危等级 中国植物红色名录评估为无危（LC）。

迁地栽培保存

保存地点	种质份数	个体数量	引种方式	生长状况	来源地
FJ	1	a	采集	C	福建
GD	1	f	采集	G	待确定
HN	1	b	采集	B	海南

种质库保存

保存地点	保存方式	种质份数	个体数量	引种方式	来源地
BJ	种子	9	c	采集	海南、贵州、广西

疏刺茄 *Solanum nienkui* Merr. & Chun

濒危等级　中国特有植物，中国植物红色名录评估为无危（LC）。

迁地栽培保存

保存地点	种质份数	个体数量	引种方式	生长状况	来源地
HN	1	a	采集	C	海南

水茄 *Solanum torvum* Sw.

功效主治　根（水茄）：辛，微凉。有小毒。散瘀消肿，活血止痛，止咳，发汗，通经。用于感冒，久咳，胃痛，牙痛，痧证，闭经，跌打瘀痛，腰肌劳损，疔疮，痈肿。叶：淡，平。有小毒。用于无名肿毒。果实：明目。

迁地栽培保存

保存地点	种质份数	个体数量	引种方式	生长状况	来源地
GD	1	a	采集	D	待确定
HN	1	a	采集	B	海南
YN	1	a	采集	A	云南

种质库保存

保存地点	保存方式	种质份数	个体数量	引种方式	来源地
HN	种子	1	a	采集	海南
BJ	种子	29	b	采集	云南、重庆、四川、海南

蒜芥茄 *Solanum sisymbriifolium* Lam.

功效主治　全草或枝、叶、根：解热，镇痛，止咳，利尿，助消化，导泻，助产。用于肝病，肾病，结石，创伤，咳嗽。

迁地栽培保存

保存地点	种质份数	个体数量	引种方式	生长状况	来源地
LN	1	d	采集	A	辽宁

和质库保存

保存地点	保存方式	种质份数	个体数量	引种方式	来源地
BJ	种子	1	d	采集	辽宁

旋花茄 *Solanum spirale* Roxb.

功效主治　全株（大苦溜溜）：苦，寒。清热解毒，利湿。用于感冒发热，咳嗽，咽喉痛，疟疾，腹痛，泄泻，痢疾，小便短赤，小便涩痛，风湿，跌打损伤，疮疡肿毒。叶：用于咳嗽，疮疡肿毒；外用于皮肤过敏。

濒危等级　中国植物红色名录评估为无危（LC）。

迁地栽培保存

保存地点	种质份数	个体数量	引种方式	生长状况	来源地
BJ	1	a	采集	G	云南

种质库保存

保存地点	保存方式	种质份数	个体数量	引种方式	来源地
BJ	种子	11	c	采集	四川、云南、海南

野海茄 *Solanum japonense* Nakai

功效主治　全株：甘，寒。清热解毒，利尿消肿，祛风湿。用于风湿关节痛，闭经。

濒危等级　中国植物红色名录评估为无危（LC）。

迁地栽培保存

保存地点	种质份数	个体数量	引种方式	生长状况	来源地
BJ	2	c	采集	G	山东、北京
GX	*	f	采集	G	日本

和质库保存

保存地点	保存方式	种质份数	个体数量	引种方式	来源地
BJ	种子	1	a	采集	云南

野茄 *Solanum coagulans* Forssk.

濒危等级　中国植物红色名录评估为无危（LC）。

迁地栽培保存

保存地点	种质份数	个体数量	引种方式	生长状况	来源地
CQ	1	a	赠送	C	云南
GX	*	f	采集	G	广东

种质库保存

保存地点	保存方式	种质份数	个体数量	引种方式	来源地
HN	种子	2	b	采集	湖南

印度茄 *Solanum indicum* Linn.

功效主治　根：苦，平。有小毒。清热除湿，祛瘀消肿。用于风湿痹痛，痧气腹痛，头痛，牙痛，咽喉痛，乳蛾，疳积，跌打损伤，瘰疬。全株：微苦，凉。有小毒。清热止痛，消肿散瘀。用于乳蛾，咽喉痛，瘰疬，胃痛，牙痛，偏头痛，肠痛，疝气，风湿痛，消化不良，腹胀，疟疾，疮痈肿毒，跌打损伤。果实（天茄子）：用于伤风咳嗽，牙痛，疝痛。

迁地栽培保存

保存地点	种质份数	个体数量	引种方式	生长状况	来源地
BJ	2	c	采集	G	江苏、山东
GZ	1	c	采集	C	贵州
YN	1	a	采集	C	云南

种质库保存

保存地点	保存方式	种质份数	个体数量	引种方式	来源地
BJ	种子	83	d	采集	安徽、四川、云南、贵州、广西

散血丹属 *Physaliastrum*

散血丹 *Physaliastrum kweichouense* Kuang & A. M. Lu

功效主治 全草：用于跌打损伤。

濒危等级 中国特有植物，中国植物红色名录评估为易危（VU）。

迁地栽培保存

保存地点	种质份数	个体数量	引种方式	生长状况	来源地
GX	*	f	采集	G	广西

山莨菪属 *Anisodus*

铃铛子 *Anisodus luridus* Link

功效主治 根：止痛，镇痉。用于风湿，跌打，骨折。

濒危等级 中国植物红色名录评估为无危（LC）。

迁地栽培保存

保存地点	种质份数	个体数量	引种方式	生长状况	来源地
BJ	1	d	赠送	G	前苏联

三分三 *Anisodus acutangulus* C. Y. Wu & C. Chen

功效主治 根（三分三）、茎、叶、种子：苦、辛，温。有大毒。解痉止痛，祛风除湿，止血。用于胃痛，胆、肾绞痛，消化不良，震颤麻痹，风湿痹痛，骨折，跌打损伤。

濒危等级 中国特有植物，中国植物红色名录评估为极危（CR）。

迁地栽培保存

保存地点	种质份数	个体数量	引种方式	生长状况	来源地
BJ	1	c	采集	G	云南

种质库保存

保存地点	保存方式	种质份数	个体数量	引种方式	来源地
BJ	种子	6	b	采集	河北、云南

赛莨菪 *Anisodus carniolicoides*（C. Y. Wu & C. Chen）D'Arcy & Z. Y. Zhang

功效主治　根（三分三）：有剧毒。茎、叶、种子：功效同三分三。

濒危等级　中国特有植物，中国植物红色名录评估为濒危（EN）。

迁地栽培保存

保存地点	种质份数	个体数量	引种方式	生长状况	来源地
GX	*	f	采集	G	日本

山莨菪 *Anisodus tanguticus*（Maxim.）Pascher

功效主治　根（山莨菪）：苦、辛，温。有大毒。镇痛解痉，麻醉。用于溃疡病，吐泻，胃痛痞满，呕吐呃逆，蛔厥和胆石症等引起的疼痛；外用于疮疖，痈疽肿毒，骨折，跌打损伤，外伤出血。

濒危等级　国家重点保护野生植物名录（第一批）二级，中国植物红色名录评估为无危（LC）。

种质库保存

保存地点	保存方式	种质份数	个体数量	引种方式	来源地
BJ	种子	1	a	采集	甘肃

睡茄属 *Withania*

睡茄 *Withania kansuensis* Kuang & A. M. Lu

功效主治　全草或种子、果实：用作催欲药、强壮剂、保健食品。根：用于震颤，呆症。作兽药用于促进产奶、牛胆病、腹泻。叶：用于溃疡，创伤。根皮：镇静，催眠。用作强壮剂，亦可用于发热，感冒，哮喘，胸部不适，腹泻，蠕虫病。

濒危等级　中国植物红色名录评估为无危（LC）。

迁地栽培保存

保存地点	种质份数	个体数量	引种方式	生长状况	来源地
BJ	1	b	采集	G	待确定
GX	*	f	采集	G	法国

酸浆属 *Physalis*

短毛酸浆 *Physalis pubescens* L.

功效主治 全草或果实：清热解毒，利气。

迁地栽培保存

保存地点	种质份数	个体数量	引种方式	生长状况	来源地
SH	1	b	采集	A	待确定

种质库保存

保存地点	保存方式	种质份数	个体数量	引种方式	来源地
BJ	种子	7	b	采集	辽宁、广西、吉林

挂金灯 *Physalis alkekengi* L. var. *franchetii* (Mast.) Makino

迁地栽培保存

保存地点	种质份数	个体数量	引种方式	生长状况	来源地
HEN	1	b	采集	A	河南
SH	1	b	采集	A	待确定
BJ	*	d	采集	G	待确定
GX	*	f	采集	G	中国上海，日本

种质库保存

保存地点	保存方式	种质份数	个体数量	引种方式	来源地
BJ	种子	1	a	采集	辽宁

苦蘵 *Physalis angulata* L.

功效主治　全草：清热解毒，化痰止咳。

濒危等级　中国植物红色名录评估为无危（LC）。

迁地栽培保存

保存地点	种质份数	个体数量	引种方式	生长状况	来源地
HN	1	e	采集	B	海南

种质库保存

保存地点	保存方式	种质份数	个体数量	引种方式	来源地
BJ	种子	1	a	采集	云南
HN	种子	7	e	采集	湖南

毛酸浆 *Physalis pubescens* L.

功效主治　花萼：用于带下病，阴痒。

迁地栽培保存

保存地点	种质份数	个体数量	引种方式	生长状况	来源地
GX	*	f	采集	G	法国

酸浆 *Physalis alkekengi* L.

功效主治　全草或花、种子：行水利湿，清热解毒。用于风湿关节痛，鼻渊，感冒，咽喉痛，咳嗽。果实：在欧美可轻泻，利尿，退热，护肝。

迁地栽培保存

保存地点	种质份数	个体数量	引种方式	生长状况	来源地
BJ	3	b	采集	G	山西、辽宁
LN	1	d	采集	B	辽宁
NMG	1	d	购买	C	内蒙古
HLJ	1	c	采集	A	黑龙江

续表

保存地点	种质份数	个体数量	引种方式	生长状况	来源地
GD	1	f	采集	G	待确定
JS1	1	a	采集	D	江苏
SC	1	f	待确定	G	四川
CQ	1	a	采集	C	重庆

种质库保存

保存地点	保存方式	种质份数	个体数量	引种方式	来源地
BJ	种子	28	c	采集	宁夏、河北、安徽、吉林、辽宁、内蒙古、黑龙江、云南、重庆
HN	种子	1	a	采集	海南

小酸浆 *Physalis minima* L.

功效主治 全草或果实（天泡子）：苦，凉。清热利湿，祛痰止咳，软坚散结，杀虫。用于黄疸，胆胀胁痛，感冒发热，咽喉肿痛，咳嗽痰喘，肺痈，疟腮，子痈，小便涩痛，尿血，瘰疬；外用于脓疱疮，湿疹，疖肿。

濒危等级 中国植物红色名录评估为无危（LC）。

迁地栽培保存

保存地点	种质份数	个体数量	引种方式	生长状况	来源地
HN	1	e	采集	A	海南
GX	*	f	采集	G	印度尼西亚

种质库保存

保存地点	保存方式	种质份数	个体数量	引种方式	来源地
HN	种子	5	e	采集	海南
BJ	种子	1	a	采集	海南

天仙子属　*Hyoscyamus*

白花莨菪　*Hyoscyamus albus* L.

功效主治　全草：用于乳石痈。果实：用于牙痛。叶：用于虫咬。

迁地栽培保存

保存地点	种质份数	个体数量	引种方式	生长状况	来源地
BJ	1	a	赠送	G	保加利亚

天仙子　*Hyoscyamus niger* L.

功效主治　种子（天仙子）：苦，温。有大毒。解痉，止痛，安神。用于胃痉挛疼痛，咳喘，泄泻，癫狂，震颤性麻痹，眩晕；外用于痈肿疮疖，龋齿痛。根：苦，寒。有毒。杀虫。用于疥癣。叶：苦，寒。有大毒。镇痛，解痉。用于胃痛，齿痛，咳喘。

濒危等级　中国植物红色名录评估为无危（LC）。

迁地栽培保存

保存地点	种质份数	个体数量	引种方式	生长状况	来源地
BJ	5	d	赠送、交换	G	阿尔巴尼亚、保加利亚，中国四川、甘肃、山西
GX	2	f	采集	G	中国北京，法国
LN	1	d	采集	A	辽宁

种质库保存

保存地点	保存方式	种质份数	个体数量	引种方式	来源地
BJ	种子	10	d	采集	四川、吉林、辽宁、江西、黑龙江、新疆

烟草属 *Nicotiana*

花烟草 *Nicotiana alata* Link & Otto

迁地栽培保存

保存地点	种质份数	个体数量	引种方式	生长状况	来源地
JS2	1	b	购买	C	江苏

黄花烟草 *Nicotiana rustica* L.

迁地栽培保存

保存地点	种质份数	个体数量	引种方式	生长状况	来源地
BJ	1	b	交换	G	北京

烟草 *Nicotiana tabacum* L.

功效主治　根茎及根（羌活）：辛、苦，温。祛风，除湿，散寒，止痛。用于感冒头痛，风湿痹痛，肩背酸痛。

迁地栽培保存

保存地点	种质份数	个体数量	引种方式	生长状况	来源地
BJ	3	b	交换	G	北京
SH	1	b	采集	A	待确定
JS1	1	a	购买	D	江苏
HN	1	e	采集	A	海南
GD	1	f	采集	G	待确定
HB	1	a	采集	C	湖北

种质库保存

保存地点	保存方式	种质份数	个体数量	引种方式	来源地
BJ	种子	9	b	采集	重庆、云南、海南、江西、四川
HN	种子	25	e	采集	海南

夜香树属 *Cestrum*

黄花夜香树 *Cestrum aurantiacum* Lindl.

迁地栽培保存

保存地点	种质份数	个体数量	引种方式	生长状况	来源地
BJ	1	a	购买	G	北京

夜香树 *Cestrum nocturnum* L.

功效主治 叶：苦，凉。清热消肿。外用于乳痈，痈疮。

迁地栽培保存

保存地点	种质份数	个体数量	引种方式	生长状况	来源地
HN	1	a	采集	B	海南
SH	1	a	采集	A	待确定
GD	1	f	采集	G	待确定
BJ	1	a	购买	G	北京
YN	1	a	采集	C	云南

种质库保存

保存地点	保存方式	种质份数	个体数量	引种方式	来源地
BJ	种子	1	a	采集	待确定

鸳鸯茉莉属 *Brunfelsia*

长叶鸳鸯茉莉 *Brunfelsia latifolia* Benth.

迁地栽培保存

保存地点	种质份数	个体数量	引种方式	生长状况	来源地
SH	1	b	采集	A	待确定

种质库保存

保存地点	保存方式	种质份数	个体数量	引种方式	来源地
BJ	种子	1	a	采集	待确定

鸳鸯茉莉 *Brunfelsia brasiliensis* (Spreng.) L. B. Smith et Downs

功效主治 叶：甘，平。清热消肿。用于水肿。

迁地栽培保存

保存地点	种质份数	个体数量	引种方式	生长状况	来源地
GD	1	a	采集	D	待确定
CQ	1	a	购买	C	重庆
BJ	1	a	购买	G	北京

种质库保存

保存地点	保存方式	种质份数	个体数量	引种方式	来源地
BJ	种子	1	a	采集	待确定

青荚叶科　**Helwingiaceae**

青荚叶属　*Helwingia*

青荚叶　*Helwingia japonica*（Thunb.）F. Dietr.

功效主治　全株或根：苦、微涩，凉。活血化瘀，清热解毒。用于水肿，小便淋痛，尿急尿痛，乳汁较少或不下。叶：清热除湿。用于便血。果实：用于胃痛。

濒危等级　中国植物红色名录评估为无危（LC）。

迁地栽培保存

保存地点	种质份数	个体数量	引种方式	生长状况	来源地
HB	2	a	采集	C	湖北
CQ	1	a	采集	C	重庆
GZ	1	a	采集	C	贵州
SC	1	f	待确定	G	四川
GX	*	f	采集	G	广西

峨眉青荚叶　*Helwingia omeiensis*（Fang）Hara & Kuros

功效主治　果实：功效同青荚叶。

濒危等级　中国特有植物，中国植物红色名录评估为无危（LC）。

迁地栽培保存

保存地点	种质份数	个体数量	引种方式	生长状况	来源地
GX	*	f	采集	G	湖北

西域青荚叶　*Helwingia himalaica* Hook. f. & Thoms. ex C. B. Clarke

功效主治　全株或根：苦、微涩，凉。活血化瘀，清热解毒。用于跌打损伤，骨折，风湿性关节痛，胃痛，痢疾，月经不调；外用于烫火伤，疮疖肿毒，毒蛇咬伤。

濒危等级　中国植物红色名录评估为无危（LC）。

迁地栽培保存

保存地点	种质份数	个体数量	引种方式	生长状况	来源地
CQ	1	a	采集	C	重庆
GX	*	f	采集	G	云南

中华青荚叶　　*Helwingia chinensis* Batalin

功效主治　　根、叶、果实：苦、涩，温。舒筋活络，化瘀调经。用于跌打损伤，骨折，风湿关节痛，胃痛，痢疾，月经不调；外用于烫火伤，痈肿疮毒，毒蛇咬伤。

濒危等级　　中国植物红色名录评估为无危（LC）。

迁地栽培保存

保存地点	种质份数	个体数量	引种方式	生长状况	来源地
CQ	1	b	采集	C	重庆
BJ	1	a	采集	C	湖北

种质库保存

保存地点	保存方式	种质份数	个体数量	引种方式	来源地
BJ	种子	6	b	采集	安徽、云南、河南

青皮木科　　Schoepfiaceae

青皮木属　　*Schoepfia*

青皮木　　*Schoepfia jasminodora* Siebold & Zucc.

功效主治　　全株（脆骨风）：甘、淡，平。散瘀，消肿止痛。用于风湿关节痛，跌打肿痛。

濒危等级　　江西省三级保护植物、陕西省稀有保护植物，中国植物红色名录评估为无危（LC）。

迁地栽培保存

保存地点	种质份数	个体数量	引种方式	生长状况	来源地
GX	*	f	采集	G	广东

青钟麻科　Achariaceae

大风子属　*Hydnocarpus*

大叶龙角　*Hydnocarpus annamensis*（Gagnep.）Lescot & Sleumer

功效主治　种子：辛，热。有毒。攻毒杀虫。用于麻风病，疥癣，疮疡肿毒，风湿骨痛。

濒危等级　广西壮族自治区重点保护植物，中国植物红色名录评估为易危（VU）。

迁地栽培保存

保存地点	种质份数	个体数量	引种方式	生长状况	来源地
YN	1	a	采集	C	云南
GX	*	f	采集	G	云南

海南大风子　*Hydnocarpus hainanensis*（Merr.）Sleumer

功效主治　种子：有毒。外用于麻风，牛皮癣，风湿痛，疮疡肿毒。

濒危等级　国家重点保护野生植物名录（第二批）二级，海南省重点保护植物，中国植物红色名录评估为
易危（VU）。

迁地栽培保存

保存地点	种质份数	个体数量	引种方式	生长状况	来源地
HN	1	d	采集	C	海南

种质库保存

保存地点	保存方式	种质份数	个体数量	引种方式	来源地
HN	种子	1	b	采集	海南

泰国大风子 *Hydnocarpus anthelminthicus* Pierre ex Laness.

迁地栽培保存

保存地点	种质份数	个体数量	引种方式	生长状况	来源地
YN	1	d	购买	A	云南
HN	1	b	赠送	B	泰国

种质库保存

保存地点	保存方式	种质份数	个体数量	引种方式	来源地
HN	种子	2	b	购买	海南
BJ	种子	3	a	采集	云南

印度大风子 *Hydnocarpus kurzii* (King) Warb.

功效主治　种子：祛风燥湿，解毒，杀虫。用于麻风；外用于疥癣，梅毒。

濒危等级　中国植物红色名录评估为易危（VU）。

迁地栽培保存

保存地点	种质份数	个体数量	引种方式	生长状况	来源地
HN	1	a	赠送	C	印度

种质库保存

保存地点	保存方式	种质份数	个体数量	引种方式	来源地
BJ	种子	1	a	采集	待确定

马蛋果属 *Gynocardia*

马蛋果 *Gynocardia odorata* Roxb.

功效主治　种子：用于麻风，皮肤病。

濒危等级　中国植物红色名录评估为濒危（EN）。

迁地栽培保存

保存地点	种质份数	个体数量	引种方式	生长状况	来源地
YN	1	a	购买	C	云南

种质库保存

保存地点	保存方式	种质份数	个体数量	引种方式	来源地
BJ	种子	1	a	采集	待确定

清风藤科　Sabiaceae

泡花树属　*Meliosma*

笔罗子　*Meliosma rigida* Sieb. & Zucc.

功效主治　根皮（笔罗子）：酸，平。解毒，利水，消肿。用于感冒咳嗽，水肿腹胀，无名肿毒，毒蛇咬伤。

濒危等级　中国植物红色名录评估为无危（LC）。

迁地栽培保存

保存地点	种质份数	个体数量	引种方式	生长状况	来源地
GX	*	f	采集	G	日本

垂枝泡花树　*Meliosma flexuosa* Pamp.

功效主治　茎皮、叶：止血，活血，止痛，清热，解毒。用于热毒肿痛，瘀血疼痛，出血。

濒危等级　中国特有植物，中国植物红色名录评估为无危（LC）。

迁地栽培保存

保存地点	种质份数	个体数量	引种方式	生长状况	来源地
GX	*	f	采集	G	湖北

贵州泡花树 *Meliosma henryi* Diels

功效主治　茎皮：清热解毒，消肿止痛，祛风除湿。用于疮疡肿毒，风湿肿痛。

濒危等级　中国特有植物，中国植物红色名录评估为无危（LC）。

迁地栽培保存

保存地点	种质份数	个体数量	引种方式	生长状况	来源地
GX	*	f	采集	G	广西

红柴枝　*Meliosma oldhamii* Maxim.

濒危等级　中国植物红色名录评估为无危（LC）。

迁地栽培保存

保存地点	种质份数	个体数量	引种方式	生长状况	来源地
GX	*	f	采集	G	湖北

细花泡花树　*Meliosma parviflora* Lecomte

功效主治　茎皮：利水解毒，消肿。

濒危等级　中国特有植物，浙江省重点保护植物，中国植物红色名录评估为无危（LC）。

迁地栽培保存

保存地点	种质份数	个体数量	引种方式	生长状况	来源地
GX	*	f	采集	G	浙江

香皮树　*Meliosma fordii* Hemsl.

功效主治　茎皮、叶：滑肠通便。用于便秘。

濒危等级　中国植物红色名录评估为无危（LC）。

迁地栽培保存

保存地点	种质份数	个体数量	引种方式	生长状况	来源地
GX	*	f	采集	G	广西

异色泡花树 *Meliosma myriantha* Sieb. & Zucc. var. *discolor* Dunn

濒危等级 中国特有植物，中国植物红色名录评估为无危（LC）。

迁地栽培保存

保存地点	种质份数	个体数量	引种方式	生长状况	来源地
GX	*	f	采集	G	浙江

云南泡花树 *Meliosma yunnanensis* Franch.

功效主治 茎皮：清热解毒。

濒危等级 中国植物红色名录评估为无危（LC）。

种质库保存

保存地点	保存方式	种质份数	个体数量	引种方式	来源地
BJ	种子	6	b	采集	四川

毡毛泡花树 *Meliosma rigida* Sieb. & Zucc. var. *pannosa*（Hand.-Mazz.）Law

濒危等级 中国特有植物，中国植物红色名录评估为无危（LC）。

迁地栽培保存

保存地点	种质份数	个体数量	引种方式	生长状况	来源地
GX	*	f	采集	G	广西

樟叶泡花树 *Meliosma squamulata* Hance

濒危等级 中国植物红色名录评估为无危（LC）。

迁地栽培保存

保存地点	种质份数	个体数量	引种方式	生长状况	来源地
GX	*	f	采集	G	广西

清风藤属 *Sabia*

长汦清风藤 *Sabia nervosa* Chun ex Y. F. Wu

濒危等级 中国特有植物，中国植物红色名录评估为无危（LC）。

迁地栽培保存

保存地点	种质份数	个体数量	引种方式	生长状况	来源地
GX	*	f	采集	G	广西

鄂西清风藤 *Sabia campanulata* Wall. ex Roxb. subsp. *ritchieae* (Rehd. & Wils.) Y. F. Wu

濒危等级 中国特有植物，中国植物红色名录评估为无危（LC）。

迁地栽培保存

保存地点	种质份数	个体数量	引种方式	生长状况	来源地
BJ	1	a	采集	C	河南

灰背清风藤 *Sabia discolor* Dunn

功效主治 根、枝：祛风除湿，止痛。用于风湿骨痛，跌打劳伤，胁痛。

濒危等级 中国特有植物，中国植物红色名录评估为无危（LC）。

迁地栽培保存

保存地点	种质份数	个体数量	引种方式	生长状况	来源地
GX	*	f	采集	G	广西

尖叶清风藤 *Sabia swinhoei* Hemsl. ex Forb. & Hemsl.

功效主治 全株：除风湿，止痹痛，活血化瘀，舒筋活络。用于风湿关节痛，筋骨不利。

濒危等级 中国植物红色名录评估为无危（LC）。

迁地栽培保存

保存地点	种质份数	个体数量	引种方式	生长状况	来源地
CQ	1	a	采集	C	重庆
GX	*	f	采集	G	湖北

柠檬清风藤　*Sabia limoniacea* Wall.

功效主治　茎：祛风湿。用于风湿痹痛。

濒危等级　中国植物红色名录评估为无危（LC）。

迁地栽培保存

保存地点	种质份数	个体数量	引种方式	生长状况	来源地
GX	2	f	采集	G	广西

平伐清风藤　*Sabia dielsii* Lévl.

功效主治　全株：祛风湿，止痛。用于风湿关节痛。

濒危等级　中国特有植物，中国植物红色名录评估为无危（LC）。

迁地栽培保存

保存地点	种质份数	个体数量	引种方式	生长状况	来源地
GX	*	f	采集	G	广西

清风藤　*Sabia japonica* Maxim.

功效主治　茎藤（清风藤）：苦，平。祛风湿，利小便。用于风湿痹痛，鹤膝风，水肿。

濒危等级　中国植物红色名录评估为无危（LC）。

迁地栽培保存

保存地点	种质份数	个体数量	引种方式	生长状况	来源地
BJ	2	b	采集	G	广西、河南
SH	1	b	采集	A	待确定

种质库保存

保存地点	保存方式	种质份数	个体数量	引种方式	来源地
BJ	种子	1	a	采集	贵州

四川清风藤 *Sabia schumanniana* Diels

功效主治　根（钻石风）、茎：辛，温。止咳化痰，祛风活血。用于咳嗽，风湿关节痛。

濒危等级　中国特有植物，中国植物红色名录评估为无危（LC）。

迁地栽培保存

保存地点	种质份数	个体数量	引种方式	生长状况	来源地
CQ	1	a	采集	C	重庆
GX	*	f	采集	G	重庆

小花清风藤 *Sabia parviflora* Wall. ex Roxb.

功效主治　根：清热止痛，祛风除湿。用于肝毒，风湿，跌打损伤。

濒危等级　中国植物红色名录评估为无危（LC）。

迁地栽培保存

保存地点	种质份数	个体数量	引种方式	生长状况	来源地
GX	2	f	采集	G	广西
GZ	1	a	采集	C	贵州

种质库保存

保存地点	保存方式	种质份数	个体数量	引种方式	来源地
BJ	种子	4	b	采集	贵州

云南清风藤 *Sabia yunnanensis* Franch.

功效主治　根皮（羊肌藤）、叶（羊肌藤）：苦，寒。有小毒。祛风除湿，止痛。用于风湿瘫痪，腰痛，胃痛，皮肤疮毒，毒蛇咬伤。

濒危等级　中国植物红色名录评估为无危（LC）。

迁地栽培保存

保存地点	种质份数	个体数量	引种方式	生长状况	来源地
GX	*	f	采集	G	广西

中华清风藤　*Sabia japonica* Maxim. var. *sinensis*（Stapf）L. Chen

濒危等级　中国特有植物，中国植物红色名录评估为无危（LC）。

迁地栽培保存

保存地点	种质份数	个体数量	引种方式	生长状况	来源地
GX	*	f	采集	G	广西

秋海棠科　Begoniaceae

秋海棠属　Begonia

白芷叶秋海棠　*Begonia heracleifolia* Cham. & Schlecht.

功效主治　茎：用于消渴。

迁地栽培保存

保存地点	种质份数	个体数量	引种方式	生长状况	来源地
GX	*	f	采集	G	广西

北越秋海棠　*Begonia balansana* Gagnep.

迁地栽培保存

保存地点	种质份数	个体数量	引种方式	生长状况	来源地
GX	*	f	采集	G	广西

昌感秋海棠 *Begonia cavaleriei* H. Lév.

功效主治 全草：酸、涩，凉。祛瘀止血，消肿止痛。用于骨折，跌打损伤，风湿腰腿痛，痈疖疮肿，感冒，咽喉肿痛。

濒危等级 中国植物红色名录评估为无危（LC）。

迁地栽培保存

保存地点	种质份数	个体数量	引种方式	生长状况	来源地
GX	*	f	采集	G	广西

长柄秋海棠 *Begonia smithiana* T. T. Yu ex Irmsch.

功效主治 根茎：酸，寒。清热止痛，止血。用于跌打损伤，筋骨疼痛，血崩，毒蛇咬伤。

濒危等级 中国特有植物，中国植物红色名录评估为无危（LC）。

迁地栽培保存

保存地点	种质份数	个体数量	引种方式	生长状况	来源地
CQ	1	a	采集	C	重庆
GX	*	f	采集	G	湖北

橙花侧膜秋海棠 *Begonia aurantiflora* C. I. Peng

濒危等级 中国特有植物，中国植物红色名录评估为濒危（EN）。

迁地栽培保存

保存地点	种质份数	个体数量	引种方式	生长状况	来源地
GX	*	f	采集	G	广西

粗喙秋海棠 *Begonia longifolia* Blume

功效主治 全草（肉半边莲）：酸、涩，凉。解毒，消肿止痛。用于温热病下血，咽喉肿毒，疮肿疥癣，毒蛇咬伤。

濒危等级 中国植物红色名录评估为无危（LC）。

迁地栽培保存

保存地点	种质份数	个体数量	引种方式	生长状况	来源地
GX	*	f	采集	G	广西

大香秋海棠 *Begonia handelii* Irmsch.

功效主治 全草：利咽，消食，消肿。用于咽喉肿痛，食滞，跌打损伤。

迁地栽培保存

保存地点	种质份数	个体数量	引种方式	生长状况	来源地
GX	*	f	采集	G	广西

大新秋海棠 *Begonia daxinensis* T. C. Ku

濒危等级 中国特有植物，中国植物红色名录评估为近危（NT）。

迁地栽培保存

保存地点	种质份数	个体数量	引种方式	生长状况	来源地
GX	*	f	采集	G	广西

大叶秋海棠 *Begonia megalophyllaria* C. Y. Wu

濒危等级 中国特有植物，中国植物红色名录评估为易危（VU）。

迁地栽培保存

保存地点	种质份数	个体数量	引种方式	生长状况	来源地
GX	*	f	采集	G	广东

灯果秋海棠 *Begonia lanternaria* Irmsch.

濒危等级 中国植物红色名录评估为无危（LC）。

迁地栽培保存

保存地点	种质份数	个体数量	引种方式	生长状况	来源地
GX	*	f	采集	G	广西

盾叶秋海棠 *Begonia peltatifolia* Li

迁地栽培保存

保存地点	种质份数	个体数量	引种方式	生长状况	来源地
HN	1	a	采集	B	海南
GZ	1	b	采集	C	贵州
GX	*	f	采集	G	广西

多花秋海棠 *Begonia floribunda* T. C. Ku

濒危等级 中国特有植物，中国植物红色名录评估为无危（LC）。

迁地栽培保存

保存地点	种质份数	个体数量	引种方式	生长状况	来源地
GX	*	f	采集	G	广西

方氏秋海棠 *Begonia fangii* Y. M. Shui & C. I Peng

濒危等级 中国植物红色名录评估为无危（LC）。

迁地栽培保存

保存地点	种质份数	个体数量	引种方式	生长状况	来源地
GX	*	f	采集	G	广西

海南秋海棠 *Begonia hainanensis* Chun & F. Chun

迁地栽培保存

保存地点	种质份数	个体数量	引种方式	生长状况	来源地
HN	2	a	采集	C	海南

红孩儿 *Begonia palmata* var. *bowringiana* (Champ. ex Benth.) J. Golding et C. Kareg.

濒危等级 中国特有植物，中国植物红色名录评估为无危（LC）。

迁地栽培保存

保存地点	种质份数	个体数量	引种方式	生长状况	来源地
GX	*	f	采集	G	广西

花叶秋海棠 *Begonia cathayana* Hemsl.

功效主治 全草：酸、涩，凉。清热解毒，活血祛瘀。用于烫火伤，痈疮疔肿，跌打瘀痛。

濒危等级 中国植物红色名录评估为无危（LC）。

迁地栽培保存

保存地点	种质份数	个体数量	引种方式	生长状况	来源地
HN	2	a	采集	C	待确定
GX	*	f	采集	G	广西

戟叶秋海棠 *Begonia limprichtii* Irmsch.

功效主治 根茎：酸、涩，寒。清热凉血，止痛止血。用于跌打损伤，吐血，血崩，毒蛇咬伤。

濒危等级 中国特有植物，中国植物红色名录评估为无危（LC）。

迁地栽培保存

保存地点	种质份数	个体数量	引种方式	生长状况	来源地
SC	2	f	待确定	G	四川

假大新秋海棠 *Begonia pseudodaxinensis* S. M. Ku et al.

濒危等级 中国特有植物，中国植物红色名录评估为无危（LC）。

迁地栽培保存

保存地点	种质份数	个体数量	引种方式	生长状况	来源地
GX	*	f	采集	G	广西

卷毛秋海棠 *Begonia cirrosa* L. B. Sm. & Wassh.

濒危等级 中国特有植物，中国植物红色名录评估为无危（LC）。

迁地栽培保存

保存地点	种质份数	个体数量	引种方式	生长状况	来源地
GX	*	f	采集	G	广西

癞叶秋海棠 *Begonia leprosa* Hance

功效主治　全草：消疮消肿。用于疮疖，毒蛇咬伤。

濒危等级　中国特有植物，中国植物红色名录评估为无危（LC）。

迁地栽培保存

保存地点	种质份数	个体数量	引种方式	生长状况	来源地
GX	*	f	采集	G	广西

裂叶秋海棠 *Begonia palmata* D. Don

功效主治　全草（红孩儿）：酸，凉。清热解毒，化瘀消肿。用于跌打损伤，吐血，感冒，咳嗽，毒蛇咬伤，瘰疬。

濒危等级　中国植物红色名录评估为无危（LC）。

迁地栽培保存

保存地点	种质份数	个体数量	引种方式	生长状况	来源地
HN	2	a	采集	C	海南
BJ	1	a	采集	G	广西
CQ	1	a	购买	C	重庆
GD	1	f	采集	G	待确定
GZ	1	a	采集	C	贵州
GX	*	f	采集	G	广西

种质库保存

保存地点	保存方式	种质份数	个体数量	引种方式	来源地
BJ	种子	1	a	采集	待确定

龙虎山秋海棠 *Begonia umbraculifolia* Y. Wan & B. N. Chang

濒危等级　中国特有植物，中国植物红色名录评估为易危（VU）。

迁地栽培保存

保存地点	种质份数	个体数量	引种方式	生长状况	来源地
GX	*	f	采集	G	广西

龙州秋海棠 *Begonia morsei* Irmsch.

濒危等级　中国特有植物，中国植物红色名录评估为数据缺乏（DD）。

迁地栽培保存

保存地点	种质份数	个体数量	引种方式	生长状况	来源地
BJ	1	a	购买	G	北京

罗甸秋海棠 *Begonia porteri* H. Lév. & Vaniot

濒危等级　中国特有植物，中国植物红色名录评估为无危（LC）。

迁地栽培保存

保存地点	种质份数	个体数量	引种方式	生长状况	来源地
GX	*	f	采集	G	广西

蟆叶秋海棠 *Begonia rex* Putz.

功效主治　全草：用于痹证，头风。根茎：外用于疮疖。

濒危等级　中国植物红色名录评估为无危（LC）。

迁地栽培保存

保存地点	种质份数	个体数量	引种方式	生长状况	来源地
BJ	1	a	交换	G	北京

美丽秋海棠 *Begonia algaia* L. B. Sm. & Wassh.

功效主治　根茎：行气活血，消肿止痛。用于跌打损伤，瘰疬，吐血。

濒危等级　中国特有植物，浙江省重点保护植物，中国植物红色名录评估为近危（NT）。

迁地栽培保存

保存地点	种质份数	个体数量	引种方式	生长状况	来源地
GX	*	f	采集	G	湖北

宁明秋海棠 *Begonia ningmingensis* D. Fang et al.

濒危等级　中国特有植物，中国植物红色名录评估为无危（LC）。

迁地栽培保存

保存地点	种质份数	个体数量	引种方式	生长状况	来源地
GX	*	f	采集	G	广西

槭叶秋海棠 *Begonia digyna* Irmsch.

功效主治　全草：酸，平。清热解毒，祛风活血。

濒危等级　中国特有植物，浙江省重点保护植物，中国植物红色名录评估为无危（LC）。

迁地栽培保存

保存地点	种质份数	个体数量	引种方式	生长状况	来源地
GX	*	f	采集	G	广西

秋海棠 *Begonia grandis* Dryand.

功效主治　块根（秋海棠根）、果实：苦、酸、涩，寒。活血化瘀，止血清热。用于跌打损伤，吐血咯血，鼻衄，胃溃疡，痢疾，月经不调，崩漏，带下病，淋浊，咽喉痛。茎叶（秋海棠茎叶）：酸，寒。清热，消肿。用于咽喉肿痛，痈疮，跌打损伤。花（秋海棠）：苦、涩、酸，寒。活血化瘀，清热解毒。用于疥癣。

濒危等级　中国植物红色名录评估为无危（LC）。

迁地栽培保存

保存地点	种质份数	个体数量	引种方式	生长状况	来源地
GX	2	f	采集	G	广西
CQ	1	a	购买	C	重庆
GZ	1	b	采集	C	贵州
HB	1	a	采集	C	湖北

秋海棠 （原亚种） *Begonia grandis* Dryand. subsp. *grandis*

迁地栽培保存

保存地点	种质份数	个体数量	引种方式	生长状况	来源地
GX	*	f	采集	G	广西

球根秋海棠 *Begonia × tuberhybrida* Voss

迁地栽培保存

保存地点	种质份数	个体数量	引种方式	生长状况	来源地
BJ	1	a	购买、交换	G	北京

食用秋海棠 *Begonia edulis* H. Lév.

功效主治　根茎：酸、涩、寒。清热解毒，凉血润肺。用于肺热咯血，吐血，痢疾，跌打损伤，刀伤出血。

濒危等级　中国植物红色名录评估为无危（LC）。

迁地栽培保存

保存地点	种质份数	个体数量	引种方式	生长状况	来源地
GX	*	f	采集	G	广西

丝形秋海棠 *Begonia filiformis* Irmsch.

濒危等级　中国特有植物，中国植物红色名录评估为近危（NT）。

迁地栽培保存

保存地点	种质份数	个体数量	引种方式	生长状况	来源地
GX	*	f	采集	G	广西

四季秋海棠 *Begonia cucullata* Willd.

功效主治 全草：清热解毒，散结消肿。用于疮疖。花、叶：清热解毒。

迁地栽培保存

保存地点	种质份数	个体数量	引种方式	生长状况	来源地
BJ	2	d	购买	G	北京、江苏
SH	1	b	采集	A	待确定
HN	1	b	购买	B	海南

铁十字秋海棠 *Begonia masoniana* Irmsch.

濒危等级 中国植物红色名录评估为易危（VU）。

迁地栽培保存

保存地点	种质份数	个体数量	引种方式	生长状况	来源地
BJ	1	a	采集	G	江苏
GX	*	f	采集	G	广西

歪叶秋海棠 *Begonia augustinei* Hemsl.

功效主治 全草：散瘀消肿，止血止痛。用于蛇咬伤。

濒危等级 中国特有植物，中国植物红色名录评估为无危（LC）。

迁地栽培保存

保存地点	种质份数	个体数量	引种方式	生长状况	来源地
YN	1	b	采集	C	云南
CQ	1	a	购买	C	重庆

种质库保存

保存地点	保存方式	种质份数	个体数量	引种方式	来源地
BJ	种子	1	a	采集	待确定

弯果秋海棠 *Begonia curvicarpa* S. M. Ku et al.

濒危等级 中国特有植物，中国植物红色名录评估为近危（NT）。

迁地栽培保存

保存地点	种质份数	个体数量	引种方式	生长状况	来源地
GX	*	f	采集	G	广西

微毛四季秋海棠 *Begonia subvillosa* Klotzsch

迁地栽培保存

保存地点	种质份数	个体数量	引种方式	生长状况	来源地
JS1	1	a	购买	C	江苏
CQ	1	a	购买	C	重庆

无翅秋海棠 *Begonia acetosella* Craib

功效主治 全草（红小姐）：活血通络，补气。用于闭经。

濒危等级 中国植物红色名录评估为近危（NT）。

迁地栽培保存

保存地点	种质份数	个体数量	引种方式	生长状况	来源地
GX	*	f	采集	G	广西

斜叶秋海棠 *Begonia obliquifolia* S. H. Huang & Y. M. Shui

濒危等级 中国特有植物，中国植物红色名录评估为易危（VU）。

迁地栽培保存

保存地点	种质份数	个体数量	引种方式	生长状况	来源地
GX	*	f	采集	G	广西

一口血秋海棠 *Begonia picturata* Yan Liu et al.

濒危等级 中国植物红色名录评估为无危（LC）。

迁地栽培保存

保存地点	种质份数	个体数量	引种方式	生长状况	来源地
GX	*	f	采集	G	贵州

银星秋海棠 *Begonia × albopicta* Hort.

迁地栽培保存

保存地点	种质份数	个体数量	引种方式	生长状况	来源地
CQ	1	a	购买	C	重庆
BJ	1	a	交换	G	北京
GX	*	f	采集	G	广西

圆果秋海棠 *Begonia hayatae* Gagnep.

功效主治 根（野海棠）：酸、涩，凉。清热止咳，散瘀消肿。用于肺热咳嗽，外感发热，乳蛾，顿咳，无名肿毒，跌打损伤。

迁地栽培保存

保存地点	种质份数	个体数量	引种方式	生长状况	来源地
GX	*	f	采集	G	广西

掌裂叶秋海棠 *Begonia pedatifida* H. Lév.

功效主治 全草或根茎（水八角）：酸、涩，寒。清热凉血，止痛止血。用于风湿关节痛，跌打损伤，水肿，尿血，蛇蛟伤，痢疾。

濒危等级　中国特有植物，中国植物红色名录评估为无危（LC）。

迁地栽培保存

保存地点	种质份数	个体数量	引种方式	生长状况	来源地
BJ	1	b	采集	C	四川
HB	1	a	采集	C	湖北
CQ	1	a	采集	C	重庆

掌叶秋海棠 *Begonia hemsleyana* Hook. f.

濒危等级　中国植物红色名录评估为无危（LC）。

迁地栽培保存

保存地点	种质份数	个体数量	引种方式	生长状况	来源地
GX	*	f	采集	G	广西

中华秋海棠 *Begonia grandis* subsp. *sinensis*（A. DC.）Irmsch.

功效主治　块茎（红白二丸）：苦、涩、酸，寒。活血散瘀，清热，止痛，止血。用于跌打损伤，吐血，咯血，崩漏，带下病，内痔，筋骨痛，毒蛇咬伤。

濒危等级　中国特有植物，中国植物红色名录评估为无危（LC）。

迁地栽培保存

保存地点	种质份数	个体数量	引种方式	生长状况	来源地
BJ	1	a	采集	G	山东

周裂秋海棠 *Begonia circumlobata* Hance

功效主治　根茎：活血止血，接骨，镇痛。用于月经不调，痛经，跌打损伤，痈疮，烫火伤。

濒危等级　中国特有植物，中国植物红色名录评估为无危（LC）。

迁地栽培保存

保存地点	种质份数	个体数量	引种方式	生长状况	来源地
GX	*	f	采集	G	广西

竹节秋海棠 *Begonia maculata* Raddi

功效主治 全草：用于咽喉肿痛，半身不遂，小便淋痛，水肿，毒蛇咬伤。

迁地栽培保存

保存地点	种质份数	个体数量	引种方式	生长状况	来源地
BJ	1	a	交换	G	云南
CQ	1	a	赠送	B	广西
HN	1	a	采集	C	海南

栉果秋海棠 *Begonia cylindrica* D. R. Liang & X. X. Chen

濒危等级 中国特有植物，中国植物红色名录评估为无危（LC）。

迁地栽培保存

保存地点	种质份数	个体数量	引种方式	生长状况	来源地
GX	*	f	采集	G	广西

紫背天葵 *Begonia fimbristipula* Hance

功效主治 全草或块茎（散血子）：甘、淡，凉。清热凉血，止咳化痰，散瘀消肿。用于暑热高热，肺热咳嗽，咯血，跌打损伤，血瘀疼痛，疮毒，疥癣，烫火伤。

濒危等级 中国特有植物，浙江省重点保护植物，中国植物红色名录评估为无危（LC）。

迁地栽培保存

保存地点	种质份数	个体数量	引种方式	生长状况	来源地
GX	*	f	采集	G	广西

秋水仙科　Colchicaceae

嘉兰属　*Gloriosa*

嘉兰　*Gloriosa superba* L.

功效主治　根茎：用于半身瘫痪，周身关节痛，高热抽搐，周身肿胀。

迁地栽培保存

保存地点	种质份数	个体数量	引种方式	生长状况	来源地
YN	1	e	采集	A	云南
BJ	1	a	采集	G	云南
GX	*	f	采集	G	广西

山慈姑属　*Iphigenia*

山慈姑　*Iphigenia indica* Kunth

功效主治　鳞茎：止咳，平喘，镇痛，散寒，化痰。用于咳嗽，哮喘，乳痈，鼻渊。

濒危等级　中国植物红色名录评估为无危（LC）。

迁地栽培保存

保存地点	种质份数	个体数量	引种方式	生长状况	来源地
GX	*	f	采集	G	广西

万寿竹属　*Disporum*

宝铎草　*Disporum sessile* D. Don

功效主治　根（百尾笋）：甘、淡，平。清肺化痰，止咳，健脾消食，舒筋活血。用于肺痨咳嗽，咯血，食欲不振，胸腹胀满，肠风下血，筋骨疼痛，腰腿痛；外用于烫火伤，骨折。

迁地栽培保存

保存地点	种质份数	个体数量	引种方式	生长状况	来源地
HN	1	a	赠送	B	北京
GZ	1	a	采集	C	贵州
HB	1	a	采集	C	湖北
GX	*	f	采集	G	广西
BJ	*	b	采集	G	江苏、辽宁

长蕊万寿竹 *Disporum bodinieri*（H. Lév. & Vaniot）F. T. Wang & T. Tang

濒危等级 中国特有植物，中国植物红色名录评估为无危（LC）。

迁地栽培保存

保存地点	种质份数	个体数量	引种方式	生长状况	来源地
SC	1	f	待确定	G	四川

大花万寿竹 *Disporum megalanthum* F. T. Wang & Tang

功效主治 根：用于劳伤，气血虚损。

濒危等级 中国特有植物，中国植物红色名录评估为无危（LC）。

迁地栽培保存

保存地点	种质份数	个体数量	引种方式	生长状况	来源地
BJ	1	b	采集	G	湖北

短蕊万寿竹 *Disporum brachystemon* F. T. Wang & Tang

功效主治 根：用于产后虚弱。叶、花：用于泄泻。

濒危等级 中国特有植物，中国植物红色名录评估为无危（LC）。

迁地栽培保存

保存地点	种质份数	个体数量	引种方式	生长状况	来源地
BJ	1	b	采集	G	四川
CQ	1	b	采集	B	重庆

横脉万寿竹　*Disporum trabeculatum* Gagnepain

濒危等级　中国植物红色名录评估为无危（LC）。

迁地栽培保存

保存地点	种质份数	个体数量	引种方式	生长状况	来源地
GX	*	f	采集	G	广西

少花万寿竹　*Disporum uniflorum* Baker ex S. Moore

濒危等级　中国植物红色名录评估为无危（LC）。

迁地栽培保存

保存地点	种质份数	个体数量	引种方式	生长状况	来源地
BJ	1	d	采集	C	湖北

万寿竹　*Disporum cantoniense*（Lour.）Merr.

功效主治　根及根茎（竹叶参）：苦、辛，凉。清热解毒，祛风湿，舒筋活血。用于高热不退，虚劳，骨蒸潮热，风湿麻木，关节、腰腿疼痛，痛经，月经过多，疮疖，跌打损伤，骨折。

濒危等级　中国植物红色名录评估为无危（LC）。

迁地栽培保存

保存地点	种质份数	个体数量	引种方式	生长状况	来源地
HB	2	b	采集	C	待确定
BJ	2	b	采集	C	陕西、江西
SC	2	f	待确定	G	四川
GD	1	f	采集	G	待确定
GZ	1	b	采集	C	贵州

种质库保存

保存地点	保存方式	种质份数	个体数量	引种方式	来源地
BJ	种子	1	a	采集	重庆

忍冬科　Caprifoliaceae

败酱属　*Patrinia*

白花败酱　*Patrinia villosa*（Thunb.）Juss.

功效主治　全草：消肿化瘀，排脓，利尿。用于肠痈，跌打损伤。

迁地栽培保存

保存地点	种质份数	个体数量	引种方式	生长状况	来源地
BJ	2	d	采集	G	河北、江西
JS1	1	a	采集	D	江苏
ZJ	1	d	采集	A	浙江
SH	1	b	采集	A	待确定
SC	1	f	待确定	G	四川
HB	1	b	采集	C	待确定
GD	1	b	采集	D	待确定
CQ	1	a	采集	C	重庆

种质库保存

保存地点	保存方式	种质份数	个体数量	引种方式	来源地
BJ	种子	8	b	采集	重庆、安徽、湖北、江西、山西、广西

败酱　*Patrinia scabiosifolia* Fisch. ex Trevir.

功效主治　全草或根：苦、辛，凉。清热利湿，解毒排脓，活血祛瘀。用于肠痈，泄泻，目赤，产后瘀血腹痛，痈肿疔疮。

迁地栽培保存

保存地点	种质份数	个体数量	引种方式	生长状况	来源地
BJ	7	d	采集	G	辽宁、山东、四川、内蒙古、北京、黑龙江、陕西
SC	2	f	待确定	G	四川
LN	1	c	采集	B	辽宁
JS2	1	d	购买	C	江苏
JS1	1	a	采集	B	江苏
GZ	1	b	采集	C	贵州
GX	*	f	采集	G	广西

种质库保存

保存地点	保存方式	种质份数	个体数量	引种方式	来源地
BJ	种子	26	d	采集	云南、河南、黑龙江、吉林、安徽、贵州、广西、辽宁

糙叶败酱　*Patrinia scabra* Bunge

濒危等级　中国特有植物，中国植物红色名录评估为无危（LC）。

迁地栽培保存

保存地点	种质份数	个体数量	引种方式	生长状况	来源地
BJ	3	c	采集	G	甘肃、黑龙江、山西

墓头回　*Patrinia heterophylla* Bunge

功效主治　全草或根（墓头回）：苦、微酸、涩、凉。清热解毒，消肿，生肌，止血，止带，截疟。用于带下病，胞宫积聚，崩漏，疟疾，跌打损伤。

迁地栽培保存

保存地点	种质份数	个体数量	引种方式	生长状况	来源地
BJ	2	b	采集	G	山东、湖北

和质库保存

保存地点	保存方式	种质份数	个体数量	引种方式	来源地
BJ	种子	7	b	采集	山西、江西

少蕊败酱 *Patrinia monandra* C. B. Clarke

功效主治 全草：苦，平。清热解毒，消肿排脓，止血止痛。用于肠痈，泄泻，肝毒，赤眼，产后瘀血腹痛，痈肿疔疮。

濒危等级 中国植物红色名录评估为无危（LC）。

迁地栽培保存

保存地点	种质份数	个体数量	引种方式	生长状况	来源地
BJ	1	a	采集	G	山东
CQ	1	a	采集	C	重庆
GX	*	f	采集	G	重庆

和质库保存

保存地点	保存方式	种质份数	个体数量	引种方式	来源地
HN	种子	8	e	采集	湖南

岩败酱 *Patrinia rupestris*（Pall.）Juss.

功效主治 全草或根（墓头回）：苦、微酸、涩，凉。清热解毒，消肿，生肌，止血，止带，截疟。用于带下病，崩漏，胞宫积聚，疟疾，跌打损伤。

迁地栽培保存

保存地点	种质份数	个体数量	引种方式	生长状况	来源地
BJ	1	b	采集	G	山西

中败酱 *Patrinia intermedia*（Hornem.）Roem. & Schult.

功效主治 根及根茎（败酱）：行气止痛，活血通经，止带，消痈。

濒危等级 中国植物红色名录评估为无危（LC）。

迁地栽培保存

保存地点	种质份数	个体数量	引种方式	生长状况	来源地
BJ	1	b	赠送	G	前苏联

川续断属　*Dipsacus*

川续断　*Dipsacus asperoides* C. Y. Cheng & T. M. Ai

功效主治　根：苦、辛，微温。补肝肾，强筋骨，利关节，止崩漏。用于腰膝酸痛，风湿关节痛，骨折，跌打损伤，先兆流产，崩漏，带下病，遗精，尿频。

濒危等级　中国植物红色名录评估为无危（LC）。

迁地栽培保存

保存地点	种质份数	个体数量	引种方式	生长状况	来源地
BJ	3	b	采集	G	四川、陕西
GX	2	f	采集	G	重庆、云南
CQ	1	a	采集	B	重庆
GZ	1	b	采集	C	贵州
HB	1	d	采集	A	湖北

种质库保存

保存地点	保存方式	种质份数	个体数量	引种方式	来源地
HN	种子	2	b	采集	湖南
BJ	种子	53	c	采集	甘肃、四川、海南、云南、重庆、湖北、贵州

涪陵续断　*Dipsacus fulingensis* C. Y. Cheng & T. M. Ai

迁地栽培保存

保存地点	种质份数	个体数量	引种方式	生长状况	来源地
CQ	1	a	采集	C	重庆

日本续断 *Dipsacus japonicus* Miq.

功效主治　根（小血转）：苦、辛，微温。补肝肾，续筋骨，调血脉。用于腰背酸痛，足膝无力，崩漏，带下病，遗精，金疮，跌打损伤，痈疽疮肿。

濒危等级　中国植物红色名录评估为无危（LC）。

迁地栽培保存

保存地点	种质份数	个体数量	引种方式	生长状况	来源地
BJ	3	b	采集、交换	G	山东、北京、山西
HB	1	b	采集	C	湖北
GX	*	f	采集	G	日本

种质库保存

保存地点	保存方式	种质份数	个体数量	引种方式	来源地
HN	种子	3	b	采集	湖南
BJ	种子	1	a	采集	云南

深紫续断 *Dipsacus atropurpureus* C. Y. Cheng & Z. T. Yin

功效主治　根：活血消肿，续筋接骨，生肌止痛。

种质库保存

保存地点	保存方式	种质份数	个体数量	引种方式	来源地
BJ	种子	6	b	采集	海南、云南、重庆

刺参属 *Morina*

青海刺参 *Morina kokonorica* Hao

功效主治　全草：甘、微苦，温。健胃，催吐，消肿。用于胃痛；外用于疮痈肿痛。

濒危等级　中国特有植物，中国植物红色名录评估为无危（LC）。

种质库保存

保存地点	保存方式	种质份数	个体数量	引种方式	来源地
BJ	种子	1	a	采集	甘肃

刺续断属 *Acanthocalyx*

白花刺续断 *Acanthocalyx alba* (Hand.-Mazz.) M. Connon

濒危等级 中国植物红色名录评估为无危（LC）。

迁地栽培保存

保存地点	种质份数	个体数量	引种方式	生长状况	来源地
BJ	1	b	采集	C	四川

鬼吹箫属 *Leycesteria*

鬼吹箫 *Leycesteria formosa* Wall.

功效主治 全株：苦，凉。破血，祛风，平喘。用于风湿关节痛，月经不调，黄疸，水肿。

濒危等级 中国植物红色名录评估为无危（LC）。

迁地栽培保存

保存地点	种质份数	个体数量	引种方式	生长状况	来源地
GX	2	f	采集	G	中国云南，法国

锦带花属 *Weigela*

半边月 *Weigela japonica* var. *sinica* (Rehd.) Bailey

濒危等级 中国植物红色名录评估为无危（LC）。

迁地栽培保存

保存地点	种质份数	个体数量	引种方式	生长状况	来源地
CQ	1	a	采集	C	重庆

锦带花 *Weigela florida* (Bunge) A. DC.

功效主治 花：活血止痛。

濒危等级 山西省重点保护植物，中国植物红色名录评估为无危（LC）。

迁地栽培保存

保存地点	种质份数	个体数量	引种方式	生长状况	来源地
SH	1	b	采集	A	待确定
BJ	1	b	购买	G	北京
GZ	1	a	采集	C	贵州
JS1	1	b	购买	C	江苏
JS2	1	c	购买	C	江苏
NMG	1	c	购买	C	内蒙古

日本锦带花 *Weigela japonica* Thunb.

功效主治 根：甘，平。理气健脾，滋阴补虚。用于食少气虚，消化不良，体质虚弱。枝、叶：用于疮疡肿毒。

迁地栽培保存

保存地点	种质份数	个体数量	引种方式	生长状况	来源地
CQ	1	a	购买	C	重庆
GX	*	f	采集	G	重庆

蓝盆花属 *Scabiosa*

蓝盆花 *Scabiosa comosa* Fisch. ex Roem. et Schult.

功效主治 花：清热泻火。

濒危等级 中国植物红色名录评估为无危（LC）。

迁地栽培保存

保存地点	种质份数	个体数量	引种方式	生长状况	来源地
BJ	8	c	采集	G	北京、山西、黑龙江、河北，待确定

六道木属　*Zabelia*

六道木　*Zabelia biflora*（Turcz.）Makino

功效主治　果实（六翅木）：祛风湿，消肿毒。用于风湿筋骨痛，痈毒红肿。

濒危等级　中国植物红色名录评估为无危（LC）。

迁地栽培保存

保存地点	种质份数	个体数量	引种方式	生长状况	来源地
JS1	1	a	采集	D	江苏
GX	*	f	采集	G	广西
BJ	1	a	采集	C	河北

毛核木属　*Symphoricarpos*

毛核木　*Symphoricarpos sinensis* Rehd.

功效主治　全株：清热解毒。

濒危等级　中国特有植物，陕西省稀有保护植物，中国植物红色名录评估为无危（LC）。

迁地栽培保存

保存地点	种质份数	个体数量	引种方式	生长状况	来源地
GX	*	f	采集	G	法国

种质库保存

保存地点	保存方式	种质份数	个体数量	引种方式	来源地
BJ	种子	1	a	采集	待确定

糯米条属 *Abelia*

大花六道木 *Abelia × grandiflora*（André）Rehd.

濒危等级 中国植物红色名录评估为数据缺乏（DD）。

迁地栽培保存

保存地点	种质份数	个体数量	引种方式	生长状况	来源地
SH	2	b	采集	A	待确定

南方六道木 *Abelia dielsii*（Graebn.）Rehder

功效主治 果实（红丝线）：清热利湿，解毒，止痛。用于风湿痹痛。

迁地栽培保存

保存地点	种质份数	个体数量	引种方式	生长状况	来源地
GX	*	f	采集	G	上海

糯米条 *Abelia chinensis* R. Br.

功效主治 根：用于牙痛。枝、叶：清热解毒，凉血止血。用于跌打损伤，痄腮，小儿口腔破溃。花：用于头痛，牙痛。

濒危等级 中国植物红色名录评估为无危（LC）。

迁地栽培保存

保存地点	种质份数	个体数量	引种方式	生长状况	来源地
CQ	1	a	采集	B	重庆
BJ	1	a	采集	C	北京
GX	*	f	采集	G	浙江

蓪梗花　*Abelia engleriana*（Graebn.）Rehder

功效主治　根、枝、叶：清热解毒，止血止泻。果实（鸡肚子）：祛风除湿，消肿解毒。

濒危等级　中国特有植物，中国植物红色名录评估为无危（LC）。

迁地栽培保存

保存地点	种质份数	个体数量	引种方式	生长状况	来源地
GX	2	f	采集	G	云南、湖北
GZ	1	a	采集	C	贵州
CQ	1	a	采集	A	重庆

七子花属　*Heptacodium*

七子花　*Heptacodium miconioides* Rehder

濒危等级　中国特有植物，国家重点保护野生植物名录（第一批）二级，中国植物红色名录评估为濒危（EN）。

迁地栽培保存

保存地点	种质份数	个体数量	引种方式	生长状况	来源地
GX	*	f	采集	G	浙江

忍冬属　*Lonicera*

阿尔泰忍冬　*Lonicera caerulea* var. *altaica* Pall.

濒危等级　中国植物红色名录评估为无危（LC）。

迁地栽培保存

保存地点	种质份数	个体数量	引种方式	生长状况	来源地
GX	*	f	采集	G	待确定

长白忍冬　*Lonicera ruprechtiana* Regel

濒危等级　中国植物红色名录评估为无危（LC）。

迁地栽培保存

保存地点	种质份数	个体数量	引种方式	生长状况	来源地
GX	*	f	采集	G	待确定

葱皮忍冬 *Lonicera ferdinandii* Franch.

濒危等级 中国植物红色名录评估为无危（LC）。

迁地栽培保存

保存地点	种质份数	个体数量	引种方式	生长状况	来源地
GX	*	f	采集	G	波兰

种质库保存

保存地点	保存方式	种质份数	个体数量	引种方式	来源地
BJ	种子	1	a	采集	甘肃

大花忍冬 *Lonicera macrantha*（D. Don）Spreng.

功效主治 全株：镇惊，祛风，败毒，清热。用于小儿急惊风，疮毒。花蕾：苦，平。清热，解毒。用于咽喉痛，时行感冒，乳蛾，乳痈，风热咳嗽，泄泻，目赤红肿，肠痈，疮疖脓肿，丹毒，外伤感染，带下病。

濒危等级 中国植物红色名录评估为无危（LC）。

迁地栽培保存

保存地点	种质份数	个体数量	引种方式	生长状况	来源地
HN	1	a	采集	B	海南
GX	*	f	采集	G	广西

淡红忍冬 *Lonicera acuminata* Wall.

功效主治 花蕾：甘，凉。清热解毒，通络。用于暑热感冒，咽喉痛，风热咳喘，泄泻，疮疡肿毒，丹毒。

濒危等级 中国植物红色名录评估为无危（LC）。

迁地栽培保存

保存地点	种质份数	个体数量	引种方式	生长状况	来源地
CQ	1	a	采集	C	重庆
HB	1	a	采集	C	湖北

种质库保存

保存地点	保存方式	种质份数	个体数量	引种方式	来源地
BJ	种子	1	a	采集	四川

短柄忍冬 *Lonicera pampaninii* H. Lév.

功效主治 花蕾：清热解毒，舒筋通络，截疟。用于鼻衄，吐血，疟疾。

濒危等级 中国特有植物，中国植物红色名录评估为无危（LC）。

种质库保存

保存地点	保存方式	种质份数	个体数量	引种方式	来源地
BJ	种子	1	a	采集	待确定

短梗忍冬 *Lonicera graebneri* Rehder

濒危等级 中国特有植物，中国植物红色名录评估为无危（LC）。

迁地栽培保存

保存地点	种质份数	个体数量	引种方式	生长状况	来源地
GX	*	f	采集	G	上海

刚毛忍冬 *Lonicera hispida* Pall. ex Roem. & Schult.

功效主治 嫩枝、叶：清热解毒，通经活络。花蕾：清热解毒。果实：甘、酸，寒。清肝明目，止咳平喘。

濒危等级 中国植物红色名录评估为无危（LC）。

种质库保存

保存地点	保存方式	种质份数	个体数量	引种方式	来源地
BJ	种子	1	a	采集	甘肃

菰腺忍冬 *Lonicera hypoglauca* Miq.

功效主治 花蕾：甘，凉。清热解毒，疏散风热。用于风热感冒，咽喉痛，风热咳喘，泄泻，疮疡肿毒，丹毒。嫩枝：清热解毒，通络。

濒危等级 中国植物红色名录评估为无危（LC）。

迁地栽培保存

保存地点	种质份数	个体数量	引种方式	生长状况	来源地
JS1	1	a	采集	C	江苏

光枝柳叶忍冬 *Lonicera lanceolata* var. *glabra* Chien ex Hsu et H. J. Wang

濒危等级 中国特有植物，中国植物红色名录评估为无危（LC）。

迁地栽培保存

保存地点	种质份数	个体数量	引种方式	生长状况	来源地
CQ	1	a	采集	C	重庆

红白忍冬 *Lonicera japonica* var. *chinensis* (Wats.) Bak.

濒危等级 中国特有植物，中国植物红色名录评估为无危（LC）。

迁地栽培保存

保存地点	种质份数	个体数量	引种方式	生长状况	来源地
HEN	1	b	赠送	A	河南
SH	1	a	采集	A	待确定
GX	*	f	采集	G	河北

红花金银忍冬 *Lonicera maackii* var. *erubescens* Rehd.

濒危等级　中国特有植物，中国植物红色名录评估为无危（LC）。

迁地栽培保存

保存地点	种质份数	个体数量	引种方式	生长状况	来源地
GX	*	f	采集	G	湖南

红花岩生忍冬 *Lonicera rupicola* var. *syringantha* (Maxim.) Zabel

濒危等级　中国植物红色名录评估为无危（LC）。

迁地栽培保存

保存地点	种质份数	个体数量	引种方式	生长状况	来源地
JS1	1	a	采集	D	江苏

种质库保存

保存地点	保存方式	种质份数	个体数量	引种方式	来源地
BJ	种子	1	a	采集	甘肃

华南忍冬 *Lonicera confusa* (Sweet) DC.

功效主治　叶（土银花叶）：甘，凉。清热解毒。用于痈疮疔毒，麻疹痘毒，痢疾。花蕾（金银花）、嫩枝：甘，寒。清热解毒。用于感冒发热，咽喉痛，泄泻，痰毒。

濒危等级　中国植物红色名录评估为无危（LC）。

迁地栽培保存

保存地点	种质份数	个体数量	引种方式	生长状况	来源地
GD	2	f	采集	A	待确定
HN	2	a	采集	B	海南
BJ	1	a	采集	G	四川

华西忍冬 *Lonicera webbiana* Wall. ex DC.

功效主治 花蕾：清热解毒。

濒危等级 中国植物红色名录评估为无危（LC）。

迁地栽培保存

保存地点	种质份数	个体数量	引种方式	生长状况	来源地
GX	*	f	采集	G	待确定

种质库保存

保存地点	保存方式	种质份数	个体数量	引种方式	来源地
BJ	种子	1	a	采集	甘肃

华西忍冬 （原变种） *Lonicera webbiana* Wall. ex DC. var. *webbiana*

濒危等级 中国植物红色名录评估为无危（LC）。

迁地栽培保存

保存地点	种质份数	个体数量	引种方式	生长状况	来源地
GX	*	f	采集	G	待确定

黄褐毛忍冬 *Lonicera fulvotomentosa* P. S. Hsu & S. C. Cheng

功效主治 花蕾：清热解毒，消肿。用于暑热感冒，咽喉痛，风热咳喘，泄泻。

濒危等级 中国特有植物，中国植物红色名录评估为无危（LC）。

迁地栽培保存

保存地点	种质份数	个体数量	引种方式	生长状况	来源地
JS1	1	a	采集	D	贵州
GX	*	f	采集	G	广西

种质库保存

保存地点	保存方式	种质份数	个体数量	引种方式	来源地
BJ	种子	6	b	采集	贵州

灰毡毛忍冬　*Lonicera macranthoides* Hand.-Mazz.

功效主治　花蕾：甘，凉。清热解毒，宣散风热。

濒危等级　中国特有植物，中国植物红色名录评估为无危（LC）。

迁地栽培保存

保存地点	种质份数	个体数量	引种方式	生长状况	来源地
CQ	1	a	采集	C	重庆
BJ	1	b	采集	G	四川

种质库保存

保存地点	保存方式	种质份数	个体数量	引种方式	来源地
BJ	种子	1	a	采集	重庆

截萼忍冬　*Lonicera altmannii* Regel & Schmalh.

功效主治　花：用于牙痛，咽喉肿痛。

濒危等级　中国植物红色名录评估为无危（LC）。

迁地栽培保存

保存地点	种质份数	个体数量	引种方式	生长状况	来源地
GX	*	f	采集	G	波兰

金花忍冬　*Lonicera chrysantha* Turcz. ex Ledeb.

功效主治　花蕾、嫩枝、叶：清热解毒。

濒危等级　中国植物红色名录评估为无危（LC）。

迁地栽培保存

保存地点	种质份数	个体数量	引种方式	生长状况	来源地
BJ	1	a	采集	G	山东
GX	*	f	采集	G	待确定

金银忍冬 *Lonicera maackii* (Rupr.) Maxim.

功效主治 根：解毒截疟。茎叶：祛风解毒，活血祛瘀。花：淡，平。祛风解表，消肿解毒。

濒危等级 中国植物红色名录评估为无危（LC）。

迁地栽培保存

保存地点	种质份数	个体数量	引种方式	生长状况	来源地
NMG	1	c	购买	C	内蒙古
HB	1	a	采集	C	待确定
JS1	1	a	购买	D	江苏
HLJ	1	a	购买	A	黑龙江
CQ	1	a	购买	C	重庆
BJ	1	b	购买	G	浙江
GX	*	f	采集	G	广西

种质库保存

保存地点	保存方式	种质份数	个体数量	引种方式	来源地
BJ	种子	9	b	采集	江西、山西、黑龙江

苦糖果 *Lonicera fragrantissima* var. *lancifolia* (Rehder) Q. E. Yang

濒危等级 中国植物红色名录评估为无危（LC）。

迁地栽培保存

保存地点	种质份数	个体数量	引种方式	生长状况	来源地
CQ	2	a	采集	F	重庆、四川
GZ	1	a	采集	C	贵州
GX	*	f	采集	G	湖北，待确定

蓝靛果 *Lonicera caerulea* var. *edulis* Turcz. ex Herd.

濒危等级 中国植物红色名录评估为无危（LC）。

迁地栽培保存

保存地点	种质份数	个体数量	引种方式	生长状况	来源地
GX	*	f	采集	G	待确定

蓝果忍冬 *Lonicera caerulea* L.

功效主治 花蕾：清热解毒。用于腹胀，血痢。

濒危等级 中国植物红色名录评估为无危（LC）。

迁地栽培保存

保存地点	种质份数	个体数量	引种方式	生长状况	来源地
GX	*	f	采集	G	待确定

蓝叶忍冬 *Lonicera korolkowii* Stapf

迁地栽培保存

保存地点	种质份数	个体数量	引种方式	生长状况	来源地
SH	1	a	采集	A	待确定

亮叶忍冬 *Lonicera ligustrina* var. *yunnanensis* Franchet

濒危等级 中国特有植物，中国植物红色名录评估为无危（LC）。

迁地栽培保存

保存地点	种质份数	个体数量	引种方式	生长状况	来源地
GX	2	f	采集	G	云南、湖南

柳叶忍冬 *Lonicera lanceolata* Wall.

功效主治　花蕾：清热解毒，疏散风热。用于肿毒。

濒危等级　中国植物红色名录评估为无危（LC）。

迁地栽培保存

保存地点	种质份数	个体数量	引种方式	生长状况	来源地
GX	*	f	采集	G	待确定

毛萼忍冬 *Lonicera trichosepala*（Rehder）P. S. Hsu

功效主治　花蕾、枝条：甘，凉。清热解毒。

濒危等级　中国特有植物，中国植物红色名录评估为无危（LC）。

迁地栽培保存

保存地点	种质份数	个体数量	引种方式	生长状况	来源地
GX	*	f	采集	G	待确定

女贞叶忍冬 *Lonicera ligustrina* Wall.

功效主治　花蕾：清热解毒，截疟。

濒危等级　中国植物红色名录评估为无危（LC）。

迁地栽培保存

保存地点	种质份数	个体数量	引种方式	生长状况	来源地
GX	*	f	采集	G	湖北

匍匐忍冬 *Lonicera crassifolia* Batalin

功效主治　花蕾、嫩枝：用于风湿关节痛。

濒危等级　中国特有植物，中国植物红色名录评估为无危（LC）。

迁地栽培保存

保存地点	种质份数	个体数量	引种方式	生长状况	来源地
CQ	1	a	采集	C	重庆
GX	*	f	采集	G	湖北

忍冬 *Lonicera japonica* Thunb.

功效主治 茎叶（忍冬藤）：甘，凉。清热解毒，通经活络。用于咽喉痛，时行感冒，风湿关节痛，风热咳喘，痄腮，瘰疬，疔疮肿毒。花蕾（金银花）：甘，凉。清热解毒。用于咽喉痛，时行感冒，乳蛾，乳痈，肠痈，痈疖脓肿，丹毒，外伤感染，带下病。果实（银花子）：苦、涩，凉。清热凉血，化湿热。用于肠风，泄泻。

濒危等级 中国植物红色名录评估为无危（LC）。

迁地栽培保存

保存地点	种质份数	个体数量	引种方式	生长状况	来源地
FJ	5	a	采集	A	福建
LN	2	b	采集	C	辽宁
GX	2	f	采集	G	中国河北、日本
BJ	10	d	采集	G	陕西、河北、云南
HN	1	a	采集	B	待确定
YN	1	b	购买	C	云南
SH	1	a	采集	A	待确定
SC	1	f	待确定	G	四川
JS2	1	e	购买	C	河南
JS1	1	c	采集	C	江苏
HEN	1	d	赠送	A	河南
HB	1	b	采集	C	湖北
GZ	1	c	采集	C	贵州
GD	1	f	采集	G	待确定
CQ	1	a	采集	C	重庆

种质库保存

保存地点	保存方式	种质份数	个体数量	引种方式	来源地
HN	种子	47	d	采集	湖南、广东
BJ	种子	14	c	采集	云南、湖北、安徽、四川、山西、江苏

纽毡毛忍冬 *Lonicera similis* Hemsl.

功效主治 花蕾：功效同金银花。

濒危等级 中国植物红色名录评估为无危（LC）。

迁地栽培保存

保存地点	种质份数	个体数量	引种方式	生长状况	来源地
CQ	1	a	采集	C	重庆

蕊被忍冬 *Lonicera gynochlamydea* Hemsl.

功效主治 花蕾：清热解毒，止痢。用于痢疾，疟疾。

濒危等级 中国特有植物，中国植物红色名录评估为无危（LC）。

迁地栽培保存

保存地点	种质份数	个体数量	引种方式	生长状况	来源地
CQ	1	a	采集	C	重庆

蕊帽忍冬 *Lonicera pileata* Oliv.

功效主治 花蕾：清热解毒，截疟，补肾。

濒危等级 中国特有植物，中国植物红色名录评估为无危（LC）。

迁地栽培保存

保存地点	种质份数	个体数量	引种方式	生长状况	来源地
GX	2	f	采集	G	法国

唐古特忍冬　*Lonicera tangutica* Maxim.

功效主治　根、根皮：用于子痈。枝条：去皮后用于气喘，疮疖，痈肿。花蕾：清热解毒，截疟。

濒危等级　中国植物红色名录评估为无危（LC）。

种质库保存

保存地点	保存方式	种质份数	个体数量	引种方式	来源地
BJ	种子	1	a	采集	甘肃

无毛淡红忍冬　*Lonicera acuminata* var. *depilata* Hsu et H. J. Wang

濒危等级　中国特有植物，中国植物红色名录评估为无危（LC）。

迁地栽培保存

保存地点	种质份数	个体数量	引种方式	生长状况	来源地
CQ	1	a	采集	C	重庆

小叶忍冬　*Lonicera microphylla* Willd. ex Schult.

功效主治　枝叶、花蕾：淡，凉。清热解毒，强心消肿，固齿。

濒危等级　中国植物红色名录评估为无危（LC）。

迁地栽培保存

保存地点	种质份数	个体数量	引种方式	生长状况	来源地
GX	*	f	采集	G	上海

新疆忍冬　*Lonicera tatarica* L.

功效主治　花蕾：清热解毒，通络。

濒危等级　中国植物红色名录评估为无危（LC）。

迁地栽培保存

保存地点	种质份数	个体数量	引种方式	生长状况	来源地
GX	*	f	采集	G	新疆

锈毛忍冬 *Lonicera ferruginea* Rehder

功效主治 花蕾：清热解毒，利尿。嫩枝：舒筋活络。

濒危等级 中国植物红色名录评估为无危（LC）。

种质库保存

保存地点	保存方式	种质份数	个体数量	引种方式	来源地
BJ	种子	1	a	采集	待确定

郁香忍冬 *Lonicera fragrantissima* Lindl. & Paxton

功效主治 根、嫩枝、叶：甘，凉。祛风除湿，清热止痛。用于风湿关节痛，劳伤，疔疮。

濒危等级 中国特有植物，中国植物红色名录评估为无危（LC）。

迁地栽培保存

保存地点	种质份数	个体数量	引种方式	生长状况	来源地
BJ	2	b	采集	G	湖北、河南
GX	*	f	采集	G	上海

皱叶忍冬 *Lonicera fragrantissima* Champ. ex Benth.

功效主治 根：微苦，凉。舒筋通络。用于丹毒，疔疮。嫩枝：用于风湿关节痛，骨痨，肺痈，水肿，乳痈。花蕾：清热解毒，消肿。

濒危等级 中国植物红色名录评估为无危（LC）。

迁地栽培保存

保存地点	种质份数	个体数量	引种方式	生长状况	来源地
BJ	1	a	采集	G	浙江

紫花忍冬　*Lonicera maximowiczii* (Rupr.) Regel

濒危等级　中国植物红色名录评估为无危（LC）。

迁地栽培保存

保存地点	种质份数	个体数量	引种方式	生长状况	来源地
BJ	1	a	采集	G	陕西

双盾木属　*Dipelta*

双盾木　*Dipelta floribunda* Maxim.

功效主治　根：散寒解表。用于瘾疹，丹毒，湿热身痒。

濒危等级　中国特有植物，中国植物红色名录评估为无危（LC）。

迁地栽培保存

保存地点	种质份数	个体数量	引种方式	生长状况	来源地
GX	*	f	采集	G	湖北

云南双盾木　*Dipelta yunnanensis* Franch.

功效主治　根（鸡骨柴）：苦，平。散寒发汗。用于麻疹痘毒，湿热身痒。

濒危等级　中国特有植物，中国植物红色名录评估为易危（VU）。

迁地栽培保存

保存地点	种质份数	个体数量	引种方式	生长状况	来源地
GX	*	f	采集	G	波兰

莛子䓖属　*Triosteum*

穿心莛子䓖　*Triosteum himalayanum* Wall.

功效主治　全草（五转七）：苦，凉。利尿消肿，调经活血。用于小便涩痛，浮肿，月经不调，劳伤疼痛。

濒危等级　中国植物红色名录评估为无危（LC）。

迁地栽培保存

保存地点	种质份数	个体数量	引种方式	生长状况	来源地
BJ	4	c	采集	C	陕西、四川、海南

种质库保存

保存地点	保存方式	种质份数	个体数量	引种方式	来源地
BJ	种子	1	a	采集	福建

莛子藨 *Triosteum pinnatifidum* Maxim.

功效主治 带根全草（天王七）：利水消肿，活血调经。用于水肿，小便不利，月经不调，劳伤疼痛。根、果实：苦、涩、平。祛风湿，理气活血，健脾胃，消肿镇痛，生肌。用于劳伤，风湿腰腿痛，跌打损伤，消化不良，月经不调，带下病。叶（天王七叶）：用于刀伤。

濒危等级 河北省重点保护植物，中国植物红色名录评估为无危（LC）。

种质库保存

保存地点	保存方式	种质份数	个体数量	引种方式	来源地
BJ	种子	1	a	采集	甘肃

猬实属 *Kolkwitzia*

猬实 *Kolkwitzia amabilis* Graebn.

濒危等级 中国特有植物，山西省重点保护植物、陕西省稀有保护植物，中国植物红色名录评估为易危（VU）。

迁地栽培保存

保存地点	种质份数	个体数量	引种方式	生长状况	来源地
BJ	1	a	购买	G	北京

种质库保存

保存地点	保存方式	种质份数	个体数量	引种方式	来源地
BJ	种子	1	a	采集	湖北

缬草属　*Valeriana*

柔垂缬草　*Valeriana flaccidissima* Maxim.

功效主治　全草：辛、甘，平。健脾消积，理气止痛。用于消化不良，食积饱胀。

迁地栽培保存

保存地点	种质份数	个体数量	引种方式	生长状况	来源地
BJ	1	b	采集	C	湖北
HB	1	a	采集	C	湖北

缬草　*Valeriana officinalis* L.

功效主治　根、根茎（小救驾）：辛、甘、苦，温。安神镇静，祛风解痉，生肌止血，止痛。用于肾虚失眠，癔病，癫痫，胃腹胀痛，腰腿痛，跌打损伤。

迁地栽培保存

保存地点	种质份数	个体数量	引种方式	生长状况	来源地
BJ	2	d	采集、赠送	G	中国河北，前苏联
HB	1	f	采集	C	湖北
HEN	1	b	采集	A	河南
JS2	1	c	购买	C	江苏
SH	1	b	采集	F	待确定

蜘蛛香　*Valeriana jatamansi* Jones

功效主治　根茎（蜘蛛香）、根（蜘蛛香）、全草：辛、微苦，温。消食健胃，理气止痛，祛风解毒。用于胃痛腹胀，消化不良，小儿疳积，泄泻，风湿关节痛，腰膝酸软。

濒危等级　中国植物红色名录评估为无危（LC）。

迁地栽培保存

保存地点	种质份数	个体数量	引种方式	生长状况	来源地
BJ	2	b	采集	C	四川、贵州

续表

保存地点	种质份数	个体数量	引种方式	生长状况	来源地
HB	1	a	采集	C	湖北
GZ	1	d	采集	C	贵州
SH	1	b	采集	A	待确定
CQ	1	a	采集	C	重庆
GX	*	f	采集	G	云南

翼首花属 *Pterocephalus*

匙叶翼首花 *Pterocephalus hookeri* (C. B. Clarke) Diels

功效主治 带根全草（翼首草）：苦，凉。有小毒。清热解表，清心凉血，祛风湿，止痛。用于感冒及各种
温热病引起的发热，心中烦热，咯血，吐血，便血，尿血。

濒危等级 中国植物红色名录评估为无危（LC）。

迁地栽培保存

保存地点	种质份数	个体数量	引种方式	生长状况	来源地
BJ	1	b	采集	G	四川

种质库保存

保存地点	保存方式	种质份数	个体数量	引种方式	来源地
BJ	种子	1	a	采集	甘肃

肉豆蔻科 Myristicaceae

风吹楠属 *Horsfieldia*

大叶风吹楠 *Horsfieldia kingii* (Hook. f.) Warb.

功效主治 茎皮、叶：补血。用于小儿疳积。

濒危等级 中国植物红色名录评估为易危（VU）。

迁地栽培保存

保存地点	种质份数	个体数量	引种方式	生长状况	来源地
HN	1	a	采集	C	海南
GX	*	f	采集	G	中国

风吹楠 *Horsfieldia glabra* (Reinw. ex Blume) Warb.

功效主治 茎皮：补血。

濒危等级 中国植物红色名录评估为无危（LC）。

迁地栽培保存

保存地点	种质份数	个体数量	引种方式	生长状况	来源地
HN	2	a	赠送	C	广西
YN	1	a	采集	C	云南

种质库保存

保存地点	保存方式	种质份数	个体数量	引种方式	来源地
BJ	种子	6	b	采集	待确定

云南风吹楠 *Horsfieldia prainii* (King) Warburg

濒危等级 中国植物红色名录评估为易危（VU）。

迁地栽培保存

保存地点	种质份数	个体数量	引种方式	生长状况	来源地
YN	1	a	采集	C	云南

红光树属 *Knema*

大叶红光树 *Knema linifolia* (Roxb.) Warb.

濒危等级 中国植物红色名录评估为无危（LC）。

迁地栽培保存

保存地点	种质份数	个体数量	引种方式	生长状况	来源地
YN	1	a	采集	C	云南

马来红光树 *Knema furfuracea* (Hook. f. et Thoms.) Warb.

迁地栽培保存

保存地点	种质份数	个体数量	引种方式	生长状况	来源地
YN	1	a	采集	C	云南

小叶红光树 *Knema globularia* (Lam.) Warb.

功效主治 种子油：用于疥疮。枝干提取物：用于花斑癣等。

濒危等级 中国植物红色名录评估为无危（LC）。

迁地栽培保存

保存地点	种质份数	个体数量	引种方式	生长状况	来源地
GX	*	f	采集	G	广西

肉豆蔻属 *Myristica*

肉豆蔻 *Myristica fragrans* Houtt.

功效主治 种仁（肉豆蔻）：行气止痛，温脾健胃，祛风湿。用于虚泻冷痢，脘腹冷痛，呕吐；外用于风湿痛。

迁地栽培保存

保存地点	种质份数	个体数量	引种方式	生长状况	来源地
BJ	1	b	采集	G	海南
HN	1	d	赠送	B	马来西亚
YN	1	a	采集	A	云南

种质库保存

保存地点	保存方式	种质份数	个体数量	引种方式	来源地
HN	种子、种胚	15	b	采集	海南，待确定

云南肉豆蔻　*Myristica yunnanensis* Y. H. Li

濒危等级　国家重点保护野生植物名录（第一批）二级，中国植物红色名录评估为濒危（EN）。

迁地栽培保存

保存地点	种质份数	个体数量	引种方式	生长状况	来源地
HN	1	a	赠送	B	云南
YN	1	a	采集	D	云南

瑞香科　Thymelaeaceae

草瑞香属　*Diarthron*

草瑞香　*Diarthron linifolium* Turcz.

功效主治　根皮、茎皮：活血止痛。外用于风湿痛。
濒危等级　中国植物红色名录评估为无危（LC）。

迁地栽培保存

保存地点	种质份数	个体数量	引种方式	生长状况	来源地
GX	*	f	采集	G	山东

沉香属　*Aquilaria*

沉香　*Aquilaria agallocha* Roxb.

功效主治　心材（土沉香）：辛、苦，寒。降气调中，暖肾止痛。用于脘腹痛，呕吐，气逆，呃逆，气喘。

迁地栽培保存

保存地点	种质份数	个体数量	引种方式	生长状况	来源地
FJ	1	a	赠送	A	海南

土沉香　*Aquilaria sinensis*（Lour.）Spreng.

功效主治　心材（沉香）：辛、苦，微温。降气调中，暖肾止痛。用于胸腹疼痛，胸闷，呕吐呃逆，腹鸣泄泻，气逆喘促。

濒危等级　中国特有植物，国家重点保护野生植物名录（第一批）二级，CITES 附录 Ⅱ 物种，中国植物红色名录评估为易危（VU）。

迁地栽培保存

保存地点	种质份数	个体数量	引种方式	生长状况	来源地
BJ	1	a	采集	C	北京
GD	1	f	采集	G	待确定
YN	1	b	购买	A	云南

种质库保存

保存地点	保存方式	种质份数	个体数量	引种方式	来源地
BJ	种子	1	a	采集	重庆
HN	种子	3000	e	采集	广东、海南、云南

结香属　*Edgeworthia*

结香　*Edgeworthia chrysantha* Lindl.

功效主治　花蕾（梦花）：淡，平。养阴，安神，明目，祛障翳。用于青盲，翳障，多泪，畏光，梦遗，虚淋，失音。根（梦花根）：辛，温。安心神，益肾气。用于梦遗，早泄，白浊，虚淋，带下病，血崩。

迁地栽培保存

保存地点	种质份数	个体数量	引种方式	生长状况	来源地
GZ	1	b	采集	C	贵州
HB	1	a	采集	C	湖北
JS1	1	a	购买	C	江苏
SC	1	f	待确定	G	四川
SH	1	a	采集	A	待确定
BJ	1	a	采集	G	广西
GX	*	f	采集	G	广西

狼毒属 *Stellera*

狼毒 *Stellera chamaejasme* Linn.

功效主治 根（狼毒）：辛、苦，平。有毒。逐水祛痰，破积杀虫。用于水气胀肿，瘰疬，疥癣，外伤出血，疮疡，跌打损伤。

濒危等级 中国植物红色名录评估为无危（LC）。

迁地栽培保存

保存地点	种质份数	个体数量	引种方式	生长状况	来源地
BJ	1	b	采集	G	北京
GX	*	f	采集	G	贵州

欧瑞香属 *Thymelaea*

欧瑞香 *Thymelaea passerina* (L.) Cosson & Germ.

濒危等级 中国植物红色名录评估为无危（LC）。

迁地栽培保存

保存地点	种质份数	个体数量	引种方式	生长状况	来源地
GX	*	f	采集	G	波兰

荛花属 *Wikstroemia*

北江荛花 *Wikstroemia monnula* Hance

功效主治 根：甘、辛，微温。有小毒。散结散瘀，清热消肿，通经逐水。

濒危等级 中国特有植物，中国植物红色名录评估为无危（LC）。

迁地栽培保存

保存地点	种质份数	个体数量	引种方式	生长状况	来源地
GD	1	f	采集	G	待确定
GX	*	f	采集	G	广西

粗轴荛花 *Wikstroemia pachyrachis* S. L. Tsai

濒危等级 中国特有植物，中国植物红色名录评估为无危（LC）。

迁地栽培保存

保存地点	种质份数	个体数量	引种方式	生长状况	来源地
HN	1	a	采集	C	海南

荁叶荛花 *Wikstroemia scytophylla* Diels

功效主治 根：用于便秘。

濒危等级 中国特有植物，中国植物红色名录评估为无危（LC）。

种质库保存

保存地点	保存方式	种质份数	个体数量	引种方式	来源地
BJ	种子	1	a	采集	贵州

海南荛花 *Wikstroemia hainanensis* Merr.

濒危等级 中国特有植物，中国植物红色名录评估为无危（LC）。

迁地栽培保存

保存地点	种质份数	个体数量	引种方式	生长状况	来源地
HN	1	a	采集	C	海南
GX	*	f	采集	G	海南

种质库保存

保存地点	保存方式	种质份数	个体数量	引种方式	来源地
HN	种子	1	a	采集	海南

河朔荛花 *Wikstroemia chamaedaphne* Meisn.

功效主治　花蕾：辛，温。有小毒。泻下逐水。用于水肿胀满，痰饮积聚，哮喘，肝瘟。

迁地栽培保存

保存地点	种质份数	个体数量	引种方式	生长状况	来源地
BJ	2	a	采集	G	北京、山西

了哥王 *Wikstroemia indica* (L.) C. A. Mey.

功效主治　根、叶：微辛、苦，寒。有毒。清热解毒，通经利水，化痰止咳。用于瘰疬，风湿痛，跌打损伤，出血，咳嗽。

迁地栽培保存

保存地点	种质份数	个体数量	引种方式	生长状况	来源地
YN	1	a	采集	C	云南
BJ	1	a	采集	G	广西
HN	1	a	赠送	C	海南
GD	1	b	采集	B	待确定

种质库保存

保存地点	保存方式	种质份数	个体数量	引种方式	来源地
BJ	种子	7	b	采集	广东、广西、云南、海南

细轴荛花 *Wikstroemia nutans* Champ. ex Benth.

功效主治　根、茎皮、花：辛，温。消坚破瘀，止血，镇痛。用于瘰疬初起，跌打损伤。

濒危等级　中国植物红色名录评估为无危（LC）。

迁地栽培保存

保存地点	种质份数	个体数量	引种方式	生长状况	来源地
GD	1	f	采集	G	待确定
GX	*	f	采集	G	日本

小黄构 *Wikstroemia micrantha* Hemsl.

功效主治　根、茎皮：淡，平。止咳化痰。用于哮喘，风火头痛。

濒危等级　中国特有植物，中国植物红色名录评估为无危（LC）。

迁地栽培保存

保存地点	种质份数	个体数量	引种方式	生长状况	来源地
GX	*	f	采集	G	重庆

种质库保存

保存地点	保存方式	种质份数	个体数量	引种方式	来源地
BJ	种子	4	b	采集	待确定

窄叶荛花 *Wikstroemia chuii* Merr.

濒危等级　中国特有植物，中国植物红色名录评估为无危（LC）。

迁地栽培保存

保存地点	种质份数	个体数量	引种方式	生长状况	来源地
HN	1	a	采集	C	海南

瑞香属　*Daphne*

白瑞香　*Daphne papyracea* Wall. ex Steud.

功效主治　根皮、茎皮、花、果实：甘、辛，微温。有毒。祛风除湿，活血调经，止痛。用于跌打损伤，大便下血，内脏出血，痛经。

濒危等级　中国植物红色名录评估为无危（LC）。

迁地栽培保存

保存地点	种质份数	个体数量	引种方式	生长状况	来源地
GX	*	f	采集	G	广西

滇瑞香　*Daphne feddei* Lévl.

功效主治　全株或根（桂花岩陀）：辛、涩，温。有小毒。祛风除湿，舒筋活络。用于跌打损伤，风湿关节痛，胃痛。

濒危等级　中国特有植物，中国植物红色名录评估为无危（LC）。

迁地栽培保存

保存地点	种质份数	个体数量	引种方式	生长状况	来源地
CQ	1	a	采集	C	重庆

高山瑞香　*Daphne chingshuishaniana* S. S. Ying

濒危等级　中国特有植物，中国植物红色名录评估为无危（LC）。

迁地栽培保存

保存地点	种质份数	个体数量	引种方式	生长状况	来源地
GX	*	f	采集	G	波兰

黄瑞香　*Daphne giraldii* Nitsche

功效主治　根皮、茎皮（祖师麻）：辛、苦，温。有小毒。祛风除湿，止痛散瘀。用于头痛，牙痛，风湿关节痛，胃痛，腰腿痛，四肢麻木。种子（去风子）：用于吐泻。

濒危等级 中国特有植物，中国植物红色名录评估为无危（LC）。

迁地栽培保存

保存地点	种质份数	个体数量	引种方式	生长状况	来源地
BJ	1	a	采集	G	陕西
JS1	1	a	购买	D	江苏

和质库保存

保存地点	保存方式	种质份数	个体数量	引种方式	来源地
BJ	种子	1	a	采集	待确定

金边瑞香 *Daphne odora* 'Aureomarginata'

迁地栽培保存

保存地点	种质份数	个体数量	引种方式	生长状况	来源地
CQ	1	a	购买	F	重庆
GX	*	f	采集	G	福建

瑞香 *Daphne odora* Thunb.

功效主治 根、茎、花：苦、辛，温。祛风除湿，活血止血。用于风湿关节痛，腰腿痛，牙痛，咽喉痛，跌打损伤，乳石痈，疮疡。

迁地栽培保存

保存地点	种质份数	个体数量	引种方式	生长状况	来源地
BJ	1	a	采集	G	待确定

唐古特瑞香 *Daphne tangutica* Maxim.

功效主治 茎皮（祖师麻）、根皮（祖师麻）：辛、苦，温。有毒。祛风除湿，散瘀止痛。用于下疳，骨痛，关节腔积水。花：辛、苦，温。有毒。祛风除湿，散瘀止痛。用于下疳，骨痛，关节腔积水，肺痈。

濒危等级 中国特有植物，中国植物红色名录评估为无危（LC）。

迁地栽培保存

保存地点	种质份数	个体数量	引种方式	生长状况	来源地
BJ	1	a	采集	G	甘肃

芫花 *Daphne genkwa* Sieb. et Zucc.

功效主治 花蕾（芫花）：辛、苦，温。泻水逐饮，解毒杀虫。用于痰饮癖积，咳喘，水肿，胁痛，心腹胀满，食物中毒，疟疾，痈肿。根（芫花根）：辛、苦，温。消肿，活血，止痛。用于水肿，瘰疬，乳痈，痔瘘，疥疮。

濒危等级 中国植物红色名录评估为无危（LC）。

迁地栽培保存

保存地点	种质份数	个体数量	引种方式	生长状况	来源地
BJ	3	b	采集	G	浙江、河南、湖北
JS1	1	a	采集	C	江苏
HEN	1	a	采集	A	河南

三白草科 Saururaceae

蕺菜属 *Houttuynia*

蕺菜 *Houttuynia cordata* Thunb.

功效主治 全草（鱼腥草）：辛，凉。清热解毒，消痈排脓，利尿通淋。用于肺痈，肺热咳嗽，小便淋痛，水肿；外用于痈肿疮毒，毒蛇咬伤。

迁地栽培保存

保存地点	种质份数	个体数量	引种方式	生长状况	来源地
FJ	2	a	采集	A	福建
JS2	2	e	购买	C	江苏

续表

保存地点	种质份数	个体数量	引种方式	生长状况	来源地
YN	1	c	采集	A	云南
SH	1	b	采集	A	待确定
SC	1	f	待确定	G	四川
JS1	1	a	采集	C	江苏
HEN	1	d	采集	A	河南
GZ	1	e	采集	C	贵州
CQ	1	a	采集	C	重庆
HB	1	e	采集	A	湖北
BJ	1	e	采集	G	四川
HN	1	b	采集	C	海南

种质库保存

保存地点	保存方式	种质份数	个体数量	引种方式	来源地
BJ	种子	6	b	采集	山西、江西

裸蒴属　*Gymnotheca*

白苞裸蒴　*Gymnotheca involucrata* S. J. Pei

功效主治　用于跌打损伤，肺痨咳嗽，白浊，带下病，腹胀水肿。

濒危等级　中国特有植物，中国植物红色名录评估为易危（VU）。

迁地栽培保存

保存地点	种质份数	个体数量	引种方式	生长状况	来源地
GX	*	f	采集	G	四川

裸蒴　*Gymnotheca chinensis* Decne.

功效主治　全草（白侧耳根）：辛，温。清热利湿，消肿利尿，止带。用于肺虚久咳，劳伤咳嗽，小便淋痛，水肿，带下病；外用于跌打损伤。

濒危等级 中国植物红色名录评估为无危（LC）。

迁地栽培保存

保存地点	种质份数	个体数量	引种方式	生长状况	来源地
BJ	1	a	采集	G	云南
CQ	1	a	采集	C	重庆
GX	*	f	采集	G	广东

三白草属 *Saururus*

三白草 *Saururus chinensis*（Lour.）Baill.

功效主治 根、茎、全草（三白草）：辛、甘，寒。清热利尿，消肿解毒。用于小便淋痛，石淋，水肿，带下病；外用于疮痈，皮肤湿疹，毒蛇咬伤。

濒危等级 中国植物红色名录评估为无危（LC）。

迁地栽培保存

保存地点	种质份数	个体数量	引种方式	生长状况	来源地
BJ	3	d	采集	G	浙江、湖北、贵州
HB	1	a	采集	C	湖北
SH	1	b	采集	A	待确定
JS2	1	d	购买	C	江苏
HN	1	b	采集	B	海南
GZ	1	b	采集	C	贵州
GD	1	b	采集	D	待确定
CQ	1	a	采集	C	重庆
JS1	1	c	采集	C	江苏

伞形科　Apiaceae

阿米芹属　*Ammi*

阿米芹　*Ammi visnaga* (L.) Lam.

功效主治　果实：活血通脉，利尿通经。

迁地栽培保存

保存地点	种质份数	个体数量	引种方式	生长状况	来源地
BJ	1	a	赠送	G	前苏联
GX	*	f	采集	G	英国

大阿米芹　*Ammi majus* L.

功效主治　种子：在约旦可用于石淋，在摩洛哥可用于白癜风，牛皮癣。

迁地栽培保存

保存地点	种质份数	个体数量	引种方式	生长状况	来源地
BJ	1	a	赠送	G	前苏联

阿魏属　*Ferula*

阜康阿魏　*Ferula fukanensis* K. M. Shen

功效主治　树脂（阿魏）：苦、辛，温。消积，散痞，杀虫。用于肉食积滞，腹中痞块，虫积腹痛，瘀血癥瘕。

濒危等级　中国特有植物，国家重点保护野生植物名录（第二批）二级，中国植物红色名录评估为濒危（EN）。

种质库保存

保存地点	保存方式	种质份数	个体数量	引种方式	来源地
BJ	种子	1	a	采集	甘肃

全裂叶阿魏　*Ferula dissecta*（Ledeb.）Ledeb.

濒危等级　中国植物红色名录评估为无危（LC）。

迁地栽培保存

保存地点	种质份数	个体数量	引种方式	生长状况	来源地
GX	*	f	采集	G	新疆

新疆阿魏　*Ferula sinkiangensis* K. M. Shen

功效主治　树脂（阿魏）：苦、辛，温。杀虫，散痞，消积。用于虫积腹痛，腹中痞块，肉食积滞，瘀血癥瘕。

濒危等级　中国特有植物，国家重点保护野生植物名录（第二批）二级，新疆维吾尔自治区一级保护植物，中国植物红色名录评估为极危（CR）。

迁地栽培保存

保存地点	种质份数	个体数量	引种方式	生长状况	来源地
BJ	1	a	采集	G	新疆

种质库保存

保存地点	保存方式	种质份数	个体数量	引种方式	来源地
BJ	种子	1	a	采集	新疆

多伞阿魏　*Ferula ferulioides*（Steud.）Korovin

功效主治　树脂：苦、辛，温。杀虫，散痞，消积，祛湿止痛。用于虫积腹痛，腹中痞块，肉食积滞，瘀血癥瘕。根：消积杀虫，祛湿止痛。

濒危等级　中国植物红色名录评估为无危（LC）。

种质库保存

保存地点	保存方式	种质份数	个体数量	引种方式	来源地
BJ	种子	1	a	采集	甘肃

硇阿魏 *Ferula bungeana* Kitag.

功效主治 全草或根（沙茴香）：甘，平。清热解毒，消肿止痛。用于瘰疬，乳蛾，胸胁痛，脓肿。

迁地栽培保存

保存地点	种质份数	个体数量	引种方式	生长状况	来源地
BJ	1	a	采集	G	河北

凹乳芹属 *Vicatia*

西藏凹乳芹 *Vicatia thibetica* H. Boissieu

功效主治 根：滋补，除湿，止痒。用于胃寒，腰肾寒痛，痰涎，风湿，瘙痒。

濒危等级 中国植物红色名录评估为无危（LC）。

种质库保存

保存地点	保存方式	种质份数	个体数量	引种方式	来源地
BJ	种子	6	b	采集	云南

白苞芹属 *Nothosmyrnium*

白苞芹 *Nothosmyrnium japonicum* Miq.

功效主治 根：用于咳喘。

迁地栽培保存

保存地点	种质份数	个体数量	引种方式	生长状况	来源地
BJ	1	b	采集	G	陕西

种质库保存

保存地点	保存方式	种质份数	个体数量	引种方式	来源地
BJ	种子	1	a	采集	江西

变豆菜属 *Sanicula*

变豆菜 *Sanicula chinensis* Bunge

功效主治 全草：甘、辛，凉。清热解毒，杀虫。用于痈肿疮毒，蛔虫病。

迁地栽培保存

保存地点	种质份数	个体数量	引种方式	生长状况	来源地
HB	2	a	采集	C	待确定
BJ	1	a	采集	G	山东
SC	1	f	待确定	G	四川
GX	*	f	采集	G	四川

种质库保存

保存地点	保存方式	种质份数	个体数量	引种方式	来源地
BJ	种子	5	a	采集	重庆、广东、四川

薄片变豆菜 *Sanicula lamelligera* Hance

功效主治 全草（大肺经草）：甘、辛，温。散寒止咳，活血通经。用于风寒咳嗽，月经不调，闭经，腰痛，顿咳。

濒危等级 中国植物红色名录评估为无危（LC）。

迁地栽培保存

保存地点	种质份数	个体数量	引种方式	生长状况	来源地
GX	2	f	采集	G	四川、湖北
BJ	1	d	采集	G	陕西

和质库保存

保存地点	保存方式	种质份数	个体数量	引种方式	来源地
BJ	种子	1	a	采集	河北

川滇变豆菜 *Sanicula astrantiifolia* H. Wolff ex Kretschmer

功效主治 根（小黑药）：甘、微苦，温。补肺，益肾。用于肺痨，肾虚腰痛，头昏。

濒危等级 中国特有植物，中国植物红色名录评估为无危（LC）。

和质库保存

保存地点	保存方式	种质份数	个体数量	引种方式	来源地
BJ	种子	1	a	采集	四川

天蓝变豆菜 *Sanicula caerulescens* Franch.

功效主治 全草：甘、辛，温。散寒止咳，活血通经。用于风寒咳嗽，顿咳，月经不调，闭经，腰痛，跌打损伤。

濒危等级 中国特有植物，中国植物红色名录评估为近危（NT）。

迁地栽培保存

保存地点	种质份数	个体数量	引种方式	生长状况	来源地
CQ	1	a	采集	C	重庆
GZ	1	a	采集	C	贵州

直刺变豆菜 *Sanicula orthacantha* S. Moore

功效主治 全草（黑鹅脚板）：苦，凉。清热解毒。用于麻疹后热未尽，耳热瘙痒，跌打损伤。

迁地栽培保存

保存地点	种质份数	个体数量	引种方式	生长状况	来源地
BJ	1	b	采集	G	江西

糙果芹属　*Trachyspermum*

细叶糙果芹　*Trachyspermum ammi*（Linnaeus）Sprague

功效主治　果实（阿育魏）：苦、辛，温。理气开胃，祛寒除湿，止痛。用于瘫痪，抽搐，胃寒痛，消化不良，石淋。

种质库保存

保存地点	保存方式	种质份数	个体数量	引种方式	来源地
BJ	种子	1	a	采集	新疆

柴胡属　*Bupleurum*

阿尔泰柴胡　*Bupleurum krylovianum* Schischk. ex G. V. Krylov

功效主治　根：解表和里，疏肝解郁，升阳。用于感冒发热，月经不调，胸胁胀痛，疟疾，肝毒，胆胀，脱证。

濒危等级　中国植物红色名录评估为无危（LC）。

迁地栽培保存

保存地点	种质份数	个体数量	引种方式	生长状况	来源地
GX	*	f	采集	G	波兰

抱茎柴胡　*Bupleurum longicaule* Wall. ex DC. var. *amplexicaule* C. Y. Wu ex Shan & Y. Li

濒危等级　中国特有植物，中国植物红色名录评估为无危（LC）。

迁地栽培保存

保存地点	种质份数	个体数量	引种方式	生长状况	来源地
GX	*	f	采集	G	云南

北柴胡　*Bupleurum chinense* DC.

功效主治　根（柴胡）：苦，凉。疏风退热，升阳舒肝。用于感冒发热，寒热往来，疟疾，胸胁胀痛，月经不调，脱肛，阴挺。

濒危等级　中国特有植物，吉林省二级保护植物，中国植物红色名录评估为无危（LC）。

迁地栽培保存

保存地点	种质份数	个体数量	引种方式	生长状况	来源地
LN	2	c	采集	B	辽宁
BJ	18	d	采集	C	中国辽宁、内蒙古、四川、山西、甘肃、陕西、湖北、贵州、四川，波兰、日本
HEN	1	d	采集	A	河南
HLJ	1	c	购买	A	黑龙江
JS1	1	a	购买	C	江苏

种质库保存

保存地点	保存方式	种质份数	个体数量	引种方式	来源地
BJ	种子	293	e	采集	甘肃、陕西、安徽、山西、吉林、河北、辽宁、云南、湖南、内蒙古、河南、四川、黑龙江、北京、山东

大叶柴胡　*Bupleurum longiradiatum* Turcz.

功效主治　根茎：功效同北柴胡。

濒危等级　中国植物红色名录评估为无危（LC）。

迁地栽培保存

保存地点	种质份数	个体数量	引种方式	生长状况	来源地
BJ	1	b	采集	G	江西

种质库保存

保存地点	保存方式	种质份数	个体数量	引种方式	来源地
BJ	种子	1	a	采集	江西

新疆柴胡　*Bupleurum exaltatum* M. Bieb.

功效主治　根：功效同北柴胡。

濒危等级　中国植物红色名录评估为无危（LC）。

迁地栽培保存

保存地点	种质份数	个体数量	引种方式	生长状况	来源地
GX	*	f	采集	G	法国

兴安柴胡　*Bupleurum sibiricum* Vest ex Spreng.

功效主治　根：功效同北柴胡。

濒危等级　中国植物红色名录评估为数据缺乏（DD）。

迁地栽培保存

保存地点	种质份数	个体数量	引种方式	生长状况	来源地
BJ	1	a	采集	G	辽宁、吉林、黑龙江

耳叶黑柴胡　*Bupleurum smithii* H. Wolff var. *auriculatum* Shan & Y. Li

濒危等级　中国特有植物，中国植物红色名录评估为无危（LC）。

迁地栽培保存

保存地点	种质份数	个体数量	引种方式	生长状况	来源地
BJ	1	a	采集	G	山西

黑柴胡　*Bupleurum smithii* H. Wolff

功效主治　根：苦，微寒。解表，舒肝，镇痛。用于感冒发热。

濒危等级　中国特有植物，中国植物红色名录评估为无危（LC）。

迁地栽培保存

保存地点	种质份数	个体数量	引种方式	生长状况	来源地
BJ	4	a	采集	G	青海、河北、北京
JS2	1	b	购买	F	江苏

种质库保存

保存地点	保存方式	种质份数	个体数量	引种方式	来源地
BJ	种子	10	a	采集	山西、甘肃，待确定

红柴胡 *Bupleurum scorzonerifolium* Willd.

功效主治　根：苦，凉。疏风退热，舒肝，升阳。用于感冒发热，寒热往来，疟疾，胸胁胀痛，月经不调。

濒危等级　中国植物红色名录评估为无危（LC）。

迁地栽培保存

保存地点	种质份数	个体数量	引种方式	生长状况	来源地
BJ	6	e	采集	G	辽宁、湖北、陕西、山东、内蒙古
JS2	1	b	购买	C	江苏
NMG	1	d	购买	D	内蒙古
GX	*	f	采集	G	待确定

种质库保存

保存地点	保存方式	种质份数	个体数量	引种方式	来源地
BJ	种子	7	b	采集	内蒙古，待确定

黄花鸭跖柴胡 *Bupleurum commelynoideum* H. Boissieu var. *flaviflorum* Shan & Y. Li

濒危等级　中国特有植物，中国植物红色名录评估为无危（LC）。

迁地栽培保存

保存地点	种质份数	个体数量	引种方式	生长状况	来源地
BJ	2	d	采集	G	甘肃、山东

小柴胡 *Bupleurum tenue* Buch.-Ham. ex D. Don

功效主治　全草：苦，凉。解表和里，退热，升阳，解郁。

濒危等级　中国植物红色名录评估为无危（LC）。

迁地栽培保存

保存地点	种质份数	个体数量	引种方式	生长状况	来源地
GZ	1	a	采集	C	贵州

种质库保存

保存地点	保存方式	种质份数	个体数量	引种方式	来源地
BJ	种子	1	a	采集	待确定

窄竹叶柴胡 *Bupleurum marginatum* Wall. ex DC. var. *stenophyllum*（H. Wolff）Shan & Y. Li

濒危等级　中国植物红色名录评估为无危（LC）。

种质库保存

保存地点	保存方式	种质份数	个体数量	引种方式	来源地
BJ	种子	6	b	采集	甘肃、山西

竹叶柴胡 *Bupleurum marginatum* Wall. ex DC.

功效主治　全草或根：功效同北柴胡。

濒危等级　中国植物红色名录评估为无危（LC）。

迁地栽培保存

保存地点	种质份数	个体数量	引种方式	生长状况	来源地
BJ	1	e	采集	C	湖北
CQ	1	a	采集	C	重庆
GX	*	f	采集	G	湖北

种质库保存

保存地点	保存方式	种质份数	个体数量	引种方式	来源地
BJ	种子	5	b	采集	待确定

川明参属　*Chuanminshen*

川明参　*Chuanminshen violaceum* M. L. Sheh & Shan

功效主治　根（川明参）：甘，平，微温。用于肺热咳嗽，热病伤阴。

濒危等级　中国植物红色名录评估为濒危（EN）。

迁地栽培保存

保存地点	种质份数	个体数量	引种方式	生长状况	来源地
BJ	1	b	采集	G	四川
CQ	1	a	购买	B	四川
GX	*	f	采集	G	四川

种质库保存

保存地点	保存方式	种质份数	个体数量	引种方式	来源地
BJ	种子	6	b	采集	四川

刺芹属　*Eryngium*

扁叶刺芹　*Eryngium planum* L.

功效主治　全草：祛痰止咳。用于咳嗽。

濒危等级　中国植物红色名录评估为无危（LC）。

迁地栽培保存

保存地点	种质份数	个体数量	引种方式	生长状况	来源地
BJ	*	a	采集	G	待确定

刺芹　*Eryngium foetidum* L.

功效主治　全草：辛，温。疏风清热，行气消肿，健胃，止痛。用于感冒，胸脘痛，泄泻，消化不良；外用于蛇咬伤，跌打肿痛。

迁地栽培保存

保存地点	种质份数	个体数量	引种方式	生长状况	来源地
BJ	1	b	采集	G	待确定
HN	1	a	采集	A	海南

种质库保存

保存地点	保存方式	种质份数	个体数量	引种方式	来源地
BJ	种子	6	b	采集	待确定

当归属　*Angelica*

白芷　*Angelica dahurica*（Fisch. ex Hoffm.）Benth. & Hook. f. ex Franch. & Sav.

功效主治　根：苦，温。镇痉，镇痛。用于感冒头痛，骨节痛，风湿痛。

濒危等级　中国植物红色名录评估为无危（LC）。

迁地栽培保存

保存地点	种质份数	个体数量	引种方式	生长状况	来源地
BJ	6	b	采集	A	四川、河北、吉林、河南
JS2	2	d	购买	B	安徽、江苏
HEN	2	d	赠送	A	河南
SC	12	f	待确定	G	四川
LN	1	d	采集	B	辽宁
JS1	1	a	购买	B	江苏
GZ	1	a	采集	C	贵州
CQ	1	b	购买	B	四川
NMG	1	c	购买	A	内蒙古
GX	*	f	采集	G	湖北

种质库保存

保存地点	保存方式	种质份数	个体数量	引种方式	来源地
BJ	种子	84	e	采集	甘肃、河北、安徽、吉林、黑龙江、山西、河南、四川、云南、辽宁、内蒙古

大叶当归 *Angelica megaphylla* Diels

功效主治 根：祛风胜湿，散寒止痛。用于风湿痹证，腰膝酸肿，头痛，牙痛。

濒危等级 中国特有植物，中国植物红色名录评估为易危（VU）。

迁地栽培保存

保存地点	种质份数	个体数量	引种方式	生长状况	来源地
CQ	1	a	采集	F	重庆

当归 *Angelica sinensis* (Oliv.) Diels

功效主治 根（当归）：甘、辛，温。补血活血，调经止痛，润肠通便。用于闭经，痛经，血虚萎黄，眩晕心悸，虚寒腹痛，风湿痹痛，肠燥便秘，跌打损伤，痈疽疮疡。

迁地栽培保存

保存地点	种质份数	个体数量	引种方式	生长状况	来源地
BJ	2	b	采集	E	四川、山西
HB	1	d	采集	A	湖北
JS1	1	a	购买	D	江苏
JS2	1	b	购买	F	安徽
SC	1	f	待确定	G	四川
GX	*	f	采集	G	云南

种质库保存

保存地点	保存方式	种质份数	个体数量	引种方式	来源地
BJ	种子	61	d	采集	河北、安徽、云南、四川、湖北、甘肃

东当归　*Angelica acutiloba* (Sieb. & Zucc.) Kitag.

功效主治　根（延边当归）：甘、辛，温。调经，止痛，润燥。用于月经不调，痛经，腰痛，崩漏。

迁地栽培保存

保存地点	种质份数	个体数量	引种方式	生长状况	来源地
CQ	1	a	购买	B	四川
GX	*	f	采集	G	日本

福参　*Angelica morii* Hayata

功效主治　根（建参）：辛、甘，温。补中益气。用于脾虚泄泻，虚寒咳嗽，毒蛇咬伤。

濒危等级　中国特有植物，中国植物红色名录评估为近危（NT）。

迁地栽培保存

保存地点	种质份数	个体数量	引种方式	生长状况	来源地
GX	*	f	采集	G	上海

骨缘当归　*Angelica cartilaginomarginata* var. *foliosa* Yuan et Shan

功效主治　全草或根：辛，温。祛风除湿。用于头痛，腹痛。

濒危等级　中国特有植物，中国植物红色名录评估为无危（LC）。

迁地栽培保存

保存地点	种质份数	个体数量	引种方式	生长状况	来源地
BJ	1	a	采集	G	山东
JS1	1	a	采集	C	江苏

拐芹　*Angelica polymorpha* Maxim.

功效主治　根：辛，温。祛风散寒，散湿，消肿，排脓，止痛。

濒危等级　中国植物红色名录评估为无危（LC）。

迁地栽培保存

保存地点	种质份数	个体数量	引种方式	生长状况	来源地
BJ	3	b	采集	G	北京、辽宁、江苏

种质库保存

保存地点	保存方式	种质份数	个体数量	引种方式	来源地
BJ	种子	2	a	采集	辽宁

管鞘当归 *Angelica pseudoselinum* H. Boissieu

濒危等级 中国特有植物，中国植物红色名录评估为近危（NT）。

迁地栽培保存

保存地点	种质份数	个体数量	引种方式	生长状况	来源地
GX	*	f	采集	G	重庆

杭白芷 *Angelica dahurica* 'Hangbaizhi' Yuan et Shan

迁地栽培保存

保存地点	种质份数	个体数量	引种方式	生长状况	来源地
FJ	1	a	购买	B	浙江

黑水当归 *Angelica amurensis* Schischk.

功效主治 根：祛风燥湿，消肿止痛。用于身痛，疮疡肿痛。

濒危等级 中国植物红色名录评估为无危（LC）。

迁地栽培保存

保存地点	种质份数	个体数量	引种方式	生长状况	来源地
BJ	1	b	采集	G	甘肃

种质库保存

保存地点	保存方式	种质份数	个体数量	引种方式	来源地
BJ	种子	1	a	采集	四川

金山当归 *Angelica valida* Diels

功效主治　根：民间代当归入药。用于月经不调，崩漏，血虚体弱。

濒危等级　中国特有植物，中国植物红色名录评估为无危（LC）。

迁地栽培保存

保存地点	种质份数	个体数量	引种方式	生长状况	来源地
CQ	1	a	采集	F	重庆

林当归 *Angelica silvestris* L.

濒危等级　中国植物红色名录评估为无危（LC）。

迁地栽培保存

保存地点	种质份数	个体数量	引种方式	生长状况	来源地
GX	*	f	采集	G	法国

毛珠当归 *Angelica genuflexa* Nuttall

濒危等级　中国植物红色名录评估为数据缺乏（DD）。

迁地栽培保存

保存地点	种质份数	个体数量	引种方式	生长状况	来源地
GX	*	f	采集	G	日本

欧白芷 *Angelica archangelica* L.

功效主治 根：祛风除湿。

迁地栽培保存

保存地点	种质份数	个体数量	引种方式	生长状况	来源地
BJ	3	b	采集	G	保加利亚、波兰，中国辽宁

秦岭当归 *Angelica tsinlingensis* K. T. Fu

功效主治 根：补血活血，调经止痛，润肠通便。用于闭经，痛经，血虚萎黄，眩晕心悸，虚寒腹痛，风湿痹痛，肠燥便秘，跌打损伤，痈疽疮疡。

濒危等级 中国特有植物，中国植物红色名录评估为无危（LC）。

迁地栽培保存

保存地点	种质份数	个体数量	引种方式	生长状况	来源地
BJ	1	a	采集	G	待确定
GX	*	f	采集	G	重庆

台湾独活 *Angelica dahurica* var. *formosana* (de Boiss.) Yen

濒危等级 中国特有植物，中国植物红色名录评估为无危（LC）。

迁地栽培保存

保存地点	种质份数	个体数量	引种方式	生长状况	来源地
BJ	1	b	采集	A	浙江
SH	1	a	采集	A	待确定

狭叶当归 *Angelica anomala* Avé-Lall.

功效主治 根：辛，温。解表，祛风，止痛，活血。用于感冒，头痛，牙痛，痈肿。

迁地栽培保存

保存地点	种质份数	个体数量	引种方式	生长状况	来源地
GX	*	f	采集	G	日本

重齿当归 *Angelica biserrata* (Shan & C. Q. Yuan) C. Q. Yuan & Shan

功效主治　根：祛风除湿，散寒止痛。用于风寒湿痹，腰膝痛，少阴头痛。

濒危等级　中国特有植物，中国植物红色名录评估为无危（LC）。

迁地栽培保存

保存地点	种质份数	个体数量	引种方式	生长状况	来源地
BJ	6	b	采集	A	甘肃、四川、陕西、辽宁、安徽、江西

紫花前胡 *Angelica decursiva* (Miq.) Franch. & Sav.

功效主治　根（前胡）：苦、辛，凉。清热，散风，降气，化痰。用于风热咳嗽痰多，痰热喘满，咳痰黄稠。

濒危等级　中国植物红色名录评估为无危（LC）。

迁地栽培保存

保存地点	种质份数	个体数量	引种方式	生长状况	来源地
BJ	1	b	采集	B	湖南
SC	1	f	待确定	G	四川
SH	1	a	采集	A	待确定
JS1	1	b	采集	C	江苏
HB	1	f	采集	C	湖北
JS2	1	c	购买	C	安徽
CQ	1	b	采集	B	重庆
GZ	1	a	采集	C	贵州
GD	1	a	采集	D	待确定

东俄芹属　*Tongoloa*

牯岭东俄芹　*Tongoloa stewardii* H. Wolff

功效主治　根：民间作川芎入药。

濒危等级 中国特有植物，中国植物红色名录评估为近危（NT）。

迁地栽培保存

保存地点	种质份数	个体数量	引种方式	生长状况	来源地
GX	*	f	采集	G	江西

毒参属 *Conium*

毒参 *Conium maculatum* L.

功效主治 根：镇痛，镇痉。用于肿毒，胞宫积聚。

迁地栽培保存

保存地点	种质份数	个体数量	引种方式	生长状况	来源地
BJ	1	b	赠送	G	保加利亚
GX	*	f	采集	G	波兰

毒芹属 *Cicuta*

毒芹 *Cicuta virosa* L.

功效主治 根茎（毒芹）：辛、甘，温。有大毒。拔毒，散瘀。外用于附骨疽。

种质库保存

保存地点	保存方式	种质份数	个体数量	引种方式	来源地
BJ	种子	1	a	采集	待确定

独活属 *Heracleum*

白亮独活 *Heracleum candicans* Wall. ex DC.

功效主治 根（白独活）：辛、苦，温。祛风除湿，止痛。用于风寒头痛，风湿关节痛。

濒危等级 中国植物红色名录评估为无危（LC）。

种质库保存

保存地点	保存方式	种质份数	个体数量	引种方式	来源地
BJ	种子	1	a	采集	四川

糙独活 *Heracleum scabridum* Franch.

功效主治　根（滇白芷）：辛、微甘，温。祛风除湿，止痛。用于风湿痹痛，胃寒痛，痈疮，带下病。

濒危等级　中国特有植物，中国植物红色名录评估为无危（LC）。

种质库保存

保存地点	保存方式	种质份数	个体数量	引种方式	来源地
BJ	种子	8	b	采集	云南

独活 *Heracleum hemsleyanum* Diels

功效主治　根（牛尾独活）：辛、苦，微温。祛风止痛。用于风寒湿痹，腰膝酸痛，痈肿。

濒危等级　中国特有植物，中国植物红色名录评估为无危（LC）。

迁地栽培保存

保存地点	种质份数	个体数量	引种方式	生长状况	来源地
CQ	1	a	采集	C	重庆
GZ	1	a	采集	C	贵州
HLJ	1	b	采集	A	黑龙江
LN	1	c	采集	A	辽宁

种质库保存

保存地点	保存方式	种质份数	个体数量	引种方式	来源地
BJ	种子	71	d	采集	重庆、云南、吉林、河北、安徽、湖北、陕西、辽宁、甘肃、内蒙古、湖南、黑龙江

短毛独活 *Heracleum moellendorffii* Hance

功效主治　根（山独活）：辛、苦，微温。祛风除湿，发表散寒，止痛。用于风湿关节痛，伤风头痛，腰腿酸痛。

濒危等级　中国植物红色名录评估为无危（LC）。

迁地栽培保存

保存地点	种质份数	个体数量	引种方式	生长状况	来源地
BJ	3	c	采集	G	陕西、四川、江西
GX	*	f	采集	G	江西

种质库保存

保存地点	保存方式	种质份数	个体数量	引种方式	来源地
BJ	种子	1	a	采集	待确定

椴叶独活　*Heracleum tiliifolium* H. Wolff

功效主治　根：用于感冒头痛。

濒危等级　中国特有植物，中国植物红色名录评估为无危（LC）。

迁地栽培保存

保存地点	种质份数	个体数量	引种方式	生长状况	来源地
BJ	2	b	采集	G	安徽、江西

和质库保存

保存地点	保存方式	种质份数	个体数量	引种方式	来源地
BJ	种子	1	a	采集	江西

二管独活　*Heracleum bivittatum* H. Boissieu

功效主治　根：祛风除湿，凉血，镇痛，通经活血。用于吐血，鼻衄，感冒头痛，无名肿毒，鼻渊，寒湿腹痛，赤白带下，皮肤瘙痒，疥癣，齿痛，烧伤，毒蛇咬伤。

濒危等级　中国植物红色名录评估为无危（LC）。

种质库保存

保存地点	保存方式	种质份数	个体数量	引种方式	来源地
BJ	种子	3	b	采集	云南

裂叶独活　*Heracleum millefolium* Diels

功效主治　全草：辛、甘，寒。止血。外用于创伤出血。

濒危等级　中国植物红色名录评估为无危（LC）。

种质库保存

保存地点	保存方式	种质份数	个体数量	引种方式	来源地
BJ	种子	1	a	采集	甘肃

狭翅独活　*Heracleum stenopterum* Diels

功效主治　根：祛风除湿，解表散寒，消肿止痛，活血排脓。用于流行性感冒。

濒危等级　中国特有植物，中国植物红色名录评估为无危（LC）。

种质库保存

保存地点	保存方式	种质份数	个体数量	引种方式	来源地
BJ	种子	3	b	采集	甘肃、河南

狭叶短毛独活　*Heracleum moellendorffii* var. *subbipinnatum*（Franch.）Kitagawa

濒危等级　中国植物红色名录评估为无危（LC）。

迁地栽培保存

保存地点	种质份数	个体数量	引种方式	生长状况	来源地
BJ	1	b	采集	G	河北

兴安独活　*Heracleum dissectum* Ledeb.

功效主治　根（牛防风）：辛、苦，温。发表，祛风，活血，排脓。

濒危等级　中国植物红色名录评估为无危（LC）。

种质库保存

保存地点	保存方式	种质份数	个体数量	引种方式	来源地
BJ	种子	3	a	采集	待确定

峨参属　*Anthriscus*

峨参　*Anthriscus sylvestris*（L.）Hoffm.

功效主治　根（峨参）：甘、辛，微温。补中益气，祛瘀生新。用于肺虚咳喘，咳嗽咯血，脾虚腹胀，四肢无力，老年尿频，跌打损伤，腰痛，水肿。

濒危等级　中国植物红色名录评估为无危（LC）。

迁地栽培保存

保存地点	种质份数	个体数量	引种方式	生长状况	来源地
CQ	1	a	采集	B	重庆
SC	1	f	待确定	G	四川
SH	1	a	采集	A	待确定
BJ	1	b	采集	G	江西
GX	*	f	采集	G	法国

种质库保存

保存地点	保存方式	种质份数	个体数量	引种方式	来源地
BJ	种子	8	b	采集	河北、山东、安徽

防风属　*Saposhnikovia*

防风　*Saposhnikovia divaricata*（Turcz.）Schischk.

功效主治　根（防风）：辛、甘，温。祛风解表，胜湿，止痉。用于风湿痹痛，风疹，破伤风。

濒危等级　吉林省二级保护植物、内蒙古自治区重点保护植物，中国植物红色名录评估为无危（LC）。

迁地栽培保存

保存地点	种质份数	个体数量	引种方式	生长状况	来源地
GX	2	f	采集	G	广西、北京
BJ	14	c	采集	C	陕西、内蒙古、甘肃、河北、江西、山西、安徽
HEN	1	b	赠送	A	河南
SC	1	f	待确定	G	四川
NMG	1	e	购买	B	内蒙古
LN	1	d	采集	B	辽宁
JS2	1	d	购买	C	安徽
HLJ	1	c	采集	A	黑龙江
GD	1	f	采集	G	待确定
FJ	1	a	购买	D	内蒙古
JS1	1	a	购买	C	江苏

种质库保存

保存地点	保存方式	种质份数	个体数量	引种方式	来源地
BJ	种子	193	e	采集	湖南、海南、云南、四川、河南、重庆、河北、宁夏、甘肃、山东、山西、广西、内蒙古、辽宁、吉林、安徽

藁本属　*Ligusticum*

川芎　*Ligusticum chuanxiong* S. H. Qiu, Y. Q. Zeng, K. Y. Pan, Y. C. Tang & J. M. Xu

功效主治　根茎（川芎）：辛、微苦，温。祛风止痛，活血行气。用于风寒感冒，头晕，头痛，月经不调，闭经，痛经，癥瘕腹痛，胸胁刺痛，风湿痹痛，跌打肿痛。

迁地栽培保存

保存地点	种质份数	个体数量	引种方式	生长状况	来源地
BJ	5	d	采集	G	四川、陕西、江西、山西
SC	2	f	待确定	G	四川

保存地点	种质份数	个体数量	引种方式	生长状况	来源地
FJ	2	a	赠送	A	福建
JS2	1	b	购买	C	安徽

短片藁本 *Ligusticum brachylobum* Franch.

功效主治 根（川防风）：甘、辛，温。祛风除湿，发表，镇痛。用于关节痛，外感表证，头痛，昏眩，四肢拘挛，目赤，疮疡。

濒危等级 中国特有植物，中国植物红色名录评估为无危（LC）。

种质库保存

保存地点	保存方式	种质份数	个体数量	引种方式	来源地
BJ	种子	4	a	采集	云南、四川

藁本 *Ligusticum sinense* Oliv.

功效主治 根茎及根（藁本）：辛，温。祛风，除湿，散寒，止痛。用于风寒感冒，巅顶疼痛，风湿痹痛；外用于疥癣。

濒危等级 中国特有植物，中国植物红色名录评估为无危（LC）。

迁地栽培保存

保存地点	种质份数	个体数量	引种方式	生长状况	来源地
BJ	4	a	采集	G	陕西、江西
HB	1	a	采集	C	湖北

种质库保存

保存地点	保存方式	种质份数	个体数量	引种方式	来源地
BJ	种子	12	b	采集	江西、山西、辽宁、吉林

辽藁本 *Ligusticum jeholense* (Nakai & Kitag.) Nakai & Kitag.

功效主治 根茎及根（藁本）：辛，温。祛风，散寒，除湿，止痛。用于风寒感冒，巅顶疼痛，风湿痹痛。

濒危等级　中国特有植物，吉林省三级保护植物，中国植物红色名录评估为无危（LC）。

迁地栽培保存

保存地点	种质份数	个体数量	引种方式	生长状况	来源地
BJ	4	d	采集	G	辽宁、河北、山东
LN	1	d	采集	B	辽宁
GX	*	f	采集	G	北京

种质库保存

保存地点	保存方式	种质份数	个体数量	引种方式	来源地
BJ	种子	3	b	采集	黑龙江

细叶藁本　*Ligusticum tenuissimum*（Nakai）Kitag.

功效主治　根：辛，温。镇痛，镇痉。用于头痛，胸痛。

濒危等级　中国植物红色名录评估为无危（LC）。

迁地栽培保存

保存地点	种质份数	个体数量	引种方式	生长状况	来源地
LN	1	d	采集	B	辽宁

葛缕子属　*Carum*

葛缕子　*Carum carvi* L.

功效主治　果实（藏茴香）：微辛，温。祛风理气，芳香健胃。用于胃痛，腹痛，疝气。根：辛、甘，微温。除湿止痛，祛风发表。用于风湿关节痛，感冒，头痛，寒热无汗。

迁地栽培保存

保存地点	种质份数	个体数量	引种方式	生长状况	来源地
BJ	2	c	赠送	G	德国、保加利亚

种质库保存

保存地点	保存方式	种质份数	个体数量	引种方式	来源地
BJ	种子	1	a	采集	云南

河北葛缕子 *Carum bretschneideri* H. Wolff

濒危等级 中国特有植物，河北省重点保护植物，中国植物红色名录评估为无危（LC）。

种质库保存

保存地点	保存方式	种质份数	个体数量	引种方式	来源地
BJ	种子	1	a	采集	山东

胡萝卜属 *Daucus*

胡萝卜 *Daucus carota* var. *sativa* Hoffm.

迁地栽培保存

保存地点	种质份数	个体数量	引种方式	生长状况	来源地
HN	1	a	采集	A	海南
SH	1	b	采集	A	待确定
GZ	1	b	采集	C	贵州
BJ	1	d	购买	G	北京
HB	1	b	采集	A	湖北
GX	*	f	采集	G	泰国

野胡萝卜 *Daucus carota* L.

功效主治 根：甘，平。健胃，化滞。用于消化不良，咳嗽，久痢。果实：用于久痢，咳喘，时痢。

迁地栽培保存

保存地点	种质份数	个体数量	引种方式	生长状况	来源地
BJ	2	b	采集	G	陕西、江西

保存地点	种质份数	个体数量	引种方式	生长状况	来源地
JS1	1	d	采集	B	江苏
SC	1	f	待确定	G	四川
SH	1	b	采集	A	待确定

种质库保存

保存地点	保存方式	种质份数	个体数量	引种方式	来源地
BJ	种子	24	b	采集	山西、广西、上海、四川、江苏

茴芹属　*Pimpinella*

谷生茴芹　*Pimpinella valleculosa* K. T. Fu

濒危等级　中国特有植物，中国植物红色名录评估为无危（LC）。

迁地栽培保存

保存地点	种质份数	个体数量	引种方式	生长状况	来源地
BJ	1	b	采集	G	甘肃

茴芹　*Pimpinella anisum* L.

功效主治　全株提取物：防止皮肤老化、色素沉着。果油：祛风散寒，健脾和胃。果实：祛风。种子：健胃祛风，镇静祛痰，通乳。用于疝痛，腹胀。

迁地栽培保存

保存地点	种质份数	个体数量	引种方式	生长状况	来源地
GX	*	f	采集	G	法国

杏叶茴芹　*Pimpinella candolleana* Wight & Arn.

功效主治　全草、根（杏叶防风）：辛，温。行气温中，祛风除湿，活血消肿。用于胸腹冷痛，胃痛，筋骨痛，风湿麻木，跌打损伤，瘰疬，肿毒。

濒危等级 中国植物红色名录评估为无危（LC）。

迁地栽培保存

保存地点	种质份数	个体数量	引种方式	生长状况	来源地
GZ	1	b	采集	C	贵州
CQ	1	a	采集	C	重庆

种质库保存

保存地点	保存方式	种质份数	个体数量	引种方式	来源地
BJ	种子	1	a	采集	重庆

异叶茴芹 *Pimpinella diversifolia* DC.

功效主治 全草（鹅脚板）、根：辛、微苦，温。祛风活血，解毒消肿。用于感冒，痢疾，黄疸；外用于跌打损伤，毒蛇咬伤，皮肤瘙痒。

濒危等级 中国植物红色名录评估为无危（LC）。

迁地栽培保存

保存地点	种质份数	个体数量	引种方式	生长状况	来源地
BJ	1	b	采集	G	陕西

种质库保存

保存地点	保存方式	种质份数	个体数量	引种方式	来源地
BJ	种子	4	b	采集	重庆

茴香属 *Foeniculum*

茴香 *Foeniculum vulgare* Mill.

功效主治 果实（小茴香）：辛，温。散寒止痛，理气和胃。用于寒疝腹痛，睾丸偏坠，痛经，少腹冷痛，脘腹胀痛，食少吐泻，水疝。根：辛、甘，温。温肾和中，行气止痛。用于寒疝腹痛，风湿关节痛，胃寒腹痛。茎叶：甘、辛，温。祛风，顺气止痛。用于痧气，痈肿，疝气。

迁地栽培保存

保存地点	种质份数	个体数量	引种方式	生长状况	来源地
BJ	3	d	购买	C	北京、四川、江西
GX	2	f	采集	G	中国新疆，法国
SC	1	f	待确定	G	四川
YN	1	d	采集	A	云南
SH	1	b	采集	A	待确定
HB	1	a	采集	C	湖北
HLJ	1	b	购买	A	黑龙江
CQ	1	b	购买	B	重庆
JS2	1	c	购买	C	江苏
JS1	1	a	购买	D	江苏

种质库保存

保存地点	保存方式	种质份数	个体数量	引种方式	来源地
BJ	种子	122	d	采集	海南、四川、云南、辽宁、甘肃、湖北、黑龙江、吉林、内蒙古、上海、西藏、河北、安徽、广西、河南

积雪草属　*Centella*

积雪草　*Centella asiatica*（L.）Urb.

功效主治　全草（积雪草）：苦、辛，寒。清热利湿，解毒消肿。用于湿热黄疸，中暑腹泻，石淋，血淋，痈肿疮毒，跌打损伤。

迁地栽培保存

保存地点	种质份数	个体数量	引种方式	生长状况	来源地
BJ	2	e	采集	G	湖北、江苏
ZJ	1	e	采集	A	浙江
SH	1	b	采集	A	待确定
HN	1	b	采集	B	海南

续表

保存地点	种质份数	个体数量	引种方式	生长状况	来源地
GZ	1	c	采集	C	贵州
FJ	1	a	采集	A	福建
GD	1	b	采集	A	待确定

种质库保存

保存地点	保存方式	种质份数	个体数量	引种方式	来源地
BJ	种子	1	a	采集	云南

棱子芹属 *Pleurospermum*

归叶棱子芹 *Pleurospermum angelicoides*（Wall. ex DC.）Benth. ex C. B. Clarke

濒危等级 中国植物红色名录评估为无危（LC）。

种质库保存

保存地点	保存方式	种质份数	个体数量	引种方式	来源地
BJ	种子	1	a	采集	陕西

明党参属 *Changium*

明党参 *Changium smyrnioides* Fedde ex H. Wolff

功效主治 根（明党参）：甘、微苦，凉。润肺化痰，养阴和胃，平肝，解毒。用于肺热咳嗽，呕吐反胃，食少口干，目赤眩晕，疔毒疮疡。

濒危等级 中国特有植物，国家重点保护野生植物名录（第二批）二级，江西省二级保护植物，中国植物红色名录评估为易危（VU）。

迁地栽培保存

保存地点	种质份数	个体数量	引种方式	生长状况	来源地
BJ	2	b	采集	G	浙江、江西
SH	1	a	采集	A	待确定

续表

保存地点	种质份数	个体数量	引种方式	生长状况	来源地
JS1	1	a	采集	C	江苏
JS2	1	b	购买	C	江苏

种质库保存

保存地点	保存方式	种质份数	个体数量	引种方式	来源地
BJ	种子	6	b	采集	四川

囊瓣芹属　*Pternopetalum*

膜蕨囊瓣芹　*Pternopetalum trichomanifolium*（Franch.）Hand.-Mazz.

功效主治　全草：清热解毒。用于胃痛，跌打损伤，毒蛇咬伤。

濒危等级　中国特有植物，中国植物红色名录评估为无危（LC）。

迁地栽培保存

保存地点	种质份数	个体数量	引种方式	生长状况	来源地
CQ	1	a	采集	F	重庆

欧当归属　*Levisticum*

欧当归　*Levisticum officinale* W. D. J. Koch

功效主治　根：补血活血，止痛，润肠通便。用于闭经，月经不调，痛经，头晕头痛，四肢麻木，失眠，大便干燥，腹痛，便秘。

迁地栽培保存

保存地点	种质份数	个体数量	引种方式	生长状况	来源地
BJ	2	b	采集、赠送	G	中国四川，波兰
HEN	1	d	赠送	A	河南
LN	1	c	采集	B	辽宁
GX	*	f	采集	G	波兰

和质库保存

保存地点	保存方式	种质份数	个体数量	引种方式	来源地
BJ	种子	3	b	采集	河北

欧防风属 *Pastinaca*

欧防风 *Pastinaca sativa* L.

功效主治 果实：在欧洲用于顺势疗法。

迁地栽培保存

保存地点	种质份数	个体数量	引种方式	生长状况	来源地
BJ	1	c	赠送	G	波兰
GX	*	f	采集	G	法国

欧芹属 *Petroselinum*

欧芹 *Petroselinum crispum* (Mill.) Nyman ex A. W. Hill

功效主治 叶、茎、根：用作利尿和治疗胆病药，亦用于阴道渗液。种子：用作解热药和通经药。

迁地栽培保存

保存地点	种质份数	个体数量	引种方式	生长状况	来源地
GX	2	f	采集	G	法国
BJ	1	b	赠送	G	保加利亚
JS2	1	d	购买	C	江苏

前胡属 *Peucedanum*

滨海前胡 *Peucedanum japonicum* Thunb.

功效主治 根：辛，寒。有毒。清热利湿，坚骨益髓，消肿散结。用于小便淋痛，高热抽搐，红肿热痛，无名肿毒。

濒危等级　中国植物红色名录评估为无危（LC）。

迁地栽培保存

保存地点	种质份数	个体数量	引种方式	生长状况	来源地
XJ	1	a	赠送	A	北京
JS2	1	b	购买	F	江苏
BJ	*	b	采集	G	待确定
GX	*	f	采集	G	日本

华中前胡　*Peucedanum medicum* Dunn

功效主治　根：辛、微苦，温。散寒，祛风除湿。用于风寒感冒，风湿痛，小儿惊风。

濒危等级　中国特有植物，中国植物红色名录评估为无危（LC）。

种质库保存

保存地点	保存方式	种质份数	个体数量	引种方式	来源地
BJ	种子	6	b	采集	山西

马山前胡　*Peucedanum mashanense* Shan & M. L. Sheh

功效主治　根：用于感冒，头痛。

濒危等级　中国特有植物，中国植物红色名录评估为濒危（EN）。

迁地栽培保存

保存地点	种质份数	个体数量	引种方式	生长状况	来源地
GX	*	f	采集	G	广西

前胡　*Peucedanum praeruptorum* Dunn

功效主治　根（前胡）：苦、辛，凉。散风清热，降气化痰。用于风热咳嗽痰多，痰热喘满，咳痰黄稠。

濒危等级　中国特有植物，江西省三级保护植物，中国植物红色名录评估为无危（LC）。

迁地栽培保存

保存地点	种质份数	个体数量	引种方式	生长状况	来源地
BJ	6	d	采集	C	贵州、陕西、山西、江苏、安徽、贵州
SC	3	f	待确定	G	四川
CQ	1	a	采集	C	重庆
HB	1	a	采集	C	湖北
JS1	1	b	采集	C	江苏
JS2	1	d	购买	C	安徽

种质库保存

保存地点	保存方式	种质份数	个体数量	引种方式	来源地
BJ	种子	49	d	采集	广西、安徽、浙江、云南、海南、贵州

倾卧前胡 *Peucedanum decumbens* Maxim.

功效主治 根：用于跌打损伤。

迁地栽培保存

保存地点	种质份数	个体数量	引种方式	生长状况	来源地
BJ	1	a	采集	G	浙江

武隆前胡 *Peucedanum wulongense* Shan & M. L. Sheh

濒危等级 中国特有植物，中国植物红色名录评估为近危（NT）。

迁地栽培保存

保存地点	种质份数	个体数量	引种方式	生长状况	来源地
CQ	1	a	采集	F	重庆

岩前胡 *Peucedanum medicum* var. *gracile* Dunn ex Shan et Sheh

濒危等级 中国特有植物，中国植物红色名录评估为无危（LC）。

种质库保存

保存地点	保存方式	种质份数	个体数量	引种方式	来源地
BJ	种子	8	b	采集	海南、云南

羌活属　*Notopterygium*

卵叶羌活　*Notopterygium forbesii* H. Boissieu var. *oviforme*（Shan）H. T. Chang

濒危等级　中国特有植物，中国植物红色名录评估为无危（LC）。

迁地栽培保存

保存地点	种质份数	个体数量	引种方式	生长状况	来源地
BJ	1	b	采集	G	待确定

种质库保存

保存地点	保存方式	种质份数	个体数量	引种方式	来源地
BJ	种子	8	b	采集	青海、西藏、四川、云南

羌活　*Notopterygium incisum* C. T. Ting ex H. T. Chang

功效主治　根或根皮（黄花远志）：甘，微温。润肺安神，补气活血，祛风湿。用于风湿痛，跌打损伤，肺痨，水肿，小儿惊风，肝毒，吐泻，顿咳，妇女腰痛，阴挺。

濒危等级　中国特有植物，中国植物红色名录评估为近危（NT）。

迁地栽培保存

保存地点	种质份数	个体数量	引种方式	生长状况	来源地
BJ	2	b	采集	G	四川、陕西

种质库保存

保存地点	保存方式	种质份数	个体数量	引种方式	来源地
BJ	种子	74	d	采集	安徽、河北、云南、河南、甘肃、四川、山东

窃衣属 *Torilis*

窃衣 *Torilis scabra* (Thunb.) DC.

功效主治 果实：活血消肿，收敛，杀虫。用于痈疮溃烂、久不收口，久泻，蛔虫病。

迁地栽培保存

保存地点	种质份数	个体数量	引种方式	生长状况	来源地
CQ	1	a	采集	C	重庆
JS1	1	c	采集	B	江苏

种质库保存

保存地点	保存方式	种质份数	个体数量	引种方式	来源地
BJ	种子	6	b	采集	待确定

小窃衣 *Torilis japonica* (Houtt.) DC.

功效主治 果实（窃衣）：苦、辛，微温。有小毒。活血消肿，收敛，杀虫。用于痈疮溃烂、久不收口，久泻，蛔虫病。

迁地栽培保存

保存地点	种质份数	个体数量	引种方式	生长状况	来源地
BJ	2	b	采集	G	内蒙古、山东

种质库保存

保存地点	保存方式	种质份数	个体数量	引种方式	来源地
BJ	种子	8	b	采集	贵州、广西、云南、四川

芹属 *Apium*

旱芹 *Apium graveolens* L.

功效主治 全草：甘，平。祛风利湿，平肝，清热。用于头晕脑涨，小便淋痛，尿血，崩中带下。

迁地栽培保存

保存地点	种质份数	个体数量	引种方式	生长状况	来源地
FJ	2	a	采集	A	福建
GZ	1	b	采集	C	贵州
HN	1	b	采集	B	海南
SC	1	f	待确定	G	四川

种质库保存

保存地点	保存方式	种质份数	个体数量	引种方式	来源地
BJ	种子	6	b	采集	新疆、云南、四川、甘肃

山芹属　*Ostericum*

大齿山芹　*Ostericum grosseserratum*（Maxim.）Kitag.

功效主治　根：辛、微甘，温。补中益气，温脾散寒。用于脾胃虚寒，虚寒咳嗽，泄泻。

濒危等级　中国植物红色名录评估为无危（LC）。

迁地栽培保存

保存地点	种质份数	个体数量	引种方式	生长状况	来源地
BJ	1	b	采集	G	山东
SH	1	b	采集	F	待确定
GX	*	f	采集	G	上海

隔山香　*Ostericum citriodorum*（Hance）C. Q. Yuan & Shan

功效主治　根（隔山香）：辛，微温。清热解毒，行气止痛，化痰止咳，活血化瘀。用于风热咳嗽，咳嗽痰喘，疟腮，胃痛，胸痹，跌打损伤，风湿痛，疟疾，痢疾，闭经，带下病，毒蛇咬伤。

濒危等级　中国特有植物，中国植物红色名录评估为无危（LC）。

迁地栽培保存

保存地点	种质份数	个体数量	引种方式	生长状况	来源地
GD	1	b	采集	D	待确定

山芹 *Ostericum sieboldii* (Miq.) Nakai

功效主治 根：祛风除湿，散寒，止痛。

濒危等级 中国植物红色名录评估为无危（LC）。

迁地栽培保存

保存地点	种质份数	个体数量	引种方式	生长状况	来源地
BJ	1	b	采集	G	山东

山芎属 *Conioselinum*

鞘山芎 *Conioselinum vaginatum* (Spreng.) Thell.

功效主治 根茎（新疆藁本）：辛，温。散风寒，燥湿，止痛。用于风寒感冒，偏头痛，腹痛，胃痉挛。

濒危等级 中国植物红色名录评估为无危（LC）。

迁地栽培保存

保存地点	种质份数	个体数量	引种方式	生长状况	来源地
BJ	1	c	采集	G	四川

珊瑚菜属 *Glehnia*

珊瑚菜 *Glehnia littoralis* F. Schmidt ex Miq.

功效主治 根（北沙参）：甘、微苦，凉。养阴清肺，益胃生津。用于肺热燥咳，劳嗽痰血，热病津伤。

濒危等级 国家重点保护野生植物名录（第一批）二级，吉林省二级保护植物、河北省重点保护植物，中国植物红色名录评估为极危（CR）。

迁地栽培保存

保存地点	种质份数	个体数量	引种方式	生长状况	来源地
LN	2	c	采集	C	辽宁
JS2	1	b	购买	F	江苏
FJ	1	a	采集	A	福建
BJ	1	c	购买	G	山东
NMG	1	c	购买	F	内蒙古

种质库保存

保存地点	保存方式	种质份数	个体数量	引种方式	来源地
BJ	种子	53	d	采集	安徽、河北、宁夏、内蒙古

蛇床属　*Cnidium*

蛇床　*Cnidium monnieri*（L.）Cusson

功效主治　果实（蛇床子）：辛、苦，温。有小毒。温肾壮阳，燥湿，祛风杀虫。用于阳痿，胞宫虚冷，寒湿带下，湿痹腰痛；外用于外阴湿疹，妇女阴痒。

迁地栽培保存

保存地点	种质份数	个体数量	引种方式	生长状况	来源地
BJ	2	d	采集	G	北京、山东
JS1	1	b	采集	B	江苏
SH	1	b	采集	A	待确定
GX	*	f	采集	G	四川

石防风属　*Kitagawia*

石防风　*Kitagawia terebinthacea*（Fisch. ex Trevir.）Pimenov

濒危等级　中国植物红色名录评估为无危（LC）。

迁地栽培保存

保存地点	种质份数	个体数量	引种方式	生长状况	来源地
GX	*	f	采集	G	广西

种质库保存

保存地点	保存方式	种质份数	个体数量	引种方式	来源地
BJ	种子	1	a	采集	待确定

莳萝属 *Anethum*

莳萝 *Anethum graveolens* L.

功效主治 果实（莳萝）：辛，温。温脾肾，醒胃，散寒，行气，解毒。用于脘腹气胀，两胁痞满，食欲不振。根、叶：化痰止咳，止呕。

迁地栽培保存

保存地点	种质份数	个体数量	引种方式	生长状况	来源地
BJ	1	c	采集	G	安徽
JS2	1	b	购买	C	江苏

水芹属 *Oenanthe*

卵叶水芹 *Oenanthe rosthornii* Diels

功效主治 全草：清热，利水，止血。用于外伤出血。

濒危等级 中国植物红色名录评估为无危（LC）。

迁地栽培保存

保存地点	种质份数	个体数量	引种方式	生长状况	来源地
GX	*	f	采集	G	湖北

种质库保存

保存地点	保存方式	种质份数	个体数量	引种方式	来源地
BJ	种子	1	a	采集	重庆

水芹　*Oenanthe javanica*（Bl.）DC.

功效主治　全草（水芹）：辛，凉。清热解毒，凉血。用于暴热烦渴，黄疸，水肿，淋证，带下病，瘰疬，疖腮，肝阳上亢。

迁地栽培保存

保存地点	种质份数	个体数量	引种方式	生长状况	来源地
BJ	2	b	采集	G	陕西、北京
GZ	1	b	采集	C	贵州
HB	1	a	采集	C	湖北
HN	1	b	采集	C	海南
JS2	1	e	购买	C	江苏
SH	1	b	采集	A	待确定
CQ	1	a	采集	C	重庆
GX	*	f	采集	G	贵州

种质库保存

保存地点	保存方式	种质份数	个体数量	引种方式	来源地
BJ	种子	8	b	采集	云南、山西、吉林、云南

线叶水芹　*Oenanthe linearis* Wall. ex DC.

功效主治　全草：用于胃痛，咳嗽。

迁地栽培保存

保存地点	种质份数	个体数量	引种方式	生长状况	来源地
BJ	6	b	采集	G	江西

窄叶水芹 *Oenanthe thomsonii* subsp. *stenophylla*（H. de Boissieu）F. T. Pu

濒危等级 中国植物红色名录评估为无危（LC）。

迁地栽培保存

保存地点	种质份数	个体数量	引种方式	生长状况	来源地
GX	*	f	采集	G	湖北

纽叶芹属 *Chaerophyllum*

纽叶芹 *Chaerophyllum villosum* Wall. ex DC.

功效主治 种子、叶：用于胃痛，腹痛。

濒危等级 中国植物红色名录评估为无危（LC）。

迁地栽培保存

保存地点	种质份数	个体数量	引种方式	生长状况	来源地
BJ	1	b	采集	G	云南

鸭儿芹属 *Cryptotaenia*

鸭儿芹 *Cryptotaenia japonica* Hassk.

功效主治 全草（鸭儿芹）：辛、苦，平。清热解毒，活血消肿。用于肺热咳喘，肺痈，淋证，疝气，风火牙痛，痈疽疔肿，蛇串疮，皮肤瘙痒。果实：辛，温。消积顺气。用于消化不良。根：辛，温。发表散寒，止咳化痰。用于风寒感冒，呛咳，跌打损伤。

濒危等级 中国植物红色名录评估为无危（LC）。

迁地栽培保存

保存地点	种质份数	个体数量	引种方式	生长状况	来源地
BJ	3	d	采集	G	四川、江西、内蒙古
HN	1	a	采集	A	待确定
SH	1	b	采集	A	待确定

续表

保存地点	种质份数	个体数量	引种方式	生长状况	来源地
SC	1	f	待确定	G	四川
GZ	1	c	采集	C	贵州
GD	1	b	采集	B	待确定
CQ	1	b	采集	B	重庆
HB	1	f	采集	C	待确定
GX	*	f	采集	G	贵州

种质库保存

保存地点	保存方式	种质份数	个体数量	引种方式	来源地
BJ	种子	3	a	采集	江西、福建

芫荽属　*Coriandrum*

芫荽　*Coriandrum sativum* L.

功效主治　全草（胡荽）：辛，温。发汗透疹，消食下气。用于麻疹发不畅，食积。果实：辛、酸，平。散风寒，透疹，健胃。用于痘疹透发不畅，饮食乏味，痢疾，痔疮。

迁地栽培保存

保存地点	种质份数	个体数量	引种方式	生长状况	来源地
GD	1	f	采集	G	待确定
SH	1	b	采集	A	待确定
JS1	1	b	购买	C	江苏
HB	1	a	采集	C	湖北
CQ	1	a	购买	B	重庆
BJ	1	d	采集	G	云南
HN	1	b	采集	B	海南

种质库保存

保存地点	保存方式	种质份数	个体数量	引种方式	来源地
BJ	种子	89	c	采集	重庆、海南、四川、山西、江苏、吉林、辽宁、黑龙江、湖北、西藏、安徽、内蒙古

岩风属 *Libanotis*

宽萼岩风 *Libanotis laticalycina* Shan & M. L. Sheh

功效主治 根：发表散寒，祛风活络。

种质库保存

保存地点	保存方式	种质份数	个体数量	引种方式	来源地
BJ	种子	3	a	采集	甘肃、山西

香芹 *Libanotis seseloides* (Fisch. & C. A. Mey. ex Turcz.) Turcz.

功效主治 根：辛，温。利肠胃，通血脉。用于痢疾，恶疮。

濒危等级 中国植物红色名录评估为无危（LC）。

种质库保存

保存地点	保存方式	种质份数	个体数量	引种方式	来源地
BJ	种子	1	a	采集	待确定

岩风 *Libanotis buchtormensis* (Fisch.) DC.

功效主治 根（长虫七）：甘、辛，温。发表散寒，祛风活络，镇痛解毒。用于风寒感冒，风湿骨痛，关节肿痛，咳嗽，头痛，跌打损伤，麻木。

濒危等级 中国植物红色名录评估为无危（LC）。

迁地栽培保存

保存地点	种质份数	个体数量	引种方式	生长状况	来源地
BJ	1	a	采集	G	陕西

种质库保存

保存地点	保存方式	种质份数	个体数量	引种方式	来源地
BJ	种子	1	a	采集	甘肃

泽芹属　*Sium*

欧泽芹　*Sium latifolium* L.

功效主治　全草：甘，平。散风寒，止头痛。

迁地栽培保存

保存地点	种质份数	个体数量	引种方式	生长状况	来源地
GX	*	f	采集	G	法国

舟瓣芹属　*Sinolimprichtia*

舟瓣芹　*Sinolimprichtia alpina* H. Wolff

濒危等级　中国特有植物，中国植物红色名录评估为无危（LC）。

种质库保存

保存地点	保存方式	种质份数	个体数量	引种方式	来源地
BJ	种子	1	a	采集	甘肃

孜然芹属　*Cuminum*

孜然芹　*Cuminum cyminum* L.

功效主治　果实（孜然）：辛，温。祛寒止痛，理气和胃。用于胃寒痛，消化不良。

迁地栽培保存

保存地点	种质份数	个体数量	引种方式	生长状况	来源地
BJ	1	d	采集	G	新疆

种质库保存

保存地点	保存方式	种质份数	个体数量	引种方式	来源地
BJ	种子	66	c	采集	安徽、新疆、四川、西藏

紫伞芹属 *Melanosciadium*

紫伞芹 *Melanosciadium pimpinelloideum* H. Boissieu

功效主治 根：祛风，散寒，止痛。

濒危等级 中国特有植物，中国植物红色名录评估为无危（LC）。

种质库保存

保存地点	保存方式	种质份数	个体数量	引种方式	来源地
BJ	种子	1	a	采集	重庆

桑寄生科 Loranthaceae

钝果寄生属 *Taxillus*

广寄生 *Taxillus chinensis*（DC.）Danser

功效主治 带叶茎枝（桑寄生）：苦、甘，平。补肝肾，强筋骨，祛风湿，安胎。用于风湿痹痛，腰膝酸软，筋骨无力，崩漏经多，妊娠漏血，胎动不安，肝阳上亢。

迁地栽培保存

保存地点	种质份数	个体数量	引种方式	生长状况	来源地
HN	1	a	采集	C	海南
GX	*	f	采集	G	广西

毛叶钝果寄生 *Taxillus nigrans*（Hance）Danser

功效主治 全株（寄生）：祛风除湿，安胎，下乳，止咳化痰，安神镇痛。

迁地栽培保存

保存地点	种质份数	个体数量	引种方式	生长状况	来源地
CQ	1	a	采集	C	重庆

桑寄生　*Taxillus sutchuenensis*（Lecomte）Danser

功效主治　全株（川寄生）：消肿止痛，祛风湿，安胎。用于疮疖，风湿筋骨痛，胎动不安。

濒危等级　中国特有植物，中国植物红色名录评估为无危（LC）。

迁地栽培保存

保存地点	种质份数	个体数量	引种方式	生长状况	来源地
YN	1	a	采集	C	云南

梨果寄生属　*Scurrula*

红花寄生　*Scurrula parasitica* L.

功效主治　全株或枝条：息风定惊，祛风除湿，补肾，通经络，益血，安胎。用于风湿痹痛，胃痛，下肢麻木。

迁地栽培保存

保存地点	种质份数	个体数量	引种方式	生长状况	来源地
HN	1	a	采集	C	海南
CQ	1	a	采集	C	重庆
GX	*	f	采集	G	中国

小叶梨果寄生　*Scurrula notothixoides*（Hance）Danser

濒危等级　中国植物红色名录评估为无危（LC）。

迁地栽培保存

保存地点	种质份数	个体数量	引种方式	生长状况	来源地
HN	1	a	采集	C	海南

离瓣寄生属　*Helixanthera*

离瓣寄生　*Helixanthera parasitica* Lour.

功效主治　茎叶：用于痢疾，腰痛，虚劳，肺痨，咳嗽。

濒危等级　海南省重点保护植物，中国植物红色名录评估为无危（LC）。

迁地栽培保存

保存地点	种质份数	个体数量	引种方式	生长状况	来源地
GX	*	f	采集	G	广西

鞘花属　*Macrosolen*

鞘花　*Macrosolen cochinchinensis*（Lour.）Tiegh.

功效主治　茎叶：祛风除湿，清热止咳，补肝肾。用于痧证，痢疾，咯血，风湿筋骨痛。

迁地栽培保存

保存地点	种质份数	个体数量	引种方式	生长状况	来源地
HN	1	a	采集	C	海南

双花鞘花　*Macrosolen bibracteolatus*（Hance）Danser

功效主治　全株：用于风湿痛，痰咳。

濒危等级　中国植物红色名录评估为无危（LC）。

迁地栽培保存

保存地点	种质份数	个体数量	引种方式	生长状况	来源地
GX	*	f	采集	G	广西

桑科　Moraceae

波罗蜜属　*Artocarpus*

白桂木　*Artocarpus hypargyreus* Hance ex Benth.

濒危等级　中国特有植物，江西省二级保护植物、海南省重点保护植物、广西壮族自治区重点保护植物，
中国植物红色名录评估为濒危（EN）。

迁地栽培保存

保存地点	种质份数	个体数量	引种方式	生长状况	来源地
GD	1	f	采集	G	待确定
HN	1	a	采集	C	海南

种质库保存

保存地点	保存方式	种质份数	个体数量	引种方式	来源地
HN	种子	1	b	采集	海南

波罗蜜　*Artocarpus heterophyllus* Lam.

功效主治　果实（菠萝蜜）：甘、微酸，平。生津，止渴，助消化。叶（菠萝蜜叶）：用于溃疡病。树脂
（菠萝蜜树液）：淡、涩。散结消肿，止痛。用于疮疖肿痛，瘰疬，湿疹。种仁（菠萝蜜核仁）：
甘、微酸，平。益气，通乳。用于产后乳少，乳汁不通，脾胃虚弱。

迁地栽培保存

保存地点	种质份数	个体数量	引种方式	生长状况	来源地
HN	1	a	采集	C	海南
YN	1	b	购买	A	云南

种质库保存

保存地点	保存方式	种质份数	个体数量	引种方式	来源地
HN	种子	1	a	采集	海南

二色波罗蜜 *Artocarpus styracifolius* Pierre

功效主治 根：甘，温。祛风除湿，舒筋活血。用于风湿关节痛，腰肌劳损，半身不遂，跌打损伤，扭挫伤。

濒危等级 中国植物红色名录评估为无危（LC）。

迁地栽培保存

保存地点	种质份数	个体数量	引种方式	生长状况	来源地
HN	1	a	采集	C	海南

种质库保存

保存地点	保存方式	种质份数	个体数量	引种方式	来源地
HN	种子	1	a	采集	海南

桂木 *Artocarpus parvus* Gagnep.

功效主治 果实（桂木干）：酸，平。生津止血，敛气，开胃化痰。

迁地栽培保存

保存地点	种质份数	个体数量	引种方式	生长状况	来源地
GD	1	f	采集	G	待确定
HN	1	a	采集	C	海南
GX	*	f	采集	G	广西

种质库保存

保存地点	保存方式	种质份数	个体数量	引种方式	来源地
HN	种子	1	a	采集	海南

面包树 *Artocarpus incisus* (Thunb.) L. f.

功效主治 叶、果皮、茎皮、根、树汁：用于发热，背痛，腹痛，腹泻，消渴，肝阳上亢，月经过多，尿少，挫伤，骨折，食鱼中毒。

迁地栽培保存

保存地点	种质份数	个体数量	引种方式	生长状况	来源地
HN	1	a	采集	C	海南
YN	1	a	购买	C	云南
GX	*	f	采集	G	澳门

南川木波罗　*Artocarpus nanchuanensis* S. S. Chang, S. C. Tan & Z. Y. Liu

濒危等级　中国特有植物，中国植物红色名录评估为极危（CR）。

迁地栽培保存

保存地点	种质份数	个体数量	引种方式	生长状况	来源地
CQ	1	d	赠送	B	重庆
GX	*	f	采集	G	重庆

种质库保存

保存地点	保存方式	种质份数	个体数量	引种方式	来源地
BJ	种子	6	b	采集	重庆、海南、云南

胭脂　*Artocarpus tonkinensis* A. Chev. ex Gagnep.

功效主治　用于风湿，咀嚼痛。

濒危等级　中国植物红色名录评估为无危（LC）。

迁地栽培保存

保存地点	种质份数	个体数量	引种方式	生长状况	来源地
HN	1	a	赠送	C	海南
GX	*	f	采集	G	云南

种质库保存

保存地点	保存方式	种质份数	个体数量	引种方式	来源地
HN	种子	2	a	采集	海南

野波罗蜜 *Artocarpus lacucha* Buch.-Ham. ex D. Don

濒危等级 中国植物红色名录评估为易危（VU）。

迁地栽培保存

保存地点	种质份数	个体数量	引种方式	生长状况	来源地
YN	1	a	采集	C	云南

野树波罗 *Artocarpus chama* Buch.-Ham.

濒危等级 中国植物红色名录评估为无危（LC）。

种质库保存

保存地点	保存方式	种质份数	个体数量	引种方式	来源地
BJ	种子	4	a	采集	待确定

构属 *Broussonetia*

楮 *Broussonetia kazinoki* Siebold.

功效主治 根皮：祛风，活血，利尿。用于风湿痹痛，跌打损伤，虚肿。

濒危等级 中国植物红色名录评估为无危（LC）。

迁地栽培保存

保存地点	种质份数	个体数量	引种方式	生长状况	来源地
HN	1	a	采集	B	海南
CQ	1	a	采集	F	重庆
GX	*	f	采集	G	广西

构树 *Broussonetia papyrifera* (L.) L'Hér. ex Vent.

功效主治 果实：补肾，清肝明目，利尿。用于腰膝酸软，虚劳骨蒸，头晕目昏，目生翳膜，水肿胀满。

　　　　　根：清热利湿，活血祛瘀。

濒危等级 中国植物红色名录评估为无危（LC）。

迁地栽培保存

保存地点	种质份数	个体数量	引种方式	生长状况	来源地
SC	4	f	待确定	G	四川
BJ	2	b	采集	G	广西、北京
HB	1	a	采集	C	湖北
YN	1	b	购买	A	云南
JS2	1	b	购买	C	江苏
GZ	1	d	采集	C	贵州
GD	1	a	采集	D	待确定
CQ	1	a	采集	B	重庆
HN	1	a	采集	B	海南
JS1	1	b	采集	B	江苏

种质库保存

保存地点	保存方式	种质份数	个体数量	引种方式	来源地
BJ	种子	48	d	采集	海南、江西、贵州、山西、湖北、云南

葡蟠 *Broussonetia kaempferi* Siebold.

功效主治　根、叶：清热解毒。

迁地栽培保存

保存地点	种质份数	个体数量	引种方式	生长状况	来源地
GX	*	f	采集	G	广西

藤构 *Broussonetia kaempferi* Siebold var. *australis* T. Suzuki

濒危等级　中国特有植物，中国植物红色名录评估为无危（LC）。

迁地栽培保存

保存地点	种质份数	个体数量	引种方式	生长状况	来源地
GZ	1	a	采集	C	贵州

见血封喉属 *Antiaris*

见血封喉 *Antiaris toxicaria* Lesch.

功效主治　树皮、树汁：有剧毒。强心，麻醉，催吐。

濒危等级　海南省重点保护植物、广西壮族自治区重点保护植物，中国植物红色名录评估为近危（NT）。

迁地栽培保存

保存地点	种质份数	个体数量	引种方式	生长状况	来源地
GD	1	f	采集	G	待确定
HN	1	d	采集	C	海南
YN	1	a	采集	C	云南

种质库保存

保存地点	保存方式	种质份数	个体数量	引种方式	来源地
BJ	种子	2	a	采集	云南
HN	种子	1	b	采集	海南

琉桑属 *Dorstenia*

琉桑 *Dorstenia elata* Gardn.

迁地栽培保存

保存地点	种质份数	个体数量	引种方式	生长状况	来源地
YN	1	a	采集	C	云南

牛筋藤属 *Malaisia*

牛筋藤 *Malaisia scandens*（Lour.）Planch.

功效主治　根：祛风除湿。用于风湿痹痛，泄泻。

濒危等级　中国植物红色名录评估为无危（LC）。

迁地栽培保存

保存地点	种质份数	个体数量	引种方式	生长状况	来源地
HN	2	a	赠送	C	海南

鹊肾树属　*Streblus*

刺桑　*Streblus ilicifolius*（Vidal）Corner

功效主治　根皮、叶：消肿拔毒，清热凉肝，消滞。

濒危等级　中国植物红色名录评估为无危（LC）。

迁地栽培保存

保存地点	种质份数	个体数量	引种方式	生长状况	来源地
HN	3	a	采集	C	海南

假鹊肾树　*Streblus indicus*（Bureau）Corner

功效主治　茎皮：清热止痛，祛瘀消肿，活血止血。用于胃痛，胸脘痞闷，风湿疼痛，跌打损伤，外伤出血。

濒危等级　中国植物红色名录评估为无危（LC）。

迁地栽培保存

保存地点	种质份数	个体数量	引种方式	生长状况	来源地
GX	2	f	采集	G	广西、云南
HN	1	a	采集	C	海南
YN	1	b	采集	C	云南
BJ	1	a	采集	G	云南

米扬　*Streblus tonkinensis*（Dub. et Eberh.）Corner

功效主治　根皮、叶：拔毒消肿。用于疮痈肿毒。

濒危等级　中国植物红色名录评估为无危（LC）。

迁地栽培保存

保存地点	种质份数	个体数量	引种方式	生长状况	来源地
GX	2	f	采集	G	广西

鹊肾树 *Streblus asper* Lour.

功效主治　根：解蛇毒。用于创伤。茎皮：解热。用于痢疾，泄泻。

濒危等级　中国植物红色名录评估为无危（LC）。

迁地栽培保存

保存地点	种质份数	个体数量	引种方式	生长状况	来源地
HN	1	a	采集	C	海南
YN	1	b	购买	A	云南
GX	*	f	采集	G	广东

叶被木 *Streblus taxoides*（Roth）Kurz

濒危等级　中国植物红色名录评估为无危（LC）。

迁地栽培保存

保存地点	种质份数	个体数量	引种方式	生长状况	来源地
HN	1	a	采集	C	海南

榕属 *Ficus*

爱玉子 *Ficus pumila* var. *awkeotsang*（Makino）Corner

濒危等级　中国特有植物，中国植物红色名录评估为无危（LC）。

迁地栽培保存

保存地点	种质份数	个体数量	引种方式	生长状况	来源地
GX	*	f	采集	G	台湾

白肉榕　*Ficus vasculosa* Wall. ex Miq.

功效主治　根：用于腹痛，腹泻。

濒危等级　中国植物红色名录评估为无危（LC）。

迁地栽培保存

保存地点	种质份数	个体数量	引种方式	生长状况	来源地
HN	2	a	采集	C	海南
GX	*	f	采集	G	海南

棒果榕　*Ficus subincisa* J. E. Sm.

濒危等级　中国植物红色名录评估为无危（LC）。

迁地栽培保存

保存地点	种质份数	个体数量	引种方式	生长状况	来源地
YN	1	a	采集	C	云南

北碚榕　*Ficus beipeiensis* S. S. Chang

濒危等级　中国特有植物，中国植物红色名录评估为濒危（EN）。

迁地栽培保存

保存地点	种质份数	个体数量	引种方式	生长状况	来源地
GX	*	f	采集	G	重庆

笔管榕　*Ficus subpisocarpa* Gagnepain

濒危等级　中国植物红色名录评估为无危（LC）。

迁地栽培保存

保存地点	种质份数	个体数量	引种方式	生长状况	来源地
GX	*	f	采集	G	广西

种质库保存

保存地点	保存方式	种质份数	个体数量	引种方式	来源地
HN	种子	1	d	采集	海南

薜荔 *Ficus pumila* L.

功效主治 花序托（薜荔果）：甘，平。补肾固精，活血，催乳。用于遗精，乳汁不下，肠风下血，淋浊。不育幼枝（络石藤）：苦，平。祛风通络，活血止痛。用于风湿痛，腰腿痛，跌打损伤，痈肿疮毒。根：苦，平。祛风除湿，舒筋通络。用于头痛眩晕，风湿关节痛，产后风。茎叶：酸，平。祛风利湿，活血解毒。用于风湿痹痛，泻痢，淋证。

濒危等级 中国植物红色名录评估为无危（LC）。

迁地栽培保存

保存地点	种质份数	个体数量	引种方式	生长状况	来源地
JS1	1	a	采集	B	江苏
ZJ	1	d	采集	A	浙江
HN	1	a	采集	C	海南
GZ	1	a	采集	C	贵州
GD	1	a	采集	D	待确定
FJ	1	a	采集	A	福建
BJ	1	a	采集	G	江西
GX	*	f	采集	G	广西

种质库保存

保存地点	保存方式	种质份数	个体数量	引种方式	来源地
BJ	种子	6	a	采集	河北
HN	种子	6	e	采集	海南

舶梨榕 *Ficus pyriformis* Hook. et Arn.

功效主治 茎：涩，凉。清热利尿，止痛。用于水肿，小便淋痛，胃痛。

濒危等级 中国植物红色名录评估为无危（LC）。

迁地栽培保存

保存地点	种质份数	个体数量	引种方式	生长状况	来源地
HN	2	a	采集	C	海南
GX	*	f	采集	G	广西

糙叶榕　*Ficus irisana* Elmer.

濒危等级　中国植物红色名录评估为无危（LC）。

迁地栽培保存

保存地点	种质份数	个体数量	引种方式	生长状况	来源地
CQ	1	a	采集	C	重庆

长叶冠毛榕　*Ficus gasparriniana* Miq. var. *esquirolii*（Lévl. et Vant.）Corner

濒危等级　中国特有植物，中国植物红色名录评估为无危（LC）。

迁地栽培保存

保存地点	种质份数	个体数量	引种方式	生长状况	来源地
GX	*	f	采集	G	广西

垂叶榕　*Ficus benjamina* L.

功效主治　气生根、茎皮、叶芽、果实：清热解毒，祛风，凉血，滋阴润肺，发表透疹，催乳。用于风湿麻木，鼻衄。

濒危等级　中国植物红色名录评估为无危（LC）。

迁地栽培保存

保存地点	种质份数	个体数量	引种方式	生长状况	来源地
GD	1	f	采集	G	待确定
HN	1	a	采集	C	海南
YN	1	a	采集	A	云南

粗叶榕 *Ficus hirta* Vahl

功效主治 根（五指毛桃）：甘、微苦，平。祛风湿，壮筋骨，祛瘀消肿。用于风湿痿痹，劳伤，浮肿，跌打损伤，带下病，乳汁不足。

濒危等级 中国植物红色名录评估为无危（LC）。

迁地栽培保存

保存地点	种质份数	个体数量	引种方式	生长状况	来源地
HN	2	a	采集	C	海南
YN	1	a	采集	C	云南
GD	1	f	采集	G	待确定
GX	*	f	采集	G	广西

种质库保存

保存地点	保存方式	种质份数	个体数量	引种方式	来源地
BJ	种子	3	b	采集	山西

大果榕 *Ficus auriculata* Lour.

功效主治 果实：祛风除湿。

濒危等级 中国植物红色名录评估为无危（LC）。

迁地栽培保存

保存地点	种质份数	个体数量	引种方式	生长状况	来源地
GZ	1	a	采集	C	贵州
HN	1	a	采集	C	海南
YN	1	a	采集	A	云南

种质库保存

保存地点	保存方式	种质份数	个体数量	引种方式	来源地
BJ	种子	6	b	采集	海南
HN	种子	1	b	采集	海南

大琴叶榕 *Ficus lyrata* Warb.

迁地栽培保存

保存地点	种质份数	个体数量	引种方式	生长状况	来源地
CQ	1	a	购买	C	四川

大青树 *Ficus hookeriana* Corner

濒危等级 中国植物红色名录评估为极危（CR）。

迁地栽培保存

保存地点	种质份数	个体数量	引种方式	生长状况	来源地
YN	1	a	采集	A	云南

大叶水榕 *Ficus glaberrima* Blume

濒危等级 中国植物红色名录评估为无危（LC）。

迁地栽培保存

保存地点	种质份数	个体数量	引种方式	生长状况	来源地
GX	*	f	采集	G	广西

地果 *Ficus tikoua* Bur.

功效主治 根：苦，寒。清热利湿。用于泄泻，黄疸，瘰疬，痔疮，遗精。茎叶：清热利湿，活血解毒。用于风热咳嗽，痢疾，水肿，闭经，带下病。花：用于遗精，滑精。果实：清热散寒，祛风除湿。用于咽喉痛。

濒危等级 中国植物红色名录评估为无危（LC）。

迁地栽培保存

保存地点	种质份数	个体数量	引种方式	生长状况	来源地
BJ	1	a	购买	G	北京
CQ	1	a	采集	C	重庆

保存地点	种质份数	个体数量	引种方式	生长状况	来源地
GZ	1	c	采集	C	贵州
HB	1	a	采集	B	湖北
SC	1	f	待确定	G	四川

对叶榕 *Ficus hispida* Linn.

功效主治 根、叶、树皮：甘，凉。疏风解热，消积化痰，行气散瘀。用于感冒发热，咳嗽，消化不良，痢疾，跌打损伤。果实：酸，寒。用于腋疮。

濒危等级 中国植物红色名录评估为无危（LC）。

迁地栽培保存

保存地点	种质份数	个体数量	引种方式	生长状况	来源地
GD	1	f	采集	G	待确定
HN	1	b	采集	C	海南
YN	1	b	采集	A	云南

种质库保存

保存地点	保存方式	种质份数	个体数量	引种方式	来源地
HN	种子	1	c	采集	海南
BJ	种子	1	a	采集	重庆

钝叶榕 *Ficus curtipes* Corner

濒危等级 中国植物红色名录评估为无危（LC）。

迁地栽培保存

保存地点	种质份数	个体数量	引种方式	生长状况	来源地
GX	*	f	采集	G	云南

高山榕 *Ficus altissima* Blume

功效主治 根、枝条：清热解毒，活血止痛。

濒危等级　中国植物红色名录评估为无危（LC）。

迁地栽培保存

保存地点	种质份数	个体数量	引种方式	生长状况	来源地
GD	1	f	采集	G	待确定
YN	1	a	采集	A	云南

冠毛榕　*Ficus gasparriniana* Miq.

功效主治　根：祛风行气，健脾利湿。用于风湿关节痛，劳倦乏力，胸闷，消化不良，带下病，溃疡久不收口，痈疽。

濒危等级　中国植物红色名录评估为无危（LC）。

迁地栽培保存

保存地点	种质份数	个体数量	引种方式	生长状况	来源地
CQ	1	a	采集	C	重庆
GX	*	f	采集	G	重庆

光叶榕　*Ficus laevis* Bl.

功效主治　全株：用于小儿疳积，产后贫血。

濒危等级　中国植物红色名录评估为易危（VU）。

迁地栽培保存

保存地点	种质份数	个体数量	引种方式	生长状况	来源地
GX	*	f	采集	G	广西

光叶楔叶榕　*Ficus trivia* Corner var. *laevigata* S. S. Chang

濒危等级　中国特有植物，中国植物红色名录评估为近危（NT）。

迁地栽培保存

保存地点	种质份数	个体数量	引种方式	生长状况	来源地
GX	*	f	采集	G	广西

昙州榕 *Ficus guizhouensis* S. S. Chang

濒危等级 中国特有植物，中国植物红色名录评估为易危（VU）。

迁地栽培保存

保存地点	种质份数	个体数量	引种方式	生长状况	来源地
GX	*	f	采集	G	广西

褐叶榕 *Ficus pubigera* (Wall. ex Miq.) Miq. var. *anserina* Corner

功效主治 叶：消肿止痛，止血。外用于跌打损伤。

濒危等级 中国植物红色名录评估为无危（LC）。

迁地栽培保存

保存地点	种质份数	个体数量	引种方式	生长状况	来源地
GX	*	f	采集	G	广西

厚叶榕 *Ficus microcarpa* var. *crassifolia* (W. C. Shieh) J. C. Liao

迁地栽培保存

保存地点	种质份数	个体数量	引种方式	生长状况	来源地
CQ	1	a	购买	F	四川

壶托榕 *Ficus ischnopoda* Miq.

功效主治 全株：清热解毒。用于跌打损伤。

濒危等级 中国植物红色名录评估为无危（LC）。

迁地栽培保存

保存地点	种质份数	个体数量	引种方式	生长状况	来源地
GX	*	f	采集	G	广西

黄葛树　*Ficus virens* Aiton var. *sublanceolata*（Miq.）Corner

功效主治　根、叶：甘、微苦，平。清热解毒。用于漆疮，鹅口疮，乳痈。

濒危等级　中国植物红色名录评估为无危（LC）。

迁地栽培保存

保存地点	种质份数	个体数量	引种方式	生长状况	来源地
HN	4	a	采集	C	海南，待确定
CQ	1	a	购买	C	重庆
GD	1	f	采集	G	待确定

种质库保存

保存地点	保存方式	种质份数	个体数量	引种方式	来源地
BJ	种子	6	a	采集	重庆

黄果榕　*Ficus benguetensis* Merr.

濒危等级　中国植物红色名录评估为无危（LC）。

种质库保存

保存地点	保存方式	种质份数	个体数量	引种方式	来源地
BJ	种子	1	a	采集	云南

黄毛榕　*Ficus esquiroliana* Lévl.

濒危等级　中国植物红色名录评估为无危（LC）。

迁地栽培保存

保存地点	种质份数	个体数量	引种方式	生长状况	来源地
GD	1	f	采集	G	待确定
HN	1	a	采集	C	海南
GX	*	f	采集	G	广西

种质库保存

保存地点	保存方式	种质份数	个体数量	引种方式	来源地
BJ	种子	1	a	采集	待确定

鸡嗉子榕 *Ficus semicordata* Buch.-Ham. ex J. E. Sm.

功效主治 叶：止咳。未成熟果汁：用于头痛。

濒危等级 中国植物红色名录评估为无危（LC）。

种质库保存

保存地点	保存方式	种质份数	个体数量	引种方式	来源地
BJ	种子	1	a	采集	云南

极简榕 *Ficus simplicissima* Lour.

功效主治 根：健脾化湿，行气止痛，舒筋活络。用于风湿，跌打损伤，肝腹水，胁痛，病后体弱，产后缺乳，劳伤咳嗽。

濒危等级 中国植物红色名录评估为易危（VU）。

迁地栽培保存

保存地点	种质份数	个体数量	引种方式	生长状况	来源地
HN	2	a	赠送	C	海南

假斜叶榕 *Ficus subulata* Bl.

濒危等级 中国植物红色名录评估为无危（LC）。

迁地栽培保存

保存地点	种质份数	个体数量	引种方式	生长状况	来源地
GX	*	f	采集	G	广西

金毛榕 *Ficus chrysocarpa* Reinw.

功效主治 根皮：甘，平。健脾益气，活血祛风。用于气血虚弱，阴挺，脱肛，水肿，风湿痹痛，泄泻。

濒危等级 中国植物红色名录评估为无危（LC）。

种质库保存

保存地点	保存方式	种质份数	个体数量	引种方式	来源地
BJ	种子	1	a	采集	待确定

聚果榕 *Ficus racemosa* L.

功效主治 茎皮：收敛止泻，止痢。

濒危等级 中国植物红色名录评估为无危（LC）。

迁地栽培保存

保存地点	种质份数	个体数量	引种方式	生长状况	来源地
YN	1	a	采集	A	云南

鳞果褐叶榕 *Ficus pubigera* var. *anserina* Corner

濒危等级 中国植物红色名录评估为无危（LC）。

迁地栽培保存

保存地点	种质份数	个体数量	引种方式	生长状况	来源地
YN	1	a	采集	A	云南

菱叶冠毛榕 *Ficus gasparriniana* Miq. var. *laceratifola*（Lévl. et Vant.）Corner

功效主治 根：涩、微咸，平。清热解毒。用于痢疾，淋证，瘰疬，痔疮。果序托：甘，平。下乳。用于乳汁不足。

濒危等级 中国植物红色名录评估为无危（LC）。

迁地栽培保存

保存地点	种质份数	个体数量	引种方式	生长状况	来源地
CQ	1	a	采集	C	重庆

瘤枝榕 *Ficus maclellandi* King

濒危等级　中国植物红色名录评估为无危（LC）。

迁地栽培保存

保存地点	种质份数	个体数量	引种方式	生长状况	来源地
YN	1	a	采集	A	云南
GX	*	f	采集	G	广西

柳叶榕 *Ficus celebensis* Corner

迁地栽培保存

保存地点	种质份数	个体数量	引种方式	生长状况	来源地
YN	1	a	采集	A	云南

爬藤榕 *Ficus sarmentosa* Buch.-Ham. ex J. E. Sm. var. *impressa*（Champ.）Corner

濒危等级　中国植物红色名录评估为无危（LC）。

迁地栽培保存

保存地点	种质份数	个体数量	引种方式	生长状况	来源地
GD	1	f	采集	G	待确定
GX	*	f	采集	G	广西

平塘榕 *Ficus tuphapensis* Drake

濒危等级　中国植物红色名录评估为近危（NT）。

迁地栽培保存

保存地点	种质份数	个体数量	引种方式	生长状况	来源地
GX	*	f	采集	G	广西

苹果榕 *Ficus oligodon* Miq.

迁地栽培保存

保存地点	种质份数	个体数量	引种方式	生长状况	来源地
HN	2	a	采集	C	海南
BJ	1	a	采集	G	广西

种质库保存

保存地点	保存方式	种质份数	个体数量	引种方式	来源地
BJ	种子	3	a	采集	贵州、云南

菩提树 *Ficus religiosa* L.

功效主治 树皮汁：收敛。用于牙痛。花、种子：发汗解毒，镇静。

迁地栽培保存

保存地点	种质份数	个体数量	引种方式	生长状况	来源地
HN	1	a	赠送	C	海南
YN	1	a	采集	A	云南
GD	1	f	采集	G	待确定
BJ	1	b	采集	G	云南
GX	*	f	采集	G	广西

种质库保存

保存地点	保存方式	种质份数	个体数量	引种方式	来源地
BJ	种子	3	a	采集	甘肃

琴叶榕 *Ficus pandurata* Hance

功效主治 根、叶：甘、辛，温。行气活血，舒筋通络，调经。用于腰背酸痛，跌打损伤，乳痈，痛经，疟疾。

濒危等级 中国植物红色名录评估为无危（LC）。

迁地栽培保存

保存地点	种质份数	个体数量	引种方式	生长状况	来源地
HN	4	a	采集	C	海南，待确定
GX	2	f	采集	G	广东、广西
CQ	1	a	购买	F	四川
GD	1	f	采集	G	待确定
BJ	1	a	购买	G	北京

青藤公 *Ficus langkokensis* Drake

濒危等级　中国植物红色名录评估为无危（LC）。

迁地栽培保存

保存地点	种质份数	个体数量	引种方式	生长状况	来源地
HN	1	a	采集	C	海南
GX	*	f	采集	G	广西

榕树 *Ficus microcarpa* L. f.

功效主治　气生根（榕须）：苦、涩，平。祛风清热，活血解毒。用于感冒，顿咳，麻疹不透，乳蛾，跌打损伤。叶（榕树叶）：淡，凉。清热利湿，活血散瘀。用于咳嗽，痢疾，泄泻。茎皮（榕树皮）：用于泄泻，疥癣，痔疮。果实（榕树果）：用于臁疮。树胶汁（榕树胶汁）：用于目翳，目赤，瘰疬，牛皮癣。

濒危等级　中国植物红色名录评估为无危（LC）。

迁地栽培保存

保存地点	种质份数	个体数量	引种方式	生长状况	来源地
YN	1	a	采集	A	云南
SH	1	a	采集	A	待确定
GD	1	f	采集	G	待确定
HN	1	e	赠送	C	海南
JS1	1	a	购买	C	江苏
GX	*	f	采集	G	广西

种质库保存

保存地点	保存方式	种质份数	个体数量	引种方式	来源地
HN	种子	8	e	采集	海南
BJ	种子	3	a	采集	海南、福建

山猪柳　*Ficus tinctoria* Forst. f.

功效主治　全株：清热解毒，解痉，消肿止痛。用于跌打损伤，骨折。

迁地栽培保存

保存地点	种质份数	个体数量	引种方式	生长状况	来源地
YN	1	a	采集	C	云南

石榕树　*Ficus abelii* Miq.

功效主治　叶：消肿止痛，去腐生新。用于乳痈，刀伤。

濒危等级　中国植物红色名录评估为无危（LC）。

迁地栽培保存

保存地点	种质份数	个体数量	引种方式	生长状况	来源地
HN	1	a	采集	C	海南
GX	*	f	采集	G	广西

台湾榕　*Ficus formosana* Maxim.

功效主治　全株：甘、微涩，平。柔肝和脾，清热利湿。用于胁痛，腰脊扭伤，水肿，小便淋痛。

濒危等级　中国植物红色名录评估为无危（LC）。

迁地栽培保存

保存地点	种质份数	个体数量	引种方式	生长状况	来源地
CQ	2	a	赠送	C	广西
GX	2	f	采集	G	广西、台湾

藤榕 *Ficus hederacea* Roxb.

濒危等级 中国植物红色名录评估为无危（LC）。

迁地栽培保存

保存地点	种质份数	个体数量	引种方式	生长状况	来源地
HN	1	a	采集	C	海南
GX	*	f	采集	G	广西

天仙果 *Ficus erecta* Thunb. var. *beecheyana* (Hook. et Arn.) King

功效主治 根（天仙果）：辛，温。祛风除湿，健脾益气，活血。用于劳倦乏力，食少，月经不调，脾虚，带下病。茎叶：甘、淡，温。补中益气，健脾化湿，强筋壮骨，活血解毒。用于风湿关节痛，中气虚弱，气血衰微，跌打损伤。果实：用于痔疮。

濒危等级 中国植物红色名录评估为无危（LC）。

迁地栽培保存

保存地点	种质份数	个体数量	引种方式	生长状况	来源地
GX	2	f	采集	G	法国，中国广西
ZJ	1	c	采集	A	浙江

凸尖榕 *Ficus tinctoria* subsp. *parastica* (Willd.) Corner

种质库保存

保存地点	保存方式	种质份数	个体数量	引种方式	来源地
BJ	种子	1	a	采集	待确定

歪叶榕 *Ficus cyrtophylla* Wall. ex Miq.

濒危等级 中国植物红色名录评估为无危（LC）。

迁地栽培保存

保存地点	种质份数	个体数量	引种方式	生长状况	来源地
GX	*	f	采集	G	广西

种质库保存

保存地点	保存方式	种质份数	个体数量	引种方式	来源地
BJ	种子	1	a	采集	海南

无花果 *Ficus carica* Linn.

功效主治　果实（无花果）：甘，平。健胃清肠，消肿解毒。用于泄泻，痢疾，便秘，痔疮，咽喉痛，痈肿。根、叶：淡、涩，平。散瘀消肿，止泻。用于泄泻；外用于痈肿。

迁地栽培保存

保存地点	种质份数	个体数量	引种方式	生长状况	来源地
BJ	6	b	购买	G	北京、上海
FJ	4	a	购买	A	福建
SH	1	a	采集	A	待确定
SC	1	f	待确定	G	四川
JS2	1	e	购买	C	江苏
GD	1	a	采集	D	待确定
JS1	1	a	购买	C	江苏
HLJ	1	b	购买	A	黑龙江
CQ	1	a	采集	F	重庆
HB	1	a	采集	C	湖北
GX	*	f	采集	G	云南

楔叶榕 *Ficus trivia* Corner

濒危等级　中国植物红色名录评估为易危（VU）。

迁地栽培保存

保存地点	种质份数	个体数量	引种方式	生长状况	来源地
GX	*	f	采集	G	广西

斜叶榕 *Ficus tinctoria* Forst. f.

功效主治　茎皮：苦，寒。清热，解痉。用于感冒，高热抽搐，泻痢。根皮：用于腹痛。嫩尖叶：用于皮癣。果实：用于溃疡。

濒危等级　中国植物红色名录评估为无危（LC）。

迁地栽培保存

保存地点	种质份数	个体数量	引种方式	生长状况	来源地
GX	3	f	采集	G	广西
GD	1	f	采集	G	待确定
HN	1	a	采集	C	海南

种质库保存

保存地点	保存方式	种质份数	个体数量	引种方式	来源地
BJ	种子	1	a	采集	贵州

雅榕 *Ficus concinna* (Miq.) Miq.

功效主治　根、叶、果实：微苦，平。祛风除湿。用于风湿关节痛，胃痛，阴挺，跌打损伤。

濒危等级　中国植物红色名录评估为无危（LC）。

迁地栽培保存

保存地点	种质份数	个体数量	引种方式	生长状况	来源地
CQ	1	a	购买	C	重庆
YN	1	a	采集	A	云南

种质库保存

保存地点	保存方式	种质份数	个体数量	引种方式	来源地
BJ	种子	1	a	采集	待确定

异叶榕 *Ficus heteromorpha* Hemsl.

功效主治　果实（奶浆果）：甘、酸，温。下乳补血。用于脾胃虚弱，乳汁不足。根：用于牙痛，久痢。

濒危等级 山西省重点保护植物，中国植物红色名录评估为无危（LC）。

迁地栽培保存

保存地点	种质份数	个体数量	引种方式	生长状况	来源地
BJ	1	a	采集	G	湖南
CQ	1	a	采集	C	重庆
HB	1	a	采集	C	湖北

种质库保存

保存地点	保存方式	种质份数	个体数量	引种方式	来源地
BJ	种子	2	a	采集	山西，待确定

印度榕 *Ficus elastica* Roxb. ex Hornem.

功效主治 止血。用于外伤出血。

迁地栽培保存

保存地点	种质份数	个体数量	引种方式	生长状况	来源地
CQ	3	a	赠送、购买	C	云南、重庆
BJ	2	b	购买	G	北京、广西
JS1	1	a	购买	C	江苏
SH	1	a	采集	A	待确定
HN	1	a	采集	C	海南
YN	1	a	采集	A	云南

硬皮榕 *Ficus callosa* Willd.

濒危等级 中国植物红色名录评估为无危（LC）。

迁地栽培保存

保存地点	种质份数	个体数量	引种方式	生长状况	来源地
YN	1	a	采集	A	云南

杂色榕 *Ficus variegata* Bl.

功效主治 根、叶：用于乳痈。

濒危等级 中国植物红色名录评估为无危（LC）。

迁地栽培保存

保存地点	种质份数	个体数量	引种方式	生长状况	来源地
HN	1	a	采集	C	海南
YN	1	a	采集	C	云南
GX	*	f	采集	G	澳门

种质库保存

保存地点	保存方式	种质份数	个体数量	引种方式	来源地
BJ	种子	3	b	采集	云南

珍珠莲 *Ficus sarmentosa* var. *henryi* (King et Oliv.) Corner

濒危等级 中国特有植物，中国植物红色名录评估为无危（LC）。

迁地栽培保存

保存地点	种质份数	个体数量	引种方式	生长状况	来源地
CQ	1	a	采集	C	重庆
GX	*	f	采集	G	湖北

直脉榕 *Ficus orthoneura* H. Lév. & Vaniot

濒危等级 中国植物红色名录评估为无危（LC）。

迁地栽培保存

保存地点	种质份数	个体数量	引种方式	生长状况	来源地
GX	2	f	采集	G	贵州、广西

竹叶榕 *Ficus stenophylla* Hemsl.

濒危等级 中国植物红色名录评估为无危（LC）。

迁地栽培保存

保存地点	种质份数	个体数量	引种方式	生长状况	来源地
CQ	1	a	采集	C	重庆
BJ	1	a	采集	G	广西
GX	*	f	采集	G	广西

桑属 *Morus*

鸡桑 *Morus australis* Poir.

功效主治 根或根皮（鸡桑根）：清肺，凉血，利湿。用于肺热咳嗽，衄血，水肿，腹泻，黄疸。叶（鸡桑）：甘、辛，寒。清热解表。用于感冒咳嗽。

濒危等级 中国植物红色名录评估为无危（LC）。

迁地栽培保存

保存地点	种质份数	个体数量	引种方式	生长状况	来源地
BJ	1	a	购买	G	北京
CQ	1	a	采集	C	重庆
HB	1	a	采集	C	湖北
HN	1	a	采集	C	海南
GX	*	f	采集	G	广西

华桑 *Morus cathayana* Hemsl.

功效主治 叶：疏风清热，清肝明目。用于风热感冒，头痛，目赤。根皮：祛风热，解毒。

濒危等级 中国植物红色名录评估为无危（LC）。

迁地栽培保存

保存地点	种质份数	个体数量	引种方式	生长状况	来源地
GX	*	f	采集	G	广西

龙爪桑 *Morus alba* ' Tortuosa'

迁地栽培保存

保存地点	种质份数	个体数量	引种方式	生长状况	来源地
BJ	1	a	采集	G	待确定

鲁桑 *Morus alba* L. var. *multicaulis*（Perr.）Loudon

濒危等级　中国特有植物，中国植物红色名录评估为无危（LC）。

迁地栽培保存

保存地点	种质份数	个体数量	引种方式	生长状况	来源地
BJ	1	a	采集	G	新疆
GX	*	f	采集	G	广西

蒙桑 *Morus mongolica*（Bureau）C. K. Schneid.

功效主治　果穗、种子：清胃热。嫩枝叶：用于妇科病。

濒危等级　中国植物红色名录评估为无危（LC）。

迁地栽培保存

保存地点	种质份数	个体数量	引种方式	生长状况	来源地
HB	1	a	采集	C	待确定
NMG	1	a	购买	F	内蒙古
CQ	1	a	采集	F	重庆

奶桑 *Morus macroura* Miq.

功效主治　叶：疏风清热，清肝明目。用于风热感冒，肺热咳嗽，咽喉肿痛，头痛，目赤。

迁地栽培保存

保存地点	种质份数	个体数量	引种方式	生长状况	来源地
YN	1	a	采集	C	云南

桑 *Morus alba* L.

功效主治　根皮（桑白皮）：甘，寒。泻肺平喘，利水消肿。用于肺热咳嗽，水肿胀满尿少，面目肌肤浮肿。嫩枝（桑枝）：微苦，平。祛风湿，利关节。用于肩臂、关节酸痛麻木。叶（桑叶）：甘、苦，寒。疏风清热，清肝明目。用于风热感冒，肺热燥咳，头晕头痛，目赤昏花。果穗（桑椹）：甘、酸，寒。补血滋阴，生津润燥。用于眩晕耳鸣，心悸失眠，须发早白，津伤口渴。

迁地栽培保存

保存地点	种质份数	个体数量	引种方式	生长状况	来源地
FJ	4	a	采集	A	福建
SC	4	f	待确定	G	四川
SH	2	a	采集	A	待确定
BJ	1	b	采集	G	四川
CQ	1	a	采集	C	重庆
GD	1	a	采集	D	待确定
GZ	1	b	采集	C	贵州
HN	1	a	采集	B	海南
JS1	1	a	采集	C	江苏
LN	1	b	采集	C	辽宁
NMG	1	a	购买	C	内蒙古
YN	1	a	采集	E	云南

种质库保存

保存地点	保存方式	种质份数	个体数量	引种方式	来源地
BJ	种子	6	b	采集	湖北、广西

水蛇麻属　*Fatoua*

水蛇麻　*Fatoua villosa*（Thunb.）Nakai

功效主治　叶：用于风热感冒，头痛，咳嗽。全草：用于刀伤，无名肿毒。

迁地栽培保存

保存地点	种质份数	个体数量	引种方式	生长状况	来源地
BJ	1	b	采集	G	北京
CQ	1	a	采集	C	重庆

种质库保存

保存地点	保存方式	种质份数	个体数量	引种方式	来源地
HN	种子	1	b	采集	湖南

柘属 *Maclura*

构棘 *Maclura cochinchinensis*（Lour.）Corner

功效主治 根（穿破石）：微苦，凉。祛风利湿，活血通经。用于风湿关节痛，劳伤咯血，跌打损伤。棘刺：苦，温。用于血瘕，痰痞。果实：微甘，温。用于疝气。

濒危等级 中国植物红色名录评估为无危（LC）。

迁地栽培保存

保存地点	种质份数	个体数量	引种方式	生长状况	来源地
BJ	1	a	采集	G	安徽
GD	1	f	采集	G	待确定
HN	1	a	赠送	C	海南
YN	1	a	采集	C	云南

种质库保存

保存地点	保存方式	种质份数	个体数量	引种方式	来源地
BJ	种子	3	a	采集	广西、四川

海南萯芝 *Maclura crenata*（C. H. Wright）Chun

迁地栽培保存

保存地点	种质份数	个体数量	引种方式	生长状况	来源地
HN	1	a	采集	C	海南

柘 *Maclura tricuspidata* Carriere

功效主治　根（穿破石）、棘刺：功效同构棘。木材：甘，温。用于崩中，疟疾。根内皮或树干内皮（柘木白皮）：苦，平。补肾固精，凉血，舒筋。用于腰痛，遗精，咯血，跌打损伤。茎叶：微甘，凉。用于疮疖，湿疹。果实：苦，平。清热凉血，舒筋活络。用于跌打损伤。

迁地栽培保存

保存地点	种质份数	个体数量	引种方式	生长状况	来源地
BJ	2	b	采集	G	湖北、海南
SH	1	a	采集	A	待确定
JS1	1	a	采集	D	江苏
CQ	1	a	采集	C	重庆

种质库保存

保存地点	保存方式	种质份数	个体数量	引种方式	来源地
BJ	种子	6	b	采集	重庆

莎草科　Cyperaceae

荸荠属　*Eleocharis*

荸荠　*Eleocharis dulcis*（Burm. f.）Trin. ex Hensch.

功效主治　全草：用于风热咳喘。

迁地栽培保存

保存地点	种质份数	个体数量	引种方式	生长状况	来源地
BJ	1	a	采集	G	广西
GD	1	f	采集	G	待确定
JS1	1	a	购买	C	江苏
SH	1	b	采集	A	待确定
GX	*	f	采集	G	广西

具刚毛荸荠 *Eleocharis valleculosa* var. *setosa* Ohwi

濒危等级 中国植物红色名录评估为无危（LC）。

迁地栽培保存

保存地点	种质份数	个体数量	引种方式	生长状况	来源地
GX	*	f	采集	G	山东

牛毛毡 *Eleocharis yokoscensis*（Franch. & Sav.）Tang & F. T. Wang

功效主治 全草（牛毛毡）：辛，温。散寒祛痰，活血消肿。用于外感风寒，身痛，咳嗽痰喘，跌打损伤。

濒危等级 中国植物红色名录评估为无危（LC）。

迁地栽培保存

保存地点	种质份数	个体数量	引种方式	生长状况	来源地
SH	1	b	采集	A	待确定

种质库保存

保存地点	保存方式	种质份数	个体数量	引种方式	来源地
HN	种子	1	c	采集	湖南

羽毛荸荠 *Eleocharis wichurae* Boeckeler

濒危等级 中国植物红色名录评估为无危（LC）。

迁地栽培保存

保存地点	种质份数	个体数量	引种方式	生长状况	来源地
GX	*	f	采集	G	山东

紫果蔺 *Eleocharis atropurpurea*（Retz.）J. Presl & C. Presl

濒危等级 中国植物红色名录评估为数据缺乏（DD）。

迁地栽培保存

保存地点	种质份数	个体数量	引种方式	生长状况	来源地
GX	*	f	采集	G	山东

扁莎属 *Pycreus*

红鳞扁莎 *Pycreus sanguinolentus*（Vahl）Nees

功效主治 全草：清热解毒，除湿退黄。

濒危等级 中国植物红色名录评估为无危（LC）。

迁地栽培保存

保存地点	种质份数	个体数量	引种方式	生长状况	来源地
BJ	1	b	采集	G	陕西

种质库保存

保存地点	保存方式	种质份数	个体数量	引种方式	来源地
BJ	种子	1	a	采集	待确定

球穗扁莎 *Pycreus globosus* Rchb.

功效主治 全草：破血行气，止痛。用于小便不利，跌打损伤，吐血，风寒感冒，咳嗽。

濒危等级 中国植物红色名录评估为无危（LC）。

迁地栽培保存

保存地点	种质份数	个体数量	引种方式	生长状况	来源地
GX	*	f	采集	G	山东

藨草属 *Scirpus*

百球藨草 *Scirpus rosthornii* Diels

功效主治 全草：清热解毒，凉血利水。

濒危等级 中国植物红色名录评估为无危（LC）。

迁地栽培保存

保存地点	种质份数	个体数量	引种方式	生长状况	来源地
GX	*	f	采集	G	广西

刺子莞属 *Rhynchospora*

刺子莞 *Rhynchospora rubra*（Lour.）Makino

功效主治 全草（刺子莞）：甘、咸，平。清热利湿。用于淋浊。

迁地栽培保存

保存地点	种质份数	个体数量	引种方式	生长状况	来源地
GX	*	f	采集	G	澳门

芙兰草属 *Fuirena*

芙兰草 *Fuirena umbellata* Rottb.

功效主治 全草：用于小儿风热，疟疾。

濒危等级 中国植物红色名录评估为无危（LC）。

迁地栽培保存

保存地点	种质份数	个体数量	引种方式	生长状况	来源地
GX	*	f	采集	G	澳门

毛芙兰草 *Fuirena ciliaris* (L.) Roxb.

濒危等级　中国植物红色名录评估为无危（LC）。

迁地栽培保存

保存地点	种质份数	个体数量	引种方式	生长状况	来源地
GX	*	f	采集	G	广西

黑莎草属　*Gahnia*

黑莎草　*Gahnia tristis* Nees

功效主治　全草：用于阴挺。

濒危等级　中国植物红色名录评估为无危（LC）。

迁地栽培保存

保存地点	种质份数	个体数量	引种方式	生长状况	来源地
GX	*	f	采集	G	澳门

种质库保存

保存地点	保存方式	种质份数	个体数量	引种方式	来源地
BJ	种子	1	a	采集	四川

湖瓜草属　*Lipocarpha*

华湖瓜草　*Lipocarpha chinensis* (Osbeck) T. Tang & F. T. Wang

濒危等级　中国植物红色名录评估为数据缺乏（DD）。

迁地栽培保存

保存地点	种质份数	个体数量	引种方式	生长状况	来源地
GX	*	f	采集	G	山东

擂鼓簕属 *Mapania*

华擂鼓簕 *Mapania silhetensis* C. B. Clarke

迁地栽培保存

保存地点	种质份数	个体数量	引种方式	生长状况	来源地
GX	*	f	采集	G	广西

葍蔗草属 *Trichophorum*

玉山针蔺 *Trichophorum subcapitatum* (Thwaites et Hook.) D. A. Simpson

功效主治 全草（龙须莞）或根：淡，寒。利尿通淋，清热安神。用于淋证，消渴，失眠，目赤肿痛。

濒危等级 中国植物红色名录评估为无危（LC）。

迁地栽培保存

保存地点	种质份数	个体数量	引种方式	生长状况	来源地
GX	*	f	采集	G	广西

飘拂草属 *Fimbristylis*

矮扁鞘飘拂草 *Fimbristylis complanata* var. *exaltata* (T. Koyama) Y. C. Tang ex S. R. Zhang & T. Koyama

濒危等级 中国植物红色名录评估为无危（LC）。

迁地栽培保存

保存地点	种质份数	个体数量	引种方式	生长状况	来源地
GX	*	f	采集	G	山东

扁鞘飘拂草 *Fimbristylis complanata* (Retz.) Link

功效主治　全草：清热解毒。

濒危等级　中国植物红色名录评估为无危（LC）。

迁地栽培保存

保存地点	种质份数	个体数量	引种方式	生长状况	来源地
GX	*	f	采集	G	山东

复序飘拂草 *Fimbristylis bisumbellata* (Forssk.) Bubani

功效主治　全草：祛痰定喘，止血消肿。

濒危等级　中国植物红色名录评估为无危（LC）。

迁地栽培保存

保存地点	种质份数	个体数量	引种方式	生长状况	来源地
YN	1	a	采集	C	云南

两歧飘拂草 *Fimbristylis dichotoma* (L.) Vahl

功效主治　全草（飘拂草）：清热解毒，利尿消肿。用于小便不利，瘰疬。

濒危等级　中国植物红色名录评估为无危（LC）。

迁地栽培保存

保存地点	种质份数	个体数量	引种方式	生长状况	来源地
GX	*	f	采集	G	山东

畦畔飘拂草 *Fimbristylis squarrosa* Vahl

濒危等级　中国植物红色名录评估为无危（LC）。

迁地栽培保存

保存地点	种质份数	个体数量	引种方式	生长状况	来源地
GX	*	f	采集	G	山东

双穗飘拂草 *Fimbristylis subbispicata* Nees

功效主治　全草：祛痰定喘，止血消肿。

濒危等级　中国植物红色名录评估为无危（LC）。

迁地栽培保存

保存地点	种质份数	个体数量	引种方式	生长状况	来源地
GX	*	f	采集	G	山东

水虱草 *Fimbristylis miliacea* (L.) Vahl

功效主治　全草：甘、淡，凉。清热利尿，解毒消肿。用于暑热尿少，尿赤，泄泻，小腿劳伤肿痛，咳嗽痰喘，跌打损伤。

濒危等级　中国植物红色名录评估为无危（LC）。

迁地栽培保存

保存地点	种质份数	个体数量	引种方式	生长状况	来源地
GX	*	f	采集	G	广西

烟台飘拂草 *Fimbristylis stauntonii* Debeaux & Franch.

功效主治　全草：用于暑热尿少，尿赤，泄泻，小腿劳伤肿痛，咳嗽痰喘，跌打损伤。

濒危等级　中国植物红色名录评估为无危（LC）。

迁地栽培保存

保存地点	种质份数	个体数量	引种方式	生长状况	来源地
GX	*	f	采集	G	山东

球柱草属 *Bulbostylis*

球柱草 *Bulbostylis barbata* (Rottb.) Kunth

功效主治　全草：止血，清肝明目。

濒危等级　中国植物红色名录评估为无危（LC）。

迁地栽培保存

保存地点	种质份数	个体数量	引种方式	生长状况	来源地
GX	*	f	采集	G	山东

丝叶球柱草 *Bulbostylis densa*（Wall.）Hand.-Mazz.

功效主治 全草：甘、淡，凉。清凉，解热。用于湿疹，中暑，腹泻，跌打肿痛，尿频。

濒危等级 中国植物红色名录评估为无危（LC）。

迁地栽培保存

保存地点	种质份数	个体数量	引种方式	生长状况	来源地
GX	*	f	采集	G	山东

三棱草属 *Bolboschoenus*

扁秆荆三棱 *Bolboschoenus planiculmis*（F. Schmidt）T. V. Egorova

功效主治 全草或根茎：苦，平。止咳，破血，通经，补气，消积，止痛。用于咳嗽，癥瘕积聚，产后瘀阻腹痛，消化不良，闭经，胸腹胁肋疼痛，产后缺乳。

濒危等级 中国植物红色名录评估为无危（LC）。

迁地栽培保存

保存地点	种质份数	个体数量	引种方式	生长状况	来源地
GX	*	f	采集	G	山东

荆三棱 *Bolboschoenus yagara*（Ohwi）Y. C. Yang & M. Zhan

功效主治 块茎（三棱）：苦、辛，平。破血行气，消积止痛。用于癥瘕积聚，气血凝滞，心腹痛，闭经，产后瘀血腹痛，跌打损伤，疮肿坚硬。

濒危等级 中国植物红色名录评估为无危（LC）。

迁地栽培保存

保存地点	种质份数	个体数量	引种方式	生长状况	来源地
JS1	1	a	采集	D	江苏

种质库保存

保存地点	保存方式	种质份数	个体数量	引种方式	来源地
BJ	种子	4	a	采集	四川

莎草属 *Cyperus*

阿穆尔莎草 *Cyperus amuricus* Maxim.

功效主治　带根全草：用于风湿骨痛，瘫痪，麻疹。根茎：疏表解热，调经止痛。

濒危等级　中国植物红色名录评估为数据缺乏（DD）。

迁地栽培保存

保存地点	种质份数	个体数量	引种方式	生长状况	来源地
BJ	1	d	采集	G	陕西
GX	*	f	采集	G	山东

白鳞莎草 *Cyperus nipponicus* Franch. & Sav.

濒危等级　中国植物红色名录评估为无危（LC）。

迁地栽培保存

保存地点	种质份数	个体数量	引种方式	生长状况	来源地
GX	*	f	采集	G	山东

扁穗莎草 *Cyperus compressus* L.

功效主治　全草：养心，调经行气。外用于跌打损伤。

濒危等级　中国植物红色名录评估为无危（LC）。

迁地栽培保存

保存地点	种质份数	个体数量	引种方式	生长状况	来源地
GX	*	f	采集	G	广西

种质库保存

保存地点	保存方式	种质份数	个体数量	引种方式	来源地
BJ	种子	2	a	采集	重庆，待确定

短叶茳芏　*Cyperus malaccensis* subsp. *monophyllus*（Vahl）T. Koyama

功效主治　根及根茎（席草）：淡，平。清热利尿，顺气调经，解痉。用于小便不利，闭经，急惊风。

濒危等级　中国植物红色名录评估为无危（LC）。

迁地栽培保存

保存地点	种质份数	个体数量	引种方式	生长状况	来源地
GX	*	f	采集	G	澳门

多脉莎草　*Cyperus diffusus* Vahl

濒危等级　中国植物红色名录评估为无危（LC）。

迁地栽培保存

保存地点	种质份数	个体数量	引种方式	生长状况	来源地
GX	*	f	采集	G	广西

风车草　*Cyperus alternifolius* L.

功效主治　茎叶（九龙吐珠）：酸、甘、微苦，凉。行气活血，退黄解毒。用于瘀血作痛，蛇虫咬伤。

迁地栽培保存

保存地点	种质份数	个体数量	引种方式	生长状况	来源地
BJ	3	d	购买	G	北京、湖北
HN	1	a	采集	B	海南
SC	1	f	待确定	G	四川

褐穗莎草　*Cyperus fuscus* L.

功效主治　全草：发散风寒，退热止咳。用于风寒感冒，高热，咳嗽。

濒危等级　中国植物红色名录评估为无危（LC）。

种质库保存

保存地点	保存方式	种质份数	个体数量	引种方式	来源地
BJ	种子	1	a	采集	海南

具芒碎米莎草　*Cyperus microiria* Steud.

功效主治　全草：利湿通淋，行气活血。

濒危等级　中国植物红色名录评估为无危（LC）。

迁地栽培保存

保存地点	种质份数	个体数量	引种方式	生长状况	来源地
BJ	1	d	采集	G	山东
GX	*	f	采集	G	山东

毛轴莎草　*Cyperus pilosus* Vahl

功效主治　全草：用于浮肿，跌打损伤。花序：用于水肿。

濒危等级　中国植物红色名录评估为无危（LC）。

迁地栽培保存

保存地点	种质份数	个体数量	引种方式	生长状况	来源地
GX	*	f	采集	G	澳门

种质库保存

保存地点	保存方式	种质份数	个体数量	引种方式	来源地
BJ	种子	1	a	采集	重庆

密穗砖子苗　*Cyperus compactus* Retz.

濒危等级　中国植物红色名录评估为无危（LC）。

迁地栽培保存

保存地点	种质份数	个体数量	引种方式	生长状况	来源地
YN	1	a	采集	C	云南

畦畔莎草 *Cyperus haspan* L.

功效主治 全草：用于婴儿破伤风。

濒危等级 中国植物红色名录评估为无危（LC）。

迁地栽培保存

保存地点	种质份数	个体数量	引种方式	生长状况	来源地
GX	*	f	采集	G	云南

种质库保存

保存地点	保存方式	种质份数	个体数量	引种方式	来源地
BJ	种子	1	a	采集	待确定

山东白鳞莎草 *Cyperus hilgendorfianus* Boeckeler

濒危等级 中国植物红色名录评估为数据缺乏（DD）。

迁地栽培保存

保存地点	种质份数	个体数量	引种方式	生长状况	来源地
BJ	1	c	采集	G	山东
GX	*	f	采集	G	山东

疏穗莎草 *Cyperus distans* L. f.

濒危等级 中国植物红色名录评估为无危（LC）。

种质库保存

保存地点	保存方式	种质份数	个体数量	引种方式	来源地
BJ	种子	1	a	采集	待确定

水莎草 *Cyperus serotinus* Rottb.

功效主治 块茎：止咳，破血，通经，行气，消积，止痛。用于咳嗽痰喘，癥瘕积聚，产后瘀血，腹痛，消化不良，闭经，气滞血瘀，胸腹胁痛。

濒危等级 中国植物红色名录评估为无危（LC）。

迁地栽培保存

保存地点	种质份数	个体数量	引种方式	生长状况	来源地
GX	*	f	采集	G	山东

碎米莎草 *Cyperus iria* L.

功效主治 全草（野席草）：辛，平。祛风除湿，调经利尿。用于风湿筋骨痛，跌打损伤，瘫痪，月经不调，痛经，闭经，石淋。

濒危等级 中国植物红色名录评估为无危（LC）。

迁地栽培保存

保存地点	种质份数	个体数量	引种方式	生长状况	来源地
ZJ	1	e	采集	A	浙江
CQ	1	a	采集	B	重庆

种质库保存

保存地点	保存方式	种质份数	个体数量	引种方式	来源地
HN	种子	1	c	采集	湖南
BJ	种子	7	c	采集	重庆、海南、河南

头状穗莎草 *Cyperus glomeratus* L.

功效主治 全草：止咳化痰。用于咳嗽痰喘。

濒危等级 中国植物红色名录评估为无危（LC）。

迁地栽培保存

保存地点	种质份数	个体数量	引种方式	生长状况	来源地
GX	*	f	采集	G	山东

种质库保存

保存地点	保存方式	种质份数	个体数量	引种方式	来源地
BJ	种子	1	a	采集	山西

香附子　*Cyperus rotundus* L.

功效主治　根茎（香附子）：辛、微苦、甘，平。理气解郁，调经止痛。用于肝郁气滞，胸、胁、脘腹胀痛，消化不良，胸脘痞闷，寒疝腹痛，乳房胀痛，月经不调，闭经，痛经。茎叶：行气，开郁，祛风。用于胸闷不舒，皮肤风痒，痈肿。

濒危等级　中国植物红色名录评估为无危（LC）。

迁地栽培保存

保存地点	种质份数	个体数量	引种方式	生长状况	来源地
BJ	3	e	采集	G	北京、山东、广东
CQ	1	b	采集	B	重庆
GD	1	f	采集	G	待确定
HN	1	b	采集	B	海南
SC	1	f	待确定	G	四川
SH	1	b	采集	A	待确定

种质库保存

保存地点	保存方式	种质份数	个体数量	引种方式	来源地
BJ	种子	10	b	采集	福建、云南、河北、重庆、四川

旋鳞莎草　*Cyperus michelianus* (L.) Link

功效主治　全草（护心草）：辛，平。养血，行气调经。用于痛经，月经不调。

濒危等级　中国植物红色名录评估为无危（LC）。

迁地栽培保存

保存地点	种质份数	个体数量	引种方式	生长状况	来源地
BJ	1	d	采集	G	山东
GX	*	f	采集	G	山东

野生风车草 *Cyperus alternifolius* L.

迁地栽培保存

保存地点	种质份数	个体数量	引种方式	生长状况	来源地
CQ	1	a	购买	B	重庆
SH	1	b	采集	A	待确定
YN	1	a	采集	C	云南

异型莎草 *Cyperus difformis* L.

功效主治　带根全草：咸、微苦，凉。行气，活血，通淋，利小便。用于热淋，小便不利，跌打损伤，吐血。

濒危等级　中国植物红色名录评估为无危（LC）。

迁地栽培保存

保存地点	种质份数	个体数量	引种方式	生长状况	来源地
BJ	1	d	采集	G	陕西
CQ	1	a	采集	B	重庆
GX	*	f	采集	G	山东

种质库保存

保存地点	保存方式	种质份数	个体数量	引种方式	来源地
BJ	种子	3	b	采集	上海

油莎草 *Cyperus esculentus* var. *sativus* Boeckeler

迁地栽培保存

保存地点	种质份数	个体数量	引种方式	生长状况	来源地
GX	*	f	采集	G	法国

窄穗莎草　*Cyperus tenuispica* Steud.

功效主治　全草提取物：增白皮肤。

濒危等级　中国植物红色名录评估为无危（LC）。

迁地栽培保存

保存地点	种质份数	个体数量	引种方式	生长状况	来源地
GX	*	f	采集	G	山东

砖子苗　*Cyperus cyperoides*（L.）Kuntze

功效主治　根茎：调经止痛，行气解表。用于感冒，月经不调，带下病，产后腹痛，跌打损伤，风湿关节痛。全草：祛风止痒，解郁调经。用于皮肤瘙痒，月经不调，血崩。

濒危等级　中国植物红色名录评估为无危（LC）。

迁地栽培保存

保存地点	种质份数	个体数量	引种方式	生长状况	来源地
GX	*	f	采集	G	广西

种质库保存

保存地点	保存方式	种质份数	个体数量	引种方式	来源地
BJ	种子	3	b	采集	待确定

水葱属　*Schoenoplectus*

花叶水葱　*Schoenoplectus lacustris* subsp. *tabernaemontani* ‘Zebrinus’

迁地栽培保存

保存地点	种质份数	个体数量	引种方式	生长状况	来源地
SH	1	b	采集	A	待确定

三棱水葱　*Schoenoplectus triqueter*（Linnaeus）Palla

功效主治　全草：甘、涩，平。和胃理气。用于食积气滞，呃逆饱胀，经前腹痛，风湿关节痛。

濒危等级 中国植物红色名录评估为无危（LC）。

迁地栽培保存

保存地点	种质份数	个体数量	引种方式	生长状况	来源地
CQ	1	a	赠送	F	广东
GX	*	f	采集	G	山东

水葱 *Schoenoplectus validus* Vahl

功效主治 茎（水葱）：淡，平。渗湿利尿。用于水肿胀满，小便不利。

濒危等级 中国植物红色名录评估为无危（LC）。

迁地栽培保存

保存地点	种质份数	个体数量	引种方式	生长状况	来源地
FJ	2	a	采集	A	福建
HEN	1	d	采集	A	河南
JS1	1	a	采集	D	江苏
SH	1	b	采集	A	待确定
BJ	1	d	采集	G	云南
GZ	1	f	采集	F	贵州

种质库保存

保存地点	保存方式	种质份数	个体数量	引种方式	来源地
BJ	种子	4	a	采集	上海、江苏

水毛花 *Schoenoplectus triangulatus* Roxb.

功效主治 根（蒲草根、水毛花根）：淡、微苦，凉。清热利尿。用于外感发热，热证牙痛，淋证，带下病。全草：苦、辛，凉。清热解表，润肺止咳。

濒危等级 中国植物红色名录评估为无危（LC）。

种质库保存

保存地点	保存方式	种质份数	个体数量	引种方式	来源地
BJ	种子	1	a	采集	上海

萤蔺　*Schoenoplectus juncoides* Roxb.

功效主治　全草（野马蹄草）：甘、淡，平。清热解毒，凉血利水，清心火，止吐血。用于麻疹痘毒，肺痨咯血，火盛牙痛，目赤肿痛，小便淋痛。

濒危等级　中国植物红色名录评估为无危（LC）。

迁地栽培保存

保存地点	种质份数	个体数量	引种方式	生长状况	来源地
CQ	1	a	采集	F	重庆
GX	*	f	采集	G	山东

水蜈蚣属　*Kyllinga*

单穗水蜈蚣　*Kyllinga monocephala* Rottb.

功效主治　全草（一箭球）：微甘、辛，平。疏风，清热，止咳，截疟，散瘀，消肿。用于感冒，咳嗽，咽喉肿痛，痢疾，疟疾，跌打损伤，疮肿，毒蛇咬伤。

濒危等级　中国植物红色名录评估为无危（LC）。

迁地栽培保存

保存地点	种质份数	个体数量	引种方式	生长状况	来源地
HN	1	a	采集	B	海南
GX	*	f	采集	G	重庆

种质库保存

保存地点	保存方式	种质份数	个体数量	引种方式	来源地
BJ	种子	1	a	采集	海南

短叶水蜈蚣 *Kyllinga brevifolia* Rottb.

功效主治　全草或根茎（水蜈蚣）：辛，温。疏风解表，清热利湿，止咳化痰，祛瘀消肿。用于风寒感冒，寒热头痛，筋骨疼痛，咳嗽，疟疾，黄疸，痢疾，疮疡肿毒，跌打损伤。

濒危等级　中国植物红色名录评估为无危（LC）。

迁地栽培保存

保存地点	种质份数	个体数量	引种方式	生长状况	来源地
GX	2	f	采集	G	广西
SH	1	b	采集	A	待确定
HN	1	b	赠送	B	海南
YN	1	a	采集	C	云南
GD	1	f	采集	G	待确定
BJ	1	b	采集	G	湖北

种质库保存

保存地点	保存方式	种质份数	个体数量	引种方式	来源地
BJ	种子	1	a	采集	河北

黑籽水蜈蚣 *Kyllinga melanosperma* Nees

濒危等级　中国植物红色名录评估为无危（LC）。

种质库保存

保存地点	保存方式	种质份数	个体数量	引种方式	来源地
BJ	种子	1	a	采集	甘肃

三头水蜈蚣 *Kyllinga triceps* Rottb.

濒危等级　中国植物红色名录评估为无危（LC）。

迁地栽培保存

保存地点	种质份数	个体数量	引种方式	生长状况	来源地
GD	1	f	采集	G	待确定

水蜈蚣　*Kyllinga polyphylla* Kunth

功效主治　地上部分：用于发热。

迁地栽培保存

保存地点	种质份数	个体数量	引种方式	生长状况	来源地
GZ	1	a	采集	C	贵州
ZJ	1	d	采集	A	福建

种质库保存

保存地点	保存方式	种质份数	个体数量	引种方式	来源地
BJ	种子	8	b	采集	山西、河南、云南

无刺鳞水蜈蚣　*Kyllinga brevifolia* var. *leiolepis*（Franch. et Savat.）Hara

濒危等级　中国植物红色名录评估为无危（LC）。

迁地栽培保存

保存地点	种质份数	个体数量	引种方式	生长状况	来源地
BJ	2	a	采集	G	山东
GX	*	f	采集	G	广西

薹草属　*Carex*

矮生薹草　*Carex pumila* Thunb.

濒危等级　中国植物红色名录评估为无危（LC）。

迁地栽培保存

保存地点	种质份数	个体数量	引种方式	生长状况	来源地
GX	*	f	采集	G	山东

白颖薹草　*Carex duriuscula* subsp. *rigescens*（Franch）S. Y. Liang et Y. C. Tang

功效主治　种子：用于小儿秃疮，黄水疮。

濒危等级　中国植物红色名录评估为无危（LC）。

迁地栽培保存

保存地点	种质份数	个体数量	引种方式	生长状况	来源地
GX	*	f	采集	G	山东

柄果薹草 *Carex stipitinux* C. B. Clarke ex Franch.

濒危等级　中国特有植物，中国植物红色名录评估为无危（LC）。

迁地栽培保存

保存地点	种质份数	个体数量	引种方式	生长状况	来源地
GX	*	f	采集	G	广西

长梗薹草 *Carex glossostigma* Hand.-Mazz.

濒危等级　中国特有植物，中国植物红色名录评估为无危（LC）。

迁地栽培保存

保存地点	种质份数	个体数量	引种方式	生长状况	来源地
GX	*	f	采集	G	湖北

长柱头薹草 *Carex teinogyna* Boott

濒危等级　中国植物红色名录评估为无危（LC）。

种贡库保存

保存地点	保存方式	种质份数	个体数量	引种方式	来源地
BJ	种子	1	a	采集	待确定

刺囊薹草 *Carex obscura* var. *brachycarpa* C. B. Clarke

濒危等级　中国植物红色名录评估为无危（LC）。

种质库保存

保存地点	保存方式	种质份数	个体数量	引种方式	来源地
BJ	种子	1	a	采集	待确定

寸草 *Carex duriuscula* C. A. Mey.

功效主治 种子：用于小儿秃疮，黄水疮。

濒危等级 中国植物红色名录评估为无危（LC）。

迁地栽培保存

保存地点	种质份数	个体数量	引种方式	生长状况	来源地
GX	*	f	采集	G	山东

低矮薹草 *Carex humilis* Leyss.

濒危等级 中国植物红色名录评估为无危（LC）。

迁地栽培保存

保存地点	种质份数	个体数量	引种方式	生长状况	来源地
GX	*	f	采集	G	山东

鄂西薹草 *Carex manciformis* C. B. Clarke ex Franch.

濒危等级 中国特有植物，中国植物红色名录评估为无危（LC）。

迁地栽培保存

保存地点	种质份数	个体数量	引种方式	生长状况	来源地
HB	2	a	采集	C	待确定

二形鳞薹草 *Carex dimorpholepis* Steud.

濒危等级 中国植物红色名录评估为无危（LC）。

迁地栽培保存

保存地点	种质份数	个体数量	引种方式	生长状况	来源地
GX	*	f	采集	G	山东

芒莛薹草 *Carex scaposa* C. B. Clarke

功效主治 全草：凉血，止血，解表透疹。

迁地栽培保存

保存地点	种质份数	个体数量	引种方式	生长状况	来源地
GX	*	f	采集	G	云南

尖嘴薹草 *Carex leiorhyncha* C. A. Mey.

濒危等级 中国植物红色名录评估为无危（LC）。

迁地栽培保存

保存地点	种质份数	个体数量	引种方式	生长状况	来源地
BJ	1	d	采集	G	陕西
GX	*	f	采集	G	山东

浆果薹草 *Carex baccans* Nees

功效主治 全草或根（山稗子）：苦、涩、微寒。凉血，止血，调经。用于月经不调，崩漏，鼻衄，消化道出血，狂犬咬伤。果实：甘、微辛，微寒。透疹止咳，补中利水。用于麻疹，水痘，顿咳，水肿，脱肛。

濒危等级 中国植物红色名录评估为无危（LC）。

迁地栽培保存

保存地点	种质份数	个体数量	引种方式	生长状况	来源地
YN	1	a	采集	C	云南

种质库保存

保存地点	保存方式	种质份数	个体数量	引种方式	来源地
HN	种子	2	c	采集	湖南
BJ	种子	20	b	采集	云南、四川、浙江

镜子薹草　*Carex phacota* Spreng.

功效主治　带根全草（三棱草）：辛，平。解表透疹，催产。用于小儿麻疹不透，难产。

濒危等级　中国植物红色名录评估为无危（LC）。

迁地栽培保存

保存地点	种质份数	个体数量	引种方式	生长状况	来源地
GX	*	f	采集	G	广西

蕨状薹草　*Carex filicina* Nees

濒危等级　中国植物红色名录评估为无危（LC）。

迁地栽培保存

保存地点	种质份数	个体数量	引种方式	生长状况	来源地
GX	*	f	采集	G	广西

种质库保存

保存地点	保存方式	种质份数	个体数量	引种方式	来源地
BJ	种子	1	a	采集	海南

宽叶薹草　*Carex siderosticta* Hance

功效主治　根（崖棕根）：甘、辛，温。活血化瘀，通经活络。用于妇人血气，五劳七伤。根茎：清热，凉血，止血，利尿。

濒危等级　中国植物红色名录评估为无危（LC）。

迁地栽培保存

保存地点	种质份数	个体数量	引种方式	生长状况	来源地
BJ	1	d	采集	G	北京
GX	*	f	采集	G	湖北

披针薹草 *Carex lancifolia* C. B. Clarke

濒危等级 中国特有植物，中国植物红色名录评估为无危（LC）。

种质库保存

保存地点	保存方式	种质份数	个体数量	引种方式	来源地
BJ	种子	1	a	采集	待确定

筌草 *Carex doniana* Spreng.

功效主治 全草：利湿通淋，催产。用于痢疾，麻疹不出，消化不良。

濒危等级 中国植物红色名录评估为无危（LC）。

迁地栽培保存

保存地点	种质份数	个体数量	引种方式	生长状况	来源地
GX	*	f	采集	G	湖北

青绿薹草 *Carex breviculmis* R. Br.

功效主治 全草：用于肺热咳嗽，咯血，哮喘，顿咳。

濒危等级 中国植物红色名录评估为无危（LC）。

迁地栽培保存

保存地点	种质份数	个体数量	引种方式	生长状况	来源地
GX	*	f	采集	G	山东

日本薹草 *Carex japonica* Thunb.

功效主治 全草：用于痢疾，麻疹不出，消化不良。

濒危等级 中国植物红色名录评估为无危（LC）。

迁地栽培保存

保存地点	种质份数	个体数量	引种方式	生长状况	来源地
GX	*	f	采集	G	山东

筛草 *Carex kobomugi* Ohwi

功效主治 果实（筛实）：甘，平。补虚损，温肠胃，止呕逆。

濒危等级 中国植物红色名录评估为无危（LC）。

迁地栽培保存

保存地点	种质份数	个体数量	引种方式	生长状况	来源地
BJ	1	b	采集	G	山东
GX	*	f	采集	G	山东

十字薹草 *Carex cruciata* Wahlenb.

功效主治 全草：辛、甘，平。凉血，止血，解表透疹。用于痢疾，麻疹不出，消化不良。

濒危等级 中国植物红色名录评估为无危（LC）。

种质库保存

保存地点	保存方式	种质份数	个体数量	引种方式	来源地
BJ	种子	6	b	采集	云南、海南
HN	种子	1	c	采集	湖南

套鞘薹草 *Carex maubertiana* Boott

功效主治 全草：辛、甘，平。清热，利尿。用于淋证，烫火伤。

濒危等级 中国植物红色名录评估为无危（LC）。

迁地栽培保存

保存地点	种质份数	个体数量	引种方式	生长状况	来源地
CQ	1	b	采集	C	重庆
GX	*	f	采集	G	广西

条穗薹草 *Carex nemostachys* Steud.

功效主治 全草：利水。用于水肿。

濒危等级 中国植物红色名录评估为无危（LC）。

种质库保存

保存地点	保存方式	种质份数	个体数量	引种方式	来源地
BJ	种子	3	a	采集	江西
HN	种子	2	c	采集	湖南

溪水薹草 *Carex forficula* Franch. & Sav.

濒危等级 中国植物红色名录评估为无危（LC）。

迁地栽培保存

保存地点	种质份数	个体数量	引种方式	生长状况	来源地
GX	*	f	采集	G	山东

亚柄薹草 *Carex lanceolata* var. *subpediformis* Kükenth.

濒危等级 中国植物红色名录评估为无危（LC）。

迁地栽培保存

保存地点	种质份数	个体数量	引种方式	生长状况	来源地
GX	*	f	采集	G	山东

翼果薹草 *Carex neurocarpa* Maxim.

功效主治 全草：用于痢疾，麻疹不出，消化不良。

濒危等级　中国植物红色名录评估为无危（LC）。

迁地栽培保存

保存地点	种质份数	个体数量	引种方式	生长状况	来源地
GX	*	f	采集	G	山东

中华薹草　*Carex chinensis* Retz.

功效主治　全草：理气止痛。

濒危等级　中国特有植物，中国植物红色名录评估为无危（LC）。

迁地栽培保存

保存地点	种质份数	个体数量	引种方式	生长状况	来源地
GX	*	f	采集	G	澳门

锥囊薹草　*Carex raddei* Kük.

濒危等级　中国植物红色名录评估为无危（LC）。

迁地栽培保存

保存地点	种质份数	个体数量	引种方式	生长状况	来源地
GX	*	f	采集	G	山东

羊胡子草属　*Eriophorum*

丛毛羊胡子草　*Eriophorum comosum*（Wall.）Nees

功效主治　全草：通经活络。用于风湿骨痛，跌打损伤。花：平喘止咳。用于咳嗽。根：清热解毒。用于心悸，胃痛。

濒危等级　中国植物红色名录评估为无危（LC）。

迁地栽培保存

保存地点	种质份数	个体数量	引种方式	生长状况	来源地
GX	*	f	采集	G	广西

珍珠茅属 *Scleria*

高秆珍珠茅 *Scleria terrestris*（L.）Fass

功效主治 全草（三楞筋骨草）：微苦，平。除风湿，通经络，透疹。用于风湿筋骨痛，瘫痪，跌打损伤。

濒危等级 中国植物红色名录评估为无危（LC）。

迁地栽培保存

保存地点	种质份数	个体数量	引种方式	生长状况	来源地
GX	*	f	采集	G	广西

黑鳞珍珠茅 *Scleria hookeriana* Boeckeler

功效主治 根：祛风除湿，疏通经络。用于痛经，跌打损伤，风湿疼痛，劳伤疼痛，痢疾，咳嗽。

濒危等级 中国植物红色名录评估为无危（LC）。

迁地栽培保存

保存地点	种质份数	个体数量	引种方式	生长状况	来源地
HB	1	a	采集	C	待确定

华珍珠茅 *Scleria chinensis* Kunth

濒危等级 中国植物红色名录评估为无危（LC）。

种质库保存

保存地点	保存方式	种质份数	个体数量	引种方式	来源地
BJ	种子	8	b	采集	云南

毛果珍珠茅 *Scleria hebecarpa* Nees

功效主治 根：消肿解毒。用于痢疾，咳嗽，消化不良，毒蛇咬伤。全草：清热，祛风湿，通经络。

濒危等级 中国植物红色名录评估为无危（LC）。

迁地栽培保存

保存地点	种质份数	个体数量	引种方式	生长状况	来源地
GX	*	f	采集	G	广西

圆秆珍珠茅　*Scleria harlandii* Hance

濒危等级　中国植物红色名录评估为无危（LC）。

种质库保存

保存地点	保存方式	种质份数	个体数量	引种方式	来源地
HN	种子	1	b	采集	海南

山茶科　Theaceae

大头茶属　*Polyspora*

大头茶　*Polyspora axillaris*（Roxb. ex Ker-Gawl.）D. Dietr.

功效主治　芽、叶、花：消热解毒。

濒危等级　中国植物红色名录评估为无危（LC）。

迁地栽培保存

保存地点	种质份数	个体数量	引种方式	生长状况	来源地
GD	1	f	采集	G	待确定
GX	*	f	采集	G	广西、云南

黄药大头茶　*Polyspora chrysandra* Cowan

濒危等级　中国植物红色名录评估为无危（LC）。

迁地栽培保存

保存地点	种质份数	个体数量	引种方式	生长状况	来源地
CQ	1	a	采集	C	重庆

种质库保存

保存地点	保存方式	种质份数	个体数量	引种方式	来源地
BJ	种子	3	a	采集	云南

四川大头茶 *Polyspora acuminata*（E. Pritz.）H. T. Chang

濒危等级　中国植物红色名录评估为无危（LC）。

迁地栽培保存

保存地点	种质份数	个体数量	引种方式	生长状况	来源地
GX	*	f	采集	G	重庆，待确定

核果茶属　*Pyrenaria*

长柱核果茶 *Pyrenaria spectabilis* var. *greeniae*（Chun）S. X. Yang

濒危等级　中国特有植物，中国植物红色名录评估为无危（LC）。

迁地栽培保存

保存地点	种质份数	个体数量	引种方式	生长状况	来源地
GX	*	f	采集	G	广西

大果核果茶 *Pyrenaria spectabilis*（Champ.）C. Y. Wu et S. X. Yang ex S. X. Yang

迁地栽培保存

保存地点	种质份数	个体数量	引种方式	生长状况	来源地
GX	*	f	采集	G	广西

多萼核果茶 *Pyrenaria multisepala*（Merr. et Chun）S. X. Yang

濒危等级 中国特有植物，中国植物红色名录评估为近危（NT）。

迁地栽培保存

保存地点	种质份数	个体数量	引种方式	生长状况	来源地
HN	1	e	采集	C	海南

木荷属 *Schima*

木荷 *Schima superba* Gardn. et Champ.

功效主治 根皮（木荷皮）：辛，温。有毒。利水消肿，催吐。外用于疮痈肿毒。

濒危等级 中国植物红色名录评估为无危（LC）。

迁地栽培保存

保存地点	种质份数	个体数量	引种方式	生长状况	来源地
ZJ	1	b	购买	A	浙江
CQ	1	a	采集	C	重庆
GD	1	f	采集	G	待确定
HB	1	a	采集	C	待确定
JS1	1	a	购买	D	江苏
YN	1	a	购买	C	云南
GX	*	f	采集	G	浙江

种质库保存

保存地点	保存方式	种质份数	个体数量	引种方式	来源地
BJ	种子	7	b	采集	重庆、福建、四川、湖北

西南木荷 *Schima wallichii*（DC.）Choisy

功效主治 茎皮（毛木树）、叶（毛木树）：涩，凉。有小毒。收敛止泻，杀虫。用于外伤出血，蛇虫咬伤。

濒危等级 中国植物红色名录评估为无危（LC）。

种质库保存

保存地点	保存方式	种质份数	个体数量	引种方式	来源地
BJ	种子	1	a	采集	上海

银木荷　*Schima argentea* Pritz. ex Diels

功效主治　根皮、茎皮：有毒。驱虫。用于蛔虫病，绦虫病。

濒危等级　中国植物红色名录评估为无危（LC）。

迁地栽培保存

保存地点	种质份数	个体数量	引种方式	生长状况	来源地
GX	*	f	采集	G	广西

种质库保存

保存地点	保存方式	种质份数	个体数量	引种方式	来源地
BJ	种子	1	a	采集	云南

中华木荷　*Schima sinensis*（Hemsl.）Airy Shaw

濒危等级　中国特有植物，中国植物红色名录评估为无危（LC）。

迁地栽培保存

保存地点	种质份数	个体数量	引种方式	生长状况	来源地
GX	*	f	采集	G	浙江

山茶属　*Camellia*

凹脉金花茶　*Camellia impressinervis* H. T. Chang et S. Y. Liang

濒危等级　中国特有植物，国家重点保护野生植物名录（第二批）二级，中国植物红色名录评估为极危（CR）。

迁地栽培保存

保存地点	种质份数	个体数量	引种方式	生长状况	来源地
FJ	1	a	购买	B	福建
GX	*	f	采集	G	广西

抱茎短蕊茶 *Camellia amplexifolia* Merr. et Chun

濒危等级　中国特有植物，中国植物红色名录评估为濒危（EN）。

迁地栽培保存

保存地点	种质份数	个体数量	引种方式	生长状况	来源地
HN	1	a	采集	C	海南

糙果茶 *Camellia furfuracea*（Merr.）Coh. St.

濒危等级　中国植物红色名录评估为无危（LC）。

迁地栽培保存

保存地点	种质份数	个体数量	引种方式	生长状况	来源地
GX	*	f	采集	G	湖南

茶 *Camellia sinensis*（Linn.）O. Kuntze

功效主治　芽叶（茶叶）：甘、苦，凉。清头目，除烦渴，消食，利尿，解毒。用于头痛，目昏，嗜睡，心烦口渴，食积痰滞，疟疾，痢疾。根（茶树根）：苦，平。用于心脏病，口疮，牛皮癣。果实（茶子）：苦，寒。有毒。用于痰喘，咳嗽。

濒危等级　中国植物红色名录评估为数据缺乏（DD）。

迁地栽培保存

保存地点	种质份数	个体数量	引种方式	生长状况	来源地
GZ	3	a	采集、购买	C	贵州
ZJ	1	c	购买	A	广西
HB	1	a	采集	C	湖北

续表

保存地点	种质份数	个体数量	引种方式	生长状况	来源地
YN	1	a	采集	A	云南
SC	1	f	待确定	G	四川
HN	1	a	采集	B	海南
GD	1	a	采集	E	待确定
FJ	1	a	采集	A	福建
CQ	1	a	采集	C	重庆
GX	*	f	采集	G	浙江

茶（原变种） *Camellia sinensis* (Linn.) O. Kuntze var. *sinensis*

濒危等级 中国植物红色名录评估为数据缺乏（DD）。

迁地栽培保存

保存地点	种质份数	个体数量	引种方式	生长状况	来源地
GX	*	f	采集	G	广西

茶梅 *Camellia sasanqua* Thunb.

迁地栽培保存

保存地点	种质份数	个体数量	引种方式	生长状况	来源地
JS2	1	c	购买	C	江苏
ZJ	1	c	购买	A	浙江
JS1	1	a	购买	C	江苏
GZ	1	a	购买	C	贵州

长尾毛蕊茶 *Camellia caudata* Wall.

功效主治 茎叶、花：活血止血，去腐生新。

濒危等级 中国植物红色名录评估为无危（LC）。

迁地栽培保存

保存地点	种质份数	个体数量	引种方式	生长状况	来源地
CQ	1	a	采集	C	重庆
SH	1	a	采集	A	待确定

川鄂连蕊茶　*Camellia rosthorniana* Hand.-Mazz.

功效主治　根：理气止痛，活血化瘀。

濒危等级　中国特有植物，中国植物红色名录评估为无危（LC）。

迁地栽培保存

保存地点	种质份数	个体数量	引种方式	生长状况	来源地
CQ	2	a	采集	C	重庆

大树茶　*Camellia arborescens* H. T. Chang et Yu

迁地栽培保存

保存地点	种质份数	个体数量	引种方式	生长状况	来源地
GX	*	f	采集	G	广西

淡黄金花茶　*Camellia flavida* H. T. Chang

濒危等级　中国特有植物，国家重点保护野生植物名录（第二批）二级，中国植物红色名录评估为濒危（EN）。

迁地栽培保存

保存地点	种质份数	个体数量	引种方式	生长状况	来源地
GX	*	f	采集	G	广西

多变淡黄金花茶　*Camellia flavida* var. *patens*（Mo et Zhong）T. L. Ming

濒危等级　中国特有植物，中国植物红色名录评估为近危（NT）。

迁地栽培保存

保存地点	种质份数	个体数量	引种方式	生长状况	来源地
GX	*	f	采集	G	广西

多齿红山茶 *Camellia polyodonta* How ex Hu

迁地栽培保存

保存地点	种质份数	个体数量	引种方式	生长状况	来源地
GX	*	f	采集	G	广西

红皮糙果茶 *Camellia crapnelliana* Tutch.

濒危等级　中国特有植物，浙江省重点保护植物，中国植物红色名录评估为易危（VU）。

迁地栽培保存

保存地点	种质份数	个体数量	引种方式	生长状况	来源地
GX	3	f	采集	G	广东、广西、浙江

尖连蕊茶 *Camellia cuspidata* (Kochs) Wright ex Gard.

功效主治　根、花：甘，温。健脾消食，补虚。用于脾虚食少，病后虚弱，吐血。

迁地栽培保存

保存地点	种质份数	个体数量	引种方式	生长状况	来源地
GX	2	f	采集	G	中国湖北，法国

种质库保存

保存地点	保存方式	种质份数	个体数量	引种方式	来源地
BJ	种子	11	b	采集	江西、河北

金花茶 *Camellia petelotii* (Merr.) Sealy

功效主治　叶（金花茶）：清热生津，止痢。用于痢疾；外用于烂疮。花：用于便血。

濒危等级　国家重点保护野生植物名录（第二批）二级，中国植物红色名录评估为易危（VU）。

迁地栽培保存

保存地点	种质份数	个体数量	引种方式	生长状况	来源地
FJ	3	a	购买	B	广西
GX	3	f	采集	G	广西
YN	1	a	购买	C	云南
HN	1	a	采集	B	待确定
GD	1	f	采集	G	待确定
CQ	1	a	赠送	C	广西
BJ	1	a	采集	G	广西

金花茶（原变种）　*Camellia petelotii* (Merr.) Sealy var. *petelotii*

濒危等级　国家重点保护野生植物名录（第二批）二级，中国植物红色名录评估为易危（VU）。

迁地栽培保存

保存地点	种质份数	个体数量	引种方式	生长状况	来源地
GX	*	f	采集	G	广西

柃叶连蕊茶　*Camellia euryoides* Lindl.

功效主治　根、花：收敛，凉血，止血。

濒危等级　中国特有植物，中国植物红色名录评估为无危（LC）。

种质库保存

保存地点	保存方式	种质份数	个体数量	引种方式	来源地
BJ	种子	1	a	采集	海南

瘤果茶 *Camellia tuberculata* Chien

迁地栽培保存

保存地点	种质份数	个体数量	引种方式	生长状况	来源地
CQ	1	a	采集	C	重庆

种质库保存

保存地点	保存方式	种质份数	个体数量	引种方式	来源地
BJ	种子	6	b	采集	海南、云南、四川

落瓣短柱茶 *Camellia kissii* Wall.

迁地栽培保存

保存地点	种质份数	个体数量	引种方式	生长状况	来源地
GX	*	f	采集	G	广东

毛柄连蕊茶 *Camellia fraterna* Hance

功效主治　根（连蕊茶）、叶（连蕊茶）、花（连蕊茶）：苦，凉。消肿，活血，清热解毒。用于痈肿溃烂，跌打损伤。

濒危等级　中国特有植物，中国植物红色名录评估为无危（LC）。

迁地栽培保存

保存地点	种质份数	个体数量	引种方式	生长状况	来源地
BJ	2	b	采集	G	河南、湖北
GX	*	f	采集	G	浙江

种质库保存

保存地点	保存方式	种质份数	个体数量	引种方式	来源地
BJ	种子	1	a	采集	江西

毛蕊红山茶　*Camellia mairei* (Lévl.) Melch.

迁地栽培保存

保存地点	种质份数	个体数量	引种方式	生长状况	来源地
CQ	1	a	采集	C	重庆

平果金花茶　*Camellia pingguoensis* D. Fang

濒危等级　中国特有植物，国家重点保护野生植物名录（第二批）二级，中国植物红色名录评估为濒危（EN）。

迁地栽培保存

保存地点	种质份数	个体数量	引种方式	生长状况	来源地
GX	*	f	采集	G	广西

普洱茶　*Camellia sinensis* var. *assamica* (Mast.) Kitamura

功效主治　叶（普洱茶）：苦、涩，寒。消肉食，逐风痰，泻热解毒，生津止渴。用于痧气腹痛，霍乱，痢疾。

濒危等级　中国植物红色名录评估为易危（VU）。

迁地栽培保存

保存地点	种质份数	个体数量	引种方式	生长状况	来源地
HN	1	a	采集	B	海南

山茶　*Camellia japonica* Linn.

功效主治　根（山茶根）：苦，平。消肿止痛。用于跌打损伤。花（山茶花）：甘、苦、辛，寒。凉血，止血，散瘀，消肿。用于吐血，衄血，血崩，肠风，血痢，血淋，跌打损伤，烫火伤。

迁地栽培保存

保存地点	种质份数	个体数量	引种方式	生长状况	来源地
SH	3	a	采集	A	待确定

续表

保存地点	种质份数	个体数量	引种方式	生长状况	来源地
FJ	2	a	采集	A	福建
GX	2	f	采集	G	湖南
GD	1	a	采集	D	待确定
JS2	1	c	购买	C	江苏
JS1	1	a	购买	C	江苏
HLJ	1	a	购买	B	云南
GZ	1	b	购买	C	贵州
CQ	1	a	采集	C	重庆
BJ	1	b	购买	G	北京
SC	*	f	待确定	G	四川

石果毛蕊山茶 *Camellia mairei* var. *lapidea* (Y. C. Wu) Sealy

濒危等级　中国特有植物，中国植物红色名录评估为无危（LC）。

迁地栽培保存

保存地点	种质份数	个体数量	引种方式	生长状况	来源地
GX	*	f	采集	G	广西

西南红山茶 *Camellia pitardii* Coh. St.

功效主治　花（西南山茶）、根、叶：淡，平。止痢，止血，调经。用于痢疾，月经不调，鼻衄，吐血，肠风下血，关节痛，脱肛。

迁地栽培保存

保存地点	种质份数	个体数量	引种方式	生长状况	来源地
CQ	1	a	采集	C	重庆

显脉金花茶 *Camellia euphlebia* Merr. ex Sealy

濒危等级　国家重点保护野生植物名录（第二批）二级，中国植物红色名录评估为易危（VU）。

迁地栽培保存

保存地点	种质份数	个体数量	引种方式	生长状况	来源地
GX	2	f	采集	G	广西
FJ	1	a	赠送	A	广西

小果短柱茶　*Camellia confusa* Craib

种质库保存

保存地点	保存方式	种质份数	个体数量	引种方式	来源地
BJ	种子	1	a	采集	云南

小果金花茶　*Camellia petelotii* var. *microcarpa*（S. L. Mo et S. Z. Huang）T. L. Ming et W. J. Zhang

濒危等级　中国特有植物，中国植物红色名录评估为濒危（EN）。

迁地栽培保存

保存地点	种质份数	个体数量	引种方式	生长状况	来源地
GX	4	f	采集	G	广西

油茶　*Camellia oleifera* Abel

功效主治　根皮（油茶根皮）：苦，平。有小毒。散瘀活血，接骨消肿。用于骨折，扭挫伤，腹痛，皮肤瘙痒，烫火伤。花（茶子木花）：苦，寒。有微毒。凉血止血。用于胃肠出血，咯血，鼻衄，肠风下血，崩漏；外用于烫火伤。种子（茶子心）：苦，平。有毒。行气疏滞。用于气滞腹痛，泄泻，皮肤瘙痒，烫火伤。种子脂肪油（茶油）：甘，平。清热化湿，杀虫解毒。用于痧气腹痛，肠结，疥癣，烫火伤。种子经榨油后的残渣（茶子饼）：辛、苦、涩。有小毒。收湿杀虫。

濒危等级　中国植物红色名录评估为无危（LC）。

迁地栽培保存

保存地点	种质份数	个体数量	引种方式	生长状况	来源地
BJ	2	a	采集	G	江西、河南
SH	2	a	采集	A	待确定

续表

保存地点	种质份数	个体数量	引种方式	生长状况	来源地
ZJ	1	b	购买	A	浙江
CQ	1	a	采集	C	重庆
GD	1	f	采集	G	待确定
GZ	1	d	采集	C	贵州
HB	1	a	采集	C	湖北
HN	1	a	采集	B	海南
JS1	1	a	购买	D	江苏

种质库保存

保存地点	保存方式	种质份数	个体数量	引种方式	来源地
HN	种子	1	a	采集	海南
BJ	种子	69	b	采集	山西、海南、吉林、重庆、四川、江西、福建、湖北、云南

越南油茶 *Camellia drupifera* Lour.

濒危等级　中国植物红色名录评估为无危（LC）。

迁地栽培保存

保存地点	种质份数	个体数量	引种方式	生长状况	来源地
GX	*	f	采集	G	广西

窄叶短柱茶 *Camellia fluviatilis* Hand.-Mazz.

迁地栽培保存

保存地点	种质份数	个体数量	引种方式	生长状况	来源地
GX	*	f	采集	G	广西

浙江红山茶 *Camellia chekiangoleosa* Hu

功效主治　叶：止痢。用于泻痢。花：用于外伤出血。

濒危等级 中国特有植物，中国植物红色名录评估为无危（LC）。

迁地栽培保存

保存地点	种质份数	个体数量	引种方式	生长状况	来源地
GX	2	f	采集	G	云南、广西

种质库保存

保存地点	保存方式	种质份数	个体数量	引种方式	来源地
BJ	种子	1	a	采集	江西

中越山茶 *Camellia indochinensis* Merr.

迁地栽培保存

保存地点	种质份数	个体数量	引种方式	生长状况	来源地
GX	*	f	采集	G	广西

皱果茶 *Camellia rhytidocarpa* H. T. Chang et S. Y. Liang

濒危等级 中国特有植物，中国植物红色名录评估为无危（LC）。

迁地栽培保存

保存地点	种质份数	个体数量	引种方式	生长状况	来源地
GX	*	f	采集	G	广西

紫茎属 *Stewartia*

长喙紫茎 *Stewartia rostrata* Spongberg

功效主治 根、果实：用于暑热腹痛。

濒危等级 中国特有植物，中国植物红色名录评估为无危（LC）。

迁地栽培保存

保存地点	种质份数	个体数量	引种方式	生长状况	来源地
GX	*	f	采集	G	比利时

种质库保存

保存地点	保存方式	种质份数	个体数量	引种方式	来源地
BJ	种子	1	a	采集	江西

齿叶柔毛紫茎 *Stewartia villosa* var. *serrata*（Hu）T. L. Ming

濒危等级 中国特有植物，中国植物红色名录评估为近危（NT）。

迁地栽培保存

保存地点	种质份数	个体数量	引种方式	生长状况	来源地
GX	*	f	采集	G	广西

云南紫茎 *Stewartia yunnanensis* Hung T. Chang

濒危等级 中国特有植物，中国植物红色名录评估为濒危（EN）。

迁地栽培保存

保存地点	种质份数	个体数量	引种方式	生长状况	来源地
GX	*	f	采集	G	广西

紫茎 *Stewartia sinensis* Rehder & E. H. Wilson

功效主治 根皮、茎皮、果实（紫茎）：苦、辛，凉。舒筋活络，解暑。用于跌打损伤，风湿麻木。

濒危等级 中国特有植物，中国植物红色名录评估为无危（LC）。

迁地栽培保存

保存地点	种质份数	个体数量	引种方式	生长状况	来源地
GX	2	f	采集	G	波兰，中国江西
HB	1	a	采集	C	待确定

山矾科　Symplocaceae

山矾属　*Symplocos*

白檀　*Symplocos paniculata* Miq.

功效主治　全株：苦、涩，微寒。解毒，软坚，调气。用于乳痈，瘰疬，疝气，肠痈，噎膈，疮疖。

濒危等级　吉林省三级保护植物，中国植物红色名录评估为无危（LC）。

迁地栽培保存

保存地点	种质份数	个体数量	引种方式	生长状况	来源地
BJ	1	a	采集	G	湖北
ZJ	1	c	购买	A	浙江
GX	*	f	采集	G	上海

种质库保存

保存地点	保存方式	种质份数	个体数量	引种方式	来源地
BJ	种子	8	b	采集	福建，待确定

薄叶山矾　*Symplocos anomala* Brand

功效主治　果实：清热解毒，平肝泻火。

濒危等级　中国植物红色名录评估为无危（LC）。

迁地栽培保存

保存地点	种质份数	个体数量	引种方式	生长状况	来源地
GX	*	f	采集	G	湖北

种质库保存

保存地点	保存方式	种质份数	个体数量	引种方式	来源地
BJ	种子	1	a	采集	待确定

丛花山矾 *Symplocos poilanei* Guill.

功效主治　叶：用于疥癣。

濒危等级　中国植物红色名录评估为无危（LC）。

迁地栽培保存

保存地点	种质份数	个体数量	引种方式	生长状况	来源地
HN	1	a	采集	C	海南

光亮山矾 *Symplocos lucida* (Thunberg) Siebold & Zuccarini

功效主治　全株：行水，定喘。用于水湿胀满，咳嗽，喘逆。

迁地栽培保存

保存地点	种质份数	个体数量	引种方式	生长状况	来源地
ZJ	1	c	购买	B	浙江

和质库保存

保存地点	保存方式	种质份数	个体数量	引种方式	来源地
BJ	种子	1	a	采集	待确定

光叶山矾 *Symplocos lancifolia* Siebold & Zucc.

功效主治　全株（刀灰树）：甘，平。疏肝健脾，止血生肌。用于外伤出血，吐血，咯血，疳积，目赤红肿。根：用于跌打损伤。

濒危等级　中国植物红色名录评估为无危（LC）。

迁地栽培保存

保存地点	种质份数	个体数量	引种方式	生长状况	来源地
GX	*	f	采集	G	湖北

黄牛奶树 *Symplocos laurina* (Retz.) Wall. ex G. Don

功效主治　茎皮（泡花子）：苦、涩，凉。散寒清热。用于伤风头昏，热邪口燥，感冒身热。

濒危等级　中国植物红色名录评估为无危（LC）。

迁地栽培保存

保存地点	种质份数	个体数量	引种方式	生长状况	来源地
CQ	1	a	采集	C	重庆
GX	*	f	采集	G	广西

种质库保存

保存地点	保存方式	种质份数	个体数量	引种方式	来源地
BJ	种子	6	a	采集	重庆

老鼠矢　*Symplocos stellaris* Brand

功效主治　根：祛风，解毒。

濒危等级　中国植物红色名录评估为无危（LC）。

迁地栽培保存

保存地点	种质份数	个体数量	引种方式	生长状况	来源地
CQ	1	a	采集	C	重庆
GX	*	f	采集	G	重庆

密花山矾　*Symplocos congesta* Benth.

功效主治　根：用于跌打损伤。

濒危等级　中国特有植物，中国植物红色名录评估为无危（LC）。

迁地栽培保存

保存地点	种质份数	个体数量	引种方式	生长状况	来源地
GX	*	f	采集	G	广西

山矾　*Symplocos sumuntia* Buch.-Ham. ex D. Don

功效主治　果实：补肝益肾，强筋壮骨。

濒危等级　中国植物红色名录评估为无危（LC）。

迁地栽培保存

保存地点	种质份数	个体数量	引种方式	生长状况	来源地
HB	2	a	采集	C	待确定
GX	2	f	采集	G	湖北、重庆
GZ	1	a	采集	C	贵州

种质库保存

保存地点	保存方式	种质份数	个体数量	引种方式	来源地
BJ	种子	7	b	采集	江西、山西、重庆

少脉山矾 *Symplocos paucinervia* Noot.

濒危等级　中国特有植物，中国植物红色名录评估为濒危（EN）。

迁地栽培保存

保存地点	种质份数	个体数量	引种方式	生长状况	来源地
GX	*	f	采集	G	广西

铜绿山矾 *Symplocos aenea* Hand.-Mazz.

濒危等级　中国特有植物，中国植物红色名录评估为无危（LC）。

迁地栽培保存

保存地点	种质份数	个体数量	引种方式	生长状况	来源地
CQ	1	a	采集	C	重庆

微毛山矾 *Symplocos wikstroemiifolia* Hayata

功效主治　根、叶：解表祛湿，解毒，除烦，止血。
濒危等级　中国植物红色名录评估为无危（LC）。

迁地栽培保存

保存地点	种质份数	个体数量	引种方式	生长状况	来源地
GX	*	f	采集	G	广西

腺叶山矾 *Symplocos adenophylla* Wall. ex G. Don

濒危等级　中国植物红色名录评估为无危（LC）。

迁地栽培保存

保存地点	种质份数	个体数量	引种方式	生长状况	来源地
GX	*	f	采集	G	广西

越南山矾 *Symplocos cochinchinensis* (Lour.) S. Moore

功效主治　花蕾：清热舒肝，解郁。

迁地栽培保存

保存地点	种质份数	个体数量	引种方式	生长状况	来源地
HN	1	a	采集	C	海南

种质库保存

保存地点	保存方式	种质份数	个体数量	引种方式	来源地
BJ	种子	6	b	采集	云南

珠仔树 *Symplocos racemosa* Roxb.

功效主治　枝叶：用于肝毒，风湿痹痛，跌打损伤，外伤出血。

濒危等级　中国植物红色名录评估为无危（LC）。

迁地栽培保存

保存地点	种质份数	个体数量	引种方式	生长状况	来源地
GX	*	f	采集	G	广西

山柑科　Capparaceae

斑果藤属　*Stixis*

斑果藤　*Stixis suaveolens*（Roxburgh）Pierre

功效主治　根：止咳，平喘。用于咳嗽，咯血，气喘。

濒危等级　中国植物红色名录评估为无危（LC）。

迁地栽培保存

保存地点	种质份数	个体数量	引种方式	生长状况	来源地
HN	2	a	采集	C	海南
GX	*	f	采集	G	云南

节蒴木属　*Borthwickia*

节蒴木　*Borthwickia trifoliata* W. W. Sm.

濒危等级　中国植物红色名录评估为濒危（EN）。

种质库保存

保存地点	保存方式	种质份数	个体数量	引种方式	来源地
BJ	种子	1	a	采集	云南

山柑属　*Capparis*

长刺山柑　*Capparis henryi* Matsum.

濒危等级　中国特有植物，中国植物红色名录评估为无危（LC）。

迁地栽培保存

保存地点	种质份数	个体数量	引种方式	生长状况	来源地
GX	*	f	采集	G	云南

广州山柑　*Capparis cantoniensis* Lour.

功效主治　全株（猫胡子花）：辛、苦，寒。舒筋活络，清热解毒。用于风湿痛，跌打损伤，乳蛾，牙痛，
　　　　　痔疮。根：用于胁痛。叶、花：用于毒蛇咬伤。种子：用于咽喉痛，胃脘痛。

濒危等级　中国植物红色名录评估为无危（LC）。

迁地栽培保存

保存地点	种质份数	个体数量	引种方式	生长状况	来源地
GX	*	f	采集	G	广西

种质库保存

保存地点	保存方式	种质份数	个体数量	引种方式	来源地
BJ	种子	1	a	采集	待确定

雷公橘　*Capparis membranifolia* Kurz

功效主治　根：微酸、涩，温。有毒。消肿止痛，强筋壮骨。用于痧气，疟疾，胃痛，跌打肿痛，风湿痛；
　　　　　外用于体癣，湿疹。叶、果实：用于毒蛇咬伤。

濒危等级　中国植物红色名录评估为无危（LC）。

迁地栽培保存

保存地点	种质份数	个体数量	引种方式	生长状况	来源地
HN	1	a	采集	C	海南
GX	*	f	采集	G	广西

种质库保存

保存地点	保存方式	种质份数	个体数量	引种方式	来源地
HN	种子	1	a	采集	海南

马槟榔　*Capparis masaikai* H. Lév.

功效主治　种仁（水槟榔）：苦、甘，寒。清热解毒，催产。用于咽喉痛，热病口渴，疟疾，肿毒恶疮，恶
　　　　　核，难产。

濒危等级 中国特有植物，中国植物红色名录评估为易危（VU）。

迁地栽培保存

保存地点	种质份数	个体数量	引种方式	生长状况	来源地
YN	1	a	购买	C	云南

种质库保存

保存地点	保存方式	种质份数	个体数量	引种方式	来源地
BJ	种子	1	a	采集	山西

毛龙须 *Capparis viscosa* L.

种质库保存

保存地点	保存方式	种质份数	个体数量	引种方式	来源地
BJ	种子	6	b	采集	待确定

牛眼睛 *Capparis zeylanica* L.

功效主治 根、叶：清热，活血散瘀，解痉止痛。

濒危等级 中国植物红色名录评估为无危（LC）。

迁地栽培保存

保存地点	种质份数	个体数量	引种方式	生长状况	来源地
HN	1	a	采集	C	海南
GX	*	f	采集	G	广西

种质库保存

保存地点	保存方式	种质份数	个体数量	引种方式	来源地
BJ	种子	6	a	采集	四川、海南
HN	种子、DNA	4	a	采集	海南

青皮刺 *Capparis sepiaria* L.

功效主治　根：用于伤寒，发热，蛇咬伤。

濒危等级　中国植物红色名录评估为无危（LC）。

种质库保存

保存地点	保存方式	种质份数	个体数量	引种方式	来源地
BJ	种子	1	a	采集	待确定

屈头鸡 *Capparis versicolor* Griff.

功效主治　根、叶、果实：微苦、涩，甘。有小毒。化痰止咳，散瘀止痛。用于哮喘，跌打肿痛，痈肿疮疖。

濒危等级　中国植物红色名录评估为无危（LC）。

迁地栽培保存

保存地点	种质份数	个体数量	引种方式	生长状况	来源地
GX	2	f	采集	G	广西
HN	1	a	采集	C	海南

种质库保存

保存地点	保存方式	种质份数	个体数量	引种方式	来源地
HN	种子	3	b	采集	海南

山柑 *Capparis hainanensis* Oliv.

功效主治　根皮、叶、果实：辛、苦，温。祛风，散寒，除湿。用于风湿关节痛。

濒危等级　新疆维吾尔自治区二级保护植物，中国植物红色名录评估为无危（LC）。

迁地栽培保存

保存地点	种质份数	个体数量	引种方式	生长状况	来源地
GX	*	f	采集	G	法国

种质库保存

保存地点	保存方式	种质份数	个体数量	引种方式	来源地
BJ	种子	1	a	采集	江西

小刺山柑 *Capparis micracantha* DC.

功效主治　根：解热。

濒危等级　中国植物红色名录评估为无危（LC）。

迁地栽培保存

保存地点	种质份数	个体数量	引种方式	生长状况	来源地
YN	1	a	购买	C	云南
HN	1	a	采集	C	海南

小绿刺 *Capparis urophylla* F. Chun

功效主治　叶：微辛，甘。解毒消肿。用于毒蛇咬伤。

濒危等级　中国植物红色名录评估为无危（LC）。

迁地栽培保存

保存地点	种质份数	个体数量	引种方式	生长状况	来源地
YN	1	a	采集	A	云南

鱼木属 *Crateva*

钝叶鱼木 *Crateva trifoliata* (Roxb.) B. S. Sun

功效主治　叶：健胃。果实：有毒。用于跌打损伤。

濒危等级　中国植物红色名录评估为无危（LC）。

迁地栽培保存

保存地点	种质份数	个体数量	引种方式	生长状况	来源地
HN	2	a	采集	C	海南

种质库保存

保存地点	保存方式	种质份数	个体数量	引种方式	来源地
BJ	种子	1	a	采集	山西

沙梨木　*Crateva nurvala* Buch.-Ham.

功效主治　茎皮：健胃，轻泻，利尿，退热。用于感染性结石，尿路结石，淋证，脱发，阴囊忽肿，子痫，溃疡病。

濒危等级　中国植物红色名录评估为无危（LC）。

迁地栽培保存

保存地点	种质份数	个体数量	引种方式	生长状况	来源地
HN	2	a	采集	C	海南

树头菜　*Crateva unilocularis* Buch.-Ham.

功效主治　根（树头菜根）、叶（鹅脚木叶）：苦，凉。健胃，清热解毒，舒筋活络。用于肝毒，痢疾，泄泻，风湿关节痛，疟腮，胃痛。

濒危等级　中国植物红色名录评估为近危（NT）。

迁地栽培保存

保存地点	种质份数	个体数量	引种方式	生长状况	来源地
HN	2	a	采集	C	海南
GD	1	f	采集	G	待确定
YN	1	a	采集	C	云南
GX	*	f	采集	G	广西

台湾鱼木　*Crateva formosensis*（Jacobs）B. S. Sun

功效主治　叶：用于肠痈，痢疾，感冒。根、茎：用于痢疾，胃病，风湿，月内风。

濒危等级　中国植物红色名录评估为无危（LC）。

种质库保存

保存地点	保存方式	种质份数	个体数量	引种方式	来源地
BJ	种子	1	a	采集	待确定

鱼木 *Crateva religiosa* G. Forster

功效主治 叶：用于头痛，耳痛，创伤，毒蛇咬伤。茎皮：外用于创伤，麻风病，脓肿。

濒危等级 中国植物红色名录评估为无危（LC）。

迁地栽培保存

保存地点	种质份数	个体数量	引种方式	生长状况	来源地
GX	*	f	采集	G	广西

山榄科　Sapotaceae

刺榄属 *Xantolis*

琼刺榄 *Xantolis longispinosa*（Merr.）Lo

濒危等级 中国特有植物，中国植物红色名录评估为无危（LC）。

迁地栽培保存

保存地点	种质份数	个体数量	引种方式	生长状况	来源地
HN	1	a	采集	C	海南

种质库保存

保存地点	保存方式	种质份数	个体数量	引种方式	来源地
BJ	种子	1	a	采集	待确定

金叶树属　*Chrysophyllum*

金星果　*Chrysophyllum albidum* G. Don

迁地栽培保存

保存地点	种质份数	个体数量	引种方式	生长状况	来源地
YN	1	a	购买	C	云南

金叶树　*Chrysophyllum lanceolata* var. *stellatocarpa*（P. Royen）X. Y. Zhuang

迁地栽培保存

保存地点	种质份数	个体数量	引种方式	生长状况	来源地
HN	1	a	采集	C	海南

金枣李　*Chrysophyllum monopyrenum* Spreng.

迁地栽培保存

保存地点	种质份数	个体数量	引种方式	生长状况	来源地
YN	1	a	购买	C	云南

星苹果　*Chrysophyllum cainito* L.

功效主治　果实：在菲律宾用于消渴，在越南用于虚损，虚劳。

迁地栽培保存

保存地点	种质份数	个体数量	引种方式	生长状况	来源地
HN	1	a	赠送	C	海南
YN	1	a	购买	C	云南

牛乳树属 *Mimusops*

香榄 *Mimusops elengi* L.

功效主治 花：强心。用于乳蛾，肌肉疼痛。真菌感染的木材：强心，补肝肾。

迁地栽培保存

保存地点	种质份数	个体数量	引种方式	生长状况	来源地
HN	2	a	赠送	C	海南

种质库保存

保存地点	保存方式	种质份数	个体数量	引种方式	来源地
BJ	种子	1	a	采集	四川

肉实树属 *Sarcosperma*

肉实树 *Sarcosperma laurinum* (Benth.) Hook. f.

濒危等级 中国植物红色名录评估为无危（LC）。

种质库保存

保存地点	保存方式	种质份数	个体数量	引种方式	来源地
BJ	种子	4	a	采集	待确定

乳香榄属 *Mastichodendron*

鸠榕木 *Mastichodendron wightianum* (Hook. et Arn.) P. Royen

迁地栽培保存

保存地点	种质份数	个体数量	引种方式	生长状况	来源地
GX	*	f	采集	G	澳门

神秘果属　*Synsepalum*

神秘果　*Synsepalum dulcificum* Daniell

迁地栽培保存

保存地点	种质份数	个体数量	引种方式	生长状况	来源地
BJ	1	a	采集	G	云南
HN	1	b	赠送	B	待确定
YN	1	b	购买	A	云南

种质库保存

保存地点	保存方式	种质份数	个体数量	引种方式	来源地
BJ	种子	8	a	采集	海南、云南
HN	种胚	5	a	采集	海南

梭子果属　*Eberhardtia*

锈毛梭子果　*Eberhardtia aurata*（Pierre ex Dubard）Lecomte

功效主治　叶：用于咳嗽。

濒危等级　中国植物红色名录评估为无危（LC）。

迁地栽培保存

保存地点	种质份数	个体数量	引种方式	生长状况	来源地
HN	2	a	采集	C	广西
GX	*	f	采集	G	广西

桃榄属 *Pouteria*

蛋黄果 *Pouteria campechiana*（Kunth）Baehni

迁地栽培保存

保存地点	种质份数	个体数量	引种方式	生长状况	来源地
HN	1	a	赠送	C	海南
GD	1	b	采集	D	待确定
YN	1	b	采集	C	云南
BJ	1	a	采集	G	云南
GX	*	f	采集	G	福建

种质库保存

保存地点	保存方式	种质份数	个体数量	引种方式	来源地
HN	种子	1	b	采集	海南
BJ	种子	1	a	采集	甘肃

桃榄 *Pouteria annamensis*（Pierre ex Dubard）Baehni

濒危等级 海南省重点保护植物，中国植物红色名录评估为无危（LC）。

种质库保存

保存地点	保存方式	种质份数	个体数量	引种方式	来源地
HN	种子	1	a	采集	海南

铁榄属 *Sinosideroxylon*

革叶铁榄 *Sinosideroxylon wightianum*（Hook. & Arn.）Aubrév. Aubr.

濒危等级 中国植物红色名录评估为无危（LC）。

迁地栽培保存

保存地点	种质份数	个体数量	引种方式	生长状况	来源地
GX	*	f	采集	G	澳门

铁榄 *Sinosideroxylon pedunculatum*（Hemsl.）H. Chuang

濒危等级　中国植物红色名录评估为无危（LC）。

迁地栽培保存

保存地点	种质份数	个体数量	引种方式	生长状况	来源地
GX	*	f	采集	G	广西

铁线子属　*Manilkara*

人心果 *Manilkara zapota*（L.）P. Royen

功效主治　茎皮：用于胃痛，泄泻，乳蛾。果实：用于胃脘痛。

迁地栽培保存

保存地点	种质份数	个体数量	引种方式	生长状况	来源地
HN	1	a	赠送	C	海南
CQ	1	a	赠送	C	广西
BJ	1	a	采集	G	云南

种质库保存

保存地点	保存方式	种质份数	个体数量	引种方式	来源地
HN	种子	1	a	采集	海南
BJ	种子	3	a	采集	云南、福建

紫荆木属 *Madhuca*

长叶紫荆木 *Madhuca longifolia*（J. Konig ex L.）J. F. Macbr.

功效主治 茎皮：外用于毒蛇咬伤。花：用于中风。

种质库保存

保存地点	保存方式	种质份数	个体数量	引种方式	来源地
HN	种子	1	a	采集	海南

海南紫荆木 *Madhuca hainanensis* Chun & F. C. How

迁地栽培保存

保存地点	种质份数	个体数量	引种方式	生长状况	来源地
HN	1	a	采集	C	海南

紫荆木 *Madhuca pasquieri*（Dubard）H. J. Lam

功效主治 根：用于心悸。

濒危等级 国家重点保护野生植物名录（第一批）二级，中国植物红色名录评估为易危（VU）。

迁地栽培保存

保存地点	种质份数	个体数量	引种方式	生长状况	来源地
YN	1	a	采集	D	云南

种质库保存

保存地点	保存方式	种质份数	个体数量	引种方式	来源地
BJ	种子	1	a	采集	云南

山龙眼科　Proteaceae

澳洲坚果属　*Macadamia*

粗壳澳洲坚果　*Macadamia ternifolia* F. Muell.

迁地栽培保存

保存地点	种质份数	个体数量	引种方式	生长状况	来源地
HN	2	a	购买	C	待确定
YN	1	a	赠送	A	云南

假山龙眼属　*Heliciopsis*

调羹树　*Heliciopsis lobata*（Merr.）Sleumer

功效主治　根皮、叶：淡、涩，凉。有小毒。清热解毒。外用于疟腮。

濒危等级　中国特有植物，中国植物红色名录评估为无危（LC）。

迁地栽培保存

保存地点	种质份数	个体数量	引种方式	生长状况	来源地
HN	1	a	采集	C	海南
GX	*	f	采集	G	广西

疟腮树　*Heliciopsis terminalis*（Kurz）Sleumer

功效主治　叶：用于疟腮；外用于疥癣。

濒危等级　中国植物红色名录评估为近危（NT）。

迁地栽培保存

保存地点	种质份数	个体数量	引种方式	生长状况	来源地
GX	*	f	采集	G	广西

山龙眼属　*Helicia*

长柄山龙眼　*Helicia longipetiolata* Merr. & Chun

濒危等级　中国植物红色名录评估为无危（LC）。

迁地栽培保存

保存地点	种质份数	个体数量	引种方式	生长状况	来源地
GX	*	f	采集	G	广西

倒卵叶山龙眼　*Helicia obovatifolia* Merr. & Chun

功效主治　叶：止咳化痰。

濒危等级　中国植物红色名录评估为无危（LC）。

迁地栽培保存

保存地点	种质份数	个体数量	引种方式	生长状况	来源地
HN	1	a	采集	C	海南

海南山龙眼　*Helicia hainanensis* Hayata

濒危等级　中国植物红色名录评估为无危（LC）。

迁地栽培保存

保存地点	种质份数	个体数量	引种方式	生长状况	来源地
HN	1	a	采集	C	海南
GX	*	f	采集	G	广西

山龙眼　*Helicia formosana* Hemsl.

濒危等级　中国植物红色名录评估为无危（LC）。

迁地栽培保存

保存地点	种质份数	个体数量	引种方式	生长状况	来源地
GX	*	f	采集	G	广西

深绿山龙眼　*Helicia nilagirica* Bedd.

功效主治　根、叶：涩，凉。收敛，解毒。用于泄泻，食物中毒。

濒危等级　中国植物红色名录评估为无危（LC）。

迁地栽培保存

保存地点	种质份数	个体数量	引种方式	生长状况	来源地
YN	1	a	采集	C	云南

种质库保存

保存地点	保存方式	种质份数	个体数量	引种方式	来源地
BJ	种子	3	b	采集	云南

网脉山龙眼　*Helicia reticulata* W. T. Wang

功效主治　枝叶：外用于跌打损伤。

濒危等级　中国特有植物，中国植物红色名录评估为无危（LC）。

迁地栽培保存

保存地点	种质份数	个体数量	引种方式	生长状况	来源地
GD	1	f	采集	G	待确定
GX	*	f	采集	G	广西

小果山龙眼　*Helicia cochinchinensis* Lour.

功效主治　根、叶：苦，凉。行气活血，祛瘀止痛。用于跌打损伤，肿痛，外伤出血。种子：外用于烫火伤。

濒危等级　中国植物红色名录评估为无危（LC）。

迁地栽培保存

保存地点	种质份数	个体数量	引种方式	生长状况	来源地
GD	1	f	采集	G	待确定
HN	1	a	采集	C	海南
GX	*	f	采集	G	上海、广西

种质库保存

保存地点	保存方式	种质份数	个体数量	引种方式	来源地
BJ	种子	1	a	采集	海南

银桦属　*Grevillea*

银桦　*Grevillea robusta* A. Cunn. ex R. Br.

功效主治　叶、花：清热利气，活血止痛。用于跌打损伤。

迁地栽培保存

保存地点	种质份数	个体数量	引种方式	生长状况	来源地
HN	2	a	赠送	C	待确定
BJ	1	a	交换	G	北京
CQ	1	a	购买	C	重庆

山柚子科　Opiliaceae

鳞尾木属　*Lepionurus*

鳞尾木　*Lepionurus sylvestris* Bl.

迁地栽培保存

保存地点	种质份数	个体数量	引种方式	生长状况	来源地
GX	*	f	采集	G	广西

山柑藤属　*Cansjera*

山柑藤　*Cansjera rheedei* J. F. Gmel.

功效主治　茎：用于小儿惊风。叶：用于损伤。

濒危等级　中国植物红色名录评估为无危（LC）。

迁地栽培保存

保存地点	种质份数	个体数量	引种方式	生长状况	来源地
HN	1	a	采集	C	海南

种质库保存

保存地点	保存方式	种质份数	个体数量	引种方式	来源地
HN	种子	1	b	采集	海南

台湾山柚属　*Champereia*

茎花山柚　*Champereia manillana* var. *longistaminea*（W. Z. Li）H. S. Kiu

濒危等级　中国特有植物，中国植物红色名录评估为近危（NT）。

迁地栽培保存

保存地点	种质份数	个体数量	引种方式	生长状况	来源地
GX	*	f	采集	G	广西

尾球木属　*Urobotrya*

尾球木　*Urobotrya latisquama*（Gagnep.）Hiepko

濒危等级　中国植物红色名录评估为无危（LC）。

迁地栽培保存

保存地点	种质份数	个体数量	引种方式	生长状况	来源地
GX	*	f	采集	G	待确定

山茱萸科 Cornaceae

八角枫属 *Alangium*

八角枫 *Alangium chinense*（Lour.）Harms

功效主治 根、须根或根皮（八角枫根）：辛，微温。有毒，须根毒更甚。祛风除湿，散瘀散痛。用于风湿痹痛，跌打损伤，风寒感冒，骨折劳伤，咳嗽，月经不调，闭经，小儿慢惊风。叶：止血接骨。用于外伤出血，骨折，乳结疼痛。花：用于头风痛，胸腹胀满。

濒危等级 中国植物红色名录评估为无危（LC）。

迁地栽培保存

保存地点	种质份数	个体数量	引种方式	生长状况	来源地
JS1	2	b	采集	C	江苏
CQ	1	a	采集	A	重庆
GD	1	a	采集	D	待确定
GZ	1	a	采集	C	贵州
HB	1	a	采集	C	湖北
HN	1	a	采集	B	海南
LN	1	b	购买	C	辽宁
SH	1	a	采集	A	待确定
YN	1	a	采集	C	云南
GX	*	f	采集	G	广西

种质库保存

保存地点	保存方式	种质份数	个体数量	引种方式	来源地
BJ	种子	10	b	采集	重庆、海南、贵州、山西

八角枫 （原亚种） *Alangium chinense* (Lour.) Harms subsp. *chinense*

迁地栽培保存

保存地点	种质份数	个体数量	引种方式	生长状况	来源地
GX	*	f	采集	G	广西

伏毛八角枫 *Alangium chinense* subsp. *strigosum* Fang

濒危等级 中国特有植物，中国植物红色名录评估为无危（LC）。

种质库保存

保存地点	保存方式	种质份数	个体数量	引种方式	来源地
BJ	种子	2	a	采集	贵州

瓜木 *Alangium platanifolium* (Siebold & Zucc.) Harms

功效主治 侧根、须根、叶、花：祛风除湿，散瘀止痛。用于风湿关节痛，跌打损伤，劳伤腰痛，瘫痪。

迁地栽培保存

保存地点	种质份数	个体数量	引种方式	生长状况	来源地
BJ	1	a	购买	G	北京
YN	1	a	采集	C	云南
JS1	1	a	采集	C	江苏
HB	1	a	采集	C	湖北
CQ	1	a	采集	A	重庆

广西八角枫 *Alangium kwangsiense* Melch.

濒危等级 中国特有植物，中国植物红色名录评估为无危（LC）。

迁地栽培保存

保存地点	种质份数	个体数量	引种方式	生长状况	来源地
GX	*	f	采集	G	广西

厚叶八角枫 *Alangium kurzii* var. *pachyphyllum* Fang et Su

种质库保存

保存地点	保存方式	种质份数	个体数量	引种方式	来源地
BJ	种子	1	a	采集	待确定

毛八角枫 *Alangium kurzii* Craib

功效主治　根、茎、枝条：镇痛。

濒危等级　中国植物红色名录评估为无危（LC）。

迁地栽培保存

保存地点	种质份数	个体数量	引种方式	生长状况	来源地
HN	2	a	采集	C	海南
BJ	1	a	采集	G	海南
GX	*	f	采集	G	广西

髯毛八角枫 *Alangium barbatum* (R. Br.) Baill.

濒危等级　中国植物红色名录评估为无危（LC）。

种质库保存

保存地点	保存方式	种质份数	个体数量	引种方式	来源地
BJ	种子	2	a	采集	待确定

土坛树 *Alangium salviifolium* (L. f.) Wangerin

功效主治　根、叶：用于风湿痛，跌打损伤。也作催吐剂和解毒剂。

濒危等级　中国植物红色名录评估为无危（LC）。

迁地栽培保存

保存地点	种质份数	个体数量	引种方式	生长状况	来源地
HN	1	a	采集	C	海南
GX	*	f	采集	G	广西

种质库保存

保存地点	保存方式	种质份数	个体数量	引种方式	来源地
HN	种子	1	a	采集	海南

小花八角枫 *Alangium faberi* Oliv.

功效主治 根：行气除湿。用于胃痛，小儿疳积，风湿骨痛，跌打损伤。

濒危等级 中国特有植物，中国植物红色名录评估为无危（LC）。

迁地栽培保存

保存地点	种质份数	个体数量	引种方式	生长状况	来源地
CQ	1	a	采集	A	重庆
GD	1	f	采集	G	待确定
GX	*	f	采集	G	广西

种质库保存

保存地点	保存方式	种质份数	个体数量	引种方式	来源地
BJ	种子	1	a	采集	待确定

云山八角枫 *Alangium kurzii* var. *handelii*（Schnarf）Fang

濒危等级 中国植物红色名录评估为无危（LC）。

迁地栽培保存

保存地点	种质份数	个体数量	引种方式	生长状况	来源地
GX	*	f	采集	G	广西

珙桐属 *Davidia*

珙桐 *Davidia involucrata* Baill.

功效主治 根（珙桐根）：收敛止血。果皮（水梨）：清热解毒，消痈。叶：杀虫。用于疥癣。

濒危等级 中国特有植物，国家重点保护野生植物名录（第一批）一级，中国植物红色名录评估为无危（LC）。

迁地栽培保存

保存地点	种质份数	个体数量	引种方式	生长状况	来源地
SH	1	a	采集	A	待确定
GD	1	f	采集	G	待确定
GZ	1	a	采集	C	贵州
HB	1	c	采集	A	待确定
JS1	1	a	赠送	D	陕西
SC	1	f	待确定	G	四川
BJ	1	b	采集	G	安徽
CQ	1	a	采集	C	重庆
GX	*	f	采集	G	湖南

种质库保存

保存地点	保存方式	种质份数	个体数量	引种方式	来源地
BJ	种子	1	a	采集	贵州

光叶珙桐 *Davidia involucrata* var. *vilmoriniana* (Dode) Wanger.

迁地栽培保存

保存地点	种质份数	个体数量	引种方式	生长状况	来源地
HB	1	a	采集	C	待确定
CQ	1	a	采集	C	重庆

蓝果树属 *Nyssa*

蓝果树 *Nyssa sinensis* Oliv.

功效主治 根：用于癥瘕积聚。

濒危等级 江西省三级保护植物，中国植物红色名录评估为无危（LC）。

迁地栽培保存

保存地点	种质份数	个体数量	引种方式	生长状况	来源地
ZJ	1	c	购买	A	浙江
GX	*	f	采集	G	云南、江苏

瑞丽蓝果树　*Nyssa shweliensis*（W. W. Sm.）Airy Shaw

濒危等级　中国植物红色名录评估为极危（CR）。

迁地栽培保存

保存地点	种质份数	个体数量	引种方式	生长状况	来源地
GX	*	f	采集	G	江西

马蹄参属　*Diplopanax*

马蹄参　*Diplopanax stachyanthus* Hand.-Mazz.

濒危等级　广西壮族自治区重点保护植物，中国植物红色名录评估为近危（NT）。

迁地栽培保存

保存地点	种质份数	个体数量	引种方式	生长状况	来源地
GX	*	f	采集	G	广西

山茱萸属　*Cornus*

长圆叶梾木　*Cornus oblonga*（Wall.）Sojak

功效主治　全株：清热解毒，收敛止血。用于疥癣，疮疖。

濒危等级　中国植物红色名录评估为无危（LC）。

迁地栽培保存

保存地点	种质份数	个体数量	引种方式	生长状况	来源地
GX	*	f	采集	G	贵州

种质库保存

保存地点	保存方式	种质份数	个体数量	引种方式	来源地
BJ	种子	4	b	采集	贵州

灯台树 *Cornus controversum* (Hemsl.) Pojark.

功效主治 果实（灯台树）：苦。清热利湿，止血，驱蛔。用于蛔积，肝毒。

濒危等级 中国植物红色名录评估为无危（LC）。

迁地栽培保存

保存地点	种质份数	个体数量	引种方式	生长状况	来源地
SC	2	f	待确定	G	四川
GZ	1	a	采集	C	贵州
HB	1	a	采集	C	待确定
CQ	1	a	采集	B	重庆
GX	*	f	采集	G	湖南

种质库保存

保存地点	保存方式	种质份数	个体数量	引种方式	来源地
HN	种子	1	b	采集	湖南
BJ	种子	7	b	采集	甘肃、河北、安徽

光皮梾木 *Cornus wilsoniana* (Wanger.) Sojak

濒危等级 中国特有植物，中国植物红色名录评估为无危（LC）。

迁地栽培保存

保存地点	种质份数	个体数量	引种方式	生长状况	来源地
BJ	1	b	购买	C	北京、江西
CQ	1	a	采集	F	重庆

红椋子 *Cornus hemsleyi* (Schneid. & Wanger.) Sojak

功效主治 茎皮：祛风止痛，舒筋活络。用于风湿筋骨痛，腰腿痛，肢体瘫痪。

濒危等级　中国特有植物，中国植物红色名录评估为无危（LC）。

迁地栽培保存

保存地点	种质份数	个体数量	引种方式	生长状况	来源地
GX	*	f	采集	G	湖北

红瑞木　*Cornus alba* Opiz

功效主治　茎皮：清热解毒，止痢，止血，发表透疹，收敛，强壮。叶：用于咯血，悬饮。枝条：清热解毒，止痢，止血，发表透疹。用于泄泻，痢疾，目赤。

濒危等级　中国植物红色名录评估为无危（LC）。

迁地栽培保存

保存地点	种质份数	个体数量	引种方式	生长状况	来源地
HLJ	1	a	购买	A	黑龙江
NMG	1	d	购买	C	内蒙古
BJ	1	b	采集	G	北京
JS1	1	d	购买	C	江苏
JS2	1	c	购买	C	江苏
LN	1	b	采集	C	辽宁

尖叶四照花　*Cornus angustata*（Chun）W. P. Fang

功效主治　花、叶、果实：收敛，止血。

濒危等级　中国特有植物，中国植物红色名录评估为无危（LC）。

迁地栽培保存

保存地点	种质份数	个体数量	引种方式	生长状况	来源地
CQ	1	a	采集	C	重庆
GZ	1	a	采集	C	贵州
GX	*	f	采集	G	重庆、河北、上海

梾木 *Cornus macrophylla* (Wall.) Sojak

功效主治 茎皮（丁椰皮）：苦，平。祛风止痛，舒筋活络。用于风湿筋骨痛，腰腿痛，肢体瘫痪。

濒危等级 中国植物红色名录评估为无危（LC）。

迁地栽培保存

保存地点	种质份数	个体数量	引种方式	生长状况	来源地
BJ	1	a	购买	G	北京
GZ	1	a	采集	C	贵州
GX	*	f	采集	G	北京、辽宁

毛梾 *Cornus walteri* (Wanger.) Sojak

功效主治 枝叶（癞树叶）：微苦，凉。清热解毒，止痒。用于漆疮。

濒危等级 中国特有植物，中国植物红色名录评估为无危（LC）。

迁地栽培保存

保存地点	种质份数	个体数量	引种方式	生长状况	来源地
BJ	1	a	采集	G	北京
GX	*	f	采集	G	广西

欧洲红瑞木 *Cornus sanguinea* (L.) Opiz

迁地栽培保存

保存地点	种质份数	个体数量	引种方式	生长状况	来源地
GX	*	f	采集	G	法国

山茱萸 *Cornus officinalis* Sieb. & Zucc.

功效主治 果肉（山茱萸）：酸、涩，微温。补肝益肾，涩精固脱。用于头晕目眩，耳聋，自汗，腰膝酸软，阳痿，遗精，尿频。

濒危等级 山西省重点保护植物、江西省三级保护植物，中国植物红色名录评估为近危（NT）。

迁地栽培保存

保存地点	种质份数	个体数量	引种方式	生长状况	来源地
SH	3	a	采集	A	待确定
SC	2	f	待确定	G	四川
BJ	2	c	采集	G	河南、陕西
JS2	1	b	购买	C	江苏
JS1	1	b	赠送	C	江苏
HB	1	a	采集	C	湖北
CQ	1	a	采集	C	山东

种质库保存

保存地点	保存方式	种质份数	个体数量	引种方式	来源地
BJ	种子	88	d	采集	山西、湖北、安徽、陕西、河北、河南、四川、重庆、云南、海南、浙江

四照花　*Cornus kousa* subsp. *chinensis*（Osborn）Q. Y. Xiang

功效主治　叶（四照花）、花（四照花）：涩，平。收敛止血。用于痢疾，骨折，跌打损伤。果实：补肝肾，益精血。

濒危等级　中国特有植物，中国植物红色名录评估为无危（LC）。

迁地栽培保存

保存地点	种质份数	个体数量	引种方式	生长状况	来源地
HB	2	a	采集	C	湖北
GZ	1	a	采集	C	贵州
JS1	1	a	采集	D	江苏
CQ	1	a	采集	C	重庆
GX	*	f	采集	G	江西

种质库保存

保存地点	保存方式	种质份数	个体数量	引种方式	来源地
BJ	种子	8	b	采集	海南、云南、重庆

头状四照花　*Cornus capitata*（Wall.）Hutch.

功效主治　叶：苦、涩，平。果实：甘、苦，平。清热解毒，利胆行水，消积杀虫。用于食积气胀，小儿疳积，肝毒，蛔虫病；外用于烫火伤，外伤出血。

濒危等级　中国植物红色名录评估为无危（LC）。

迁地栽培保存

保存地点	种质份数	个体数量	引种方式	生长状况	来源地
GX	*	f	采集	G	云南

种质库保存

保存地点	保存方式	种质份数	个体数量	引种方式	来源地
BJ	种子	1	a	采集	云南

香港四照花　*Cornus hongkongensis*（Hemsl.）Hutch.

功效主治　叶、花：苦、涩，凉。清热解毒，止血。果实：甘、苦，温。驱蛔。全株：用于风湿骨痛。

濒危等级　中国植物红色名录评估为无危（LC）。

迁地栽培保存

保存地点	种质份数	个体数量	引种方式	生长状况	来源地
BJ	1	a	采集	G	上海
SH	1	a	采集	A	待确定

小梾木　*Cornus paucinervis*（Hance）Sojak

功效主治　全株：微酸、涩，凉。解表清热，止痛。用于感冒头痛，风湿关节痛。

濒危等级　中国特有植物，中国植物红色名录评估为无危（LC）。

迁地栽培保存

保存地点	种质份数	个体数量	引种方式	生长状况	来源地
GX	*	f	采集	G	广西

种质库保存

保存地点	保存方式	种质份数	个体数量	引种方式	来源地
BJ	种子	9	b	采集	重庆、四川、贵州

秀丽四照花　*Cornus elegans* W. P. Fang & Y. T. Hsieh

濒危等级　中国特有植物，中国植物红色名录评估为无危（LC）。

迁地栽培保存

保存地点	种质份数	个体数量	引种方式	生长状况	来源地
GX	*	f	采集	G	浙江

喜树属　*Camptotheca*

喜树　*Camptotheca acuminata* Decne.

功效主治　果实或根（喜树）：苦，寒，有毒。消积散结。用于癥瘕积聚。树枝、茎皮、叶：苦、涩，凉。消积，清热，杀虫。用于癥瘕积聚；外用于牛皮癣。

濒危等级　中国特有植物，国家重点保护野生植物名录（第一批）二级，中国植物红色名录评估为无危（LC）。

迁地栽培保存

保存地点	种质份数	个体数量	引种方式	生长状况	来源地
BJ	2	b	采集	G	浙江、湖北
JS2	1	b	购买	C	江苏
YN	1	a	采集	C	云南
ZJ	1	c	购买	A	浙江
SH	1	a	采集	A	待确定

续表

保存地点	种质份数	个体数量	引种方式	生长状况	来源地
SC	1	f	待确定	G	四川
HLJ	1	a	购买	B	云南
HB	1	a	采集	C	湖北
GZ	1	b	采集	C	贵州
CQ	1	a	采集	A	重庆
GD	1	f	采集	G	待确定
JS1	1	b	购买	C	江苏

种质库保存

保存地点	保存方式	种质份数	个体数量	引种方式	来源地
HN	种子	1	a	采集	湖南
BJ	种子	85	c	采集	重庆、海南、云南、四川、湖北、贵州

商陆科　Phytolaccaceae

商陆属　*Phytolacca*

商陆　*Phytolacca acinosa* Roxb.

功效主治　根（商陆）：苦，寒。有毒。逐水消肿，通利二便，解毒散结。用于水肿胀满，二便不通；外用于痈肿疮毒。

迁地栽培保存

保存地点	种质份数	个体数量	引种方式	生长状况	来源地
FJ	3	a	采集	A	福建
BJ	3	c	采集	G	云南、陕西、辽宁
HB	1	b	采集	C	湖北
YN	1	a	采集	A	云南

续表

保存地点	种质份数	个体数量	引种方式	生长状况	来源地
LN	1	c	采集	A	辽宁
HN	1	a	赠送	B	广西
JS1	1	a	赠送	C	江苏

种质库保存

保存地点	保存方式	种质份数	个体数量	引种方式	来源地
BJ	种子	52	d	采集	云南、重庆、海南、四川、湖北、安徽、黑龙江、吉林、甘肃

垂序商陆 *Phytolacca americana* L.

功效主治 根（商陆）：功效同商陆。种子：利尿。叶：解热。用于脚气病。

迁地栽培保存

保存地点	种质份数	个体数量	引种方式	生长状况	来源地
FJ	6	a	采集	A	福建
BJ	2	c	采集	G	江苏、山东
CQ	2	a	采集	C	重庆
SH	1	b	采集	A	待确定
GZ	1	d	采集	C	贵州
HB	1	c	采集	A	湖北
HLJ	1	b	购买	A	河北
SC	1	f	待确定	G	四川

种质库保存

保存地点	保存方式	种质份数	个体数量	引种方式	来源地
HN	种子	2	c	采集	湖南
BJ	种子	59	c	采集	江苏、云南、江西、广西、四川、山西、福建

多雄蕊商陆 *Phytolacca polyandra* Batal.

濒危等级 中国特有植物，中国植物红色名录评估为无危（LC）。

种质库保存

保存地点	保存方式	种质份数	个体数量	引种方式	来源地
BJ	种子	6	b	采集	海南

数珠珊瑚属 *Rivina*

数珠珊瑚 *Rivina humilis* L.

功效主治 根：用于感冒。地上部分：用于疮痈疥癣，有毒动物咬伤。叶：祛痰。用于肝病，感冒。果实：用于创伤。

迁地栽培保存

保存地点	种质份数	个体数量	引种方式	生长状况	来源地
HN	2	a	赠送	C	广西
YN	1	e	采集	A	云南

芍药科　Paeoniaceae

芍药属 *Paeonia*

草芍药 *Paeonia obovata* Maxim.

功效主治 根（赤芍）：酸、苦，凉。活血散瘀，清肝，止痛。用于瘀血腹痛，闭经，痛经，胸胁疼痛。

濒危等级 中国植物红色名录评估为无危（LC）。

迁地栽培保存

保存地点	种质份数	个体数量	引种方式	生长状况	来源地
BJ	3	b	采集	G	辽宁

续表

保存地点	种质份数	个体数量	引种方式	生长状况	来源地
JS1	1	a	采集	C	安徽
HEN	1	a	采集	A	河南
HB	1	a	采集	C	湖北
CQ	1	a	采集	C	重庆

种质库保存

保存地点	保存方式	种质份数	个体数量	引种方式	来源地
BJ	种子	6	b	采集	内蒙古、山西

川赤芍　*Paeonia veitchii* Lynch

功效主治　根（赤芍）：功效同草芍药。

濒危等级　中国特有植物，中国植物红色名录评估为无危（LC）。

迁地栽培保存

保存地点	种质份数	个体数量	引种方式	生长状况	来源地
BJ	3	b	采集	G	四川
CQ	1	a	采集	F	重庆

种质库保存

保存地点	保存方式	种质份数	个体数量	引种方式	来源地
BJ	种子	1	a	采集	待确定

大花黄牡丹　*Paeonia ludlowii* D. Y. Hong

濒危等级　中国特有植物，国家重点保护野生植物名录（第二批）二级，中国植物红色名录评估为濒危（EN）。

迁地栽培保存

保存地点	种质份数	个体数量	引种方式	生长状况	来源地
BJ	1	b	采集	G	西藏

凤丹 *Paeonia ostii* T. Hong et J. X. Zhang

功效主治 根皮（凤丹皮）：清热凉血，活血化瘀。

迁地栽培保存

保存地点	种质份数	个体数量	引种方式	生长状况	来源地
BJ	1	c	采集	G	安徽

块根芍药 *Paeonia intermedia* C. A. Meyer

濒危等级 中国植物红色名录评估为易危（VU）。

迁地栽培保存

保存地点	种质份数	个体数量	引种方式	生长状况	来源地
BJ	1	b	采集	G	新疆

牡丹 *Paeonia suffruticosa* Andrews

功效主治 根皮（牡丹皮）：苦、辛，凉。清热凉血，活血散瘀。用于温毒发斑，吐血衄血，夜热早凉，骨蒸无汗，闭经，痛经，痈肿疮毒，跌扑伤痛。

迁地栽培保存

保存地点	种质份数	个体数量	引种方式	生长状况	来源地
BJ	42	d	购买	C	河南、陕西、北京
CQ	2	a	购买	C	重庆、山东
LN	1	b	购买	B	辽宁
SH	1	b	采集	A	待确定
JS2	1	c	购买	C	安徽
JS1	1	b	购买	C	江苏
HEN	1	b	赠送	A	河南
HB	1	a	采集	C	湖北

种质库保存

保存地点	保存方式	种质份数	个体数量	引种方式	来源地
BJ	种子	52	b	采集	安徽、海南、重庆、云南、浙江、湖北、吉林、山东、陕西、河北、江苏

芍药　*Paeonia lactiflora* Pall.

功效主治　根：养血柔肝，缓中止痛。用于血虚肝旺，头晕，头痛，痢疾，月经不调，崩漏，带下病，肠痛，腹痛，手足拘挛疼痛。

濒危等级　河北省重点保护植物、内蒙古自治区重点保护植物，中国植物红色名录评估为无危（LC）。

迁地栽培保存

保存地点	种质份数	个体数量	引种方式	生长状况	来源地
BJ	7	d	采集	G	内蒙古、安徽、陕西、山西、辽宁、河北
LN	2	c	采集、购买	B	辽宁
GX	2	f	采集	G	北京
HEN	1	b	赠送	A	河南
HB	1	a	采集	C	湖北
JS2	1	e	购买	C	安徽
JS1	1	b	购买	C	江苏
SC	1	f	待确定	G	四川
HLJ	1	c	采集	A	黑龙江
CQ	1	a	购买	C	安徽
SH	1	b	采集	A	待确定
GZ	1	a	采集	C	贵州

种质库保存

保存地点	保存方式	种质份数	个体数量	引种方式	来源地
BJ	种子	40	b	采集	重庆、吉林、湖北、安徽、辽宁，待确定

新疆芍药 *Paeonia sinjiangensis* K. Y. Pan

功效主治 块根：活血化瘀，解毒消肿。

濒危等级 新疆维吾尔自治区一级保护植物，中国植物红色名录评估为易危（VU）。

迁地栽培保存

保存地点	种质份数	个体数量	引种方式	生长状况	来源地
BJ	1	b	采集	G	新疆

紫斑牡丹 *Paeonia rockii* (S. G. Haw & Lauener) T. Hong & J. J. Li

功效主治 根皮：清热解毒，止痛。

濒危等级 中国特有植物，国家重点保护野生植物名录（第二批）二级，中国植物红色名录评估为易危（VU）。

种质库保存

保存地点	保存方式	种质份数	个体数量	引种方式	来源地
BJ	种子	1	a	采集	甘肃

紫牡丹 *Paeonia delavayi* Franch.

功效主治 根皮（西昌丹皮）：清热解毒，止痛。用于吐血，尿血，痛经。

濒危等级 中国特有植物，国家重点保护野生植物名录（第二批）二级，中国植物红色名录评估为无危（LC）。

迁地栽培保存

保存地点	种质份数	个体数量	引种方式	生长状况	来源地
YN	1	b	采集	A	云南
GX	*	f	采集	G	广西

种质库保存

保存地点	保存方式	种质份数	个体数量	引种方式	来源地
BJ	种子	8	b	采集	甘肃、四川、福建、广西

蛇菰科　Balanophoraceae

蛇菰属　*Balanophora*

蛇菰　*Balanophora fungosa* J. R. Forster & G. Forster

功效主治　全草：用作补药。

濒危等级　中国植物红色名录评估为无危（LC）。

迁地栽培保存

保存地点	种质份数	个体数量	引种方式	生长状况	来源地
GX	*	f	采集	G	广西

省沽油科　Staphyleaceae

山香圆属　*Turpinia*

大果山香圆　*Turpinia pomifera* (Roxb.) DC. var. *pomifera*

迁地栽培保存

保存地点	种质份数	个体数量	引种方式	生长状况	来源地
GX	*	f	采集	G	云南

种质库保存

保存地点	保存方式	种质份数	个体数量	引种方式	来源地
BJ	种子	1	a	采集	待确定

亮叶山香圆 *Turpinia simplicifolia* Merr.

濒危等级 中国植物红色名录评估为无危（LC）。

迁地栽培保存

保存地点	种质份数	个体数量	引种方式	生长状况	来源地
GX	*	f	采集	G	广西

锐尖山香圆 *Turpinia arguta*（Lindl.）Seem.

功效主治 根（两指剑）：苦，寒。活血散瘀，消肿止痛。用于肝脾肿大。叶（两指剑）：苦，寒。活血散瘀，消肿止痛。用于跌打损伤。

濒危等级 中国特有植物，中国植物红色名录评估为无危（LC）。

迁地栽培保存

保存地点	种质份数	个体数量	引种方式	生长状况	来源地
BJ	1	b	采集	G	湖北
GX	*	f	采集	G	广西

山香圆 *Turpinia montana*（Bl.）Kurz

濒危等级 中国植物红色名录评估为无危（LC）。

迁地栽培保存

保存地点	种质份数	个体数量	引种方式	生长状况	来源地
GX	*	f	采集	G	广西

种质库保存

保存地点	保存方式	种质份数	个体数量	引种方式	来源地
BJ	种子	1	a	采集	待确定

硬毛山香圆　*Turpinia affinis* Merr. & L. M. Perry

濒危等级　中国特有植物，中国植物红色名录评估为无危（LC）。

迁地栽培保存

保存地点	种质份数	个体数量	引种方式	生长状况	来源地
CQ	1	a	采集	C	重庆
GX	*	f	采集	G	广西、云南

越南山香圆　*Turpinia cochinchinensis* (Lour.) Merr.

濒危等级　中国植物红色名录评估为无危（LC）。

迁地栽培保存

保存地点	种质份数	个体数量	引种方式	生长状况	来源地
GX	*	f	采集	G	广西

省沽油属　*Staphylea*

膀胱果　*Staphylea holocarpa* Hemsl.

功效主治　果实、根：润肺止咳，祛风除湿。

濒危等级　中国特有植物，山西省重点保护植物、浙江省重点保护植物，中国植物红色名录评估为无危（LC）。

迁地栽培保存

保存地点	种质份数	个体数量	引种方式	生长状况	来源地
GZ	1	a	采集	C	贵州

省沽油　*Staphylea bumalda* DC.

功效主治　根：用于产后瘀血不净。果实：用于干咳。

濒危等级　吉林省二级保护植物、江西省三级保护植物、山西省重点保护植物、北京市二级保护植物、河北省重点保护植物，中国植物红色名录评估为无危（LC）。

迁地栽培保存

保存地点	种质份数	个体数量	引种方式	生长状况	来源地
BJ	1	a	采集	C	湖北
GZ	1	a	采集	C	贵州
GX	*	f	采集	G	日本

种质库保存

保存地点	保存方式	种质份数	个体数量	引种方式	来源地
BJ	种子	1	a	采集	待确定

嵩明省沽油 *Staphylea forrestii* Balf. f.

濒危等级 中国特有植物，中国植物红色名录评估为无危（LC）。

种质库保存

保存地点	保存方式	种质份数	个体数量	引种方式	来源地
BJ	种子	2	a	采集	云南、安徽

野鸦椿属 *Euscaphis*

野鸦椿 *Euscaphis japonica*（Thunb.）Kanitz

功效主治 花：用于头痛，眩晕。

濒危等级 中国植物红色名录评估为无危（LC）。

迁地栽培保存

保存地点	种质份数	个体数量	引种方式	生长状况	来源地
BJ	1	a	采集	G	河南
ZJ	1	d	购买	B	浙江
JS1	1	a	采集	D	江苏
HB	1	a	采集	C	待确定
GZ	1	a	采集	C	贵州

续表

保存地点	种质份数	个体数量	引种方式	生长状况	来源地
CQ	1	a	采集	C	重庆
GX	*	f	采集	G	浙江

种质库保存

保存地点	保存方式	种质份数	个体数量	引种方式	来源地
BJ	种子	62	c	采集	福建、云南、陕西、河北、四川、江西、湖北、海南、安徽、广西、江苏

十齿花科　**Dipentodontaceae**

十齿花属　*Dipentodon*

十齿花　*Dipentodon sinicus* Dunn

功效主治　全株：止痛，清热。

濒危等级　国家重点保护野生植物名录（第一批）二级，中国植物红色名录评估为无危（LC）。

迁地栽培保存

保存地点	种质份数	个体数量	引种方式	生长状况	来源地
GX	*	f	采集	G	广西

十字花科　**Brassicaceae**

白芥属　*Sinapis*

白芥　*Sinapis alba* L.

功效主治　种子（白芥子）：辛，温。温肺豁痰，利气散结，通络止痛。用于寒痰喘咳，胸胁胀痛，关节麻木，痰湿流注，阴疽肿毒。

濒危等级 中国植物红色名录评估为无危（LC）。

迁地栽培保存

保存地点	种质份数	个体数量	引种方式	生长状况	来源地
GD	1	f	采集	G	待确定
JS2	1	d	购买	C	安徽
LN	1	d	采集	A	辽宁

种质库保存

保存地点	保存方式	种质份数	个体数量	引种方式	来源地
BJ	种子	81	d	采集	河北、安徽、云南、四川、广东、西藏、内蒙古、新疆

新疆白芥属 *Rhamphospermum*

新疆白芥 *Rhamphospermum arvense* (L.) Andrz. ex Besser

功效主治 种子：外用于湿疹，风湿病。叶：用于咳嗽。

迁地栽培保存

保存地点	种质份数	个体数量	引种方式	生长状况	来源地
GX	*	f	采集	G	法国

播娘蒿属 *Descurainia*

播娘蒿 *Descurainia sophia* (L.) Webb ex Prantl

功效主治 种子（葶苈子）：辛、苦，大寒。泻肺平喘，行水消肿，逐痰止咳。用于喘咳痰多，胸胁胀满，胸腹水肿，小便淋痛。

濒危等级 中国植物红色名录评估为无危（LC）。

迁地栽培保存

保存地点	种质份数	个体数量	引种方式	生长状况	来源地
LN	1	d	采集	B	辽宁
BJ	1	d	采集	G	北京

种质库保存

保存地点	保存方式	种质份数	个体数量	引种方式	来源地
BJ	种子	6	b	采集	山西

臭荠属　*Coronopus*

臭荠　*Coronopus didymus*（L.）Sm.

功效主治　全草或地上部分、花、果实：祛痰，抗疟，助产，收敛，止血，用于月经病，疝气，子宫脱垂，创伤，血虚，癥瘕积聚。

濒危等级　中国植物红色名录评估为无危（LC）。

迁地栽培保存

保存地点	种质份数	个体数量	引种方式	生长状况	来源地
SH	1	b	采集	A	待确定

葱芥属　*Alliaria*

葱芥　*Alliaria petiolata*（M. Bieb.）Cavara & Grande

功效主治　全草：用于血虚，牛皮癣。

濒危等级　中国植物红色名录评估为数据缺乏（DD）。

迁地栽培保存

保存地点	种质份数	个体数量	引种方式	生长状况	来源地
GX	*	f	采集	G	法国

大蒜芥属　*Sisymbrium*

东方大蒜芥　*Sisymbrium orientale* Linnaeus

功效主治　用于呼吸系统疾病。

濒危等级　中国植物红色名录评估为无危（LC）。

迁地栽培保存

保存地点	种质份数	个体数量	引种方式	生长状况	来源地
GX	*	f	采集	G	法国

全叶大蒜芥　*Sisymbrium luteum*（Maxim.）O. E. Schulz

濒危等级　中国植物红色名录评估为无危（LC）。

迁地栽培保存

保存地点	种质份数	个体数量	引种方式	生长状况	来源地
BJ	1	d	采集	G	北京

水蒜芥　*Sisymbrium irio* L.

功效主治　在非洲西部用于血疹，疖感染，非特异性热病。

濒危等级　中国植物红色名录评估为无危（LC）。

迁地栽培保存

保存地点	种质份数	个体数量	引种方式	生长状况	来源地
GX	*	f	采集	G	法国

新疆大蒜芥 *Sisymbrium loeselii* L.

濒危等级　中国植物红色名录评估为无危（LC）。

迁地栽培保存

保存地点	种质份数	个体数量	引种方式	生长状况	来源地
GX	*	f	采集	G	新疆

钻果大蒜芥 *Sisymbrium officinale*（L.）Scop.

功效主治　用于坏血病，石淋。

濒危等级　中国植物红色名录评估为无危（LC）。

迁地栽培保存

保存地点	种质份数	个体数量	引种方式	生长状况	来源地
GX	3	f	采集	G	法国，中国广西

豆瓣菜属　*Nasturtium*

豆瓣菜 *Nasturtium officinale* R. Br.

功效主治　全草（西洋菜）：甘、淡，凉。清热解毒，凉血，止痛。用于肺热咳嗽，小便淋痛，皮肤瘙痒，疔毒痈肿。

濒危等级　中国植物红色名录评估为无危（LC）。

迁地栽培保存

保存地点	种质份数	个体数量	引种方式	生长状况	来源地
HN	1	a	采集	B	海南

独行菜属 *Lepidium*

抱茎独行菜 *Lepidium perfoliatum* L.

功效主治 全草：利尿。用于坏血病。

濒危等级 中国植物红色名录评估为无危（LC）。

迁地栽培保存

保存地点	种质份数	个体数量	引种方式	生长状况	来源地
GX	*	f	采集	G	瑞士

北美独行菜 *Lepidium virginicum* L.

功效主治 全草：甘，平。驱虫，消积。用于虫积腹胀。种子：用于水肿，痰喘咳嗽，小便淋痛。

濒危等级 中国植物红色名录评估为无危（LC）。

迁地栽培保存

保存地点	种质份数	个体数量	引种方式	生长状况	来源地
BJ	1	d	赠送	G	保加利亚
GX	*	f	采集	G	山东

种质库保存

保存地点	保存方式	种质份数	个体数量	引种方式	来源地
BJ	种子	2	a	采集	待确定

独行菜 *Lepidium apetalum* Willd.

功效主治 种子（葶苈子）：辛、苦，大寒。泻肺平喘，行水消肿。用于喘咳痰多，胸胁胀满，不得平卧，胸腹水肿，小便淋痛。

濒危等级 中国植物红色名录评估为无危（LC）。

迁地栽培保存

保存地点	种质份数	个体数量	引种方式	生长状况	来源地
BJ	3	e	采集	G	山东、北京
JS2	1	d	购买	C	江苏
HLJ	1	c	采集	A	黑龙江

种质库保存

保存地点	保存方式	种质份数	个体数量	引种方式	来源地
BJ	种子	10	d	采集	四川、甘肃、云南、宁夏、内蒙古

家独行菜 *Lepidium sativum* L.

功效主治 全草（台尔台孜）：利尿。用于疟疾，血虚。种子：用于咳嗽，泄泻，疥癣。

濒危等级 中国植物红色名录评估为无危（LC）。

迁地栽培保存

保存地点	种质份数	个体数量	引种方式	生长状况	来源地
GX	*	f	采集	G	德国

宽叶独行菜 *Lepidium latifolium* L.

功效主治 全草：微苦、涩，凉。清热燥湿。用于痢疾，泄泻。

濒危等级 中国植物红色名录评估为无危（LC）。

迁地栽培保存

保存地点	种质份数	个体数量	引种方式	生长状况	来源地
GX	*	f	采集	G	法国

田野独行菜 *Lepidium campestre* (L.) R. Br.

濒危等级 中国植物红色名录评估为无危（LC）。

迁地栽培保存

保存地点	种质份数	个体数量	引种方式	生长状况	来源地
GX	*	f	采集	G	法国

柱毛独行菜 *Lepidium ruderale* L.

功效主治 种子：止咳平喘，行气利水。

濒危等级 中国植物红色名录评估为无危（LC）。

迁地栽培保存

保存地点	种质份数	个体数量	引种方式	生长状况	来源地
BJ	1	b	采集	G	山东
GX	*	f	采集	G	法国

蔊菜属 *Rorippa*

风花菜 *Rorippa globosa* (Turcz. ex Fisch. & C. A. Mey.) Hayek

功效主治 全草（风花菜）：补肾，凉血。用于乳痈。

濒危等级 中国植物红色名录评估为无危（LC）。

迁地栽培保存

保存地点	种质份数	个体数量	引种方式	生长状况	来源地
HLJ	1	b	采集	A	黑龙江
BJ	1	b	采集	G	山东
GX	*	f	采集	G	澳门

种质库保存

保存地点	保存方式	种质份数	个体数量	引种方式	来源地
BJ	种子	1	a	采集	甘肃

广州蔊菜 *Rorippa cantoniensis*（Lour.）Ohwi

功效主治　全草：清热解毒，镇咳。

濒危等级　中国植物红色名录评估为无危（LC）。

迁地栽培保存

保存地点	种质份数	个体数量	引种方式	生长状况	来源地
GD	1	f	采集	G	待确定

蔊菜 *Rorippa indica*（L.）Hiern

功效主治　全草（蔊菜）：辛，凉。清热解毒，止咳化痰，止痛，通经活血。用于感冒发热，咳嗽，咽喉痛，麻疹透发不畅，风湿关节痛，闭经。

濒危等级　中国植物红色名录评估为无危（LC）。

迁地栽培保存

保存地点	种质份数	个体数量	引种方式	生长状况	来源地
SH	2	b	采集	A	待确定
JS1	1	a	采集	C	江苏
HN	1	b	购买	A	海南
GZ	1	d	采集	C	贵州
CQ	1	a	采集	C	重庆
BJ	*	d	采集	G	待确定

种质库保存

保存地点	保存方式	种质份数	个体数量	引种方式	来源地
HN	种子	1	b	采集	湖南
BJ	种子	17	b	采集	四川、云南、福建、甘肃

无瓣蔊菜 *Rorippa dubia* (Pers.) H. Hara

功效主治　全草（江剪刀草）：辛，平。止咳化痰，平喘，散瘀消肿，消热解毒。用于咽喉痛，感冒发热，闭经，风湿关节痛。

濒危等级　中国植物红色名录评估为无危（LC）。

迁地栽培保存

保存地点	种质份数	个体数量	引种方式	生长状况	来源地
SC	1	f	待确定	G	四川
GX	*	f	采集	G	广西

种质库保存

保存地点	保存方式	种质份数	个体数量	引种方式	来源地
BJ	种子	1	a	采集	重庆

西欧蔊菜 *Rorippa islandica* (Oed.) Borb.

功效主治　全草：辛，凉。清热解毒，利水消肿，活血通经。用于咽喉痛，风热感冒，胁痛，肺热咳喘，小便淋痛，关节痛，痘疹，痈肿，烫火伤。

迁地栽培保存

保存地点	种质份数	个体数量	引种方式	生长状况	来源地
BJ	1	b	采集	G	北京

辣根属 *Armoracia*

辣根 *Armoracia rusticana* G. Gaertn., B. Mey. & Scherb.

功效主治　根：辛。利尿，兴奋，引赤发泡。

迁地栽培保存

保存地点	种质份数	个体数量	引种方式	生长状况	来源地
SH	1	b	采集	F	待确定

续表

保存地点	种质份数	个体数量	引种方式	生长状况	来源地
BJ	1	b	采集	G	四川
CQ	1	b	采集	A	四川
HLJ	1	b	购买	A	吉林
JS1	1	a	购买	D	江苏
GX	*	f	采集	G	云南

种质库保存

保存地点	保存方式	种质份数	个体数量	引种方式	来源地
BJ	种子	2	a	采集	黑龙江

离子芥属　*Chorispora*

离子芥　*Chorispora tenella* (Pall.) DC.

濒危等级　中国植物红色名录评估为无危（LC）。

迁地栽培保存

保存地点	种质份数	个体数量	引种方式	生长状况	来源地
BJ	2	d	采集	G	北京、山西

萝卜属　*Raphanus*

长羽裂萝卜　*Raphanus sativus* L. var. *longipinnatus* L. H. Bailey

种质库保存

保存地点	保存方式	种质份数	个体数量	引种方式	来源地
BJ	种子	1	a	采集	上海

萝卜 *Raphanus sativus* L.

功效主治 种子：宽中下气，消食，解毒。

迁地栽培保存

保存地点	种质份数	个体数量	引种方式	生长状况	来源地
BJ	1	d	采集	G	北京
SH	1	b	采集	A	待确定
HN	1	a	购买	A	海南
HB	1	e	采集	A	湖北
GZ	1	c	采集	C	贵州
GD	1	f	采集	G	待确定
CQ	1	a	购买	C	重庆
GX	*	f	采集	G	越南

种质库保存

保存地点	保存方式	种质份数	个体数量	引种方式	来源地
BJ	种子	78	d	采集	山西、甘肃、浙江、湖北、重庆、海南、四川、辽宁、河北、吉林、安徽

野萝卜 *Raphanus raphanistrum* L.

濒危等级 中国植物红色名录评估为无危（LC）。

种质库保存

保存地点	保存方式	种质份数	个体数量	引种方式	来源地
BJ	种子	4	b	采集	云南、上海

南芥属 *Arabis*

垂果南芥 *Arabis pendula* L.

功效主治 果实：辛，平。清热解毒，消肿。用于疮毒，阴痒。种子：退热。

濒危等级　中国植物红色名录评估为无危（LC）。

迁地栽培保存

保存地点	种质份数	个体数量	引种方式	生长状况	来源地
BJ	2	c	采集	G	北京、山西

匍匐南芥　*Arabis flagellosa* Miq.

功效主治　全草：清热解毒。

濒危等级　中国植物红色名录评估为无危（LC）。

迁地栽培保存

保存地点	种质份数	个体数量	引种方式	生长状况	来源地
GX	*	f	采集	G	上海

荠属　*Capsella*

荠　*Capsella bursa-pastoris*（L.）Medik.

功效主治　全草（荠菜花）：甘，凉。凉血止血，清热利尿，明目，平肝，解毒。用于痢疾，肝阳上亢，膏淋，水肿，各种出血。种子：用于目痛，青盲，翳障。

濒危等级　中国植物红色名录评估为无危（LC）。

迁地栽培保存

保存地点	种质份数	个体数量	引种方式	生长状况	来源地
HEN	1	e	采集	A	河南
CQ	1	b	采集	B	重庆
HLJ	1	d	采集	A	黑龙江
JS1	1	c	采集	C	江苏
SH	1	b	采集	A	待确定
BJ	1	d	采集	G	北京

种质库保存

保存地点	保存方式	种质份数	个体数量	引种方式	来源地
BJ	种子	46	d	采集	云南、广西、山东、安徽、河北、四川、山西、云南、吉林

屈曲花属 *Iberis*

屈曲花 *Iberis amara* L.

功效主治 全草：抗坏血病，抗风湿。种子：在欧洲用于顺势疗法。花、叶、茎、根：健脾和胃。

迁地栽培保存

保存地点	种质份数	个体数量	引种方式	生长状况	来源地
BJ	1	c	赠送	G	保加利亚

种质库保存

保存地点	保存方式	种质份数	个体数量	引种方式	来源地
BJ	种子	1	a	采集	海南

群心菜属 *Cardaria*

群心菜 *Cardaria draba* (L.) Desv.

濒危等级 中国植物红色名录评估为无危（LC）。

迁地栽培保存

保存地点	种质份数	个体数量	引种方式	生长状况	来源地
GX	*	f	采集	G	法国

鼠耳芥属　*Arabidopsis*

鼠耳芥　*Arabidopsis thaliana*（L.）Heynh.

功效主治　种子：清热化痰，润肺止咳。

濒危等级　中国植物红色名录评估为无危（LC）。

迁地栽培保存

保存地点	种质份数	个体数量	引种方式	生长状况	来源地
GX	*	f	采集	G	法国

菘蓝属　*Isatis*

菘蓝　*Isatis indigotica* Fortune

功效主治　叶（大青叶）：苦，寒。清热解毒，凉血消斑。用于湿邪入营，高热神昏，发斑发疹，热痢，痄腮，喉痹，丹毒，痈肿。根（板蓝根）：苦，寒。清热解毒，凉血利咽。用于温毒发斑，舌绛紫暗，痄腮，喉痹，烂喉丹痧，大头瘟，丹毒，痈肿。叶或茎叶经加工制得的干燥物（青黛）：咸，寒。清热解毒，凉血，定惊。用于温毒发斑，血热吐衄，胸痛咯血，口疮，痄腮，喉痹，小儿惊痫。

濒危等级　中国植物红色名录评估为无危（LC）。

迁地栽培保存

保存地点	种质份数	个体数量	引种方式	生长状况	来源地
BJ	3	e	购买、赠送	G	保加利亚
JS2	1	e	购买	C	江苏
GD	1	f	采集	G	待确定
GZ	1	f	采集	F	贵州
CQ	1	c	购买	B	北京
HB	1	a	采集	C	湖北
SH	1	b	采集	A	待确定
NMG	1	e	购买	A	内蒙古

续表

保存地点	种质份数	个体数量	引种方式	生长状况	来源地
HEN	1	e	赠送	A	河南
HLJ	1	d	购买	A	黑龙江
HN	1	a	赠送	B	北京
JS1	1	c	赠送	C	江苏
LN	1	d	采集	A	辽宁
GX	*	f	采集	G	河北

种质库保存

保存地点	保存方式	种质份数	个体数量	引种方式	来源地
BJ	种子	263	e	采集	安徽、陕西、河北、甘肃、山东、江西、河南、云南、山西、湖南、内蒙古、江苏、四川、辽宁、广西、黑龙江、吉林

碎米荠属 *Cardamine*

白花碎米荠 *Cardamine leucantha* (Tausch) O. E. Schulz

功效主治 根茎（菜子七）：甘，凉。清热解毒，化痰止咳。用于咳嗽痰喘，顿咳，月经不调。

濒危等级 中国植物红色名录评估为无危（LC）。

迁地栽培保存

保存地点	种质份数	个体数量	引种方式	生长状况	来源地
BJ	2	b	采集	G	黑龙江、辽宁
HLJ	1	c	采集	A	黑龙江

大叶碎米荠 *Cardamine macrophylla* Willd.

功效主治 全草：甘，平。消肿补虚。用于虚劳内伤，头晕乏力，崩漏，带下病。

濒危等级 中国植物红色名录评估为无危（LC）。

迁地栽培保存

保存地点	种质份数	个体数量	引种方式	生长状况	来源地
BJ	1	a	采集	G	安徽

弹裂碎米荠 *Cardamine impatiens* L.

功效主治　全草：淡，平。清热利湿，利尿解毒。用于淋浊，带下病，痢疾，胃痛，疔毒。

迁地栽培保存

保存地点	种质份数	个体数量	引种方式	生长状况	来源地
GX	2	f	采集	G	法国，中国山东

种质库保存

保存地点	保存方式	种质份数	个体数量	引种方式	来源地
BJ	种子	1	a	采集	河北

湿生碎米荠 *Cardamine hygrophila* T. Y. Cheo & R. C. Fang

濒危等级　中国特有植物，中国植物红色名录评估为无危（LC）。

迁地栽培保存

保存地点	种质份数	个体数量	引种方式	生长状况	来源地
GX	*	f	采集	G	广西

碎米荠 *Cardamine hirsuta* L.

功效主治　全草（白带草）：甘，平。清热解毒，祛风除湿。用于痢疾，泄泻，腹胀，带下病，膏淋，外伤出血。

迁地栽培保存

保存地点	种质份数	个体数量	引种方式	生长状况	来源地
BJ	1	b	采集	G	陕西
GD	1	f	采集	G	待确定

续表

保存地点	种质份数	个体数量	引种方式	生长状况	来源地
HN	1	a	采集	B	海南
SH	1	b	采集	A	待确定

种质库保存

保存地点	保存方式	种质份数	个体数量	引种方式	来源地
BJ	种子	1	a	采集	陕西

弯曲碎米荠 *Cardamine flexuosa* With.

功效主治 全草（白带草）：甘，平。清热解毒，祛风除湿。用于痢疾，泄泻，腹胀，带下病，膏淋，外伤出血。

迁地栽培保存

保存地点	种质份数	个体数量	引种方式	生长状况	来源地
GX	*	f	采集	G	澳门

纤细碎米荠 *Cardamine gracilis* (O. E. Schulz) T. Y. Cheo & R. C. Fang

濒危等级 中国特有植物，中国植物红色名录评估为近危（NT）。

种质库保存

保存地点	保存方式	种质份数	个体数量	引种方式	来源地
BJ	种子	1	a	采集	待确定

圆齿碎米荠 *Cardamine scutata* Thunb.

濒危等级 中国植物红色名录评估为无危（LC）。

种质库保存

保存地点	保存方式	种质份数	个体数量	引种方式	来源地
BJ	种子	1	a	采集	待确定

紫花碎米荠 *Cardamine tangutorum* O. E. Schulz

濒危等级 中国特有植物，中国植物红色名录评估为无危（LC）。

迁地栽培保存

保存地点	种质份数	个体数量	引种方式	生长状况	来源地
BJ	2	b	采集	G	山西、安徽

糖芥属 *Erysimum*

桂竹香 *Erysimum × cheiri* (L.) Crantz

功效主治 花（桂竹香）：泻下，通经。

迁地栽培保存

保存地点	种质份数	个体数量	引种方式	生长状况	来源地
SH	1	b	采集	A	待确定

灰毛糖芥 *Erysimum diffusum* Ehrh.

功效主治 全草或种子：甘、涩，寒。清热镇咳，强心，解肉食中毒。用于虚劳发热，肺痨咳嗽，久病心力不足。

濒危等级 中国植物红色名录评估为无危（LC）。

迁地栽培保存

保存地点	种质份数	个体数量	引种方式	生长状况	来源地
BJ	1	b	赠送	G	前苏联

山柳菊叶糖芥 *Erysimum hieraciifolium* L.

功效主治 成熟种子：清血热，镇咳，强心，解肉食中毒，用于虚劳发热，骚热病，肺结核咳嗽，久病心力不足，血证，肉毒中毒。

濒危等级 中国植物红色名录评估为无危（LC）。

迁地栽培保存

保存地点	种质份数	个体数量	引种方式	生长状况	来源地
GX	*	f	采集	G	德国

糖芥 *Erysimum bungei* (Kitag.) Kitag.

功效主治 全草：强心利尿，健脾和胃，消积。用于心悸，浮肿，消化不良。种子：清热，镇咳，强心。

濒危等级 中国植物红色名录评估为无危（LC）。

迁地栽培保存

保存地点	种质份数	个体数量	引种方式	生长状况	来源地
BJ	2	d	采集	G	北京、内蒙古
GX	*	f	采集	G	北京、广西

种质库保存

保存地点	保存方式	种质份数	个体数量	引种方式	来源地
BJ	种子	1	a	采集	待确定

小花糖芥 *Erysimum cheiranthoides* L.

功效主治 全草或种子（桂竹糖芥）：酸、苦，平。有小毒。强心利尿。用于心气虚。

濒危等级 中国植物红色名录评估为无危（LC）。

迁地栽培保存

保存地点	种质份数	个体数量	引种方式	生长状况	来源地
BJ	1	b	赠送	G	前苏联
GX	*	f	采集	G	法国

庭荠属　*Alyssum*

欧洲庭荠　*Alyssum alyssoides* (L.) L.

濒危等级　中国植物红色名录评估为近危（NT）。

迁地栽培保存

保存地点	种质份数	个体数量	引种方式	生长状况	来源地
GX	*	f	采集	G	法国

葶苈属　*Draba*

抱茎葶苈　*Draba amplexicaulis* Franch.

濒危等级　中国特有植物，中国植物红色名录评估为无危（LC）。

种质库保存

保存地点	保存方式	种质份数	个体数量	引种方式	来源地
BJ	种子	1	a	采集	河北

葶苈　*Draba nemorosa* L.

功效主治　种子：清热，祛痰，定喘，利尿。用于浮肿，咳逆，喘鸣，悬饮。

濒危等级　中国植物红色名录评估为无危（LC）。

迁地栽培保存

保存地点	种质份数	个体数量	引种方式	生长状况	来源地
BJ	2	e	采集	G	四川、北京
GD	1	f	采集	G	待确定
HLJ	1	d	采集	A	黑龙江
GX	*	f	采集	G	四川

种质库保存

保存地点	保存方式	种质份数	个体数量	引种方式	来源地
BJ	种子	69	d	采集	四川、重庆、云南、广西、福建、河南、吉林、河北

菥蓂属 *Thlaspi*

全叶菥蓂 *Thlaspi perfoliatum* L.

功效主治　全草：用于血液病。

濒危等级　中国植物红色名录评估为无危（LC）。

迁地栽培保存

保存地点	种质份数	个体数量	引种方式	生长状况	来源地
GX	*	f	采集	G	法国

菥蓂 *Thlaspi arvense* L.

功效主治　全草（苏败酱）：甘，平。和中益气，利气，消肿，清热解毒，利肝明目。用于小儿消化不良，水肿，肝毒，肺痈，关节痛，痈肿疔毒。种子：辛，凉。清热解毒，明目，利尿。用于目赤红肿，风湿关节痛，脘腹痛。

濒危等级　中国植物红色名录评估为无危（LC）。

迁地栽培保存

保存地点	种质份数	个体数量	引种方式	生长状况	来源地
BJ	4	e	采集	G	陕西、四川、新疆、甘肃
LN	1	c	采集	B	辽宁

种质库保存

保存地点	保存方式	种质份数	个体数量	引种方式	来源地
BJ	种子	7	b	采集	河南、甘肃

香花芥属　*Hesperis*

欧亚香花芥　*Hesperis matronalis* L.

功效主治　叶、种子：用作利尿剂。

迁地栽培保存

保存地点	种质份数	个体数量	引种方式	生长状况	来源地
GX	*	f	采集	G	法国

香雪球属　*Lobularia*

香雪球　*Lobularia maritima*（L.）Desv.

迁地栽培保存

保存地点	种质份数	个体数量	引种方式	生长状况	来源地
BJ	1	d	购买	G	北京
GX	*	f	采集	G	新西兰

亚麻荠属　*Camelina*

小果亚麻荠　*Camelina microcarpa* Andrz. ex DC.

濒危等级　中国植物红色名录评估为无危（LC）。

迁地栽培保存

保存地点	种质份数	个体数量	引种方式	生长状况	来源地
GX	*	f	采集	G	山东

亚麻荠　*Camelina sativa*（L.）Crantz

濒危等级　中国植物红色名录评估为无危（LC）。

迁地栽培保存

保存地点	种质份数	个体数量	引种方式	生长状况	来源地
BJ	1	b	赠送	G	保加利亚
GX	*	f	采集	G	法国

云南亚麻荠　*Camelina yunnanensis* W. W. Sm.

濒危等级　中国特有植物，中国植物红色名录评估为无危（LC）。

迁地栽培保存

保存地点	种质份数	个体数量	引种方式	生长状况	来源地
GX	*	f	采集	G	法国

岩荠属　*Cochlearia*

岩荠　*Cochlearia officinalis* L.

功效主治　全草：用于坏血病，消化不良，牙痛，口腔破溃。

迁地栽培保存

保存地点	种质份数	个体数量	引种方式	生长状况	来源地
BJ	1	c	赠送	G	德国
GX	*	f	采集	G	广西

盐芥属　*Thellungiella*

小盐芥　*Thellungiella halophila*（C. A. Mey.）O. E. Schulz

迁地栽培保存

保存地点	种质份数	个体数量	引种方式	生长状况	来源地
BJ	1	b	采集	G	河北

黑芥属　*Mutarda*

黑芥　*Mutarda nigra*（L.）Bernh.

功效主治　种子：用于风湿。

濒危等级　中国植物红色名录评估为无危（LC）。

迁地栽培保存

保存地点	种质份数	个体数量	引种方式	生长状况	来源地
BJ	2	c	采集、赠送	G	保加利亚，中国天津

芸薹属　*Brassica*

甘蓝　*Brassica oleracea* L.

功效主治　叶：甘，平。益肾，利五脏，止痛。用于溃疡病。

迁地栽培保存

保存地点	种质份数	个体数量	引种方式	生长状况	来源地
HN	1	a	采集	B	海南
HB	1	a	采集	B	湖北

黄牙白菜　*Brassica pekinensis*（Lour.）Rupr.

功效主治　叶：甘，平。消食下气，利肠胃，利尿。用于食积，淋证；外用于疖腮，漆疮。

迁地栽培保存

保存地点	种质份数	个体数量	引种方式	生长状况	来源地
GX	*	f	采集	G	越南

芥菜 *Brassica juncea* (L.) Czern.

功效主治 种子（黄芥子）：辛，温。利气化痰，温中散寒，通络止痛，消肿解毒。用于寒痰喘咳，胸胁胀痛，痰滞经络，关节麻木，痛经，痰湿流注，阴疽肿毒。

迁地栽培保存

保存地点	种质份数	个体数量	引种方式	生长状况	来源地
BJ	2	a	购买	G	浙江、河北
SH	1	b	采集	A	待确定
GZ	1	c	采集	C	贵州
GD	1	f	采集	G	待确定
GX	*	f	采集	G	贵州

种质库保存

保存地点	保存方式	种质份数	个体数量	引种方式	来源地
BJ	种子	8	a	采集	广西、甘肃、河北、辽宁

苦芥 *Brassica integrifolia* (H. West) O. E. Schulz

功效主治 种子：苦，大寒。用于高热抽搐，痉挛，妄语，头痛，乳痈，溃疡，皮疹。

种质库保存

保存地点	保存方式	种质份数	个体数量	引种方式	来源地
BJ	种子	1	a	采集	云南

蔓菁 *Brassica rapa* L.

功效主治 根、叶：苦，凉。利五脏，益气，消食，止咳。用于心腹冷痛，热毒肿痛，乳痈。花、种子：苦、辛，平。明目，清热利湿，利尿。用于青盲，目暗，黄疸，痢疾，小便淋痛，头痛。

种质库保存

保存地点	保存方式	种质份数	个体数量	引种方式	来源地
BJ	种子	1	a	采集	甘肃

青菜　*Brassica chinensis* L.

功效主治　叶：甘，凉。清热除烦，消食祛痰，解酒。用于肺热痰咳，小便淋痛。种子：消痰积，清肺热。用于肺热痰咳。

迁地栽培保存

保存地点	种质份数	个体数量	引种方式	生长状况	来源地
HB	1	a	采集	C	待确定
GX	*	f	采集	G	泰国，中国广西

种质库保存

保存地点	保存方式	种质份数	个体数量	引种方式	来源地
BJ	种子	8	a	采集	四川

青菜子　*Brassica alba*（L.）Rabenh.

迁地栽培保存

保存地点	种质份数	个体数量	引种方式	生长状况	来源地
BJ	1	e	赠送	G	保加利亚
GX	*	f	采集	G	法国

野甘蓝　*Brassica oleracea* L.

功效主治　叶：用于风湿病。

迁地栽培保存

保存地点	种质份数	个体数量	引种方式	生长状况	来源地
GX	*	f	采集	G	新西兰

羽衣甘蓝 *Brassica oleracea* Linn. var. *acephala* f. *tricolor* Hort.

迁地栽培保存

保存地点	种质份数	个体数量	引种方式	生长状况	来源地
SH	1	b	采集	F	待确定

种质库保存

保存地点	保存方式	种质份数	个体数量	引种方式	来源地
BJ	种子	1	a	采集	上海

芸薹 *Brassica rapa* var. *oleifera* de Candolle

功效主治　种子（芸苔子）：辛，温。行血散瘀，消肿散结。用于丹毒，产后瘀血腹痛，恶露不净，痢疾，便秘，疮肿。茎叶：辛，凉。散血消肿。用于劳伤出血，痈肿疮毒。

迁地栽培保存

保存地点	种质份数	个体数量	引种方式	生长状况	来源地
HB	1	a	采集	C	湖北
SH	1	b	采集	A	待确定
GX	*	f	采集	G	山东

种质库保存

保存地点	保存方式	种质份数	个体数量	引种方式	来源地
BJ	种子	11	b	采集	福建、湖北、安徽

紫菜薹 *Brassica rapa* var. *purpuraria*（L. H. Bailey）Kitamura

种质库保存

保存地点	保存方式	种质份数	个体数量	引种方式	来源地
BJ	种子	1	a	采集	甘肃

芝麻菜属 *Eruca*

芝麻菜 *Eruca sativa* Mill.

功效主治 种子（金堂葶苈）：辛、苦，大寒。破坚利水，定喘化痰。用于喘急咳逆，肺痈，痰饮，浮肿。

濒危等级 中国植物红色名录评估为无危（LC）。

迁地栽培保存

保存地点	种质份数	个体数量	引种方式	生长状况	来源地
GX	*	f	采集	G	法国

诸葛菜属 *Orychophragmus*

诸葛菜 *Orychophragmus violaceus* (L.) O. E. Schulz

濒危等级 中国植物红色名录评估为无危（LC）。

迁地栽培保存

保存地点	种质份数	个体数量	引种方式	生长状况	来源地
GX	2	f	采集	G	四川、山东
SH	1	b	采集	A	待确定
LN	1	d	采集	B	辽宁
JS1	1	c	采集	C	江苏
BJ	1	e	购买	G	北京

紫罗兰属 *Matthiola*

紫罗兰 *Matthiola incana* (L.) R. Br.

功效主治 种子油：精制后用于痹证，心悸，消渴，癥瘕积聚，牛皮癣。

迁地栽培保存

保存地点	种质份数	个体数量	引种方式	生长状况	来源地
BJ	1	a	购买	G	北京

种质库保存

保存地点	保存方式	种质份数	个体数量	引种方式	来源地
BJ	种子	1	a	采集	上海

石蒜科 Amaryllidaceae

百子莲属 *Agapanthus*

百子莲 *Agapanthus africanus* Hoffmgg.

功效主治 花的精油：用于精神疗法和芳香疗法。根：用于孕产期疾病。

迁地栽培保存

保存地点	种质份数	个体数量	引种方式	生长状况	来源地
CQ	1	b	赠送	B	广西
JS1	1	a	购买	C	江苏

葱莲属 *Zephyranthes*

葱莲 *Zephyranthes candida* (Lindl.) Herb.

功效主治 全草：平肝息风。用于小儿急惊风，癫痫。

迁地栽培保存

保存地点	种质份数	个体数量	引种方式	生长状况	来源地
BJ	3	d	购买	C	北京、江西、广西
CQ	1	b	购买	C	重庆
SH	1	b	采集	A	待确定
SC	1	f	待确定	G	四川
JS1	1	b	赠送	B	江苏
HN	1	a	采集	B	海南

续表

保存地点	种质份数	个体数量	引种方式	生长状况	来源地
GD	1	b	采集	D	待确定
GZ	1	e	采集	C	贵州

种质库保存

保存地点	保存方式	种质份数	个体数量	引种方式	来源地
BJ	种子	1	a	采集	待确定

韭莲 *Zephyranthes grandiflora* Lindl.

功效主治 全草：散热解毒，活血凉血。用于跌伤红肿，毒蛇咬伤，吐血，血崩。

迁地栽培保存

保存地点	种质份数	个体数量	引种方式	生长状况	来源地
BJ	1	d	采集	G	待确定
CQ	1	b	购买	C	重庆
GD	1	f	采集	G	待确定
HB	1	a	采集	C	待确定

小韭莲 *Zephyranthes minuta*（Kunth）D. Dietr.

迁地栽培保存

保存地点	种质份数	个体数量	引种方式	生长状况	来源地
BJ	2	d	采集	G	四川、云南
HN	1	a	采集	B	海南
SH	1	b	采集	A	待确定

种质库保存

保存地点	保存方式	种质份数	个体数量	引种方式	来源地
BJ	种子	1	a	采集	四川

葱属 *Allium*

北葱 *Allium schoenoprasum* L.

功效主治 全草或根（细香葱）：辛，温。通气发汗，散寒解表。用于风寒感冒头痛；外用于痛风，疮疡。

濒危等级 中国植物红色名录评估为无危（LC）。

迁地栽培保存

保存地点	种质份数	个体数量	引种方式	生长状况	来源地
GX	*	f	采集	G	美国

北韭 *Allium lineare* L.

濒危等级 中国植物红色名录评估为近危（NT）。

迁地栽培保存

保存地点	种质份数	个体数量	引种方式	生长状况	来源地
GX	*	f	采集	G	新疆

长梗韭 *Allium neriniflorum* (Herb.) G. Don

功效主治 鳞茎：通阳散结，行气导滞。

濒危等级 中国植物红色名录评估为无危（LC）。

迁地栽培保存

保存地点	种质份数	个体数量	引种方式	生长状况	来源地
HB	1	a	采集	C	待确定
BJ	1	d	采集	G	河北

葱 *Allium fistulosum* L.

功效主治 鳞茎（葱白）：辛，温。发表，通阳，解毒。用于伤寒寒热头痛，阴寒腹痛，虫积内阻，二便不通，痢疾，痈肿。须根（葱须）：用于风寒头痛，喉疮，冻伤。叶（葱叶）：祛风发汗，解毒消肿。用于风寒感冒，头痛鼻塞，身热无汗，中风，面目浮肿，疮痈肿痛，跌打创伤。种子（葱实）：辛，温。温肾，明目。用于阳痿，目眩。葱汁：散瘀，解毒，驱虫。用于头痛，衄血，尿血，虫积，痈肿，跌打损伤。

迁地栽培保存

保存地点	种质份数	个体数量	引种方式	生长状况	来源地
SC	4	f	待确定	G	四川
HB	1	c	采集	A	湖北
GD	1	f	采集	G	待确定
BJ	1	d	购买	G	云南

种质库保存

保存地点	保存方式	种质份数	个体数量	引种方式	来源地
BJ	种子	47	c	采集	安徽、河北、云南、四川、辽宁、上海、安徽、内蒙古

茖葱　*Allium victorialis* L.

功效主治　全草（天韭或鳞茎）：辛，微温。止血，散瘀，镇痛。用于衄血，瘀血，跌打损伤。

濒危等级　吉林省三级保护植物、北京市二级保护植物，中国植物红色名录评估为无危（LC）。

迁地栽培保存

保存地点	种质份数	个体数量	引种方式	生长状况	来源地
LN	1	d	采集	A	辽宁
BJ	2	b	采集	G	河北、陕西
HB	1	a	采集	C	湖北

合被韭　*Allium tubiflorum* Rendle

濒危等级　中国特有植物，中国植物红色名录评估为无危（LC）。

迁地栽培保存

保存地点	种质份数	个体数量	引种方式	生长状况	来源地
BJ	1	b	采集	G	河北

红葱 *Allium plicata* Herb.

迁地栽培保存

保存地点	种质份数	个体数量	引种方式	生长状况	来源地
BJ	1	d	采集	G	广西

黄花葱 *Allium moly* Griseb. & Schur ex Regel

濒危等级 中国植物红色名录评估为无危（LC）。

迁地栽培保存

保存地点	种质份数	个体数量	引种方式	生长状况	来源地
BJ	1	d	采集	G	内蒙古

种质库保存

保存地点	保存方式	种质份数	个体数量	引种方式	来源地
BJ	种子	1	a	采集	甘肃

黄花茖葱 *Allium moly* L.

迁地栽培保存

保存地点	种质份数	个体数量	引种方式	生长状况	来源地
LN	1	c	采集	A	辽宁

薤头 *Allium chinense* G. Don

功效主治 鳞茎（薤白）：辛、苦，温。温中通阳，理气宽胸。用于胸痛，胸闷，心绞痛，胁肋刺痛，咳嗽痰喘，慢性胃脘痛胀，痢疾。叶（薤叶）：用于疥疮，喘急。

濒危等级 中国特有植物，中国植物红色名录评估为无危（LC）。

迁地栽培保存

保存地点	种质份数	个体数量	引种方式	生长状况	来源地
JS1	1	a	采集	D	江苏
HB	1	b	采集	C	湖北
GZ	1	b	采集	C	贵州

韭 *Allium tuberosum* Rottler ex Spreng.

功效主治　根（韭根）、鳞茎：辛，温。温中，行气，散瘀。用于胸痹，食积腹胀，带下病，吐血，衄血，癣疮，跌打损伤。种子（韭子）：辛、甘，温。温补肝肾，暖腰膝，壮阳固精。用于阳痿梦遗，小便频数，遗尿，腰膝酸软冷痛，泄泻，带下病。

迁地栽培保存

保存地点	种质份数	个体数量	引种方式	生长状况	来源地
SC	1	f	待确定	G	四川
CQ	1	b	购买	A	重庆
HB	1	a	采集	C	湖北
GZ	1	b	采集	C	贵州
SH	1	b	采集	A	待确定
GD	1	b	采集	A	待确定
JS1	1	b	采集	C	江苏
GX	*	f	采集	G	北京

种质库保存

保存地点	保存方式	种质份数	个体数量	引种方式	来源地
BJ	种子	61	d	采集	吉林、内蒙古、辽宁、安徽、河南、河北、云南、山东、四川、山西、甘肃

宽苞韭 *Allium platyspathum* Schrenk

濒危等级　中国植物红色名录评估为无危（LC）。

迁地栽培保存

保存地点	种质份数	个体数量	引种方式	生长状况	来源地
BJ	1	c	采集	G	新疆

宽叶韭　*Allium hookeri* Thwaites

功效主治　全草：理气宽中，通阳散结，消肿止痛。

濒危等级　中国植物红色名录评估为无危（LC）。

迁地栽培保存

保存地点	种质份数	个体数量	引种方式	生长状况	来源地
SC	2	f	待确定	G	四川
CQ	1	e	采集	C	重庆
GZ	1	a	采集	C	贵州
SH	1	b	采集	A	待确定
GX	*	f	采集	G	重庆

棱叶韭　*Allium caeruleum* Pall.

功效主治　鳞茎：理气，宽胸，通阳，散结。用于胸痹心痛彻背，胸闷胸痛，脘痞不舒，干呕，咳嗽，痢疾，泻痢后重，疮疖。

迁地栽培保存

保存地点	种质份数	个体数量	引种方式	生长状况	来源地
GX	*	f	采集	G	瑞士

卵叶韭　*Allium ovalifolium* Hand.-Mazz.

功效主治　全草：活血散瘀，止血止痛。用于跌打损伤，瘀血肿痛，衄血。

迁地栽培保存

保存地点	种质份数	个体数量	引种方式	生长状况	来源地
BJ	3	d	采集	G	山东、湖北、四川

蒙古韭 *Allium mongolicum* Regel

功效主治 全草：温中壮阳。

濒危等级 中国植物红色名录评估为无危（LC）。

种质库保存

保存地点	保存方式	种质份数	个体数量	引种方式	来源地
BJ	种子	1	d	采集	宁夏

南欧蒜 *Allium ampeloprasum* L.

功效主治 全草：发汗，消肿，健胃。用于伤风感冒，头痛发热，腹部冷痛，消化不良。

迁地栽培保存

保存地点	种质份数	个体数量	引种方式	生长状况	来源地
SH	2	b	采集	A	待确定

球序韭 *Allium thunbergii* G. Don

功效主治 全草：利尿，润肠，清热去烦。用于老人脾胃气弱，饮食不多，羸乏。

濒危等级 中国植物红色名录评估为无危（LC）。

迁地栽培保存

保存地点	种质份数	个体数量	引种方式	生长状况	来源地
GX	*	f	采集	G	日本

山韭 *Allium senescens* L.

功效主治 叶：温中行气。用于脾胃虚弱，饮食不佳，脘腹胀满，羸乏，脾胃不足之腹泻，尿频数。

濒危等级 中国植物红色名录评估为无危（LC）。

迁地栽培保存

保存地点	种质份数	个体数量	引种方式	生长状况	来源地
BJ	2	c	采集	G	广西、山西
LN	1	c	采集	B	辽宁

种质库保存

保存地点	保存方式	种质份数	个体数量	引种方式	来源地
BJ	种子	1	a	采集	吉林

蒜 *Allium sativum* L.

功效主治 鳞茎（大蒜）：辛，温。健胃，止咳，驱虫。用于预防时行感冒，头风，肺痨，顿咳，食欲不振，消化不良，痢疾，泄泻，蛲虫病，钩虫病；外用于阴痒，肠痈。

迁地栽培保存

保存地点	种质份数	个体数量	引种方式	生长状况	来源地
HB	1	a	采集	C	湖北
GD	1	f	采集	G	待确定
JS1	1	b	购买	B	江苏
SC	1	f	待确定	G	四川
BJ	1	c	采集	G	内蒙古

天蒜 *Allium paepalanthoides* Airy Shaw

功效主治 全草：发表散寒，通阳。

濒危等级 中国特有植物，中国植物红色名录评估为无危（LC）。

迁地栽培保存

保存地点	种质份数	个体数量	引种方式	生长状况	来源地
BJ	1	c	采集	G	河南

种质库保存

保存地点	保存方式	种质份数	个体数量	引种方式	来源地
BJ	种子	6	b	采集	待确定

突厥韭　*Allium turkestanicum* Regel

迁地栽培保存

保存地点	种质份数	个体数量	引种方式	生长状况	来源地
BJ	1	b	交换	G	北京

薤白　*Allium macrostemon* Bunge

功效主治　鳞茎（薤白）：辛、苦，温。温中通阳，理气宽胸。用于胸痛，胸闷，心绞痛，胁肋刺痛，咳嗽痰喘，胃脘痛胀，痢疾。

濒危等级　中国植物红色名录评估为无危（LC）。

迁地栽培保存

保存地点	种质份数	个体数量	引种方式	生长状况	来源地
BJ	4	e	购买、采集	G	北京、辽宁、河北、贵州
HB	2	a	采集	C	待确定
SH	1	b	采集	A	待确定
SC	1	f	待确定	G	四川
LN	1	d	采集	B	辽宁
JS1	1	d	采集	B	江苏
HLJ	1	c	采集	A	黑龙江
HEN	1	d	采集	A	河南
GX	*	f	采集	G	四川

种质库保存

保存地点	保存方式	种质份数	个体数量	引种方式	来源地
BJ	种子	6	b	采集	山西、河北、云南

洋葱 *Allium cepa* Linn.

功效主治 鳞茎（洋葱）：辛，温。解毒消肿，杀虫。外用于创伤，溃疡，阴痒，带下病，动脉硬化症，消渴，肠无力症，痢疾，泄泻。

迁地栽培保存

保存地点	种质份数	个体数量	引种方式	生长状况	来源地
GX	*	f	采集	G	新西兰

野葱 *Allium chrysanthum* Regel

功效主治 鳞茎：在青海作薤白入药。全草：发汗，通阳，健胃。

濒危等级 中国特有植物，中国植物红色名录评估为无危（LC）。

迁地栽培保存

保存地点	种质份数	个体数量	引种方式	生长状况	来源地
GX	*	f	采集	G	浙江

野韭 *Allium ramosum* L.

功效主治 全草：活血祛瘀。

濒危等级 中国植物红色名录评估为无危（LC）。

迁地栽培保存

保存地点	种质份数	个体数量	引种方式	生长状况	来源地
BJ	1	d	采集	G	山西

玉簪叶韭 *Allium funckiifolium* Hand.-Mazz.

功效主治 全草（鹿耳韭）：辛、苦，温。散瘀镇痛，祛风，止血。用于跌打损伤，瘀血肿痛，衄血，漆疮。

迁地栽培保存

保存地点	种质份数	个体数量	引种方式	生长状况	来源地
HB	1	a	采集	C	湖北

虎耳兰属　*Haemanthus*

虎耳兰　*Haemanthus albiflos* Jacq.

迁地栽培保存

保存地点	种质份数	个体数量	引种方式	生长状况	来源地
CQ	1	a	赠送	C	广西

君子兰属　*Clivia*

垂笑君子兰　*Clivia nobilis* Lindl.

功效主治　根：用于咳嗽痰喘。

迁地栽培保存

保存地点	种质份数	个体数量	引种方式	生长状况	来源地
JS1	1	a	购买	C	江苏
CQ	1	a	赠送	B	广西
BJ	1	b	交换	G	北京
GX	*	f	采集	G	北京

君子兰　*Clivia miniata* Regel

功效主治　根（君子兰根）：用于咳嗽痰喘。

迁地栽培保存

保存地点	种质份数	个体数量	引种方式	生长状况	来源地
CQ	1	a	购买	B	重庆

续表

保存地点	种质份数	个体数量	引种方式	生长状况	来源地
JS1	1	a	购买	C	江苏
HN	1	a	待确定	B	海南
BJ	1	b	购买	G	北京
SH	1	b	采集	A	待确定

南美水仙属 *Eucharis*

南美水仙 *Eucharis amazonica* Linden

迁地栽培保存

保存地点	种质份数	个体数量	引种方式	生长状况	来源地
YN	1	b	购买	A	云南

石蒜属 *Lycoris*

安徽石蒜 *Lycoris anhuiensis* Y. Xu & G. J. Fan

功效主治 鳞茎：辛、甘，微温。有毒。解疮毒，消痈肿，杀虫。用于痈肿，疔疮，烫火伤。

濒危等级 中国特有植物，中国植物红色名录评估为濒危（EN）。

迁地栽培保存

保存地点	种质份数	个体数量	引种方式	生长状况	来源地
GZ	1	a	购买	C	浙江

稻草石蒜 *Lycoris straminea* Lindl.

濒危等级 中国特有植物，中国植物红色名录评估为易危（VU）。

迁地栽培保存

保存地点	种质份数	个体数量	引种方式	生长状况	来源地
GZ	1	a	购买	C	浙江

忽地笑　*Lycoris aurea*（L'Hér.）Herb.

功效主治　鳞茎：清热解毒，消肿，润肺祛痰，止咳，催吐。用于肺热咳嗽，阴虚痨热不退，咯血，肺结核，痈肿疮毒，无名肿毒，痞块，疮疖疥癣，虫疮作痒，耳下红肿，烫火伤。

濒危等级　中国植物红色名录评估为无危（LC）。

迁地栽培保存

保存地点	种质份数	个体数量	引种方式	生长状况	来源地
BJ	3	d	采集	G	四川、江西、湖北
GX	2	f	采集	G	重庆、浙江
HEN	1	b	采集	A	河南
YN	1	b	购买	E	云南
CQ	1	b	采集	B	重庆
GD	1	f	采集	G	待确定
SH	1	b	采集	A	待确定
SC	1	f	待确定	G	四川
HB	1	b	采集	C	湖北
JS1	1	a	购买	D	江苏
GZ	1	c	采集	C	贵州

长筒石蒜　*Lycoris longituba* Y．Xu & G．J．Fan

功效主治　鳞茎：功效同忽地笑。

濒危等级　中国特有植物，中国植物红色名录评估为易危（VU）。

迁地栽培保存

保存地点	种质份数	个体数量	引种方式	生长状况	来源地
GX	*	f	采集	G	浙江

乳白石蒜　*Lycoris albiflora* Koidz.

功效主治　鳞茎：功效同忽地笑。

濒危等级　中国植物红色名录评估为无危（LC）。

迁地栽培保存

保存地点	种质份数	个体数量	引种方式	生长状况	来源地
BJ	1	c	采集	G	湖北
GZ	1	a	购买	C	浙江
GX	*	f	采集	G	浙江

江苏石蒜 *Lycoris houdyshelii* Traub

功效主治 鳞茎：解热消肿，润肺祛痰，催吐。用于痈肿疮毒，虫疮作痒，耳下红肿，烫火伤。

濒危等级 中国特有植物，中国植物红色名录评估为易危（VU）。

迁地栽培保存

保存地点	种质份数	个体数量	引种方式	生长状况	来源地
BJ	1	b	采集	G	待确定

玫瑰石蒜 *Lycoris rosea* Traub & Moldenke

功效主治 鳞茎：用于疗疮肿毒，毒蛇咬伤。

濒危等级 中国特有植物，中国植物红色名录评估为无危（LC）。

迁地栽培保存

保存地点	种质份数	个体数量	引种方式	生长状况	来源地
BJ	1	c	采集	G	湖北

石蒜 Lycoris radiata（L'Hér.）Herb.

功效主治 鳞茎：解毒消肿，祛痰平喘，利尿，催吐，杀虫。用于咽喉肿痛，水肿，小便不利，痈肿疮毒，疗疮疖肿，淋巴结结核，瘰疬，咳嗽痰喘，食物中毒，毒蛇咬伤，疝证。

迁地栽培保存

保存地点	种质份数	个体数量	引种方式	生长状况	来源地
SC	5	f	待确定	G	四川
BJ	2	c	采集	G	陕西、江西

续表

保存地点	种质份数	个体数量	引种方式	生长状况	来源地
SH	1	b	采集	A	待确定
JS2	1	d	购买	C	江苏
JS1	1	a	采集	C	江苏
HB	1	a	采集	C	湖北
GZ	1	c	采集	C	贵州
CQ	1	b	采集	B	重庆
FJ	1	a	采集	B	福建
GX	*	f	采集	G	广西

鹿葱 *Lycoris squamigera* Maxim.

功效主治　鳞茎：功效同石蒜。

濒危等级　中国植物红色名录评估为无危（LC）。

迁地栽培保存

保存地点	种质份数	个体数量	引种方式	生长状况	来源地
SH	1	b	采集	A	待确定
GZ	1	b	采集	C	贵州

换锦花 *Lycoris sprengeri* Comes ex Baker

功效主治　鳞茎：功效同石蒜。

濒危等级　中国特有植物，中国植物红色名录评估为无危（LC）。

迁地栽培保存

保存地点	种质份数	个体数量	引种方式	生长状况	来源地
GZ	1	b	购买	C	浙江
GX	*	f	采集	G	浙江

香石蒜 *Lycoris incarnata* Comes ex C. Sprenger

迁地栽培保存

保存地点	种质份数	个体数量	引种方式	生长状况	来源地
GZ	1	a	购买	C	浙江

中国石蒜 *Lycoris chinensis* Traub

功效主治 鳞茎：功效同忽地笑。解毒消肿，催吐杀虫。用于疔疮肿毒，水肿，附骨疽，咽喉肿痛，毒蛇咬伤。

濒危等级 中国植物红色名录评估为无危（LC）。

迁地栽培保存

保存地点	种质份数	个体数量	引种方式	生长状况	来源地
GZ	1	a	购买	C	浙江
BJ	1	c	采集	G	湖北
GX	*	f	采集	G	浙江

水鬼蕉属 *Hymenocallis*

水鬼蕉 *Hymenocallis littoralis*（Jacq.）Salisb.

功效主治 叶：辛，温。舒筋活血，消肿止痛。用于风湿关节痛，蛇眼疔，跌打肿痛，痈疽，痔疮。

迁地栽培保存

保存地点	种质份数	个体数量	引种方式	生长状况	来源地
BJ	1	b	采集	G	海南
YN	1	e	购买	A	云南
SH	1	b	采集	A	待确定
CQ	1	a	购买	C	重庆
GD	1	b	采集	D	待确定
GZ	1	a	采集	C	贵州
HN	1	c	待确定	B	广西

水仙属 *Narcissus*

水仙 *Narcissus tazetta* var. *chinensis* M. Roem.

迁地栽培保存

保存地点	种质份数	个体数量	引种方式	生长状况	来源地
CQ	1	b	购买	C	福建
JS1	1	a	购买	C	江苏
GX	*	f	采集	G	四川

网球花属 *Scadoxus*

网球花 *Scadoxus multiflorus* Raf.

功效主治 鳞茎：外用于无名肿毒。

迁地栽培保存

保存地点	种质份数	个体数量	引种方式	生长状况	来源地
BJ	1	a	采集	G	云南
HN	1	a	采集	B	海南
YN	1	a	购买	C	云南

文殊兰属 *Crinum*

文殊兰 *Crinum asiaticum* L. var. *sinicum* (Roxb. ex Herb.) Baker

功效主治 叶、鳞茎：行血散瘀，消肿止痛。

迁地栽培保存

保存地点	种质份数	个体数量	引种方式	生长状况	来源地
SC	2	f	待确定	G	四川
YN	2	b	购买	A	云南

保存地点	种质份数	个体数量	引种方式	生长状况	来源地
CQ	2	a	赠送	C	广西、云南
GD	1	f	采集	G	待确定
SH	1	a	采集	F	待确定
HN	1	a	采集	B	海南
BJ	1	a	购买	G	北京

种质库保存

保存地点	保存方式	种质份数	个体数量	引种方式	来源地
HN	种子	1	a	采集	海南

西南文殊兰　*Crinum latifolium* L.

功效主治　功效同文殊兰。

濒危等级　中国植物红色名录评估为无危（LC）。

迁地栽培保存

保存地点	种质份数	个体数量	引种方式	生长状况	来源地
YN	1	a	采集	C	云南
CQ	1	a	赠送	C	广西

亚洲文殊兰　*Crinum asiaticum* L.

功效主治　叶、鳞茎：辛，凉。有小毒。行血散瘀，消肿止痛。用于咽喉痛，跌打损伤，痈疖肿毒，毒蛇咬伤。果实：外用于扭筋肿痛。

迁地栽培保存

保存地点	种质份数	个体数量	引种方式	生长状况	来源地
SH	1	b	采集	A	待确定

雪片莲属　*Leucojum*

夏雪片莲　*Leucojum aestivum* L.

迁地栽培保存

保存地点	种质份数	个体数量	引种方式	生长状况	来源地
SH	1	b	采集	A	待确定

朱顶红属　*Hippeastrum*

花朱顶红　*Hippeastrum vittatum* (L'Hér.) Herb.

功效主治　鳞茎：活血散瘀，解毒消肿。用于疮痈肿毒，跌打损伤。

迁地栽培保存

保存地点	种质份数	个体数量	引种方式	生长状况	来源地
CQ	1	a	购买	C	重庆
GZ	1	a	采集	C	贵州
GX	*	f	采集	G	广西

朱顶红　*Hippeastrum rutilum* (Ker-Gawl.) Herb.

功效主治　鳞茎：活血散瘀，解毒消肿。用于疮痈肿毒。

迁地栽培保存

保存地点	种质份数	个体数量	引种方式	生长状况	来源地
HN	1	b	采集	B	海南
SH	1	b	采集	A	待确定
GZ	1	b	采集	C	贵州
CQ	1	a	购买	C	重庆
BJ	1	a	交换	G	北京
YN	1	a	购买	C	云南

种质库保存

保存地点	保存方式	种质份数	个体数量	引种方式	来源地
BJ	种子	1	a	采集	待确定

紫娇花属 *Tulbaghia*

紫娇花 *Tulbaghia violacea* Harv.

功效主治 全草或叶：用于发热，感冒，咳嗽，哮喘，肺痨，肝阳上亢，耳痛，胃痛，噎膈。

迁地栽培保存

保存地点	种质份数	个体数量	引种方式	生长状况	来源地
JS2	1	e	购买	C	浙江

石竹科 **Caryophyllaceae**

白鼓钉属 *Polycarpaea*

白鼓钉 *Polycarpaea corymbosa*（L.）Lam.

功效主治 全草：淡，凉。清热解毒，除湿利尿。用于痢疾，泄泻，实证腹水，消化不良。

濒危等级 中国植物红色名录评估为无危（LC）。

迁地栽培保存

保存地点	种质份数	个体数量	引种方式	生长状况	来源地
HN	2	a	采集	C	海南

种质库保存

保存地点	保存方式	种质份数	个体数量	引种方式	来源地
BJ	种子	4	a	采集	海南

大花白鼓钉　*Polycarpaea gaudichaudii* Gagnep.

濒危等级　中国植物红色名录评估为无危（LC）。

迁地栽培保存

保存地点	种质份数	个体数量	引种方式	生长状况	来源地
HN	2	a	采集	C	海南

大爪草属　*Spergula*

大爪草　*Spergula arvensis* L.

濒危等级　中国植物红色名录评估为无危（LC）。

迁地栽培保存

保存地点	种质份数	个体数量	引种方式	生长状况	来源地
GX	*	f	采集	G	德国

短瓣花属　*Brachystemma*

短瓣花　*Brachystemma calycinum* D. Don

功效主治　全草或根、叶：清热解毒，舒筋活络。用于白喉，风湿痹痛，跌打损伤，月经不调，病后虚弱，肾虚滑精，腰膝软弱。

濒危等级　中国植物红色名录评估为无危（LC）。

迁地栽培保存

保存地点	种质份数	个体数量	引种方式	生长状况	来源地
GX	*	f	采集	G	广西

种质库保存

保存地点	保存方式	种质份数	个体数量	引种方式	来源地
BJ	种子	3	a	采集	云南

多荚草属 *Polycarpon*

多荚草 *Polycarpon prostratum* (Forssk.) Asch. & Schweinf.

功效主治 全草：清热解毒。

濒危等级 中国植物红色名录评估为无危（LC）。

迁地栽培保存

保存地点	种质份数	个体数量	引种方式	生长状况	来源地
GX	*	f	采集	G	广西

鹅肠菜属 *Myosoton*

鹅肠菜 *Myosoton aquaticum* (L.) Moench

功效主治 全草（鹅肠草）：酸，平。清热凉血，消肿止痛，消积通乳。用于小儿疳积，牙痛，痢疾，痔疮肿痛，乳痈，乳汁不通。

迁地栽培保存

保存地点	种质份数	个体数量	引种方式	生长状况	来源地
SH	1	b	采集	A	待确定
HLJ	1	d	采集	A	黑龙江
CQ	1	a	采集	C	重庆
BJ	1	c	采集	G	山东

种质库保存

保存地点	保存方式	种质份数	个体数量	引种方式	来源地
HN	种子	1	b	采集	湖南
BJ	种子	1	a	采集	四川

繁缕属　*Stellaria*

繁缕　*Stellaria media*（L.）Cirillo

功效主治　全草（繁缕）：甘、酸，凉。清热解毒，祛瘀止痛，催乳。用于泄泻，痢疾，肝毒，肠痈，产后瘀血腹痛，牙痛，乳痈，跌打损伤。

濒危等级　中国植物红色名录评估为无危（LC）。

迁地栽培保存

保存地点	种质份数	个体数量	引种方式	生长状况	来源地
JS1	1	e	采集	B	江苏
BJ	1	d	采集	G	北京
CQ	1	c	采集	C	重庆
GZ	1	c	采集	C	贵州
HEN	1	c	采集	A	河南
HLJ	1	d	采集	A	黑龙江
HN	1	b	采集	C	海南
SH	1	b	采集	A	待确定

种质库保存

保存地点	保存方式	种质份数	个体数量	引种方式	来源地
BJ	种子	7	b	采集	黑龙江、甘肃、四川

禾叶繁缕　*Stellaria graminea* L.

功效主治　全草：甘、酸，凉。清热解毒，化痰，止痛，催乳。

濒危等级　中国植物红色名录评估为无危（LC）。

迁地栽培保存

保存地点	种质份数	个体数量	引种方式	生长状况	来源地
GX	*	f	采集	G	法国

密柔毛繁缕 *Stellaria yunnanensis* f. *villosa* C. Y. Wu ex P. Ke

种质库保存

保存地点	保存方式	种质份数	个体数量	引种方式	来源地
BJ	种子	1	a	采集	待确定

箐姑草 *Stellaria vestita* Kurz

功效主治　全草：辛，凉。有小毒。活血止痛，利湿。用于黄疸，浮肿，带下病，跌打损伤，风湿关节痛；外用于骨折，疮疖。

濒危等级　中国植物红色名录评估为无危（LC）。

迁地栽培保存

保存地点	种质份数	个体数量	引种方式	生长状况	来源地
GX	*	f	采集	G	广西

种质库保存

保存地点	保存方式	种质份数	个体数量	引种方式	来源地
BJ	种子	4	a	采集	山西

雀舌草 *Stellaria uliginosa* Murray

功效主治　全草：辛，平。祛风散寒，续筋接骨，活血止痛，解毒。用于伤风感冒，风湿骨痛，疮痈肿痛，跌打损伤，骨折。

迁地栽培保存

保存地点	种质份数	个体数量	引种方式	生长状况	来源地
GD	1	f	采集	G	待确定
GX	*	f	采集	G	山东

种质库保存

保存地点	保存方式	种质份数	个体数量	引种方式	来源地
BJ	种子	10	d	采集	湖北

巫山繁缕 *Stellaria wushanensis* F. N. Williams

功效主治　全草：用于小儿疳积。

迁地栽培保存

保存地点	种质份数	个体数量	引种方式	生长状况	来源地
GX	*	f	采集	G	广西

银柴胡 *Stellaria dichotoma* var. *lanceolata* Bge.

功效主治　根（银柴胡）：甘，凉。清虚热，除疳热。用于阴虚发热，骨蒸劳热，小儿疳积。

迁地栽培保存

保存地点	种质份数	个体数量	引种方式	生长状况	来源地
GX	2	f	采集	G	北京
BJ	1	c	采集	G	待确定

种质库保存

保存地点	保存方式	种质份数	个体数量	引种方式	来源地
BJ	种子	65	d	采集	重庆、海南、宁夏、云南、山西、内蒙古

中国繁缕 *Stellaria chinensis* Regel

功效主治　全草：清热解毒，消肿。用于乳痈，跌打损伤；外用于扭伤，瘀肿。

濒危等级　中国特有植物，中国植物红色名录评估为无危（LC）。

迁地栽培保存

保存地点	种质份数	个体数量	引种方式	生长状况	来源地
CQ	1	a	采集	C	重庆
GZ	1	c	采集	C	贵州

肥皂草属　*Saponaria*

肥皂草　*Saponaria officinalis* L.

功效主治　根：祛痰，利尿，祛风除湿，杀虫。用于咳嗽，疮痈疥癣。

迁地栽培保存

保存地点	种质份数	个体数量	引种方式	生长状况	来源地
CQ	1	b	采集	C	山东
LN	1	c	采集	B	辽宁
BJ	1	e	采集	G	北京
GX	*	f	采集	G	北京

种质库保存

保存地点	保存方式	种质份数	个体数量	引种方式	来源地
BJ	种子	6	b	采集	吉林、辽宁、广西、江苏

孩儿参属　*Pseudostellaria*

孩儿参　*Pseudostellaria heterophylla*（Miq.）Pax

功效主治　块根（太子参）：甘、微苦，平。益气健脾，生津润肺。用于脾虚体倦，食欲不振，病后虚弱，气阴不足，自汗口渴，肺燥干咳。

濒危等级　内蒙古自治区重点保护植物、浙江省重点保护植物，中国植物红色名录评估为无危（LC）。

迁地栽培保存

保存地点	种质份数	个体数量	引种方式	生长状况	来源地
BJ	6	e	采集	C	山东、安徽、湖北、贵州、辽宁
GZ	1	b	采集	C	贵州
JS1	1	a	采集	D	江苏
JS2	1	e	购买	C	江苏

种质库保存

保存地点	保存方式	种质份数	个体数量	引种方式	来源地
BJ	种子	1	d	采集	贵州

细叶孩儿参　*Pseudostellaria sylvatica*（Maxim.）Pax

功效主治　全草或块根：补气，益血，生津，健脾。用于肺虚咳嗽，脾虚泄泻，病后体虚，食欲不振，小儿出虚汗，心悸，口干。

濒危等级　中国植物红色名录评估为无危（LC）。

迁地栽培保存

保存地点	种质份数	个体数量	引种方式	生长状况	来源地
BJ	1	b	采集	G	河北

荷莲豆草属　*Drymaria*

荷莲豆草　*Drymaria diandra* Blume

功效主治　全草：微酸，凉。清热解毒，利尿通便，活血消肿，退翳。用于胁痛，胃痛，疟疾，腹水，便秘，风湿脚气。

濒危等级　中国植物红色名录评估为无危（LC）。

迁地栽培保存

保存地点	种质份数	个体数量	引种方式	生长状况	来源地
GD	1	b	采集	D	待确定

续表

保存地点	种质份数	个体数量	引种方式	生长状况	来源地
HN	1	a	采集	B	海南
GX	*	f	采集	G	广西

剪秋罗属 *Lychnis*

剪春罗 *Lychnis coronata* Thunb.

功效主治　全草或根：甘，寒。解热，镇痛，止泻。用于感冒，关节痛，泄泻；外用于蛇串疮。

迁地栽培保存

保存地点	种质份数	个体数量	引种方式	生长状况	来源地
GX	2	f	采集	G	四川、广西
HB	1	c	采集	C	湖北

剪红纱花 *Lychnis senno* Siebold & Zucc.

功效主治　全草或根：甘，寒。清热，止痛，止泻。用于感冒，风湿关节痛，泄泻。

濒危等级　中国植物红色名录评估为无危（LC）。

迁地栽培保存

保存地点	种质份数	个体数量	引种方式	生长状况	来源地
JS1	1	a	采集	D	江苏
BJ	1	a	采集	G	四川
GX	*	f	采集	G	广西

剪秋罗 *Lychnis fulgens* Fisch.

功效主治　全草或根：用于小儿疳积。

濒危等级　中国植物红色名录评估为无危（LC）。

迁地栽培保存

保存地点	种质份数	个体数量	引种方式	生长状况	来源地
BJ	4	d	采集、购买	G	河北、北京、辽宁
JS2	1	d	购买	C	江苏
LN	1	c	采集	B	辽宁

金铁锁属　*Psammosilene*

金铁锁　*Psammosilene tunicoides* W. C. Wu & C. Y. Wu

功效主治　根（金铁锁）：辛，温。有毒，祛风活血，散瘀止痛。用于风湿痹痛，骨痛，创伤出血，跌打损伤。

濒危等级　中国特有植物，中国植物红色名录评估为濒危（EN）。

迁地栽培保存

保存地点	种质份数	个体数量	引种方式	生长状况	来源地
BJ	2	d	采集	G	四川、云南
GX	*	f	采集	G	云南

卷耳属　*Cerastium*

簇生泉卷耳　*Cerastium fontanum* subsp. *vulgare*（Hartman）Greuter & Burdet

功效主治　全草：苦，凉。清热解毒，消肿止痛。用于感冒，乳痈初起，疔疮肿痛。

濒危等级　中国植物红色名录评估为无危（LC）。

迁地栽培保存

保存地点	种质份数	个体数量	引种方式	生长状况	来源地
GZ	1	c	采集	C	贵州
SH	1	b	采集	A	待确定

种质库保存

保存地点	保存方式	种质份数	个体数量	引种方式	来源地
BJ	种子	1	a	采集	云南

球序卷耳 *Cerastium glomeratum* Thuill.

功效主治 全草（婆婆指甲草）：淡，凉。清热解毒，平抑肝阳。用于感冒发热，肝阳上亢；外用于乳痈。

濒危等级 中国植物红色名录评估为无危（LC）。

种质库保存

保存地点	保存方式	种质份数	个体数量	引种方式	来源地
BJ	种子	1	a	采集	广西

喜泉卷耳 *Cerastium fontanum* Baumg.

功效主治 全草：平抑肝阳，祛风除湿。

濒危等级 中国植物红色名录评估为数据缺乏（DD）。

迁地栽培保存

保存地点	种质份数	个体数量	引种方式	生长状况	来源地
GX	*	f	采集	G	法国

原野卷耳 *Cerastium arvense* L.

功效主治 全草：滋补肝肾。

迁地栽培保存

保存地点	种质份数	个体数量	引种方式	生长状况	来源地
BJ	1	d	采集	G	北京

种质库保存

保存地点	保存方式	种质份数	个体数量	引种方式	来源地
BJ	种子	1	a	采集	广西

缘毛卷耳　*Cerastium furcatum* Cham. & Schltdl.

功效主治　全草：解毒消肿。

濒危等级　中国植物红色名录评估为无危（LC）。

迁地栽培保存

保存地点	种质份数	个体数量	引种方式	生长状况	来源地
SH	1	b	采集	A	待确定
GX	*	f	采集	G	广西

麦蓝菜属　*Vaccaria*

麦蓝菜　*Vaccaria segetalis* (Neck.) Garcke ex Asch.

功效主治　种子（王不留行）：苦，平。活血通经，下乳，消肿。用于乳汁不下，闭经，痛经，乳痈肿痛。

濒危等级　中国植物红色名录评估为无危（LC）。

迁地栽培保存

保存地点	种质份数	个体数量	引种方式	生长状况	来源地
BJ	1	e	采集	G	天津
NMG	1	b	购买	F	内蒙古
LN	1	d	采集	A	辽宁
JS2	1	d	购买	C	江苏
JS1	1	b	采集	D	江苏
HEN	1	c	采集	A	河南
GX	*	f	采集	G	广西

种质库保存

保存地点	保存方式	种质份数	个体数量	引种方式	来源地
BJ	种子	82	e	采集	山西、河南、陕西、辽宁、河北、重庆、四川、海南、云南、浙江

麦仙翁属 *Agrostemma*

麦仙翁 *Agrostemma githago* L.

功效主治 全草：用于顿咳，崩漏。

迁地栽培保存

保存地点	种质份数	个体数量	引种方式	生长状况	来源地
BJ	1	d	采集	A	保加利亚
LN	1	d	采集	A	辽宁
GX	*	f	采集	G	广西

种质库保存

保存地点	保存方式	种质份数	个体数量	引种方式	来源地
BJ	种子	1	a	采集	广西

拟漆姑属 *Spergularia*

二蕊拟漆姑 *Spergularia diandra* (Guss.) Heldr.

濒危等级 中国植物红色名录评估为无危（LC）。

迁地栽培保存

保存地点	种质份数	个体数量	引种方式	生长状况	来源地
BJ	1	b	采集	G	甘肃

田野拟漆姑 *Spergularia rubra* (L.) J. Presl & C. Presl

功效主治 用于肾病。

濒危等级 中国植物红色名录评估为无危（LC）。

迁地栽培保存

保存地点	种质份数	个体数量	引种方式	生长状况	来源地
GX	*	f	采集	G	法国

漆姑草属　*Sagina*

漆姑草　*Sagina japonica*（Sw.）Ohwi

功效主治　全草（漆姑草）：苦，凉。散结消肿，解毒止痒。用于内伤发热，漆疮，痈肿，瘰疬，龋齿。
濒危等级　中国植物红色名录评估为无危（LC）。

迁地栽培保存

保存地点	种质份数	个体数量	引种方式	生长状况	来源地
CQ	1	a	采集	F	重庆
GZ	1	d	采集	C	贵州
HB	1	a	采集	C	待确定
SC	1	f	待确定	G	四川
SH	1	b	采集	A	待确定

山漆姑属　*Minuartia*

春米努草　*Minuartia verna*（L.）Hiern

濒危等级　中国植物红色名录评估为无危（LC）。

迁地栽培保存

保存地点	种质份数	个体数量	引种方式	生长状况	来源地
GX	*	f	采集	G	法国

石头花属　*Gypsophila*

长蕊石头花　*Gypsophila oldhamiana* Miq.

功效主治　根（山银柴胡）：甘、苦，凉。活血散瘀，消肿止痛，化腐生肌。用于跌打损伤，骨折，外伤，小儿疳积。

濒危等级　中国植物红色名录评估为无危（LC）。

迁地栽培保存

保存地点	种质份数	个体数量	引种方式	生长状况	来源地
BJ	2	b	采集	G	山东、黑龙江
LN	2	d	采集	B	辽宁

种质库保存

保存地点	保存方式	种质份数	个体数量	引种方式	来源地
BJ	种子	6	b	采集	山西、黑龙江

钝叶石头花　*Gypsophila perfoliata* L.

濒危等级　中国植物红色名录评估为无危（LC）。

迁地栽培保存

保存地点	种质份数	个体数量	引种方式	生长状况	来源地
BJ	1	b	赠送	G	保加利亚

缕丝花　*Gypsophila elegans* M. Bieb.

迁地栽培保存

保存地点	种质份数	个体数量	引种方式	生长状况	来源地
BJ	1	b	采集	G	北京

鸦葱霞草　*Gypsophila scorzonerifolia* Ser.

迁地栽培保存

保存地点	种质份数	个体数量	引种方式	生长状况	来源地
BJ	1	b	赠送	G	保加利亚

石竹属　*Dianthus*

石竹　*Dianthus chinensis* L.

功效主治　地上部分（瞿麦）：苦，寒。利尿通淋，破血通经。用于热淋，血淋，石淋，小便淋痛不利，月经过多。

濒危等级　中国植物红色名录评估为无危（LC）。

迁地栽培保存

保存地点	种质份数	个体数量	引种方式	生长状况	来源地
BJ	10	e	采集	G	山东、河北、内蒙古
SH	1	b	采集	A	待确定
HLJ	1	c	采集	A	吉林
SC	1	f	待确定	G	四川
LN	1	c	采集	B	辽宁
JS2	1	e	购买	C	安徽
JS1	1	a	采集	C	江苏
HN	1	c	采集	B	海南
HB	1	a	采集	C	湖北
GZ	1	b	采集	C	贵州
HEN	1	e	采集	A	河南
GD	1	b	采集	D	待确定
GX	*	f	采集	G	法国

种质库保存

保存地点	保存方式	种质份数	个体数量	引种方式	来源地
BJ	种子	9	b	采集	广西、辽宁、黑龙江、上海、吉林、甘肃

瞿麦 *Dianthus superbus* L.

功效主治　地上部分（瞿麦）：功效同石竹。

濒危等级　中国植物红色名录评估为无危（LC）。

迁地栽培保存

保存地点	种质份数	个体数量	引种方式	生长状况	来源地
BJ	3	e	采集	G	北京、陕西、河北
NMG	1	d	购买	A	内蒙古
JS2	1	d	购买	C	江苏
JS1	1	a	采集	D	江苏
HB	1	e	采集	A	湖北
CQ	1	a	购买	B	重庆
SC	1	f	待确定	G	四川

种质库保存

保存地点	保存方式	种质份数	个体数量	引种方式	来源地
BJ	种子	57	c	采集	海南、云南、重庆、湖南、河北、上海

日本石竹 *Dianthus chinensis* L.

功效主治　全草：用于跌打损伤，毒疮。

种质库保存

保存地点	保存方式	种质份数	个体数量	引种方式	来源地
BJ	种子	3	a	采集	广西

香石竹 *Dianthus caryophyllus* L.

功效主治　地上部分：清热利尿，破血，通便。

迁地栽培保存

保存地点	种质份数	个体数量	引种方式	生长状况	来源地
BJ	1	d	购买	G	北京

须苞石竹 *Dianthus barbatus* L.

功效主治 全草：活血调经，通络，利尿通淋。

迁地栽培保存

保存地点	种质份数	个体数量	引种方式	生长状况	来源地
SH	1	b	采集	A	待确定
BJ	1	d	交换	G	北京
CQ	1	a	购买	B	重庆

种质库保存

保存地点	保存方式	种质份数	个体数量	引种方式	来源地
BJ	种子	3	a	采集	重庆、上海

无心菜属 *Arenaria*

澜沧雪灵芝 *Arenaria lancangensis* L. H. Zhou

功效主治 全草：退热，止咳。用于肺痈，咳嗽。

濒危等级 中国特有植物，中国植物红色名录评估为无危（LC）。

种质库保存

保存地点	保存方式	种质份数	个体数量	引种方式	来源地
BJ	种子	1	a	采集	待确定

老牛筋 *Arenaria juncea* M. Bieb.

功效主治 根（银柴胡）：甘、苦，凉。清热凉血。用于虚劳骨蒸，阴虚久疟，小儿疳积。

濒危等级 中国植物红色名录评估为无危（LC）。

迁地栽培保存

保存地点	种质份数	个体数量	引种方式	生长状况	来源地
BJ	1	a	采集	G	河北
GX	*	f	采集	G	山东

无心菜 *Arenaria serpyllifolia* L.

功效主治 全草：辛，平。清热明目，解毒。用于目赤，咳嗽，齿龈肿痛。

濒危等级 中国植物红色名录评估为无危（LC）。

迁地栽培保存

保存地点	种质份数	个体数量	引种方式	生长状况	来源地
GX	*	f	采集	G	法国

种质库保存

保存地点	保存方式	种质份数	个体数量	引种方式	来源地
BJ	种子	1	a	采集	江西

蝇子草属 *Silene*

白花蝇子草 *Silene pratensis* Godr.

迁地栽培保存

保存地点	种质份数	个体数量	引种方式	生长状况	来源地
GX	*	f	采集	G	广西

叉枝蝇子草 *Silene latifolia* Poiret

濒危等级 中国植物红色名录评估为无危（LC）。

迁地栽培保存

保存地点	种质份数	个体数量	引种方式	生长状况	来源地
GX	*	f	采集	G	法国

高雪轮 *Silene armeria* L.

功效主治 全草：清热解毒。

迁地栽培保存

保存地点	种质份数	个体数量	引种方式	生长状况	来源地
BJ	1	d	采集	G	德国
HB	1	d	采集	A	待确定

种质库保存

保存地点	保存方式	种质份数	个体数量	引种方式	来源地
BJ	种子	1	a	采集	待确定

狗筋蔓 *Silene baccifer* L.

功效主治 根（狗筋蔓）：甘、淡，温。接骨生肌，散瘀止痛，祛风除湿，利尿消肿。用于骨折，跌打损伤，风湿关节痛，小儿疳积，水肿，小便淋痛，肺痨。根毛：用于缩阴症。

濒危等级 中国植物红色名录评估为无危（LC）。

迁地栽培保存

保存地点	种质份数	个体数量	引种方式	生长状况	来源地
BJ	2	c	采集	G	陕西、浙江
HEN	1	c	采集	A	河南
GX	*	f	采集	G	法国，中国广西

种质库保存

保存地点	保存方式	种质份数	个体数量	引种方式	来源地
BJ	种子	1	a	采集	广西

鹤草 *Silene fortunei* Vis.

功效主治 全草（蝇子草）：辛，凉。清热利湿，补虚活血。用于小便淋痛，带下病，痢疾，泄泻；外用于蝮蛇咬伤，扭伤，关节肌肉酸痛。

濒危等级 中国特有植物，中国植物红色名录评估为无危（LC）。

迁地栽培保存

保存地点	种质份数	个体数量	引种方式	生长状况	来源地
BJ	1	d	采集	G	陕西
JS1	1	b	采集	D	江苏
GX	*	f	采集	G	山东

种质库保存

保存地点	保存方式	种质份数	个体数量	引种方式	来源地
BJ	种子	2	a	采集	广西、江西

坚硬女娄菜 *Silene firma* Siebold & Zucc.

功效主治 种子：活血通经，消肿止痛。全草：甘、淡，凉。清热解毒，除湿利尿，催乳调经。

濒危等级 中国植物红色名录评估为无危（LC）。

迁地栽培保存

保存地点	种质份数	个体数量	引种方式	生长状况	来源地
LN	1	d	采集	A	辽宁

麦瓶草 *Silene conoidea* L.

功效主治 全草（麦瓶草）：苦，凉。清热凉血，止血调经。用于鼻衄，吐血，尿血，肺痈，月经不调。

濒危等级 中国植物红色名录评估为无危（LC）。

迁地栽培保存

保存地点	种质份数	个体数量	引种方式	生长状况	来源地
BJ	1	e	采集	G	北京
CQ	1	a	购买	C	重庆
HEN	1	e	采集	A	河南

女娄菜 *Silene aprica* Turcz.

功效主治 全草：辛、苦，平。健脾利水，活血调经。用于乳汁不足，体虚浮肿，小儿疳积，月经不调。

濒危等级 中国植物红色名录评估为无危（LC）。

迁地栽培保存

保存地点	种质份数	个体数量	引种方式	生长状况	来源地
BJ	3	b	采集	G	山东、黑龙江
GX	*	f	采集	G	日本

山蚂蚱草 *Silene jeniseensis* Willd.

功效主治 根：清热凉血，生津。用于虚劳骨蒸，阴虚久疟，小儿疳积，胁痛。

濒危等级 中国植物红色名录评估为无危（LC）。

迁地栽培保存

保存地点	种质份数	个体数量	引种方式	生长状况	来源地
BJ	2	b	采集	G	内蒙古、山西

石生蝇子草 *Silene tatarinowii* Regel

功效主治 全草：清热，通淋，止痛。

濒危等级 中国特有植物，中国植物红色名录评估为无危（LC）。

迁地栽培保存

保存地点	种质份数	个体数量	引种方式	生长状况	来源地
BJ	1	b	采集	G	北京

西欧蝇子草 *Silene gallica* Linn.

种质库保存

保存地点	保存方式	种质份数	个体数量	引种方式	来源地
BJ	种子	1	a	采集	上海

治疝草属　*Herniaria*

治疝草　*Herniaria glabra* L.

功效主治　全草：强心，利尿，排石。

濒危等级　中国植物红色名录评估为无危（LC）。

迁地栽培保存

保存地点	种质份数	个体数量	引种方式	生长状况	来源地
GX	*	f	采集	G	波兰

种阜草属　*Moehringia*

三脉种阜草　*Moehringia trinervia*（L.）Clairv.

功效主治　全草：酸，平。清热解毒，活血止痛。

濒危等级　中国植物红色名录评估为无危（LC）。

迁地栽培保存

保存地点	种质份数	个体数量	引种方式	生长状况	来源地
GX	*	f	采集	G	法国

使君子科　Combretaceae

风车子属　*Combretum*

长毛风车子　*Combretum pilosum* Roxb.

功效主治　茎：用于疮疖。叶：用于溃疡。

濒危等级　中国植物红色名录评估为无危（LC）。

迁地栽培保存

保存地点	种质份数	个体数量	引种方式	生长状况	来源地
HN	1	a	采集	C	海南

风车子 *Combretum alfredii* Hance

功效主治 根（风车子根）：甘、淡、微苦，平。清热利胆。用于黄疸。叶（风车子叶）：甘、淡、微苦，平。健胃，驱虫。用于蛔虫病，鞭虫病。

濒危等级 中国特有植物，中国植物红色名录评估为无危（LC）。

迁地栽培保存

保存地点	种质份数	个体数量	引种方式	生长状况	来源地
BJ	1	b	采集	G	云南

榄形风车子 *Combretum oliviforme* A. C. Chao

濒危等级 中国植物红色名录评估为无危（LC）。

种质库保存

保存地点	保存方式	种质份数	个体数量	引种方式	来源地
BJ	种子	3	a	采集	海南、云南

石风车子 *Combretum wallichii* DC.

功效主治 叶：甘、微苦，平。驱虫，清热解毒。

濒危等级 中国植物红色名录评估为无危（LC）。

迁地栽培保存

保存地点	种质份数	个体数量	引种方式	生长状况	来源地
GX	*	f	采集	G	广西

水密花 *Combretum punctatum* var. *squamosum*（Roxburgh ex G. Don）M. G. Gangopadhyay & Chakrabarty

濒危等级 中国植物红色名录评估为无危（LC）。

种质库保存

保存地点	保存方式	种质份数	个体数量	引种方式	来源地
BJ	种子	6	b	采集	云南

西南风车子 *Combretum griffithii* Van Heurck & Müll. Arg.

濒危等级 中国植物红色名录评估为无危（LC）。

种质库保存

保存地点	保存方式	种质份数	个体数量	引种方式	来源地
BJ	种子	1	a	采集	待确定

榄仁属 *Terminalia*

阿江榄仁 *Terminalia arjuna* (Roxb. ex DC.) Wight & Arn.

功效主治 茎皮：在印度用于心脏病，蝎螫伤。

迁地栽培保存

保存地点	种质份数	个体数量	引种方式	生长状况	来源地
GX	*	f	采集	G	广西

大翅榄仁 *Terminalia macroptera* Guill. et Perr.

功效主治 叶：在非洲用于癣菌病。根皮：在非洲用于疟疾，癫痫。

迁地栽培保存

保存地点	种质份数	个体数量	引种方式	生长状况	来源地
GX	*	f	采集	G	广西

海南榄仁 *Terminalia hainanensis* Exell

功效主治 用于腹泻。

濒危等级 中国植物红色名录评估为无危（LC）。

迁地栽培保存

保存地点	种质份数	个体数量	引种方式	生长状况	来源地
HN	1	a	赠送	C	海南
GX	*	f	采集	G	广西

种质库保存

保存地点	保存方式	种质份数	个体数量	引种方式	来源地
HN	种子	1	a	采集	海南

诃子 *Terminalia chebula* Retz.

功效主治 果实（诃子）：苦、酸、涩，平，敛肺涩肠。用于久咳失音，久泻，久痢，脱肛，便血，遗精，尿频。未成熟果实（藏青果）：苦、微甘、涩，凉。清热生津，利咽解毒。用于咽喉痛，咽喉干燥。

迁地栽培保存

保存地点	种质份数	个体数量	引种方式	生长状况	来源地
YN	1	b	采集	A	云南
GD	1	f	采集	G	待确定
HN	1	a	采集	C	待确定

种质库保存

保存地点	保存方式	种质份数	个体数量	引种方式	来源地
BJ	种子	8	a	采集	重庆、云南

诃子（原变种） *Terminalia chebula* Retz. var. *chebula*

迁地栽培保存

保存地点	种质份数	个体数量	引种方式	生长状况	来源地
GX	*	f	采集	G	广西

黑果榄仁 *Terminalia melanocarpa* F. Muell.

种质库保存

保存地点	保存方式	种质份数	个体数量	引种方式	来源地
BJ	种子	1	a	采集	江苏

榄仁树 *Terminalia catappa* Linn.

功效主治　果实：敛肺，润肠，下气。用于久咳失音，久泻，久痢，脱肛，便血，崩漏，带下病，遗精，尿频。茎皮：用于痢疾，肿毒，月经不调，带下病，食鱼中毒。嫩叶：用于头痛，疝痛，血痢，月经不调，带下病，食鱼中毒；外用于疮痈疥癣。枝：用于月经不调，带下病，食鱼中毒。

濒危等级　中国植物红色名录评估为无危（LC）。

迁地栽培保存

保存地点	种质份数	个体数量	引种方式	生长状况	来源地
BJ	1	a	采集	G	海南
HN	1	a	采集	C	海南
YN	1	a	采集	C	云南

种质库保存

保存地点	保存方式	种质份数	个体数量	引种方式	来源地
BJ	种子	6	a	采集	云南
HN	种子	1	a	采集	海南

卵果榄仁 *Terminalia muelleri* Benth.

迁地栽培保存

保存地点	种质份数	个体数量	引种方式	生长状况	来源地
HN	1	a	赠送	C	海南

毗黎勒 *Terminalia bellirica* (Gaertn.) Roxb.

功效主治　果实（生诃子）：甘、涩，平。清热解毒，调和诸病，收敛，养血。用于各种热疟，泻痢，黄水病，肝胆病，病后虚弱。

濒危等级　中国植物红色名录评估为濒危（EN）。

迁地栽培保存

保存地点	种质份数	个体数量	引种方式	生长状况	来源地
YN	1	a	采集	C	云南
GX	*	f	采集	G	云南

种质库保存

保存地点	保存方式	种质份数	个体数量	引种方式	来源地
BJ	种子	4	a	采集	云南

千果榄仁　*Terminalia myriocarpa* Van Heurck & Müll. Arg.

功效主治　用作强心药。

濒危等级　国家重点保护野生植物名录（第一批）二级，中国植物红色名录评估为易危（VU）。

迁地栽培保存

保存地点	种质份数	个体数量	引种方式	生长状况	来源地
GX	*	f	采集	G	广西

种质库保存

保存地点	保存方式	种质份数	个体数量	引种方式	来源地
BJ	种子	4	a	采集	云南

微毛诃子　*Terminalia chebula* var. *tomentella* (Kurz) C. B. Clarke

功效主治　果实：代诃子入药。

濒危等级　中国植物红色名录评估为无危（LC）。

迁地栽培保存

保存地点	种质份数	个体数量	引种方式	生长状况	来源地
GX	*	f	采集	G	广西

小叶榄仁 *Terminalia neotaliala* Capuron

迁地栽培保存

保存地点	种质份数	个体数量	引种方式	生长状况	来源地
YN	1	a	购买	C	云南

使君子属 *Quisqualis*

使君子 *Quisqualis indica* L.

功效主治 果实（使君子）：甘，温。驱虫消积。用于蛔虫病，蛲虫病，小儿疳积。根（使君子根）：杀虫，开胃，健脾，止咳。用于咳嗽，蛔虫病，呃逆。叶（使君子叶）：平。杀虫，消疳，开胃。用于疳积。

濒危等级 中国植物红色名录评估为无危（LC）。

迁地栽培保存

保存地点	种质份数	个体数量	引种方式	生长状况	来源地
FJ	4	a	采集	A	福建
BJ	1	a	采集	G	广西
CQ	1	a	购买	C	重庆
GD	1	f	采集	G	待确定
GZ	1	a	赠送	C	广西
HN	1	a	赠送	C	广西
JS2	1	e	购买	C	江苏
SH	1	a	采集	A	待确定
YN	1	c	采集	A	云南

种质库保存

保存地点	保存方式	种质份数	个体数量	引种方式	来源地
BJ	种子	10	b	采集	重庆、海南、云南

小花使君子　*Quisqualis caudata* Craib

濒危等级　中国植物红色名录评估为易危（VU）。

迁地栽培保存

保存地点	种质份数	个体数量	引种方式	生长状况	来源地
YN	1	a	采集	C	云南

榆绿木属　*Anogeissus*

尖叶榆绿木　*Anogeissus acuminata*（Roxb. ex DC.）Guillaumin et al.

功效主治　解热，镇痛。

濒危等级　中国植物红色名录评估为近危（NT）。

迁地栽培保存

保存地点	种质份数	个体数量	引种方式	生长状况	来源地
YN	1	a	采集	C	云南

种质库保存

保存地点	保存方式	种质份数	个体数量	引种方式	来源地
BJ	种子	2	b	采集	云南

柿科　Ebenaceae

柿属　*Diospyros*

黑皮柿　*Diospyros nigrocortex* C. Y. Wu

濒危等级　中国特有植物，中国植物红色名录评估为易危（VU）。

迁地栽培保存

保存地点	种质份数	个体数量	引种方式	生长状况	来源地
GX	*	f	采集	G	云南

君迁子 *Diospyros lotus* L.

功效主治 果实：止渴，去烦热，镇心，平抑肝阳。

濒危等级 中国植物红色名录评估为无危（LC）。

迁地栽培保存

保存地点	种质份数	个体数量	引种方式	生长状况	来源地
BJ	1	a	采集	C	浙江
SH	1	a	采集	A	待确定
CQ	1	a	采集	C	重庆
HB	1	a	采集	C	待确定

种质库保存

保存地点	保存方式	种质份数	个体数量	引种方式	来源地
BJ	种子	10	b	采集	四川、吉林、黑龙江、云南、河北、江苏

老鸦柿 *Diospyros rhombifolia* Hemsl.

功效主治 根（老鸦柿）、枝（老鸦柿）：苦、涩，平。活血利肝。用于肝硬化，黄疸，骨关节结核，跌打损伤。

濒危等级 中国特有植物，中国植物红色名录评估为无危（LC）。

迁地栽培保存

保存地点	种质份数	个体数量	引种方式	生长状况	来源地
SH	1	a	采集	A	待确定

岭南柿 *Diospyros tutcheri* Dunn

濒危等级 中国特有植物，中国植物红色名录评估为无危（LC）。

迁地栽培保存

保存地点	种质份数	个体数量	引种方式	生长状况	来源地
GX	*	f	采集	G	广西

罗浮柿 *Diospyros morrisiana* Hance

功效主治 果实（野柿花）、茎皮、叶：苦、涩，凉。解毒，收敛。用于食物中毒，泄泻，痢疾；外用于烫火伤。

濒危等级 中国植物红色名录评估为无危（LC）。

种质库保存

保存地点	保存方式	种质份数	个体数量	引种方式	来源地
BJ	种子	1	a	采集	贵州

毛柿 *Diospyros strigosa* Hemsl.

濒危等级 中国特有植物，中国植物红色名录评估为数据缺乏（DD）。

种质库保存

保存地点	保存方式	种质份数	个体数量	引种方式	来源地
BJ	种子	9	a	采集	云南，待确定

瓶兰花 *Diospyros armata* Hemsl.

濒危等级 中国特有植物，陕西省濒危保护植物，中国植物红色名录评估为数据缺乏（DD）。

迁地栽培保存

保存地点	种质份数	个体数量	引种方式	生长状况	来源地
BJ	1	a	采集	G	湖北

琼岛柿 *Diospyros maclurei* Merr.

濒危等级 中国特有植物，中国植物红色名录评估为无危（LC）。

迁地栽培保存

保存地点	种质份数	个体数量	引种方式	生长状况	来源地
HN	1	a	采集	C	海南

山榄叶柿 *Diospyros siderophylla* H. L. Li

功效主治 枝叶：用于皮癣。

濒危等级 中国特有植物，中国植物红色名录评估为无危（LC）。

迁地栽培保存

保存地点	种质份数	个体数量	引种方式	生长状况	来源地
GX	*	f	采集	G	广西

山柿 *Diospyros montana* Roxb.

功效主治 叶、宿萼：苦、涩，温。温中下气。果实：消渴，祛湿热。

濒危等级 中国植物红色名录评估为无危（LC）。

迁地栽培保存

保存地点	种质份数	个体数量	引种方式	生长状况	来源地
GX	*	f	采集	G	广西

种质库保存

保存地点	保存方式	种质份数	个体数量	引种方式	来源地
BJ	种子	8	a	采集	江西

石山柿 *Diospyros saxatilis* S. K. Lee

濒危等级 中国植物红色名录评估为无危（LC）。

迁地栽培保存

保存地点	种质份数	个体数量	引种方式	生长状况	来源地
GX	*	f	采集	G	广西

柿 *Diospyros kaki* Thunb.

迁地栽培保存

保存地点	种质份数	个体数量	引种方式	生长状况	来源地
BJ	1	b	购买	C	北京
HN	1	a	赠送	C	海南
JS1	1	a	购买	C	江苏
SH	1	b	采集	A	待确定
HB	1	a	采集	C	湖北
FJ	1	a	购买	A	福建
GD	1	f	采集	G	待确定

种质库保存

保存地点	保存方式	种质份数	个体数量	引种方式	来源地
BJ	种子	12	a	采集	重庆、福建、江西、贵州、四川、云南

乌材 *Diospyros eriantha* Champ. ex Benth.

功效主治 根皮、果实：用于风湿，疝气，心气痛。

濒危等级 中国植物红色名录评估为无危（LC）。

迁地栽培保存

保存地点	种质份数	个体数量	引种方式	生长状况	来源地
HN	2	a	采集	C	海南
GX	*	f	采集	G	云南

种质库保存

保存地点	保存方式	种质份数	个体数量	引种方式	来源地
BJ	种子	1	a	采集	待确定

乌柿 *Diospyros cathayensis* Steward

功效主治 根（黑塔子）：苦、涩，凉。清热除湿。用于痔疮，肠风下血，风火牙痛，肺热咳嗽。叶：外用于疖肿，烫火伤。

濒危等级 中国特有植物，中国植物红色名录评估为无危（LC）。

迁地栽培保存

保存地点	种质份数	个体数量	引种方式	生长状况	来源地
CQ	2	a	采集	C	重庆
HB	1	a	采集	C	待确定
GZ	1	a	购买	C	贵州
GX	*	f	采集	G	重庆

种质库保存

保存地点	保存方式	种质份数	个体数量	引种方式	来源地
HN	种子	1	a	采集	湖南
BJ	种子	5	b	采集	海南

湘桂柿 *Diospyros xiangguiensis* S. K. Lee

迁地栽培保存

保存地点	种质份数	个体数量	引种方式	生长状况	来源地
GX	*	f	采集	G	广西

小果柿 *Diospyros vaccinioides* Lindl.

濒危等级 中国特有植物，中国植物红色名录评估为濒危（EN）。

迁地栽培保存

保存地点	种质份数	个体数量	引种方式	生长状况	来源地
GX	*	f	采集	G	广东

崖柿　*Diospyros chunii* Metcalf & L. Chen

濒危等级　中国特有植物，中国植物红色名录评估为无危（LC）。

迁地栽培保存

保存地点	种质份数	个体数量	引种方式	生长状况	来源地
GX	*	f	采集	G	广西

延平柿　*Diospyros tsangii* Merr.

濒危等级　中国特有植物，中国植物红色名录评估为无危（LC）。

种质库保存

保存地点	保存方式	种质份数	个体数量	引种方式	来源地
BJ	种子	1	a	采集	江西

岩柿　*Diospyros dumetorum* W. W. Sm.

功效主治　叶（紫藿香）：辛、涩、微苦，平。清热，解毒，健脾胃。用于小儿营养不良，泄泻，小儿消化不良；外用于疮疖，烫火伤。

濒危等级　中国植物红色名录评估为无危（LC）。

种质库保存

保存地点	保存方式	种质份数	个体数量	引种方式	来源地
BJ	种子	1	a	采集	待确定

野柿　*Diospyros kaki* var. *silvestris* Makino

功效主治　根、叶、宿萼：苦、涩，平。开窍辟恶，行气活血，祛痰，清热凉血，润肠。

濒危等级　中国特有植物，中国植物红色名录评估为无危（LC）。

迁地栽培保存

保存地点	种质份数	个体数量	引种方式	生长状况	来源地
GZ	1	b	采集	C	贵州

续表

保存地点	种质份数	个体数量	引种方式	生长状况	来源地
YN	1	a	采集	C	云南
ZJ	1	c	采集	B	辽宁
GX	*	f	采集	G	贵州

种质库保存

保存地点	保存方式	种质份数	个体数量	引种方式	来源地
BJ	种子	13	b	采集	甘肃、山西、云南、湖北、江西

异色柿 *Diospyros philippensis*（Desr.）Gürke

种质库保存

保存地点	保存方式	种质份数	个体数量	引种方式	来源地
HN	种子	1	a	采集	云南

油柿 *Diospyros oleifera* W. C. Cheng

功效主治 果实：清热，润肺。

濒危等级 中国特有植物，中国植物红色名录评估为无危（LC）。

迁地栽培保存

保存地点	种质份数	个体数量	引种方式	生长状况	来源地
BJ	1	b	采集	G	湖北
GX	*	f	采集	G	浙江

云南柿 *Diospyros yunnanensis* Rehder & E. H. Wilson

濒危等级 中国特有植物，中国植物红色名录评估为无危（LC）。

种质库保存

保存地点	保存方式	种质份数	个体数量	引种方式	来源地
BJ	种子	1	a	采集	云南

浙江光叶柿 *Diospyros zhejiangensis* G. Y. Li, Z. H. Chen & P. L. Chiu

濒危等级 中国特有植物，中国植物红色名录评估为数据缺乏（DD）。

迁地栽培保存

保存地点	种质份数	个体数量	引种方式	生长状况	来源地
ZJ	1	c	购买	B	浙江

鼠刺科 Iteaceae

鼠刺属 *Itea*

大叶鼠刺 *Itea macrophylla* Wall.

功效主治 根：滋补。花：用于咳嗽，喉干。

濒危等级 中国植物红色名录评估为无危（LC）。

迁地栽培保存

保存地点	种质份数	个体数量	引种方式	生长状况	来源地
GX	*	f	采集	G	广西

滇鼠刺 *Itea yunnanensis* Franch.

功效主治 根：滋补强壮，止咳，消肿，接骨。用于体虚，劳伤乏力，咳嗽，咽喉痛，跌打损伤，骨折，带下病，产后关节痛，腰痛。花：滋补强壮，止咳，消肿，接骨。用于咽喉痛。

濒危等级 中国特有植物，中国植物红色名录评估为无危（LC）。

种质库保存

保存地点	保存方式	种质份数	个体数量	引种方式	来源地
BJ	种子	8	b	采集	贵州、云南

冬青叶鼠刺 *Itea ilicifolia* Oliv.

功效主治 根：甘，平。清热止咳，滋补肝肾。用于虚劳咳嗽，咽喉干痛，目赤，跌打损伤，外伤出血。

花：用于跌打损伤，外伤出血。

濒危等级 中国特有植物，中国植物红色名录评估为无危（LC）。

迁地栽培保存

保存地点	种质份数	个体数量	引种方式	生长状况	来源地
CQ	1	a	采集	C	重庆
GX	*	f	采集	G	湖北

种质库保存

保存地点	保存方式	种质份数	个体数量	引种方式	来源地
BJ	种子	6	b	采集	重庆

峨眉鼠刺 *Itea omeiensis* C. K. Schneider

功效主治 根：滋补强壮，止咳，消肿，接骨。用于体虚，劳伤乏力，咳嗽，咽喉痛，跌打损伤，骨折，带下病，产后关节痛，腰痛。叶：滋补强壮，止咳，消肿，接骨。用于外伤出血。花：滋补强壮，止咳，消肿，接骨。用于咽喉痛。

濒危等级 中国特有植物，中国植物红色名录评估为无危（LC）。

迁地栽培保存

保存地点	种质份数	个体数量	引种方式	生长状况	来源地
GX	*	f	采集	G	重庆

毛脉鼠刺 *Itea indochinensis* Merr. var. *pubinervia* C. Y. Wu ex H. Chuang

濒危等级 中国特有植物，中国植物红色名录评估为无危（LC）。

迁地栽培保存

保存地点	种质份数	个体数量	引种方式	生长状况	来源地
GX	*	f	采集	G	广西

毛鼠刺 *Itea indochinensis* Merr.

功效主治 茎：用于风湿痛，跌打损伤。

濒危等级　中国植物红色名录评估为近危（NT）。

迁地栽培保存

保存地点	种质份数	个体数量	引种方式	生长状况	来源地
GX	*	f	采集	G	广西

鼠刺　*Itea chinensis* Hook. & Arn.

功效主治　根：苦，温。活血消肿，止痛，滋补强壮。用于风湿痛，跌打肿痛。叶：苦，温。活血消肿，止痛。用于风湿痛，跌打肿痛。花：滋补强壮。

濒危等级　中国植物红色名录评估为无危（LC）。

迁地栽培保存

保存地点	种质份数	个体数量	引种方式	生长状况	来源地
GD	1	f	采集	G	待确定
GX	*	f	采集	G	澳门

种质库保存

保存地点	保存方式	种质份数	个体数量	引种方式	来源地
BJ	种子	6	b	采集	重庆

鼠李科　Rhamnaceae

勾儿茶属　*Berchemia*

大果勾儿茶　*Berchemia hirtella* H. T. Tsai & K. M. Feng

濒危等级　中国特有植物，中国植物红色名录评估为无危（LC）。

迁地栽培保存

保存地点	种质份数	个体数量	引种方式	生长状况	来源地
YN	1	a	采集	C	云南

种质库保存

保存地点	保存方式	种质份数	个体数量	引种方式	来源地
BJ	种子	1	a	采集	待确定

多花勾儿茶 *Berchemia floribunda* (Wall.) Brongn.

功效主治 根（黄鳝藤根）：甘、苦，平。健脾利湿，通经活络。用于脾虚食少，小儿疳积，风湿痹痛，黄疸，水肿，淋浊，痛经；外用于骨折，跌打损伤。茎叶（黄鳝藤）：甘，寒。清热解毒，利尿。用于衄血，黄疸，风湿腰痛，经前腹痛。

濒危等级 中国植物红色名录评估为无危（LC）。

迁地栽培保存

保存地点	种质份数	个体数量	引种方式	生长状况	来源地
HN	1	a	赠送	C	海南
CQ	1	a	采集	B	重庆
JS1	1	a	采集	D	江苏

种质库保存

保存地点	保存方式	种质份数	个体数量	引种方式	来源地
BJ	种子	6	b	采集	福建、云南

多叶勾儿茶 *Berchemia polyphylla* Wall. ex M. A. Lawsen

功效主治 叶、果实：甘、淡，平。清热利湿。用于目赤，痢疾，黄疸，热淋，崩漏，带下病。全株：用于瘰疬，跌打损伤。

濒危等级 中国植物红色名录评估为无危（LC）。

迁地栽培保存

保存地点	种质份数	个体数量	引种方式	生长状况	来源地
GX	*	f	采集	G	广西

种质库保存

保存地点	保存方式	种质份数	个体数量	引种方式	来源地
BJ	种子	1	a	采集	甘肃

勾儿茶 *Berchemia sinica* C. K. Schneid.

功效主治　根：用于哮喘。

濒危等级　中国特有植物，中国植物红色名录评估为无危（LC）。

迁地栽培保存

保存地点	种质份数	个体数量	引种方式	生长状况	来源地
CQ	1	a	采集	C	重庆
BJ	1	a	采集	G	安徽
GD	1	f	采集	G	待确定

种质库保存

保存地点	保存方式	种质份数	个体数量	引种方式	来源地
BJ	种子	3	a	采集	山西

光枝勾儿茶 *Berchemia polyphylla* var. *leioclada* Hand.-Mazz.

功效主治　全株：止咳，祛痰，平喘，安神，调经。用于咳嗽，癫狂。种子：用于痨病。

濒危等级　中国特有植物，中国植物红色名录评估为无危（LC）。

迁地栽培保存

保存地点	种质份数	个体数量	引种方式	生长状况	来源地
HN	2	a	赠送	C	海南
CQ	1	a	采集	B	重庆

种质库保存

保存地点	保存方式	种质份数	个体数量	引种方式	来源地
BJ	种子	8	b	采集	安徽、河北
HN	种子	1	b	采集	湖南

毛叶勾儿茶 *Berchemia polyphylla* var. *trichophylla* Hand.-Mazz.

濒危等级 中国特有植物，中国植物红色名录评估为无危（LC）。

种质库保存

保存地点	保存方式	种质份数	个体数量	引种方式	来源地
BJ	种子	6	b	采集	贵州

铁包金 *Berchemia lineata* (L.) DC.

功效主治 根（铁包金）：微苦、涩，平。固肾益气，化瘀止血，镇咳止痛。用于风毒流注，肺痨，消渴，胃痛，子痛，遗精，风湿关节痛，腰膝酸痛，跌打损伤，瘰疬，瘾疹，痈疽肿毒，风火牙痛。

濒危等级 中国植物红色名录评估为无危（LC）。

迁地栽培保存

保存地点	种质份数	个体数量	引种方式	生长状况	来源地
GD	1	f	采集	G	待确定
GZ	1	a	采集	C	贵州

种质库保存

保存地点	保存方式	种质份数	个体数量	引种方式	来源地
BJ	种子	6	a	采集	福建、广西

咀签属 *Gouania*

咀签 *Gouania leptostachya* DC.

功效主治 茎叶（下果藤）：涩、微苦，凉。清热解毒，凉血，舒筋活络。用于四肢麻木；外用于烫火伤，疮疡。

濒危等级 中国植物红色名录评估为无危（LC）。

迁地栽培保存

保存地点	种质份数	个体数量	引种方式	生长状况	来源地
YN	1	a	购买	C	云南
GX	*	f	采集	G	广西

种质库保存

保存地点	保存方式	种质份数	个体数量	引种方式	来源地
BJ	种子	3	b	采集	云南

毛咀签　*Gouania javanica* Miq.

功效主治　茎叶：微苦、涩，凉。清热解毒，收敛止血。用于烫火伤，外伤出血，湿疹，疮痈肿毒。

濒危等级　中国植物红色名录评估为无危（LC）。

迁地栽培保存

保存地点	种质份数	个体数量	引种方式	生长状况	来源地
HN	1	a	采集	C	海南

裸芽鼠李属　*Frangula*

欧鼠李　*Frangula alnus* Mill.

迁地栽培保存

保存地点	种质份数	个体数量	引种方式	生长状况	来源地
GX	*	f	采集	G	法国

马甲子属　*Paliurus*

滨枣　*Paliurus spina-christi* Mill.

迁地栽培保存

保存地点	种质份数	个体数量	引种方式	生长状况	来源地
GX	*	f	采集	G	英国

短柄铜钱树 *Paliurus orientalis*（Franch.）Hemsl.

濒危等级　中国特有植物，中国植物红色名录评估为无危（LC）。

种质库保存

保存地点	保存方式	种质份数	个体数量	引种方式	来源地
BJ	种子	1	a	采集	江西

马甲子 *Paliurus ramosissimus*（Lour.）Poir.

功效主治　根：苦，平。祛风湿，散瘀血，解毒。用于风湿，劳伤痹痛，无名肿毒，狂犬咬伤。

濒危等级　中国植物红色名录评估为无危（LC）。

迁地栽培保存

保存地点	种质份数	个体数量	引种方式	生长状况	来源地
CQ	1	a	采集	C	重庆
GD	1	f	采集	G	待确定

种质库保存

保存地点	保存方式	种质份数	个体数量	引种方式	来源地
BJ	种子	9	a	采集	四川、贵州、福建
HN	种子	1	a	采集	广东

铜钱树 *Paliurus hemsleyanus* Rehder

功效主治　根（金钱木根）：苦、涩，寒。祛风湿，止痹痛，解毒。用于劳伤乏力，跌打损伤，痢疾。

迁地栽培保存

保存地点	种质份数	个体数量	引种方式	生长状况	来源地
YN	1	b	购买	C	云南
JS1	1	a	购买	D	江苏
GX	*	f	采集	G	法国，中国江苏

种质库保存

保存地点	保存方式	种质份数	个体数量	引种方式	来源地
BJ	种子	6	a	采集	江西、山西

硬毛马甲子　*Paliurus hirsutus* Hemsl.

功效主治　全株：解毒消肿。

濒危等级　中国特有植物，中国植物红色名录评估为无危（LC）。

迁地栽培保存

保存地点	种质份数	个体数量	引种方式	生长状况	来源地
GX	*	f	采集	G	广西

麦珠子属　*Alphitonia*

麦珠子　*Alphitonia philippinensis* Braid

濒危等级　中国植物红色名录评估为无危（LC）。

迁地栽培保存

保存地点	种质份数	个体数量	引种方式	生长状况	来源地
HN	2	a	采集	C	海南

猫乳属　*Rhamnella*

苞叶木　*Rhamnella rubrinervis*（H. Lév.）Rehder

功效主治　全株（苞叶木）：淡，平。利胆退黄。用于黄疸，肝硬化腹水。

濒危等级　中国植物红色名录评估为无危（LC）。

迁地栽培保存

保存地点	种质份数	个体数量	引种方式	生长状况	来源地
GX	*	f	采集	G	广西

猫乳　*Rhamnella franguloides*（Maxim.）Weberb.

功效主治　全株或根：补气益精。用于劳伤乏力，疥疮，小儿脓疱疮。

濒危等级　中国植物红色名录评估为无危（LC）。

迁地栽培保存

保存地点	种质份数	个体数量	引种方式	生长状况	来源地
BJ	1	b	采集	C	湖北
JS1	1	b	采集	C	江苏
GX	*	f	采集	G	波兰

种质库保存

保存地点	保存方式	种质份数	个体数量	引种方式	来源地
BJ	种子	4	a	采集	山西

雀梅藤属　*Sageretia*

钩刺雀梅藤　*Sageretia hamosa*（Wall.）Brongn.

功效主治　果实：用于疮疾。根：用于风湿痹痛，跌打损伤。

迁地栽培保存

保存地点	种质份数	个体数量	引种方式	生长状况	来源地
GX	*	f	采集	G	广西

毛叶雀梅藤　*Sageretia thea* var. *tomentosa*（Schneid.）Y. L. Chen et P. K. Chou

濒危等级　中国植物红色名录评估为无危（LC）。

迁地栽培保存

保存地点	种质份数	个体数量	引种方式	生长状况	来源地
GX	*	f	采集	G	广西

雀梅藤 *Sageretia thea* (Osbeck) M. C. Johnst.

功效主治　根：甘、淡，平。行气化痰。用于咳嗽气喘，胃痛。茎叶：酸，凉。消肿解毒，止痛。外用于疮疡肿毒，烫火伤。

濒危等级　中国植物红色名录评估为无危（LC）。

迁地栽培保存

保存地点	种质份数	个体数量	引种方式	生长状况	来源地
GD	1	a	采集	D	待确定
JS1	1	a	购买	C	江苏
GX	*	f	采集	G	广东、广西

种质库保存

保存地点	保存方式	种质份数	个体数量	引种方式	来源地
BJ	种子	1	a	采集	待确定

纤细雀梅藤 *Sageretia gracilis* J. R. Drumm. & Sprague

功效主治　根：用于癥瘕积聚，瘰疬，水肿。

濒危等级　中国特有植物，中国植物红色名录评估为无危（LC）。

迁地栽培保存

保存地点	种质份数	个体数量	引种方式	生长状况	来源地
GX	*	f	采集	G	广西

皱叶雀梅藤 *Sageretia rugosa* Hance

功效主治　根：舒筋活络。用于风湿痹痛。

濒危等级　中国特有植物，中国植物红色名录评估为无危（LC）。

迁地栽培保存

保存地点	种质份数	个体数量	引种方式	生长状况	来源地
CQ	1	a	采集	F	重庆
GX	*	f	采集	G	广西

蛇藤属 *Colubrina*

蛇藤 *Colubrina asiatica* (L.) Brongn.

功效主治 根、叶：清热消肿。

濒危等级 中国植物红色名录评估为无危（LC）。

迁地栽培保存

保存地点	种质份数	个体数量	引种方式	生长状况	来源地
HN	1	a	采集	C	海南
GX	*	f	采集	G	广西

种质库保存

保存地点	保存方式	种质份数	个体数量	引种方式	来源地
BJ	种子	3	b	采集	云南、四川

鼠李属 *Rhamnus*

薄叶鼠李 *Rhamnus leptophylla* C. K. Schneid.

功效主治 根（绛梨木根）：苦，寒。消食，行水，祛瘀。用于食积饱胀，水肿，闭经。叶（绛梨木叶）：用于食积饱胀。果实（绛梨木子）：苦，寒。有毒。消食，行水，通便。用于食积饱胀，水肿，便秘。

濒危等级 中国特有植物，中国植物红色名录评估为无危（LC）。

迁地栽培保存

保存地点	种质份数	个体数量	引种方式	生长状况	来源地
YN	1	a	采集	C	云南
GZ	1	b	采集	C	贵州
CQ	1	a	采集	C	重庆

种质库保存

保存地点	保存方式	种质份数	个体数量	引种方式	来源地
BJ	种子	4	a	采集	重庆、贵州

长叶冻绿 *Rhamnus crenata* Siebold & Zucc.

功效主治　根（黎罗根）：苦、辛，平。有毒。清热利湿，杀虫止痒。外用于疥疮，顽癣，湿疹，脓疱疮。

濒危等级　中国植物红色名录评估为无危（LC）。

迁地栽培保存

保存地点	种质份数	个体数量	引种方式	生长状况	来源地
ZJ	1	c	购买	A	浙江
GX	*	f	采集	G	广西

种质库保存

保存地点	保存方式	种质份数	个体数量	引种方式	来源地
BJ	种子	6	b	采集	安徽

朝鲜鼠李 *Rhamnus koraiensis* C. K. Schneid.

功效主治　茎皮：清热通便。用于风痹，热毒肿痛，便秘。根：用于龋齿口疮，背疽肿毒。果实：清热利湿，止咳祛痰，解毒杀虫。用于水肿胀满，咳喘龋齿，瘰疬，痈疖，疥癣。

濒危等级　中国植物红色名录评估为近危（NT）。

迁地栽培保存

保存地点	种质份数	个体数量	引种方式	生长状况	来源地
GX	*	f	采集	G	法国

刺鼠李 *Rhamnus dumetorum* C. K. Schneid.

功效主治　果实（刺鼠李）：导泻。

濒危等级　中国特有植物，中国植物红色名录评估为无危（LC）。

种质库保存

保存地点	保存方式	种质份数	个体数量	引种方式	来源地
BJ	种子	1	a	采集	甘肃

冻绿 *Rhamnus utilis* Decne.

功效主治 茎皮（鹿蹄根）、根或根皮：苦，寒。清热凉血，解毒。用于疥疮，湿疹，瘀胀腹痛，跌打损伤。种子：用于食积腹胀。

濒危等级 中国植物红色名录评估为无危（LC）。

迁地栽培保存

保存地点	种质份数	个体数量	引种方式	生长状况	来源地
BJ	1	a	采集	G	浙江
CQ	1	a	采集	C	重庆
GZ	1	a	采集	C	贵州
SH	1	a	采集	A	待确定

种质库保存

保存地点	保存方式	种质份数	个体数量	引种方式	来源地
BJ	种子	8	b	采集	山西、安徽、江西、贵州
HN	种子	1	a	采集	湖南

冻绿（原变种） *Rhamnus utilis* Decne. var. *utilis*

濒危等级 中国植物红色名录评估为无危（LC）。

迁地栽培保存

保存地点	种质份数	个体数量	引种方式	生长状况	来源地
GX	*	f	采集	G	广西

海南鼠李 *Rhamnus hainanensis* Merr. et Chun

功效主治　根、果实：消气，顺气，活血，祛痰。

濒危等级　中国特有植物，中国植物红色名录评估为近危（NT）。

迁地栽培保存

保存地点	种质份数	个体数量	引种方式	生长状况	来源地
GX	*	f	采集	G	广西

种质库保存

保存地点	保存方式	种质份数	个体数量	引种方式	来源地
HN	种子	1	a	采集	海南

黄鼠李 *Rhamnus fulvotincta* F. P. Metcalf

功效主治　全株：解毒，祛风湿。用于乳蛾，风湿痹痛。

濒危等级　中国特有植物，中国植物红色名录评估为近危（NT）。

迁地栽培保存

保存地点	种质份数	个体数量	引种方式	生长状况	来源地
GX	*	f	采集	G	广西

金刚鼠李 *Rhamnus diamantiaca* Nakai

功效主治　茎皮：清热通便。果实：止咳，祛痰。

濒危等级　中国植物红色名录评估为无危（LC）。

迁地栽培保存

保存地点	种质份数	个体数量	引种方式	生长状况	来源地
GX	*	f	采集	G	法国

柳叶鼠李 *Rhamnus erythroxylum* Pall.

濒危等级 中国植物红色名录评估为无危（LC）。

迁地栽培保存

保存地点	种质份数	个体数量	引种方式	生长状况	来源地
GX	*	f	采集	G	法国

尼泊尔鼠李 *Rhamnus napalensis*（Wall.）Laws.

濒危等级 中国植物红色名录评估为无危（LC）。

迁地栽培保存

保存地点	种质份数	个体数量	引种方式	生长状况	来源地
GX	*	f	采集	G	广西

种质库保存

保存地点	保存方式	种质份数	个体数量	引种方式	来源地
HN	种子	1	b	采集	海南
BJ	种子	1	a	采集	云南

山绿柴 *Rhamnus brachypoda* C. Y. Wu ex Y. L. Chen

功效主治 根：外用于牙痛。

濒危等级 中国特有植物，中国植物红色名录评估为无危（LC）。

迁地栽培保存

保存地点	种质份数	个体数量	引种方式	生长状况	来源地
GX	*	f	采集	G	浙江

鼠李 *Rhamnus davurica* Pall.

功效主治 根（鼠李根）：有毒。用于龋齿，口疮，背疽肿毒。茎皮（鼠李皮）：苦，凉。有小毒。清热通便。用于风痹，热毒肿痛，便秘。果实（鼠李）：苦，凉。有小毒。清热利湿，止咳祛痰，解毒杀虫。用于水肿胀满，咳喘，龋齿，瘰疬，痈疖，疥癣。

迁地栽培保存

保存地点	种质份数	个体数量	引种方式	生长状况	来源地
LN	1	b	采集	C	辽宁

种质库保存

保存地点	保存方式	种质份数	个体数量	引种方式	来源地
BJ	种子	8	a	采集	山西

小叶鼠李　*Rhamnus parvifolia* Bunge

功效主治　果实：苦，凉。有小毒。清热泻下，消瘰疬。用于腹满便秘，疥癣，瘰疬。

濒危等级　中国植物红色名录评估为无危（LC）。

迁地栽培保存

保存地点	种质份数	个体数量	引种方式	生长状况	来源地
BJ	1	b	采集	G	北京

药鼠李　*Rhamnus cathartica* L.

功效主治　果实：用于慢性便秘。

迁地栽培保存

保存地点	种质份数	个体数量	引种方式	生长状况	来源地
GX	*	f	采集	G	荷兰

异叶鼠李　*Rhamnus heterophylla* Oliv.

功效主治　根、枝、叶：涩、微苦，凉。清热利湿，凉血，止血。用于痢疾，吐血，咯血，痔血，血崩，带下病，暑热烦渴。

濒危等级　中国特有植物，中国植物红色名录评估为无危（LC）。

迁地栽培保存

保存地点	种质份数	个体数量	引种方式	生长状况	来源地
CQ	1	a	采集	C	重庆

圆叶鼠李 *Rhamnus globosa* Bunge

功效主治　根皮（冻绿刺）、茎（冻绿刺）、叶（冻绿刺）：用于瘰疬，哮喘，绦虫病。

迁地栽培保存

保存地点	种质份数	个体数量	引种方式	生长状况	来源地
BJ	2	b	采集	G	北京、山东

翼核果属　*Ventilago*

海南翼核果 *Ventilago inaequilateralis* Merr. & Chun

功效主治　全株：用于蛇咬伤。

濒危等级　中国特有植物，中国植物红色名录评估为无危（LC）。

迁地栽培保存

保存地点	种质份数	个体数量	引种方式	生长状况	来源地
HN	1	a	采集	C	海南
GX	*	f	采集	G	海南

毛果翼核果 *Ventilago calyculata* Tul.

濒危等级　中国植物红色名录评估为无危（LC）。

迁地栽培保存

保存地点	种质份数	个体数量	引种方式	生长状况	来源地
GX	*	f	采集	G	广西

毛叶翼核果 *Ventilago leiocarpa* var. *pubescens* Y. L. Chen et P. K. Chou

濒危等级　中国特有植物，中国植物红色名录评估为无危（LC）。

迁地栽培保存

保存地点	种质份数	个体数量	引种方式	生长状况	来源地
GX	*	f	采集	G	中国

翼核果 *Ventilago leiocarpa* Benth.

功效主治 根：苦，温。养血祛风，舒筋活络。用于气血亏损，月经不调，风湿痹痛，四肢麻木，跌打损伤。

濒危等级 中国植物红色名录评估为无危（LC）。

迁地栽培保存

保存地点	种质份数	个体数量	引种方式	生长状况	来源地
HN	2	a	采集	C	海南
GD	1	f	采集	G	待确定
GX	*	f	采集	G	广东

种质库保存

保存地点	保存方式	种质份数	个体数量	引种方式	来源地
BJ	种子	1	a	采集	云南

枣属 *Ziziphus*

滇刺枣 *Ziziphus mauritiana* Lam.

功效主治 茎皮（滇刺枣）：涩、微苦，平。解毒生肌。用于烫火伤。

濒危等级 中国植物红色名录评估为无危（LC）。

种质库保存

保存地点	保存方式	种质份数	个体数量	引种方式	来源地
BJ	种子	6	a	采集	云南

毛果枣 *Ziziphus attopensis* Pierre

濒危等级 中国植物红色名录评估为无危（LC）。

种质库保存

保存地点	保存方式	种质份数	个体数量	引种方式	来源地
BJ	种子	1	a	采集	待确定

球枣 *Ziziphus laui* Merr.

濒危等级 中国植物红色名录评估为无危（LC）。

种质库保存

保存地点	保存方式	种质份数	个体数量	引种方式	来源地
BJ	种子	1	a	采集	待确定

酸枣 *Ziziphus jujuba* var. *spinosa*（Bunge）Hu ex H. F. Chow

功效主治 种子（酸枣仁）：甘、酸，平。补肝，宁心，敛汗，生津。用于虚烦不眠，惊悸怔忡，出虚汗，健忘。根皮（酸枣根皮）：涩，温。涩精止血。用于便血，肝阳上亢，头晕头痛，遗精，带下病，烫火伤。叶（棘叶）：用于臁疮。花（棘刺花）：苦，平。用于金疮，视物昏花。棘刺（棘针）：辛，寒。消肿，溃脓，止痛。用于痈肿有脓，心腹痛，尿血，喉痹。

濒危等级 中国植物红色名录评估为无危（LC）。

迁地栽培保存

保存地点	种质份数	个体数量	引种方式	生长状况	来源地
BJ	2	c	采集	G	北京、辽宁
SH	1	a	采集	A	待确定
LN	1	b	采集	C	辽宁
JS1	1	a	采集	D	江苏

种质库保存

保存地点	保存方式	种质份数	个体数量	引种方式	来源地
BJ	种子	79	b	采集	山西、四川、广西、江苏、河北、陕西、辽宁

小果枣 *Ziziphus oenopolia* (L.) Mill.

功效主治　根：用于口腔溃疡，肌痛，牛瘟。

濒危等级　中国植物红色名录评估为无危（LC）。

迁地栽培保存

保存地点	种质份数	个体数量	引种方式	生长状况	来源地
GX	*	f	采集	G	中国

印度枣 *Ziziphus incurva* Roxb.

功效主治　根：舒筋活络。用于跌打损伤。

濒危等级　中国植物红色名录评估为无危（LC）。

迁地栽培保存

保存地点	种质份数	个体数量	引种方式	生长状况	来源地
YN	1	a	采集	A	云南
GX	*	f	采集	G	广西

枣 *Ziziphus jujuba* Mill.

功效主治　果实（大枣）：甘，温。补中益气，养血安神。用于血虚气弱，脾胃虚弱，泄泻。根（枣树根）：甘，平。祛风，活血，调经。用于关节酸痛，胃痛，吐血，血崩，月经不调，风疹，丹毒，瘾疹。茎皮（枣树皮）：苦、涩，温。收敛，止泻，祛痰，镇咳，解毒，止血。用于痢疾，泄泻，崩漏，咳嗽，刀伤出血。叶（枣叶）：甘，温。用于小儿外感发热，疮疖。果核（枣核）：苦，平。用于臁疮，走马牙疳。

迁地栽培保存

保存地点	种质份数	个体数量	引种方式	生长状况	来源地
BJ	3	b	购买	G	北京、辽宁
GD	1	f	采集	G	待确定
JS2	1	c	购买	C	江苏
CQ	1	a	购买	C	重庆
GZ	1	a	采集	C	贵州

种质库保存

保存地点	保存方式	种质份数	个体数量	引种方式	来源地
BJ	种子	6	a	采集	湖北

无刺枣 *Ziziphus jujuba* var. *inermis*（Bunge）Rehder

功效主治 功效同枣。

濒危等级 中国特有植物，中国植物红色名录评估为无危（LC）。

迁地栽培保存

保存地点	种质份数	个体数量	引种方式	生长状况	来源地
JS1	1	a	购买	D	江苏
SH	1	a	采集	A	待确定
HB	1	a	采集	C	湖北
GX	*	f	采集	G	日本

枳椇属 *Hovenia*

北枳椇 *Hovenia dulcis* Thunb.

功效主治 种子（枳椇子）：甘，平。除烦止渴，解酒毒，利二便。用于醉酒，烦热，口渴，呕吐，二便不利。根：甘，温。行气活血。用于虚劳吐血，风湿筋骨痛。根皮或茎皮（枳椇木皮）：甘，温。活血舒筋。用于风湿麻木，食积，铁棒锤中毒。叶（枳椇叶）：健胃，补血，止呕。用于酒毒，铁棒锤中毒。树干中流出的液汁：甘，平。用于腋臭。果实：健胃，补血。

濒危等级 北京市二级保护植物、河北省重点保护植物，中国植物红色名录评估为无危（LC）。

迁地栽培保存

保存地点	种质份数	个体数量	引种方式	生长状况	来源地
BJ	1	a	购买	G	北京
SH	1	a	采集	A	待确定

狍龙江枳椇 *Hovenia acerba* var. *kiukiangensis*（Hu et Cheng）C. Y. Wu ex Y. L. Chen

濒危等级 中国特有植物，中国植物红色名录评估为无危（LC）。

迁地栽培保存

保存地点	种质份数	个体数量	引种方式	生长状况	来源地
YN	1	a	采集	C	云南

种质库保存

保存地点	保存方式	种质份数	个体数量	引种方式	来源地
BJ	种子	6	a	采集	云南

毛果枳椇　*Hovenia trichocarpa* Chun & Tsiang

功效主治　果实、根皮：清热利尿。用于热病烦渴，呃逆，呕吐，二便不利。

濒危等级　中国植物红色名录评估为无危（LC）。

迁地栽培保存

保存地点	种质份数	个体数量	引种方式	生长状况	来源地
GX	*	f	采集	G	上海

种质库保存

保存地点	保存方式	种质份数	个体数量	引种方式	来源地
BJ	种子	1	a	采集	江西

枳椇　*Hovenia acerba* Lindl.

功效主治　种子（枳椇子）：功效同北枳椇。果序：用于风湿痛。

濒危等级　中国植物红色名录评估为无危（LC）。

迁地栽培保存

保存地点	种质份数	个体数量	引种方式	生长状况	来源地
YN	1	a	采集	D	云南
SH	1	a	采集	A	待确定
JS2	1	c	购买	E	安徽
JS1	1	a	采集	C	江苏

续表

保存地点	种质份数	个体数量	引种方式	生长状况	来源地
HB	1	a	采集	C	待确定
ZJ	1	c	购买	B	浙江
GZ	1	a	采集	C	贵州
GD	1	f	采集	G	待确定
CQ	1	a	采集	C	重庆

种质库保存

保存地点	保存方式	种质份数	个体数量	引种方式	来源地
BJ	种子	58	b	采集	江西、山西、河北、四川、湖北、福建、贵州

薯蓣科　Dioscoreaceae

蒟蒻薯属　*Tacca*

箭根薯　*Tacca chantrieri* André

功效主治　根茎：辛、苦，凉。有小毒。清热解毒，理气止痛。用于泄泻，痢疾，消化不良，肝毒，胃痛，时行感冒，咽喉肿痛，乳蛾，风热咳嗽，疟疾；外用于疮痈肿毒，烫火伤，乳痈。

濒危等级　中国植物红色名录评估为近危（NT）。

迁地栽培保存

保存地点	种质份数	个体数量	引种方式	生长状况	来源地
HN	1	a	采集	B	海南
CQ	1	a	赠送	C	云南
BJ	1	a	采集	G	待确定

种质库保存

保存地点	保存方式	种质份数	个体数量	引种方式	来源地
BJ	种子	6	b	采集	云南

蒟蒻薯　*Tacca leontopetaloides*（L.）Kuntze

功效主治　根：解热。根茎：用于痢疾。

濒危等级　中国植物红色名录评估为无危（LC）。

迁地栽培保存

保存地点	种质份数	个体数量	引种方式	生长状况	来源地
GX	*	f	采集	G	广西

种质库保存

保存地点	保存方式	种质份数	个体数量	引种方式	来源地
HN	种子	1	b	采集	海南

丝须蒟蒻薯　*Tacca integrifolia* Ker-Gawl.

濒危等级　中国植物红色名录评估为无危（LC）。

迁地栽培保存

保存地点	种质份数	个体数量	引种方式	生长状况	来源地
BJ	1	a	采集	G	待确定

裂果薯属　*Schizocapsa*

裂果薯　*Schizocapsa plantaginea* Hance

功效主治　根茎：苦，寒。有毒。清热解毒，散瘀消肿，理气止痛，截疟。用于慢性胃脘胀痛，咽喉痛，风热咳喘，乳蛾，疟腮，牙痛，肝硬化腹水；外用于跌打损伤，疮疡肿毒，毒蛇咬伤。叶：用于无名肿毒。

迁地栽培保存

保存地点	种质份数	个体数量	引种方式	生长状况	来源地
GX	2	f	采集	G	广西
GZ	1	b	采集	C	贵州
BJ	1	a	采集	G	广西
YN	1	a	采集	C	云南

薯蓣属　*Dioscorea*

白薯莨　*Dioscorea hispida* Dennst.

功效主治　块茎（白薯莨）：苦，寒。有毒。散瘀消肿，解毒。用于痈疽肿毒，花柳病，跌打损伤。

濒危等级　中国植物红色名录评估为近危（NT）。

迁地栽培保存

保存地点	种质份数	个体数量	引种方式	生长状况	来源地
HN	2	a	赠送	C	海南
GX	*	f	采集	G	广西

参薯　*Dioscorea alata* L.

功效主治　块茎（毛薯）：甘，平。补脾肺，涩精气，消肿止痛，收敛生肌。用于疮疡。

迁地栽培保存

保存地点	种质份数	个体数量	引种方式	生长状况	来源地
BJ	1	b	采集	G	广东
HN	1	a	采集	C	海南

种质库保存

保存地点	保存方式	种质份数	个体数量	引种方式	来源地
BJ	种子	1	a	采集	甘肃

叉蕊薯蓣 *Dioscorea collettii* HK. f.

功效主治　根茎（叉蕊薯蓣）：苦、微辛，平。祛风除湿，止痒，止痛。用于风湿关节痛，疥癣，腰腿酸痛，小便浑浊，带下病，毒蛇咬伤，跌打损伤。

濒危等级　中国植物红色名录评估为无危（LC）。

迁地栽培保存

保存地点	种质份数	个体数量	引种方式	生长状况	来源地
GX	*	f	采集	G	广西

柴黄姜　*Dioscorea nipponica* Makino subsp. *rosthornii*（Prain & Burkill）C. T. Ting

濒危等级　中国特有植物，中国植物红色名录评估为无危（LC）。

种质库保存

保存地点	保存方式	种质份数	个体数量	引种方式	来源地
BJ	种子	1	a	采集	新疆

穿龙薯蓣　*Dioscorea nipponica* Makino

功效主治　根茎（穿山龙）：甘、苦，温。祛风除湿，舒筋活血，止咳平喘，止痛。用于风湿关节痛，腰腿酸痛，麻木，大骨节病，跌打损伤，咳嗽痰喘。

濒危等级　国家重点保护野生植物名录（第二批）二级，中国植物红色名录评估为无危（LC）。

迁地栽培保存

保存地点	种质份数	个体数量	引种方式	生长状况	来源地
BJ	5	b	采集	B	辽宁、山东、陕西、黑龙江、河北
LN	2	c	采集	A	辽宁
JS1	1	a	采集	C	江苏
HLJ	1	d	采集	A	黑龙江
HEN	1	a	采集	A	河南
HB	1	a	采集	C	待确定

续表

保存地点	种质份数	个体数量	引种方式	生长状况	来源地
XJ	1	a	赠送	C	北京
SH	1	b	采集	A	待确定
GX	*	f	采集	G	云南

种质库保存

保存地点	保存方式	种质份数	个体数量	引种方式	来源地
BJ	种子	18	c	采集	河北、辽宁、吉林、山西、安徽、内蒙古

盾叶薯蓣 *Dioscorea zingiberensis* C. H. Wright

功效主治 根茎（枕头根）：甘、苦，凉。消肿解毒。用于痈疖肿毒，软组织损伤，蜂螫虫咬。

濒危等级 中国特有植物，国家重点保护野生植物名录（第二批）二级，中国植物红色名录评估为无危（LC）。

迁地栽培保存

保存地点	种质份数	个体数量	引种方式	生长状况	来源地
BJ	2	b	采集	G	山东、湖北
HEN	1	a	赠送	A	河南
CQ	1	a	采集	C	重庆
JS1	1	a	购买	D	江苏
HB	1	b	采集	C	湖北
GX	*	f	采集	G	湖北

粉背薯蓣 *Dioscorea collettii* Hook. f. var. *hypoglauca* (Palibin) Pei & C. T. Ting

濒危等级 中国特有植物，中国植物红色名录评估为无危（LC）。

种质库保存

保存地点	保存方式	种质份数	个体数量	引种方式	来源地
BJ	种子	1	a	采集	安徽

福州薯蓣 *Dioscorea futschauensis* Uline ex R. Knuth

功效主治　根茎（绵萆薢）：苦，平。利湿祛浊，祛风通痹。用于淋证，小便浑浊，带下病，湿热疮毒，腰膝酸痛。

濒危等级　中国特有植物，中国植物红色名录评估为近危（NT）。

迁地栽培保存

保存地点	种质份数	个体数量	引种方式	生长状况	来源地
GX	*	f	采集	G	广东

甘薯　*Dioscorea esculenta*（Lour.）Burkill

功效主治　块茎：补虚乏，益气力，健脾胃，强肾阴。

迁地栽培保存

保存地点	种质份数	个体数量	引种方式	生长状况	来源地
HN	2	a	采集	C	待确定

光叶薯蓣　*Dioscorea glabra* Roxb.

功效主治　块茎（红山药）：涩、微辛，平。利水，解毒消肿，健胃，通经活络，止血，止痢。用于崩漏，月经不调，腰肌劳损，外伤出血。

濒危等级　中国植物红色名录评估为易危（VU）。

迁地栽培保存

保存地点	种质份数	个体数量	引种方式	生长状况	来源地
HN	2	a	采集	C	海南
GX	*	f	采集	G	广西

种质库保存

保存地点	保存方式	种质份数	个体数量	引种方式	来源地
BJ	种子	1	a	采集	山西

褐苞薯蓣 *Dioscorea persimilis* Prain & Burkill

功效主治　块茎（山药）：甘，平。补脾肺，涩精气。

濒危等级　中国植物红色名录评估为濒危（EN）。

迁地栽培保存

保存地点	种质份数	个体数量	引种方式	生长状况	来源地
HN	1	a	采集	C	海南
BJ	1	a	购买	G	北京

黄独　*Dioscorea bulbifera* L.

功效主治　块茎（黄药子）：苦，平。有小毒。消肿解毒，化痰散结，凉血止血。用于瘿瘤，咳嗽痰喘，咯血，吐血，瘰疬，疮疡肿毒，毒蛇咬伤。

濒危等级　中国植物红色名录评估为无危（LC）。

迁地栽培保存

保存地点	种质份数	个体数量	引种方式	生长状况	来源地
BJ	4	b	采集	G	浙江、湖北、四川、贵州
HN	1	a	采集	C	海南
YN	1	a	购买	C	云南
SC	1	f	待确定	G	四川
GZ	1	b	采集	C	贵州
GD	1	f	采集	G	待确定
CQ	1	a	采集	B	重庆
SH	1	a	采集	A	待确定

种质库保存

保存地点	保存方式	种质份数	个体数量	引种方式	来源地
BJ	种子	1	a	采集	待确定

黄山药　*Dioscorea panthaica* Prain & Burkill

功效主治　根茎（滇白药子）：苦、辛，平。祛风除湿，消肿止痛，解毒。用于胃痛，跌打损伤，瘰疬。

濒危等级　中国植物红色名录评估为濒危（EN）。

迁地栽培保存

保存地点	种质份数	个体数量	引种方式	生长状况	来源地
BJ	1	b	采集	G	四川

菊叶薯蓣　*Dioscorea composita* Hemsl.

迁地栽培保存

保存地点	种质份数	个体数量	引种方式	生长状况	来源地
YN	1	a	采集	C	云南

柳叶薯蓣　*Dioscorea linearicordata* Prain & Burkill

濒危等级　中国特有植物，中国植物红色名录评估为濒危（EN）。

迁地栽培保存

保存地点	种质份数	个体数量	引种方式	生长状况	来源地
GX	*	f	采集	G	广西

毛胶薯蓣　*Dioscorea subcalva* Prain & Burkill

功效主治　块茎（粘山药）：甘，平。健脾祛湿，补肺益肾。用于脾虚泄泻，消渴，跌打损伤。

濒危等级　中国特有植物，中国植物红色名录评估为濒危（EN）。

种质库保存

保存地点	保存方式	种质份数	个体数量	引种方式	来源地
BJ	种子	1	a	采集	云南

七叶薯蓣　*Dioscorea esquirolii* Prain & Burkill

功效主治　块茎：辛、苦，凉。消肿止痛。用于跌打损伤，产后腹痛，痛经，肺痨咳嗽。

濒危等级　中国特有植物，中国植物红色名录评估为极危（CR）。

种质库保存

保存地点	保存方式	种质份数	个体数量	引种方式	来源地
BJ	种子	1	a	采集	吉林

三角叶薯蓣 *Dioscorea deltoidea* Wall.

功效主治　根茎（三角叶薯蓣）：苦，寒。祛风除湿。用于关节痛，心悸，胃痛，惊厥。

濒危等级　CITES 附录Ⅱ物种，中国植物红色名录评估为极危（CR）。

迁地栽培保存

保存地点	种质份数	个体数量	引种方式	生长状况	来源地
GX	*	f	采集	G	美国

种质库保存

保存地点	保存方式	种质份数	个体数量	引种方式	来源地
BJ	种子	3	a	采集	四川

山萆薢 *Dioscorea tokoro* Makino

功效主治　根茎（山萆薢）：舒筋活血，祛风利湿。用于风湿痹痛，腰膝酸痛，淋浊，带下病。

濒危等级　中国植物红色名录评估为无危（LC）。

迁地栽培保存

保存地点	种质份数	个体数量	引种方式	生长状况	来源地
GX	2	f	采集	G	日本

山葛薯 *Dioscorea chingii* Prain & Burkill

功效主治　根茎：消肿，止痛，用于跌打损伤。

濒危等级　中国植物红色名录评估为濒危（EN）。

迁地栽培保存

保存地点	种质份数	个体数量	引种方式	生长状况	来源地
GX	*	f	采集	G	广西

山薯 *Dioscorea fordii* Prain & Burkill

功效主治 块茎：甘，平。补肺益肾，健脾益精。

濒危等级 中国特有植物，中国植物红色名录评估为无危（LC）。

迁地栽培保存

保存地点	种质份数	个体数量	引种方式	生长状况	来源地
GX	*	f	采集	G	广西

种质库保存

保存地点	保存方式	种质份数	个体数量	引种方式	来源地
HN	种子	1	b	采集	海南

蜀葵叶薯蓣 *Dioscorea althaeoides* R. Knuth

功效主治 根茎（蜀葵叶薯蓣）：辛，温。舒筋活络，祛风除湿。用于风湿麻木，跌打损伤，积食饱胀，消化不良。

濒危等级 中国植物红色名录评估为易危（VU）。

迁地栽培保存

保存地点	种质份数	个体数量	引种方式	生长状况	来源地
GX	*	f	采集	G	北京

薯莨 *Dioscorea cirrhosa* Lour.

功效主治 块茎（薯莨）：微苦、涩，凉。止血，活血，养血。用于崩漏，产后出血，咯血，尿血，上消化道出血，贫血，月经不调。

濒危等级 中国植物红色名录评估为无危（LC）。

迁地栽培保存

保存地点	种质份数	个体数量	引种方式	生长状况	来源地
GX	2	f	采集	G	广西
BJ	1	b	采集	B	广西

续表

保存地点	种质份数	个体数量	引种方式	生长状况	来源地
YN	1	a	采集	C	云南
HEN	1	a	赠送	B	河南
CQ	1	a	采集	C	重庆

种质库保存

保存地点	保存方式	种质份数	个体数量	引种方式	来源地
BJ	种子	1	a	采集	待确定

薯蓣 *Dioscorea opposita* Thunb.

功效主治 块茎（山药）：甘，平。补脾养胃，生津益肺，补肾涩精。用于脾虚食少，久泻不止，肺虚咳喘，肾虚遗精，带下病，尿频，虚热消渴。

濒危等级 中国植物红色名录评估为无危（LC）。

迁地栽培保存

保存地点	种质份数	个体数量	引种方式	生长状况	来源地
BJ	4	b	采集	A	四川、河南
FJ	3	c	购买	A	福建
JS2	2	d	购买	C	江苏、河南
SH	1	b	采集	A	待确定
YN	1	a	采集	C	云南
CQ	1	a	采集	B	重庆
LN	1	c	采集	B	辽宁
HB	1	a	采集	C	湖北
GD	1	f	采集	G	待确定
JS1	1	a	购买	D	江苏
GX	*	f	采集	G	法国

种质库保存

保存地点	保存方式	种质份数	个体数量	引种方式	来源地
BJ	种子	3	b	采集	江西、四川
HN	种子	1	a	采集	海南

日本薯蓣　*Dioscorea japonica* Thunb.

功效主治　块茎（风车儿）：甘，平。补脾养胃，生津益肺，补肾涩精。用于脾虚食少，久泻不止，肺虚咳喘，肾虚遗精，带下病，尿频，虚热消渴。

濒危等级　中国植物红色名录评估为无危（LC）。

迁地栽培保存

保存地点	种质份数	个体数量	引种方式	生长状况	来源地
GX	2	f	采集	G	日本
BJ	1	b	采集	B	四川
JS1	1	a	采集	D	江苏
CQ	1	a	采集	C	重庆
GD	1	f	采集	G	待确定

种质库保存

保存地点	保存方式	种质份数	个体数量	引种方式	来源地
BJ	种子	5	b	采集	四川、重庆、山西、江西

五叶薯蓣　*Dioscorea pentaphylla* L.

功效主治　块茎：补肾壮阳。用于肾虚，瘰疬，腹痛，痈肿疮毒。

濒危等级　中国植物红色名录评估为无危（LC）。

迁地栽培保存

保存地点	种质份数	个体数量	引种方式	生长状况	来源地
GX	*	f	采集	G	广西

细柄薯蓣 *Dioscorea tenuipes* Franch. & Sav.

功效主治 根茎：苦，温。舒筋活血，祛风止痛。用于风湿关节痛，腰腿疼痛，跌打损伤，咳嗽气喘，大骨节病。

濒危等级 中国植物红色名录评估为易危（VU）。

种质库保存

保存地点	保存方式	种质份数	个体数量	引种方式	来源地
BJ	种子	1	a	采集	江西

水鳖科　Hydrocharitaceae

黑藻属　*Hydrilla*

黑藻 *Hydrilla verticillata*（L. f.）Royle

功效主治 全草（水王孙）：清热解毒，利尿祛湿。用于疮疡肿毒。

迁地栽培保存

保存地点	种质份数	个体数量	引种方式	生长状况	来源地
GX	*	f	采集	G	广西

苦草属　*Vallisneria*

欧亚苦草 *Vallisneria spiralis* L.

迁地栽培保存

保存地点	种质份数	个体数量	引种方式	生长状况	来源地
GX	*	f	采集	G	广西

水鳖属　*Hydrocharis*

水鳖　*Hydrocharis dubia* (Bl.) Backer

功效主治　全草（马尿花）：苦、微咸，凉。用于带下病。

濒危等级　中国植物红色名录评估为无危（LC）。

迁地栽培保存

保存地点	种质份数	个体数量	引种方式	生长状况	来源地
BJ	1	c	交换	G	北京
GX	*	f	采集	G	山东

水车前属　*Ottelia*

海菜花　*Ottelia acuminata* (Gagnep.) Dandy

功效主治　根及叶：清热解毒，软坚散结。用于瘰疬。

濒危等级　中国特有植物，中国植物红色名录评估为易危（VU）。

迁地栽培保存

保存地点	种质份数	个体数量	引种方式	生长状况	来源地
GX	2	f	采集	G	广西，待确定

靖西海菜花　*Ottelia acuminata* (Gagnep.) Dandy var. *jingxiensis* H. Q. Wang & S. C. Sun

迁地栽培保存

保存地点	种质份数	个体数量	引种方式	生长状况	来源地
GX	*	f	采集	G	广西

龙舌草　*Ottelia alismoides* (L.) Pers.

功效主治　全草（龙舌草）：甘、淡，凉。清热化痰，解毒利尿。用于肺热咳嗽，肺痈，咯血，哮喘，水肿，小便不利；外用于痈肿，烫火伤。

濒危等级 浙江省重点保护植物，中国植物红色名录评估为易危（VU）。

迁地栽培保存

保存地点	种质份数	个体数量	引种方式	生长状况	来源地
BJ	1	c	采集	G	湖北

水蕴草属 *Elodea*

水蕴草 *Elodea densa*（Planchon）Caspary

迁地栽培保存

保存地点	种质份数	个体数量	引种方式	生长状况	来源地
GX	*	f	采集	G	广西

水麦冬科 Juncaginaceae

水麦冬属 *Triglochin*

海韭菜 *Triglochin maritima* L.

濒危等级 中国植物红色名录评估为无危（LC）。

迁地栽培保存

保存地点	种质份数	个体数量	引种方式	生长状况	来源地
GX	*	f	采集	G	德国

水玉簪科　Burmanniaceae

水玉簪属　*Burmannia*

水玉簪　*Burmannia disticha* L.

功效主治　全草：用于水肿。

濒危等级　中国植物红色名录评估为无危（LC）。

迁地栽培保存

保存地点	种质份数	个体数量	引种方式	生长状况	来源地
GX	*	f	采集	G	广西

睡菜科　Menyanthaceae

睡菜属　*Menyanthes*

睡菜　*Menyanthes trifoliata* L.

功效主治　全草或叶：甘、微苦，寒。健脾消食，养心安神。用于胃痛，消化不良，心悸失眠，心神不安。

迁地栽培保存

保存地点	种质份数	个体数量	引种方式	生长状况	来源地
SH	1	b	采集	A	待确定
GX	*	f	采集	G	浙江

荇菜属　*Nymphoides*

水皮莲　*Nymphoides cristata*（Roxb.）Kuntze

濒危等级　中国植物红色名录评估为无危（LC）。

迁地栽培保存

保存地点	种质份数	个体数量	引种方式	生长状况	来源地
GX	*	f	采集	G	云南

荇菜　*Nymphoides peltata*（Gmel.）Kuntze

功效主治　全草（荇菜）：甘，寒。清热，利尿，消肿，解毒。用于恶寒发热，热淋，痈肿，丹毒。

濒危等级　中国植物红色名录评估为无危（LC）。

迁地栽培保存

保存地点	种质份数	个体数量	引种方式	生长状况	来源地
CQ	2	a	购买	C	重庆
JS1	1	a	采集	D	江苏
GX	*	f	采集	G	浙江

睡莲科　Nymphaeaceae

萍蓬草属　*Nuphar*

欧亚萍蓬草　*Nuphar luteum* Sibth. & Sm.

功效主治　根茎：用作收敛药、缓和药。花：用作壮阳药。

迁地栽培保存

保存地点	种质份数	个体数量	引种方式	生长状况	来源地
GX	*	f	采集	G	法国

萍蓬草 *Nuphar pumila* (Timm) DC.

功效主治 根茎：甘、微苦，凉。滋补，清热。用于劳伤虚损。

濒危等级 国家重点保护野生植物名录（第一批）二级，中国植物红色名录评估为易危（VU）。

迁地栽培保存

保存地点	种质份数	个体数量	引种方式	生长状况	来源地
BJ	1	b	采集	G	北京
GX	*	f	采集	G	广西

芡属 *Euryale*

芡 *Euryale ferox* Salisb. ex DC.

功效主治 种仁（芡实）：甘、涩，平。益肾固精，补脾止泻，祛湿止带。用于梦遗，滑精，遗尿，尿频，脾虚久泻，白浊，带下病。

濒危等级 浙江省重点保护植物、河北省重点保护植物、北京市二级保护植物，中国植物红色名录评估为无危（LC）。

迁地栽培保存

保存地点	种质份数	个体数量	引种方式	生长状况	来源地
BJ	1	a	采集	G	云南
JS1	1	a	采集	D	江苏
JS2	1	b	购买	C	江苏
GX	*	f	采集	G	广东

种质库保存

保存地点	保存方式	种质份数	个体数量	引种方式	来源地
BJ	种子	24	a	采集	江苏

睡莲属 *Nymphaea*

白睡莲 *Nymphaea alba* L.

功效主治 根茎：止泻。花：用于痔疮。

迁地栽培保存

保存地点	种质份数	个体数量	引种方式	生长状况	来源地
BJ	1	b	购买	G	北京
GX	*	f	采集	G	云南

红睡莲 *Nymphaea alba* var. *rubra* Lönnr.

迁地栽培保存

保存地点	种质份数	个体数量	引种方式	生长状况	来源地
BJ	1	b	购买	G	北京
GX	*	f	采集	G	广西

黄睡莲 *Nymphaea mexicana* Zucc.

迁地栽培保存

保存地点	种质份数	个体数量	引种方式	生长状况	来源地
BJ	1	b	购买	G	北京
GX	*	f	采集	G	广西

柔毛齿叶睡莲 *Nymphaea pubescens* Willd.

迁地栽培保存

保存地点	种质份数	个体数量	引种方式	生长状况	来源地
GX	*	f	采集	G	广西

睡莲 *Nymphaea tetragona* Georgi

功效主治　根茎：消暑，强壮，收敛。用于水肿，腰痛。花：用于小儿惊风。

迁地栽培保存

保存地点	种质份数	个体数量	引种方式	生长状况	来源地
BJ	1	b	采集	G	北京
CQ	1	a	购买	C	重庆
GD	1	f	采集	G	待确定
HN	1	a	采集	C	海南
JS1	1	b	购买	C	江苏
SH	1	b	采集	A	待确定

雪白睡莲 *Nymphaea candida* C. Presl

功效主治　根茎、花：强壮，收敛。

濒危等级　国家重点保护野生植物名录（第一批）二级，中国植物红色名录评估为濒危（EN）。

迁地栽培保存

保存地点	种质份数	个体数量	引种方式	生长状况	来源地
GX	*	f	采集	G	湖北

丝缨花科　Garryaceae

桃叶珊瑚属　*Aucuba*

长叶珊瑚　*Aucuba himalaica* var. *dolichophylla* Fang et Soong

功效主治　果实：用于风湿关节痛，跌打损伤。

濒危等级　中国特有植物，中国植物红色名录评估为无危（LC）。

迁地栽培保存

保存地点	种质份数	个体数量	引种方式	生长状况	来源地
CQ	1	a	采集	B	重庆
GX	*	f	采集	G	重庆

倒披针叶珊瑚 *Aucuba himalaica* var. *oblanceolata* Fang et Soong

濒危等级 中国特有植物，中国植物红色名录评估为无危（LC）。

迁地栽培保存

保存地点	种质份数	个体数量	引种方式	生长状况	来源地
CQ	1	a	采集	C	重庆

倒心叶珊瑚 *Aucuba obcordata* (Rehder) Fu ex W. K. Hu & T. P. Soong

功效主治 叶：用于烫火伤，跌打损伤。

濒危等级 中国特有植物，中国植物红色名录评估为无危（LC）。

迁地栽培保存

保存地点	种质份数	个体数量	引种方式	生长状况	来源地
CQ	1	a	采集	C	重庆

花叶青木 *Aucuba japonica* var. *variegata* Dombrain

迁地栽培保存

保存地点	种质份数	个体数量	引种方式	生长状况	来源地
CQ	1	b	购买	C	重庆
GZ	1	b	采集	C	贵州
SH	1	b	采集	A	待确定

密毛桃叶珊瑚 *Aucuba himalaica* var. *pilossima* W. P. Fang & T. P. Soong

濒危等级　中国特有植物，中国植物红色名录评估为无危（LC）。

迁地栽培保存

保存地点	种质份数	个体数量	引种方式	生长状况	来源地
GX	*	f	采集	G	湖北

青木　*Aucuba japonica* Thunb.

功效主治　根、叶：祛风除湿，活血化瘀。用于跌打损伤，骨折，风湿痹痛，烫火伤，痔疮。

濒危等级　中国植物红色名录评估为无危（LC）。

迁地栽培保存

保存地点	种质份数	个体数量	引种方式	生长状况	来源地
GX	*	f	采集	G	法国

桃叶珊瑚　*Aucuba chinensis* Benth.

功效主治　叶、果实：清热解毒，凉血。用于烫火伤，痔疮。

濒危等级　中国植物红色名录评估为无危（LC）。

迁地栽培保存

保存地点	种质份数	个体数量	引种方式	生长状况	来源地
HB	2	a	采集	C	湖北
SC	1	f	待确定	G	四川
CQ	1	a	采集	B	重庆
GX	*	f	采集	G	广西

喜马拉雅珊瑚　*Aucuba himalaica* Hook. f. & Thomson

功效主治　根：辛、苦，温。祛风除湿，舒筋活络。用于风湿骨痛，跌打损伤。

濒危等级　中国植物红色名录评估为无危（LC）。

迁地栽培保存

保存地点	种质份数	个体数量	引种方式	生长状况	来源地
CQ	1	a	采集	B	重庆
GX	*	f	采集	G	重庆

狭叶桃叶珊瑚 *Aucuba chinensis* var. *angusta* F. T. Wang

濒危等级 中国特有植物，中国植物红色名录评估为无危（LC）。

迁地栽培保存

保存地点	种质份数	个体数量	引种方式	生长状况	来源地
GZ	1	a	采集	C	贵州

纤尾桃叶珊瑚 *Aucuba filicauda* Chun & F. C. How

濒危等级 中国特有植物，中国植物红色名录评估为无危（LC）。

迁地栽培保存

保存地点	种质份数	个体数量	引种方式	生长状况	来源地
GX	*	f	采集	G	广西

四数木科　Tetramelaceae

四数木属　*Tetrameles*

四数木 *Tetrameles nudiflora* R. Br.

濒危等级 国家重点保护野生植物名录（第一批）二级，中国植物红色名录评估为易危（VU）。

迁地栽培保存

保存地点	种质份数	个体数量	引种方式	生长状况	来源地
YN	1	a	采集	C	云南

粟米草科　Molluginaceae

粟米草属　*Mollugo*

粟米草　*Mollugo stricta* L.

功效主治　全草：淡、微涩，平。清热解毒。用于腹痛泄泻，皮肤热疹，目赤。

迁地栽培保存

保存地点	种质份数	个体数量	引种方式	生长状况	来源地
SH	1	b	采集	A	待确定
ZJ	1	e	采集	A	福建
CQ	1	c	采集	B	重庆
GX	*	f	采集	G	山东

种质库保存

保存地点	保存方式	种质份数	个体数量	引种方式	来源地
HN	种子	1	c	采集	湖南
BJ	种子	6	b	采集	山西、广西

无茎粟米草　*Mollugo nudicaulis* Lam.

功效主治　叶、根：用于疟疾，狂症。

濒危等级　中国植物红色名录评估为无危（LC）。

迁地栽培保存

保存地点	种质份数	个体数量	引种方式	生长状况	来源地
HN	1	b	采集	B	海南

种质库保存

保存地点	保存方式	种质份数	个体数量	引种方式	来源地
BJ	种子	1	a	采集	待确定

种棱粟米草 *Mollugo verticillata* L.

功效主治 叶、花、枝：用于小儿慢性腹泻。

濒危等级 中国植物红色名录评估为无危（LC）。

迁地栽培保存

保存地点	种质份数	个体数量	引种方式	生长状况	来源地
BJ	1	b	采集	G	山东

种质库保存

保存地点	保存方式	种质份数	个体数量	引种方式	来源地
BJ	种子	3	a	采集	待确定

星粟草属 *Glinus*

长梗星粟草 *Glinus oppositifolius*（L.）Aug. DC.

功效主治 全草：淡，平。清热解毒，利湿。

迁地栽培保存

保存地点	种质份数	个体数量	引种方式	生长状况	来源地
HN	1	b	采集	B	海南

种质库保存

保存地点	保存方式	种质份数	个体数量	引种方式	来源地
BJ	种子	1	a	采集	待确定

星粟草 *Glinus lotoides* L.

功效主治 全草：清热解毒，利湿消肿，除烦。用于夏日伤暑，头昏脑涨，心烦口渴，神志不清，腹痛，泄泻，感冒咳嗽，皮肤风疹，湿疹瘙痒；外用于目赤红肿，痈疽疮疖，无名肿毒。茎叶：解毒。用于食积；外用于肿痛。

濒危等级 中国植物红色名录评估为无危（LC）。

迁地栽培保存

保存地点	种质份数	个体数量	引种方式	生长状况	来源地
HN	1	b	采集	B	海南

锁阳科　Cynomoriaceae

锁阳属　*Cynomorium*

锁阳　*Cynomorium songaricum* Rupr.

功效主治　肉质茎（锁阳）：甘，温。补肝肾，益精血，润肠通便。用于阳痿，滑精，腰腿酸痛，肠燥便秘。

濒危等级　青海省重点保护植物、内蒙古自治区重点保护植物、新疆维吾尔自治区一级保护植物，中国植物红色名录评估为易危（VU）。

迁地栽培保存

保存地点	种质份数	个体数量	引种方式	生长状况	来源地
BJ	1	a	采集	G	新疆

檀香科　Santalaceae

百蕊草属　*Thesium*

百蕊草　*Thesium chinense* Turcz.

功效主治　全草：清风散热，解痉。

迁地栽培保存

保存地点	种质份数	个体数量	引种方式	生长状况	来源地
BJ	2	b	采集	G	安徽、湖北
HEN	1	b	采集	B	河南

种质库保存

保存地点	保存方式	种质份数	个体数量	引种方式	来源地
BJ	种子	2	a	采集	甘肃、福建

华北百蕊草　*Thesium cathaicum* Hendrych

濒危等级　中国特有植物，中国植物红色名录评估为无危（LC）。

迁地栽培保存

保存地点	种质份数	个体数量	引种方式	生长状况	来源地
BJ	1	b	采集	G	河北

槲寄生属　*Viscum*

扁枝槲寄生　*Viscum articulatum* Burm. f.

功效主治　全株：微苦，平。祛风利湿，舒筋活血，止血。用于风湿关节痛，腰酸痛，劳伤咳嗽，痢疾，产后血气痛，鼻衄，小便淋痛。

濒危等级　中国植物红色名录评估为无危（LC）。

迁地栽培保存

保存地点	种质份数	个体数量	引种方式	生长状况	来源地
HN	1	a	采集	C	海南

东方槲寄生　*Viscum cruciatum* Sieber ex Boiss.

功效主治　用于耳痛。

迁地栽培保存

保存地点	种质份数	个体数量	引种方式	生长状况	来源地
GX	*	f	采集	G	广西

槲寄生 *Viscum coloratum*（Kom.）Nakai

种质库保存

保存地点	保存方式	种质份数	个体数量	引种方式	来源地
BJ	种子	1	a	采集	甘肃

瘤果槲寄生 *Viscum ovalifolium* DC.

功效主治　全株：祛风，止咳，化痰，清热解毒。用于风湿脚肿，咳嗽，麻疹，痢疾，疳积。

濒危等级　中国植物红色名录评估为无危（LC）。

迁地栽培保存

保存地点	种质份数	个体数量	引种方式	生长状况	来源地
HN	1	a	采集	C	海南
GX	*	f	采集	G	广西

寄生藤属 *Dendrotrophe*

寄生藤 *Dendrotrophe frutescens*（Champ. ex Benth.）Danser

功效主治　全株（寄生藤）：微甘、苦、涩，平。疏风解热，除湿。用于时行感冒，跌打损伤。

濒危等级　中国植物红色名录评估为无危（LC）。

迁地栽培保存

保存地点	种质份数	个体数量	引种方式	生长状况	来源地
HN	1	a	采集	C	海南

种质库保存

保存地点	保存方式	种质份数	个体数量	引种方式	来源地
HN	种子	1	a	采集	海南
BJ	种子	3	a	采集	河南

栗寄生属 *Korthalsella*

栗寄生 *Korthalsella japonica* (Thunb.) Engl.

功效主治 茎枝（栗寄生）：祛风除湿，养血安神。用于胃病，跌打损伤。

濒危等级 中国植物红色名录评估为无危（LC）。

迁地栽培保存

保存地点	种质份数	个体数量	引种方式	生长状况	来源地
HN	1	a	采集	C	海南

米面蓊属 *Buckleya*

秦岭米面蓊 *Buckleya graebneriana* Diels

濒危等级 中国特有植物，陕西省稀有保护植物，中国植物红色名录评估为无危（LC）。

种质库保存

保存地点	保存方式	种质份数	个体数量	引种方式	来源地
BJ	种子	1	a	采集	四川

沙针属 *Osyris*

沙针 *Osyris wightiana* Wall. ex Wight

功效主治 全株（干檀香）：辛、苦，平。疏风解表，活血调经。用于感冒，咳嗽，月经不调，痛经。根、叶：辛、微苦，凉。清热，解毒，安胎，止血，接骨。用于咳嗽，胃痛，胎动不安，外伤出血，骨折，疥，疖，痈。

濒危等级 中国植物红色名录评估为无危（LC）。

迁地栽培保存

保存地点	种质份数	个体数量	引种方式	生长状况	来源地
YN	1	a	采集	C	云南
GX	*	f	采集	G	广西

种质库保存

保存地点	保存方式	种质份数	个体数量	引种方式	来源地
BJ	种子	6	b	采集	云南

檀梨属　*Pyrularia*

檀梨　*Pyrularia edulis*（Wall.）A. DC.

功效主治　茎皮：用于跌打损伤。种子：用于烫火伤。

濒危等级　中国植物红色名录评估为无危（LC）。

种质库保存

保存地点	保存方式	种质份数	个体数量	引种方式	来源地
BJ	种子	1	a	采集	待确定

檀香属　*Santalum*

檀香　*Santalum album* L.

功效主治　心材（檀香）：辛，温。理气，和胃，止痛。用于脘腹疼痛，气逆，呕吐，胸痹闷痛。檀油（心材经蒸馏所得的挥发油）：用于尿道消毒剂。心材中的树脂（檀香泥）：用于胃气滞痛，肝郁不舒。

迁地栽培保存

保存地点	种质份数	个体数量	引种方式	生长状况	来源地
YN	1	a	购买	C	云南
HN	1	b	赠送	B	海南

种质库保存

保存地点	保存方式	种质份数	个体数量	引种方式	来源地
BJ	种子	1	a	采集	云南
HN	种子	3	b	采集	海南

硬核属　*Scleropyrum*

硬核　*Scleropyrum wallichianum* Arn.

功效主治　叶：用于眼部疾病。

濒危等级　中国植物红色名录评估为无危（LC）。

种质库保存

保存地点	保存方式	种质份数	个体数量	引种方式	来源地
BJ	种子	1	a	采集	河南

桃金娘科　**Myrtaceae**

桉属　*Eucalyptus*

桉　*Eucalyptus robusta* Smith

功效主治　叶：疏风解热，防腐止痒。用于预防流行性感冒，头风。

迁地栽培保存

保存地点	种质份数	个体数量	引种方式	生长状况	来源地
CQ	2	a	购买	C	重庆
HN	2	a	采集	C	待确定
BJ	1	a	购买	G	北京
FJ	1	a	购买	A	福建

种质库保存

保存地点	保存方式	种质份数	个体数量	引种方式	来源地
BJ	种子	8	b	采集	四川、云南

赤桉 *Eucalyptus camaldulensis* Dehnh.

迁地栽培保存

保存地点	种质份数	个体数量	引种方式	生长状况	来源地
ZJ	1	c	购买	B	广东

大桉 *Eucalyptus grandis* Hill

功效主治　茎皮：用于咳嗽。

种质库保存

保存地点	保存方式	种质份数	个体数量	引种方式	来源地
BJ	种子	1	a	采集	四川

蓝桉 *Eucalyptus globulus* Labill.

功效主治　叶、果实：疏风解热，防腐止痒。

迁地栽培保存

保存地点	种质份数	个体数量	引种方式	生长状况	来源地
BJ	1	a	采集	G	云南
GX	*	f	采集	G	广西

种质库保存

保存地点	保存方式	种质份数	个体数量	引种方式	来源地
BJ	种子	1	a	采集	云南

镰叶桉 *Eucalyptus falcata* Turcz.

迁地栽培保存

保存地点	种质份数	个体数量	引种方式	生长状况	来源地
BJ	1	a	购买	G	北京

窿缘桉 *Eucalyptus exserta* F. V. Muell.

功效主治 叶：祛风除湿，杀虫止痒，解毒，防腐。用于风湿，疥疮，手足癣。

迁地栽培保存

保存地点	种质份数	个体数量	引种方式	生长状况	来源地
HN	2	a	采集	C	海南

毛叶桉 *Eucalyptus torelliana* F. V. Muell.

迁地栽培保存

保存地点	种质份数	个体数量	引种方式	生长状况	来源地
YN	1	a	购买	C	云南

柠檬桉 *Eucalyptus citriodora* Hook. f.

功效主治 叶：消肿散毒。

迁地栽培保存

保存地点	种质份数	个体数量	引种方式	生长状况	来源地
BJ	1	a	购买	G	云南
GX	*	f	采集	G	广西

种质库保存

保存地点	保存方式	种质份数	个体数量	引种方式	来源地
BJ	种子	1	a	采集	云南

细叶桉 *Eucalyptus tereticornis* Smith

功效主治　叶：清热解毒。

迁地栽培保存

保存地点	种质份数	个体数量	引种方式	生长状况	来源地
HN	1	a	采集	C	海南
GX	*	f	采集	G	广西

野桉 *Eucalyptus rudis* Endl.

迁地栽培保存

保存地点	种质份数	个体数量	引种方式	生长状况	来源地
GX	*	f	采集	G	广西

白千层属　*Melaleuca*

千层金 *Melaleuca bracteata* F. Muell.

迁地栽培保存

保存地点	种质份数	个体数量	引种方式	生长状况	来源地
BJ	1	a	采集	G	待确定

澳洲茶树 *Melaleuca alternifolia*（Maiden & Betche）Cheel

功效主治　叶片和嫩梢的挥发油：用于创伤，淋证，溃疡，肿毒，瘙痒，疥癣，龋齿，牙宣。

种质库保存

保存地点	保存方式	种质份数	个体数量	引种方式	来源地
GX	组织	*	f	采集	广西

白千层 *Melaleuca leucadendra* L.

功效主治 茎皮：安神镇静。用于郁证，失眠。叶：芳香解表，祛风止痛。用于感冒发热，风湿关节痛，头痛，肠痛，泄泻，腹痛；外用于疥癣，湿疹。叶的挥发油：祛痰，祛风，驱虫；外用消毒，杀寄生虫。用于耳溢脓水，耳痛。

迁地栽培保存

保存地点	种质份数	个体数量	引种方式	生长状况	来源地
FJ	1	a	购买	A	福建
GD	1	a	采集	D	待确定
BJ	1	a	采集	G	广东
GX	*	f	采集	G	广西

白树油 *Melaleuca viridiflora* Sol. ex Gaertn.

功效主治 种子油：清热解毒，疗伤消肿。用于烫火伤。

迁地栽培保存

保存地点	种质份数	个体数量	引种方式	生长状况	来源地
GX	*	f	采集	G	广西

细花白千层 *Melaleuca parviflora* Lindl.

迁地栽培保存

保存地点	种质份数	个体数量	引种方式	生长状况	来源地
HN	1	a	采集	C	海南

多香果属　*Pimenta*

假葵叶多香果（原变种） *Pimenta pseudocaryophyllus*（Gomes）Landrum

迁地栽培保存

保存地点	种质份数	个体数量	引种方式	生长状况	来源地
HN	1	a	赠送	B	马来西亚

种质库保存

保存地点	保存方式	种质份数	个体数量	引种方式	来源地
HN	种子	2	a	购买	海南

番石榴属　*Psidium*

番石榴 *Psidium guajava* L.

功效主治　果实：甘、涩，平。收敛止泻，止血。用于泄泻，痢疾，小儿消化不良。叶：甘、涩，平。收敛止泻，止血。用于泄泻，痢疾，小儿消化不良。鲜叶：外用于跌打损伤，外伤出血，臁疮久不收口。

迁地栽培保存

保存地点	种质份数	个体数量	引种方式	生长状况	来源地
FJ	4	a	购买	B	福建
YN	1	a	采集	A	云南
HN	1	a	采集	B	海南
GD	1	f	采集	G	待确定
CQ	1	a	赠送	C	广西
BJ	1	a	购买	G	广西
GX	*	f	采集	G	广西

种质库保存

保存地点	保存方式	种质份数	个体数量	引种方式	来源地
BJ	种子	11	b	采集	云南、福建、重庆、甘肃

番樱桃属 *Eugenia*

红果仔 *Eugenia uniflora* L.

迁地栽培保存

保存地点	种质份数	个体数量	引种方式	生长状况	来源地
HN	2	a	采集	C	海南
BJ	1	a	购买	G	待确定
YN	1	a	购买	A	云南
GX	*	f	采集	G	广西

岗松属 *Baeckea*

岗松 *Baeckea frutescens* L.

功效主治 根：辛、苦、涩，凉。祛风除湿，解毒，利尿，止痛，止痒。用于感冒高热，黄疸，胃痛，风湿关节痛，脚气痛，小便淋痛。全株（岗松）：辛、苦、涩，凉。祛风除湿，解毒，利尿，止痛，止痒。外用于湿疹，天疱疮，足癣。叶：用于毒蛇咬伤，烫火伤。

濒危等级 中国植物红色名录评估为无危（LC）。

迁地栽培保存

保存地点	种质份数	个体数量	引种方式	生长状况	来源地
HN	2	a	采集	C	海南
GD	1	f	采集	G	待确定
GX	*	f	采集	G	广西

红千层属　*Callistemon*

红千层　*Callistemon rigidus* R. Br.

功效主治　小枝、叶：祛痰泻热。

迁地栽培保存

保存地点	种质份数	个体数量	引种方式	生长状况	来源地
BJ	2	a	采集	G	广东、云南
CQ	1	a	购买	C	重庆
HN	1	a	采集	C	海南
YN	1	a	采集	C	云南

种质库保存

保存地点	保存方式	种质份数	个体数量	引种方式	来源地
BJ	种子	8	b	采集	山西、湖北、云南、海南，待确定

柳叶红千层　*Callistemon salignus* DC.

迁地栽培保存

保存地点	种质份数	个体数量	引种方式	生长状况	来源地
HN	1	a	采集	C	待确定
GX	*	f	采集	G	印度尼西亚

种质库保存

保存地点	保存方式	种质份数	个体数量	引种方式	来源地
BJ	种子	1	a	采集	海南

美丽红千层 *Callistemon speciosus*（Sims）Sweet

种质库保存

保存地点	保存方式	种质份数	个体数量	引种方式	来源地
BJ	种子	1	a	采集	待确定

毛刷木属 *Lophostemon*

红胶木 *Lophostemon conferta* R. Br.

迁地栽培保存

保存地点	种质份数	个体数量	引种方式	生长状况	来源地
GX	*	f	采集	G	澳门、广西

玫瑰木属 *Rhodamnia*

海南玫瑰木 *Rhodamnia dumetorum* var. *hainanensis* Merr. et Perry

濒危等级　中国特有植物，中国植物红色名录评估为无危（LC）。

迁地栽培保存

保存地点	种质份数	个体数量	引种方式	生长状况	来源地
HN	1	a	采集	C	海南

玫瑰木 *Rhodamnia dumetorum*（Poir.）Merr. & Perry

濒危等级　中国植物红色名录评估为无危（LC）。

迁地栽培保存

保存地点	种质份数	个体数量	引种方式	生长状况	来源地
HN	1	a	采集	C	海南
GX	*	f	采集	G	印度尼西亚

蒲桃属　*Syzygium*

棒花蒲桃　*Syzygium claviflorum*（Roxb.）Wall. ex Steud.

濒危等级　中国植物红色名录评估为无危（LC）。

迁地栽培保存

保存地点	种质份数	个体数量	引种方式	生长状况	来源地
YN	1	a	购买	C	云南

赤楠　*Syzygium buxifolium* Hook. & Arn.

功效主治　根或根皮：甘，平。清热解毒，利水平喘。用于浮肿，哮喘，烫火伤。叶（金牛子）：甘，平。清热解毒，利水平喘。用于化脓性指头炎，疔疮，漆疮，烫火伤。

濒危等级　中国植物红色名录评估为无危（LC）。

迁地栽培保存

保存地点	种质份数	个体数量	引种方式	生长状况	来源地
CQ	1	a	采集	C	重庆
GX	*	f	采集	G	广西

种质库保存

保存地点	保存方式	种质份数	个体数量	引种方式	来源地
BJ	种子	9	b	采集	江西、福建

簇花蒲桃　*Syzygium fruticosum*（Roxb.）DC.

功效主治　茎皮：驱蛔虫。

濒危等级　中国植物红色名录评估为无危（LC）。

种质库保存

保存地点	保存方式	种质份数	个体数量	引种方式	来源地
BJ	种子	1	a	采集	待确定

大果水翁 *Syzygium conspersipunctatus* Merr. & Perry

濒危等级 中国特有植物，中国植物红色名录评估为数据缺乏（DD）。

迁地栽培保存

保存地点	种质份数	个体数量	引种方式	生长状况	来源地
HN	1	a	采集	C	海南

丁子香 *Syzygium aromaticum* (L.) Merr. & L. M. Perry

功效主治 花蕾（丁香）：辛，温。温中暖肾，降逆。用于呃逆，呕吐，反胃，泻痢，心腹冷痛，癥瘕，癣疾。果实（母丁香）：辛，温。温中散寒。用于暴心气痛，胃寒呕逆，风冷齿痛，妇人阴冷，小儿疝气。根（丁香根）：辛，温。用于风热毒肿。茎皮（丁香树皮）：辛，温。温中散寒，消胀止痛。用于中寒脘腹胀痛，泄泻，牙痛。树枝（丁香枝）：散寒，温中，止泻。用于一切冷气，心腹胀满，恶心，泄泻，滑脱不禁。花蕾蒸馏所得的挥发油（丁香油）：辛、甘，大热。用于胃寒胀痛，呃逆，吐泻，痹痛，疝痛，口臭，牙痛。

迁地栽培保存

保存地点	种质份数	个体数量	引种方式	生长状况	来源地
FJ	2	a	购买	A	福建
YN	1	a	购买	F	云南

种质库保存

保存地点	保存方式	种质份数	个体数量	引种方式	来源地
HN	种子	1	a	采集	海南

短药蒲桃 *Syzygium brachyantherum* Merr. & Perry

功效主治 茎皮、叶、果实：苦、涩，平。润肺定喘。用于哮喘，肺痨。

濒危等级 中国植物红色名录评估为无危（LC）。

迁地栽培保存

保存地点	种质份数	个体数量	引种方式	生长状况	来源地
GX	*	f	采集	G	广西

种质库保存

保存地点	保存方式	种质份数	个体数量	引种方式	来源地
BJ	种子	1	a	采集	待确定

方枝蒲桃 *Syzygium tephrodes* Merr. & Perry

濒危等级 中国特有植物，中国植物红色名录评估为无危（LC）。

迁地栽培保存

保存地点	种质份数	个体数量	引种方式	生长状况	来源地
HN	1	e	采集	C	海南
GX	*	f	采集	G	广西

种质库保存

保存地点	保存方式	种质份数	个体数量	引种方式	来源地
HN	种子	2	b	采集	海南

广东蒲桃 *Syzygium kwangtungense* Merr. & Perry

濒危等级 中国特有植物，中国植物红色名录评估为无危（LC）。

迁地栽培保存

保存地点	种质份数	个体数量	引种方式	生长状况	来源地
GX	*	f	采集	G	澳门

海南蒲桃 *Syzygium hainanense* Chang & Miau

濒危等级 中国特有植物，中国植物红色名录评估为无危（LC）。

迁地栽培保存

保存地点	种质份数	个体数量	引种方式	生长状况	来源地
BJ	1	a	采集	G	云南
GD	1	f	采集	G	待确定

种质库保存

保存地点	保存方式	种质份数	个体数量	引种方式	来源地
BJ	种子	4	a	采集	陕西、海南

黑嘴蒲桃 *Syzygium bullockii* (Hance) Merr. & Perry

功效主治　根：用于劳伤咯血，风火牙痛，湿热腹泻，肝毒，风湿痛，胃痛。

濒危等级　中国植物红色名录评估为无危（LC）。

迁地栽培保存

保存地点	种质份数	个体数量	引种方式	生长状况	来源地
HN	2	a	采集	C	海南
GX	*	f	采集	G	广西

种质库保存

保存地点	保存方式	种质份数	个体数量	引种方式	来源地
BJ	种子	1	a	采集	甘肃
HN	种子	1	b	采集	海南

红鳞蒲桃 *Syzygium hancei* Merr. & L. M. Perry

濒危等级　中国特有植物，中国植物红色名录评估为无危（LC）。

迁地栽培保存

保存地点	种质份数	个体数量	引种方式	生长状况	来源地
HN	1	a	采集	C	待确定

种质库保存

保存地点	保存方式	种质份数	个体数量	引种方式	来源地
BJ	种子	1	a	采集	待确定

红枝蒲桃 *Syzygium rehderianum* Merr. & Perry

濒危等级　中国特有植物，中国植物红色名录评估为无危（LC）。

迁地栽培保存

保存地点	种质份数	个体数量	引种方式	生长状况	来源地
YN	1	a	购买	C	云南
GX	*	f	采集	G	广西

阔叶蒲桃 *Syzygium latilimbum* Merr. & Perry

迁地栽培保存

保存地点	种质份数	个体数量	引种方式	生长状况	来源地
HN	2	a	采集	C	海南
BJ	1	a	采集	G	海南

轮叶蒲桃 *Syzygium grijsii* (Hance) Merr. & Perry

功效主治　根（山乌珠）、叶（山乌珠）：辛，微温。祛风散寒，活血破瘀。用于跌打损伤，风寒感冒，风湿头痛。

濒危等级　中国特有植物，江西省三级保护植物，中国植物红色名录评估为无危（LC）。

迁地栽培保存

保存地点	种质份数	个体数量	引种方式	生长状况	来源地
ZJ	1	c	采集	B	浙江

马六甲蒲桃 *Syzygium malaccense*（L.）Merr. & Perry

迁地栽培保存

保存地点	种质份数	个体数量	引种方式	生长状况	来源地
YN	1	a	购买	C	云南

蒲桃 *Syzygium jambos*（L.）Alston

功效主治 根皮（蒲桃）、果实（蒲桃）：甘、涩，平。凉血收敛。用于泄泻，痢疾，刀伤出血。

濒危等级 中国植物红色名录评估为数据缺乏（DD）。

迁地栽培保存

保存地点	种质份数	个体数量	引种方式	生长状况	来源地
BJ	1	a	采集	G	待确定
GD	1	f	采集	G	待确定
HN	1	a	采集	C	海南
YN	1	a	采集	C	云南

种质库保存

保存地点	保存方式	种质份数	个体数量	引种方式	来源地
HN	种子	1	a	采集	海南
BJ	种子	1	a	采集	黑龙江

山蒲桃 *Syzygium levinei* Merr. & Perry

濒危等级 中国植物红色名录评估为无危（LC）。

迁地栽培保存

保存地点	种质份数	个体数量	引种方式	生长状况	来源地
HN	2	a	采集	C	海南

种质库保存

保存地点	保存方式	种质份数	个体数量	引种方式	来源地
HN	种子	4	b	采集	海南

水翁　*Syzygium nervosum* DC.

功效主治　花蕾：苦，寒。清暑解毒，祛湿消滞，止痒。用于感冒发热，痢疾，吐泻，消化不良。根：苦，寒。清暑解毒，祛湿消滞，止痒。用于黄疸。茎皮：苦，寒。清暑解毒，祛湿消滞，止痒。外用于烧伤，麻风，皮肤瘙痒，足癣。叶：苦，寒。清暑解毒，祛湿消滞，止痒。外用于乳痈。

迁地栽培保存

保存地点	种质份数	个体数量	引种方式	生长状况	来源地
GD	2	f	采集	G	待确定
HN	1	a	采集	C	海南
GX	*	f	采集	G	广西

种质库保存

保存地点	保存方式	种质份数	个体数量	引种方式	来源地
HN	种子	1	b	采集	海南

水竹蒲桃　*Syzygium fluviatile* Merr. & Perry

濒危等级　中国特有植物，中国植物红色名录评估为无危（LC）。

迁地栽培保存

保存地点	种质份数	个体数量	引种方式	生长状况	来源地
HN	1	a	采集	C	海南
YN	1	a	购买	C	云南

四角蒲桃　*Syzygium tetragonum* Wall.

功效主治　根皮：祛风除湿。用于风湿关节痛。

濒危等级　中国植物红色名录评估为无危（LC）。

迁地栽培保存

保存地点	种质份数	个体数量	引种方式	生长状况	来源地
BJ	1	a	采集	G	海南
YN	1	a	购买	C	云南
GX	*	f	采集	G	广西

万宁蒲桃 *Syzygium howii* Merr. & Perry

濒危等级 中国特有植物，中国植物红色名录评估为极危（CR）。

迁地栽培保存

保存地点	种质份数	个体数量	引种方式	生长状况	来源地
HN	1	a	采集	C	海南

乌墨 *Syzygium cumini* (L.) Skeels

功效主治 果实：藏医用于肾病，三灾病。

濒危等级 中国植物红色名录评估为无危（LC）。

迁地栽培保存

保存地点	种质份数	个体数量	引种方式	生长状况	来源地
HN	1	a	采集	C	海南

种质库保存

保存地点	保存方式	种质份数	个体数量	引种方式	来源地
BJ	种子	1	a	采集	待确定

细轴蒲桃 *Syzygium tenuirhachis* Chang & Miau

濒危等级 中国特有植物，中国植物红色名录评估为无危（LC）。

迁地栽培保存

保存地点	种质份数	个体数量	引种方式	生长状况	来源地
GX	*	f	采集	G	广西

狭叶蒲桃 *Syzygium tsoongii* (Merr.) & Perry

濒危等级 中国植物红色名录评估为无危（LC）。

种质库保存

保存地点	保存方式	种质份数	个体数量	引种方式	来源地
BJ	种子	1	a	采集	待确定

纤枝蒲桃 *Syzygium stenocladum* Merr. & Perry

濒危等级 中国特有植物，中国植物红色名录评估为近危（NT）。

迁地栽培保存

保存地点	种质份数	个体数量	引种方式	生长状况	来源地
HN	1	a	采集	C	海南
GX	*	f	采集	G	广西

线枝蒲桃 *Syzygium araiocladum* Merr. & Perry

功效主治 根：止泻。用于泻痢。

濒危等级 中国植物红色名录评估为无危（LC）。

迁地栽培保存

保存地点	种质份数	个体数量	引种方式	生长状况	来源地
GX	*	f	采集	G	广西

香蒲桃 *Syzygium odoratum* DC.

濒危等级 中国植物红色名录评估为无危（LC）。

种质库保存

保存地点	保存方式	种质份数	个体数量	引种方式	来源地
BJ	种子	1	a	采集	海南

肖蒲桃 *Syzygium acuminatissima*（Blume）DC.

濒危等级 中国植物红色名录评估为无危（LC）。

迁地栽培保存

保存地点	种质份数	个体数量	引种方式	生长状况	来源地
GD	1	f	采集	G	待确定
HN	1	a	采集	C	海南

种质库保存

保存地点	保存方式	种质份数	个体数量	引种方式	来源地
HN	种子	1	c	采集	海南

洋蒲桃 *Syzygium samarangense* Merr. & Perry

功效主治 茎皮：用于鹅口疮。叶：用于舌病。根：灭虱。用于皮肤瘙痒。

迁地栽培保存

保存地点	种质份数	个体数量	引种方式	生长状况	来源地
HN	2	a	采集	C	海南
YN	1	a	采集	C	云南

云南蒲桃 *Syzygium yunnanense* Merr. & Perry

濒危等级 中国特有植物，中国植物红色名录评估为近危（NT）。

种质库保存

保存地点	保存方式	种质份数	个体数量	引种方式	来源地
BJ	种子	1	a	采集	待确定

竹叶蒲桃 *Syzygium myrsinifolium* Merr. & Perry

种质库保存

保存地点	保存方式	种质份数	个体数量	引种方式	来源地
BJ	种子	1	a	采集	待确定

子凌蒲桃 *Syzygium championii* (Benth.) Merr. & Perry

濒危等级　中国植物红色名录评估为无危（LC）。

迁地栽培保存

保存地点	种质份数	个体数量	引种方式	生长状况	来源地
HN	1	a	采集	C	海南

桃金娘属　*Rhodomyrtus*

桃金娘 *Rhodomyrtus tomentosa* (Ait.) Hassk.

功效主治　根（山稔根）：甘、微酸，平。祛风除湿，止痛，止血。用于吐泻，胃痛，消化不良，肝毒，痢疾，风湿关节痛，腰肌劳损，崩漏，脱肛；外用于烫火伤。叶（山稔叶）：甘，平。收敛止泻，止血。用于吐泻，消化不良，痢疾，外伤出血。果实（山稔子）：甘、涩，平。补血，止血，滋养安胎，固精涩肠。用于贫血，病后体虚，耳鸣，遗精。花：行血。用于跌打瘀血。

濒危等级　浙江省重点保护植物，中国植物红色名录评估为无危（LC）。

迁地栽培保存

保存地点	种质份数	个体数量	引种方式	生长状况	来源地
FJ	6	a	采集	A	福建
BJ	1	b	采集	G	云南
GD	1	a	采集	C	待确定
HN	1	a	赠送	B	海南
YN	1	b	购买	C	云南

种质库保存

保存地点	保存方式	种质份数	个体数量	引种方式	来源地
HN	种子	5	c	采集	海南
BJ	种子	9	b	采集	海南、云南、福建

香桃木属 *Myrtus*

花叶香桃木 *Myrtus communis* 'Variegata'

迁地栽培保存

保存地点	种质份数	个体数量	引种方式	生长状况	来源地
ZJ	1	c	购买	A	福建

香桃木 *Myrtus communis* L.

功效主治 叶：清热解毒，收敛，利尿，排石，止泻，滋补。用于石淋，肺部疾病，消渴，眼疾，气虚。

迁地栽培保存

保存地点	种质份数	个体数量	引种方式	生长状况	来源地
SH	1	a	采集	A	待确定

野凤榴属 *Acca*

凤榴 *Acca sellowiana* (O. Berg) Burret

迁地栽培保存

保存地点	种质份数	个体数量	引种方式	生长状况	来源地
SH	1	a	采集	F	待确定

鱼柳梅属　*Leptospermum*

松红梅　*Leptospermum scoparium* J. R. Forst. et G. Forst.

功效主治　叶、茎、花：用于血虚，癥瘕积聚，痹证，硬皮病。叶、茎、花制成软膏，用于轻度创伤或切割伤、擦伤。

迁地栽培保存

保存地点	种质份数	个体数量	引种方式	生长状况	来源地
CQ	1	a	购买	F	四川

子楝树属　*Decaspermum*

白毛子楝树　*Decaspermum albociliatum* Merr. & Perry

濒危等级　中国特有植物，中国植物红色名录评估为易危（VU）。

迁地栽培保存

保存地点	种质份数	个体数量	引种方式	生长状况	来源地
HN	1	a	采集	C	海南

五瓣子楝树　*Decaspermum fruticosum* J. R. & G. Forst.

功效主治　叶、果实：理气止痛，芳香化湿。根：止痛，止痢。

濒危等级　中国植物红色名录评估为无危（LC）。

迁地栽培保存

保存地点	种质份数	个体数量	引种方式	生长状况	来源地
GX	*	f	采集	G	广西

种质库保存

保存地点	保存方式	种质份数	个体数量	引种方式	来源地
BJ	种子	8	b	采集	云南，待确定

子楝树 *Decaspermum gracilentum* (Hance) Merr. & Perry

功效主治　根：用于痢疾，肝毒，胃脘痛，腰肌劳损，月经不调。叶：用于风湿痹痛，跌打损伤。

濒危等级　中国植物红色名录评估为无危（LC）。

迁地栽培保存

保存地点	种质份数	个体数量	引种方式	生长状况	来源地
GX	*	f	采集	G	广西

藤黄科　Clusiaceae

藤黄属　*Garcinia*

版纳藤黄　*Garcinia xipshuanbannaensis* Y. H. Li

濒危等级　中国特有植物，中国植物红色名录评估为易危（VU）。

迁地栽培保存

保存地点	种质份数	个体数量	引种方式	生长状况	来源地
GX	*	f	采集	G	云南

大苞藤黄　*Garcinia bracteata* C. Y. Wu ex Y. H. Li

濒危等级　中国特有植物，中国植物红色名录评估为无危（LC）。

迁地栽培保存

保存地点	种质份数	个体数量	引种方式	生长状况	来源地
GX	*	f	采集	G	广西

大叶藤黄　*Garcinia xanthochymus* Hook. f. ex T. Anders.

功效主治　茎叶的汁液（歪脖子果）：苦、酸，凉。驱虫。用于蚂蝗入鼻。

濒危等级　中国植物红色名录评估为无危（LC）。

迁地栽培保存

保存地点	种质份数	个体数量	引种方式	生长状况	来源地
HN	1	a	采集	C	待确定
YN	1	a	购买	C	云南
CQ	1	a	赠送	C	云南

种质库保存

保存地点	保存方式	种质份数	个体数量	引种方式	来源地
BJ	种子	6	b	采集	待确定

单花山竹子 *Garcinia oligantha* Merr.

功效主治　根内皮或根、叶、果实：清热解毒，止痛，收敛生肌。用于毒疮，口疮，牙痛，肠痈，烫火伤。

濒危等级　中国植物红色名录评估为无危（LC）。

迁地栽培保存

保存地点	种质份数	个体数量	引种方式	生长状况	来源地
HN	1	a	采集	C	海南

菲岛福木 *Garcinia subelliptica* Merr.

濒危等级　中国植物红色名录评估为无危（LC）。

迁地栽培保存

保存地点	种质份数	个体数量	引种方式	生长状况	来源地
HN	2	a	采集	C	海南

金丝李 *Garcinia paucinervis* Chun & How

功效主治　根：用于胃脘痛。枝叶（金丝李）：甘、微涩，平。有小毒。清热解毒，消肿。用于疮痈肿毒。茎皮：外用于烫火伤。

濒危等级　中国特有植物，国家重点保护野生植物名录（第二批）一级，广西壮族自治区重点保护植物，中国植物红色名录评估为易危（VU）。

迁地栽培保存

保存地点	种质份数	个体数量	引种方式	生长状况	来源地
YN	1	a	采集	C	云南

岭南山竹子　*Garcinia oblongifolia* Champ. ex Benth.

功效主治　树内皮：苦、涩，凉。有小毒。清热解毒，止痛，收敛生肌。用于带下病，烫火伤，跌打损伤。叶、果实：用于食滞腹胀。

濒危等级　中国特有植物，中国植物红色名录评估为无危（LC）。

迁地栽培保存

保存地点	种质份数	个体数量	引种方式	生长状况	来源地
HN	2	a	采集	C	海南

种质库保存

保存地点	保存方式	种质份数	个体数量	引种方式	来源地
BJ	种子	1	a	采集	待确定
HN	种子	2	a	采集	海南

莽吉柿　*Garcinia mangostana* L.

功效主治　果实：镇静，止痛，止泻，抗溃疡。用于腹泻，痢疾，胃脘痛。茎皮：收敛。用于咽喉疼痛。叶：用于扭伤。

迁地栽培保存

保存地点	种质份数	个体数量	引种方式	生长状况	来源地
HN	1	a	采集	C	海南

木竹子　*Garcinia multiflora* Champ. ex Benth.

功效主治　树内皮（山竹子）：苦、涩，凉。有小毒。清热解毒，止痛，收敛生肌。用于胃脘胀痛，小儿消化不良，湿疹，口疮，牙龈肿痛，臁疮，烫火伤。果实：酸，凉。有小毒。生津解暑，解酒毒，止泻。用于吐逆不食，脱肛。

濒危等级　江西省三级保护植物，中国植物红色名录评估为无危（LC）。

迁地栽培保存

保存地点	种质份数	个体数量	引种方式	生长状况	来源地
HN	2	a	采集	C	海南

四棱果山竹子　*Garcinia pictoria* Roxb.

迁地栽培保存

保存地点	种质份数	个体数量	引种方式	生长状况	来源地
GX	*	f	采集	G	云南

藤黄　*Garcinia hanburyi* Hook. f.

功效主治　树脂（藤黄）：酸、涩，凉。有毒。杀虫解毒，强壮，收敛。用于龋齿。

迁地栽培保存

保存地点	种质份数	个体数量	引种方式	生长状况	来源地
HN	2	a	采集	C	待确定

种质库保存

保存地点	保存方式	种质份数	个体数量	引种方式	来源地
BJ	种子	3	b	采集	云南

云树　*Garcinia cowa* Roxb.

功效主治　茎叶、茎叶的汁液（黄心果）：苦、涩，凉。有小毒。清热，解毒，驱虫。用于湿疹，口疮，牙龈肿痛，痈疮溃烂，烫火伤，蚂蟥入鼻。果实：用于铁砂入肉不出。

濒危等级　中国植物红色名录评估为无危（LC）。

迁地栽培保存

保存地点	种质份数	个体数量	引种方式	生长状况	来源地
YN	1	a	采集	C	云南
GX	*	f	采集	G	云南

种质库保存

保存地点	保存方式	种质份数	个体数量	引种方式	来源地
BJ	种子	1	a	采集	待确定

猪油果属　*Pentadesma*

猪油果　*Pentadesma butyracea* Sabine

功效主治　茎皮、根皮：用于瘟疫。

迁地栽培保存

保存地点	种质份数	个体数量	引种方式	生长状况	来源地
YN	1	a	采集	C	云南

天门冬科　Asparagaceae

白穗花属　*Speirantha*

白穗花　*Speirantha gardenii*（Hook.）Baill.

功效主治　根茎（扁担三七）：凉血解毒。用于劳伤乏力，感冒头痛。

濒危等级　中国特有植物，浙江省重点保护植物，中国植物红色名录评估为无危（LC）。

迁地栽培保存

保存地点	种质份数	个体数量	引种方式	生长状况	来源地
GX	2	f	采集	G	上海，待确定

长柱开口箭属　*Tupistra*

长穗开口箭　*Tupistra longispica* Y. Wan & X. H. Lu

濒危等级　中国特有植物，中国植物红色名录评估为极危（CR）。

迁地栽培保存

保存地点	种质份数	个体数量	引种方式	生长状况	来源地
GX	*	f	采集	G	广西

长柱开口箭　*Tupistra grandistigma* F. T. Wang & S. Yun Liang

功效主治　根茎：用于跌打损伤，骨折。

濒危等级　中国植物红色名录评估为无危（LC）。

迁地栽培保存

保存地点	种质份数	个体数量	引种方式	生长状况	来源地
GX	*	f	采集	G	越南

吊兰属　*Chlorophytum*

吊兰　*Chlorophytum comosum* (Thunb.) Baker

功效主治　全草（挂兰）：甘、苦，平。止咳化痰，消肿解毒，活血接骨。用于咳嗽痰喘，痈肿疔疮，痔疮肿痛，骨折，烧伤。

迁地栽培保存

保存地点	种质份数	个体数量	引种方式	生长状况	来源地
CQ	3	d	购买	B	重庆
BJ	2	c	采集	G	四川，待确定
YN	2	a	购买、采集	A	云南
HN	1	a	采集	B	海南
JS1	1	b	购买	B	江苏

续表

保存地点	种质份数	个体数量	引种方式	生长状况	来源地
GZ	1	d	采集	C	贵州
GD	1	b	采集	D	待确定

金边吊兰 *Chlorophytum comosum* 'Variegatum'

迁地栽培保存

保存地点	种质份数	个体数量	引种方式	生长状况	来源地
SH	1	b	采集	A	待确定

南非吊兰 *Chlorophytum capense* (L.) Voss

功效主治　全草：甘、苦，凉。清热解毒，化痰止咳，活血散瘀。用于肺热咯血，咳嗽痰喘；外用于疔疮肿毒，痔疮肿痛，骨折，烧伤。

迁地栽培保存

保存地点	种质份数	个体数量	引种方式	生长状况	来源地
SH	1	b	采集	A	待确定
GX	*	f	采集	G	广西

西南吊兰 *Chlorophytum nepalense* (Lindl.) Baker

濒危等级　中国植物红色名录评估为无危（LC）。

迁地栽培保存

保存地点	种质份数	个体数量	引种方式	生长状况	来源地
GX	*	f	采集	G	广西

小花吊兰 *Chlorophytum laxum* R. Br.

功效主治　根：用于黄疸，内伤。全草：清热解毒，消肿止痛。用于毒蛇咬伤，跌打肿痛。

濒危等级　中国植物红色名录评估为无危（LC）。

迁地栽培保存

保存地点	种质份数	个体数量	引种方式	生长状况	来源地
HN	1	a	采集	B	海南
GX	*	f	采集	G	广西

风信子属　*Hyacinthus*

风信子　*Hyacinthus orientali*s L.

功效主治　全草：在土耳其用于水肿。

迁地栽培保存

保存地点	种质份数	个体数量	引种方式	生长状况	来源地
JS1	1	b	购买	C	江苏

虎尾兰属　*Sansevieria*

虎尾兰　*Sansevieria trifasciata* Prain

功效主治　叶：酸，凉。清热解毒，去腐生肌。用于感冒咳嗽，咳嗽痰喘，跌打损伤，疮痈肿毒，毒蛇咬伤。

迁地栽培保存

保存地点	种质份数	个体数量	引种方式	生长状况	来源地
YN	3	d	购买	A	云南
BJ	1	c	采集	G	云南
CQ	1	a	赠送	C	广西
HN	1	b	采集	B	海南
JS1	1	b	购买	C	江苏

金边虎尾兰　*Sansevieria trifasciata* var. *laurentii* (De Wildem.) N. E. Brown

功效主治　叶：酸，凉。清热解毒，去腐生肌。用于感冒咳嗽，咳嗽痰喘，跌打损伤，疮痈肿毒，毒蛇咬伤。

迁地栽培保存

保存地点	种质份数	个体数量	引种方式	生长状况	来源地
BJ	1	b	采集	G	云南
HN	1	a	采集	B	海南

锡兰虎尾兰 *Sansevieria zeylanica*（L.）Willd.

功效主治　根：用于淋病，心悸，麻风病，发热，风湿，咳嗽，肺痨。枝叶：用于毒蛇咬伤。

迁地栽培保存

保存地点	种质份数	个体数量	引种方式	生长状况	来源地
BJ	1	a	交换	G	北京

小棒叶虎尾兰 *Sansevieria canaliculata* Carr.

迁地栽培保存

保存地点	种质份数	个体数量	引种方式	生长状况	来源地
YN	1	d	购买	A	云南
HN	1	a	采集	B	海南
BJ	1	c	采集	G	云南

虎眼万年青属 *Ornithogalum*

虎眼万年青 *Ornithogalum caudatum* Aiton

功效主治　全草：清热解毒。用于痈肿，肝毒，臌胀。

迁地栽培保存

保存地点	种质份数	个体数量	引种方式	生长状况	来源地
SH	1	b	采集	A	待确定
BJ	1	b	购买	G	北京

黄精属　*Polygonatum*

长梗黄精　*Polygonatum filipes* Merr. ex C. Jeffrey & McEwan

功效主治　根茎：补气养阴，健脾，润肺，益肾。

濒危等级　中国特有植物，中国植物红色名录评估为无危（LC）。

迁地栽培保存

保存地点	种质份数	个体数量	引种方式	生长状况	来源地
BJ	2	b	采集	C	安徽、江西
GD	1	f	采集	G	待确定
GX	*	f	采集	G	湖南

滇黄精　*Polygonatum kingianum* Collett & Hemsl.

功效主治　根茎（黄精）：甘，平。补气养阴，健脾，润肺，益肾。用于脾胃虚弱，体倦乏力，口干，食少，肺虚燥咳，精血不足，内热消渴。

濒危等级　中国植物红色名录评估为无危（LC）。

迁地栽培保存

保存地点	种质份数	个体数量	引种方式	生长状况	来源地
CQ	2	a	购买、赠送	C	四川、云南
GZ	1	b	采集	C	贵州
YN	1	b	购买	A	云南
JS2	1	e	购买	C	湖北
BJ	1	b	采集	G	云南
SC	1	f	待确定	G	四川
GX	*	f	采集	G	云南

种质库保存

保存地点	保存方式	种质份数	个体数量	引种方式	来源地
BJ	种子	2	c	采集	海南、云南

垂叶黄精 *Polygonatum curvistylum* Hua

功效主治　根茎：补中益气，润心肺，强筋骨。用于虚损寒热，肺痨咳嗽，筋骨软弱，风湿疼痛，风癞癣疾。

濒危等级　中国特有植物，中国植物红色名录评估为无危（LC）。

迁地栽培保存

保存地点	种质份数	个体数量	引种方式	生长状况	来源地
BJ	1	b	采集	G	四川
GX	*	f	采集	G	广东

格脉黄精 *Polygonatum tessellatum* F. T. Wang & Tang

功效主治　根茎：舒筋络，祛风湿，补虚。用于虚弱头昏，风湿关节痛，跌打损伤。

濒危等级　中国植物红色名录评估为无危（LC）。

迁地栽培保存

保存地点	种质份数	个体数量	引种方式	生长状况	来源地
BJ	1	b	采集	G	四川

点花黄精 *Polygonatum punctatum* Royle ex Kunth

功效主治　根茎（树刁）：辛，平。清热解毒。外用于肿毒，疔疮。

濒危等级　中国植物红色名录评估为无危（LC）。

迁地栽培保存

保存地点	种质份数	个体数量	引种方式	生长状况	来源地
GD	1	f	采集	G	待确定

独花黄精 *Polygonatum hookeri* Baker

功效主治　根茎：补虚，镇静，安神。用于体虚乏力，头晕目眩，失眠多梦，头痛，肝阳上亢。

濒危等级　中国植物红色名录评估为无危（LC）。

迁地栽培保存

保存地点	种质份数	个体数量	引种方式	生长状况	来源地
BJ	1	b	采集	G	四川

多花黄精 *Polygonatum cyrtonema* Hua

功效主治 根茎（黄精）：甘，平。补气养阴，健脾，润肺，益肾。用于脾胃虚弱，体倦乏力，口干，食少，肺虚燥咳，精血不足，内热消渴。

濒危等级 中国特有植物，中国植物红色名录评估为近危（NT）。

迁地栽培保存

保存地点	种质份数	个体数量	引种方式	生长状况	来源地
BJ	7	d	采集	C	辽宁、安徽、贵州、四川、河北
GX	4	f	采集	G	中国广西、江西，法国
FJ	2	b	购买	B	福建
HB	1	a	采集	C	待确定
YN	1	b	购买	A	云南
JS1	1	a	采集	D	江苏
GD	1	f	采集	G	待确定
CQ	1	a	采集	C	重庆
JS2	1	e	购买	C	湖北

种质库保存

保存地点	保存方式	种质份数	个体数量	引种方式	来源地
HN	种子	1	b	采集	福建

湖北黄精 *Polygonatum zanlanscianense* Pamp.

功效主治 根茎：补血养阴，健脾，润肺，杀虫。用于脾胃虚弱，肺虚咳嗽，内热消渴。

濒危等级 中国特有植物，中国植物红色名录评估为无危（LC）。

迁地栽培保存

保存地点	种质份数	个体数量	引种方式	生长状况	来源地
HB	1	a	采集	C	湖北
GZ	1	b	采集	C	贵州
BJ	1	d	采集	G	陕西
CQ	1	b	采集	C	重庆

二苞黄精 *Polygonatum involucratum* (Franch. & Sav.) Maxim.

功效主治 根茎：平肝息风，养阴明目，清热凉血，养阴润燥，生津止渴。

濒危等级 中国植物红色名录评估为无危（LC）。

迁地栽培保存

保存地点	种质份数	个体数量	引种方式	生长状况	来源地
BJ	2	b	采集	G	山东、吉林

黄精 *Polygonatum sibiricum* F. Delaroche

功效主治 根茎（黄精）：甘，平。补气养阴，健脾，润肺，益肾。用于脾胃虚弱，体倦乏力，口干，食少，肺虚燥咳，精血不足，内热消渴。

濒危等级 内蒙古自治区重点保护植物、河北省重点保护植物、北京市二级保护植物，中国植物红色名录评估为无危（LC）。

迁地栽培保存

保存地点	种质份数	个体数量	引种方式	生长状况	来源地
BJ	6	e	采集	G	陕西、河北、山西、贵州
SC	3	f	待确定	G	四川
JS1	1	a	采集	C	江苏
HLJ	1	d	采集	A	黑龙江
HB	1	e	采集	C	湖北
LN	1	d	采集	A	辽宁
HEN	1	c	采集	A	河南
GX	*	f	采集	G	广西

种质库保存

保存地点	保存方式	种质份数	个体数量	引种方式	来源地
BJ	种子	8	c	采集	重庆、云南、海南、山西、河北、贵州、四川

卷叶黄精 *Polygonatum cirrhifolium* (Wall.) Royle

功效主治 根茎：生津润肺，健脾益气，补肾，祛痰，止血，消肿，解毒。用于虚劳咳嗽，遗精，盗汗，吐血，产后体虚，崩漏，带下病。

濒危等级 中国植物红色名录评估为无危（LC）。

迁地栽培保存

保存地点	种质份数	个体数量	引种方式	生长状况	来源地
BJ	2	b	采集	G	四川、陕西
JS2	1	b	购买	F	江苏
HB	1	a	采集	C	湖北
CQ	1	a	采集	C	重庆
GX	*	f	采集	G	云南

康定玉竹 *Polygonatum prattii* Baker

功效主治 根茎：养阴润燥，生津止渴。

濒危等级 中国特有植物，中国植物红色名录评估为无危（LC）。

迁地栽培保存

保存地点	种质份数	个体数量	引种方式	生长状况	来源地
BJ	1	b	采集	G	四川

轮叶黄精 *Polygonatum verticillatum* (L.) All.

功效主治 根茎（羊角参）：甘、微苦，凉。平肝息风，养阴明目，清热凉血。用于头痛，目疾，咽喉痛，肝阳上亢，癫痫，疖痈。

濒危等级 中国植物红色名录评估为无危（LC）。

迁地栽培保存

保存地点	种质份数	个体数量	引种方式	生长状况	来源地
GX	2	f	采集	G	广西、重庆
BJ	1	d	采集	G	河南
LN	1	d	采集	B	辽宁
YN	1	a	采集	C	云南

玉竹 *Polygonatum odoratum* (Mill.) Druce

功效主治 　根茎（玉竹）：甘，微寒。养阴润燥，生津止渴。用于肺胃阴伤，燥热咳嗽，咽干口渴，内热消渴。

频危等级 　中国植物红色名录评估为无危（LC）。

迁地栽培保存

保存地点	种质份数	个体数量	引种方式	生长状况	来源地
BJ	8	e	采集	G	北京、陕西、山西、山东、辽宁、黑龙江、河北
GX	2	f	采集	G	浙江、广西
HB	1	a	采集	C	湖北
GD	1	f	采集	G	待确定
LN	1	d	采集	B	辽宁
JS2	1	d	购买	C	江苏
JS1	1	a	采集	C	江苏
HLJ	1	d	采集	A	黑龙江
HEN	1	c	采集	C	河南
SH	1	b	采集	A	待确定
CQ	1	b	采集	B	河南
SC	1	f	待确定	G	四川
FJ	2	a	购买	B	福建、湖南

种质库保存

保存地点	保存方式	种质份数	个体数量	引种方式	来源地
BJ	种子	52	b	采集	吉林、山西、辽宁、江苏、河北、云南

热河黄精 *Polygonatum macropodum* Turcz.

功效主治　根茎：补脾润肺，益气养阴，益精壮骨。用于阴虚咳嗽，肺痨咯血，肾虚精亏，头晕，腰酸足软，内热烦渴，脾胃虚弱。

濒危等级　中国特有植物，中国植物红色名录评估为无危（LC）。

迁地栽培保存

保存地点	种质份数	个体数量	引种方式	生长状况	来源地
BJ	2	d	采集	G	河北

小玉竹 *Polygonatum humile* Fisch. ex Maxim.

功效主治　根茎：养阴润燥，生津止咳，止渴除烦。用于热病伤阴，口渴心烦，口干舌燥，消渴，心悸，腰酸，遗精，跌打损伤。

濒危等级　中国植物红色名录评估为无危（LC）。

迁地栽培保存

保存地点	种质份数	个体数量	引种方式	生长状况	来源地
BJ	4	d	采集	G	河北、内蒙古
XJ	1	c	赠送	C	北京
LN	1	d	采集	B	辽宁
HB	1	a	采集	C	待确定
GZ	1	e	采集	C	贵州
CQ	1	a	购买	C	重庆

吉祥草属 *Reineckea*

吉祥草 *Reineckea triandra* H. Karst.

功效主治 带根全草（吉祥草）：甘，平。清肺，止咳，凉血，解毒。用于肺热咳嗽，吐血，衄血，便血，疮毒，目赤，痔积；外用于跌打损伤，骨折。

濒危等级 中国植物红色名录评估为无危（LC）。

迁地栽培保存

保存地点	种质份数	个体数量	引种方式	生长状况	来源地
SC	4	f	待确定	G	四川
BJ	2	b	采集	G	江苏、四川
GZ	1	e	采集	C	贵州
JS1	1	b	购买	C	江苏
HB	1	e	采集	C	湖北
HEN	1	b	采集	B	河南
ZJ	1	d	购买	A	浙江
SH	1	b	采集	A	待确定
JS2	1	d	购买	C	江苏
CQ	1	b	采集	B	重庆
GD	1	f	采集	G	待确定

假叶树属 *Ruscus*

假叶树 *Ruscus aculeatus* L.

功效主治 根：排除肾结石。

迁地栽培保存

保存地点	种质份数	个体数量	引种方式	生长状况	来源地
SH	1	a	采集	A	待确定
GX	*	f	采集	G	福建

酒瓶兰属　*Beaucarnea*

酒瓶兰　*Beaucarnea recurvata* Lem.

迁地栽培保存

保存地点	种质份数	个体数量	引种方式	生长状况	来源地
YN	1	a	购买	C	云南
BJ	1	a	购买	C	待确定

巨麻属　*Furcraea*

巨麻　*Furcraea foetida* Haw.

功效主治　叶：抗菌。

迁地栽培保存

保存地点	种质份数	个体数量	引种方式	生长状况	来源地
YN	1	a	购买	C	云南

开口箭属　*Campylandra*

长梗开口箭　*Campylandra longipedunculata*（F. T. Wang et S. Yun Liang）

濒危等级　中国特有植物，中国植物红色名录评估为无危（LC）。

迁地栽培保存

保存地点	种质份数	个体数量	引种方式	生长状况	来源地
YN	1	a	采集	C	云南

种质库保存

保存地点	保存方式	种质份数	个体数量	引种方式	来源地
BJ	种子	1	a	采集	云南

橙花开口箭 *Campylandra aurantiaca* Baker

濒危等级 中国植物红色名录评估为无危（LC）。

迁地栽培保存

保存地点	种质份数	个体数量	引种方式	生长状况	来源地
CQ	1	b	采集	B	重庆
HB	1	a	采集	C	待确定

齿瓣开口箭 *Campylandra fimbriata* (Hand.-Mazz.) M. N. Tamura, S. Yun Liang et Turland

功效主治 全草或根茎（铁扁担）：苦、微甘，寒。有小毒。清热解毒，强心利尿，舒筋活血。用于心火水肿，跌打损伤，风湿痛，胃痛，外伤出血，毒蛇咬伤。

濒危等级 中国植物红色名录评估为近危（NT）。

迁地栽培保存

保存地点	种质份数	个体数量	引种方式	生长状况	来源地
GX	*	f	采集	G	四川

剑叶开口箭 *Campylandra ensifolia* (F. T. Wang et Tang) M. N. Tamura, S. Yun Liang et Turland

功效主治 根茎：清热解毒，利尿消肿，活血止痛。用于咽喉肿痛，水肿，风湿痹痛，骨折肿痛，腰痛，跌打损伤，疮疖。

濒危等级 中国特有植物，中国植物红色名录评估为易危（VU）。

迁地栽培保存

保存地点	种质份数	个体数量	引种方式	生长状况	来源地
CQ	1	a	采集	C	重庆
HB	1	a	采集	C	湖北

金山开口箭 *Campylandra jinshanensis*（Z. L. Yang et X. G. Luo）M. N. Tamura, S. Yun Liang et Turland

濒危等级 中国特有植物，中国植物红色名录评估为易危（VU）。

迁地栽培保存

保存地点	种质份数	个体数量	引种方式	生长状况	来源地
CQ	1	a	采集	C	重庆

开口箭 *Campylandra chinensis*（Baker）M. N. Tamura, S. Yun Liang et Turland

功效主治 根茎（竹根七）：甘、微苦，寒。滋阴泻火，活血调经，散瘀止痛。用于风湿关节痛，腰腿疼痛，跌打损伤，月经不调，骨蒸劳热。

濒危等级 中国特有植物，中国植物红色名录评估为无危（LC）。

迁地栽培保存

保存地点	种质份数	个体数量	引种方式	生长状况	来源地
BJ	4	d	采集	G	云南、安徽、陕西
SC	3	f	待确定	G	四川
GX	2	f	采集	G	广西
GZ	1	b	采集	C	贵州
HB	1	a	采集	C	湖北
CQ	1	a	采集	C	重庆
YN	1	b	采集	C	云南

筒花开口箭 *Campylandra delavayi*（Franch.）M. N. Tamura, S. Yun Liang et Turland

功效主治 根茎：清热解毒，散瘀止痛，滋阴泻火，活血调经。用于风湿关节痛，腰腿疼痛，跌打损伤，月经不调，骨蒸劳热。

濒危等级 中国特有植物，中国植物红色名录评估为无危（LC）。

迁地栽培保存

保存地点	种质份数	个体数量	引种方式	生长状况	来源地
GX	2	f	采集	G	上海、湖北
HB	1	a	采集	C	湖北

弯蕊开口箭 *Campylandra wattii* C. B. Clarke

功效主治 全草或根茎（扁竹兰）：辛、苦，寒。有毒。清热解毒，散瘀止痛。用于感冒，咽喉痛，乳蛾，咳嗽痰喘，牙痛，胃痛，胃出血，小便涩痛；外用于跌打损伤，骨折，外伤出血。

濒危等级 中国植物红色名录评估为无危（LC）。

迁地栽培保存

保存地点	种质份数	个体数量	引种方式	生长状况	来源地
SC	1	f	待确定	G	四川
CQ	1	a	采集	F	重庆

种质库保存

保存地点	保存方式	种质份数	个体数量	引种方式	来源地
BJ	种子	1	a	采集	待确定

蓝瑰花属 *Scilla*

地中海蓝瑰花 *Scilla peruviana* L.

迁地栽培保存

保存地点	种质份数	个体数量	引种方式	生长状况	来源地
CQ	1	a	采集	C	江苏

铃兰属 *Convallaria*

铃兰 *Convallaria majalis* Linn.

功效主治 全草或根（铃兰）：甘、苦，温。有毒。温阳利水，活血祛风。用于心气虚，浮肿，劳伤，崩漏，带下病，跌打损伤。

濒危等级 中国植物红色名录评估为无危（LC）。

迁地栽培保存

保存地点	种质份数	个体数量	引种方式	生长状况	来源地
BJ	5	e	采集	G	辽宁、内蒙古、河北、山东
HLJ	1	c	采集	A	黑龙江
SH	1	b	采集	A	待确定
JS1	1	a	采集	D	江苏
LN	1	b	采集	F	辽宁
GX	*	f	采集	G	广西

种质库保存

保存地点	保存方式	种质份数	个体数量	引种方式	来源地
BJ	种子	1	a	采集	辽宁

龙舌兰属 *Agave*

翠绿龙舌兰 *Agave attenuata* Salm-Dyck

迁地栽培保存

保存地点	种质份数	个体数量	引种方式	生长状况	来源地
YN	1	a	购买	A	云南

剑麻 *Agave sisalana* Perr. ex Engelm.

功效主治 叶：凉血，止血，散瘀，排脓，止痛。用于肺痨咯血，痔疮出血，衄血，便血，痢疾，风湿跌打；外用于痈疖疮疡。

迁地栽培保存

保存地点	种质份数	个体数量	引种方式	生长状况	来源地
SC	2	f	待确定	G	四川
FJ	1	a	采集	B	福建
CQ	1	a	赠送	C	广西

保存地点	种质份数	个体数量	引种方式	生长状况	来源地
GZ	1	a	采集	C	贵州
GD	1	f	采集	G	待确定
HB	1	a	采集	C	待确定
YN	1	a	采集	C	云南
BJ	1	b	采集	B	海南
HLJ	1	a	购买	A	广西
GX	*	f	采集	G	新西兰

种质库保存

保存地点	保存方式	种质份数	个体数量	引种方式	来源地
BJ	种子	2	a	采集	云南

金边龙舌兰 *Agave americana* var. *marginata* Trel.

迁地栽培保存

保存地点	种质份数	个体数量	引种方式	生长状况	来源地
JS1	1	a	购买	C	江苏
BJ	1	b	交换	A	北京
SH	1	b	采集	A	待确定
HN	1	a	赠送	B	海南
CQ	1	a	购买	C	重庆
YN	1	a	购买	A	云南

楼叶龙舌兰 *Agave potatorum* Zucc.

迁地栽培保存

保存地点	种质份数	个体数量	引种方式	生长状况	来源地
YN	1	a	购买	A	云南

龙舌兰 *Agave americana* L.

功效主治　叶：辛，平。润肺化痰，止咳，平喘，透疹，祛瘀生新。用于肺燥咳嗽，阴虚咳喘，麻疹不透，痈疽疔疮；外用于疮毒。

迁地栽培保存

保存地点	种质份数	个体数量	引种方式	生长状况	来源地
YN	2	a	购买	A	云南
BJ	2	a	交换	A	北京、广西
SH	1	b	采集	A	待确定
SC	1	f	待确定	G	四川
JS1	1	b	购买	C	江苏
HN	1	a	赠送	B	海南
HLJ	1	a	购买	B	广西
GD	1	f	采集	G	待确定
CQ	1	a	采集	C	重庆

种质库保存

保存地点	保存方式	种质份数	个体数量	引种方式	来源地
BJ	种子	1	a	采集	待确定

龙血树属 *Dracaena*

矮龙血树 *Dracaena terniflora* Roxb.

功效主治　全株：活血，止血。根：祛风除湿，通经活络，补肾壮阳。

濒危等级　中国植物红色名录评估为近危（NT）。

迁地栽培保存

保存地点	种质份数	个体数量	引种方式	生长状况	来源地
HN	2	a	采集	B	海南
YN	1	b	购买	C	云南

百合竹 *Dracaena reflexa* Lam.

功效主治 叶：外用于筋瘤。

迁地栽培保存

保存地点	种质份数	个体数量	引种方式	生长状况	来源地
BJ	*	b	购买	G	待确定

长花龙血树 *Dracaena angustifolia* (Medik.) Roxb.

功效主治 根、叶：甘、淡，平。润肺止咳，清热凉血，止血。用于咯血，吐血，衄血，二便出血，哮喘，痢疾，小儿疳积，跌打损伤，外伤出血。傣医用于淋证，便秘，泄泻，胃痛，产后虚弱，跌打损伤，刀伤，癫痫，心悸。

濒危等级 海南省重点保护植物，中国植物红色名录评估为无危（LC）。

迁地栽培保存

保存地点	种质份数	个体数量	引种方式	生长状况	来源地
BJ	1	a	采集	G	海南
YN	1	a	购买	C	云南
HN	1	d	赠送	B	海南
GX	*	f	采集	G	广西

种质库保存

保存地点	保存方式	种质份数	个体数量	引种方式	来源地
HN	种子	1	a	采集	海南

海南龙血树 *Dracaena cambodiana* Pierre ex Gagnep.

功效主治 叶：甘、淡，平。止血，散瘀，止咳平喘。用于咯血，吐血，衄血，二便出血，哮喘，痢疾，小儿疳积；外用于跌打损伤，外伤出血。

濒危等级 国家重点保护野生植物名录（第二批）二级，海南省重点保护植物，中国植物红色名录评估为易危（VU）。

迁地栽培保存

保存地点	种质份数	个体数量	引种方式	生长状况	来源地
YN	2	b	购买	A	云南
CQ	1	a	赠送	C	云南
BJ	1	a	采集	G	海南
HN	1	d	购买	B	海南

种质库保存

保存地点	保存方式	种质份数	个体数量	引种方式	来源地
HN	种子	1	a	采集	海南

红边龙血树　*Dracaena marginata* Hort.

迁地栽培保存

保存地点	种质份数	个体数量	引种方式	生长状况	来源地
YN	2	b	购买	A	云南

剑叶龙血树　*Dracaena cochinchinensis*（Lour.）S. C. Chen

功效主治　叶：用于吐血，咯血，衄血，便血，哮喘，小儿疳积，月经过多，痔疮出血，赤白痢，跌打损伤，外伤出血。

濒危等级　国家重点保护野生植物名录（第二批）二级，中国植物红色名录评估为易危（VU）。

迁地栽培保存

保存地点	种质份数	个体数量	引种方式	生长状况	来源地
CQ	1	a	赠送	C	云南
HN	1	a	采集	B	海南
YN	1	b	购买	A	云南
HLJ	1	a	购买	B	海南
GD	1	f	采集	G	待确定

种质库保存

保存地点	保存方式	种质份数	个体数量	引种方式	来源地
BJ	种子	7	a	采集	海南、云南，待确定

香龙血树 *Dracaena fragrans* Ker-Gawl.

功效主治　叶、根：催产，提神。

迁地栽培保存

保存地点	种质份数	个体数量	引种方式	生长状况	来源地
BJ	1	a	购买	G	待确定
YN	1	b	购买	A	云南
CQ	1	a	赠送	C	云南

银边富贵竹 *Dracaena braunii* Engl.

迁地栽培保存

保存地点	种质份数	个体数量	引种方式	生长状况	来源地
YN	1	a	购买	A	云南

鹭鸶草属　*Diuranthera*

鹭鸶草　*Diuranthera major* Hemsl.

功效主治　根（鹭鸶兰）：甘，平。消肿，止血。用于跌打损伤，外伤出血。

濒危等级　中国特有植物，中国植物红色名录评估为无危（LC）。

迁地栽培保存

保存地点	种质份数	个体数量	引种方式	生长状况	来源地
CQ	1	a	采集	B	重庆

种质库保存

保存地点	保存方式	种质份数	个体数量	引种方式	来源地
BJ	种子	1	a	采集	待确定

南川鹭鸶草　*Diuranthera inarticulata* Wang et K. Y. Lang

濒危等级　中国特有植物，中国植物红色名录评估为濒危（EN）。

迁地栽培保存

保存地点	种质份数	个体数量	引种方式	生长状况	来源地
GX	*	f	采集	G	广西

麻点花属　*Drimiopsis*

阔叶油点百合　*Drimiopsis maculata* Lindl. & Paxton

迁地栽培保存

保存地点	种质份数	个体数量	引种方式	生长状况	来源地
GX	*	f	采集	G	广西

麻点百合　*Drimiopsis botryoides* Baker

迁地栽培保存

保存地点	种质份数	个体数量	引种方式	生长状况	来源地
CQ	1	a	赠送	C	云南

绵枣儿属　*Barnardia*

绵枣儿　*Barnardia japonica*（Thunb.）Schult. et Schult. f.

功效主治　全草或鳞茎（绵枣儿）：甘、苦，寒。有小毒。活血解毒，消肿止痛。用于跌打损伤，腰腿疼痛，筋骨痛，牙痛，心火水肿；外用于痈疽，毒蛇咬伤。

濒危等级 中国植物红色名录评估为无危（LC）。

迁地栽培保存

保存地点	种质份数	个体数量	引种方式	生长状况	来源地
BJ	3	c	采集	G	河北、山东、辽宁
CQ	1	a	采集	C	重庆
GX	*	f	采集	G	浙江，待确定

球子草属 *Peliosanthes*

簇花球子草 *Peliosanthes teta* Andr.

功效主治 根及根茎（山百足）：甘、淡，平。祛痰止咳，舒肝止痛。用于痰稠，胸痛，胁痛，跌打损伤，小儿疳积。

濒危等级 中国植物红色名录评估为无危（LC）。

迁地栽培保存

保存地点	种质份数	个体数量	引种方式	生长状况	来源地
GX	*	f	采集	G	广西

大盖球子草 *Peliosanthes macrostegia* Hance

功效主治 根及根茎（蜘蛛草）：甘、淡，平、微温。祛痰止咳，舒肝止痛。用于咳嗽痰稠，胸痛，胁痛，跌打损伤，小儿疳积。全草：止血，开胃，健脾补气。

濒危等级 中国植物红色名录评估为无危（LC）。

迁地栽培保存

保存地点	种质份数	个体数量	引种方式	生长状况	来源地
GX	2	f	采集	G	广东、重庆
SC	2	f	待确定	G	四川
CQ	1	a	采集	C	重庆
GZ	1	b	采集	C	贵州

反折球子草　*Peliosanthes reflexa* M. N. Tamura & Ogisu

迁地栽培保存

保存地点	种质份数	个体数量	引种方式	生长状况	来源地
GX	*	f	采集	G	广西

匍匐球子草　*Peliosanthes sinica* Wang et Tang

功效主治　全草：疏风，清热。用于风湿痹痛。

濒危等级　中国特有植物，中国植物红色名录评估为近危（NT）。

迁地栽培保存

保存地点	种质份数	个体数量	引种方式	生长状况	来源地
YN	1	b	采集	C	云南
GX	*	f	采集	G	广西

种质库保存

保存地点	保存方式	种质份数	个体数量	引种方式	来源地
BJ	种子	1	a	采集	待确定

云南球子草　*Peliosanthes yunnanensis* Wang et Tang

濒危等级　中国特有植物，中国植物红色名录评估为无危（LC）。

迁地栽培保存

保存地点	种质份数	个体数量	引种方式	生长状况	来源地
GX	*	f	采集	G	广西

山麦冬属　*Liriope*

矮小山麦冬　*Liriope minor* (Maxim.) Makino

功效主治　块根（小麦冬）：甘、微苦，微寒。养阴润肺，清心除烦，益胃生津。

濒危等级 中国植物红色名录评估为无危（LC）。

迁地栽培保存

保存地点	种质份数	个体数量	引种方式	生长状况	来源地
JS1	1	b	采集	B	江苏
SH	1	b	采集	A	待确定
GX	*	f	采集	G	广西

种质库保存

保存地点	保存方式	种质份数	个体数量	引种方式	来源地
BJ	种子	1	a	采集	江西

长梗山麦冬 *Liriope longipedicellata* Wang et Tang

功效主治 根茎：清心润肺，益胃生津。

濒危等级 中国特有植物，中国植物红色名录评估为无危（LC）。

迁地栽培保存

保存地点	种质份数	个体数量	引种方式	生长状况	来源地
CQ	1	a	采集	C	重庆
GX	*	f	采集	G	广西

禾叶山麦冬 *Liriope graminifolia* (Linn.) Baker

功效主治 块根（土麦冬）：甘、微苦，寒。养阴润肺，清心除烦，益胃生津。用于肺燥干咳，吐血，咯血，肺痿，肺痈，虚劳烦热，消渴，热病津伤，咽干口燥，便秘。

濒危等级 中国特有植物，中国植物红色名录评估为无危（LC）。

迁地栽培保存

保存地点	种质份数	个体数量	引种方式	生长状况	来源地
BJ	1	b	采集	G	江西
SH	1	b	采集	A	待确定
CQ	1	b	采集	C	重庆
GX	*	f	采集	G	湖北

阔叶山麦冬 *Liriope muscari* (Decne.) L. H. Bailey

功效主治 块根（大麦冬）：养阴润肺，清心除烦，益胃生津。

濒危等级 中国植物红色名录评估为无危（LC）。

迁地栽培保存

保存地点	种质份数	个体数量	引种方式	生长状况	来源地
BJ	2	d	采集	G	浙江、江西
FJ	15	b	采集	A	福建、湖北
GD	1	b	采集	B	待确定
CQ	1	b	赠送	C	重庆
SH	1	b	采集	A	待确定
HB	1	a	采集	C	湖北
GZ	1	b	采集	C	贵州
GX	*	f	采集	G	湖北、重庆

种质库保存

保存地点	保存方式	种质份数	个体数量	引种方式	来源地
BJ	种子	3	a	采集	重庆、江西

山麦冬 *Liriope spicata* (Thunb.) Lour.

功效主治 块根（土麦冬）：甘、微苦，凉。养阴润肺，清心除烦，益胃生津。用于肺燥干咳，吐血，咯血，肺痿，肺痈，虚劳烦热，消渴，热病津伤，咽干口燥，便秘。

濒危等级 中国植物红色名录评估为无危（LC）。

迁地栽培保存

保存地点	种质份数	个体数量	引种方式	生长状况	来源地
HN	1	e	采集	B	海南
GZ	1	b	采集	C	贵州
GD	1	a	采集	B	待确定
CQ	1	b	采集	B	重庆
BJ	1	e	采集	G	浙江

种质库保存

保存地点	保存方式	种质份数	个体数量	引种方式	来源地
BJ	种子	7	b	采集	重庆、江西、四川
HN	种子	1	a	采集	海南

丝兰属 *Yucca*

凤尾丝兰 *Yucca gloriosa* Linn.

功效主治 花：用于咳嗽痰喘。

迁地栽培保存

保存地点	种质份数	个体数量	引种方式	生长状况	来源地
BJ	1	a	购买	G	云南
SH	1	b	采集	A	待确定
JS1	1	b	购买	C	江苏
HN	1	a	赠送	B	北京

金边凤尾丝兰 *Yucca gloriosa* var. *recurvifolia*（Salisb.）Engelm.

迁地栽培保存

保存地点	种质份数	个体数量	引种方式	生长状况	来源地
CQ	1	a	赠送	C	广西

柔软丝兰 *Yucca filamentosa* Linn.

迁地栽培保存

保存地点	种质份数	个体数量	引种方式	生长状况	来源地
SH	1	b	采集	A	待确定

软叶丝兰 *Yucca flaccida* Haw.

迁地栽培保存

保存地点	种质份数	个体数量	引种方式	生长状况	来源地
SH	1	b	采集	A	待确定
JS2	1	b	购买	C	江苏
CQ	1	a	赠送	C	广西
BJ	1	a	交换	G	北京

象腿丝兰 *Yucca gigantea* Lem.

功效主治　花蕾：催产。用于咳嗽。

迁地栽培保存

保存地点	种质份数	个体数量	引种方式	生长状况	来源地
YN	1	b	采集	A	云南

天门冬属　*Asparagus*

短梗天门冬 *Asparagus lycopodineus* Wall. ex Baker

功效主治　块根（土百部）：甘、淡，平。润肺，止咳，化痰，平喘。用于咳嗽痰多，气逆。
濒危等级　中国植物红色名录评估为无危（LC）。

迁地栽培保存

保存地点	种质份数	个体数量	引种方式	生长状况	来源地
BJ	1	b	采集	G	陕西
GX	*	f	采集	G	湖北

种质库保存

保存地点	保存方式	种质份数	个体数量	引种方式	来源地
BJ	种子	1	a	采集	河南

法国松 *Asparagus retrofractus* L.

迁地栽培保存

保存地点	种质份数	个体数量	引种方式	生长状况	来源地
BJ	1	a	采集	G	待确定

非洲天门冬 *Asparagus densiflorus*（Kunth）Jessop

功效主治 根：清肺止咳。

迁地栽培保存

保存地点	种质份数	个体数量	引种方式	生长状况	来源地
BJ	3	b	采集、赠送	G	德国，中国北京、广西
YN	1	c	购买	A	云南
CQ	1	b	购买	B	重庆
GD	1	f	采集	G	待确定

戈壁天门冬 *Asparagus gobicus* Ivan. ex Grubov

功效主治 全株（寄马桩）：辛、咸，平。祛风，杀虫，止痒。外用于牛皮癣，疮疖痈肿，疖腮。根：润肺止咳。

频危等级 中国植物红色名录评估为无危（LC）。

迁地栽培保存

保存地点	种质份数	个体数量	引种方式	生长状况	来源地
BJ	2	b	采集	C	甘肃、宁夏

种质库保存

保存地点	保存方式	种质份数	个体数量	引种方式	来源地
BJ	种子	1	d	采集	宁夏

昆明天门冬 *Asparagus mairei* Lévl.

功效主治　根：代天门冬用。

濒危等级　中国特有植物，中国植物红色名录评估为濒危（EN）。

迁地栽培保存

保存地点	种质份数	个体数量	引种方式	生长状况	来源地
GX	*	f	采集	G	广西

龙须菜 *Asparagus schoberioides* Kunth

功效主治　根及根茎：润肺降气，下痰止咳。用于肺实喘满，咳嗽痰多，胃脘疼痛。全草：止血，利尿。

濒危等级　中国植物红色名录评估为无危（LC）。

迁地栽培保存

保存地点	种质份数	个体数量	引种方式	生长状况	来源地
BJ	2	a	采集	G	辽宁、陕西
LN	1	c	采集	A	辽宁
GX	*	f	采集	G	日本

密齿天门冬 *Asparagus meioclados* Lévl.

功效主治　根（小天冬）：甘、淡、平。滋阴，润肺，止咳。用于肺痨久咳，潮热，咯血，咳嗽痰喘，水肿，疝气，乳汁不足。

濒危等级　中国特有植物，中国植物红色名录评估为无危（LC）。

迁地栽培保存

保存地点	种质份数	个体数量	引种方式	生长状况	来源地
YN	1	c	购买	A	云南

南玉带 *Asparagus oligoclonos* Maxim.

功效主治　根：清热解毒，止咳平喘，利尿。

濒危等级　中国植物红色名录评估为无危（LC）。

迁地栽培保存

保存地点	种质份数	个体数量	引种方式	生长状况	来源地
BJ	3	a	采集	G	北京、山东

曲枝天门冬 *Asparagus trichophyllus* Bunge

功效主治 根：甘、微苦，凉。祛风除湿。用于风湿腰腿痛，浮肿；外用于瘙痒，痈病，疮疖红肿。

濒危等级 中国植物红色名录评估为无危（LC）。

迁地栽培保存

保存地点	种质份数	个体数量	引种方式	生长状况	来源地
GX	*	f	采集	G	北京

山文竹 *Asparagus acicularis* Wang et S. C. Chen

功效主治 全草或根：凉血，解毒，通淋。

濒危等级 中国特有植物，中国植物红色名录评估为无危（LC）。

迁地栽培保存

保存地点	种质份数	个体数量	引种方式	生长状况	来源地
GX	*	f	采集	G	贵州

石刁柏 *Asparagus officinalis* Linn.

功效主治 块根（小百部）：苦、甘，微温。润肺镇咳，祛痰杀虫。用于肺热，疳积；外用于疥癣，寄生虫病。全草：凉血解毒，利尿通淋。

迁地栽培保存

保存地点	种质份数	个体数量	引种方式	生长状况	来源地
BJ	3	c	采集	G	山西、陕西、新疆
JS2	1	b	购买	C	江苏
SH	1	b	采集	A	待确定
LN	1	d	采集	B	辽宁

续表

保存地点	种质份数	个体数量	引种方式	生长状况	来源地
JS1	1	a	购买	C	江苏
HEN	1	c	采集	A	河南
HB	1	a	采集	C	待确定
GZ	1	b	采集	C	贵州
CQ	1	b	采集	C	山东
SC	1	f	待确定	G	四川

种质库保存

保存地点	保存方式	种质份数	个体数量	引种方式	来源地
BJ	种子	6	a	采集	黑龙江、江西

天门冬　*Asparagus cochinchinensis*（Lour.）Merr.

功效主治　块根（天门冬）：甘、苦，寒。养阴生津，润肺清心。用于肺燥干咳，虚劳咳嗽，津伤口渴，心
烦失眠，内热消渴，肠燥便秘，白喉。

濒危等级　江西省三级保护植物，中国植物红色名录评估为无危（LC）。

迁地栽培保存

保存地点	种质份数	个体数量	引种方式	生长状况	来源地
BJ	8	b	采集	C	云南、湖北、安徽、山东、内蒙古、黑龙江、河北、四川
SH	2	b	采集	A	待确定
GZ	1	b	采集	C	贵州
HN	1	b	采集	B	海南
HB	1	a	采集	C	湖北
JS1	1	a	采集	D	江苏
FJ	1	a	采集	A	福建
JS2	1	b	购买	C	安徽
CQ	1	b	购买	C	重庆

续表

保存地点	种质份数	个体数量	引种方式	生长状况	来源地
GD	1	a	采集	B	待确定
HLJ	1	c	购买	B	河北
GX	*	f	采集	G	广西

种质库保存

保存地点	保存方式	种质份数	个体数量	引种方式	来源地
HN	种子	1	a	采集	海南
BJ	种子	9	b	采集	海南、山西、四川

文竹 *Asparagus setaceus*（Kunth）Jessop

功效主治 块根：甘、微苦，平。润肺止咳。用于肺痨咳嗽，咳嗽痰喘，痢疾。全草（文竹）：苦，寒。凉血解毒，利尿通淋。用于郁热咯血，小便淋沥。

迁地栽培保存

保存地点	种质份数	个体数量	引种方式	生长状况	来源地
SC	5	f	待确定	G	四川
JS1	1	b	购买	C	江苏
GD	1	a	采集	C	待确定
HN	1	a	采集	B	海南
YN	1	b	采集	A	云南
GZ	1	c	采集	C	贵州
SH	1	b	采集	A	待确定
CQ	1	a	购买	C	重庆
HB	1	a	采集	C	湖北
BJ	1	a	购买	G	北京

种质库保存

保存地点	保存方式	种质份数	个体数量	引种方式	来源地
BJ	种子	1	a	采集	重庆

兴安天门冬 *Asparagus dauricus* Fisch. ex Link

功效主治　根：利尿。全草：舒筋活血。用于月经不调。

濒危等级　中国植物红色名录评估为无危（LC）。

迁地栽培保存

保存地点	种质份数	个体数量	引种方式	生长状况	来源地
BJ	3	b	采集	G	四川、河北、山东

羊齿天门冬 *Asparagus filicinus* Ham. ex D. Don

功效主治　块根（土百部）：甘、淡，平。清热润肺，养阴润燥，止咳，杀虫，止痛消肿。用于肺痨久咳，骨蒸潮热，顿咳，小儿疳积，牙痛，跌打损伤；外用于疥癣。

濒危等级　中国植物红色名录评估为无危（LC）。

迁地栽培保存

保存地点	种质份数	个体数量	引种方式	生长状况	来源地
BJ	3	c	采集	G	广西、陕西、山西
SC	2	f	待确定	G	四川
YN	1	c	购买	A	云南
GZ	1	b	采集	C	贵州
CQ	1	b	采集	B	重庆
GX	*	f	采集	G	广西

晚香玉属　*Polianthes*

晚香玉 *Polianthes tuberosa* Linn.

功效主治　根：甘、淡，凉。清热解毒，消肿。

迁地栽培保存

保存地点	种质份数	个体数量	引种方式	生长状况	来源地
SH	1	b	采集	A	待确定

续表

保存地点	种质份数	个体数量	引种方式	生长状况	来源地
BJ	1	a	购买	G	北京
HN	1	a	赠送	B	广西

万年青属 *Rohdea*

金边万年青 *Rohdea japonica* ' Marginata'

迁地栽培保存

保存地点	种质份数	个体数量	引种方式	生长状况	来源地
JS1	1	a	采集	C	江苏

万年青 *Rohdea japonica* (Thunb.) Roth

功效主治 根及根茎（万年青根）：甘、苦，寒。有小毒。强心利尿，清热解毒，止血。用于心力衰竭，咽喉肿痛，白喉，水肿，臌胀，咯血，吐血，疔疮，丹毒，毒蛇咬伤，烫伤。叶（万年青叶）：苦、涩，微寒。功效同根及根茎。花（万年青花）：用于肾虚腰痛，跌打损伤。

濒危等级 中国植物红色名录评估为无危（LC）。

迁地栽培保存

保存地点	种质份数	个体数量	引种方式	生长状况	来源地
GX	3	f	采集	G	广西，待确定
BJ	2	b	采集	G	江苏、江西
HB	1	a	采集	C	湖北
GZ	1	b	采集	C	贵州
GD	1	a	采集	C	待确定
CQ	1	b	购买	B	重庆
SC	1	f	待确定	G	四川
JS1	1	a	购买	C	江苏
SH	1	b	采集	A	待确定
JS2	1	c	购买	C	江苏

种质库保存

保存地点	保存方式	种质份数	个体数量	引种方式	来源地
BJ	种子	4	b	采集	山西、四川

舞鹤草属 *Maianthemum*

管花鹿药 *Maianthemum henryi*（Baker）LaFrankie

濒危等级 中国植物红色名录评估为无危（LC）。

迁地栽培保存

保存地点	种质份数	个体数量	引种方式	生长状况	来源地
BJ	4	b	采集	G	安徽、四川、河北、贵州
HB	2	c	采集	C	待确定

合瓣鹿药 *Maianthemum tubiferum*（Batalin）LaFrankie

功效主治 根及根茎：补气益肾，祛风除湿，活血调经。用于劳伤，阳痿，偏头痛，风湿寒痛，月经不调；外用于乳痈，痈疖肿毒，跌打损伤。

濒危等级 中国特有植物，中国植物红色名录评估为无危（LC）。

迁地栽培保存

保存地点	种质份数	个体数量	引种方式	生长状况	来源地
GX	*	f	采集	G	湖北

鹿药 *Maianthemum japonicum*（A. Gray）LaFrankie

功效主治 根及根茎（鹿药）：甘、苦，温。补气益肾，祛风除湿，活血调经。用于劳伤，阳痿，偏头痛，风湿疼痛，月经不调；外用于乳痈，痈疖肿毒，跌打损伤。

濒危等级 中国植物红色名录评估为无危（LC）。

迁地栽培保存

保存地点	种质份数	个体数量	引种方式	生长状况	来源地
BJ	5	b	采集	G	吉林、陕西、山东、辽宁、黑龙江
SC	1	f	待确定	G	四川
LN	1	d	采集	B	辽宁
HEN	1	a	采集	B	河南
GX	*	f	采集	G	湖北

舞鹤草 *Maianthemum bifolium* (Linn.) F. W. Schmidt

功效主治 全草：酸、涩，微寒。凉血，止血。用于外伤出血，吐血，尿血，月经过多。

濒危等级 中国植物红色名录评估为无危（LC）。

迁地栽培保存

保存地点	种质份数	个体数量	引种方式	生长状况	来源地
GX	*	f	采集	G	波兰

窄瓣鹿药 *Maianthemum tatsienense* (Franch.) LaFrankie

濒危等级 中国植物红色名录评估为无危（LC）。

迁地栽培保存

保存地点	种质份数	个体数量	引种方式	生长状况	来源地
GX	*	f	采集	G	湖北

沿阶草属 *Ophiopogon*

棒叶沿阶草 *Ophiopogon clavatus* C. H. Wright ex Oliv.

功效主治 块根：清肺热，生津止渴。

濒危等级 中国特有植物，中国植物红色名录评估为无危（LC）。

迁地栽培保存

保存地点	种质份数	个体数量	引种方式	生长状况	来源地
CQ	1	a	采集	F	重庆
GX	*	f	采集	G	湖北

长梗沿阶草　*Ophiopogon longipedicellatus* Y. Wan et C. C. Huang

濒危等级　中国特有植物，中国植物红色名录评估为无危（LC）。

迁地栽培保存

保存地点	种质份数	个体数量	引种方式	生长状况	来源地
GX	*	f	采集	G	广西

长茎沿阶草　*Ophiopogon chingii* F. T. Wang & Tang

功效主治　块根：清热润肺，养阴生津。全草：外用于脓疮。

濒危等级　中国特有植物，中国植物红色名录评估为无危（LC）。

迁地栽培保存

保存地点	种质份数	个体数量	引种方式	生长状况	来源地
GX	*	f	采集	G	广西

簇叶沿阶草　*Ophiopogon tsaii* F. T. Wang & Tang

功效主治　全草：养阴柔肝，润肺止咳。用于百日咳，肺痈，肺结核，小儿疳积，产后腹痛。

濒危等级　中国特有植物，中国植物红色名录评估为无危（LC）。

迁地栽培保存

保存地点	种质份数	个体数量	引种方式	生长状况	来源地
YN	1	d	购买	A	云南

大叶沿阶草　*Ophiopogon latifolius* L. Rodr.

功效主治　块根：滋阴补气，润肺止咳。用于乏力，食欲不振，湿疹，瘙痒，疥疮。

濒危等级 中国植物红色名录评估为无危（LC）。

迁地栽培保存

保存地点	种质份数	个体数量	引种方式	生长状况	来源地
BJ	1	d	采集	G	安徽

种质库保存

保存地点	保存方式	种质份数	个体数量	引种方式	来源地
BJ	种子	1	a	采集	待确定

钝叶沿阶草 *Ophiopogon amblyphyllus* Wang & Dai

功效主治 全草：清热解毒，理气止痛。用于咽喉肿痛，肠痈。

濒危等级 中国特有植物，中国植物红色名录评估为无危（LC）。

迁地栽培保存

保存地点	种质份数	个体数量	引种方式	生长状况	来源地
GX	*	f	采集	G	广西

多花沿阶草 *Ophiopogon tonkinensis* L. Rodr.

功效主治 块根：甘、微苦，微寒。润肺生津，止咳化痰。用于顿咳，淋证，肺痨咳嗽，咯血，咳嗽痰喘。
全草：用于关节痛。

濒危等级 中国植物红色名录评估为近危（NT）。

迁地栽培保存

保存地点	种质份数	个体数量	引种方式	生长状况	来源地
GX	*	f	采集	G	广西

褐鞘沿阶草 *Ophiopogon dracaenoides* (Baker) Hook. f.

功效主治 块根（八宝镇心丹）：甘，平。定心安神，止咳化痰。用于心悸，心慌，肺痨，咳嗽痰喘。全草：用于感冒发热，风湿痹痛；外用于跌打损伤。

濒危等级 中国植物红色名录评估为无危（LC）。

迁地栽培保存

保存地点	种质份数	个体数量	引种方式	生长状况	来源地
GX	*	f	采集	G	广西

间型沿阶草 *Ophiopogon intermedius* D. Don

功效主治　块根：清热润肺，养阴生津。用于肺燥干咳，吐血，咯血，咽干口燥。

濒危等级　中国植物红色名录评估为无危（LC）。

迁地栽培保存

保存地点	种质份数	个体数量	引种方式	生长状况	来源地
YN	1	d	购买	A	云南
GX	*	f	采集	G	广西

剑叶沿阶草 *Ophiopogon jaburan* (Siebold) Lodd.

功效主治　根：活血通络，祛风除湿。用于风湿痹痛，瘫痪，小儿麻痹后遗症，附骨疽。叶：活血通络，祛风除湿。用于骨折，风湿痹痛，瘫痪，小儿麻痹后遗症，附骨疽。

迁地栽培保存

保存地点	种质份数	个体数量	引种方式	生长状况	来源地
GX	*	f	采集	G	广西

卷瓣沿阶草 *Ophiopogon revolutus* Wang et Dai

种质库保存

保存地点	保存方式	种质份数	个体数量	引种方式	来源地
BJ	种子	1	a	采集	云南

宽叶沿阶草 *Ophiopogon platyphyllus* Merr. & Chun

功效主治　根茎：补虚，止痛。用于精气不足，精神萎靡，面色苍白，身倦无力，五心烦热，形体消瘦，心悸气短，自汗盗汗，大便溏泄，小便频数或不禁，各种疼痛。

濒危等级 中国特有植物，中国植物红色名录评估为无危（LC）。

迁地栽培保存

保存地点	种质份数	个体数量	引种方式	生长状况	来源地
GX	2	f	采集	G	广西

屯州沿阶草 *Ophiopogon ogisui* M. N. Tamura & J. M. Xu

迁地栽培保存

保存地点	种质份数	个体数量	引种方式	生长状况	来源地
GX	*	f	采集	G	广西

麦冬 *Ophiopogon japonicus* (Thunb.) Ker-Gawl.

功效主治 块根（麦冬）：甘、微苦，微寒。养阴润肺，清心除烦，益胃生津。用于肺燥干咳，吐血，咯血，肺痿，肺痈，虚劳烦热，消渴，热病津伤，咽干口燥，便秘。

迁地栽培保存

保存地点	种质份数	个体数量	引种方式	生长状况	来源地
BJ	6	e	采集	G	浙江、江西、四川、河北、陕西、河南
SC	4	f	待确定	G	四川
FJ	20	b	采集	A	福建
YN	2	d	购买	A	云南
SH	1	b	采集	A	待确定
GD	1	b	采集	A	待确定
ZJ	1	d	采集	A	浙江
JS1	1	b	购买	C	江苏
JS2	1	e	购买	C	江苏
HEN	1	d	赠送	A	河南
HB	1	a	采集	C	湖北

续表

保存地点	种质份数	个体数量	引种方式	生长状况	来源地
GZ	1	d	采集	C	贵州
CQ	1	d	采集	C	重庆
GX	*	f	采集	G	北京

种质库保存

保存地点	保存方式	种质份数	个体数量	引种方式	来源地
HN	种子	1	a	采集	福建
BJ	种子	16	c	采集	重庆、安徽、黑龙江、湖北、江西

匍茎沿阶草 *Ophiopogon sarmentosus* Wang & Dai

濒危等级 中国植物红色名录评估为无危（LC）。

迁地栽培保存

保存地点	种质份数	个体数量	引种方式	生长状况	来源地
GX	*	f	采集	G	广西

西南沿阶草 *Ophiopogon mairei* H. Lév.

功效主治 块根：清热润肺，养阴生津，清心除烦。

濒危等级 中国特有植物，中国植物红色名录评估为无危（LC）。

迁地栽培保存

保存地点	种质份数	个体数量	引种方式	生长状况	来源地
GX	*	f	采集	G	湖北

狭叶沿阶草 *Ophiopogon stenophyllus* (Merr.) L. Rodr.

功效主治 全草：滋阴补气，和中健胃，清热润肺，养阴生津，清心除烦。用于肺燥咳嗽，阴虚足痿。

濒危等级 中国特有植物，中国植物红色名录评估为无危（LC）。

迁地栽培保存

保存地点	种质份数	个体数量	引种方式	生长状况	来源地
SH	1	b	采集	A	待确定
GX	*	f	采集	G	湖北

沿阶草 *Ophiopogon bodinieri* H. Lév.

功效主治 块根：养阴，生津，润肺，止咳。

濒危等级 中国植物红色名录评估为无危（LC）。

迁地栽培保存

保存地点	种质份数	个体数量	引种方式	生长状况	来源地
BJ	3	e	采集	G	北京、安徽、江西
HB	1	a	采集	C	湖北
YN	1	e	购买	A	云南
GX	*	f	采集	G	广西

种质库保存

保存地点	保存方式	种质份数	个体数量	引种方式	来源地
BJ	种子	6	b	采集	海南、重庆
HN	种子	1	b	采集	四川

异药沿阶草 *Ophiopogon heterandrus* Wang & Dai

功效主治 块根：舒筋活络，止痛，消肿。

濒危等级 中国特有植物，中国植物红色名录评估为无危（LC）。

迁地栽培保存

保存地点	种质份数	个体数量	引种方式	生长状况	来源地
GX	*	f	采集	G	湖北

阴生沿阶草 *Ophiopogon umbraticola* Hance

功效主治　块根：清热润肺，养阴生津，清心除烦。
濒危等级　中国特有植物，中国植物红色名录评估为无危（LC）。
迁地栽培保存

保存地点	种质份数	个体数量	引种方式	生长状况	来源地
GX	*	f	采集	G	江西

银纹沿阶草 *Ophiopogon intermedius* ' Argenteo-marginatus'

迁地栽培保存

保存地点	种质份数	个体数量	引种方式	生长状况	来源地
YN	1	d	购买	A	云南

中华沿阶草 *Ophiopogon sinensis* Y. Wan & C. C. Huang

濒危等级　中国植物红色名录评估为近危（NT）。
迁地栽培保存

保存地点	种质份数	个体数量	引种方式	生长状况	来源地
GX	*	f	采集	G	广西

玉簪属　*Hosta*

波叶玉簪 *Hosta undulata* Bailey

迁地栽培保存

保存地点	种质份数	个体数量	引种方式	生长状况	来源地
CQ	1	a	购买	C	重庆

玉簪 *Hosta plantaginea*（Lam.）Asch.

功效主治　根茎：甘、辛，寒。有毒。清热解毒，消肿止痛。根（玉簪花根）：用于咽肿，吐血，骨鲠；外用于乳痈，耳闭，疮痈肿毒，烫火伤。叶（玉簪叶）：甘、辛，寒。有毒。用于痈肿，疔疮，蛇虫咬伤；外用于下肢溃疡。花（玉簪花）：甘，凉。清咽，利尿，通经。用于咽喉肿痛，小便不通，疮毒，烧伤。

迁地栽培保存

保存地点	种质份数	个体数量	引种方式	生长状况	来源地
BJ	1	e	购买	G	北京
CQ	1	a	购买	C	重庆
JS1	1	b	购买	D	江苏
JS2	1	c	购买	C	江苏
SH	1	b	采集	A	待确定
GX	*	f	采集	G	北京

种质库保存

保存地点	保存方式	种质份数	个体数量	引种方式	来源地
BJ	种子	6	b	采集	吉林、福建

紫萼 *Hosta ventricosa* Stearn

功效主治 根（紫玉簪根）：甘、苦，平。用于咽喉肿痛，牙痛，胃痛，血崩，带下病，痈疽，瘰疬。叶（紫玉簪叶）：用于崩漏，带下病，溃疡。花（紫玉簪）：甘、微苦，平。理气，和血，补虚。用于遗精，吐血，妇女虚弱，带下病。

迁地栽培保存

保存地点	种质份数	个体数量	引种方式	生长状况	来源地
HB	3	f	采集	C	湖北
SC	2	f	待确定	G	四川
JS2	1	e	购买	C	江苏
GZ	1	d	采集	C	贵州
LN	1	c	采集	B	辽宁
ZJ	1	d	购买	B	浙江
SH	1	b	采集	A	待确定

续表

保存地点	种质份数	个体数量	引种方式	生长状况	来源地
BJ	1	e	采集	G	浙江
JS1	1	b	购买	C	江苏
GD	1	f	采集	G	待确定
GX	*	f	采集	G	广西

紫玉簪　*Hosta albomarginata*（Hook.）Ohwi

迁地栽培保存

保存地点	种质份数	个体数量	引种方式	生长状况	来源地
CQ	2	a	赠送、采集	C	广西、重庆

知母属　*Anemarrhena*

知母　*Anemarrhena asphodeloides* Bunge

功效主治　根茎（知母）：苦、甘，寒。清热泻火，生津润燥。用于外感热病，高热烦渴，肺热燥咳，骨蒸潮热，内热消渴，怀胎蕴热，胎动不安，肠燥便秘。

迁地栽培保存

保存地点	种质份数	个体数量	引种方式	生长状况	来源地
BJ	8	e	采集	C	甘肃、河北、辽宁
SH	1	b	采集	A	待确定
JS1	1	a	购买	D	江苏
XJ	1	c	购买	A	河北
HEN	1	c	采集	A	河南
JS2	1	d	购买	C	江苏
SC	1	f	待确定	G	四川
NMG	1	c	购买	B	内蒙古
HLJ	1	c	购买	A	河北

续表

保存地点	种质份数	个体数量	引种方式	生长状况	来源地
LN	1	d	采集	B	辽宁
CQ	1	a	购买	B	安徽

种质库保存

保存地点	保存方式	种质份数	个体数量	引种方式	来源地
BJ	种子	163	e	采集	重庆、海南、安徽、四川、江西、内蒙古、河北、吉林、辽宁、湖北、黑龙江、山西、山东、云南、陕西、甘肃

蜘蛛抱蛋属 *Aspidistra*

斑叶蜘蛛抱蛋 *Aspidistra elatior* 'Variegata'

迁地栽培保存

保存地点	种质份数	个体数量	引种方式	生长状况	来源地
JS1	1	b	购买	C	江苏

糙果蜘蛛抱蛋 *Aspidistra muricata* How ex K. Y. Lang

功效主治　根茎：清热，止咳。

濒危等级　中国特有植物，中国植物红色名录评估为近危（NT）。

迁地栽培保存

保存地点	种质份数	个体数量	引种方式	生长状况	来源地
GX	*	f	采集	G	广西

长瓣蜘蛛抱蛋 *Aspidistra longipetala* S. Z. Huang

功效主治　根茎：用于咳嗽。

濒危等级　中国特有植物，中国植物红色名录评估为无危（LC）。

迁地栽培保存

保存地点	种质份数	个体数量	引种方式	生长状况	来源地
GZ	1	b	采集	C	贵州

长梗蜘蛛抱蛋 *Aspidistra longipedunculata* D. Fang

功效主治　全草：用于风湿痹痛。

濒危等级　中国特有植物，中国植物红色名录评估为濒危（EN）。

迁地栽培保存

保存地点	种质份数	个体数量	引种方式	生长状况	来源地
GZ	1	b	采集	C	贵州
GX	*	f	采集	G	广西

长药蜘蛛抱蛋 *Aspidistra dolichanthera* X. X. Chen

功效主治　根茎：用于骨折，跌打损伤。

濒危等级　中国特有植物，中国植物红色名录评估为无危（LC）。

迁地栽培保存

保存地点	种质份数	个体数量	引种方式	生长状况	来源地
GZ	1	b	采集	C	贵州

赤水蜘蛛抱蛋 *Aspidistra chishuiensis* S. Z. He & W. F. Xu

迁地栽培保存

保存地点	种质份数	个体数量	引种方式	生长状况	来源地
GZ	1	b	采集	C	贵州

丛生蜘蛛抱蛋 *Aspidistra caespitosa* C. Pei

功效主治 根茎：祛风，活血，除湿，通淋，泻热，通络，化痰止咳。

濒危等级 中国植物红色名录评估为无危（LC）。

迁地栽培保存

保存地点	种质份数	个体数量	引种方式	生长状况	来源地
GZ	1	c	采集	C	贵州
CQ	1	c	采集	C	重庆
GX	*	f	采集	G	重庆

大花蜘蛛抱蛋 *Aspidistra tonkinensis*（Gagnep.）F. T. Wang & K. Y. Lang

濒危等级 中国植物红色名录评估为无危（LC）。

迁地栽培保存

保存地点	种质份数	个体数量	引种方式	生长状况	来源地
GX	*	f	采集	G	广西

苿叶蜘蛛抱蛋 *Aspidistra fasciaria* G. Z. Li

濒危等级 中国特有植物，中国植物红色名录评估为数据缺乏（DD）。

迁地栽培保存

保存地点	种质份数	个体数量	引种方式	生长状况	来源地
GX	*	f	采集	G	广西

碟柱蜘蛛抱蛋 *Aspidistra acetabuliformis* Y. Wan & C. C. Huang

迁地栽培保存

保存地点	种质份数	个体数量	引种方式	生长状况	来源地
GX	*	f	采集	G	广西

洞生蜘蛛抱蛋 *Aspidistra cavicola* D. Fang & K. C. Yen

濒危等级　中国特有植物，中国植物红色名录评估为无危（LC）。

迁地栽培保存

保存地点	种质份数	个体数量	引种方式	生长状况	来源地
YN	1	a	采集	C	云南
GX	*	f	采集	G	广西

峨眉蜘蛛抱蛋 *Aspidistra omeiensis* Z. Y. Zhu & J. L. Zhang

功效主治　根茎：活血通淋，泻热通络。

濒危等级　中国特有植物，中国植物红色名录评估为近危（NT）。

迁地栽培保存

保存地点	种质份数	个体数量	引种方式	生长状况	来源地
CQ	1	a	采集	C	重庆
GX	*	f	采集	G	四川

凤凰蜘蛛抱蛋 *Aspidistra fenghuangensis* K. Y. Lang

濒危等级　中国特有植物，中国植物红色名录评估为无危（LC）。

迁地栽培保存

保存地点	种质份数	个体数量	引种方式	生长状况	来源地
GX	*	f	采集	G	湖北

辐花蜘蛛抱蛋 *Aspidistra subrotata* Y. Wan & C. C. Huang

濒危等级　中国特有植物，中国植物红色名录评估为无危（LC）。

迁地栽培保存

保存地点	种质份数	个体数量	引种方式	生长状况	来源地
GX	*	f	采集	G	广西

广西蜘蛛抱蛋 *Aspidistra retusa* K. Y. Lang & S. Z. Huang

功效主治　根茎：用于跌打损伤。

濒危等级　中国特有植物，中国植物红色名录评估为无危（LC）。

迁地栽培保存

保存地点	种质份数	个体数量	引种方式	生长状况	来源地
GZ	1	b	采集	C	贵州
GX	*	f	采集	G	广西

海南蜘蛛抱蛋 *Aspidistra hainanensis* W. Y. Chun & F. C. How

濒危等级　中国特有植物，中国植物红色名录评估为无危（LC）。

迁地栽培保存

保存地点	种质份数	个体数量	引种方式	生长状况	来源地
YN	1	b	采集	C	云南

河口蜘蛛抱蛋 *Aspidistra hekouensis* H. Li et al.

濒危等级　中国特有植物，中国植物红色名录评估为数据缺乏（DD）。

迁地栽培保存

保存地点	种质份数	个体数量	引种方式	生长状况	来源地
GX	*	f	采集	G	云南

黄花蜘蛛抱蛋 *Aspidistra flaviflora* K. Y. Lang & Z. Y. Zhu

濒危等级　中国特有植物，中国植物红色名录评估为极危（CR）。

迁地栽培保存

保存地点	种质份数	个体数量	引种方式	生长状况	来源地
GX	*	f	采集	G	日本

九龙盘　*Aspidistra lurida* Ker-Gawl.

功效主治　根茎（蛇退）：辛、微苦，平。健胃止痛，接骨生肌。用于小儿消化不良，胃痛，骨折，刀枪伤，风湿骨痛，肾虚腰痛，跌打损伤。

濒危等级　中国特有植物，中国植物红色名录评估为无危（LC）。

迁地栽培保存

保存地点	种质份数	个体数量	引种方式	生长状况	来源地
GX	2	f	采集	G	重庆、湖北
BJ	1	a	采集	G	待确定
CQ	1	c	采集	C	重庆

巨型蜘蛛抱蛋　*Aspidistra longiloba* G. Z. Li

迁地栽培保存

保存地点	种质份数	个体数量	引种方式	生长状况	来源地
GZ	1	b	采集	C	贵州

乐业蜘蛛抱蛋　*Aspidistra leyeensis* Y. Wan & C. C. Huang

濒危等级　中国特有植物，中国植物红色名录评估为数据缺乏（DD）。

迁地栽培保存

保存地点	种质份数	个体数量	引种方式	生长状况	来源地
GX	*	f	采集	G	广西

荔波蜘蛛抱蛋　*Aspidistra liboensis* S. Z. He & J. Y. Wu

迁地栽培保存

保存地点	种质份数	个体数量	引种方式	生长状况	来源地
GZ	1	c	采集	C	贵州
GX	*	f	采集	G	贵州

隆安蜘蛛抱蛋 *Aspidistra longanensis* Y. Wan

濒危等级 中国特有植物，中国植物红色名录评估为无危（LC）。

迁地栽培保存

保存地点	种质份数	个体数量	引种方式	生长状况	来源地
GX	*	f	采集	G	广西

卵叶蜘蛛抱蛋 *Aspidistra typica* Baill.

功效主治 根茎：甘、微辛，平。滋阴，止咳，润肺，生津止渴。

濒危等级 中国植物红色名录评估为数据缺乏（DD）。

迁地栽培保存

保存地点	种质份数	个体数量	引种方式	生长状况	来源地
CQ	1	c	采集	C	重庆
YN	1	b	采集	C	云南

种质库保存

保存地点	保存方式	种质份数	个体数量	引种方式	来源地
BJ	种子	1	a	采集	待确定

罗甸蜘蛛抱蛋 *Aspidistra luodianensis* D. D. Tao

濒危等级 中国特有植物，中国植物红色名录评估为无危（LC）。

迁地栽培保存

保存地点	种质份数	个体数量	引种方式	生长状况	来源地
GZ	1	b	采集	C	贵州
GX	*	f	采集	G	广西

啮边蜘蛛抱蛋 *Aspidistra marginella* D. Fang & L. Zeng

濒危等级 中国特有植物，中国植物红色名录评估为无危（LC）。

迁地栽培保存

保存地点	种质份数	个体数量	引种方式	生长状况	来源地
GX	*	f	采集	G	广西

平塘蜘蛛抱蛋 *Aspidistra pingtangensis* S. Z. He

迁地栽培保存

保存地点	种质份数	个体数量	引种方式	生长状况	来源地
GZ	1	c	采集	C	贵州

乳突蜘蛛抱蛋 *Aspidistra papillata* G. Z. Li

濒危等级 中国特有植物，中国植物红色名录评估为近危（NT）。

迁地栽培保存

保存地点	种质份数	个体数量	引种方式	生长状况	来源地
GX	*	f	采集	G	广西

洒金蜘蛛抱蛋 *Aspidistra elatior* ‘Punctata’

迁地栽培保存

保存地点	种质份数	个体数量	引种方式	生长状况	来源地
CQ	1	c	采集	C	重庆
YN	1	b	采集	C	云南

伞柱蜘蛛抱蛋 *Aspidistra fungilliformis* Y. Wan

濒危等级 中国植物红色名录评估为无危（LC）。

迁地栽培保存

保存地点	种质份数	个体数量	引种方式	生长状况	来源地
GZ	1	b	采集	C	贵州
GX	*	f	采集	G	广西

石山蜘蛛抱蛋 *Aspidistra saxicola* Y. Wan

濒危等级 中国特有植物，中国植物红色名录评估为无危（LC）。

迁地栽培保存

保存地点	种质份数	个体数量	引种方式	生长状况	来源地
GX	*	f	采集	G	广西

四川蜘蛛抱蛋 *Aspidistra sichuanensis* K. Y. Lang & Z. Y. Zhu

濒危等级 中国特有植物，中国植物红色名录评估为无危（LC）。

迁地栽培保存

保存地点	种质份数	个体数量	引种方式	生长状况	来源地
SC	1	f	待确定	G	四川
GZ	1	d	采集	C	贵州
GX	*	f	采集	G	湖北

西林蜘蛛抱蛋 *Aspidistra xilinensis* Y. Wan & X. H. Lu

濒危等级 中国特有植物，中国植物红色名录评估为无危（LC）。

迁地栽培保存

保存地点	种质份数	个体数量	引种方式	生长状况	来源地
GX	*	f	采集	G	广西

线萼蜘蛛抱蛋 *Aspidistra linearifolia* Y. Wan et C. C. Huang

濒危等级　中国特有植物，中国植物红色名录评估为无危（LC）。

迁地栽培保存

保存地点	种质份数	个体数量	引种方式	生长状况	来源地
GZ	1	b	采集	C	贵州
GX	*	f	采集	G	广西

小花蜘蛛抱蛋 *Aspidistra minutiflora* Stapf

功效主治　根茎：活血通淋，泻热通络。

濒危等级　中国特有植物，中国植物红色名录评估为无危（LC）。

迁地栽培保存

保存地点	种质份数	个体数量	引种方式	生长状况	来源地
GZ	1	b	采集	C	贵州
YN	1	b	采集	C	云南
HN	1	b	赠送	B	广西
GD	1	b	采集	D	待确定
CQ	1	c	采集	C	重庆
SC	1	f	待确定	G	四川

蜘蛛抱蛋 *Aspidistra elatior* Blume

功效主治　根茎（蜘蛛抱蛋）：辛、微涩，温。活血通络，泻热利尿。用于跌打损伤，风湿筋骨痛，腰痛，闭经，腹痛，头痛，牙痛，伤暑咳嗽，泄泻，石淋。

迁地栽培保存

保存地点	种质份数	个体数量	引种方式	生长状况	来源地
SC	4	f	待确定	G	四川
CQ	2	c	采集	C	重庆
SH	1	b	采集	A	待确定

保存地点	种质份数	个体数量	引种方式	生长状况	来源地
JS1	1	a	购买	C	江苏
HN	1	b	赠送	B	广西
HLJ	1	a	购买	C	福建
HB	1	a	采集	C	湖北
GD	1	f	采集	G	待确定
YN	1	b	采集	C	云南
BJ	1	b	购买	C	北京

棕叶草 *Aspidistra oblanceifolia* F. T. Wang & K. Y. Lang

功效主治 根茎：利小便，祛痰，消食健脾，下气消胀。

濒危等级 中国特有植物，中国植物红色名录评估为无危（LC）。

迁地栽培保存

保存地点	种质份数	个体数量	引种方式	生长状况	来源地
CQ	1	c	采集	C	重庆
GX	*	f	采集	G	湖北

粽粑叶 *Aspidistra zongbayi* K. Y. Lang & Z. Y. Zhu

功效主治 根茎：活血祛瘀，接骨止痛。

迁地栽培保存

保存地点	种质份数	个体数量	引种方式	生长状况	来源地
SC	1	f	待确定	G	四川

燕麦草属　*Arrhenatherum*

银边草　*Arrhenatherum elatius* f. *variegatum*

迁地栽培保存

保存地点	种质份数	个体数量	引种方式	生长状况	来源地
BJ	1	b	购买	G	北京

朱蕉属　*Cordyline*

剑叶朱蕉　*Cordyline congesta*（Sweet）Steud.

迁地栽培保存

保存地点	种质份数	个体数量	引种方式	生长状况	来源地
HN	1	b	赠送	B	海南

细叶朱蕉　*Cordyline stricta*（Sims）Endl.

功效主治　叶：甘、淡、平。清热止血，散瘀。用于跌打损伤，咳嗽，吐血，鼻衄，二便出血，外伤出血，小儿疳积，哮喘，痢疾。根、茎：用于痢疾。

迁地栽培保存

保存地点	种质份数	个体数量	引种方式	生长状况	来源地
YN	1	c	购买	C	云南

朱蕉　*Cordyline fruticosa*（L.）A. Chev.

功效主治　叶、根、花：微甘，平。清热，止血，散瘀。用于痢疾，吐血，便血，胃痛，尿血，月经过多，跌打肿痛。

迁地栽培保存

保存地点	种质份数	个体数量	引种方式	生长状况	来源地
BJ	2	b	购买	G	北京、云南
YN	2	d	购买	C	云南
GX	2	f	采集	G	新西兰，中国海南
HN	1	b	赠送	B	海南
HLJ	1	a	购买	B	广东
GD	1	f	采集	G	待确定
CQ	1	a	赠送	C	广西
JS1	1	a	购买	C	江苏

种质库保存

保存地点	保存方式	种质份数	个体数量	引种方式	来源地
HN	种子	2	b	采集	海南

竹根七属　*Disporopsis*

长叶竹根七　*Disporopsis longifolia* Craib

功效主治　根：解毒消肿。

濒危等级　中国植物红色名录评估为无危（LC）。

迁地栽培保存

保存地点	种质份数	个体数量	引种方式	生长状况	来源地
YN	1	a	购买	C	云南
BJ	1	b	采集	G	云南

金佛山竹根七　*Disporopsis jinfushanensis* Z. Y. Liu

功效主治　根：益气补肾，润肺止咳。

濒危等级　中国特有植物，中国植物红色名录评估为近危（NT）。

迁地栽培保存

保存地点	种质份数	个体数量	引种方式	生长状况	来源地
CQ	1	b	采集	B	重庆

散斑竹根七　*Disporopsis aspersa*（Hua）Engl. ex K. Krause

功效主治　根茎：养阴润肺，化瘀止痛。用于肺胃阴伤，燥热咳嗽，风湿疼痛，跌打损伤。

濒危等级　中国特有植物，中国植物红色名录评估为无危（LC）。

迁地栽培保存

保存地点	种质份数	个体数量	引种方式	生长状况	来源地
BJ	1	b	采集	G	湖北
CQ	1	b	采集	B	重庆

深裂竹根七　*Disporopsis pernyi*（Hua）Diels

功效主治　根茎（黄脚鸡）：甘，平。养阴润肺，生津止咳。用于虚咳，多汗，产后虚弱。

濒危等级　中国特有植物，中国植物红色名录评估为无危（LC）。

迁地栽培保存

保存地点	种质份数	个体数量	引种方式	生长状况	来源地
GX	2	f	采集	G	上海，待确定
BJ	1	b	采集	G	浙江

竹根七　*Disporopsis fuscopicta* Hance

功效主治　全草或根茎：养阴生津，补脾润肺，止血消肿。用于脾胃虚弱，肺虚燥咳，跌打损伤，刀伤出血。

濒危等级　中国植物红色名录评估为无危（LC）。

迁地栽培保存

保存地点	种质份数	个体数量	引种方式	生长状况	来源地
YN	1	a	购买	C	云南

续表

保存地点	种质份数	个体数量	引种方式	生长状况	来源地
BJ	1	b	采集	G	待确定
CQ	1	b	采集	B	重庆
HB	1	a	采集	C	湖北

天南星科　Araceae

斑龙芋属　*Sauromatum*

犁角莲　*Sauromatum giganteum*（Engl.）Cusimano & Hett.

功效主治　块茎（禹白附）：辛、甘，大温。有毒。祛风痰，定惊搐，解毒散结。用于中风痰壅，口眼歪斜，语言謇涩，痰厥头痛，面瘫，偏头痛，喉痹咽痛，破伤风。全草（独角莲）：外用于毒蛇咬伤，瘰疬，跌打损伤。

迁地栽培保存

保存地点	种质份数	个体数量	引种方式	生长状况	来源地
BJ	3	c	采集	G	北京、陕西、河南
HB	1	e	采集	A	待确定
HEN	1	b	采集	A	河南

半夏属　*Pinellia*

半夏　*Pinellia ternata*（Thunb.）Ten. ex Breitenb.

功效主治　块茎（半夏）：辛，温。有毒。燥湿化痰，降逆止呕，消痞散结。用于痰多咳喘，痰饮眩晕，痰厥头痛，呕吐反胃，胸脘痞闷，梅核气，痈肿，痰核。

濒危等级　河北省重点保护植物、吉林省二级保护植物，中国植物红色名录评估为无危（LC）。

迁地栽培保存

保存地点	种质份数	个体数量	引种方式	生长状况	来源地
BJ	6	e	采集	C	山西、河北、山西
GX	2	f	采集	G	河北
GZ	1	d	采集	C	贵州
SH	1	b	采集	A	待确定
SC	1	f	待确定	G	四川
JS1	1	a	采集	C	江苏
JS2	1	e	购买	C	江苏
HB	1	b	采集	A	湖北
XJ	1	a	赠送	F	北京
GD	1	f	采集	G	待确定
CQ	1	a	采集	C	重庆
HEN	1	c	采集	A	河南

种质库保存

保存地点	保存方式	种质份数	个体数量	引种方式	来源地
BJ	种子	2	d	采集	吉林、贵州

滴水珠　*Pinellia cordata* N. E. Br.

功效主治　块茎（滴水珠）：辛，温。有小毒。解毒，止痛，行瘀消肿。用于毒蛇咬伤，胃痛，腰痛；外用于疮痈肿毒，跌打损伤。

濒危等级　中国特有植物，中国植物红色名录评估为无危（LC）。

迁地栽培保存

保存地点	种质份数	个体数量	引种方式	生长状况	来源地
BJ	3	c	采集	C	湖北、安徽、浙江
JS1	1	a	采集	D	江苏
GX	*	f	采集	G	广西

虎掌 *Pinellia pedatisecta* Schott

功效主治 块茎（虎掌）：辛、甘，温。有毒。温肾，理气，消肿毒。外用于毒蛇咬伤，无名肿毒。

迁地栽培保存

保存地点	种质份数	个体数量	引种方式	生长状况	来源地
BJ	2	e	采集	G	山东、北京
SH	1	b	采集	A	待确定
JS2	1	e	购买	C	江苏
JS1	1	a	采集	D	江苏
HEN	1	c	采集	A	河南
CQ	1	a	购买	C	重庆
GD	1	f	采集	G	待确定

种质库保存

保存地点	保存方式	种质份数	个体数量	引种方式	来源地
BJ	种子	1	a	采集	河北

鹞落坪半夏 *Pinellia yaoluopingensis* X. H. Guo & X. L. Liu

濒危等级 中国特有植物，中国植物红色名录评估为无危（LC）。

迁地栽培保存

保存地点	种质份数	个体数量	引种方式	生长状况	来源地
BJ	1	b	采集	G	安徽

刺芋属 *Lasia*

刺芋 *Lasia spinosa* (L.) Thwaites

功效主治 根茎（慈姑）：辛，平。清热，止痛，消食，健胃。用于胃脘胀痛，消化不良，风湿关节痛；外用于毒蛇咬伤，瘰疬。

濒危等级 中国植物红色名录评估为无危（LC）。

迁地栽培保存

保存地点	种质份数	个体数量	引种方式	生长状况	来源地
BJ	1	a	采集	G	云南
GD	1	b	采集	D	待确定
HN	1	a	采集	B	海南

大藻属　*Pistia*

大藻　*Pistia stratiotes* L.

功效主治　全草（大浮萍）：辛，凉。祛风发汗，利尿解毒。用于感冒，水肿，小便淋痛不利，瘾疹，皮肤瘙痒，风湿痛，麻疹不透；外用于无名肿毒，紫白癜风，湿疹，跌打肿痛。

迁地栽培保存

保存地点	种质份数	个体数量	引种方式	生长状况	来源地
HN	1	b	采集	B	海南

黛粉芋属　*Dieffenbachia*

黛粉叶　*Dieffenbachia picta*（Lodd.）Schott

功效主治　全株：清热解毒。用于跌打损伤，骨折。

迁地栽培保存

保存地点	种质份数	个体数量	引种方式	生长状况	来源地
YN	2	a	购买	A	云南
HN	1	b	采集	B	海南

浮萍属　*Lemna*

浮萍　*Lemna minor* L.

功效主治　全草（浮萍）：辛，寒。宣散风热，透疹，利尿。用于麻疹不透，风疹瘙痒，水肿尿少。

迁地栽培保存

保存地点	种质份数	个体数量	引种方式	生长状况	来源地
SH	1	b	采集	A	待确定
CQ	1	b	采集	C	重庆
GZ	1	e	采集	C	贵州

品藻 *Lemna trisulca* L.

功效主治 茎叶：解热。用于头癣，顽癣。

迁地栽培保存

保存地点	种质份数	个体数量	引种方式	生长状况	来源地
GX	*	f	采集	G	法国

广东万年青属 *Aglaonema*

广东万年青 *Aglaonema modestum* Schott ex Engl.

功效主治 全草或根茎（粤万年青）：辛、微苦，寒。有毒。清热解毒，消肿止痛。用于蛇咬伤，咽喉肿痛，淋证，泄泻，肺热咳嗽；外用于疮痈肿毒，小儿脱肛。

迁地栽培保存

保存地点	种质份数	个体数量	引种方式	生长状况	来源地
SH	2	a	采集	A	待确定
YN	1	a	购买	C	云南
BJ	1	b	交换	C	北京
CQ	1	b	赠送	A	广东
GD	1	b	采集	B	待确定
HN	1	b	采集	B	海南
JS1	1	a	购买	C	江苏

银王亮丝草 *Aglaonema modestum* 'Silver King'

迁地栽培保存

保存地点	种质份数	个体数量	引种方式	生长状况	来源地
SH	1	b	采集	A	待确定

越南万年青 *Aglaonema tenuipes* Engl.

濒危等级　中国植物红色名录评估为无危（LC）。

迁地栽培保存

保存地点	种质份数	个体数量	引种方式	生长状况	来源地
GX	*	f	采集	G	广西

种质库保存

保存地点	保存方式	种质份数	个体数量	引种方式	来源地
BJ	种子	1	a	采集	云南

龟背竹属　*Monstera*

龟背竹 *Monstera deliciosa* Liebm.

功效主治　根、叶：用于关节痹痛。

迁地栽培保存

保存地点	种质份数	个体数量	引种方式	生长状况	来源地
BJ	1	b	购买	G	北京
SH	1	b	采集	A	待确定
YN	1	c	购买	A	云南
JS1	1	a	购买	C	江苏
HN	1	a	采集	B	海南
CQ	1	a	赠送	C	云南
GZ	1	b	采集	C	贵州

海芋属　*Alocasia*

海芋　*Alocasia macrorrhizos*（L.）Schott

迁地栽培保存

保存地点	种质份数	个体数量	引种方式	生长状况	来源地
FJ	2	a	采集	A	福建
SH	1	a	采集	A	待确定
GD	1	f	采集	G	待确定
CQ	1	a	赠送	B	云南
HLJ	1	a	购买	A	广东
GX	*	f	采集	G	广西

尖尾芋　*Alocasia cucullata*（Lour.）Schott

功效主治　全草或根茎（卜芥）：辛、微苦，寒。有大毒。清热解毒，消肿止痛。用于时行感冒，暑温，伤寒，肺痨，咳嗽痰喘；外用于毒蛇咬伤，毒蜂螫伤，痈及肿毒初起。

濒危等级　中国植物红色名录评估为无危（LC）。

迁地栽培保存

保存地点	种质份数	个体数量	引种方式	生长状况	来源地
HN	2	a	采集	B	海南
GD	1	b	采集	D	待确定
YN	1	b	采集	A	云南
BJ	1	b	采集	G	待确定
CQ	1	b	采集	C	重庆

种质库保存

保存地点	保存方式	种质份数	个体数量	引种方式	来源地
HN	种子	4	c	采集	海南

热亚海芋 *Alocasia macrorrhizos*（Linnaeus）G. Don

功效主治　茎及根茎（海芋）：辛，寒。有毒。清热解毒，消肿散结，去腐生肌。用于热病高热，流行性感冒，肺痨，伤寒，风湿关节痛，鼻塞流涕；外用于疔疮肿毒，蛇虫咬伤。

迁地栽培保存

保存地点	种质份数	个体数量	引种方式	生长状况	来源地
BJ	2	b	购买	B	云南，待确定
GZ	1	b	采集	C	贵州
HB	1	a	采集	C	湖北
HN	1	b	采集	B	海南
JS1	1	a	购买	C	江苏
YN	1	c	采集	C	云南

种质库保存

保存地点	保存方式	种质份数	个体数量	引种方式	来源地
BJ	种子	9	b	采集	云南、海南

合果芋属　*Syngonium*

合果芋 *Syngonium podophyllum* Schott

功效主治　叶：用于风湿病。

迁地栽培保存

保存地点	种质份数	个体数量	引种方式	生长状况	来源地
BJ	1	c	采集	G	待确定
CQ	1	a	赠送	C	广西
YN	1	a	采集	C	云南

花烛属 *Anthurium*

花烛 *Anthurium andraeanum* Linden

迁地栽培保存

保存地点	种质份数	个体数量	引种方式	生长状况	来源地
CQ	1	a	购买	A	重庆
YN	1	c	购买	C	云南

水晶花烛 *Anthurium crystallinum* Linden et André

迁地栽培保存

保存地点	种质份数	个体数量	引种方式	生长状况	来源地
YN	1	a	购买	C	云南

雷公连属 *Amydrium*

雷公连 *Amydrium sinense* (Engl.) H. Li

功效主治 茎叶：用于风湿痛，心绞痛；外用于跌伤，骨折。

濒危等级 中国植物红色名录评估为无危（LC）。

迁地栽培保存

保存地点	种质份数	个体数量	引种方式	生长状况	来源地
GZ	1	a	采集	C	贵州
GX	*	f	采集	G	湖北

种质库保存

保存地点	保存方式	种质份数	个体数量	引种方式	来源地
BJ	种子	5	b	采集	四川

犁头尖属　*Typhonium*

鞭檐犁头尖　*Typhonium flagelliforme*（Lodd.）Blume

功效主治　块茎（水半夏）：辛，温。有毒。燥湿，化痰，止咳。用于咳嗽痰喘。

濒危等级　中国植物红色名录评估为无危（LC）。

迁地栽培保存

保存地点	种质份数	个体数量	引种方式	生长状况	来源地
GX	*	f	采集	G	广西

犁头尖　*Typhonium divaricatum* Blume

功效主治　全草或块茎（犁头尖）：苦、辛，温。有毒。解毒消肿，散结，止血。用于毒蛇咬伤，痈疖肿毒，脉痹，瘰疬，跌打损伤，外伤出血。

濒危等级　中国植物红色名录评估为无危（LC）。

迁地栽培保存

保存地点	种质份数	个体数量	引种方式	生长状况	来源地
FJ	3	a	采集	B	福建、江苏
BJ	1	c	采集	G	广西
CQ	1	a	采集	C	重庆
GD	1	f	采集	G	待确定
GZ	1	b	采集	C	贵州
HN	1	c	采集	B	海南
SC	1	f	待确定	G	四川
YN	1	a	采集	C	云南

种质库保存

保存地点	保存方式	种质份数	个体数量	引种方式	来源地
BJ	种子	6	a	采集	山西

马蹄犁头尖 *Typhonium trilobatum*（L.）Schott

迁地栽培保存

保存地点	种质份数	个体数量	引种方式	生长状况	来源地
FJ	2	a	采集	B	福建

马蹄莲属 *Zantedeschia*

马蹄莲 *Zantedeschia aethiopica*（L.）Spreng.

功效主治 叶、根：用于虫疮，恶癣。

迁地栽培保存

保存地点	种质份数	个体数量	引种方式	生长状况	来源地
JS1	1	b	采集	C	江苏
SH	1	b	采集	A	待确定
SC	1	f	待确定	G	四川
CQ	1	a	购买	C	重庆
BJ	1	b	购买	G	北京
GZ	1	b	采集	C	贵州

魔芋属 *Amorphophallus*

东亚魔芋 *Amorphophallus kiusianus*（Makino）Makino

功效主治 块茎（蛇头草）：辛，温。有毒。消肿散结，解毒止痛，化痰。用于痈疖肿毒，毒蛇咬伤，丹毒，烫火伤，跌打损伤，癥瘕积聚。

濒危等级 中国植物红色名录评估为无危（LC）。

迁地栽培保存

保存地点	种质份数	个体数量	引种方式	生长状况	来源地
BJ	1	b	采集	C	江西

花魔芋 *Amorphophallus konjac* K. Koch

功效主治 块茎（蒟蒻）：辛，寒。消肿散结，解毒止痛。用于瘰疬，痈疖肿毒，毒蛇咬伤，烫火伤。

濒危等级 中国特有植物，中国植物红色名录评估为近危（NT）。

迁地栽培保存

保存地点	种质份数	个体数量	引种方式	生长状况	来源地
BJ	3	a	购买、采集	G	湖北、江西、浙江
CQ	2	a	采集	B	重庆
SH	1	a	采集	A	待确定
JS1	1	a	采集	D	江苏
HB	1	b	采集	B	湖北
GZ	1	b	采集	C	贵州

种质库保存

保存地点	保存方式	种质份数	个体数量	引种方式	来源地
BJ	种子	2	b	采集	贵州

南蛇棒 *Amorphophallus dunnii* Tutcher

功效主治 块茎：消肿散结，解毒止痛。外用于疮疡肿毒。

濒危等级 中国特有植物，中国植物红色名录评估为无危（LC）。

种质库保存

保存地点	保存方式	种质份数	个体数量	引种方式	来源地
BJ	种子	1	a	采集	待确定

野魔芋 *Amorphophallus variabilis* Blume

功效主治 块茎：消肿解毒。

迁地栽培保存

保存地点	种质份数	个体数量	引种方式	生长状况	来源地
HN	2	a	采集	B	海南
GX	*	f	采集	G	广西

疣柄魔芋 *Amorphophallus paeoniifolius*（Dennstedt）Nicolson

功效主治 块茎：消肿散结，解毒止痛，祛寒。

濒危等级 中国植物红色名录评估为无危（LC）。

迁地栽培保存

保存地点	种质份数	个体数量	引种方式	生长状况	来源地
CQ	1	a	赠送	A	云南
YN	1	b	采集	A	云南

种质库保存

保存地点	保存方式	种质份数	个体数量	引种方式	来源地
BJ	种子	2	b	采集	中国云南，泰国

麒麟叶属 *Epipremnum*

绿萝 *Epipremnum aureum*（Linden & André）G. S. Bunting

迁地栽培保存

保存地点	种质份数	个体数量	引种方式	生长状况	来源地
YN	1	b	购买	A	云南
BJ	1	b	采集	G	广西
CQ	1	a	赠送	C	广西
HN	1	b	采集	B	海南
SH	1	b	采集	A	待确定

麒麟叶 *Epipremnum pinnatum* (L.) Engl.

功效主治　根（麒麟尾）、茎（麒麟尾）、叶（麒麟尾）：淡、涩，平。清热润肺，消肿解毒，舒筋活络，散瘀止痛。用于发热，顿咳，伤寒，跌打损伤，骨折，风湿痹痛，目赤，鼻衄；外用于痈疽疮疖，毒蛇咬伤，阴囊红肿。

濒危等级　中国植物红色名录评估为无危（LC）。

迁地栽培保存

保存地点	种质份数	个体数量	引种方式	生长状况	来源地
GD	1	f	采集	G	待确定
HN	1	a	采集	B	海南
BJ	1	a	采集	G	云南
CQ	1	a	赠送	C	广西

千年健属　*Homalomena*

大千年健 *Homalomena pendula* (Blume) Bakh. f.

功效主治　根茎：有毒。润肺止咳，退热，祛风湿，止血。用于高热，肺痨，咯血，咳嗽痰喘，时行感冒，风湿骨痛。

迁地栽培保存

保存地点	种质份数	个体数量	引种方式	生长状况	来源地
GD	1	b	采集	C	待确定

千年健 *Homalomena occulta* (Lour.) Schott

功效主治　根茎（千年健）：苦、辛，温。祛风湿，健筋骨。用于风寒湿痹，肢节酸痛，筋骨无力；外用于跌打肿痛，蛇头疮。

濒危等级　中国植物红色名录评估为无危（LC）。

迁地栽培保存

保存地点	种质份数	个体数量	引种方式	生长状况	来源地
YN	1	a	采集	E	云南
BJ	1	b	购买	G	北京
CQ	1	a	赠送	C	广东
GD	1	b	采集	B	待确定
HN	1	a	采集	B	海南

二 树南星属 *Anadendrum*

上树南星 *Anadendrum montanum*（Blume）Schott

濒危等级 中国植物红色名录评估为无危（LC）。

迁地栽培保存

保存地点	种质份数	个体数量	引种方式	生长状况	来源地
HN	1	b	采集	B	海南
GX	*	f	采集	G	广西

石柑属 *Pothos*

百足藤 *Pothos repens*（Lour.）Druce

功效主治 全株或茎叶（飞天蜈蚣）：辛，温。祛风湿，消肿止痛。用于跌打损伤，劳伤，骨折，痈肿疮毒，目生翳膜。叶：用于吐血，胃脘胀痛，风湿痹痛。

濒危等级 中国植物红色名录评估为无危（LC）。

迁地栽培保存

保存地点	种质份数	个体数量	引种方式	生长状况	来源地
GD	1	f	采集	G	待确定
HN	1	a	采集	B	海南

种质库保存

保存地点	保存方式	种质份数	个体数量	引种方式	来源地
HN	种子	1	b	采集	海南

地柑　*Pothos pilulifer* Buchet ex Gagnep.

功效主治　全株：清心，泻热。用于癫痫。

濒危等级　中国植物红色名录评估为无危（LC）。

迁地栽培保存

保存地点	种质份数	个体数量	引种方式	生长状况	来源地
GX	*	f	采集	G	广西

石柑子　*Pothos chinensis*（Raf.）Merr.

功效主治　全株（石柑子）：淡，平。祛风除湿，活血散瘀，消积，止咳。用于跌打损伤，臌胀，风湿关节痛，小儿疳积，咳嗽，骨折，耳闭，鼻塞流涕。

濒危等级　中国植物红色名录评估为无危（LC）。

迁地栽培保存

保存地点	种质份数	个体数量	引种方式	生长状况	来源地
GD	1	f	采集	G	待确定
HN	1	a	采集	C	海南
YN	1	a	采集	C	云南
GX	*	f	采集	G	广西

螳螂跌打　*Pothos scandens* L.

功效主治　茎叶（螳螂跌打）：苦、辛，温。舒筋活络，接骨续筋，散瘀消肿，祛风湿。用于跌打损伤，骨折，风湿骨痛，腰腿痛。

濒危等级　中国植物红色名录评估为无危（LC）。

迁地栽培保存

保存地点	种质份数	个体数量	引种方式	生长状况	来源地
BJ	1	a	采集	G	广西
GX	*	f	采集	G	广西

藤芋属 *Scindapsus*

海南藤芋 *Scindapsus maclurei*（Merr.）Merr. & F. P. Metcalf

濒危等级　中国植物红色名录评估为近危（NT）。

迁地栽培保存

保存地点	种质份数	个体数量	引种方式	生长状况	来源地
HN	1	a	采集	B	海南

天南星属 *Arisaema*

长耳南星 *Arisaema auriculatum* W. W. Sm.

功效主治　块茎：燥湿化痰，祛风止痉，散结消肿。

濒危等级　中国特有植物，中国植物红色名录评估为数据缺乏（DD）。

迁地栽培保存

保存地点	种质份数	个体数量	引种方式	生长状况	来源地
BJ	1	b	采集	C	湖北

长行天南星 *Arisaema consanguineum* Schott

迁地栽培保存

保存地点	种质份数	个体数量	引种方式	生长状况	来源地
GX	2	f	采集	G	广西、江西

灯台莲 *Arisaema bockii* Engler

濒危等级　中国植物红色名录评估为无危（LC）。

迁地栽培保存

保存地点	种质份数	个体数量	引种方式	生长状况	来源地
BJ	3	a	采集	G	安徽、湖北
GX	2	f	采集	G	湖北、江西
CQ	1	a	采集	C	重庆

东北南星 *Arisaema amurense* Maxim.

功效主治　块茎：燥湿化痰，祛风止痉，散结消肿。

濒危等级　吉林省三级保护植物，中国植物红色名录评估为无危（LC）。

迁地栽培保存

保存地点	种质份数	个体数量	引种方式	生长状况	来源地
BJ	4	a	采集	G	黑龙江、北京、陕西、辽宁
JS2	1	b	购买	F	江苏

种质库保存

保存地点	保存方式	种质份数	个体数量	引种方式	来源地
BJ	种子	2	a	采集	吉林

花南星 *Arisaema lobatum* Engl.

功效主治　块茎：辛、苦，温。祛痰止咳。用于寒痰咳嗽，毒蛇咬伤，疟疾。

濒危等级　中国特有植物，中国植物红色名录评估为无危（LC）。

迁地栽培保存

保存地点	种质份数	个体数量	引种方式	生长状况	来源地
BJ	4	a	采集	G	浙江、安徽、湖北、陕西
GX	2	f	采集	G	四川、重庆

续表

保存地点	种质份数	个体数量	引种方式	生长状况	来源地
CQ	1	a	采集	B	重庆
JS1	1	a	购买	D	江苏

马尾南星 *Arisaema hippocaudatum* S. C. Chen et H. Li

濒危等级 中国植物红色名录评估为濒危（EN）。

迁地栽培保存

保存地点	种质份数	个体数量	引种方式	生长状况	来源地
BJ	1	a	采集	G	云南

螃蟹七 *Arisaema fargesii* Buchet

功效主治 块茎：苦、辛，温。有大毒。燥湿化痰，祛风止痉，散结消肿。用于中风口眼歪斜，半身不遂，肢体麻木，破伤风口噤强直，小儿惊风，咳痰，痈肿，跌打损伤，风湿关节痛。

濒危等级 中国特有植物，中国植物红色名录评估为无危（LC）。

迁地栽培保存

保存地点	种质份数	个体数量	引种方式	生长状况	来源地
GZ	1	a	采集	C	贵州

普陀南星 *Arisaema ringens*（Thunb.）Schott

功效主治 块茎（由跋）：辛、苦，温。有毒。用于毒肿热结。

濒危等级 中国植物红色名录评估为无危（LC）。

迁地栽培保存

保存地点	种质份数	个体数量	引种方式	生长状况	来源地
GX	2	f	采集	G	日本

全缘灯台莲 *Arisaema sikokianum* Franch. & Sav.

功效主治 块茎：苦、辛，温。有毒。燥湿化痰，祛风止痉，散结消肿。

种质库保存

保存地点	保存方式	种质份数	个体数量	引种方式	来源地
BJ	种子	1	a	采集	重庆

山珠南星 *Arisaema yunnanense* Buchet

功效主治　块茎：作半夏入药。

濒危等级　中国特有植物，中国植物红色名录评估为无危（LC）。

迁地栽培保存

保存地点	种质份数	个体数量	引种方式	生长状况	来源地
GX	2	f	采集	G	荷兰，中国广西

台南星 *Arisaema formosanum*（Hayata）Hayata

濒危等级　中国特有植物，中国植物红色名录评估为无危（LC）。

迁地栽培保存

保存地点	种质份数	个体数量	引种方式	生长状况	来源地
GX	*	f	采集	G	广西

天南星 *Arisaema heterophyllum* Blume

功效主治　块茎（天南星）：苦、辛，温。有毒。燥湿化痰，祛风止痉，散结消肿。用于顽痰咳嗽，风疾眩晕，中风痰壅，口眼歪斜，半身不遂，癫痫，惊风，破伤风；外用于痈肿，蛇虫咬伤。

濒危等级　吉林省三级保护植物，中国植物红色名录评估为无危（LC）。

迁地栽培保存

保存地点	种质份数	个体数量	引种方式	生长状况	来源地
BJ	3	a	采集	G	辽宁、四川、陕西
FJ	3	a	采集	A	福建
JS2	2	b	购买	E	安徽、江苏
LN	1	c	采集	B	辽宁

续表

保存地点	种质份数	个体数量	引种方式	生长状况	来源地
CQ	1	a	采集	B	重庆
HB	1	a	采集	C	湖北
HEN	1	b	采集	B	河南
JS1	1	a	采集	C	江苏
GX	*	f	采集	G	河北

种质库保存

保存地点	保存方式	种质份数	个体数量	引种方式	来源地
BJ	种子	72	b	采集	重庆、云南、海南、吉林、河南、安徽，待确定
HN	种子	1	a	采集	福建

纽齿南星 *Arisaema serratum* (Thunb.) Schott

功效主治 块茎：解毒。用于毒蛇咬伤。

迁地栽培保存

保存地点	种质份数	个体数量	引种方式	生长状况	来源地
GX	2	f	采集	G	日本

象南星 *Arisaema elephas* Buchet

功效主治 块茎：有剧毒。用于腹痛。

濒危等级 中国植物红色名录评估为无危（LC）。

迁地栽培保存

保存地点	种质份数	个体数量	引种方式	生长状况	来源地
BJ	3	a	采集	G	四川、陕西
HEN	1	b	采集	C	河南

种质库保存

保存地点	保存方式	种质份数	个体数量	引种方式	来源地
HN	种子	1	b	采集	云南

雪里见 *Arisaema rhizomatum* C. E. C. Fisch.

功效主治　根茎：有毒。解毒止痛，祛风除湿。

濒危等级　中国植物红色名录评估为无危（LC）。

迁地栽培保存

保存地点	种质份数	个体数量	引种方式	生长状况	来源地
CQ	1	a	采集	B	重庆
HB	1	a	采集	C	湖北

一把伞南星 *Arisaema erubescens* (Wall.) Schott

功效主治　块茎：苦、辛，温。有毒。燥湿化痰，祛风止痉，散结消肿。用于顽痰咳嗽，风疾眩晕，中风痰壅，口眼歪斜，半身不遂，癫痫，惊风，破伤风；外用于痈肿，蛇虫咬伤。

濒危等级　青海省重点保护植物，中国植物红色名录评估为无危（LC）。

迁地栽培保存

保存地点	种质份数	个体数量	引种方式	生长状况	来源地
BJ	5	a	采集	G	河北、河南、湖南、云南、四川
CQ	1	a	采集	B	重庆
SC	1	f	待确定	G	四川
GX	*	f	采集	G	广西

种质库保存

保存地点	保存方式	种质份数	个体数量	引种方式	来源地
BJ	种子	6	a	采集	重庆、四川

绿毛南星 *Arisaema ciliatum* H. Li

功效主治　块茎：有毒。燥湿化痰，祛风定惊，消肿散结。

濒危等级　中国特有植物，中国植物红色名录评估为易危（VU）。

迁地栽培保存

保存地点	种质份数	个体数量	引种方式	生长状况	来源地
GX	*	f	采集	G	比利时

云台南星 *Arisaema dubois-reymondiae* Engl.

濒危等级　中国特有植物，中国植物红色名录评估为无危（LC）。

迁地栽培保存

保存地点	种质份数	个体数量	引种方式	生长状况	来源地
BJ	2	a	采集	G	安徽、江西

五彩芋属 *Caladium*

五彩芋 *Caladium bicolor*（Aiton）Vent.

功效主治　块根（独角莲）：苦、辛，温。有毒。解毒消肿，散瘀止痛，接骨，止血。用于风湿疼痛，跌打肿痛，骨折，胃痛，牙痛。外用于无名肿毒，疟腮，痈疮，疥癣，湿疹，全身瘙痒，犬、蛇、虫咬伤，刀枪伤。

迁地栽培保存

保存地点	种质份数	个体数量	引种方式	生长状况	来源地
YN	1	a	购买	A	云南
HN	1	a	采集	B	海南

喜林芋属 *Philodendron*

金叶喜林芋 *Philodendron andreanum* Devansaye

濒危等级　中国植物红色名录评估为无危（LC）。

迁地栽培保存

保存地点	种质份数	个体数量	引种方式	生长状况	来源地
YN	1	a	购买	A	云南

喜林芋 *Philodendron imbe* Hort. ex Engl.

迁地栽培保存

保存地点	种质份数	个体数量	引种方式	生长状况	来源地
YN	1	a	购买	A	云南
BJ	1	b	购买	G	待确定

小天使喜林芋 *Philodendron xanadu* Croat, Mayo & J. Boos

迁地栽培保存

保存地点	种质份数	个体数量	引种方式	生长状况	来源地
CQ	1	a	购买	C	重庆

羽叶喜林芋 *Philodendron bipinnatifidum* Schott ex Endl.

功效主治 种子：用作驱虫药。叶：在阿根廷可止血。用于红眼病。

迁地栽培保存

保存地点	种质份数	个体数量	引种方式	生长状况	来源地
CQ	2	a	购买	C	重庆
SH	1	b	采集	A	待确定
YN	1	a	购买	A	云南

雪铁芋属 *Zamioculcas*

雪铁芋 *Zamioculcas zamiifolia* Engl.

迁地栽培保存

保存地点	种质份数	个体数量	引种方式	生长状况	来源地
CQ	1	a	赠送	C	云南

崖角藤属 *Rhaphidophora*

粗茎崖角藤 *Rhaphidophora crassicaulis* Engl. & K. Krause

迁地栽培保存

保存地点	种质份数	个体数量	引种方式	生长状况	来源地
YN	1	b	采集	A	云南

爬树龙 *Rhaphidophora decursiva* (Roxb.) Schott

功效主治 根（爬树龙）、茎（爬树龙）：苦，寒。活血祛瘀，止痛，止血，接骨消肿，清热解毒，镇咳。用于跌打损伤，骨折，毒蛇咬伤，痈疮疖肿，顿咳，咽喉肿痛，风湿腰腿痛。

濒危等级 中国植物红色名录评估为无危（LC）。

迁地栽培保存

保存地点	种质份数	个体数量	引种方式	生长状况	来源地
CQ	1	a	赠送	C	云南
GX	*	f	采集	G	广西

上树蜈蚣 *Rhaphidophora lancifolia* Schott

濒危等级 中国植物红色名录评估为无危（LC）。

迁地栽培保存

保存地点	种质份数	个体数量	引种方式	生长状况	来源地
GX	*	f	采集	G	广西

狮子尾 *Rhaphidophora honkongensis* Schott

功效主治 全株（青竹标）：苦，寒。有毒。祛瘀镇痛，润肺止咳，续筋接骨。用于脾肿大，高热，风湿腰痛，咳嗽痰喘，顿咳；外用于跌打损伤，骨折，烫火伤。

濒危等级 中国植物红色名录评估为无危（LC）。

迁地栽培保存

保存地点	种质份数	个体数量	引种方式	生长状况	来源地
HN	1	a	采集	B	海南

种质库保存

保存地点	保存方式	种质份数	个体数量	引种方式	来源地
BJ	种子	6	b	采集	待确定

岩芋属 *Remusatia*

岩芋 *Remusatia vivipara*（Roxb.）Schott

功效主治 全草或块茎：消肿，杀虫，清热解毒，麻醉止痛。用于乳痈，跌打瘀肿，痈疮疔肿，疥癣。

濒危等级 中国植物红色名录评估为无危（LC）。

迁地栽培保存

保存地点	种质份数	个体数量	引种方式	生长状况	来源地
BJ	1	a	采集	G	云南

隐棒花属 *Cryptocoryne*

旋苞隐棒花 *Cryptocoryne retrospiralis*（Roxb.）Fisch. ex Wydl.

功效主治 全草：舒筋活络，祛风止痛。用于跌打损伤，风湿关节痛，泄泻，痧证。

濒危等级 国家重点保护野生植物名录（第二批）二级，中国植物红色名录评估为无危（LC）。

迁地栽培保存

保存地点	种质份数	个体数量	引种方式	生长状况	来源地
GX	*	f	采集	G	广西

芋属 *Colocasia*

大野芋 *Colocasia gigantea*（Blume）Hook. f.

功效主治 全草或块茎：解毒，消肿止痛，祛痰镇痉。外用于疮疡肿毒。

濒危等级 中国植物红色名录评估为近危（NT）。

迁地栽培保存

保存地点	种质份数	个体数量	引种方式	生长状况	来源地
SC	2	f	待确定	G	四川
CQ	1	a	采集	B	重庆
HN	1	a	采集	B	海南
YN	1	b	采集	C	云南

野芋 *Colocasia antiquorum* Schott

功效主治 全草或块茎（野芋）：辛，寒。有小毒。解毒，消肿止痛。用于痈疖肿毒，麻风，疥癣，瘰疬，指疔，跌打损伤，蛇虫咬伤。

迁地栽培保存

保存地点	种质份数	个体数量	引种方式	生长状况	来源地
BJ	1	a	交换	G	北京

续表

保存地点	种质份数	个体数量	引种方式	生长状况	来源地
CQ	1	a	采集	F	重庆
HN	1	a	采集	B	海南

芋 *Colocasia esculenta*（L.）Schott

功效主治 块茎（芋头）：甘、辛，平。消肿散结。用于瘰疬，肿毒，腹中痞块，乳痈，口疮，牛皮癣，烫火伤。叶柄（芋梗）：用于泻痢，肿毒。叶（芋叶）：辛，凉。止泻，敛汗，消肿解毒。用于瘾疹，疥疮。花（芋头花）：辛，平。用于胃痛，吐血，阴挺，痔疮，脱肛。

迁地栽培保存

保存地点	种质份数	个体数量	引种方式	生长状况	来源地
GZ	2	c	采集	C	贵州
YN	1	b	采集	C	云南
SH	1	b	采集	A	待确定
HN	1	a	采集	B	海南
HB	1	a	采集	C	湖北
GD	1	f	采集	G	待确定
BJ	1	b	采集	G	广西
CQ	1	a	采集	B	重庆
GX	*	f	采集	G	湖北

紫萍属 *Spirodela*

紫萍 *Spirodela polyrrhiza*（L.）Schleid.

功效主治 全草（浮萍）：辛，寒。宣散风热，透疹，利尿。用于麻疹不透，风疹瘙痒，水肿尿少。

迁地栽培保存

保存地点	种质份数	个体数量	引种方式	生长状况	来源地
SH	1	b	采集	A	待确定

田葱科　Philydraceae

田葱属　*Philydrum*

田葱　*Philydrum lanuginosum* Banks & Sol. ex Gaertn.

功效主治　全草：清热利湿。用于水肿，热痹，多发性脓肿，疥癣。

濒危等级　中国植物红色名录评估为无危（LC）。

迁地栽培保存

保存地点	种质份数	个体数量	引种方式	生长状况	来源地
HN	1	a	采集	B	海南
GX	*	f	采集	G	日本

铁青树科　Olacaceae

赤苍藤属　*Erythropalum*

赤苍藤　*Erythropalum scandens* Blume

功效主治　全株（腥藤）：微甘，平。清热利尿。用于肝毒，泄泻，淋证，水肿，小便淋痛。

濒危等级　中国植物红色名录评估为无危（LC）。

迁地栽培保存

保存地点	种质份数	个体数量	引种方式	生长状况	来源地
HN	2	a	采集	C	海南

种质库保存

保存地点	保存方式	种质份数	个体数量	引种方式	来源地
BJ	种子	1	a	采集	云南

蒜头果属　*Malania*

蒜头果　*Malania oleifera* Chun & S. K. Lee

濒危等级　中国特有植物，国家重点保护野生植物名录（第一批）二级，中国植物红色名录评估为易危（VU）。

迁地栽培保存

保存地点	种质份数	个体数量	引种方式	生长状况	来源地
GX	*	f	采集	G	广西

铁青树属　*Olax*

孟加拉铁青树　*Olax imbricata* Roxb.

濒危等级　中国植物红色名录评估为无危（LC）。

种质库保存

保存地点	保存方式	种质份数	个体数量	引种方式	来源地
BJ	种子	1	a	采集	重庆
HN	种子	1	b	采集	海南

透骨草科　**Phrymaceae**

沟酸浆属　*Erythranthe*

高大沟酸浆　*Erythranthe procera*（A. L. Grant）G. L. Nesom

濒危等级　中国植物红色名录评估为无危（LC）。

迁地栽培保存

保存地点	种质份数	个体数量	引种方式	生长状况	来源地
BJ	1	d	购买	G	北京

尼泊尔沟酸浆 *Erythranthe nepalensis*（Benth.）G. L. Nesom

濒危等级　中国植物红色名录评估为无危（LC）。

迁地栽培保存

保存地点	种质份数	个体数量	引种方式	生长状况	来源地
GX	*	f	采集	G	广西

透骨草属　*Phryma*

透骨草　*Phryma leptostachya* subsp. *asiatica*（Hara）Kitamura

濒危等级　中国植物红色名录评估为无危（LC）。

迁地栽培保存

保存地点	种质份数	个体数量	引种方式	生长状况	来源地
BJ	5	d	采集	G	内蒙古、山东、北京、湖北、陕西
GZ	1	b	采集	C	贵州
JS2	1	d	购买	C	安徽
GX	*	f	采集	G	日本

和质库保存

保存地点	保存方式	种质份数	个体数量	引种方式	来源地
BJ	种子	6	b	采集	山西

虾子草属　*Mimulicalyx*

虾子草　*Mimulicalyx rosulatus* Tsoong

濒危等级　中国特有植物，中国植物红色名录评估为易危（VU）。

迁地栽培保存

保存地点	种质份数	个体数量	引种方式	生长状况	来源地
SC	1	f	待确定	G	四川

土人参科　Talinaceae

土人参属　*Talinum*

棱轴土人参　*Talinum fruticosum*（L.）Juss.

功效主治　根：补中益气，润肺生津。用于肺热咳嗽，月经不调。

迁地栽培保存

保存地点	种质份数	个体数量	引种方式	生长状况	来源地
HN	1	b	采集	B	待确定
GX	*	f	采集	G	广西

土人参　*Talinum paniculatum*（Jacq.）Gaertn.

功效主治　根、叶：甘，平。健脾润肺，止咳，调经。用于脾虚劳倦，泄泻，肺痨咳嗽，盗汗，自汗，月经不调，带下病。

迁地栽培保存

保存地点	种质份数	个体数量	引种方式	生长状况	来源地
BJ	2	b	采集	G	四川、辽宁
HN	1	b	采集	B	待确定
SH	1	b	采集	A	待确定
JS1	1	a	购买	D	江苏
HEN	1	c	赠送	A	河南
GZ	1	c	采集	C	贵州
FJ	1	b	采集	A	福建

续表

保存地点	种质份数	个体数量	引种方式	生长状况	来源地
CQ	1	a	采集	C	重庆
LN	1	c	采集	A	辽宁
GD	1	b	采集	D	待确定
GX	*	f	采集	G	广西

种质库保存

保存地点	保存方式	种质份数	个体数量	引种方式	来源地
BJ	种子	24	b	采集	河北、贵州、湖北、云南、广西、上海、福建
HN	种子	1	c	采集	湖南

卫矛科　Celastraceae

扁蒴藤属　*Pristimera*

扁蒴藤　*Pristimera indica*（Willd.）A. C. Sm.

功效主治　根：在印度可抗菌。用于痢疾。

濒危等级　中国植物红色名录评估为近危（NT）。

迁地栽培保存

保存地点	种质份数	个体数量	引种方式	生长状况	来源地
GX	*	f	采集	G	广西

风车果　*Pristimera cambodiana*（Pierre）A. C. Sm.

濒危等级　中国植物红色名录评估为无危（LC）。

种质库保存

保存地点	保存方式	种质份数	个体数量	引种方式	来源地
BJ	种子	1	a	采集	河北

毛扁蒴藤 *Pristimera setulosa* A. C. Sm.

濒危等级　中国特有植物，中国植物红色名录评估为无危（LC）。

迁地栽培保存

保存地点	种质份数	个体数量	引种方式	生长状况	来源地
GX	*	f	采集	G	广西

翅子藤属　*Loeseneriella*

翅子藤 *Loeseneriella merrilliana* A. C. Sm.

濒危等级　中国特有植物，中国植物红色名录评估为无危（LC）。

迁地栽培保存

保存地点	种质份数	个体数量	引种方式	生长状况	来源地
GX	*	f	采集	G	广西

种质库保存

保存地点	保存方式	种质份数	个体数量	引种方式	来源地
BJ	种子	1	a	采集	安徽

皮孔翅子藤 *Loeseneriella lenticellata* C. Y. Wu

濒危等级　中国特有植物，中国植物红色名录评估为无危（LC）。

迁地栽培保存

保存地点	种质份数	个体数量	引种方式	生长状况	来源地
GX	*	f	采集	G	广西

沟瓣木属　*Glyptopetalum*

长梗沟瓣 *Glyptopetalum longipedicellatum*（Merr. & Chun）C. Y. Cheng

濒危等级　中国特有植物，中国植物红色名录评估为易危（VU）。

迁地栽培保存

保存地点	种质份数	个体数量	引种方式	生长状况	来源地
GX	*	f	采集	G	广西

纽梗沟瓣 *Glyptopetalum longipedunculatum* Tardieu

濒危等级　中国植物红色名录评估为濒危（EN）。

迁地栽培保存

保存地点	种质份数	个体数量	引种方式	生长状况	来源地
GX	*	f	采集	G	广西

皱叶沟瓣 *Glyptopetalum rhytidophyllum* (Chun & F. C. How) C. Y. Cheng

濒危等级　中国特有植物，中国植物红色名录评估为无危（LC）。

迁地栽培保存

保存地点	种质份数	个体数量	引种方式	生长状况	来源地
GX	*	f	采集	G	云南

假卫矛属　*Microtropis*

大序假卫矛 *Microtropis thyrsiflora* C. Y. Cheng & T. C. Kao

濒危等级　中国特有植物，中国植物红色名录评估为易危（VU）。

迁地栽培保存

保存地点	种质份数	个体数量	引种方式	生长状况	来源地
GX	*	f	采集	G	广西

木樨假卫矛 *Microtropis osmanthoides* Hand.-Mazz.

迁地栽培保存

保存地点	种质份数	个体数量	引种方式	生长状况	来源地
GX	*	f	采集	G	广西

三花假卫矛 *Microtropis triflora* Merr. & F. L. Freeman

濒危等级　中国特有植物，中国植物红色名录评估为无危（LC）。

种质库保存

保存地点	保存方式	种质份数	个体数量	引种方式	来源地
BJ	种子	8	b	采集	重庆

雷公藤属　*Tripterygium*

雷公藤　*Tripterygium wilfordii* Hook. f.

功效主治　根（雷公藤）、叶（雷公藤）、花（雷公藤）：苦、辛，凉。有大毒。祛风解毒，杀虫。用于风湿关节痛，腰腿痛，痹证，麻风，附骨疽，指疔。

濒危等级　中国植物红色名录评估为无危（LC）。

迁地栽培保存

保存地点	种质份数	个体数量	引种方式	生长状况	来源地
BJ	3	b	采集	G	河南、江西、浙江
SH	1	a	采集	A	待确定
JS1	1	a	购买	D	江苏
GZ	1	a	采集	C	贵州

种质库保存

保存地点	保存方式	种质份数	个体数量	引种方式	来源地
BJ	种子	11	c	采集	四川、云南，待确定

裸实属 *Gymnosporia*

变叶裸实 *Gymnosporia diversifolia* Maxim.

功效主治 全株：用于恶核，癥瘕积聚。

濒危等级 中国植物红色名录评估为无危（LC）。

迁地栽培保存

保存地点	种质份数	个体数量	引种方式	生长状况	来源地
HN	2	a	采集	C	海南

种质库保存

保存地点	保存方式	种质份数	个体数量	引种方式	来源地
BJ	种子	1	a	采集	海南

梅花草属 *Parnassia*

鸡肫梅花草 *Parnassia wightiana* Wall. ex Wight et Arn.

功效主治 全草（鸡肫草）：淡，平。清肺止咳，补虚益气，利湿，排石，解毒。用于咳嗽，咯血，石淋，胆石症，疮痈肿毒，湿疹，跌打损伤，带下病。

濒危等级 中国植物红色名录评估为无危（LC）。

迁地栽培保存

保存地点	种质份数	个体数量	引种方式	生长状况	来源地
BJ	1	c	采集	G	陕西
GZ	1	a	采集	C	贵州
HB	1	b	采集	C	湖北

梅花草 *Parnassia palustris* L.

功效主治 全草（梅花草）：苦，凉。消肿解毒，清热凉血，化痰止咳。用于黄疸，脱疽，痢疾，咽喉痛，顿咳，咳嗽痰多，疮痈肿毒。

濒危等级　中国植物红色名录评估为无危（LC）。

迁地栽培保存

保存地点	种质份数	个体数量	引种方式	生长状况	来源地
BJ	4	b	采集	C	四川、湖北、山西
GX	*	f	采集	G	法国，中国重庆

美登木属　*Maytenus*

刺茶美登木　*Maytenus variabilis*（Hemsl.）C. Y. Cheng

功效主治　根（刺茶）：解毒。用于癥瘕积聚。

迁地栽培保存

保存地点	种质份数	个体数量	引种方式	生长状况	来源地
BJ	1	a	采集	G	湖北

滇南美登木　*Maytenus austroyunnanensis* S. J. Pei & Y. H. Li

功效主治　全株：消积。用于虚劳，骨痹，恶核，胃脘痛。

濒危等级　中国特有植物，中国植物红色名录评估为近危（NT）。

迁地栽培保存

保存地点	种质份数	个体数量	引种方式	生长状况	来源地
YN	1	d	采集	A	云南
GX	*	f	采集	G	云南

海南美登木　*Maytenus hainanensis*（Merr. & Chun）C. Y. Cheng

濒危等级　中国特有植物，中国植物红色名录评估为易危（VU）。

迁地栽培保存

保存地点	种质份数	个体数量	引种方式	生长状况	来源地
HN	2	a	采集	C	海南
GX	*	f	采集	G	海南

种质库保存

保存地点	保存方式	种质份数	个体数量	引种方式	来源地
BJ	种子	8	a	采集	云南

美登木 *Maytenus hookeri* Loes.

功效主治 叶（美登木）：苦，寒。活血化瘀。用于癥瘕积聚。

濒危等级 中国植物红色名录评估为近危（NT）。

迁地栽培保存

保存地点	种质份数	个体数量	引种方式	生长状况	来源地
HN	1	a	赠送	C	云南
YN	1	c	采集	A	云南

种质库保存

保存地点	保存方式	种质份数	个体数量	引种方式	来源地
BJ	种子	3	b	采集	云南

密花美登木 *Maytenus confertiflora* J. Y. Luo & X. X. Chen

功效主治 叶：用于跌打损伤。全株：用于癥瘕积聚。

濒危等级 中国特有植物，中国植物红色名录评估为易危（VU）。

迁地栽培保存

保存地点	种质份数	个体数量	引种方式	生长状况	来源地
GX	*	f	采集	G	广西

南蛇藤属 *Celastrus*

薄叶南蛇藤 *Celastrus hypoleucoides* P. L. Chiu

濒危等级 中国特有植物，中国植物红色名录评估为无危（LC）。

迁地栽培保存

保存地点	种质份数	个体数量	引种方式	生长状况	来源地
BJ	1	b	采集	C	江西

种质库保存

保存地点	保存方式	种质份数	个体数量	引种方式	来源地
BJ	种子	1	a	采集	江西

刺苞南蛇藤 *Celastrus flagellaris* Rupr.

功效主治 根、茎、果实：甘，平。祛风除湿，活血止痛。用于风湿关节痛，跌打损伤，无名肿毒。
濒危等级 中国植物红色名录评估为无危（LC）。

迁地栽培保存

保存地点	种质份数	个体数量	引种方式	生长状况	来源地
BJ	1	a	采集	G	北京

灯油藤 *Celastrus paniculatus* Willd.

功效主治 种子：催吐。
濒危等级 中国植物红色名录评估为无危（LC）。

迁地栽培保存

保存地点	种质份数	个体数量	引种方式	生长状况	来源地
BJ	1	a	采集	G	云南
GX	*	f	采集	G	云南

种质库保存

保存地点	保存方式	种质份数	个体数量	引种方式	来源地
BJ	种子	14	b	采集	云南，待确定

滇边南蛇藤 *Celastrus hookeri* Prain

功效主治 根：活血，行气，疏风祛湿。用于风湿关节痛，跌打损伤，闭经。果实：用于心悸，失眠，健忘。

濒危等级 中国植物红色名录评估为无危（LC）。

迁地栽培保存

保存地点	种质份数	个体数量	引种方式	生长状况	来源地
YN	1	a	购买	C	云南

东南南蛇藤 *Celastrus punctatus* Thunb.

功效主治 茎叶：止痛。外用于疮痈肿毒。

濒危等级 中国植物红色名录评估为无危（LC）。

迁地栽培保存

保存地点	种质份数	个体数量	引种方式	生长状况	来源地
BJ	1	b	采集	C	江西

独子藤 *Celastrus monospermus* Roxb.

功效主治 种子：催吐。

濒危等级 中国植物红色名录评估为无危（LC）。

种质库保存

保存地点	保存方式	种质份数	个体数量	引种方式	来源地
BJ	种子	3	a	采集	云南

短梗南蛇藤 *Celastrus rosthornianus* Loes.

功效主治 根（黄绳儿）：苦，凉。清热解毒，消肿。用于筋骨痛，扭伤，胃痛，月经不调，牙痛，失眠，无名肿毒。根皮（黄绳儿）：苦，凉。清热解毒，消肿。用于蛇蛟伤，肿毒。

濒危等级 中国特有植物，中国植物红色名录评估为无危（LC）。

迁地栽培保存

保存地点	种质份数	个体数量	引种方式	生长状况	来源地
CQ	1	a	采集	F	重庆

种质库保存

保存地点	保存方式	种质份数	个体数量	引种方式	来源地
BJ	种子	3	a	采集	贵州

粉背南蛇藤 *Celastrus hypoleucus* (Oliv.) Warb. ex Loes.

功效主治　根（绵藤）、叶：辛，平。化瘀消肿，止血生肌。用于跌打损伤。

濒危等级　中国特有植物，中国植物红色名录评估为无危（LC）。

迁地栽培保存

保存地点	种质份数	个体数量	引种方式	生长状况	来源地
GX	*	f	采集	G	湖北

种质库保存

保存地点	保存方式	种质份数	个体数量	引种方式	来源地
HN	种子	1	b	采集	湖南

过山枫 *Celastrus aculeatus* Merr.

功效主治　根皮（过山枫）：用于血虚发热，风湿痹证，痛风，水肿，胆胀胁痛，肝阳上亢。

迁地栽培保存

保存地点	种质份数	个体数量	引种方式	生长状况	来源地
BJ	1	a	采集	G	江西
YN	1	a	购买	C	云南

种质库保存

保存地点	保存方式	种质份数	个体数量	引种方式	来源地
BJ	种子	3	a	采集	江西

灰叶南蛇藤 *Celastrus glaucophyllus* Rehder & E. H. Wilson

功效主治　根：用于瘰疬，风疹，湿疹，劳伤。

濒危等级 中国植物红色名录评估为无危（LC）。

迁地栽培保存

保存地点	种质份数	个体数量	引种方式	生长状况	来源地
GX	*	f	采集	G	湖南

苦皮藤 *Celastrus angulatus* Maxim.

功效主治 根或根皮（吊干麻）：辛、苦，凉。有小毒。清热解毒，消肿，杀虫，透疹，调经，舒筋活络。用于风湿痹痛，骨折伤痛，闭经，疮疡溃烂，头癣，阴痒。茎皮：用于秃疮，黄水疮，头虱病，跌打损伤。

濒危等级 中国特有植物，中国植物红色名录评估为无危（LC）。

迁地栽培保存

保存地点	种质份数	个体数量	引种方式	生长状况	来源地
BJ	1	a	采集	G	北京
GZ	1	a	采集	C	贵州

种质库保存

保存地点	保存方式	种质份数	个体数量	引种方式	来源地
BJ	种子	6	a	采集	海南、湖北、山西、重庆

绿独子藤 *Celastrus virens* (F. T. Wang & Tang) C. Y. Cheng & T. C. Kao

濒危等级 中国特有植物，中国植物红色名录评估为濒危（EN）。

迁地栽培保存

保存地点	种质份数	个体数量	引种方式	生长状况	来源地
GX	*	f	采集	G	广西

南蛇藤 *Celastrus orbiculatus* Thunb.

功效主治 根：用于风湿关节痛，跌打损伤，闭经。果实：用于心悸，失眠，健忘。

濒危等级 中国植物红色名录评估为无危（LC）。

迁地栽培保存

保存地点	种质份数	个体数量	引种方式	生长状况	来源地
BJ	3	a	采集	G	北京、江西、辽宁
HB	1	a	采集	C	待确定
LN	1	b	采集	C	辽宁
JS1	1	a	采集	D	江苏
HN	1	a	采集	C	待确定
GD	1	f	采集	G	待确定
YN	1	a	采集	C	云南
GZ	1	b	采集	C	贵州
GX	*	f	采集	G	广西

种质库保存

保存地点	保存方式	种质份数	个体数量	引种方式	来源地
BJ	种子	10	b	采集	福建、云南、江西、安徽、辽宁、吉林、湖北

青江藤 *Celastrus hindsii* Benth.

功效主治 根：通经，利尿。根皮：用于毒蛇咬伤，肿毒。叶：清热解毒。

濒危等级 中国植物红色名录评估为无危（LC）。

迁地栽培保存

保存地点	种质份数	个体数量	引种方式	生长状况	来源地
CQ	1	a	采集	C	重庆
GX	*	f	采集	G	澳门

显柱南蛇藤 *Celastrus stylosus* Wall.

功效主治 茎（山货榔）：酸，平。有小毒。祛风消肿，舒筋活络，解毒。用于脱疽，尿急，腰痛，跌打损伤。

濒危等级 中国植物红色名录评估为无危（LC）。

迁地栽培保存

保存地点	种质份数	个体数量	引种方式	生长状况	来源地
GX	*	f	采集	G	广西

种质库保存

保存地点	保存方式	种质份数	个体数量	引种方式	来源地
BJ	种子	6	b	采集	江西

圆叶南蛇藤　*Celastrus kusanoi* Hayata

功效主治　根（称星蛇）：微甘，平。宣肺化痰，止咳，解毒。用于咽喉痛，肺痨，跌打损伤，骨折。

濒危等级　中国特有植物，中国植物红色名录评估为无危（LC）。

迁地栽培保存

保存地点	种质份数	个体数量	引种方式	生长状况	来源地
GX	*	f	采集	G	广西

皱果南蛇藤　*Celastrus tonkinensis* Pit.

迁地栽培保存

保存地点	种质份数	个体数量	引种方式	生长状况	来源地
GX	*	f	采集	G	广西

巧茶属　*Catha*

巧茶　*Catha edulis* Forssk.

功效主治　叶（巧茶）：清热解毒，提神，止渴。

迁地栽培保存

保存地点	种质份数	个体数量	引种方式	生长状况	来源地
HN	2	a	采集	C	待确定
YN	1	a	购买	C	云南

卫矛属　*Euonymus*

白杜　*Euonymus maackii* Rupr.

功效主治　全株：祛风湿，活血，止血。用于脱疽，风湿关节痛，腰痛，痔疮。

濒危等级　中国植物红色名录评估为无危（LC）。

迁地栽培保存

保存地点	种质份数	个体数量	引种方式	生长状况	来源地
SH	2	a	采集	A	待确定
BJ	2	b	采集	G	北京、湖北
HLJ	1	a	购买	A	河北
JS1	1	a	购买	C	江苏
NMG	1	a	购买	F	内蒙古
LN	1	b	购买	C	辽宁
GX	*	f	采集	G	浙江

种质库保存

保存地点	保存方式	种质份数	个体数量	引种方式	来源地
BJ	种子	4	b	采集	甘肃、安徽

百齿卫矛　*Euonymus centidens* H. Lév.

功效主治　根、茎皮、果实：活血化瘀，强筋壮骨。用于腰膝痛，跌打损伤，月经不调，气喘；外用于毒蛇咬伤。

濒危等级　中国特有植物，中国植物红色名录评估为无危（LC）。

迁地栽培保存

保存地点	种质份数	个体数量	引种方式	生长状况	来源地
CQ	2	a	采集	C	重庆
BJ	1	b	采集	G	江西

斑叶冬青卫矛 *Euonymus japonicus* ' Viridi-variegata'

迁地栽培保存

保存地点	种质份数	个体数量	引种方式	生长状况	来源地
BJ	1	c	采集	G	浙江

长刺卫矛 *Euonymus wilsonii* Sprague

功效主治　根：辛，温。祛风除湿，止痛。用于风湿痛，劳伤，水肿。

濒危等级　中国特有植物，中国植物红色名录评估为无危（LC）。

迁地栽培保存

保存地点	种质份数	个体数量	引种方式	生长状况	来源地
BJ	1	a	采集	G	北京
GX	*	f	采集	G	法国

垂丝卫矛 *Euonymus oxyphyllus* Miq.

功效主治　根皮、茎皮、果实：活血化瘀，通经逐水。根：活血化瘀，通经逐水。用于关节酸痛。

迁地栽培保存

保存地点	种质份数	个体数量	引种方式	生长状况	来源地
GZ	1	a	采集	C	贵州
GX	*	f	采集	G	日本

刺果卫矛 *Euonymus acanthocarpus* Franch.

功效主治　用于风湿痛。

濒危等级　中国植物红色名录评估为无危（LC）。

迁地栽培保存

保存地点	种质份数	个体数量	引种方式	生长状况	来源地
CQ	1	a	采集	C	重庆
GX	*	f	采集	G	广西

种质库保存

保存地点	保存方式	种质份数	个体数量	引种方式	来源地
BJ	种子	3	b	采集	江西

大果卫矛 *Euonymus myrianthus* Hemsl.

功效主治 根（黄楮）：淡，平。补肾活血，健脾利湿。用于肾虚腰痛，产后恶露不尽，带下病，潮热。

濒危等级 中国特有植物，中国植物红色名录评估为无危（LC）。

迁地栽培保存

保存地点	种质份数	个体数量	引种方式	生长状况	来源地
CQ	1	a	采集	C	重庆
GX	*	f	采集	G	广东、贵州

种质库保存

保存地点	保存方式	种质份数	个体数量	引种方式	来源地
BJ	种子	3	b	采集	辽宁、江西

大花卫矛 *Euonymus grandiflorus* Wall.

功效主治 根或根皮（野杜仲）：微苦、涩，平。祛风湿，舒筋络，补肾。用于瘰疬。茎皮（野杜仲）：微苦、涩，平。祛风湿，舒筋络，补肾。用于肝阳上亢，腰膝痛，风湿痛，骨折。

濒危等级 中国植物红色名录评估为无危（LC）。

迁地栽培保存

保存地点	种质份数	个体数量	引种方式	生长状况	来源地
CQ	1	a	采集	C	重庆
GX	*	f	采集	G	浙江

冬青卫矛 *Euonymus japonicus* Thunb.

功效主治 全株：接骨。用于骨折，跌打损伤。

迁地栽培保存

保存地点	种质份数	个体数量	引种方式	生长状况	来源地
GZ	2	c	采集	C	贵州
CQ	2	a	购买	C	重庆
HB	1	a	采集	C	待确定
SH	1	a	采集	A	待确定
GD	1	a	采集	D	待确定
BJ	1	b	采集	G	浙江

种质库保存

保存地点	保存方式	种质份数	个体数量	引种方式	来源地
BJ	种子	10	b	采集	辽宁、重庆、贵州、甘肃

扶芳藤 *Euonymus fortunei* (Turcz.) Hand.-Mazz.

功效主治 茎叶（扶芳藤）：苦、甘，温。散瘀止血，舒筋活络。用于腰肌劳损，风湿痹痛，咯血，慢性泄泻，血崩，月经不调，跌打损伤，骨折，创伤出血。

迁地栽培保存

保存地点	种质份数	个体数量	引种方式	生长状况	来源地
GZ	1	d	采集	C	贵州
JS2	1	b	购买	C	江苏
JS1	1	a	购买	C	江苏
SH	1	a	采集	A	待确定
CQ	1	a	采集	C	重庆
BJ	1	b	采集	G	浙江
GD	1	f	采集	G	待确定

种质库保存

保存地点	保存方式	种质份数	个体数量	引种方式	来源地
BJ	种子	5	b	采集	湖北、江西

韩氏卫矛 *Euonymus ternifolius* Handel-Mazzetti

濒危等级　中国特有植物，中国植物红色名录评估为数据缺乏（DD）。

种质库保存

保存地点	保存方式	种质份数	个体数量	引种方式	来源地
BJ	种子	1	a	采集	云南

华北卫矛 *Euonymus hamiltoniana* Wall.

迁地栽培保存

保存地点	种质份数	个体数量	引种方式	生长状况	来源地
BJ	1	a	采集	G	待确定

黄心卫矛 *Euonymus macropterus* Rupr.

濒危等级　吉林省三级保护植物，中国植物红色名录评估为无危（LC）。

迁地栽培保存

保存地点	种质份数	个体数量	引种方式	生长状况	来源地
LN	1	b	采集	C	辽宁

棘刺卫矛 *Euonymus echinatus* Wall.

功效主治　全株：微苦，平。祛风湿，强筋骨。用于风湿痹痛，劳伤；外用于骨折。

濒危等级　中国植物红色名录评估为无危（LC）。

迁地栽培保存

保存地点	种质份数	个体数量	引种方式	生长状况	来源地
CQ	1	a	采集	C	重庆
GX	*	f	采集	G	湖北

种质库保存

保存地点	保存方式	种质份数	个体数量	引种方式	来源地
BJ	种子	1	a	采集	辽宁

荚蒾卫矛　*Euonymus viburnoides* Prain

功效主治　全株：祛风除湿。

濒危等级　中国植物红色名录评估为无危（LC）。

种质库保存

保存地点	保存方式	种质份数	个体数量	引种方式	来源地
BJ	种子	1	a	采集	云南

胶东卫矛　*Euonymus fortunei* 'Kiautschovicus'

功效主治　茎叶：散瘀止血，舒筋活络。用于鼻衄，脱疽，风湿痛，跌打损伤，漆疮。

迁地栽培保存

保存地点	种质份数	个体数量	引种方式	生长状况	来源地
BJ	1	b	交换	G	北京
JS1	1	a	赠送	D	江苏

角翅卫矛　*Euonymus cornutus* Hemsl.

功效主治　根或根皮、果实：散寒，止咳。用于关节痛，腰痛，外感风寒，咳嗽。

迁地栽培保存

保存地点	种质份数	个体数量	引种方式	生长状况	来源地
CQ	1	a	采集	C	重庆
GX	*	f	采集	G	重庆

金边冬青卫矛 *Euonymus japonicus* ' Aureomarginatus'

迁地栽培保存

保存地点	种质份数	个体数量	引种方式	生长状况	来源地
JS1	1	b	购买	C	江苏
CQ	1	a	购买	C	重庆

金心冬青卫矛 *Euonymus japonicus* ' Aureovariegata'

迁地栽培保存

保存地点	种质份数	个体数量	引种方式	生长状况	来源地
CQ	1	a	购买	C	重庆

金心黄杨 *Euonymus japonicus* ' Aureo-pictus'

迁地栽培保存

保存地点	种质份数	个体数量	引种方式	生长状况	来源地
GZ	1	b	采集	C	贵州

缙云卫矛 *Euonymus chloranthoides* Y．C．Yang

濒危等级　中国特有植物，中国植物红色名录评估为濒危（EN）。

迁地栽培保存

保存地点	种质份数	个体数量	引种方式	生长状况	来源地
CQ	1	a	采集	C	重庆

裂果卫矛 *Euonymus dielsianus* Loes. ex Diels

功效主治 枝叶、果实：散寒，定喘。用于寒喘。

濒危等级 中国特有植物，中国植物红色名录评估为无危（LC）。

迁地栽培保存

保存地点	种质份数	个体数量	引种方式	生长状况	来源地
CQ	1	a	采集	C	重庆
GX	*	f	采集	G	广西

种质库保存

保存地点	保存方式	种质份数	个体数量	引种方式	来源地
BJ	种子	1	a	采集	江西

瘤枝卫矛 *Euonymus verrucosus* Scop.

濒危等级 中国植物红色名录评估为无危（LC）。

迁地栽培保存

保存地点	种质份数	个体数量	引种方式	生长状况	来源地
GX	*	f	采集	G	波兰

毛脉卫矛 *Euonymus alatus* var. *pubescens* Maxim.

迁地栽培保存

保存地点	种质份数	个体数量	引种方式	生长状况	来源地
BJ	1	c	采集	G	待确定

南川卫矛 *Euonymus bockii* Loes. ex Diels

功效主治 根、叶：用于腰痛，骨折。

濒危等级 中国植物红色名录评估为无危（LC）。

迁地栽培保存

保存地点	种质份数	个体数量	引种方式	生长状况	来源地
GX	*	f	采集	G	云南

爬行卫矛 *Euonymus fortunei* var. *radicans*（Miq.）Rehder

迁地栽培保存

保存地点	种质份数	个体数量	引种方式	生长状况	来源地
BJ	1	b	采集	G	北京

肉花卫矛 *Euonymus carnosus* Hemsl.

功效主治 根（瑶药）：微苦、涩，平。软坚散结，祛风除湿，通经活络。用于瘰疬，跌打损伤，腰痛，风湿痛，闭经，痛经。

濒危等级 中国植物红色名录评估为无危（LC）。

迁地栽培保存

保存地点	种质份数	个体数量	引种方式	生长状况	来源地
BJ	1	a	采集	G	安徽

种质库保存

保存地点	保存方式	种质份数	个体数量	引种方式	来源地
BJ	种子	3	a	采集	江西

陕西卫矛 *Euonymus schensianus* Maxim.

功效主治 茎皮：用于风湿痛。

濒危等级 中国特有植物，中国植物红色名录评估为无危（LC）。

迁地栽培保存

保存地点	种质份数	个体数量	引种方式	生长状况	来源地
GX	*	f	采集	G	湖北

石枣子 *Euonymus sanguineus* Loes. ex Diels

功效主治 茎皮、根皮：用于风湿痛，跌打损伤。

濒危等级 中国特有植物，中国植物红色名录评估为无危（LC）。

迁地栽培保存

保存地点	种质份数	个体数量	引种方式	生长状况	来源地
CQ	1	a	采集	C	重庆
GX	*	f	采集	G	比利时

疏花卫矛 *Euonymus laxiflorus* Champ. ex Benth.

功效主治 根、茎皮（土杜仲）：甘、辛，微温。益肾气，健腰膝。用于水肿，腰膝酸痛，跌打损伤，骨折。叶（土杜仲）：甘、辛，微温。益肾气，健腰膝。用于骨折，跌打损伤。

濒危等级 中国植物红色名录评估为无危（LC）。

迁地栽培保存

保存地点	种质份数	个体数量	引种方式	生长状况	来源地
GX	*	f	采集	G	云南、广西

栓翅卫矛 *Euonymus phellomanus* Loes.

功效主治 枝皮：苦，寒。破血落胎，调经。用于月经不调，产后瘀血腹痛，血崩，风湿痛。

濒危等级 中国特有植物，中国植物红色名录评估为无危（LC）。

种质库保存

保存地点	保存方式	种质份数	个体数量	引种方式	来源地
BJ	种子	1	a	采集	甘肃

双歧卫矛 *Euonymus distichus* H. Lév.

濒危等级 中国特有植物，中国植物红色名录评估为无危（LC）。

迁地栽培保存

保存地点	种质份数	个体数量	引种方式	生长状况	来源地
CQ	1	a	采集	C	重庆

卫矛 *Euonymus alatus* (Thunb.) Siebold

功效主治　根、带翅的枝叶（鬼箭羽）：苦，寒。行血通经，散瘀止痛。用于闭经，癥瘕，产后瘀滞腹痛，虫积腹痛，漆疮。

迁地栽培保存

保存地点	种质份数	个体数量	引种方式	生长状况	来源地
BJ	7	d	采集	G	北京、陕西、山西、辽宁、黑龙江、山东
LN	2	b	采集	C	辽宁
CQ	1	a	采集	C	重庆
HB	1	a	采集	C	湖北
JS1	1	a	采集	C	江苏
JS2	1	a	购买	C	江苏
SC	1	f	待确定	G	四川
SH	1	a	采集	A	待确定
GX	*	f	采集	G	上海

种质库保存

保存地点	保存方式	种质份数	个体数量	引种方式	来源地
BJ	种子	22	b	采集	安徽、贵州、黑龙江、江西、山西，待确定

西南卫矛 *Euonymus hamiltonianus* Wall.

功效主治　根、果实：止血，泻热。用于鼻衄。

濒危等级　中国植物红色名录评估为无危（LC）。

迁地栽培保存

保存地点	种质份数	个体数量	引种方式	生长状况	来源地
GX	*	f	采集	G	浙江

狭叶卫矛 *Euonymus tsoi* Merrill

濒危等级 中国特有植物，中国植物红色名录评估为数据缺乏（DD）。

迁地栽培保存

保存地点	种质份数	个体数量	引种方式	生长状况	来源地
GX	*	f	采集	G	重庆

鸦椿卫矛 *Euonymus euscaphis* Hand.-Mazz.

功效主治 根或根皮：甘、微苦，微温。活血通络，祛风除湿，解表散寒。用于脱疽，风湿关节痛，腰痛，跌打损伤。

濒危等级 中国特有植物，中国植物红色名录评估为无危（LC）。

迁地栽培保存

保存地点	种质份数	个体数量	引种方式	生长状况	来源地
GX	*	f	采集	G	湖北

银边冬青卫矛 *Euonymus japonicus* ' Albomarginatus'

迁地栽培保存

保存地点	种质份数	个体数量	引种方式	生长状况	来源地
CQ	1	a	购买	C	重庆

隐刺卫矛 *Euonymus chui* Hand.-Mazz.

功效主治 茎皮：祛风除湿，通经活络。

濒危等级 中国特有植物，中国植物红色名录评估为无危（LC）。

迁地栽培保存

保存地点	种质份数	个体数量	引种方式	生长状况	来源地
CQ	1	a	采集	F	重庆

窄叶冷地卫矛　*Euonymus cornutoides* Hemsl.

濒危等级　中国植物红色名录评估为无危（LC）。

迁地栽培保存

保存地点	种质份数	个体数量	引种方式	生长状况	来源地
GX	*	f	采集	G	辽宁

中华卫矛　*Euonymus nitidus* Benth.

功效主治　根、果实：泻热。用于鼻衄，跌打损伤。

濒危等级　中国植物红色名录评估为无危（LC）。

迁地栽培保存

保存地点	种质份数	个体数量	引种方式	生长状况	来源地
GX	*	f	采集	G	澳门

五层龙属　*Salacia*

海南五层龙　*Salacia hainanensis* Chun & F. C. How

濒危等级　中国特有植物，中国植物红色名录评估为近危（NT）。

迁地栽培保存

保存地点	种质份数	个体数量	引种方式	生长状况	来源地
HN	1	a	采集	C	待确定

阔叶五层龙　*Salacia amplifolia* Merr. ex Chun & F. C. How

濒危等级　中国特有植物，中国植物红色名录评估为近危（NT）。

迁地栽培保存

保存地点	种质份数	个体数量	引种方式	生长状况	来源地
HN	1	a	采集	C	海南

五层龙 *Salacia prinoides* (Willd.) DC.

功效主治 藤茎：补益，解热。用于疼痛，肠痈，恶核。根（枞拉木）：涩，温。通经活络，祛风除湿。用于风湿关节痛，腰肌劳损，体虚无力。

迁地栽培保存

保存地点	种质份数	个体数量	引种方式	生长状况	来源地
HN	1	a	采集	C	海南
SH	1	b	采集	A	待确定
GX	*	f	采集	G	广西

文定果科　Muntingiaceae

文定果属 *Muntingia*

文定果 *Muntingia calabura* L.

迁地栽培保存

保存地点	种质份数	个体数量	引种方式	生长状况	来源地
HN	1	a	采集	C	海南
YN	1	a	采集	C	云南

种质库保存

保存地点	保存方式	种质份数	个体数量	引种方式	来源地
BJ	种子	1	a	采集	待确定

无患子科　Sapindaceae

滨木患属　*Arytera*

滨木患　*Arytera littoralis* Bl.

濒危等级　中国植物红色名录评估为无危（LC）。

迁地栽培保存

保存地点	种质份数	个体数量	引种方式	生长状况	来源地
HN	1	c	采集	C	海南
YN	1	a	采集	C	云南
GX	*	f	采集	G	广东

种质库保存

保存地点	保存方式	种质份数	个体数量	引种方式	来源地
HN	种子	1	a	采集	海南
BJ	种子	6	b	采集	海南

柄果木属　*Mischocarpus*

柄果木　*Mischocarpus sundaicus* Bl.

濒危等级　中国植物红色名录评估为无危（LC）。

迁地栽培保存

保存地点	种质份数	个体数量	引种方式	生长状况	来源地
YN	1	a	采集	C	云南

种质库保存

保存地点	保存方式	种质份数	个体数量	引种方式	来源地
BJ	种子	3	a	采集	云南

海南柄果木 *Mischocarpus hainanensis* H. S. Lo

频危等级　中国特有植物，中国植物红色名录评估为易危（VU）。

迁地栽培保存

保存地点	种质份数	个体数量	引种方式	生长状况	来源地
HN	1	a	采集	C	海南

褐叶柄果木 *Mischocarpus pentapetalus*（Roxb.）Radlk.

功效主治　根：止咳。用于感冒咳嗽。

频危等级　中国植物红色名录评估为无危（LC）。

迁地栽培保存

保存地点	种质份数	个体数量	引种方式	生长状况	来源地
HN	1	a	采集	C	海南
GX	*	f	采集	G	印度尼西亚

茶条木属 *Delavaya*

茶条木 *Delavaya toxocarpa* Franch.

功效主治　种子油：有毒。用于疥癣。

频危等级　中国植物红色名录评估为近危（NT）。

迁地栽培保存

保存地点	种质份数	个体数量	引种方式	生长状况	来源地
GX	*	f	采集	G	广西

种质库保存

保存地点	保存方式	种质份数	个体数量	引种方式	来源地
BJ	种子	1	a	采集	待确定

车桑子属　*Dodonaea*

车桑子　*Dodonaea viscosa*（L.）Jacq.

功效主治　根：消肿解毒。用于牙痛，风毒流注。叶：淡，平。清热渗湿，消肿解毒。用于小便淋沥，癃闭，肩部漫肿，疮疡，疔疖，会阴部肿毒，烫火伤。全株：外用于疮毒，湿疹，瘾疹。花、果实：用于顿咳。

濒危等级　中国植物红色名录评估为无危（LC）。

迁地栽培保存

保存地点	种质份数	个体数量	引种方式	生长状况	来源地
BJ	1	a	交换	G	北京
HN	1	a	采集	C	海南

种质库保存

保存地点	保存方式	种质份数	个体数量	引种方式	来源地
BJ	种子	6	b	采集	贵州、海南、湖北
HN	种子	7	c	采集	海南、广东

倒地铃属　*Cardiospermum*

倒地铃　*Cardiospermum halicacabum* L.

功效主治　全株：苦、微辛，凉。清热利湿，凉血解毒。用于黄疸，淋病，疔疮，脓疱疮，疥疮，毒蛇咬伤。

迁地栽培保存

保存地点	种质份数	个体数量	引种方式	生长状况	来源地
BJ	2	b	交换、采集	G	北京、广西
CQ	1	b	购买	B	重庆
HN	1	d	采集	A	海南
LN	1	c	采集	B	辽宁

保存地点	种质份数	个体数量	引种方式	生长状况	来源地
YN	1	a	采集	C	云南
GX	*	f	采集	G	广西

种质库保存

保存地点	保存方式	种质份数	个体数量	引种方式	来源地
BJ	种子	25	b	采集	云南、广西、江西、四川
HN	种子	2	b	采集	海南

番龙眼属 *Pometia*

番龙眼 *Pometia pinnata* J. R. & G. Forst.

功效主治 根：驱虫，解热。叶、茎皮：用于发热，溃疡。

濒危等级 中国植物红色名录评估为无危（LC）。

迁地栽培保存

保存地点	种质份数	个体数量	引种方式	生长状况	来源地
YN	1	a	采集	C	云南

种质库保存

保存地点	保存方式	种质份数	个体数量	引种方式	来源地
BJ	种子	1	a	采集	待确定

干果木属 *Xerospermum*

干果木 *Xerospermum bonii*（Lecomte）Radlk.

濒危等级 广西壮族自治区重点保护植物，中国植物红色名录评估为易危（VU）。

迁地栽培保存

保存地点	种质份数	个体数量	引种方式	生长状况	来源地
GX	*	f	采集	G	广西

黄梨木属 *Boniodendron*

黄梨木 *Boniodendron minus* (Hemsl.) T. Chen

濒危等级 中国特有植物，中国植物红色名录评估为无危（LC）。

迁地栽培保存

保存地点	种质份数	个体数量	引种方式	生长状况	来源地
GX	*	f	采集	G	广西

假山罗属 *Harpullia*

假山萝 *Harpullia cupanioides* Roxb.

濒危等级 中国植物红色名录评估为无危（LC）。

种质库保存

保存地点	保存方式	种质份数	个体数量	引种方式	来源地
BJ	种子	1	a	采集	待确定

假韶子属 *Paranephelium*

海南假韶子 *Paranephelium hainanense* H. S. Lo

濒危等级 中国特有植物，国家重点保护野生植物名录（第二批）二级，海南省重点保护植物，中国植物红色名录评估为极危（CR）。

迁地栽培保存

保存地点	种质份数	个体数量	引种方式	生长状况	来源地
HN	1	a	采集	C	待确定

云南假韶子 *Paranephelium hystrix* Radlk.

濒危等级 中国植物红色名录评估为濒危（EN）。

迁地栽培保存

保存地点	种质份数	个体数量	引种方式	生长状况	来源地
YN	1	a	采集	C	云南
GX	*	f	采集	G	云南

金钱槭属 *Dipteronia*

金钱槭 *Dipteronia sinensis* Oliv.

濒危等级 中国特有植物，中国植物红色名录评估为无危（LC）。

迁地栽培保存

保存地点	种质份数	个体数量	引种方式	生长状况	来源地
GX	*	f	采集	G	浙江

云南金钱槭 *Dipteronia dyerana* A. Henry

濒危等级 中国特有植物，国家重点保护野生植物名录（第一批）二级，中国植物红色名录评估为濒危（EN）。

迁地栽培保存

保存地点	种质份数	个体数量	引种方式	生长状况	来源地
GX	*	f	采集	G	云南

久树属 *Schleichera*

久树 *Schleichera trijuga* Willd.

迁地栽培保存

保存地点	种质份数	个体数量	引种方式	生长状况	来源地
HN	1	a	采集	C	海南

荔枝属　*Litchi*

荔枝　*Litchi chinensis* Sonn.

功效主治　果实（荔枝）：甘、酸，温。生津止渴，补脾养血，理气止痛。用于烦渴，便血，血崩，脾虚泄泻，病后体虚，胃痛，呃逆；外用于瘰疬溃烂，疔疮肿毒，外伤出血。种子（荔枝核）：甘、涩，温。散寒，理气，止痛。用于胃冷痛，疝气痛，子痛，妇人腹中血气刺痛。根（荔枝根）：微苦、涩，温。用于胃寒胀痛，疝气，遗精，喉痹。叶（荔枝叶）：用于足癣，耳后溃疡。外果皮（荔枝壳）：用于痢疾，血崩，湿疹。

迁地栽培保存

保存地点	种质份数	个体数量	引种方式	生长状况	来源地
CQ	1	a	赠送	C	广西
YN	1	b	采集	A	云南
SH	1	a	采集	A	待确定
GD	1	f	采集	G	待确定
BJ	1	a	采集	G	福建
HN	1	b	采集	B	海南

种质库保存

保存地点	保存方式	种质份数	个体数量	引种方式	来源地
HN	种子	1	a	采集	海南

鳞花木属　*Lepisanthes*

赤才　*Lepisanthes rubiginosa* (Roxb.) Leenh.

功效主治　根：用作强壮剂。

濒危等级　中国植物红色名录评估为无危（LC）。

迁地栽培保存

保存地点	种质份数	个体数量	引种方式	生长状况	来源地
HN	1	a	采集	C	海南
YN	1	a	购买	C	云南

龙眼属 *Dimocarpus*

龙眼 *Dimocarpus longan* Lour.

功效主治 假种皮（龙眼肉）：甘，温。补益心脾，养血安神。用于失眠，健忘，心悸怔忡，慢性出血，月经过多，气血不足，虚劳羸弱。根（龙眼根）：苦、涩。用于丝虫病，尿浊，带下病。茎皮（龙眼树皮）：杀虫，解毒，消肿生肌。用于疳积，疔疮，子痈，疳眼；外用于外伤出血。叶（龙眼叶）：微苦、涩，平。清热利湿，解毒杀虫。用于感冒，泄泻，小便短赤涩痛，痔疮，足癣，阴囊湿疹，牙痛，睑弦赤烂。花（龙眼花）：功效同根，用于各种淋证。种子（龙眼核）：涩，平。止血定痛，理气散结。用于疝气，瘿瘤；外用于创伤出血，烫火伤，疥癣。

迁地栽培保存

保存地点	种质份数	个体数量	引种方式	生长状况	来源地
FJ	9	b	购买	A	福建
GD	1	a	采集	D	待确定
HN	1	e	采集	B	海南
JS1	1	a	赠送	D	广东
YN	1	b	采集	A	云南
CQ	1	a	购买	C	四川

种质库保存

保存地点	保存方式	种质份数	个体数量	引种方式	来源地
BJ	种子	7	a	采集	海南、吉林
HN	种子	2	b	采集	福建

栾树属 *Koelreuteria*

复羽叶栾树 *Koelreuteria bipinnata* Franch.

功效主治 根：消肿止痛，活血，驱虫。用于蛔虫病，肿毒。花：清肝明目，清热止咳。用于肝火上炎，风热咳嗽。

迁地栽培保存

保存地点	种质份数	个体数量	引种方式	生长状况	来源地
BJ	1	a	采集	G	待确定
CQ	1	a	采集	C	重庆
YN	1	a	购买	C	云南
GX	*	f	采集	G	上海

黄山栾树 *Koelreuteria bipinnata* 'integrifoliola' (Merr.) T. Chen

迁地栽培保存

保存地点	种质份数	个体数量	引种方式	生长状况	来源地
JS2	1	b	购买	C	江苏

种质库保存

保存地点	保存方式	种质份数	个体数量	引种方式	来源地
BJ	种子	4	a	采集	江西，待确定

栾树 *Koelreuteria paniculata* Laxm.

功效主治 根皮：苦，寒。清肝明目。用于目痛泪出，目赤肿烂。

濒危等级 中国植物红色名录评估为无危（LC）。

迁地栽培保存

保存地点	种质份数	个体数量	引种方式	生长状况	来源地
JS1	1	c	购买	C	江苏

续表

保存地点	种质份数	个体数量	引种方式	生长状况	来源地
BJ	1	b	交换	G	北京
GX	*	f	采集	G	北京

种质库保存

保存地点	保存方式	种质份数	个体数量	引种方式	来源地
BJ	种子	53	b	采集	云南、四川、山西、江苏、辽宁、吉林、河北、上海、湖北、福建、甘肃、贵州

台湾栾树 *Koelreuteria elegans* (Seem.) A. C. Smith subsp. *formosana* (Hayata) Meyer

濒危等级 中国特有植物，中国植物红色名录评估为无危（LC）。

迁地栽培保存

保存地点	种质份数	个体数量	引种方式	生长状况	来源地
GX	*	f	采集	G	福建

平舟木属 *Handeliodendron*

掌叶木 *Handeliodendron bodinieri* (Lévl.) Rehd.

濒危等级 中国特有植物，国家重点保护野生植物名录（第一批）一级，中国植物红色名录评估为濒危（EN）。

迁地栽培保存

保存地点	种质份数	个体数量	引种方式	生长状况	来源地
GZ	1	a	采集	C	贵州
GX	*	f	采集	G	广西

七叶树属 *Aesculus*

长柄七叶树 *Aesculus assamica* Griff.

功效主治 果实：理气止痛，调经活血。用于胃痛，月经不调。

濒危等级　中国植物红色名录评估为无危（LC）。

迁地栽培保存

保存地点	种质份数	个体数量	引种方式	生长状况	来源地
GX	2	f	采集	G	云南
YN	2	a	采集	C	云南

种质库保存

保存地点	保存方式	种质份数	个体数量	引种方式	来源地
BJ	种子	1	a	采集	云南

欧洲七叶树　*Aesculus hippocastanum* L.

功效主治　花、果实、叶：用于胃病，风湿病。种子：用于痔疮，崩漏，骨折。

迁地栽培保存

保存地点	种质份数	个体数量	引种方式	生长状况	来源地
GX	*	f	采集	G	法国

七叶树　*Aesculus chinensis* Bunge

功效主治　种子（婆罗子）：甘，温。理气宽中，和胃止痛。用于肝胃气痛，脘腹胀满，经前腹痛，乳胀，疳积，虫痛，痢疾。

濒危等级　中国特有植物，中国植物红色名录评估为无危（LC）。

迁地栽培保存

保存地点	种质份数	个体数量	引种方式	生长状况	来源地
BJ	3	b	采集	C	浙江、贵州
SH	1	a	采集	A	待确定
CQ	1	a	采集	C	重庆
JS1	1	b	购买	C	江苏

种质库保存

保存地点	保存方式	种质份数	个体数量	引种方式	来源地
BJ	种子	3	a	采集	湖北

日本七叶树 *Aesculus turbinata* Blume

迁地栽培保存

保存地点	种质份数	个体数量	引种方式	生长状况	来源地
GX	*	f	采集	G	日本

天师栗 *Aesculus wilsonii* Rehder

功效主治　种子：理气宽中，和胃止痛。用于肝胃气痛，脘腹胀满，经前腹痛，乳胀，疳积，虫痛，痢疾。

频危等级　中国特有植物，中国植物红色名录评估为无危（LC）。

迁地栽培保存

保存地点	种质份数	个体数量	引种方式	生长状况	来源地
CQ	1	a	采集	F	重庆
HB	1	b	采集	C	湖北
GZ	1	a	采集	C	贵州

种质库保存

保存地点	保存方式	种质份数	个体数量	引种方式	来源地
HN	种子	1	a	采集	湖南

小果七叶树 *Aesculus tsiangii* Hu & W. P. Fang

迁地栽培保存

保存地点	种质份数	个体数量	引种方式	生长状况	来源地
GX	*	f	采集	G	广西

浙江七叶树 *Aesculus chinensis* var. *chekiangensis*（Hu et Fang）Fang

迁地栽培保存

保存地点	种质份数	个体数量	引种方式	生长状况	来源地
BJ	1	a	采集	C	四川
GX	*	f	采集	G	广西

槭属 *Acer*

滨海槭 *Acer sino-oblongum* F. P. Metcalf

濒危等级 中国特有植物，中国植物红色名录评估为濒危（EN）。

迁地栽培保存

保存地点	种质份数	个体数量	引种方式	生长状况	来源地
GX	*	f	采集	G	广东

梣叶槭 *Acer negundo* L.

功效主治 果实：用于腹疾。

迁地栽培保存

保存地点	种质份数	个体数量	引种方式	生长状况	来源地
BJ	2	a	购买、采集	C	北京、新疆
JS1	1	a	购买	D	江苏

茶条槭 *Acer ginnala* Maxim.

功效主治 叶、芽：苦，寒。清热明目。用于肝热目赤，视物昏花。

濒危等级 中国植物红色名录评估为无危（LC）。

迁地栽培保存

保存地点	种质份数	个体数量	引种方式	生长状况	来源地
LN	1	b	采集	C	辽宁
JS1	1	a	采集	C	江苏
GX	*	f	采集	G	浙江

鞑靼槭 *Acer tataricum* L.

迁地栽培保存

保存地点	种质份数	个体数量	引种方式	生长状况	来源地
GX	*	f	采集	G	波兰

峨眉飞蛾槭 *Acer oblongum* var. *omeiense* Fang et Soong

濒危等级 中国特有植物，中国植物红色名录评估为无危（LC）。

迁地栽培保存

保存地点	种质份数	个体数量	引种方式	生长状况	来源地
CQ	1	a	采集	F	重庆

房县枫 *Acer sterculiaceum* subsp. *franchetii*（Pax）A. E. Murray

功效主治 根、茎皮、果实：祛风湿，活血，清热利咽。用于声音嘶哑，咽喉肿痛。

濒危等级 中国特有植物，中国植物红色名录评估为无危（LC）。

迁地栽培保存

保存地点	种质份数	个体数量	引种方式	生长状况	来源地
CQ	1	a	采集	C	重庆
GX	*	f	采集	G	湖北

飞蛾槭　*Acer oblongum* Wall. ex DC.

功效主治　根皮：祛风除湿。

迁地栽培保存

保存地点	种质份数	个体数量	引种方式	生长状况	来源地
CQ	1	a	采集	C	重庆
HB	1	a	采集	C	待确定
GX	*	f	采集	G	湖南

光叶槭　*Acer laevigatum* Wall.

功效主治　根、茎皮：祛风除湿，活血。用于劳伤痛。果实：清热利咽。

迁地栽培保存

保存地点	种质份数	个体数量	引种方式	生长状况	来源地
CQ	1	a	采集	C	重庆
GX	*	f	采集	G	湖北

红枫　*Acer palmatum* ‘Atropurpureum’

迁地栽培保存

保存地点	种质份数	个体数量	引种方式	生长状况	来源地
CQ	1	a	购买	B	重庆
HB	1	a	采集	C	待确定
JS2	1	d	购买	C	江苏
SH	1	a	采集	A	待确定

鸡爪槭　*Acer palmatum* Thunb.

功效主治　枝叶：止痛，解毒。用于腹痛。

濒危等级　江西省三级保护植物，中国植物红色名录评估为易危（VU）。

迁地栽培保存

保存地点	种质份数	个体数量	引种方式	生长状况	来源地
JS1	4	b	购买、采集	C	江苏
GZ	2	b	采集、购买	C	贵州
SH	1	a	采集	A	待确定

建始槭　*Acer henryi* Pax

功效主治　根：接骨，利关节，止痛。用于腰肌扭伤，风湿骨痛。

濒危等级　中国特有植物，中国植物红色名录评估为无危（LC）。

迁地栽培保存

保存地点	种质份数	个体数量	引种方式	生长状况	来源地
JS1	1	a	采集	D	江苏
GX	*	f	采集	G	浙江

罗浮槭　*Acer fabri* Hance

功效主治　果实（蝴蝶果）：微苦、涩，凉。清热，利咽喉。用于咽喉肿痛，肺痨。

濒危等级　中国植物红色名录评估为无危（LC）。

迁地栽培保存

保存地点	种质份数	个体数量	引种方式	生长状况	来源地
CQ	1	a	采集	B	重庆

种质库保存

保存地点	保存方式	种质份数	个体数量	引种方式	来源地
HN	种子	1	a	采集	湖南

毛果枫 *Acer maximowiczianum* Miq.

迁地栽培保存

保存地点	种质份数	个体数量	引种方式	生长状况	来源地
GX	*	f	采集	G	江西

毛脉槭 *Acer pubinerve* Rehder

濒危等级 中国特有植物，中国植物红色名录评估为无危（LC）。

迁地栽培保存

保存地点	种质份数	个体数量	引种方式	生长状况	来源地
GX	2	f	采集	G	波兰

青皮槭 *Acer cappadocicum* Gled.

功效主治 根：用于风湿病，跌打损伤。

濒危等级 中国植物红色名录评估为易危（VU）。

迁地栽培保存

保存地点	种质份数	个体数量	引种方式	生长状况	来源地
GZ	1	b	采集	C	贵州

青榨槭 *Acer davidii* Franch.

功效主治 根：用于风湿腰痛。枝叶：清热解毒，行气止痛。用于瘰背，腹痛，风湿关节痛。花：用于目赤，小儿消化不良。

迁地栽培保存

保存地点	种质份数	个体数量	引种方式	生长状况	来源地
GZ	1	b	采集	C	贵州
HB	1	a	采集	C	湖北
JS1	1	a	采集	D	江苏

续表

保存地点	种质份数	个体数量	引种方式	生长状况	来源地
CQ	1	a	采集	B	重庆
GX	*	f	采集	G	江苏

种质库保存

保存地点	保存方式	种质份数	个体数量	引种方式	来源地
HN	种子	1	b	采集	湖南

三角槭　*Acer buergerianum* Miq.

功效主治　根：用于风湿关节痛。根皮、茎皮：清热解毒，消暑。

迁地栽培保存

保存地点	种质份数	个体数量	引种方式	生长状况	来源地
CQ	1	a	采集	C	重庆

色木槭　*Acer mono* Maxim.

迁地栽培保存

保存地点	种质份数	个体数量	引种方式	生长状况	来源地
BJ	1	a	购买	B	待确定
GX	*	f	采集	G	波兰

十蕊枫　*Acer laurinum* Hassk.

濒危等级　中国植物红色名录评估为无危（LC）。

迁地栽培保存

保存地点	种质份数	个体数量	引种方式	生长状况	来源地
HN	1	a	采集	C	海南

糖槭 *Acer saccharum* Marshall

迁地栽培保存

保存地点	种质份数	个体数量	引种方式	生长状况	来源地
LN	1	b	采集	C	辽宁

天目槭 *Acer sinopurpurascens* W. C. Cheng

功效主治　根：接骨，利关节，止疼痛。用于扭伤。

濒危等级　中国特有植物，江西省二级保护植物、浙江省重点保护植物，中国植物红色名录评估为无危（LC）。

迁地栽培保存

保存地点	种质份数	个体数量	引种方式	生长状况	来源地
GX	*	f	采集	G	江苏

五角枫 *Acer pictum* subsp. *mono*（Maxim.）Ohashi

功效主治　枝叶：祛风除湿，活血化瘀。

濒危等级　中国植物红色名录评估为无危（LC）。

迁地栽培保存

保存地点	种质份数	个体数量	引种方式	生长状况	来源地
JS1	1	a	购买	C	江苏
NMG	1	a	购买	F	内蒙古
BJ	1	a	购买	C	待确定
GX	*	f	采集	G	中国浙江，日本

五裂槭 *Acer oliverianum* Pax

功效主治　枝叶：辛、苦，凉。清热解毒，理气止痛。用于腹痛，背疽，痈疮。

濒危等级　中国特有植物，江西省三级保护植物，中国植物红色名录评估为无危（LC）。

迁地栽培保存

保存地点	种质份数	个体数量	引种方式	生长状况	来源地
HB	1	a	采集	C	湖北
CQ	1	a	采集	A	重庆
GX	*	f	采集	G	湖北、江苏

秀丽械 *Acer elegantulum* W. P. Fang & P. L. Chiu

功效主治 根或根皮：祛风止痛。用于关节痛。

濒危等级 中国特有植物，中国植物红色名录评估为无危（LC）。

迁地栽培保存

保存地点	种质份数	个体数量	引种方式	生长状况	来源地
GX	2	f	采集	G	浙江、广西

元宝械 *Acer truncatum* Bunge

功效主治 根皮：微温。祛风除湿。用于风湿腰背痛。

濒危等级 中国植物红色名录评估为无危（LC）。

迁地栽培保存

保存地点	种质份数	个体数量	引种方式	生长状况	来源地
BJ	1	a	购买	C	北京
JS1	1	a	购买	D	江苏
SH	1	a	采集	A	待确定
GX	*	f	采集	G	上海

种质库保存

保存地点	保存方式	种质份数	个体数量	引种方式	来源地
BJ	种子	1	a	采集	江西

樟叶槭 *Acer cinnamomifolium* Hayata

功效主治　根：祛风除湿。用于风湿病。

濒危等级　中国特有植物，中国植物红色名录评估为无危（LC）。

迁地栽培保存

保存地点	种质份数	个体数量	引种方式	生长状况	来源地
BJ	1	a	采集	C	湖北
CQ	1	a	采集	F	重庆

中华槭 *Acer sinense* Pax

功效主治　根：接骨，利关节，止疼痛。用于风湿关节痛，骨折。

濒危等级　中国特有植物，中国植物红色名录评估为无危（LC）。

迁地栽培保存

保存地点	种质份数	个体数量	引种方式	生长状况	来源地
GX	3	f	采集	G	湖北、重庆、上海
CQ	2	a	采集	A	重庆

髭脉槭 *Acer barbinerve* Maxim.

功效主治　枝叶：祛风除湿，活血逐瘀。用于风湿骨痛，跌打损伤，骨折。

濒危等级　中国植物红色名录评估为无危（LC）。

迁地栽培保存

保存地点	种质份数	个体数量	引种方式	生长状况	来源地
GX	*	f	采集	G	波兰

紫果槭 *Acer cordatum* Pax

功效主治 叶芽：清热明目。

迁地栽培保存

保存地点	种质份数	个体数量	引种方式	生长状况	来源地
GX	*	f	采集	G	湖南

韶子属 *Nephelium*

海南韶子 *Nephelium topengii* (Merr.) H. S. Lo

功效主治 果实：清热解毒。用于口疮，痢疾，心腹冷痛，溃疡。

濒危等级 中国特有植物，国家重点保护野生植物名录（第二批）二级，海南省重点保护植物，中国植物红色名录评估为无危（LC）。

迁地栽培保存

保存地点	种质份数	个体数量	引种方式	生长状况	来源地
HN	1	a	采集	C	海南

红毛丹 *Nephelium lappaceum* L.

功效主治 果皮：收敛。用于痢疾。

迁地栽培保存

保存地点	种质份数	个体数量	引种方式	生长状况	来源地
HN	2	a	赠送	C	海南

种质库保存

保存地点	保存方式	种质份数	个体数量	引种方式	来源地
BJ	种子	4	a	采集	重庆

文冠果属 *Xanthoceras*

文冠果 *Xanthoceras sorbifolium* Bunge

功效主治 木材、枝叶：甘，平。祛风除湿，消肿止痛，收敛。用于风湿关节痛，肿毒痛，黄水疮。

濒危等级 中国植物红色名录评估为无危（LC）。

迁地栽培保存

保存地点	种质份数	个体数量	引种方式	生长状况	来源地
LN	1	b	购买	C	辽宁
HLJ	1	a	购买	A	黑龙江
BJ	1	b	购买	G	北京

种质库保存

保存地点	保存方式	种质份数	个体数量	引种方式	来源地
BJ	种子	6	b	采集	山西

无患子属 *Sapindus*

川滇无患子 *Sapindus delavayi*（Franch.）Radlk.

功效主治 果皮（皮哨子）：苦，凉。理气止痛，杀虫止痒。用于疝气痛。种子（皮哨子）：苦，凉。理气止痛，杀虫止痒。用于疥癞，头虱病。

濒危等级 中国特有植物，中国植物红色名录评估为无危（LC）。

迁地栽培保存

保存地点	种质份数	个体数量	引种方式	生长状况	来源地
GX	*	f	采集	G	云南

毛瓣无患子 *Sapindus rarak* DC.

功效主治　根、叶、果实：收敛止痛。

迁地栽培保存

保存地点	种质份数	个体数量	引种方式	生长状况	来源地
YN	1	a	采集	C	云南
GX	*	f	采集	G	云南

无患子 *Sapindus mukorossi* Gaertn.

功效主治　根：苦，凉。清热解毒，行气止痛。用于风热感冒，咳嗽，哮喘，胃痛，尿浊，带下病，乳蛾。树皮的韧皮部：用于白喉，疥癞，痔疮。嫩枝叶：用于顿咳；外用于蛇咬伤。果肉：微苦，平。有小毒。清热化痰，行气消积。用于喉痹，心胃气痛，虫积、食积腹痛，毒蛇咬伤，无名肿毒。种子：苦、微辛，寒。有小毒。清热祛痰，消积，杀虫。用于白喉，咽喉肿痛，乳蛾，咳嗽，食滞证，虫积；外用于滴虫性阴道炎。种仁：辛，平。消积辟恶。用于疳积，蛔虫病，腹中气胀，口臭。

濒危等级　中国植物红色名录评估为无危（LC）。

迁地栽培保存

保存地点	种质份数	个体数量	引种方式	生长状况	来源地
BJ	2	a	采集	G	广西、安徽
SC	1	f	待确定	G	四川
SH	1	a	采集	A	待确定
JS2	1	b	购买	C	江苏
JS1	1	b	购买	C	江苏
HN	1	a	采集	C	海南
GD	1	f	采集	G	待确定
FJ	1	a	赠送	B	福建
ZJ	1	c	采集	A	浙江
CQ	1	b	采集	C	重庆
GX	*	f	采集	G	重庆、广西

种质库保存

保存地点	保存方式	种质份数	个体数量	引种方式	来源地
BJ	种子	49	b	采集	云南、重庆、广西、江西、上海、福建
HN	DNA	1	a	采集	海南

细子龙属　*Amesiodendron*

细子龙　*Amesiodendron chinense*（Merr.）Hu

濒危等级　广西壮族自治区重点保护植物、海南省重点保护植物，中国植物红色名录评估为易危（VU）。

迁地栽培保存

保存地点	种质份数	个体数量	引种方式	生长状况	来源地
HN	2	a	采集	C	海南
BJ	1	a	采集	C	海南

异木患属　*Allophylus*

波叶异木患　*Allophylus caudatus* Radlk.

功效主治　根：用于肝毒，肝硬化腹水，跌打损伤。全株：祛风除湿，解毒，接骨。用于风湿痹痛，水肿，肝毒，骨折。

濒危等级　中国植物红色名录评估为无危（LC）。

迁地栽培保存

保存地点	种质份数	个体数量	引种方式	生长状况	来源地
GX	*	f	采集	G	重庆

滇南异木患　*Allophylus cobbe*（L.）Raeusch. var. *velutinus* Corner

濒危等级　中国植物红色名录评估为无危（LC）。

迁地栽培保存

保存地点	种质份数	个体数量	引种方式	生长状况	来源地
GX	*	f	采集	G	广西

肖异木患 *Allophylus racemosus* Sw.

功效主治 叶：清热解毒。用于蛇伤，烫火伤，湿疹，疮痈疥癣。

种质库保存

保存地点	保存方式	种质份数	个体数量	引种方式	来源地
BJ	种子	1	a	采集	云南

异木患 *Allophylus viridis* Radlk.

功效主治 根、茎：甘，温。通利关节，散瘀活血。用于风湿痹痛，跌打损伤。叶：甘，温。通利关节，散瘀活血。用于感冒。

濒危等级 中国植物红色名录评估为无危（LC）。

迁地栽培保存

保存地点	种质份数	个体数量	引种方式	生长状况	来源地
HN	1	a	采集	C	海南

种质库保存

保存地点	保存方式	种质份数	个体数量	引种方式	来源地
BJ	种子	1	a	采集	云南

云南异木患 *Allophylus hirsutus* Radlk.

濒危等级 中国植物红色名录评估为无危（LC）。

迁地栽培保存

保存地点	种质份数	个体数量	引种方式	生长状况	来源地
YN	1	a	采集	C	云南

五福花科　**Adoxaceae**

荚蒾属　*Viburnum*

巴东荚蒾　*Viburnum henryi* Hemsl.

功效主治　根：清热解毒。枝叶：用于鹅口疮。

濒危等级　中国特有植物，中国植物红色名录评估为无危（LC）。

迁地栽培保存

保存地点	种质份数	个体数量	引种方式	生长状况	来源地
CQ	1	a	采集	C	重庆
GX	*	f	采集	G	湖北

种质库保存

保存地点	保存方式	种质份数	个体数量	引种方式	来源地
BJ	种子	5	a	采集	湖北，待确定

茶荚蒾　*Viburnum setigerum* Hance

功效主治　根（鸡公柴）：微苦。破血通经，止血。用于白浊，肺痈。果实：健脾。用于脾胃虚弱，纳呆。

濒危等级　中国特有植物，中国植物红色名录评估为无危（LC）。

迁地栽培保存

保存地点	种质份数	个体数量	引种方式	生长状况	来源地
BJ	1	a	交换	G	北京
GZ	1	b	采集	C	贵州
CQ	1	a	采集	C	重庆

种质库保存

保存地点	保存方式	种质份数	个体数量	引种方式	来源地
BJ	种子	11	b	采集	河北、重庆、四川、云南、江西，待确定

常绿荚蒾 *Viburnum sempervirens* K. Koch

功效主治 枝：消肿止痛，活血散瘀。叶：消肿，活血。用于跌打损伤。

迁地栽培保存

保存地点	种质份数	个体数量	引种方式	生长状况	来源地
YN	1	a	采集	C	云南

种质库保存

保存地点	保存方式	种质份数	个体数量	引种方式	来源地
BJ	种子	1	a	采集	待确定

臭荚蒾 *Viburnum foetidum* Wall.

功效主治 根、叶（冷饭果）：涩，平。清热解毒，止咳，接骨。用于脓肿，骨折。果实（冷饭果）：涩，平。清热解毒，止咳，接骨。用于头痛，咳嗽，风热咳喘，跌打损伤，走马牙疳，瘰疬。

濒危等级 中国植物红色名录评估为无危（LC）。

迁地栽培保存

保存地点	种质份数	个体数量	引种方式	生长状况	来源地
BJ	1	a	采集	G	云南

种质库保存

保存地点	保存方式	种质份数	个体数量	引种方式	来源地
BJ	种子	1	a	采集	待确定

蝶花荚蒾 *Viburnum hanceanum* Maxim.

濒危等级 中国特有植物，中国植物红色名录评估为无危（LC）。

迁地栽培保存

保存地点	种质份数	个体数量	引种方式	生长状况	来源地
GD	1	f	采集	G	待确定

短序荚蒾 *Viburnum brachybotryum* Hemsl.

功效主治 根：清热止痒，祛风除湿。用于风湿关节痛，跌打损伤。叶：用于皮肤瘙痒。花：用于风热咳喘。

濒危等级 中国特有植物，中国植物红色名录评估为无危（LC）。

迁地栽培保存

保存地点	种质份数	个体数量	引种方式	生长状况	来源地
CQ	1	a	采集	C	重庆
GX	*	f	采集	G	湖北

粉团 *Viburnum plicatum* Thunb.

功效主治 根、枝：清热解毒，健脾消积。

迁地栽培保存

保存地点	种质份数	个体数量	引种方式	生长状况	来源地
BJ	1	a	采集	G	云南

黑果宜昌荚蒾 *Viburnum ichangense* var. *atratocarpum*（P. S. Hsu）T. R. Dudley & S. C. Sun in B. M. Barthol.

et al.

迁地栽培保存

保存地点	种质份数	个体数量	引种方式	生长状况	来源地
CQ	1	a	采集	C	重庆

红荚蒾 *Viburnum erubescens* Wall.

功效主治　根：清热解毒，凉血，止血。

濒危等级　中国植物红色名录评估为无危（LC）。

迁地栽培保存

保存地点	种质份数	个体数量	引种方式	生长状况	来源地
CQ	1	a	采集	F	重庆

厚绒荚蒾 *Viburnum inopinatum* Craib

功效主治　叶：用于风湿骨痛。

濒危等级　中国植物红色名录评估为无危（LC）。

和质库保存

保存地点	保存方式	种质份数	个体数量	引种方式	来源地
BJ	种子	5	a	采集	海南、云南

蝴蝶戏珠花 *Viburnum plicatum* f. *tomentosum*（Miq.）Rehder

迁地栽培保存

保存地点	种质份数	个体数量	引种方式	生长状况	来源地
BJ	1	a	采集	G	广西
CQ	1	a	采集	C	重庆

桦叶荚蒾 *Viburnum betulifolium* Batalin

功效主治　根：涩，平。调经，涩精。用于月经不调，梦遗滑精，肺热口臭，带下病。

濒危等级　中国特有植物，中国植物红色名录评估为无危（LC）。

迁地栽培保存

保存地点	种质份数	个体数量	引种方式	生长状况	来源地
CQ	1	a	采集	C	重庆

鸡树条　*Viburnum opulus* L. var. *calvescens*（Rehder）H. Hara

濒危等级　中国植物红色名录评估为无危（LC）。

迁地栽培保存

保存地点	种质份数	个体数量	引种方式	生长状况	来源地
BJ	1	a	采集	G	河北
JS1	1	a	采集	D	江苏
LN	1	b	采集	C	辽宁

荚蒾　*Viburnum dilatatum* Thunb.

功效主治　根（荚蒾根）：辛、涩，凉。祛瘀消肿。用于瘰疬，跌打损伤。枝叶（荚蒾）：酸，凉。清热解毒，疏风解表。用于疔疮发热，暑热感冒；外用于疥癣。

濒危等级　中国植物红色名录评估为无危（LC）。

迁地栽培保存

保存地点	种质份数	个体数量	引种方式	生长状况	来源地
BJ	1	a	购买	G	北京
GZ	1	a	采集	C	贵州
HB	1	a	采集	C	湖北
JS1	1	a	购买	C	江苏

种质库保存

保存地点	保存方式	种质份数	个体数量	引种方式	来源地
BJ	种子	33	c	采集	江西、湖北、山西、福建、广西、四川、云南

金佛山荚蒾　*Viburnum chinshanense* Graebn.

功效主治　全株：用于泄泻，痔疮出血，风湿关节痛，跌打损伤。果实：清热解毒，破瘀通经，健脾。

濒危等级　中国特有植物，中国植物红色名录评估为无危（LC）。

迁地栽培保存

保存地点	种质份数	个体数量	引种方式	生长状况	来源地
GX	*	f	采集	G	湖北

聚花荚蒾 *Viburnum glomeratum* Maxim.

功效主治 根：祛风清热，散瘀活血。

濒危等级 中国植物红色名录评估为无危（LC）。

迁地栽培保存

保存地点	种质份数	个体数量	引种方式	生长状况	来源地
GX	*	f	采集	G	江苏

吕宋荚蒾 *Viburnum luzonicum* Rolfe

功效主治 枝叶：用于跌打损伤。

濒危等级 中国植物红色名录评估为无危（LC）。

迁地栽培保存

保存地点	种质份数	个体数量	引种方式	生长状况	来源地
GX	*	f	采集	G	法国

种质库保存

保存地点	保存方式	种质份数	个体数量	引种方式	来源地
BJ	种子	1	a	采集	云南

蒙古荚蒾 *Viburnum mongolicum*（Pall.）Rehder

功效主治 根、叶：祛风活血。果实：清热解毒，破瘀通经，健脾。

濒危等级 中国植物红色名录评估为无危（LC）。

迁地栽培保存

保存地点	种质份数	个体数量	引种方式	生长状况	来源地
FJ	2	a	采集	A	福建
GX	*	f	采集	G	北京

种质库保存

保存地点	保存方式	种质份数	个体数量	引种方式	来源地
BJ	种子	4	b	采集	山西

欧洲荚蒾　*Viburnum opulus* L.

功效主治　根皮、嫩枝：苦，平。清热凉血，消肿止痛，镇咳，止泻。

濒危等级　中国植物红色名录评估为无危（LC）。

迁地栽培保存

保存地点	种质份数	个体数量	引种方式	生长状况	来源地
BJ	1	a	采集	G	海南

琼花　*Viburnum macrocephalum* Fortune *keteleeri*（Carrière）Rehder

迁地栽培保存

保存地点	种质份数	个体数量	引种方式	生长状况	来源地
GZ	1	b	采集	C	贵州

球核荚蒾　*Viburnum propinquum* Hemsl.

功效主治　全株或根皮、叶：苦、涩，温。止血，消肿止痛，接骨续筋。用于风湿关节痛，骨折，跌打损伤，外伤出血。

濒危等级　中国特有植物，中国植物红色名录评估为无危（LC）。

迁地栽培保存

保存地点	种质份数	个体数量	引种方式	生长状况	来源地
CQ	1	a	采集	C	重庆
GX	*	f	采集	G	湖北

种质库保存

保存地点	保存方式	种质份数	个体数量	引种方式	来源地
BJ	种子	11	c	采集	山西、云南、江西、重庆

日本珊瑚树 *Viburnum awabuki* K. Koch

迁地栽培保存

保存地点	种质份数	个体数量	引种方式	生长状况	来源地
BJ	2	a	交换、采集	G	北京，待确定
GZ	1	a	采集	C	贵州
CQ	1	b	购买	C	重庆

三叶荚蒾 *Viburnum ternatum* Rehder

功效主治 根、叶：用于腰腿痛。

濒危等级 中国特有植物，中国植物红色名录评估为无危（LC）。

迁地栽培保存

保存地点	种质份数	个体数量	引种方式	生长状况	来源地
CQ	1	a	采集	C	重庆

种质库保存

保存地点	保存方式	种质份数	个体数量	引种方式	来源地
BJ	种子	7	b	采集	山西、四川、海南

珊瑚树 *Viburnum odoratissimum* Ker-Gawl.

功效主治 根、茎皮、叶：辛，凉。清热祛湿，通经活络，拔毒生肌。用于感冒，跌打损伤，骨折。

濒危等级　中国植物红色名录评估为无危（LC）。

迁地栽培保存

保存地点	种质份数	个体数量	引种方式	生长状况	来源地
BJ	1	b	交换	G	北京
GD	1	a	采集	D	待确定
YN	1	a	采集	C	云南

陕西荚蒾　*Viburnum schensianum* Maxim.

功效主治　果实：清热解毒，祛风消瘀。全株：下气，消食，活血。

濒危等级　中国特有植物，中国植物红色名录评估为无危（LC）。

迁地栽培保存

保存地点	种质份数	个体数量	引种方式	生长状况	来源地
GX	*	f	采集	G	波兰

少花荚蒾　*Viburnum oliganthum* Batalin

濒危等级　中国特有植物，中国植物红色名录评估为无危（LC）。

种质库保存

保存地点	保存方式	种质份数	个体数量	引种方式	来源地
BJ	种子	5	b	采集	重庆，待确定

水红木　*Viburnum cylindricum* Buch.-Ham. ex D. Don

功效主治　根（揉白叶根）：苦，凉。祛风活络。用于跌打损伤，风湿筋骨痛。叶（揉白叶）：苦，凉。清热解毒。用于泄泻，口腔破溃，淋证；外用于烫火伤，疮疡肿毒，皮肤瘙痒。花（揉白叶花）：苦，凉。润肺止咳。用于风热咳喘。

濒危等级　中国植物红色名录评估为无危（LC）。

迁地栽培保存

保存地点	种质份数	个体数量	引种方式	生长状况	来源地
CQ	1	b	采集	C	重庆
YN	1	a	采集	C	云南

种质库保存

保存地点	保存方式	种质份数	个体数量	引种方式	来源地
BJ	种子	43	c	采集	安徽、重庆、云南、贵州、湖北

台湾蝴蝶戏珠花 *Viburnum plicatum* var. *formosanum* Y. C. Liu & C. H. Ou

迁地栽培保存

保存地点	种质份数	个体数量	引种方式	生长状况	来源地
GX	*	f	采集	G	湖北

狭叶球核荚蒾 *Viburnum propinquum* var. *mairei* W. W. Smith

濒危等级　中国特有植物，中国植物红色名录评估为无危（LC）。

种质库保存

保存地点	保存方式	种质份数	个体数量	引种方式	来源地
BJ	种子	8	b	采集	四川

香荚蒾 *Viburnum farreri* Stearn

濒危等级　中国特有植物，中国植物红色名录评估为无危（LC）。

迁地栽培保存

保存地点	种质份数	个体数量	引种方式	生长状况	来源地
BJ	1	a	购买	G	北京

种质库保存

保存地点	保存方式	种质份数	个体数量	引种方式	来源地
BJ	种子	4	b	采集	重庆、云南

绣球荚蒾 *Viburnum macrocephalum* Fortune

功效主治 茎（木绣球茎）：除湿止痒。用于风湿疥癣，皮肤湿烂痒痛。

迁地栽培保存

保存地点	种质份数	个体数量	引种方式	生长状况	来源地
HB	2	a	采集	C	待确定
BJ	1	a	购买	G	北京
CQ	1	a	采集	C	重庆

种质库保存

保存地点	保存方式	种质份数	个体数量	引种方式	来源地
BJ	种子	6	b	采集	待确定

烟管荚蒾 *Viburnum utile* Hemsl.

功效主治 全株或根（黑汉条）：酸、涩，平。清热利湿，祛风活络，凉血止血。用于泄泻，便血，痔疮，脱肛，风湿痹痛，带下病，疮疡，风湿筋骨痛，跌打损伤。花：用于肠痈。

濒危等级 中国特有植物，中国植物红色名录评估为无危（LC）。

迁地栽培保存

保存地点	种质份数	个体数量	引种方式	生长状况	来源地
CQ	1	a	采集	C	重庆
GZ	1	b	采集	C	贵州

种质库保存

保存地点	保存方式	种质份数	个体数量	引种方式	来源地
BJ	种子	9	a	采集	山西、四川、重庆

宜昌荚蒾 *Viburnum erosum* Thunb.

功效主治 茎叶（对叶散花）、根（对叶散花）：涩，平。祛风散寒，祛湿止痒。用于口腔破溃，风寒湿痹，足湿痒。果实：补血。

濒危等级 中国植物红色名录评估为无危（LC）。

迁地栽培保存

保存地点	种质份数	个体数量	引种方式	生长状况	来源地
CQ	1	a	采集	C	重庆
HB	1	a	采集	C	湖北

种质库保存

保存地点	保存方式	种质份数	个体数量	引种方式	来源地
BJ	种子	47	c	采集	四川、重庆、江西、贵州

珍珠荚蒾 *Viburnum foetidum* var. *ceanothoides*（C. H. Wright）Hand.-Mazz.

濒危等级 中国特有植物，中国植物红色名录评估为濒危（EN）。

迁地栽培保存

保存地点	种质份数	个体数量	引种方式	生长状况	来源地
GZ	1	a	采集	C	贵州

种质库保存

保存地点	保存方式	种质份数	个体数量	引种方式	来源地
BJ	种子	7	b	采集	贵州，待确定

直角荚蒾 *Viburnum foetidum* var. *rectangulatum*（Graebn.）Rehd.

濒危等级 中国特有植物，中国植物红色名录评估为无危（LC）。

迁地栽培保存

保存地点	种质份数	个体数量	引种方式	生长状况	来源地
CQ	1	a	采集	C	重庆
GX	*	f	采集	G	湖北

种质库保存

保存地点	保存方式	种质份数	个体数量	引种方式	来源地
HN	种子	2	b	采集	湖南
BJ	种子	7	b	采集	山西、重庆、云南

皱叶荚蒾　*Viburnum rhytidophyllum* Hemsl.

功效主治　根、枝、叶：清热解毒，祛风除湿，活血，止血。

迁地栽培保存

保存地点	种质份数	个体数量	引种方式	生长状况	来源地
CQ	1	a	采集	C	重庆
GX	*	f	采集	G	法国

种质库保存

保存地点	保存方式	种质份数	个体数量	引种方式	来源地
BJ	种子	6	b	采集	贵州

接骨木属　*Sambucus*

棒槌舅舅　*Sambucus buergeriana* Blume

迁地栽培保存

保存地点	种质份数	个体数量	引种方式	生长状况	来源地
GX	*	f	采集	G	广西

接骨草 *Sambucus chinensis* Lindl.

功效主治 全草或根（蒴藋）：甘、酸，温。祛风除湿，活血散瘀。用于风湿关节痛，水肿，脚气浮肿，泄泻，黄疸，咳嗽痰喘；外用于跌打损伤，骨折。果实（蒴藋赤子）：用于手足忽生疣目。

频危等级 中国植物红色名录评估为无危（LC）。

王地栽培保存

保存地点	种质份数	个体数量	引种方式	生长状况	来源地
BJ	3	b	采集	G	河南、湖北，待确定
JS1	1	b	采集	C	江苏
CQ	1	b	采集	C	重庆
GD	1	f	采集	G	待确定
GZ	1	d	采集	C	贵州
HB	1	b	采集	C	湖北
HN	1	a	采集	C	海南
JS2	1	d	购买	C	江苏
SH	1	b	采集	A	待确定
GX	*	f	采集	G	云南

种质库保存

保存地点	保存方式	种质份数	个体数量	引种方式	来源地
BJ	种子	54	c	采集	海南、辽宁、重庆、贵州、江苏、湖北、云南、福建、四川、山西

接骨木 *Sambucus williamsii* Hance

功效主治 茎枝（接骨木）：甘、苦，平。祛风，利湿，活血，止痛。用于风湿筋骨痛，腰痛，水肿，风疹，瘾疹，产后血晕，跌打肿痛，骨折，创伤出血。根或根皮（接骨木根）：甘，平。用于风湿关节痛，痰饮，水肿，泄泻，黄疸，跌打损伤，烫伤。叶（接骨木叶）：苦，凉。活血，行瘀，止痛。用于跌打骨折，风湿痹痛，筋骨疼痛。花（接骨木花）：发汗，利尿。

频危等级 中国特有植物，中国植物红色名录评估为无危（LC）。

迁地栽培保存

保存地点	种质份数	个体数量	引种方式	生长状况	来源地
BJ	2	b	采集、交换	G	浙江、北京
JS1	1	a	采集	C	江苏
SH	1	a	采集	A	待确定
LN	1	b	采集	C	辽宁
NMG	1	c	购买	C	内蒙古
CQ	1	a	采集	C	重庆
GZ	1	a	采集	C	贵州
GX	*	f	采集	G	广西

种质库保存

保存地点	保存方式	种质份数	个体数量	引种方式	来源地
BJ	种子	4	a	采集	待确定

西伯利亚接骨木　*Sambucus sibirica* Nakai

功效主治　根皮、嫩枝：祛风活络，散瘀止痛。

迁地栽培保存

保存地点	种质份数	个体数量	引种方式	生长状况	来源地
GX	*	f	采集	G	新疆

血满草　*Sambucus adnata* Wall. ex DC.

功效主治　全草或根（血满草）：辛、甘，温。祛风，利水，散瘀，通络。用于风湿关节痛，扭伤瘀血肿痛，水肿；外用于骨折，跌打损伤。

濒危等级　中国植物红色名录评估为无危（LC）。

迁地栽培保存

保存地点	种质份数	个体数量	引种方式	生长状况	来源地
BJ	1	b	采集	G	待确定

续表

保存地点	种质份数	个体数量	引种方式	生长状况	来源地
CQ	1	a	采集	C	重庆
YN	1	a	采集	C	云南

种质库保存

保存地点	保存方式	种质份数	个体数量	引种方式	来源地
BJ	种子	25	b	采集	云南

五福花属 *Adoxa*

五福花 *Adoxa moschatellina* L.

濒危等级 中国植物红色名录评估为无危（LC）。

迁地栽培保存

保存地点	种质份数	个体数量	引种方式	生长状况	来源地
GX	2	f	采集	G	法国

五加科 Araliaceae

八角金盘属 *Fatsia*

八角金盘 *Fatsia japonica*（Thunb.）Decne. et Planch.

功效主治 根：用于麻风。叶：用于咳嗽。

迁地栽培保存

保存地点	种质份数	个体数量	引种方式	生长状况	来源地
HLJ	1	a	购买	B	黑龙江
SH	1	b	采集	A	待确定
JS1	1	b	购买	C	江苏

续表

保存地点	种质份数	个体数量	引种方式	生长状况	来源地
JS2	1	c	购买	C	江苏
GZ	1	d	采集	C	贵州
CQ	1	b	购买	C	重庆
BJ	1	b	采集	G	江苏
SC	1	f	待确定	G	四川
GX	*	f	采集	G	江苏

种质库保存

保存地点	保存方式	种质份数	个体数量	引种方式	来源地
BJ	种子	7	b	采集	四川、湖北

多室八角金盘 *Fatsia polycarpa* Hayata

濒危等级　中国特有植物，中国植物红色名录评估为易危（VU）。

迁地栽培保存

保存地点	种质份数	个体数量	引种方式	生长状况	来源地
BJ	1	a	采集	G	内蒙古

常春藤属　*Hedera*

斑叶长春藤 *Hedera helix* ' Vargentia-ariegata'

迁地栽培保存

保存地点	种质份数	个体数量	引种方式	生长状况	来源地
BJ	1	c	交换	G	北京

常春藤 *Hedera nepalensis* var. *sinensis* (Tobl.) Rehd.

功效主治　茎叶：苦，凉。祛风利湿，活血消肿。用于风湿关节痛，腰痛，跌打损伤，水肿，闭经；外用于痈疖肿毒，瘿疹，湿疹。果实（常春藤子）：甘，温。用于羸弱，腹内冷痛，血虚闭经。

濒危等级　中国植物红色名录评估为无危（LC）。

迁地栽培保存

保存地点	种质份数	个体数量	引种方式	生长状况	来源地
GX	2	f	采集	G	云南、广西
HN	1	a	采集	C	海南
BJ	1	c	购买	G	待确定
SH	1	b	采集	A	待确定
HLJ	1	a	购买	B	黑龙江
HB	1	d	采集	B	湖北
GZ	1	b	采集	C	贵州
CQ	1	b	采集	C	重庆

种质库保存

保存地点	保存方式	种质份数	个体数量	引种方式	来源地
BJ	种子	7	b	采集	待确定

尼泊尔常春藤　*Hedera nepalensis* K. Koch

功效主治　全株：苦、辛，温。祛风利湿，活血消肿。用于风湿关节痛，腰痛，跌打损伤，水肿，闭经；外用于痈疖肿毒，瘿疹，湿疹。

迁地栽培保存

保存地点	种质份数	个体数量	引种方式	生长状况	来源地
GZ	1	b	采集	C	贵州

洋常春藤　*Hedera helix* L.

功效主治　茎叶：苦、辛，温。祛风利湿，活血消肿。用于风湿关节痛，腰痛，跌打损伤，目赤，水肿，闭经；外用于痈疖肿毒，瘿疹，湿疹。

迁地栽培保存

保存地点	种质份数	个体数量	引种方式	生长状况	来源地
SH	2	b	采集	A	待确定
BJ	1	b	采集	G	江苏
GZ	1	e	采集	C	贵州
JS1	1	a	采集	C	江苏

刺楸属　*Kalopanax*

刺楸　*Kalopanax septemlobus*（Thunb.）Koidz.

功效主治　根或根皮（刺楸根）：苦，凉。有小毒。清热凉血，祛风除湿，排脓生肌。用于肠风，痔血，跌打损伤，风湿骨痛，水肿。茎皮（刺楸树皮）：辛，苦，平。祛风除湿，解毒杀虫。用于风湿关节痛，腰膝痛，急性吐泻，痢疾，痈肿，疥癣，虫牙痛。

濒危等级　江西省二级保护植物、山西省重点保护植物、河北省重点保护植物、北京市一级保护植物，中国植物红色名录评估为无危（LC）。

迁地栽培保存

保存地点	种质份数	个体数量	引种方式	生长状况	来源地
BJ	2	b	采集	G	辽宁、江西
GX	2	f	采集	G	广西
GZ	1	a	采集	C	贵州
SC	1	f	待确定	G	四川
CQ	1	a	购买	C	重庆
HB	1	a	采集	C	湖北
JS1	1	a	购买	C	江苏

种质库保存

保存地点	保存方式	种质份数	个体数量	引种方式	来源地
BJ	种子	1	a	采集	待确定

刺通草属 *Trevesia*

刺通草 *Trevesia palmata* (Roxb. ex Lindl.) Vis.

功效主治 叶：用于跌打损伤。茎髓：作通草入药。

濒危等级 中国植物红色名录评估为无危（LC）。

迁地栽培保存

保存地点	种质份数	个体数量	引种方式	生长状况	来源地
HN	1	a	采集	C	海南
YN	1	a	采集	C	云南
BJ	1	a	采集	G	云南
GX	*	f	采集	G	广西

种质库保存

保存地点	保存方式	种质份数	个体数量	引种方式	来源地
BJ	种子	4	b	采集	云南

楤木属 *Aralia*

长刺楤木 *Aralia spinifolia* Merr.

功效主治 根、茎皮：祛风除湿，利水消肿，散瘀。用于风湿痹痛，吐血，崩漏，跌打损伤。

濒危等级 中国特有植物，中国植物红色名录评估为无危（LC）。

迁地栽培保存

保存地点	种质份数	个体数量	引种方式	生长状况	来源地
BJ	1	a	采集	G	北京

种质库保存

保存地点	保存方式	种质份数	个体数量	引种方式	来源地
BJ	种子	1	a	采集	海南

楤木 *Aralia chinensis* L.

功效主治　根：接骨。用于跌打损伤，骨折。

濒危等级　中国植物红色名录评估为无危（LC）。

迁地栽培保存

保存地点	种质份数	个体数量	引种方式	生长状况	来源地
BJ	1	a	采集	B	辽宁
LN	1	b	采集	C	辽宁
GX	*	f	采集	G	湖北

种质库保存

保存地点	保存方式	种质份数	个体数量	引种方式	来源地
BJ	种子	*	b	采集	甘肃、四川、安徽、河北、黑龙江

东北土当归 *Aralia continentalis* Kitag.

功效主治　根或根皮（长白楤木）：辛、苦，温。祛风燥湿，活血止痛。用于风湿腰腿痛，腰肌劳损。

濒危等级　吉林省三级保护植物，中国植物红色名录评估为易危（VU）。

迁地栽培保存

保存地点	种质份数	个体数量	引种方式	生长状况	来源地
BJ	2	b	采集	B	四川、北京
LN	1	c	采集	B	辽宁
GX	*	f	采集	G	辽宁

种质库保存

保存地点	保存方式	种质份数	个体数量	引种方式	来源地
BJ	种子	6	c	采集	吉林

虎刺楤木 *Aralia armata*（Wall. ex G. Don）Seem.

濒危等级　中国植物红色名录评估为无危（LC）。

迁地栽培保存

保存地点	种质份数	个体数量	引种方式	生长状况	来源地
GX	*	f	采集	G	广西

黄毛楤木　*Aralia chinensis* L.

功效主治　根或根皮（楤木根）：辛，平。祛风湿，利小便，散瘀血，消肿毒。用于风湿关节痛，水肿，肝硬化，臌胀，肝毒，胃痛，淋浊，血崩，跌打损伤，瘰疬，痈肿。茎枝（鸟不宿）：辛，平。有小毒。祛风行血。用于风湿痹痛，胃痛。茎的韧皮部（楤木白皮）：微咸，温。补腰肾，壮筋骨，舒筋活络，散瘀止痛。用于风湿痹痛，跌打损伤。叶（楤木叶）：用于泄泻，痢疾。

濒危等级　中国特有植物，中国植物红色名录评估为无危（LC）。

迁地栽培保存

保存地点	种质份数	个体数量	引种方式	生长状况	来源地
BJ	4	a	采集	C	浙江、北京、江西
GD	1	f	采集	G	待确定
JS1	1	a	采集	C	江苏
GZ	1	c	采集	C	贵州
HB	1	b	采集	C	湖北
CQ	1	a	采集	B	重庆

种质库保存

保存地点	保存方式	种质份数	个体数量	引种方式	来源地
BJ	种子	48	d	采集	四川、甘肃、安徽、陕西、云南、湖北、山西、福建、河北

棘茎楤木　*Aralia echinocaulis* Hand.-Mazz.

功效主治　根皮（红楤木）：微苦，温。祛风除湿，行气活血，解毒消肿。用于跌打损伤，骨折，痈疽，风湿痹痛，胃痛。

濒危等级　中国特有植物，中国植物红色名录评估为无危（LC）。

迁地栽培保存

保存地点	种质份数	个体数量	引种方式	生长状况	来源地
BJ	1	a	采集	G	安徽
CQ	1	a	采集	B	重庆
HB	1	b	采集	C	湖北

种质库保存

保存地点	保存方式	种质份数	个体数量	引种方式	来源地
BJ	种子	8	c	采集	四川、甘肃、安徽、重庆、贵州、海南

辽东楤木　*Aralia elata* (Miq.) Seem.

濒危等级　中国植物红色名录评估为无危（LC）。

迁地栽培保存

保存地点	种质份数	个体数量	引种方式	生长状况	来源地
LN	1	b	采集	C	辽宁
HLJ	1	a	采集	A	黑龙江
GX	*	f	采集	G	法国

满洲楤木　*Aralia elata* var. *mandshurica* (Rupr. & Maxim.) J. Wen

迁地栽培保存

保存地点	种质份数	个体数量	引种方式	生长状况	来源地
GX	*	f	采集	G	日本

食用土当归　*Aralia cordata* Thunb.

功效主治　根茎（九眼独活）：辛、苦，温。祛风燥湿，活血止痛，消肿。用于风湿腰腿痛，腰肌劳损。

濒危等级　中国特有植物，中国植物红色名录评估为无危（LC）。

迁地栽培保存

保存地点	种质份数	个体数量	引种方式	生长状况	来源地
BJ	1	a	购买	G	北京
SH	1	b	采集	A	待确定

种质库保存

保存地点	保存方式	种质份数	个体数量	引种方式	来源地
BJ	种子	6	b	采集	湖北

台湾毛楤木 *Aralia decaisneana* Hance

功效主治 根皮：甘、微苦，平。祛风除湿，散瘀消肿。用于风湿腰痛，肝毒，水肿。

濒危等级 中国特有植物，中国植物红色名录评估为无危（LC）。

迁地栽培保存

保存地点	种质份数	个体数量	引种方式	生长状况	来源地
HN	1	e	采集	C	海南

种质库保存

保存地点	保存方式	种质份数	个体数量	引种方式	来源地
HN	种子	1	b	采集	海南
BJ	种子	1	a	采集	海南

头序楤木 *Aralia dasyphylla* Miq.

功效主治 根皮：辛，温。祛风除湿，杀虫。用于风湿痛，带下病，阴痒。

濒危等级 中国植物红色名录评估为无危（LC）。

迁地栽培保存

保存地点	种质份数	个体数量	引种方式	生长状况	来源地
BJ	1	a	采集	G	江西

种质库保存

保存地点	保存方式	种质份数	个体数量	引种方式	来源地
BJ	种子	7	c	采集	重庆、江西

野楤头 *Aralia armata* (Wall.) Seem.

功效主治 根、根皮和枝叶：微苦、辛，平。活血化瘀，祛风利湿。用于跌打损伤，风湿骨痛，肝毒，淋证，胃痛，泄泻，痢疾，乳痈，疮疖，无名肿毒。

迁地栽培保存

保存地点	种质份数	个体数量	引种方式	生长状况	来源地
HN	1	a	采集	C	海南
YN	1	a	采集	C	云南

种质库保存

保存地点	保存方式	种质份数	个体数量	引种方式	来源地
BJ	种子	2	a	采集	云南、广西

云南楤木 *Aralia thomsonii* Seem. ex C. B. Clarke

濒危等级 中国植物红色名录评估为无危（LC）。

种质库保存

保存地点	保存方式	种质份数	个体数量	引种方式	来源地
BJ	种子	6	b	采集	云南

大参属 *Macropanax*

大参 *Macropanax oreophilus* Miq.

功效主治 根（油散木）：甘、微辛，平。健脾理气，舒筋活络。用于小儿疳积，筋骨痛。

濒危等级 中国植物红色名录评估为无危（LC）。

迁地栽培保存

保存地点	种质份数	个体数量	引种方式	生长状况	来源地
YN	1	a	采集	C	云南

短梗大参 *Macropanax rosthornii*（Harms）C. Y. Wu ex G. Hoo

功效主治 根（七角枫）、叶（七角枫）：甘，平。祛风除湿，化瘀生新。用于风湿痛，骨折。

濒危等级 中国特有植物，浙江省重点保护植物，中国植物红色名录评估为无危（LC）。

迁地栽培保存

保存地点	种质份数	个体数量	引种方式	生长状况	来源地
BJ	2	b	采集	C	北京、江西
GZ	1	a	采集	C	贵州
GX	*	f	采集	G	湖南

多蕊木属 *Tupidanthus*

多蕊木 *Tupidanthus calyptratus* Hook. f. & Thomson

功效主治 茎叶（龙爪叶）：苦，温。舒筋活络，散瘀止痛，行气，除湿。用于跌打损伤，骨折，风湿骨痛，肝毒，感冒。

濒危等级 中国植物红色名录评估为无危（LC）。

迁地栽培保存

保存地点	种质份数	个体数量	引种方式	生长状况	来源地
GX	*	f	采集	G	广西

种质库保存

保存地点	保存方式	种质份数	个体数量	引种方式	来源地
BJ	种子	4	a	采集	云南

鹅掌柴属　*Schefflera*

白花鹅掌柴　*Schefflear leucanthum*（R. Vig.）Y. F. Deng

功效主治　全株：苦、甘，温。祛风止痛，舒筋活络。茎：用于跌打损伤，风湿关节痛，胃痛。叶：用于创伤出血。

濒危等级　中国植物红色名录评估为无危（LC）。

迁地栽培保存

保存地点	种质份数	个体数量	引种方式	生长状况	来源地
YN	1	b	购买	A	云南
BJ	1	a	采集	G	广西

大叶鹅掌柴　*Schefflera macrophylla*（Dunn）R. Vig.

濒危等级　中国植物红色名录评估为无危（LC）。

迁地栽培保存

保存地点	种质份数	个体数量	引种方式	生长状况	来源地
YN	1	a	采集	A	云南

短序鹅掌柴　*Schefflera bodinieri*（H. Lév.）Rehder

濒危等级　中国植物红色名录评估为无危（LC）。

迁地栽培保存

保存地点	种质份数	个体数量	引种方式	生长状况	来源地
GX	2	f	采集	G	湖北、广西
GZ	1	a	采集	C	贵州
CQ	1	a	采集	C	重庆

多叶鹅掌柴 *Schefflera metcalfiana* Merr. ex H. L. Li

濒危等级　中国植物红色名录评估为无危（LC）。

迁地栽培保存

保存地点	种质份数	个体数量	引种方式	生长状况	来源地
GX	*	f	采集	G	广西

鹅掌柴 *Schefflera octophylla*（Lour.）Harms

功效主治　全株：舒筋活络，消肿止痛。用于骨折，外伤疼痛，风湿骨痛。

濒危等级　中国植物红色名录评估为无危（LC）。

迁地栽培保存

保存地点	种质份数	个体数量	引种方式	生长状况	来源地
BJ	2	a	采集	G	广西，待确定
SH	1	b	采集	A	待确定
HLJ	1	a	购买	C	广东
HB	1	a	采集	C	湖北
JS1	1	a	购买	D	江苏
YN	1	b	采集	A	云南
HN	1	a	采集	C	海南
FJ	1	a	采集	A	福建
CQ	1	a	采集	C	重庆
GD	1	f	采集	G	待确定

种质库保存

保存地点	保存方式	种质份数	个体数量	引种方式	来源地
BJ	种子	9	b	采集	河北、云南、福建

鹅掌藤 *Schefflera arboricola* Hayata

功效主治　茎：苦、甘，温。止痛，散瘀，消肿。用于跌打损伤，风湿关节痛，溃疡疼痛。叶：苦、甘，温。止痛，散瘀，消肿。用于外伤出血。

濒危等级　中国特有植物，中国植物红色名录评估为无危（LC）。

迁地栽培保存

保存地点	种质份数	个体数量	引种方式	生长状况	来源地
GX	2	f	采集	G	广西
GD	1	f	采集	G	待确定
HN	1	a	采集	C	海南
BJ	*	a	采集	G	待确定

海南鹅掌柴　*Schefflera hainanensis* Merr. & Chun

濒危等级　中国植物红色名录评估为无危（LC）。

迁地栽培保存

保存地点	种质份数	个体数量	引种方式	生长状况	来源地
HN	1	a	采集	C	海南

孔雀木　*Schefflera elegantissima*（Veitch ex Mast.）Lowry et Frodin

迁地栽培保存

保存地点	种质份数	个体数量	引种方式	生长状况	来源地
YN	1	a	购买	C	云南

吕宋鹅掌柴　*Schefflera microphylla* Merr.

迁地栽培保存

保存地点	种质份数	个体数量	引种方式	生长状况	来源地
BJ	1	a	采集	G	待确定

密脉鹅掌柴　*Schefflera venulosa*（Wight & Arn.）Harms

功效主治　茎：苦、甘，温。止痛，散瘀消肿。用于跌打损伤，风湿关节痛，胃痛。叶：苦、甘，温。止痛，散瘀消肿。外用于外伤出血。

濒危等级　中国植物红色名录评估为无危（LC）。

迁地栽培保存

保存地点	种质份数	个体数量	引种方式	生长状况	来源地
BJ	1	a	采集	G	北京

球序鹅掌柴　*Schefflera glomerulata* H. L. Li

功效主治　根皮、茎皮：活血止痛，消肿生肌。用于跌打损伤，风湿关节痛，骨折，臌胀，感冒发热。

濒危等级　中国植物红色名录评估为无危（LC）。

迁地栽培保存

保存地点	种质份数	个体数量	引种方式	生长状况	来源地
GX	*	f	采集	G	广西，待确定

种质库保存

保存地点	保存方式	种质份数	个体数量	引种方式	来源地
BJ	种子	4	b	采集	云南

穗序鹅掌柴　*Schefflera delavayi*（Franch.）Harms

功效主治　根、茎：苦、涩，微寒。活血化瘀，消肿止痛，祛风通络，补肝肾，强筋骨。用于骨折，扭挫伤痛，腰肌劳损，风湿关节痛，肾虚腰痛，跌打损伤。

濒危等级　中国植物红色名录评估为无危（LC）。

迁地栽培保存

保存地点	种质份数	个体数量	引种方式	生长状况	来源地
CQ	1	a	采集	C	重庆
GZ	1	a	采集	C	贵州
GX	*	f	采集	G	重庆

星毛鸭脚木　*Schefflera minutistellata* Merr. ex H. L. Li

功效主治　根皮、茎叶：甘、苦，温。祛风除湿，利水消肿，活血止痛。用于风湿关节痛，跌打损伤，胃痛。

濒危等级　中国特有植物，中国植物红色名录评估为无危（LC）。

迁地栽培保存

保存地点	种质份数	个体数量	引种方式	生长状况	来源地
GX	2	f	采集	G	广西
CQ	1	a	购买	C	重庆
GD	1	f	采集	G	待确定
YN	1	a	采集	C	云南

樟叶鹅掌柴　*Schefflera pes-avis*（R. Vig.）Y. F. Deng

濒危等级　中国植物红色名录评估为数据缺乏（DD）。

迁地栽培保存

保存地点	种质份数	个体数量	引种方式	生长状况	来源地
GX	*	f	采集	G	广西

中华鹅掌柴　*Schefflera chinensis*（Dunn）H. L. Li

濒危等级　中国特有植物，中国植物红色名录评估为无危（LC）。

迁地栽培保存

保存地点	种质份数	个体数量	引种方式	生长状况	来源地
YN	1	c	购买	A	云南

种质库保存

保存地点	保存方式	种质份数	个体数量	引种方式	来源地
BJ	种子	1	a	采集	待确定

幌伞枫属　*Heteropanax*

幌伞枫　*Heteropanax fragrans*（Roxb.）Seem.

功效主治　根（幌伞枫）、茎皮（幌伞枫）：苦，凉。清热解毒，活血消肿，止痛。用于感冒，中暑头痛，痈疖肿毒，骨折，烫火伤，扭挫伤，毒蛇咬伤。

濒危等级　海南省重点保护植物，中国植物红色名录评估为无危（LC）。

迁地栽培保存

保存地点	种质份数	个体数量	引种方式	生长状况	来源地
GD	1	f	采集	G	待确定
HN	1	a	采集	C	海南
YN	1	a	采集	C	云南

种质库保存

保存地点	保存方式	种质份数	个体数量	引种方式	来源地
BJ	种子	1	a	采集	待确定

梁王茶属　*Metapanax*

梁王茶　*Metapanax delavayi*（Franchet）J. Wen & Frodin

功效主治　全株（良旺茶）：甘、微苦，凉。清热解毒，活血舒筋。用于咽喉肿痛，目赤，消化不良，风湿腰腿痛；外用于骨折，跌打损伤。

濒危等级　中国植物红色名录评估为无危（LC）。

迁地栽培保存

保存地点	种质份数	个体数量	引种方式	生长状况	来源地
GX	3	f	采集	G	重庆、江西
CQ	2	a	采集	C	重庆
HB	1	a	采集	C	待确定

种质库保存

保存地点	保存方式	种质份数	个体数量	引种方式	来源地
BJ	种子	6	b	采集	云南、河南

异叶梁王茶　*Metapanax davidii*（Franch.）J. Wen ex Frodin

功效主治　根皮、茎皮（树五加）：苦、辛，凉。祛风湿，活血脉，通经止痛，生津止渴。用于风湿痹痛，跌打损伤，劳伤腰痛，月经不调，肩臂痛，暑热喉痛，骨折。

濒危等级　中国植物红色名录评估为无危（LC）。

迁地栽培保存

保存地点	种质份数	个体数量	引种方式	生长状况	来源地
GX	2	f	采集	G	广西、重庆
GZ	1	a	采集	C	贵州
HB	1	a	采集	C	湖北
CQ	1	a	采集	C	重庆
BJ	1	a	采集	G	湖北

种质库保存

保存地点	保存方式	种质份数	个体数量	引种方式	来源地
BJ	种子	6	b	采集	安徽、山西

罗伞属　*Brassaiopsis*

栎叶罗伞　*Brassaiopsis quercifolia* G. Hoo

功效主治　根：活血消肿，祛风除湿。

濒危等级　中国特有植物，中国植物红色名录评估为近危（NT）。

迁地栽培保存

保存地点	种质份数	个体数量	引种方式	生长状况	来源地
GZ	1	a	采集	C	贵州

罗伞　*Brassaiopsis glomerulata* (Blume) Regel

功效主治　根（刺鸭脚木）、茎皮（刺鸭脚木）、叶（刺鸭脚木）：甘、微辛，温。祛风除湿，活血散瘀。用于风湿骨痛，跌打损伤，腰肌劳损。

濒危等级　中国植物红色名录评估为无危（LC）。

迁地栽培保存

保存地点	种质份数	个体数量	引种方式	生长状况	来源地
GZ	1	a	采集	C	贵州
YN	1	a	购买	C	云南
GX	*	f	采集	G	广西

盘叶罗伞 *Brassaiopsis fatsioides* Harms

功效主治 根、茎皮：祛风除湿，解毒消肿。

濒危等级 中国特有植物，中国植物红色名录评估为无危（LC）。

种质库保存

保存地点	保存方式	种质份数	个体数量	引种方式	来源地
BJ	种子	1	a	采集	云南

纤齿罗伞 *Brassaiopsis ciliata* Dunn

功效主治 根皮：清热解毒，祛风除湿。用于麻风病。

濒危等级 中国植物红色名录评估为无危（LC）。

迁地栽培保存

保存地点	种质份数	个体数量	引种方式	生长状况	来源地
SC	1	f	待确定	G	四川

南洋参属 *Polyscias*

蕨叶南洋参 *Polyscias cumingiana*（C. Presl）Fern.-Vill.

功效主治 保护胎儿，防止由毒物所致发育异常、妊娠期酒精中毒、氯喹致畸。

迁地栽培保存

保存地点	种质份数	个体数量	引种方式	生长状况	来源地
HN	1	a	购买	C	海南
GX	*	f	采集	G	印度尼西亚

南洋参　*Polyscias fruticosa*（Linnaeus）Harms

功效主治　茎皮：用于食鱼中毒。

迁地栽培保存

保存地点	种质份数	个体数量	引种方式	生长状况	来源地
BJ	1	a	购买	G	北京
HN	1	a	购买	B	海南

羽叶南洋参　*Polyscias fruticosa* var. *plamata*（W. Bull ex Hort.）L. H. Bailey

功效主治　全株：用于热病。风湿痛，头痛。叶、根：利尿。用于小便困难，尿路结石。

迁地栽培保存

保存地点	种质份数	个体数量	引种方式	生长状况	来源地
BJ	1	a	购买	G	北京
HN	1	b	购买	B	海南
YN	1	a	购买	C	云南

圆叶南洋参　*Polyscias scutellaria*（Burm. f.）Fosberg

功效主治　茎皮：用于食鱼中毒。

迁地栽培保存

保存地点	种质份数	个体数量	引种方式	生长状况	来源地
HN	2	a	购买	C	海南
YN	1	b	购买	C	云南
GX	*	f	采集	G	海南

人参属　*Panax*

疙瘩七　*Panax bipinnatifidus* Seemann

濒危等级　浙江省重点保护植物，中国植物红色名录评估为易危（VU）。

迁地栽培保存

保存地点	种质份数	个体数量	引种方式	生长状况	来源地
BJ	9	d	采集	C	陕西、四川、湖北、河南

种质库保存

保存地点	保存方式	种质份数	个体数量	引种方式	来源地
BJ	种子	1	a	采集	湖北

屏边三七 *Panax stipuleanatus* C. T. Tsai & K. M. Feng

功效主治　根茎：散瘀定痛，疗伤止血，滋补。用于跌打损伤，风湿痛，咯血，外伤出血，吐血，衄血，便血，崩漏，病后虚弱，贫血，肺痨。

濒危等级　国家重点保护野生植物名录（第二批）二级，中国植物红色名录评估为濒危（EN）。

迁地栽培保存

保存地点	种质份数	个体数量	引种方式	生长状况	来源地
BJ	1	b	采集	G	云南

人参 *Panax ginseng* C. A. Mey.

功效主治　根（人参）：甘、微苦，平。大补元气，复脉固脱，补脾益肺，生津，安神。用于久病气虚，疲倦无力，脾虚作泻，饮食少进，热病伤津，汗出口渴，失血虚脱，头晕，健忘，喘促，心悸，脉搏无力，消渴，心烦，肺虚喘嗽，肾虚阳痿，小儿慢惊。侧根（人参须）：甘、苦，平。益气，生津，止渴。用于胃虚吐逆，口渴，咳嗽，咯血。根茎（人参芦）：甘、苦，温。升阳。用于泄泻日久，阳气下陷。叶（人参叶）：苦、甘，寒。止渴，祛暑，降虚火。用于热病伤津，暑热口渴，肺热声嘶，虚火牙痛。

濒危等级　国家重点保护野生植物名录（第二批）一级，吉林省一级保护植物，中国植物红色名录评估为极危（CR）。

迁地栽培保存

保存地点	种质份数	个体数量	引种方式	生长状况	来源地
LN	1	c	购买	B	辽宁

续表

保存地点	种质份数	个体数量	引种方式	生长状况	来源地
BJ	1	b	采集	G	吉林
GX	*	f	采集	G	广西

种质库保存

保存地点	保存方式	种质份数	个体数量	引种方式	来源地
BJ	种子	51	c	采集	重庆、河北、云南、河南、海南、吉林、辽宁

三七　*Panax notoginseng*（Burk.）F. H. Chen

功效主治　根茎（珠子参）：散瘀止血，消肿定痛。用于咯血，吐血，衄血，便血，崩漏，外伤出血，胸腹刺痛，跌扑肿痛。

濒危等级　中国植物红色名录评估为野外灭绝（EW）。

迁地栽培保存

保存地点	种质份数	个体数量	引种方式	生长状况	来源地
BJ	1	b	采集	G	广西
LN	1	c	采集	B	辽宁
JS1	1	a	赠送	D	云南
GX	*	f	采集	G	广西

种质库保存

保存地点	保存方式	种质份数	个体数量	引种方式	来源地
BJ	种子	73	d	采集	山西、河北、云南、甘肃

西洋参　*Panax quinquefolius* L.

迁地栽培保存

保存地点	种质份数	个体数量	引种方式	生长状况	来源地
BJ	1	c	赠送	G	美国

种质库保存

保存地点	保存方式	种质份数	个体数量	引种方式	来源地
BJ	种子	54	b	采集	重庆、海南、吉林

狭叶竹节参 *Panax bipinnatifidus* var. *angustifolius*（Burkill）J. Wen

迁地栽培保存

保存地点	种质份数	个体数量	引种方式	生长状况	来源地
GX	*	f	采集	G	北京

竹节参 *Panax japonicus*（T. Nees）C. A. Meyer

功效主治 根茎（竹节参）：甘、微苦，温。滋补强壮，散瘀止痛，止血。用于病后虚弱，肺痨，咯血，闭经，产后瘀血，跌打损伤。叶（参叶）：甘、苦，微寒。清热生津，利咽，预防中暑。用于骨蒸劳热，腰腿痛，咽喉肿毒。

迁地栽培保存

保存地点	种质份数	个体数量	引种方式	生长状况	来源地
BJ	63	d	采集	G	湖北、安徽、陕西
GZ	1	a	采集	C	贵州
CQ	1	a	采集	F	重庆
HB	1	f	采集	C	湖北
GX	*	f	采集	G	广西

种质库保存

保存地点	保存方式	种质份数	个体数量	引种方式	来源地
SC	种子	1	a	采集	湖南
BJ	种子	8	c	采集	湖北、云南
HN	种子	6	b	采集	湖北

竹节参 （原变种） *Panax japonicus*（T. Nees）C. A. Meyer var. *japonicus*

迁地栽培保存

保存地点	种质份数	个体数量	引种方式	生长状况	来源地
GX	*	f	采集	G	北京

树参属 *Dendropanax*

变叶树参 *Dendropanax proteus*（Champ. ex Benth.）Benth.

功效主治　根、茎皮：甘，温。舒筋活络，祛风除湿。用于痹证，腰腿痛，半身不遂，跌打损伤，扭挫伤；外用于刀伤出血。

濒危等级　中国特有植物，中国植物红色名录评估为无危（LC）。

迁地栽培保存

保存地点	种质份数	个体数量	引种方式	生长状况	来源地
GX	2	f	采集	G	广西

树参 *Dendropanax dentiger*（Harms）Merr.

功效主治　根、茎或树皮：甘，温。祛风除湿，舒筋活络。用于痹证，腰腿痛，半身不遂，跌打损伤，扭挫伤，偏头痛；外用于刀伤出血。

濒危等级　中国植物红色名录评估为无危（LC）。

迁地栽培保存

保存地点	种质份数	个体数量	引种方式	生长状况	来源地
CQ	1	a	采集	C	重庆
BJ	1	b	采集	C	江西
HN	1	a	采集	C	海南
GX	*	f	采集	G	广西

种质库保存

保存地点	保存方式	种质份数	个体数量	引种方式	来源地
BJ	种子	3	b	采集	四川

天胡荽属　*Hydrocotyle*

红马蹄草　*Hydrocotyle nepalensis* Hook.

功效主治　全草（红马蹄草）：辛、微苦，凉。活血，止血，清肺止咳。用于感冒，咳嗽，跌打损伤，吐血；外用于痔疮，外伤出血。

濒危等级　中国植物红色名录评估为无危（LC）。

迁地栽培保存

保存地点	种质份数	个体数量	引种方式	生长状况	来源地
BJ	2	c	采集	C	江西、四川
CQ	1	a	采集	C	重庆
GZ	1	c	采集	C	贵州
YN	1	a	采集	C	云南
GX	*	f	采集	G	云南

种质库保存

保存地点	保存方式	种质份数	个体数量	引种方式	来源地
BJ	种子	1	a	采集	吉林

破铜钱　*Hydrocotyle sibthorpioides* Lam. var. *batrachium* (Hance) Hand.-Mazz. ex Shan

迁地栽培保存

保存地点	种质份数	个体数量	引种方式	生长状况	来源地
BJ	1	c	交换	G	北京

少脉香菇草 *Hydrocotyle vulgaris* L.

迁地栽培保存

保存地点	种质份数	个体数量	引种方式	生长状况	来源地
YN	1	a	采集	A	云南
BJ	1	b	采集	G	待确定

肾叶天胡荽 *Hydrocotyle wilfordii* Maxim.

功效主治 全草：清热利湿，排石，镇痛，解毒。用于小便淋痛，胃脘痛。

濒危等级 中国植物红色名录评估为无危（LC）。

迁地栽培保存

保存地点	种质份数	个体数量	引种方式	生长状况	来源地
GX	*	f	采集	G	广西

天胡荽 *Hydrocotyle sibthorpioides* Lam.

功效主治 全草（天胡荽）：苦、辛，寒。清热利尿，解毒消肿。用于黄疸，痢疾，淋证，小便淋痛，目翳，喉肿，痈疽，疔疮，跌打瘀肿。

迁地栽培保存

保存地点	种质份数	个体数量	引种方式	生长状况	来源地
HN	1	b	采集	B	海南
JS2	1	d	购买	C	江苏
SH	1	b	采集	A	待确定
GD	1	b	采集	D	待确定
CQ	1	a	采集	C	重庆
BJ	1	d	采集	G	江苏
GZ	1	b	采集	C	贵州
ZJ	1	e	采集	A	浙江
GX	*	f	采集	G	广西

种质库保存

保存地点	保存方式	种质份数	个体数量	引种方式	来源地
BJ	种子	8	b	采集	四川、云南

中华天胡荽 *Hydrocotyle chinensis*（Dunn ex Shan & S. L. Liou）Craib

功效主治　全草：辛、微苦，温。清热利湿，镇痛。用于小便淋痛，湿疹，腹痛。

濒危等级　中国植物红色名录评估为无危（LC）。

迁地栽培保存

保存地点	种质份数	个体数量	引种方式	生长状况	来源地
CQ	1	a	采集	C	重庆
HB	1	a	采集	C	湖北

通脱木属　*Tetrapanax*

通脱木 *Tetrapanax papyrifer*（Hook.）K. Koch

功效主治　茎髓（通草）：甘、淡，微寒。清热利尿，通乳。用于水肿，小便淋痛，尿急，乳汁较少或不下。

濒危等级　中国特有植物，中国植物红色名录评估为无危（LC）。

迁地栽培保存

保存地点	种质份数	个体数量	引种方式	生长状况	来源地
SC	5	f	待确定	G	四川
BJ	2	b	采集	C	四川、江西
GZ	1	b	采集	C	贵州
SH	1	b	采集	A	待确定
HB	1	a	采集	C	湖北
CQ	1	a	采集	C	重庆
JS1	1	a	购买	D	江苏

种质库保存

保存地点	保存方式	种质份数	个体数量	引种方式	来源地
HN	种子	1	a	采集	湖南
BJ	种子	7	b	采集	四川、湖北、江西

五加属　*Eleutherococcus*

白簕　*Eleutherococcus trifoliatus*（L.）Merr.

功效主治　全株或根、叶：苦、涩，凉。清热解毒，祛风除湿，散瘀止痛。用于黄疸，泄泻，胃痛，风湿关节痛，腰腿痛；外用于跌打损伤，疮疖肿毒，湿疹。嫩枝叶：辛、苦，微寒。用于疔疮痈肿，癣病，创伤，胃痛。

迁地栽培保存

保存地点	种质份数	个体数量	引种方式	生长状况	来源地
GD	1	f	采集	G	待确定
CQ	1	a	采集	A	重庆
YN	1	c	采集	A	云南
SH	1	a	采集	A	待确定
GZ	1	b	采集	C	贵州
HN	1	a	采集	C	海南
BJ	1	a	购买	B	北京

种质库保存

保存地点	保存方式	种质份数	个体数量	引种方式	来源地
HN	种子	1	b	采集	湖南

糙叶五加　*Eleutherococcus henryi*（Oliv.）Harms

功效主治　根皮：辛，温。祛风湿，壮筋骨，活血祛瘀。用于风湿关节痛，腰痛，小儿行迟，水肿，脚气，跌打损伤。

濒危等级　中国特有植物，中国植物红色名录评估为无危（LC）。

迁地栽培保存

保存地点	种质份数	个体数量	引种方式	生长状况	来源地
GX	2	f	采集	G	波兰
CQ	1	a	采集	B	重庆

刺五加 *Eleutherococcus senticosus* (Rupr. & Maxim.) Harms

功效主治 根及根茎（刺五加）：辛、微苦，温。益气健脾，补肾安神。用于肾虚，气虚无力，肝阳上亢，心悸，心绞痛，痰浊证，消渴病，风湿病，咳嗽痰喘，慢性中毒。

濒危等级 国家重点保护野生植物名录（第二批）二级，中国植物红色名录评估为无危（LC）。

迁地栽培保存

保存地点	种质份数	个体数量	引种方式	生长状况	来源地
BJ	3	a	采集	A	吉林、黑龙江、河北
GZ	1	a	采集	C	贵州
CQ	1	a	采集	C	重庆
LN	1	c	采集	B	辽宁
JS1	1	a	赠送	D	江苏
HLJ	1	b	采集	A	黑龙江

刚毛白簕 *Eleutherococcus setosus* (H. L. Li) Y. R. Ling

功效主治 全株：祛风湿，强筋骨。用于风湿痹痛，跌打损伤，感冒，吐泻。

濒危等级 中国特有植物，中国植物红色名录评估为无危（LC）。

迁地栽培保存

保存地点	种质份数	个体数量	引种方式	生长状况	来源地
GD	1	f	采集	G	待确定

红毛五加 *Eleutherococcus giraldii* Harms

功效主治 茎皮（红毛五加皮）：辛，温。祛风湿，强筋骨，通关节。用于痿证，足膝无力，风湿痹痛。

迁地栽培保存

保存地点	种质份数	个体数量	引种方式	生长状况	来源地
BJ	2	a	采集	B	四川、陕西

蜀五加 *Eleutherococcus setchuenensis* Harms ex Diels

迁地栽培保存

保存地点	种质份数	个体数量	引种方式	生长状况	来源地
CQ	1	a	采集	C	重庆

蜀五加（原变种） *Eleutherococcus setchuenensis* Harms ex Diels var. *setchuenensis*

功效主治　根皮：辛，温。祛风除湿，强筋壮骨。用于风湿关节痛，腰腿酸痛，半身不遂，跌打损伤，水肿，小儿麻痹症，咳嗽，哮喘。

迁地栽培保存

保存地点	种质份数	个体数量	引种方式	生长状况	来源地
GX	*	f	采集	G	波兰

藤五加 *Eleutherococcus leucorrhizus* (Oliv.) Harms

功效主治　根皮：辛，温。祛风除湿，强筋壮骨。用于风湿关节痛，腰腿酸痛，半身不遂，跌打损伤，水肿。

濒危等级　中国植物红色名录评估为无危（LC）。

迁地栽培保存

保存地点	种质份数	个体数量	引种方式	生长状况	来源地
GX	*	f	采集	G	波兰，中国上海

无梗五加 *Eleutherococcus sessiliflorus* (Rupr. & Maxim.) Seem.

功效主治　根皮：辛，温。祛风除湿，强筋壮骨，补精，益智。用于风湿关节痛，筋骨痿软，腰膝作痛，水肿，小便不利，小便淋痛，寒湿脚气，阴囊湿疹，神疲体倦。

濒危等级　中国植物红色名录评估为无危（LC）。

迁地栽培保存

保存地点	种质份数	个体数量	引种方式	生长状况	来源地
BJ	3	a	采集	B	辽宁、浙江、内蒙古
GX	*	f	采集	G	波兰

细柱五加　*Eleutherococcus nodiflorus*（Dunn）S. Y. Hu

功效主治　根皮（五加皮）：苦、辛，温。祛风湿，强筋骨，益气。用于风湿关节痛，腰腿酸痛，半身不遂，跌打损伤，水肿。

濒危等级　中国特有植物，中国植物红色名录评估为无危（LC）。

迁地栽培保存

保存地点	种质份数	个体数量	引种方式	生长状况	来源地
BJ	5	b	采集	G	浙江、陕西、江西
SC	3	f	待确定	G	四川
SH	2	b	采集	A	待确定
JS2	1	b	购买	C	江苏
GZ	1	a	采集	C	贵州
GD	1	b	采集	D	待确定
GX	*	f	采集	G	浙江

狭叶藤五加　*Eleutherococcus leucorrhizus* var. *scaberulus*（Harms & Rehder）Nakai

功效主治　根皮：辛，温。舒筋活络，祛风除湿。用于风湿痛，劳伤，头晕目眩，骨折，无名肿毒。

濒危等级　中国特有植物，中国植物红色名录评估为无危（LC）。

迁地栽培保存

保存地点	种质份数	个体数量	引种方式	生长状况	来源地
BJ	1	b	采集	C	江西
GX	*	f	采集	G	湖北

香藤刺　*Eleutherococcus trifoliatus* var. *trifoliatus*

迁地栽培保存

保存地点	种质份数	个体数量	引种方式	生长状况	来源地
GX	*	f	采集	G	浙江

熊掌木属　*Fatshedera*

熊掌木　*Fatshedera lizei*（Hort. ex Cochet）Guillaumin

迁地栽培保存

保存地点	种质份数	个体数量	引种方式	生长状况	来源地
GZ	1	a	采集	C	贵州

五列木科　Pentaphylacaceae

茶梨属　*Anneslea*

茶梨　*Anneslea fragrans* Wall.

功效主治　茎皮（红香树）、叶（红香树）：微苦、涩，凉。消食健胃，舒肝，退热。用于消化不良，泄泻，肝毒，湿疹，吐泻，骨折。

濒危等级　中国植物红色名录评估为无危（LC）。

迁地栽培保存

保存地点	种质份数	个体数量	引种方式	生长状况	来源地
GX	*	f	采集	G	湖南

种质库保存

保存地点	保存方式	种质份数	个体数量	引种方式	来源地
BJ	种子	1	a	采集	待确定

红淡比属 *Cleyera*

红淡比 *Cleyera japonica* Thunb.

功效主治　花：凉血，止血，消肿。

濒危等级　中国植物红色名录评估为无危（LC）。

迁地栽培保存

保存地点	种质份数	个体数量	引种方式	生长状况	来源地
CQ	1	a	采集	C	重庆
GX	*	f	采集	G	浙江

厚叶红淡比 *Cleyera pachyphylla* Chun ex Hung T. Chang

濒危等级　中国特有植物，中国植物红色名录评估为无危（LC）。

迁地栽培保存

保存地点	种质份数	个体数量	引种方式	生长状况	来源地
GX	*	f	采集	G	湖南

厚皮香属 *Ternstroemia*

厚皮香 *Ternstroemia gymnanthera* (Wight & Arn.) Bedd.

功效主治　果实：有小毒。清热解毒，消痈肿。用于疮痈肿毒，乳痈，消化不良。花：有小毒。清热解毒，消痈肿，止癣痒。用于疮痈肿毒，乳痈，消化不良。

濒危等级　中国植物红色名录评估为无危（LC）。

迁地栽培保存

保存地点	种质份数	个体数量	引种方式	生长状况	来源地
CQ	1	a	采集	C	重庆
GZ	1	a	采集	C	贵州
HN	1	a	采集	C	海南
ZJ	1	c	购买	A	浙江
GX	*	f	采集	G	浙江

种质库保存

保存地点	保存方式	种质份数	个体数量	引种方式	来源地
BJ	种子	4	a	采集	江西、上海

厚皮香（原变种）*Ternstroemia gymnanthera*（Wight & Arn.）Bedd. var. *gymnanthera*

濒危等级　中国植物红色名录评估为无危（LC）。

迁地栽培保存

保存地点	种质份数	个体数量	引种方式	生长状况	来源地
GX	*	f	采集	G	广西

日本厚皮香　*Ternstroemia japonica*（Thunb.）Thunb.

濒危等级　中国植物红色名录评估为无危（LC）。

迁地栽培保存

保存地点	种质份数	个体数量	引种方式	生长状况	来源地
GX	*	f	采集	G	浙江

小叶厚皮香　*Ternstroemia microphylla* Merr.

濒危等级　中国特有植物，中国植物红色名录评估为无危（LC）。

迁地栽培保存

保存地点	种质份数	个体数量	引种方式	生长状况	来源地
GX	*	f	采集	G	广西

柃木属 *Eurya*

半齿柃 *Eurya semiserrulata* Hung T. Chang

种质库保存

保存地点	保存方式	种质份数	个体数量	引种方式	来源地
BJ	种子	1	a	采集	内蒙古

滨柃 *Eurya emarginata* (Thunb.) Makino

濒危等级 中国植物红色名录评估为无危（LC）。

迁地栽培保存

保存地点	种质份数	个体数量	引种方式	生长状况	来源地
SH	1	a	采集	F	待确定

长毛柃 *Eurya patentipila* Chun

功效主治 叶：用于烫火伤，疮疡肿毒，跌打损伤。

濒危等级 中国特有植物，中国植物红色名录评估为无危（LC）。

种质库保存

保存地点	保存方式	种质份数	个体数量	引种方式	来源地
BJ	种子	1	a	采集	待确定

翅柃 *Eurya alata* Kobuski

功效主治 根皮：理气活血，消瘀止痛。

濒危等级 中国特有植物，中国植物红色名录评估为无危（LC）。

迁地栽培保存

保存地点	种质份数	个体数量	引种方式	生长状况	来源地
GX	*	f	采集	G	湖南

种质库保存

保存地点	保存方式	种质份数	个体数量	引种方式	来源地
BJ	种子	9	b	采集	待确定

短柱柃 *Eurya brevistyla* Kobuski

功效主治　叶：用于烫火伤。

濒危等级　中国特有植物，中国植物红色名录评估为无危（LC）。

迁地栽培保存

保存地点	种质份数	个体数量	引种方式	生长状况	来源地
GX	*	f	采集	G	湖北

二列叶柃 *Eurya distichophylla* F. B. Forbes & Hemsl.

功效主治　全株：清热解毒，止痛。用于乳蛾，咽喉肿痛，口疮，咳嗽，烫火伤。

濒危等级　中国植物红色名录评估为无危（LC）。

迁地栽培保存

保存地点	种质份数	个体数量	引种方式	生长状况	来源地
GX	*	f	采集	G	广西

岗柃 *Eurya groffii* Merr.

功效主治　叶（岗柃）：微苦，平。消肿止痛，镇咳祛痰。用于肺痨，咳嗽，跌打损伤。

濒危等级　中国植物红色名录评估为无危（LC）。

迁地栽培保存

保存地点	种质份数	个体数量	引种方式	生长状况	来源地
HN	2	a	采集	C	海南
GD	1	f	采集	G	待确定
CQ	1	a	采集	C	重庆
GX	*	f	采集	G	广西

格药柃 *Eurya muricata* Dunn var. *muricata*

功效主治 茎叶、果实：祛风除湿，消肿止血。

濒危等级 中国特有植物，中国植物红色名录评估为无危（LC）。

迁地栽培保存

保存地点	种质份数	个体数量	引种方式	生长状况	来源地
GX	2	f	采集	G	上海、湖北

贵州毛柃 *Eurya kueichowensis* Hu & L. K. Ling

功效主治 枝叶：清热解毒，消肿止血，祛风除湿。

濒危等级 中国特有植物，中国植物红色名录评估为无危（LC）。

迁地栽培保存

保存地点	种质份数	个体数量	引种方式	生长状况	来源地
GX	*	f	采集	G	湖北

黑柃 *Eurya macartneyi* Champ.

功效主治 茎叶：清热解毒。

濒危等级 中国特有植物，中国植物红色名录评估为无危（LC）。

迁地栽培保存

保存地点	种质份数	个体数量	引种方式	生长状况	来源地
GX	*	f	采集	G	广西

华南毛柃 *Eurya ciliata* Merr.

功效主治　叶：用于烫火伤，疮疡肿毒，跌打损伤。

濒危等级　中国特有植物，中国植物红色名录评估为无危（LC）。

迁地栽培保存

保存地点	种质份数	个体数量	引种方式	生长状况	来源地
HN	1	a	采集	C	海南
GX	*	f	采集	G	广西

假杨桐　*Eurya subintegra* Kobuski

濒危等级　中国植物红色名录评估为无危（LC）。

迁地栽培保存

保存地点	种质份数	个体数量	引种方式	生长状况	来源地
GX	*	f	采集	G	广西

金叶细枝柃　*Eurya loquaiana* var. *aureopunctata* H. T. Chang

濒危等级　中国特有植物，中国植物红色名录评估为无危（LC）。

迁地栽培保存

保存地点	种质份数	个体数量	引种方式	生长状况	来源地
GX	*	f	采集	G	广西

柃木　*Eurya japonica* Thunb.

功效主治　枝叶（柃木）：苦、涩，平。祛风除湿，消肿止血。用于风湿关节痛，臌胀，外伤出血，发热，口干。

濒危等级　浙江省重点保护植物，中国植物红色名录评估为无危（LC）。

迁地栽培保存

保存地点	种质份数	个体数量	引种方式	生长状况	来源地
GX	*	f	采集	G	日本

种质库保存

保存地点	保存方式	种质份数	个体数量	引种方式	来源地
BJ	种子	3	a	采集	四川

毛果柃 *Eurya trichocarpa* Korth.

濒危等级 中国植物红色名录评估为无危（LC）。

迁地栽培保存

保存地点	种质份数	个体数量	引种方式	生长状况	来源地
GX	*	f	采集	G	广西

微毛柃 *Eurya hebeclados* Ling

功效主治 枝叶（微毛柃）：辛、苦，平。截疟，消肿，止血，解毒。用于风湿关节痛，疟疾；外用于出血，无名肿毒。

濒危等级 中国特有植物，中国植物红色名录评估为无危（LC）。

迁地栽培保存

保存地点	种质份数	个体数量	引种方式	生长状况	来源地
ZJ	1	c	采集	A	浙江
CQ	1	a	采集	C	重庆
GX	*	f	采集	G	广西

细齿叶柃 *Eurya nitida* Korth.

功效主治 茎、枝叶、花：截疟，消肿，止血，解毒。用于风湿关节痛，疟疾；外用于出血，无名肿毒。

濒危等级 中国植物红色名录评估为无危（LC）。

迁地栽培保存

保存地点	种质份数	个体数量	引种方式	生长状况	来源地
HN	1	a	采集	C	海南
GX	*	f	采集	G	澳门

种质库保存

保存地点	保存方式	种质份数	个体数量	引种方式	来源地
BJ	种子	3	b	采集	海南、云南
HN	种子	1	a	采集	海南

细枝柃　*Eurya loquaiana* Dunn

功效主治　茎叶：消肿止痛。用于风湿痛，跌打损伤。

濒危等级　中国特有植物，中国植物红色名录评估为无危（LC）。

迁地栽培保存

保存地点	种质份数	个体数量	引种方式	生长状况	来源地
HN	1	a	采集	C	海南
GX	*	f	采集	G	湖北

窄叶柃　*Eurya stenophylla* Merr.

功效主治　根、枝叶：清热，补虚。

濒危等级　中国植物红色名录评估为无危（LC）。

迁地栽培保存

保存地点	种质份数	个体数量	引种方式	生长状况	来源地
GX	*	f	采集	G	广西

五列木属　*Pentaphylax*

五列木　*Pentaphylax euryoides* Gardn. & Champ.

濒危等级　中国植物红色名录评估为无危（LC）。

迁地栽培保存

保存地点	种质份数	个体数量	引种方式	生长状况	来源地
HN	1	a	采集	C	海南
GX	*	f	采集	G	广西

杨桐属 *Adinandra*

粗毛杨桐 *Adinandra hirta* Gagnep.

濒危等级 中国植物红色名录评估为无危（LC）。

迁地栽培保存

保存地点	种质份数	个体数量	引种方式	生长状况	来源地
GX	*	f	采集	G	广西

大萼杨桐 *Adinandra glischroloma* var. *macrosepala*（Metcalf）Kobuski

濒危等级 中国特有植物，中国植物红色名录评估为无危（LC）。

迁地栽培保存

保存地点	种质份数	个体数量	引种方式	生长状况	来源地
GX	*	f	采集	G	广西

大叶杨桐 *Adinandra megaphylla* Hu

濒危等级 中国植物红色名录评估为无危（LC）。

迁地栽培保存

保存地点	种质份数	个体数量	引种方式	生长状况	来源地
GX	*	f	采集	G	广西

海南杨桐 *Adinandra hainanensis* Hayata

功效主治 茎叶：止咳，通窍。用于口疮，鼻渊。

濒危等级　中国植物红色名录评估为无危（LC）。

迁地栽培保存

保存地点	种质份数	个体数量	引种方式	生长状况	来源地
HN	1	a	采集	C	海南
GX	*	f	采集	G	广西

两广杨桐　*Adinandra glischroloma* Hand.-Mazz.

功效主治　根、叶：活血祛瘀，止痛，止泻。

濒危等级　中国特有植物，中国植物红色名录评估为无危（LC）。

迁地栽培保存

保存地点	种质份数	个体数量	引种方式	生长状况	来源地
GX	*	f	采集	G	广西

亮叶杨桐　*Adinandra nitida* Merr. ex H. L. Li

功效主治　叶：用于肝毒。

濒危等级　中国特有植物，中国植物红色名录评估为无危（LC）。

迁地栽培保存

保存地点	种质份数	个体数量	引种方式	生长状况	来源地
GX	*	f	采集	G	广西

杨桐　*Adinandra millettii* (Hook. & Arn.) Benth. & Hook. f. ex Hance

功效主治　根（黄瑞木）：甘、微苦，凉。凉血止血，消肿解毒。用于鼻衄，子痫，疰腮；外用于疖肿，毒蛇咬伤，毒蜂螫伤。嫩叶（黄瑞木）：甘、微苦，凉。凉血止血，消肿解毒。

濒危等级　中国植物红色名录评估为无危（LC）。

迁地栽培保存

保存地点	种质份数	个体数量	引种方式	生长状况	来源地
GX	*	f	采集	G	浙江

种质库保存

保存地点	保存方式	种质份数	个体数量	引种方式	来源地
BJ	种子	1	a	采集	福建

五膜草科　Pentaphragmataceae

五膜草属　*Pentaphragma*

五膜草　*Pentaphragma sinense* Hemsl. & E. H. Wilson

濒危等级　中国植物红色名录评估为无危（LC）。

迁地栽培保存

保存地点	种质份数	个体数量	引种方式	生长状况	来源地
GX	*	f	采集	G	广西

直序五膜草　*Pentaphragma spicatum* Merr.

濒危等级　中国特有植物，中国植物红色名录评估为数据缺乏（DD）。

迁地栽培保存

保存地点	种质份数	个体数量	引种方式	生长状况	来源地
HN	1	a	采集	C	海南
GX	*	f	采集	G	广西

五味子科　Schisandraceae

八角属　*Illicium*

八角　*Illicium verum* Hook. f.

功效主治　果实（八角茴香）：辛，温。温中理气，健胃止呕。用于呕吐，腹胀，腹痛，疝气；外用于毒蛇及蜈蚣咬伤。

迁地栽培保存

保存地点	种质份数	个体数量	引种方式	生长状况	来源地
BJ	1	a	采集	G	海南
GD	1	f	采集	G	待确定
YN	1	a	购买	C	云南

种质库保存

保存地点	保存方式	种质份数	个体数量	引种方式	来源地
BJ	种子	9	b	采集	云南、广西
HN	种子	1	a	采集	福建

地枫皮　*Illicium difengpi* B. N. Chang

功效主治　茎皮（地枫皮）：辛、涩，温。有小毒。除湿，驱虫，行气止痛。用于风湿疼痛，腰肌劳损。

濒危等级　中国特有植物，国家重点保护野生植物名录（第一批）二级，中国植物红色名录评估为濒危（EN）。

迁地栽培保存

保存地点	种质份数	个体数量	引种方式	生长状况	来源地
BJ	1	a	采集	G	广东

短梗八角　*Illicium pachyphyllum* A. C. Sm.

功效主治　根、茎皮：消肿止痛。用于风湿痛，跌打损伤。叶：用于毒蛇咬伤，水肿。

濒危等级　中国特有植物，中国植物红色名录评估为无危（LC）。

迁地栽培保存

保存地点	种质份数	个体数量	引种方式	生长状况	来源地
GX	*	f	采集	G	广西

短柱八角　*Illicium brevistylum* A. C. Sm.

功效主治　茎皮：有毒。外用于风湿骨痛，跌打损伤。

濒危等级 中国特有植物，中国植物红色名录评估为数据缺乏（DD）。

迁地栽培保存

保存地点	种质份数	个体数量	引种方式	生长状况	来源地
GX	*	f	采集	G	广西

红花八角 *Illicium dunnianum* Tutcher

功效主治 根：苦、辛，温。有毒。散瘀消肿，祛风湿，止痛。外用于跌打损伤，挫伤，骨折，风湿疼痛。

濒危等级 中国特有植物，中国植物红色名录评估为无危（LC）。

迁地栽培保存

保存地点	种质份数	个体数量	引种方式	生长状况	来源地
GZ	1	a	采集	C	贵州

红茴香 *Illicium henryi* Diels

功效主治 根或根皮：辛，温。有毒。祛风除湿，活血止痛。用于跌打损伤，风寒湿痹，胸腹痛。

濒危等级 中国特有植物，中国植物红色名录评估为无危（LC）。

迁地栽培保存

保存地点	种质份数	个体数量	引种方式	生长状况	来源地
HB	2	a	采集	C	湖北
BJ	1	b	采集	C	湖北
CQ	1	a	采集	C	重庆

种质库保存

保存地点	保存方式	种质份数	个体数量	引种方式	来源地
BJ	种子	6	b	采集	四川、重庆

厚皮香八角 *Illicium ternstroemioides* A. C. Sm.

功效主治 果实：辛、微苦，温。温中理气，健胃止吐。

濒危等级 中国植物红色名录评估为近危（NT）。

迁地栽培保存

保存地点	种质份数	个体数量	引种方式	生长状况	来源地
HN	1	a	赠送	C	海南

假地枫皮 *Illicium jiadifengpi* B. N. Chang

功效主治　茎皮：外用于风湿骨痛，跌打损伤。

濒危等级　中国特有植物，中国植物红色名录评估为无危（LC）。

迁地栽培保存

保存地点	种质份数	个体数量	引种方式	生长状况	来源地
GX	*	f	采集	G	湖北

小花八角　*Illicium micranthum* Dunn

功效主治　全株：辛、微苦，温。有毒。祛瘀止痛，温中散寒。用于跌打肿痛，风湿痹痛，无名肿毒，毒蛇咬伤。

濒危等级　中国特有植物，中国植物红色名录评估为无危（LC）。

迁地栽培保存

保存地点	种质份数	个体数量	引种方式	生长状况	来源地
CQ	1	a	采集	C	重庆

野八角　*Illicium simonsii* Maxim.

功效主治　果实、叶：行气止痛，止呕。

濒危等级　中国植物红色名录评估为无危（LC）。

迁地栽培保存

保存地点	种质份数	个体数量	引种方式	生长状况	来源地
CQ	1	a	采集	F	重庆
HB	1	a	采集	C	待确定
GX	*	f	采集	G	云南

南五味子属　*Kadsura*

黑老虎　*Kadsura coccinea*（Lem.）A. C. Sm.

功效主治　藤茎（饭团藤）、根（黑老虎根）：微苦，温。行气止痛，散瘀消肿，祛风除湿。用于胃脘胀痛，风湿关节痛，痛经。果实：用于肺虚久咳，阳痿，带下病。

濒危等级　中国植物红色名录评估为易危（VU）。

迁地栽培保存

保存地点	种质份数	个体数量	引种方式	生长状况	来源地
CQ	3	a	采集	C	重庆
GX	3	f	采集	G	广西
ZJ	1	d	购买	A	江西
GZ	1	a	采集	C	贵州
BJ	1	a	采集	G	河南

种质库保存

保存地点	保存方式	种质份数	个体数量	引种方式	来源地
BJ	种子	1	a	采集	待确定

南五味子　*Kadsura longipedunculata* Finet & Gagnep.

功效主治　根皮（紫金皮）或根（红木香）、茎（大活血）：辛、苦，温。祛风通络，消肿止痛。用于吐泻，风湿关节痛，跌打损伤，闭经，腹痛。果实（五味子）：固涩收敛，益气生津，补肾宁心。用于久咳虚喘，遗尿，尿频，遗精，久泻，盗汗，津伤口渴，气短，脉虚，内热消渴，心悸，失眠，肝毒。叶：消肿镇痛，去腐生新。

濒危等级　中国特有植物，陕西省濒危保护植物，中国植物红色名录评估为无危（LC）。

迁地栽培保存

保存地点	种质份数	个体数量	引种方式	生长状况	来源地
CQ	3	a	采集	C	重庆
BJ	2	a	采集	C	浙江、云南

续表

保存地点	种质份数	个体数量	引种方式	生长状况	来源地
GZ	1	a	采集	C	贵州
SH	1	a	采集	A	待确定
GD	1	a	采集	C	待确定
ZJ	1	d	采集	A	浙江
GX	*	f	采集	G	广西

种质库保存

保存地点	保存方式	种质份数	个体数量	引种方式	来源地
HN	种子	1	b	采集	福建
BJ	种子	16	c	采集	湖北、云南、福建

日本南五味子　*Kadsura japonica* (L.) Dunal

功效主治　果实：行气止痛，活血化瘀，祛风通络。用于风湿关节痛，胃痛，偏头痛，外伤头痛，跌打损伤，疝气疼痛，小儿消化不良，月经不调，乳痈。根、藤茎：解热镇痛，解痉止咳。用于毒蛇咬伤。

濒危等级　中国植物红色名录评估为无危（LC）。

迁地栽培保存

保存地点	种质份数	个体数量	引种方式	生长状况	来源地
GX	2	f	采集	G	日本，中国广西

异形南五味子　*Kadsura heteroclita* (Roxb.) Craib

功效主治　藤茎：生血，活血，调经，壮筋骨。用于气血虚弱，月经不调，胞宫寒冷，带下病，遗精。

濒危等级　中国植物红色名录评估为无危（LC）。

迁地栽培保存

保存地点	种质份数	个体数量	引种方式	生长状况	来源地
GX	2	f	采集	G	广西

续表

保存地点	种质份数	个体数量	引种方式	生长状况	来源地
BJ	1	a	采集	G	湖北
GD	1	f	采集	G	待确定

种质库保存

保存地点	保存方式	种质份数	个体数量	引种方式	来源地
BJ	种子	25	c	采集	四川、重庆

五味子属 *Schisandra*

大果五味子 *Schisandra macrocarpa* Q. Lin & Y. M. Shui

迁地栽培保存

保存地点	种质份数	个体数量	引种方式	生长状况	来源地
GX	*	f	采集	G	云南

合蕊五味子 *Schisandra propinqua* (Wall.) Baill.

功效主治 根、藤茎：甘、辛，平。舒筋活血，止痛消肿。用于风湿麻木，跌打损伤，月经不调，疮毒，毒蛇咬伤。叶：淡，平。外用于外伤出血。果实：用于肾虚。

濒危等级 中国植物红色名录评估为近危（NT）。

迁地栽培保存

保存地点	种质份数	个体数量	引种方式	生长状况	来源地
GX	*	f	采集	G	广西

红花五味子 *Schisandra rubriflora* Rehder & E. H. Wilson

功效主治 果实（滇五味）：固涩收敛，益气生津，补肾宁心。用于久咳虚喘，遗尿，尿频，遗精，久泻，盗汗，津伤口渴，气短，脉虚，内热消渴，心悸，失眠，肝毒。藤茎：祛风除湿，活血。用于风湿关节痛。

濒危等级 中国植物红色名录评估为无危（LC）。

迁地栽培保存

保存地点	种质份数	个体数量	引种方式	生长状况	来源地
GX	2	f	采集	G	云南、广西
CQ	1	a	采集	C	重庆

华中五味子 *Schisandra sphenanthera* Rehder & E. H. Wilson

功效主治 果实：固涩收敛，益气生津，补肾宁心。藤茎（血藤）、根（血藤）：辛、酸，温。养血，消瘀，理气化湿。

濒危等级 中国特有植物，中国植物红色名录评估为数据缺乏（DD）。

迁地栽培保存

保存地点	种质份数	个体数量	引种方式	生长状况	来源地
CQ	8	b	采集	C	重庆
BJ	4	c	采集	G	湖北、安徽、山西、河南
HB	1	a	采集	C	待确定
JS1	1	a	采集	D	陕西
GX	*	f	采集	G	广西

种质库保存

保存地点	保存方式	种质份数	个体数量	引种方式	来源地
HN	种子	1	b	采集	福建
BJ	种子	6	a	采集	安徽

金山五味子 *Schisandra glaucescens* Diels

功效主治 藤茎：用于劳伤，虚弱，瘿瘤。果实：酸、涩，凉。清肺热。

迁地栽培保存

保存地点	种质份数	个体数量	引种方式	生长状况	来源地
CQ	1	a	采集	C	重庆

绿叶五味子 *Schisandra viridis* A. C. Sm.

功效主治 果实：辛、微涩，温。敛肺止汗，涩精止泻，补肾生津。

迁地栽培保存

保存地点	种质份数	个体数量	引种方式	生长状况	来源地
GX	*	f	采集	G	广西

铁箍散 *Schisandra propinqua* (Wall.) Baill. subsp. *sinensis* (Oliv.) R. M. K. Saunders

濒危等级 中国特有植物，中国植物红色名录评估为数据缺乏（DD）。

迁地栽培保存

保存地点	种质份数	个体数量	引种方式	生长状况	来源地
CQ	5	b	采集	C	重庆
BJ	2	b	采集	G	广西、湖北
GD	1	f	采集	G	待确定

五味子 *Schisandra chinensis* (Turcz.) Baill.

功效主治 果实（五味子）：酸、甘，温。固涩收敛，益气生津，补肾宁心。用于久咳虚喘，遗尿，尿频，遗精，久泻，盗汗，津伤口渴，气短，脉虚，内热消渴，心悸，失眠，肝毒。

濒危等级 国家重点保护野生植物名录（第二批）二级，河北省重点保护植物、吉林省三级保护植物、江西省三级保护植物、北京市二级保护植物，中国植物红色名录评估为无危（LC）。

迁地栽培保存

保存地点	种质份数	个体数量	引种方式	生长状况	来源地
BJ	6	b	采集	G	辽宁、山西、吉林、河北
LN	1	d	采集	B	辽宁
HLJ	1	d	采集	A	黑龙江
HB	1	a	采集	C	湖北
GZ	1	a	采集	C	贵州
GX	*	f	采集	G	上海

种质库保存

保存地点	保存方式	种质份数	个体数量	引种方式	来源地
BJ	种子	82	c	采集	甘肃、海南、云南、四川、陕西、吉林、内蒙古、辽宁、山西、黑龙江

翼梗五味子 *Schisandra henryi* C. B. Clarke

功效主治 果实：固涩收敛，益气生津，补肾宁心。用于久咳虚喘，遗尿，尿频，遗精，久泻，盗汗，津伤口渴，气短，脉虚，内热消渴，心悸，失眠，肝毒。藤茎（血藤）：酸、涩、苦，温。理气止痛，舒筋活络，通经。用于风湿麻木，脱疽，跌打损伤，月经不调。

濒危等级 中国植物红色名录评估为无危（LC）。

迁地栽培保存

保存地点	种质份数	个体数量	引种方式	生长状况	来源地
CQ	6	b	采集	C	重庆
GX	2	f	采集	G	广西
SC	1	f	待确定	G	四川

种质库保存

保存地点	保存方式	种质份数	个体数量	引种方式	来源地
BJ	种子	6	b	采集	重庆、云南、海南、山西

重瓣五味子 *Schisandra plena* A. C. Sm.

功效主治 全株：清热解毒，消肿止痛。

濒危等级 中国植物红色名录评估为无危（LC）。

种质库保存

保存地点	保存方式	种质份数	个体数量	引种方式	来源地
BJ	种子	2	a	采集	江西、甘肃

爪哇五味子　*Schisandra elongata*（Blume）Hook. f. & Thomson

频危等级　中国植物红色名录评估为近危（NT）。

迁地栽培保存

保存地点	种质份数	个体数量	引种方式	生长状况	来源地
GX	*	f	采集	G	广西

五桠果科　**Dilleniaceae**

五桠果属　*Dillenia*

大花五桠果　*Dillenia turbinata* Finet & Gagnep.

功效主治　叶：润肺止咳，利尿。用于肺痨，咳嗽，水肿，小便淋痛。

濒危等级　中国植物红色名录评估为无危（LC）。

迁地栽培保存

保存地点	种质份数	个体数量	引种方式	生长状况	来源地
HN	1	a	采集	C	海南
GX	*	f	采集	G	云南

种质库保存

保存地点	保存方式	种质份数	个体数量	引种方式	来源地
BJ	种子	1	a	采集	待确定

五桠果　*Dillenia indica* L.

功效主治　根（五桠果）、茎皮（五桠果）：酸、涩，平。收敛，解毒。用于疟疾。

濒危等级　中国植物红色名录评估为濒危（EN）。

迁地栽培保存

保存地点	种质份数	个体数量	引种方式	生长状况	来源地
YN	1	a	购买	A	云南
HN	1	a	采集	C	海南
GD	1	f	采集	G	待确定

种质库保存

保存地点	保存方式	种质份数	个体数量	引种方式	来源地
BJ	种子	6	b	采集	云南

小花五桠果　*Dillenia pentagyna* Roxb.

功效主治　果实：止咳，利尿。用于咳嗽，感冒，水肿。

濒危等级　中国植物红色名录评估为数据缺乏（DD）。

迁地栽培保存

保存地点	种质份数	个体数量	引种方式	生长状况	来源地
HN	2	a	采集	C	海南
GX	*	f	采集	G	云南

种质库保存

保存地点	保存方式	种质份数	个体数量	引种方式	来源地
BJ	种子	1	a	采集	待确定

锡叶藤属　*Tetracera*

锡叶藤　*Tetracera asiatica*（Lour.）Hoogland

功效主治　根（锡叶藤）、茎（锡叶藤）、叶（锡叶藤）：酸、涩，平。收敛止泻，消肿止痛。用于泄泻，便血，肝脾肿大，阴挺，带下病，风湿关节痛。

濒危等级　中国植物红色名录评估为无危（LC）。

迁地栽培保存

保存地点	种质份数	个体数量	引种方式	生长状况	来源地
GD	1	f	采集	G	待确定
GX	*	f	采集	G	广西

种质库保存

保存地点	保存方式	种质份数	个体数量	引种方式	来源地
HN	种子	1	a	采集	海南

西番莲科　Passifloraceae

蒴莲属　*Adenia*

三开瓢　*Adenia cardiophylla*（Mast.）Engl.

功效主治　果实：代瓜蒌用。

濒危等级　中国植物红色名录评估为无危（LC）。

迁地栽培保存

保存地点	种质份数	个体数量	引种方式	生长状况	来源地
HN	2	a	赠送	C	广西

异叶蒴莲　*Adenia heterophylla*（Bl.）Koord.

功效主治　根（蒴莲）：甘、微苦，凉。滋补强壮，祛风除湿，通经活络。用于风湿痹痛，虚弱，阴挺；外用于疥疮。全株：用于胃痛。

濒危等级　中国植物红色名录评估为无危（LC）。

迁地栽培保存

保存地点	种质份数	个体数量	引种方式	生长状况	来源地
HN	1	a	采集	B	海南
GX	*	f	采集	G	中国

西番莲属　*Passiflora*

杯叶西番莲　*Passiflora cupiformis* Mast.

功效主治　根（对叉疗草）：甘、微涩，温。止血，解毒，祛风镇痛。用于跌打损伤，毒蛇咬伤，疮疖。全株：甘、微涩，温。止血，解毒，祛风镇痛。用于鹤膝风，风湿痹痛。

濒危等级　中国植物红色名录评估为无危（LC）。

迁地栽培保存

保存地点	种质份数	个体数量	引种方式	生长状况	来源地
GX	*	f	采集	G	广西

长叶西番莲　*Passiflora siamica* Craib

濒危等级　中国植物红色名录评估为易危（VU）。

种质库保存

保存地点	保存方式	种质份数	个体数量	引种方式	来源地
BJ	种子	1	a	采集	待确定

大果西番莲　*Passiflora quadrangularis* L.

功效主治　叶：用于失眠。

迁地栽培保存

保存地点	种质份数	个体数量	引种方式	生长状况	来源地
HN	1	a	赠送	C	海南
CQ	1	a	赠送	C	云南

红花西番莲 *Passiflora miniata* Vanderpl.

功效主治 叶：用于心悸，心绞痛。

迁地栽培保存

保存地点	种质份数	个体数量	引种方式	生长状况	来源地
HN	2	a	赠送	C	广西
YN	1	b	采集	A	云南

蝴蝶藤 *Passiflora papilio* Li

功效主治 全株（蝴蝶藤）：苦、甘，平。止血，散瘀，镇痉，止痛。根：用于小儿惊风，时行感冒，中风，心胃气痛，胁痛，癥瘕积聚，贫血，衄血，吐血，月经不调，产后流血不止，胎动不安，毒蛇咬伤。茎：用于风湿痹痛，吐泻，跌打损伤。叶：用于蛇咬伤。

濒危等级 中国特有植物，中国植物红色名录评估为近危（NT）。

迁地栽培保存

保存地点	种质份数	个体数量	引种方式	生长状况	来源地
HN	1	a	赠送	C	待确定
GX	*	f	采集	G	广西

鸡蛋果 *Passiflora edulis* Sims

功效主治 果实（鸡蛋果）：甘、酸，平。清热解毒，镇痛，安神。用于痢疾，痛经，失眠。

迁地栽培保存

保存地点	种质份数	个体数量	引种方式	生长状况	来源地
BJ	2	a	采集	G	云南、广西
CQ	2	a	赠送	C	云南
HN	2	a	采集	C	海南

种质库保存

保存地点	保存方式	种质份数	个体数量	引种方式	来源地
BJ	种子	5	b	采集	待确定

镰叶西番莲　*Passiflora wilsonii* Hemsl.

功效主治　全株（锅铲叶）：微苦，温。舒筋通络，散瘀活血。用于风湿关节痛，跌打损伤，肝毒，疟疾，蛔虫病。

濒危等级　中国特有植物，中国植物红色名录评估为无危（LC）。

迁地栽培保存

保存地点	种质份数	个体数量	引种方式	生长状况	来源地
YN	1	b	采集	C	云南
GX	*	f	采集	G	广西

龙珠果　*Passiflora foetida* L.

功效主治　全株（龙珠果）：甘、酸，平。清热凉血，润燥化痰。用于急性细菌性结膜炎，目赤，疖肿，烫火伤，肺痨咳嗽。

迁地栽培保存

保存地点	种质份数	个体数量	引种方式	生长状况	来源地
HN	1	a	采集	B	海南
GX	*	f	采集	G	云南

种质库保存

保存地点	保存方式	种质份数	个体数量	引种方式	来源地
BJ	种子	25	b	采集	重庆、云南

肉色西番莲　*Passiflora incarnata* L.

功效主治　全株：解痉。地上部分：镇静，清热。种子：用于头痛，郁证，不寐，癫痫。根：用于溃疡，痔疮。

迁地栽培保存

保存地点	种质份数	个体数量	引种方式	生长状况	来源地
BJ	1	a	采集	G	浙江

蛇王藤 *Passiflora cochinchinensis* Sprengel

功效主治　全株（蛇王藤）：辛、苦，凉。清热解毒，消肿止痛。用于毒蛇咬伤，溃疡病，化脓性指头炎，疔疖。

濒危等级　中国植物红色名录评估为无危（LC）。

迁地栽培保存

保存地点	种质份数	个体数量	引种方式	生长状况	来源地
HN	2	a	采集	C	海南
GX	*	f	采集	G	广东

西番莲 *Passiflora coerulea* L.

功效主治　全株或根、果实：苦，温。祛风除湿，活血止痛。用于风湿痹痛，疝气痛，痛经；外用于骨折。

迁地栽培保存

保存地点	种质份数	个体数量	引种方式	生长状况	来源地
FJ	5	a	赠送	A	福建、台湾
BJ	1	a	采集	G	云南
YN	1	c	采集	A	云南
JS2	1	b	购买	D	江苏
GD	1	f	采集	G	待确定

种质库保存

保存地点	保存方式	种质份数	个体数量	引种方式	来源地
BJ	种子	6	b	采集	云南、四川
HN	种子	1	a	采集	云南

圆叶西番莲　*Passiflora henryi* Hemsl.

功效主治　全株（燕子尾）：苦，温。补肺益气。用于肺痨，咳嗽，痢疾。

濒危等级　中国特有植物，中国植物红色名录评估为无危（LC）。

迁地栽培保存

保存地点	种质份数	个体数量	引种方式	生长状况	来源地
GX	*	f	采集	G	广西

仙茅科　Hypoxidaceae

仙茅属　*Curculigo*

大叶仙茅　*Curculigo capitulata*（Lour.）O. Ktze.

功效主治　根茎（大地棕根）：苦、涩，平。润肺化痰，止咳平喘，镇静，健脾，补肾固精。用于肾虚咳喘，腰膝酸痛，带下病，遗精。

濒危等级　中国植物红色名录评估为无危（LC）。

迁地栽培保存

保存地点	种质份数	个体数量	引种方式	生长状况	来源地
SC	3	f	待确定	G	四川
BJ	2	b	采集	C	云南、四川
GZ	1	b	采集	C	贵州
YN	1	c	购买	A	云南
HN	1	b	采集	B	海南
GD	1	b	采集	D	待确定
CQ	1	b	采集	B	重庆

种质库保存

保存地点	保存方式	种质份数	个体数量	引种方式	来源地
BJ	种子	9	b	采集	山西，待确定

短葶仙茅 *Curculigo breviscapa* S. C. Chen

功效主治 根茎：用于水肿。

濒危等级 中国特有植物，中国植物红色名录评估为易危（VU）。

迁地栽培保存

保存地点	种质份数	个体数量	引种方式	生长状况	来源地
GX	*	f	采集	G	广西

光叶仙茅 *Curculigo glabrescens*（Ridl.）Merr.

濒危等级 中国植物红色名录评估为无危（LC）。

迁地栽培保存

保存地点	种质份数	个体数量	引种方式	生长状况	来源地
HN	1	b	采集	B	海南
GX	*	f	采集	G	海南

种质库保存

保存地点	保存方式	种质份数	个体数量	引种方式	来源地
HN	种子	1	c	采集	海南

疏花仙茅 *Curculigo gracilis*（Kurz）Hook. f.

功效主治 根茎：祛风，活络，调经，祛痰，催吐。

濒危等级 中国植物红色名录评估为无危（LC）。

迁地栽培保存

保存地点	种质份数	个体数量	引种方式	生长状况	来源地
CQ	1	b	采集	B	重庆
GX	*	f	采集	G	重庆

仙茅 *Curculigo orchioides* Gaertn.

功效主治 根茎（仙茅）：辛，温。有小毒。温肾阳，强筋骨，祛寒湿。用于阳痿精冷，筋骨痿软，崩漏，阳虚冷泻，痈疽，瘰疬，阴虚阳亢。

濒危等级 中国植物红色名录评估为无危（LC）。

迁地栽培保存

保存地点	种质份数	个体数量	引种方式	生长状况	来源地
BJ	3	b	采集	G	四川、广西、云南
FJ	2	a	采集	A	福建
SC	1	f	待确定	G	四川
HN	1	a	采集	B	海南
HB	1	a	采集	C	湖北
GZ	1	b	采集	C	贵州
GD	1	f	采集	G	待确定
CQ	1	a	采集	D	重庆

中华仙茅 *Curculigo sinensis* S. C. Chen

濒危等级 中国特有植物，中国植物红色名录评估为无危（LC）。

迁地栽培保存

保存地点	种质份数	个体数量	引种方式	生长状况	来源地
GX	*	f	采集	G	云南

小金梅草属　*Hypoxis*

小金梅草　*Hypoxis aurea* Lour.

功效主治　全草（小金梅草）：甘、微辛，温。温肾，壮阳，补气。用于病后阳虚，疝气痛，阳痿精冷；外用于跌打肿痛。

迁地栽培保存

保存地点	种质份数	个体数量	引种方式	生长状况	来源地
YN	1	a	采集	C	云南
GX	*	f	采集	G	广西

仙人掌科　**Cactaceae**

大凤龙属　*Neobuxbaumia*

大凤龙　*Neobuxbaumia polylopha*（DC.）Backeb.

迁地栽培保存

保存地点	种质份数	个体数量	引种方式	生长状况	来源地
YN	1	a	购买	A	云南

令箭荷花属　*Nopalxochia*

令箭荷花　*Nopalxochia ackermannii* BR. et Rose

功效主治　全草：用于癫狂证。

迁地栽培保存

保存地点	种质份数	个体数量	引种方式	生长状况	来源地
HN	2	a	赠送	C	广西

续表

保存地点	种质份数	个体数量	引种方式	生长状况	来源地
BJ	1	a	交换	G	北京
JS1	1	a	购买	C	江苏
SH	1	b	采集	A	待确定
YN	1	a	购买	C	云南
CQ	1	a	购买	C	重庆

鼠尾掌属　*Aporocactus*

鼠尾掌　*Aporocactus flagelliformis*（L.）Lem.

功效主治　茎（仙人鞭）：辛、苦、涩，凉。理气消痞，清热解毒。用于疟腮，泄泻，乳痈，毒蛇咬伤。

迁地栽培保存

保存地点	种质份数	个体数量	引种方式	生长状况	来源地
CQ	1	a	赠送	F	广西
GX	*	f	采集	G	中国

极光球属　*Eriosyce*

五百津玉　*Eriosyce aurata*（Pfeiff.）Backeb.

迁地栽培保存

保存地点	种质份数	个体数量	引种方式	生长状况	来源地
YN	1	a	购买	C	云南

金琥属 *Echinocactus*

金琥 *Echinocactus grusonii* Hildm.

迁地栽培保存

保存地点	种质份数	个体数量	引种方式	生长状况	来源地
BJ	1	b	采集	G	待确定

量天尺属 *Hylocereus*

量天尺 *Hylocereus undatus*（Haw.）Britton & Rose

功效主治 茎（量天尺）：甘、淡，凉。舒筋活络，解毒。外用于骨折，痄腮，疮肿。花（剑花）：甘、淡，微凉。清热润肺，止咳。用于肺痨，咳嗽，瘰疬。

迁地栽培保存

保存地点	种质份数	个体数量	引种方式	生长状况	来源地
BJ	1	a	采集	G	待确定
GD	1	f	采集	G	待确定
HN	1	a	采集	C	海南
YN	1	a	采集	A	云南

龙神柱属 *Myrtillocactus*

龙神柱 *Myrtillocactus geometrizans*（Mart. ex Pfeiff.）Console

迁地栽培保存

保存地点	种质份数	个体数量	引种方式	生长状况	来源地
YN	1	a	购买	A	云南

鹿角柱属　*Echinocereus*

匍匐鹿角柱　*Echinocereus pentalophus* subsp. *procumbens*（Engelm.）Blum et Lange

迁地栽培保存

保存地点	种质份数	个体数量	引种方式	生长状况	来源地
BJ	1	b	交换	G	北京

木麒麟属　*Pereskia*

木麒麟　*Pereskia aculeata* Mill.

迁地栽培保存

保存地点	种质份数	个体数量	引种方式	生长状况	来源地
HN	1	a	采集	C	待确定
BJ	1	b	采集	G	待确定

乳突球属　*Mammillaria*

海王星　*Mammillaria longimamma* DC.

功效主治　全草：止血，止痛。用于内伤出血，腹痛。

迁地栽培保存

保存地点	种质份数	个体数量	引种方式	生长状况	来源地
BJ	1	a	交换	G	北京

蛇鞭柱属　*Selenicereus*

大花蛇鞭柱　*Selenicereus grandiflorus*（L.）Britton & Rose

功效主治　用于心气虚，水肿，不寐，虚证。

迁地栽培保存

保存地点	种质份数	个体数量	引种方式	生长状况	来源地
HN	1	a	购买	C	待确定

昙花属 *Epiphyllum*

昙花 *Epiphyllum oxypetalum*（DC.）Haw.

功效主治 茎：酸、咸，凉。清热解毒。用于咽喉痛，疥疬。花（昙花）：淡，平。清肺，止咳，化痰。用于肺痨，咳嗽，咯血，肝阳上亢，崩漏。

迁地栽培保存

保存地点	种质份数	个体数量	引种方式	生长状况	来源地
HN	2	a	赠送	C	广西
HLJ	1	a	购买	B	云南
JS1	1	a	购买	C	江苏
SH	1	a	采集	A	待确定
CQ	1	a	赠送	C	广西
BJ	1	a	交换	G	北京
YN	1	a	采集	C	云南
GD	1	f	采集	G	待确定

仙人球属 *Echinopsis*

仙人球 *Echinopsis tubiflora*（Pfeiff.）Zucc. ex A. Dietr.

迁地栽培保存

保存地点	种质份数	个体数量	引种方式	生长状况	来源地
JS1	1	a	购买	C	江苏
BJ	1	b	购买	G	待确定

仙人拳 *Echinopsis multiplex*（Pfeiff.）Zucc.

功效主治　全草：甘，平。清肺止咳，消肿解毒。用于肺热咳嗽，痔疮；外用于蛇虫咬伤，烫火伤。

迁地栽培保存

保存地点	种质份数	个体数量	引种方式	生长状况	来源地
SH	1	b	采集	A	待确定
HN	1	a	购买	C	海南
HB	1	a	采集	C	湖北

仙人掌属 *Opuntia*

白毛掌 *Opuntia leucotricha* DC.

迁地栽培保存

保存地点	种质份数	个体数量	引种方式	生长状况	来源地
YN	1	a	购买	C	云南

单刺仙人掌 *Opuntia monacantha* Haw.

功效主治　茎（仙巴掌）：苦，凉。清热解毒，消肿散结。用于痄腮，乳痈，疔疮痈肿，毒蛇咬伤，烫火伤。茎汁液凝结物（玉芙蓉）：甘，寒。用于便血，疔肿。

迁地栽培保存

保存地点	种质份数	个体数量	引种方式	生长状况	来源地
CQ	1	a	购买	C	重庆
YN	1	a	采集	C	云南

黄毛掌 *Opuntia microdasys*（Lehm.）Pfeiff.

迁地栽培保存

保存地点	种质份数	个体数量	引种方式	生长状况	来源地
BJ	1	b	购买	G	北京

锁链掌 *Opuntia cylindrica*（Lam.）DC.

迁地栽培保存

保存地点	种质份数	个体数量	引种方式	生长状况	来源地
BJ	1	a	购买	G	北京

仙人掌 *Opuntia stricta*（Haw.）Haw. var. *dillenii*（Ker-Gawl.）L. D. Benson

功效主治　全草（仙人掌）：苦，寒。行气活血，清热解毒，消肿止痛，健胃，镇咳。用于胃痛，急性痢疾，咳嗽；外用于疖腮，痈疖肿毒，毒蛇咬伤，烫火伤。花（仙人掌花）：用于吐血。果实（仙人掌子）：甘，平。补脾健胃，益脚力，除久泻。肉质茎中的浆汁凝结物（玉芙蓉）：淡，寒。用于怔忡，便血，痔血，咽喉痛，疔肿。

迁地栽培保存

保存地点	种质份数	个体数量	引种方式	生长状况	来源地
SC	2	f	待确定	G	四川
FJ	2	b	采集	A	福建
GZ	1	b	采集	C	贵州
SH	1	b	采集	A	待确定
HB	1	a	采集	C	湖北
BJ	1	b	采集	G	待确定
JS1	1	a	购买	C	江苏
GD	1	a	采集	C	待确定
GX	*	f	采集	G	广西

种质库保存

保存地点	保存方式	种质份数	个体数量	引种方式	来源地
HN	种子	1	a	采集	海南
BJ	种子	1	a	采集	四川

梨果仙人掌 *Opuntia ficus-indica* (L.) Mill.

功效主治 茎：作消散剂。全株：功效同仙人掌。

迁地栽培保存

保存地点	种质份数	个体数量	引种方式	生长状况	来源地
HN	2	a	采集	C	待确定
YN	1	a	采集	C	云南

仙人指属 *Schlumbergera*

仙人指 *Schlumbergera bridgesii* (Lem.) Loefgr.

迁地栽培保存

保存地点	种质份数	个体数量	引种方式	生长状况	来源地
HN	2	a	购买	C	海南

蟹爪兰 *Schlumbergera truncata* (Haw.) Moran

功效主治 全株：清热解毒，消肿。外用于疮疡肿毒，疔疖，痄腮。

迁地栽培保存

保存地点	种质份数	个体数量	引种方式	生长状况	来源地
JS1	1	a	购买	C	江苏
CQ	1	a	赠送	C	云南
BJ	1	a	交换	G	北京
SH	1	b	采集	A	待确定
GX	*	f	采集	G	广西

仙人柱属 *Cereus*

六角天轮柱 *Cereus hexagonus*（L.）P. Mill.

迁地栽培保存

保存地点	种质份数	个体数量	引种方式	生长状况	来源地
BJ	1	b	采集	G	待确定

六角柱 *Cereus peruvianus*（L.）P. Mill.

迁地栽培保存

保存地点	种质份数	个体数量	引种方式	生长状况	来源地
HN	2	a	购买	C	待确定

秘鲁天轮柱 *Cereus hildmannianus* subsp. *uruguayanus*（R. Kiesling）N. P. Taylor

迁地栽培保存

保存地点	种质份数	个体数量	引种方式	生长状况	来源地
YN	1	a	采集	C	云南

山影拳 *Cereus pitajaya* DC.

迁地栽培保存

保存地点	种质份数	个体数量	引种方式	生长状况	来源地
JS1	1	a	购买	C	江苏
YN	1	a	采集	C	云南
GX	*	f	采集	G	广西

神代柱 *Cereus hildmannianus* K. Schum.

迁地栽培保存

保存地点	种质份数	个体数量	引种方式	生长状况	来源地
YN	1	a	采集	C	云南

叶团扇属　*Brasiliopuntia*

叶团扇 *Brasiliopuntia brasiliensis* (Willd.) Haw.

功效主治　茎：消痞。用于腹内癥块。

迁地栽培保存

保存地点	种质份数	个体数量	引种方式	生长状况	来源地
CQ	1	a	购买	C	重庆
GX	*	f	采集	G	广西

圆筒掌属　*Austrocylindropuntia*

将军柱 *Austrocylindropuntia subulata* (Muehlenpf.) Backeb.

迁地栽培保存

保存地点	种质份数	个体数量	引种方式	生长状况	来源地
YN	1	a	购买	C	云南

苋科　Amaranthaceae

白花苋属　*Aerva*

白花苋 *Aerva sanguinolenta* (L.) Blume

功效主治　根、花：微辛，平。破血，利湿，补肝肾，强筋骨。用于痢疾，跌打损伤，月经不调，血崩，咳嗽。

濒危等级 中国植物红色名录评估为无危（LC）。

迁地栽培保存

保存地点	种质份数	个体数量	引种方式	生长状况	来源地
HN	1	a	采集	B	海南
GX	*	f	采集	G	广西

种质库保存

保存地点	保存方式	种质份数	个体数量	引种方式	来源地
BJ	种子	1	a	采集	甘肃

少毛白花苋 *Aerva glabrata* Hook. f.

功效主治 根：散瘀止痛，消肿除湿，止咳，止痢，调经。用于痢疾，跌打损伤，风湿关节痛，月经不调，血崩。

濒危等级 中国植物红色名录评估为无危（LC）。

迁地栽培保存

保存地点	种质份数	个体数量	引种方式	生长状况	来源地
GX	*	f	采集	G	广西

杯苋属 *Cyathula*

杯苋 *Cyathula prostrata* (L.) Blume

功效主治 全草：苦、甘、平。消积除痰，消肿止痛。用于小儿疳积，瘰疬，肺痨，毒蛇咬伤，跌打损伤，疮疡肿毒。根：清热解毒。用于痢疾。

濒危等级 中国植物红色名录评估为无危（LC）。

迁地栽培保存

保存地点	种质份数	个体数量	引种方式	生长状况	来源地
GD	1	b	采集	D	待确定

保存地点	种质份数	个体数量	引种方式	生长状况	来源地
HN	1	b	采集	B	海南
YN	1	a	采集	C	云南
GX	*	f	采集	G	中国

种质库保存

保存地点	保存方式	种质份数	个体数量	引种方式	来源地
BJ	种子	3	a	采集	云南

川牛膝　*Cyathula officinalis* K. C. Kuan

功效主治　根（川牛膝）：甘、微苦，平。逐瘀通经，通利关节，利尿通淋。用于闭经，癥瘕，胞衣不下，关节痹痛，血淋，跌打损伤。

迁地栽培保存

保存地点	种质份数	个体数量	引种方式	生长状况	来源地
BJ	2	d	采集	G	四川、湖南
HB	1	e	采集	A	湖北
GZ	1	b	采集	C	贵州

种质库保存

保存地点	保存方式	种质份数	个体数量	引种方式	来源地
BJ	种子	8	c	采集	四川

绒毛杯苋　*Cyathula tomentosa*（Roth）Moq.

功效主治　根：破血行瘀，补肾，强腰膝。

濒危等级　中国植物红色名录评估为无危（LC）。

迁地栽培保存

保存地点	种质份数	个体数量	引种方式	生长状况	来源地
JS1	1	a	购买	C	四川
GX	*	f	采集	G	广西

头花杯苋 *Cyathula capitata* Moq.

功效主治 根（麻牛膝）：祛风除湿，祛瘀通经，强筋壮骨。

濒危等级 中国植物红色名录评估为无危（LC）。

迁地栽培保存

保存地点	种质份数	个体数量	引种方式	生长状况	来源地
BJ	1	d	采集	G	四川

滨藜属 *Atriplex*

滨藜 *Atriplex patens*（Litv.）Iljin

迁地栽培保存

保存地点	种质份数	个体数量	引种方式	生长状况	来源地
GX	*	f	采集	G	法国

海滨藜 *Atriplex maximowicziana* Makino

功效主治 全草：淡，凉。利湿消肿。

濒危等级 中国植物红色名录评估为濒危（EN）。

种质库保存

保存地点	保存方式	种质份数	个体数量	引种方式	来源地
BJ	种子	1	a	采集	待确定

匍匐滨藜 *Atriplex repens* Roth

功效主治 全株：祛风行湿，固肾，消肿解毒。用于肾气虚弱，带下病。

濒危等级 中国植物红色名录评估为无危（LC）。

迁地栽培保存

保存地点	种质份数	个体数量	引种方式	生长状况	来源地
HN	1	e	采集	C	待确定

种质库保存

保存地点	保存方式	种质份数	个体数量	引种方式	来源地
HN	种子	1	c	采集	海南

西伯利亚滨藜　*Atriplex sibirica* L.

功效主治　果实（软蒺藜）：苦、咸，平。清肝明目，祛风活血，消肿。用于头痛，皮肤瘙痒，肿毒，乳汁不通。

种质库保存

保存地点	保存方式	种质份数	个体数量	引种方式	来源地
BJ	种子	1	a	采集	甘肃

榆钱菠菜　*Atriplex hortensis* L.

功效主治　茎叶（洋菠菜）：用于缺铁性贫血。

迁地栽培保存

保存地点	种质份数	个体数量	引种方式	生长状况	来源地
GX	*	f	采集	G	瑞士

菠菜属　*Spinacia*

菠菜　*Spinacia oleracea* L.

功效主治　带根全草：甘，凉。滋阴平肝，止咳，润肠。用于头痛，目眩，风火赤眼，消渴，便秘。果实：微辛、甘，微温。祛风，明目，开通关窍，利胃肠。

迁地栽培保存

保存地点	种质份数	个体数量	引种方式	生长状况	来源地
HN	1	b	购买	A	海南
SH	1	c	采集	A	待确定

种质库保存

保存地点	保存方式	种质份数	个体数量	引种方式	来源地
BJ	种子	39	b	采集	四川、吉林、辽宁、湖北、甘肃

虫实属 *Corispermum*

细苞虫实 *Corispermum stenolepis* Kitag.

功效主治 全草：用于肝阳上亢。

濒危等级 中国特有植物，中国植物红色名录评估为无危（LC）。

迁地栽培保存

保存地点	种质份数	个体数量	引种方式	生长状况	来源地
GX	*	f	采集	G	山东

中亚虫实 *Corispermum heptapotamicum* Iljin

濒危等级 中国植物红色名录评估为无危（LC）。

迁地栽培保存

保存地点	种质份数	个体数量	引种方式	生长状况	来源地
BJ	1	a	采集	G	甘肃

地肤属 *Kochia*

地肤 *Kochia scoparia* (L.) Schrad.

功效主治 果实（地肤子）：辛、苦，寒。清热利湿，祛风止痒。用于小便涩痛，阴痒，带下病，风疹，湿疹，皮肤瘙痒。嫩茎叶：苦，寒。清热解毒，利尿通淋。用于痢疾，泄泻，热淋，雀盲。

迁地栽培保存

保存地点	种质份数	个体数量	引种方式	生长状况	来源地
HLJ	1	d	采集	A	黑龙江

续表

保存地点	种质份数	个体数量	引种方式	生长状况	来源地
HN	1	a	赠送	C	海南
SH	1	b	采集	A	待确定
LN	1	c	采集	A	辽宁
JS2	1	e	购买	C	江苏
JS1	1	a	采集	D	江苏
HB	1	a	采集	C	湖北
HEN	1	b	赠送	A	河南
CQ	1	a	采集	C	重庆
BJ	1	b	采集	G	辽宁

种质库保存

保存地点	保存方式	种质份数	个体数量	引种方式	来源地
BJ	种子	99	d	采集	广西、重庆、云南、海南、四川、山西、河南、安徽、河北

扫帚菜　*Kochia scoparia* f. *trichophylla*（Hort.）Schinz. et Thell.

迁地栽培保存

保存地点	种质份数	个体数量	引种方式	生长状况	来源地
BJ	2	c	采集	G	北京、辽宁

碱蓬属　*Suaeda*

盐地碱蓬　*Suaeda salsa*（L.）Pall.

濒危等级　中国植物红色名录评估为无危（LC）。

迁地栽培保存

保存地点	种质份数	个体数量	引种方式	生长状况	来源地
GX	*	f	采集	G	山东

浆果苋属 *Deeringia*

浆果苋 *Deeringia frutescens* D. Don

功效主治 全株：祛风利湿，通经活络。用于风湿痹痛，泄泻，痢疾。

濒危等级 中国植物红色名录评估为无危（LC）。

迁地栽培保存

保存地点	种质份数	个体数量	引种方式	生长状况	来源地
GX	*	f	采集	G	广西

种质库保存

保存地点	保存方式	种质份数	个体数量	引种方式	来源地
BJ	种子	1	a	采集	贵州

巨苋藤属 *Stilbanthus*

巨苋藤 *Stilbanthus scandens* J. D. Hooker

迁地栽培保存

保存地点	种质份数	个体数量	引种方式	生长状况	来源地
GX	*	f	采集	G	广西

藜属 *Chenopodium*

菠菜藜 *Chenopodium bonus-henricus* L.

迁地栽培保存

保存地点	种质份数	个体数量	引种方式	生长状况	来源地
GX	*	f	采集	G	广西

东亚市藜 *Chenopodium micrantha*（Trautv.）Sukhor. & Uotila

濒危等级　中国特有植物，中国植物红色名录评估为无危（LC）。

迁地栽培保存

保存地点	种质份数	个体数量	引种方式	生长状况	来源地
GX	*	f	采集	G	山东

红叶藜 *Chenopodium rubrum* L.

功效主治　地上部分：外用于创伤。

迁地栽培保存

保存地点	种质份数	个体数量	引种方式	生长状况	来源地
GX	*	f	采集	G	法国

藜 *Chenopodium album* L.

功效主治　幼嫩全草：甘，平。有小毒。清热利湿，透疹止痒，杀虫。用于痢疾，泄泻，湿疮，痒疹，毒虫咬伤。茎：蚀恶肉。用于疣赘，黑痣。

濒危等级　中国植物红色名录评估为无危（LC）。

迁地栽培保存

保存地点	种质份数	个体数量	引种方式	生长状况	来源地
JS1	1	c	采集	C	江苏
SH	1	b	采集	A	待确定
LN	1	c	采集	B	辽宁
HB	1	b	采集	C	湖北
GZ	1	d	采集	C	贵州
GD	1	f	采集	G	待确定
CQ	1	b	采集	B	重庆
BJ	1	d	采集	G	北京
SC	1	f	待确定	G	四川

种质库保存

保存地点	保存方式	种质份数	个体数量	引种方式	来源地
HN	种子	3	d	采集	湖南
BJ	种子	78	b	采集	云南、海南、四川、江西、山西、福建、吉林、辽宁、上海、湖北、甘肃

灰绿藜 *Chenopodium glaucum* L.

功效主治 幼嫩全草：清热利湿，清肠止痢，健脾止泻，杀虫止痒。用于里急后重，痢疾，腹泻，感染发热；外用于疥癣，湿疮，白癜风。

濒危等级 中国植物红色名录评估为无危（LC）。

迁地栽培保存

保存地点	种质份数	个体数量	引种方式	生长状况	来源地
JS1	1	a	采集	C	江苏
HLJ	1	c	采集	A	黑龙江
GX	*	f	采集	G	德国

种质库保存

保存地点	保存方式	种质份数	个体数量	引种方式	来源地
BJ	种子	1	a	采集	甘肃

藜麦 *Chenopodium quinoa* Willd.

功效主治 种子：在玻利维亚等国用于出血，脓肿。

迁地栽培保存

保存地点	种质份数	个体数量	引种方式	生长状况	来源地
LN	1	d	采集	A	辽宁

球花藜 *Chenopodium foliosum* (Moench) Asch.

濒危等级 中国植物红色名录评估为无危（LC）。

迁地栽培保存

保存地点	种质份数	个体数量	引种方式	生长状况	来源地
GX	*	f	采集	G	波兰

驱虫土荆芥 *Chenopodium ambrosioides* var. *anthel-minticum* (L.) Aellen

迁地栽培保存

保存地点	种质份数	个体数量	引种方式	生长状况	来源地
BJ	1	a	赠送	G	前苏联

细穗藜 *Chenopodium gracilispicum* H. W. Kung

功效主治　全草：外用于湿疮，奶癣，瘾疹。

濒危等级　中国植物红色名录评估为无危（LC）。

迁地栽培保存

保存地点	种质份数	个体数量	引种方式	生长状况	来源地
GX	*	f	采集	G	山东

狭叶尖头叶藜 *Chenopodium acuminatum* subsp. *virgatum* (Thunb.) Kitam.

濒危等级　中国植物红色名录评估为无危（LC）。

种质库保存

保存地点	保存方式	种质份数	个体数量	引种方式	来源地
BJ	种子	1	a	采集	海南

小藜 *Chenopodium serotinum* L.

功效主治　全草：甘、苦，凉。祛湿，清热解毒。用于疮疡肿毒，疥癣瘙痒。

濒危等级　中国植物红色名录评估为无危（LC）。

迁地栽培保存

保存地点	种质份数	个体数量	引种方式	生长状况	来源地
BJ	1	b	采集	G	广西
GD	1	f	采集	G	待确定
GX	*	f	采集	G	山东

种质库保存

保存地点	保存方式	种质份数	个体数量	引种方式	来源地
BJ	种子	41	c	采集	四川、山西、云南

杂配藜 *Chenopodium hybridum* L.

功效主治 全草（血见愁）：甘，平。活血，通经，止血。用于月经不调，崩漏，咯血，衄血，尿血，疮痈肿毒。

濒危等级 中国植物红色名录评估为无危（LC）。

迁地栽培保存

保存地点	种质份数	个体数量	引种方式	生长状况	来源地
BJ	1	d	采集	G	甘肃

种质库保存

保存地点	保存方式	种质份数	个体数量	引种方式	来源地
BJ	种子	6	b	采集	云南、辽宁

杖藜 *Chenopodium giganteum* D. Don

功效主治 叶：杀虫。外用于疥疮。

种质库保存

保存地点	保存方式	种质份数	个体数量	引种方式	来源地
BJ	种子	3	b	采集	安徽

莲子草属　*Alternanthera*

锦绣苋　*Alternanthera bettzickiana*（Regel）Nichols.

功效主治　全草：清热解毒，凉血止血，消积逐瘀。

迁地栽培保存

保存地点	种质份数	个体数量	引种方式	生长状况	来源地
GX	2	f	采集	G	广西、重庆
HN	1	a	采集	B	海南

空心莲子草　*Alternanthera philoxeroides*（Mart.）Griseb.

迁地栽培保存

保存地点	种质份数	个体数量	引种方式	生长状况	来源地
HB	1	b	采集	C	待确定
GZ	1	e	采集	C	贵州
SH	1	b	采集	A	待确定
GD	1	f	采集	G	待确定
CQ	1	e	采集	B	重庆
BJ	1	b	采集	G	山东

种质库保存

保存地点	保存方式	种质份数	个体数量	引种方式	来源地
BJ	种子	1	a	采集	四川

莲子草　*Alternanthera sessilis*（L.）R. Br. ex DC.

功效主治　全草：苦，凉。散瘀消毒，清火退热。用于咳嗽吐血，痢疾，肠风下血，淋证，痈疽肿毒，湿疹。

迁地栽培保存

保存地点	种质份数	个体数量	引种方式	生长状况	来源地
GD	1	f	采集	G	待确定
BJ	1	b	采集	G	山东

种质库保存

保存地点	保存方式	种质份数	个体数量	引种方式	来源地
BJ	种子	6	b	采集	福建

牛膝属　*Achyranthes*

禾叶土牛膝　*Achyranthes aspera* var. *rubrofusca*（Wight）J. D. Hooker

濒危等级　中国植物红色名录评估为无危（LC）。

迁地栽培保存

保存地点	种质份数	个体数量	引种方式	生长状况	来源地
BJ	2	b	采集	A	四川、云南

红柳叶牛膝　*Achyranthes longifolia* f. *rubra* Ho

迁地栽培保存

保存地点	种质份数	个体数量	引种方式	生长状况	来源地
CQ	1	a	采集	A	重庆
SC	1	f	待确定	G	四川

种质库保存

保存地点	保存方式	种质份数	个体数量	引种方式	来源地
BJ	种子	1	a	采集	江西

红叶牛膝 *Achyranthes bidentata* f. *rubra* Ho

迁地栽培保存

保存地点	种质份数	个体数量	引种方式	生长状况	来源地
YN	1	c	采集	A	云南

柳叶牛膝 *Achyranthes longifolia*（Makino）Makino

功效主治　根：苦、酸，平。活血散瘀，祛湿利尿，清热解毒。用于淋证，尿血，风湿关节痛。

濒危等级　中国植物红色名录评估为无危（LC）。

迁地栽培保存

保存地点	种质份数	个体数量	引种方式	生长状况	来源地
BJ	2	d	采集	A	湖北、江西
GD	1	b	采集	F	待确定
HB	1	a	采集	C	湖北
GZ	1	c	采集	C	贵州
GX	*	f	采集	G	日本

牛膝 *Achyranthes bidentata* Blume

功效主治　根（牛膝）：苦、酸，平。补肝肾，强筋骨，逐瘀通经，引血下行。用于腰膝酸痛，筋骨无力，闭经，癥瘕，肝阳眩晕。茎叶：用于寒湿痿痹，腰膝疼痛，久疟，淋证。

迁地栽培保存

保存地点	种质份数	个体数量	引种方式	生长状况	来源地
BJ	5	d	采集	A	河南、河北、陕西、山东
HEN	2	d	采集	A	河南
LN	1	c	采集	B	辽宁
NMG	1	c	购买	F	内蒙古
JS2	1	e	购买	C	江苏
JS1	1	b	购买	D	江苏

续表

保存地点	种质份数	个体数量	引种方式	生长状况	来源地
HN	1	b	采集	C	海南
GZ	1	e	采集	C	贵州
YN	1	c	采集	C	云南
HLJ	1	c	购买	A	河南

种质库保存

保存地点	保存方式	种质份数	个体数量	引种方式	来源地
BJ	种子	1	a	采集	江西
HN	种子	1	b	采集	湖南

少毛牛膝 *Achyranthes bidentata* var. *japonica* Miq.

功效主治 根：微苦，凉。清热解毒，利尿。

濒危等级 中国植物红色名录评估为无危（LC）。

种质库保存

保存地点	保存方式	种质份数	个体数量	引种方式	来源地
BJ	种子	1	a	采集	江西

土牛膝 *Achyranthes aspera* L.

功效主治 全草（土牛膝）：微苦，凉。清热解毒，利水，活血。用于感冒发热，疟腮，白喉，痢疾，疟疾，咽喉痛，脚气，淋证，水肿，跌打损伤，风湿关节痛。根及根茎：苦、酸，平。清热解毒，活血散瘀，祛湿利尿。用于淋证，尿血，闭经，白喉。

迁地栽培保存

保存地点	种质份数	个体数量	引种方式	生长状况	来源地
BJ	2	c	采集	A	广西、江西
JS1	1	c	采集	B	江苏
SH	1	b	采集	A	待确定

续表

保存地点	种质份数	个体数量	引种方式	生长状况	来源地
HB	1	b	采集	C	湖北
HN	1	b	采集	C	海南
CQ	1	b	采集	A	重庆
GD	1	f	采集	G	待确定

种质库保存

保存地点	保存方式	种质份数	个体数量	引种方式	来源地
BJ	种子	1	a	采集	江西

千日红属　*Gomphrena*

千日红　*Gomphrena globosa* L.

功效主治　花序（千日红）：甘，平。止咳平喘，平肝明目。用于头风，目痛，气喘，咳嗽，痢疾，小儿惊风，瘰疬，疮疡。

迁地栽培保存

保存地点	种质份数	个体数量	引种方式	生长状况	来源地
HN	1	b	购买	B	海南
JS1	1	b	购买	C	江苏
HLJ	1	c	购买	A	黑龙江
GD	1	b	采集	D	待确定
FJ	1	a	采集	A	福建
BJ	1	d	采集	G	广西
SH	1	b	采集	A	待确定

种质库保存

保存地点	保存方式	种质份数	个体数量	引种方式	来源地
BJ	种子	1	a	采集	广西

银花苋 *Gomphrena celosioides* Mart.

功效主治 全草（地锦花）：甘、淡，凉。清热利湿，凉血止血。用于痢疾。

迁地栽培保存

保存地点	种质份数	个体数量	引种方式	生长状况	来源地
HN	1	a	采集	B	海南

青葙属 *Celosia*

鸡冠花 *Celosia cristata* L.

功效主治 花序：用于吐血，崩漏，便血，痔血，带下病，久痢不止。种子：甘，凉。凉血止血。用于肠风便血，痢疾，淋浊。茎叶：用于痔疮，痢疾。

迁地栽培保存

保存地点	种质份数	个体数量	引种方式	生长状况	来源地
BJ	3	e	购买	G	北京、四川、河北
LN	2	d	采集	A	辽宁
SH	1	b	采集	A	待确定
NMG	1	b	购买	D	内蒙古
JS1	1	a	采集	C	江苏
HN	1	b	采集	B	海南
HLJ	1	b	购买	A	黑龙江
GZ	1	b	采集	C	贵州
GD	1	f	采集	G	待确定
CQ	1	b	购买	B	重庆
HB	1	a	采集	C	湖北
GX	*	f	采集	G	河北

种质库保存

保存地点	保存方式	种质份数	个体数量	引种方式	来源地
BJ	种子	72	e	采集	安徽、云南、海南、湖南、黑龙江、江苏、辽宁、湖北、河南、吉林、河北、四川

青葙　*Celosia argentea* L.

功效主治　种子（青葙子）：苦，凉。清肝，明目，退翳。用于肝热目赤，目生翳膜，视物昏花，肝火眩晕。花序：苦，凉。清肝凉血，明目退翳。用于吐血，头风，目赤，血淋，月经不调，带下病。茎叶：苦，凉。清热燥湿，杀虫，止血。用于风瘙痒，疥疮，痔疮，刀伤出血。

迁地栽培保存

保存地点	种质份数	个体数量	引种方式	生长状况	来源地
BJ	5	d	采集	G	北京、四川、海南、河北、陕西
FJ	2	a	采集	A	福建
HB	1	a	采集	C	湖北
LN	1	d	采集	A	辽宁
SH	1	b	采集	A	待确定
JS2	1	e	购买	C	江苏
JS1	1	b	采集	C	江苏
YN	1	b	采集	A	云南
HEN	1	d	赠送	A	河南
GD	1	b	采集	D	待确定
CQ	1	b	采集	B	重庆
GZ	1	b	采集	C	贵州
HN	1	e	采集	B	海南

沖质库保存

保存地点	保存方式	种质份数	个体数量	引种方式	来源地
BJ	种子	71	e	采集	云南、江西、贵州、安徽、福建、河北、广西、江苏、吉林、辽宁、黑龙江
HN	种子	25	e	采集	福建、海南

毛柱苋属　*Pfaffia*

巴西人参　*Pfaffia paniculata* O. Stützer

功效主治　　根：在美洲可滋养，益精，镇静。用于消渴病，溃疡病，关节疾病，内伤发热，无名肿毒。在欧洲用于不育症，带下病，血液瘀滞。

迁地栽培保存

保存地点	种质份数	个体数量	引种方式	生长状况	来源地
GX	*	f	采集	G	广西

甜菜属　*Beta*

厚皮菜　*Beta vulgaris* L. var. *cicla* L.

迁地栽培保存

保存地点	种质份数	个体数量	引种方式	生长状况	来源地
BJ	1	b	采集	G	辽宁
HB	1	a	采集	C	湖北
JS1	1	a	购买	D	江苏
SH	1	b	采集	A	待确定

种质库保存

保存地点	保存方式	种质份数	个体数量	引种方式	来源地
BJ	种子	13	b	采集	广西、河北、安徽、四川

甜菜 *Beta vulgaris* L.

功效主治 根（甜菜根）：甘，平。通经脉，下气，开胸膈。用于经脉不通，气滞胸闷。

迁地栽培保存

保存地点	种质份数	个体数量	引种方式	生长状况	来源地
BJ	1	c	采集	G	辽宁

种质库保存

保存地点	保存方式	种质份数	个体数量	引种方式	来源地
BJ	种子	3	b	采集	甘肃

雾冰藜属 *Grubovia*

雾冰藜 *Grubovia dasyphylla*（Fisch. & C. A. Mey.）Kuntze

迁地栽培保存

保存地点	种质份数	个体数量	引种方式	生长状况	来源地
GX	*	f	采集	G	波兰

苋属 *Amaranthus*

凹头苋 *Amaranthus lividus* L.

功效主治 全草：甘，凉。用于痢疾，目赤，乳痈，痔疮。种子：祛寒热，利小便，明目。

迁地栽培保存

保存地点	种质份数	个体数量	引种方式	生长状况	来源地
CQ	1	b	采集	A	重庆
GX	*	f	采集	G	法国

种质库保存

保存地点	保存方式	种质份数	个体数量	引种方式	来源地
BJ	种子	31	c	采集	重庆、海南、四川、山西、河北、福建
HN	种子	2	d	采集	湖南、海南

白苋 *Amaranthus albus* L.

种质库保存

保存地点	保存方式	种质份数	个体数量	引种方式	来源地
BJ	种子	1	a	采集	广西

刺苋 *Amaranthus spinosus* L.

功效主治 全草：甘、淡，寒。清热利湿，凉血止血，解毒消肿。用于痢疾，便血，浮肿，带下病，胆结石，瘰疬，痔疮，咽喉痛，毒蛇咬伤。

迁地栽培保存

保存地点	种质份数	个体数量	引种方式	生长状况	来源地
FJ	2	a	采集	A	福建
BJ	1	b	采集	A	云南
CQ	1	c	采集	A	重庆
GD	1	f	采集	G	待确定
HN	1	a	采集	B	海南

种质库保存

保存地点	保存方式	种质份数	个体数量	引种方式	来源地
BJ	种子	79	d	采集	四川、云南、安徽、山西、吉林、福建、江西、贵州、海南、广西
HN	种子	1	c	采集	海南

反枝苋 *Amaranthus retroflexus* L.

功效主治 全草：用于泄泻，痢疾，痔疮肿痛出血。

迁地栽培保存

保存地点	种质份数	个体数量	引种方式	生长状况	来源地
BJ	1	d	采集	A	天津

种质库保存

保存地点	保存方式	种质份数	个体数量	引种方式	来源地
BJ	种子	43	c	采集	云南、山西、海南、黑龙江、江苏、上海、湖北、江西、甘肃

合被苋 *Amaranthus polygonoides* L.

迁地栽培保存

保存地点	种质份数	个体数量	引种方式	生长状况	来源地
GX	2	f	采集	G	山东

老鸦谷 *Amaranthus cruentus* Linnaeus

功效主治 种子：苦，平。消肿，止痛。用于跌打损伤，骨折肿痛，恶疮肿毒。

迁地栽培保存

保存地点	种质份数	个体数量	引种方式	生长状况	来源地
CQ	1	b	采集	A	重庆
BJ	1	e	采集	A	待确定

种质库保存

保存地点	保存方式	种质份数	个体数量	引种方式	来源地
BJ	种子	8	c	采集	甘肃、重庆、吉林、浙江

绿穗苋 *Amaranthus hybridus* L.

功效主治 全草：苦、辛，凉。清热解毒，利湿止痒。

迁地栽培保存

保存地点	种质份数	个体数量	引种方式	生长状况	来源地
CQ	1	c	购买	A	重庆

种质库保存

保存地点	保存方式	种质份数	个体数量	引种方式	来源地
BJ	种子	9	c	采集	河北、云南、海南，待确定
HN	种子	2	d	采集	湖南

千穗谷 *Amaranthus hypochondriacus* L.

功效主治 全草：消食健胃，止痒。用于风疹，皮肤疮病，食积腹胀。

种质库保存

保存地点	保存方式	种质份数	个体数量	引种方式	来源地
BJ	种子	23	d	采集	四川、云南

尾穗苋 *Amaranthus caudatus* L.

功效主治 根（老枪谷）：甘、淡，平。滋补强壮。用于头晕，四肢无力，小儿疳积。

迁地栽培保存

保存地点	种质份数	个体数量	引种方式	生长状况	来源地
LN	1	d	采集	A	辽宁
BJ	1	d	采集	A	四川
GZ	1	a	采集	C	贵州
GX	*	f	采集	G	广西

种质库保存

保存地点	保存方式	种质份数	个体数量	引种方式	来源地
BJ	种子	28	c	采集	云南、海南、重庆、辽宁、黑龙江、吉林、甘肃

苋 *Amaranthus tricolor* L.

功效主治 全草（苋菜）：甘，寒。凉血解毒，止痢。用于痢疾，吐血，血崩，目翳。种子：甘，寒。清肝明目。用于角膜云翳，目赤肿痛。

迁地栽培保存

保存地点	种质份数	个体数量	引种方式	生长状况	来源地
LN	2	d	采集	A	辽宁
CQ	1	b	购买	A	重庆
SH	1	b	采集	A	待确定
JS1	1	b	购买	C	江苏
HN	1	e	赠送	B	海南
HLJ	1	c	采集	A	黑龙江
HB	1	a	采集	C	湖北
GZ	1	d	采集	C	贵州
FJ	1	b	赠送	A	福建
BJ	1	a	采集	A	北京
GD	1	f	采集	G	待确定

种质库保存

保存地点	保存方式	种质份数	个体数量	引种方式	来源地
HN	种子	1	c	采集	湖南
BJ	种子	55	d	采集	安徽、河南、重庆、云南、四川、吉林、山西

皱果苋 *Amaranthus viridis* L.

功效主治 全草或根：甘、淡，凉。清热利湿。用于痢疾，泄泻，乳痈，痔疮肿痛。

迁地栽培保存

保存地点	种质份数	个体数量	引种方式	生长状况	来源地
BJ	2	b	采集	G	云南，待确定
GD	1	f	采集	G	待确定
SH	1	b	采集	A	待确定
HN	1	b	采集	B	海南
GX	*	f	采集	G	澳门

种质库保存

保存地点	保存方式	种质份数	个体数量	引种方式	来源地
HN	种子	1	c	采集	海南
BJ	种子	2	a	采集	待确定

腺毛藜属 *Dysphania*

菊叶香藜 *Dysphania foetidum* Schrad.

功效主治 全草：祛风止痒，清热利湿，杀虫。

迁地栽培保存

保存地点	种质份数	个体数量	引种方式	生长状况	来源地
BJ	1	b	采集	G	甘肃
GX	*	f	采集	G	广西

土荆芥 *Dysphania ambrosioides* L.

功效主治 地上部分：用于胃痛，腹泻，寄生虫病。

迁地栽培保存

保存地点	种质份数	个体数量	引种方式	生长状况	来源地
LN	1	d	采集	A	辽宁
JS1	1	a	采集	D	江苏

续表

保存地点	种质份数	个体数量	引种方式	生长状况	来源地
GZ	1	b	采集	C	贵州
GD	1	b	采集	D	待确定
BJ	1	e	赠送	G	前苏联
SH	1	b	采集	A	待确定
GX	*	f	采集	G	法国

种质库保存

保存地点	保存方式	种质份数	个体数量	引种方式	来源地
BJ	种子	97	c	采集	云南、河北、海南、重庆、江西、福建、广西
HN	种子	2	b	采集	湖南

香藜　*Dysphania botrys* L.

功效主治　全草：用于皮肤湿疹，肠道寄生虫病。

濒危等级　中国植物红色名录评估为无危（LC）。

迁地栽培保存

保存地点	种质份数	个体数量	引种方式	生长状况	来源地
GX	*	f	采集	G	法国

小蓬属　*Nanophyton*

小蓬　*Nanophyton erinaceum*（Pall.）Bunge

功效主治　全株：清热解毒。用于淋证，花柳病。

濒危等级　中国植物红色名录评估为无危（LC）。

种质库保存

保存地点	保存方式	种质份数	个体数量	引种方式	来源地
BJ	种子	1	a	采集	四川

血苋属 *Iresine*

血苋 *Iresine herbstii* Hook. ex Lindl.

功效主治 全草：微苦，凉。清热止咳，调经止血。用于吐血，衄血，创伤出血，痢疾，痛经。

迁地栽培保存

保存地点	种质份数	个体数量	引种方式	生长状况	来源地
GD	1	f	采集	G	待确定
HN	1	a	采集	B	海南
YN	1	c	购买	A	云南

盐角草属 *Salicornia*

盐角草 *Salicornia europaea* L.

功效主治 全草：止血，利尿。

迁地栽培保存

保存地点	种质份数	个体数量	引种方式	生长状况	来源地
GX	*	f	采集	G	德国

轴藜属 *Axyris*

轴藜 *Axyris amaranthoides* L.

功效主治 果实：清肝明目，祛风消肿。

种质库保存

保存地点	保存方式	种质份数	个体数量	引种方式	来源地
BJ	种子	1	a	采集	甘肃

猪毛菜属　*Salsola*

长刺猪毛菜　*Salsola paulsenii* Litv.

濒危等级　中国植物红色名录评估为无危（LC）。

迁地栽培保存

保存地点	种质份数	个体数量	引种方式	生长状况	来源地
GX	*	f	采集	G	法国

刺沙蓬　*Salsola ruthenica* Iljin

功效主治　全草：苦，凉。平肝。用于肝阳上亢。

迁地栽培保存

保存地点	种质份数	个体数量	引种方式	生长状况	来源地
GX	*	f	采集	G	山东

无翅猪毛菜　*Salsola komarovii* Iljin

功效主治　全草或地上部分：平抑肝阳，润肠通便。用于肝阳上亢，头痛，便秘。

濒危等级　中国植物红色名录评估为无危（LC）。

迁地栽培保存

保存地点	种质份数	个体数量	引种方式	生长状况	来源地
GX	*	f	采集	G	法国

猪毛菜　*Salsola collina* Pall.

功效主治　全草：甘、淡，凉。平肝。用于肝阳头痛。

迁地栽培保存

保存地点	种质份数	个体数量	引种方式	生长状况	来源地
BJ	2	e	采集	G	甘肃、北京
GX	*	f	采集	G	德国

香蒲科　Typhaceae

黑三棱属　*Sparganium*

黑三棱　*Sparganium stoloniferum*（Buch.-Ham. ex Graebn.）Buch.-Ham. ex Juz.

功效主治　块茎（三棱）：辛、苦，平。破血，行气，消积，止痛。用于血瘀气滞，腹部结块，肝脾肿大，闭经腹痛，食积胀痛。

濒危等级　河北省重点保护植物、北京市二级保护植物，中国植物红色名录评估为无危（LC）。

迁地栽培保存

保存地点	种质份数	个体数量	引种方式	生长状况	来源地
JS1	1	a	采集	D	江苏
HEN	1	c	采集	A	河南
CQ	1	b	采集	C	重庆

小黑三棱　*Sparganium simplex* Huds.

功效主治　块茎（三棱）：辛、苦，平。破血，行气，消积止痛。用于血瘀气滞，腹部结块，肝脾肿大，闭经腹痛，食积胀痛。

濒危等级　河北省重点保护植物，中国植物红色名录评估为无危（LC）。

迁地栽培保存

保存地点	种质份数	个体数量	引种方式	生长状况	来源地
CQ	1	b	采集	C	重庆

直立黑三棱　*Sparganium erectum* L.

功效主治　根茎：破血，行气，消积，通经，催乳，祛瘀，镇痛。用于癥瘕，积聚，气血凝滞，子宫血肿，产后腹痛，月经闭止，胸腹胀痛。

迁地栽培保存

保存地点	种质份数	个体数量	引种方式	生长状况	来源地
HEN	1	c	采集	A	河南
CQ	1	b	购买	F	重庆

香蒲属　*Typha*

长苞香蒲　*Typha angustata* Bory & Chaub.

功效主治　花粉（蒲黄）：用于吐血，咯血，崩漏，外伤出血，闭经，痛经，脘腹刺痛，血淋涩痛；外用于口舌生疮，疖肿。带嫩茎的根茎（蒲根）：甘，凉。清热凉血，利水消肿。用于孕妇劳热，胎动下血，消渴，口疮，热痢，淋证，带下病，水肿，瘰疬。全草（香蒲）：用于小便不利，水肿。果穗（蒲棒）：甘、微辛，平。用于外伤出血。

迁地栽培保存

保存地点	种质份数	个体数量	引种方式	生长状况	来源地
GX	*	f	采集	G	日本

东方香蒲　*Typha orientalis* Presl

功效主治　花粉（蒲黄）：甘，平。止血，化瘀，通淋。用于吐血，衄血，咯血，崩漏，外伤出血，闭经，痛经，脘腹刺痛，跌打肿痛，血淋涩痛。全草：用于小便不利，乳痈。带部分嫩茎的根茎（蒲根）：甘，凉。清热凉血，利水消肿。用于孕妇劳热，胎动下血，消渴，口疮，热痢，淋证，带下病，水肿，瘰疬。果穗（蒲棒）：甘、微辛，平。用于外伤出血。

濒危等级　中国植物红色名录评估为无危（LC）。

迁地栽培保存

保存地点	种质份数	个体数量	引种方式	生长状况	来源地
HB	1	b	采集	C	待确定
BJ	1	b	采集	G	四川
GZ	1	c	采集	C	贵州

种质库保存

保存地点	保存方式	种质份数	个体数量	引种方式	来源地
HN	种子	1	b	采集	福建
BJ	种子	7	c	采集	上海、四川、湖北、重庆

宽叶香蒲 *Typha latifolia* L.

功效主治 全草：用于小便不利，乳痈。

迁地栽培保存

保存地点	种质份数	个体数量	引种方式	生长状况	来源地
GX	*	f	采集	G	法国

水烛 *Typha angustifolia* L.

功效主治 花粉（蒲黄）：甘，平。止血，化瘀，通淋。用于吐血，咯血，崩漏，外伤出血，闭经，痛经，脘腹刺痛，血淋涩痛；外用于口舌生疮，疖肿。全草（香蒲）：用于小便不利，乳痈。

迁地栽培保存

保存地点	种质份数	个体数量	引种方式	生长状况	来源地
BJ	2	b	采集	G	北京、湖北
CQ	1	b	采集	C	重庆
SH	1	b	采集	A	待确定
JS1	1	a	采集	D	江苏
GX	*	f	采集	G	法国

小香蒲 *Typha minima* Funck

功效主治　全草：用于小便不利，乳痈。

濒危等级　中国植物红色名录评估为无危（LC）。

迁地栽培保存

保存地点	种质份数	个体数量	引种方式	生长状况	来源地
BJ	1	c	采集	G	北京

小檗科　Berberidaceae

鬼臼属　*Dysosma*

八角莲　*Dysosma versipellis*（Hance）M. Cheng ex Ying

功效主治　根茎（鬼臼）：苦、辛，温。有毒。舒筋活血，散瘀消肿，排脓生肌，除湿止痛。用于跌打损伤，劳伤，咳嗽，腰腿痛，胃痛，瘿瘤，小儿惊风，胆胀胁痛，毒蛇咬伤。

濒危等级　中国特有植物，国家重点保护野生植物名录（第二批）二级，浙江省重点保护植物、江西省二级保护植物、陕西省濒危保护植物、广西壮族自治区重点保护植物，中国植物红色名录评估为易危（VU）。

迁地栽培保存

保存地点	种质份数	个体数量	引种方式	生长状况	来源地
FJ	3	a	采集	A	福建、贵州
BJ	15	c	采集	C	湖北、四川、云南、安徽、贵州、江西
CQ	1	a	采集	B	重庆
GD	1	f	采集	G	待确定
GZ	1	b	采集	C	贵州
HB	1	b	采集	B	湖北
SC	1	f	待确定	G	四川

利川八角莲 *Dysosma lichuanensis* Z. Zheng et Y. J. Su

功效主治　根及根茎：清热解毒，排脓生肌。用于蛇虫咬伤，跌打损伤。

迁地栽培保存

保存地点	种质份数	个体数量	引种方式	生长状况	来源地
HB	1	a	采集	C	湖北
BJ	1	a	采集	C	湖北

六角莲 *Dysosma pleiantha*（Hance）Woodson

功效主治　根茎：滋阴补肾，清肺润燥，拔毒消肿。用于体虚头晕，阳痿，劳伤筋骨痛，胃痛，骨折，无名肿毒。

濒危等级　中国特有植物，浙江省重点保护植物，中国植物红色名录评估为近危（NT）。

迁地栽培保存

保存地点	种质份数	个体数量	引种方式	生长状况	来源地
BJ	2	b	采集	C	湖北、浙江
GX	2	f	采集	G	广西

小八角莲 *Dysosma difformis*（Hemsl. & E. H. Wils.）T. H. Wang

功效主治　根及根茎：甘、微辛，凉。有小毒。清热解毒，散结祛瘀。用于风热咳喘，目赤，咽喉痛，痄腮，乳蛾，瘰疬，胃腹疼痛，痈肿疮疖，蛇串疮，毒蛇咬伤，跌打损伤。

濒危等级　中国植物红色名录评估为易危（VU）。

迁地栽培保存

保存地点	种质份数	个体数量	引种方式	生长状况	来源地
BJ	2	d	采集	C	贵州、湖北
GZ	1	c	采集	C	贵州
GX	*	f	采集	G	广西

红毛七属　*Caulophyllum*

红毛七　*Caulophyllum robustum* Maxim.

功效主治　根及根茎（红毛七）：苦、辛，温。有小毒。祛风通络，活血调经，清热解毒。用于风湿筋骨痛，跌打损伤，乳蛾，月经不调，痛经。

濒危等级　北京市二级保护植物、浙江省重点保护植物，中国植物红色名录评估为无危（LC）。

迁地栽培保存

保存地点	种质份数	个体数量	引种方式	生长状况	来源地
BJ	5	c	采集	C	山西、陕西、安徽、湖北、四川
HB	1	c	采集	C	湖北
GX	*	f	采集	G	日本

种质库保存

保存地点	保存方式	种质份数	个体数量	引种方式	来源地
BJ	种子	1	a	采集	待确定

牡丹草属　*Gymnospermium*

阿尔泰牡丹草　*Gymnospermium altaicum*（Pall.）Spach

功效主治　块茎：用于胃病，癫痫。叶：发汗。用于感冒。

濒危等级　新疆维吾尔自治区二级保护植物，中国植物红色名录评估为无危（LC）。

迁地栽培保存

保存地点	种质份数	个体数量	引种方式	生长状况	来源地
BJ	1	b	采集	G	新疆

南天竹属 *Nandina*

南天竹 *Nandina domestica* Thunb.

功效主治 根（南天竹根）、茎（南天竹梗）、叶：苦，寒。清热解毒，活血凉血，祛风止痛。用于目赤，消化不良，吐泻，小便淋痛，感冒发热，风湿痛，跌打损伤。果实（南天竹子）：止咳平喘。用于咳嗽，气喘。

迁地栽培保存

保存地点	种质份数	个体数量	引种方式	生长状况	来源地
SH	2	b	采集	A	待确定
FJ	2	a	采集	A	福建
YN	1	c	采集	A	云南
JS1	1	b	购买	C	江苏
CQ	1	b	采集	C	重庆
SC	1	f	待确定	G	四川
JS2	1	d	购买	C	江苏
HLJ	1	a	购买	C	广东
HB	1	a	采集	C	湖北
GZ	1	b	采集	C	贵州
BJ	1	b	交换	G	北京
HN	1	a	赠送	C	广西
GD	1	a	采集	B	待确定

种质库保存

保存地点	保存方式	种质份数	个体数量	引种方式	来源地
BJ	种子	41	b	采集	河北、重庆、上海、湖北、四川、云南

山荷叶属　*Diphylleia*

南方山荷叶　*Diphylleia sinensis* Li

功效主治　根及根茎：苦、辛，凉。有毒。祛风除湿，破瘀散结，解毒，活血止痛。用于风湿关节痛，骨蒸劳热，跌打损伤，月经不调，疮肿痈疖，毒蛇咬伤。

濒危等级　中国特有植物，国家重点保护野生植物名录（第二批）二级，中国植物红色名录评估为无危（LC）。

迁地栽培保存

保存地点	种质份数	个体数量	引种方式	生长状况	来源地
BJ	1	b	采集	G	陕西
HB	1	a	采集	C	湖北

日本山荷叶　*Diphylleia grayi* F. Schmidt

功效主治　根及根茎：甘、微辛，温。有毒。破瘀，通淋，止痛。用于筋骨痛，跌打损伤。

迁地栽培保存

保存地点	种质份数	个体数量	引种方式	生长状况	来源地
LN	1	c	采集	C	辽宁

十大功劳属　*Mahonia*

安坪十大功劳　*Mahonia eurybracteata* subsp. *ganpinensis* (Lévl.) Ying et Boufford

功效主治　根：苦，寒。清热解毒，止泻。用于痢疾，目赤肿痛，痈肿疮毒。

迁地栽培保存

保存地点	种质份数	个体数量	引种方式	生长状况	来源地
CQ	1	b	采集	C	重庆
GX	*	f	采集	G	四川

种质库保存

保存地点	保存方式	种质份数	个体数量	引种方式	来源地
BJ	种子	1	a	采集	广西

北江十大功劳 *Mahonia fordii* C. K. Schneid.

功效主治 根、茎：清火解毒。用于痢疾，泄泻。

濒危等级 中国特有植物，中国植物红色名录评估为近危（NT）。

迁地栽培保存

保存地点	种质份数	个体数量	引种方式	生长状况	来源地
GD	1	f	采集	G	待确定
GX	*	f	采集	G	广西

长阳十大功劳 *Mahonia sheridaniana* C. K. Schneid.

功效主治 全株或根：苦，寒。清热解毒。用于泄泻，痢疾，风热感冒，目赤，头晕耳鸣，黄疸，湿疹。

濒危等级 中国特有植物，中国植物红色名录评估为无危（LC）。

迁地栽培保存

保存地点	种质份数	个体数量	引种方式	生长状况	来源地
GX	*	f	采集	G	湖北

种质库保存

保存地点	保存方式	种质份数	个体数量	引种方式	来源地
BJ	种子	1	a	采集	湖北

长柱十大功劳 *Mahonia duclouxiana* Gagnep.

功效主治 全株：苦，凉。清热补虚，止咳化痰。用于骨蒸潮热，头晕耳鸣，感冒咳嗽，牙龈肿痛，口疮，胃脘胀痛，胆胀胁痛，烫火伤。

濒危等级 中国植物红色名录评估为无危（LC）。

迁地栽培保存

保存地点	种质份数	个体数量	引种方式	生长状况	来源地
GX	2	f	采集	G	贵州
GZ	1	b	采集	B	贵州

短序十大功劳 *Mahonia breviracema* Y. S. Wang & P. G. Xiao

濒危等级 中国特有植物，中国植物红色名录评估为极危（CR）。

迁地栽培保存

保存地点	种质份数	个体数量	引种方式	生长状况	来源地
GX	*	f	采集	G	广西

鄂西十大功劳 *Mahonia decipiens* C. K. Schneid.

功效主治 根：清热解毒，燥湿。果实：清火。

濒危等级 中国特有植物，中国植物红色名录评估为易危（VU）。

迁地栽培保存

保存地点	种质份数	个体数量	引种方式	生长状况	来源地
HB	1	a	采集	C	待确定

靖西十大功劳 *Mahonia subimbricata* Chun & F. Chun

功效主治 根、茎：用于痢疾，肝毒，肺热咳嗽，肺痨，目赤，烫火伤。

濒危等级 中国特有植物，中国植物红色名录评估为易危（VU）。

迁地栽培保存

保存地点	种质份数	个体数量	引种方式	生长状况	来源地
GX	*	f	采集	G	广西

宽苞十大功劳 *Mahonia eurybracteata* Fedde

功效主治 根：清肺热，泻火。

濒危等级 中国特有植物，中国植物红色名录评估为无危（LC）。

迁地栽培保存

保存地点	种质份数	个体数量	引种方式	生长状况	来源地
CQ	2	a	采集	C	重庆
GX	2	f	采集	G	重庆、湖北
SH	1	b	采集	A	待确定
BJ	1	b	采集	G	待确定

阔叶十大功劳 *Mahonia bealei* (Fortune) Carrière

功效主治 根（茨黄连）、茎（功劳木）：苦，寒。清热解毒，除湿，消肿。用于目赤，痈疽疔毒，衄血。

叶：用于骨蒸潮热，头晕耳鸣，目赤。

迁地栽培保存

保存地点	种质份数	个体数量	引种方式	生长状况	来源地
GZ	1	b	采集	C	贵州
YN	1	a	购买	C	云南
SH	1	b	采集	A	待确定
SC	1	f	待确定	G	四川
JS1	1	b	购买	C	江苏
HB	1	a	采集	C	湖北
GD	1	f	采集	G	待确定
CQ	1	b	采集	C	重庆
HN	1	a	采集	C	海南

种质库保存

保存地点	保存方式	种质份数	个体数量	引种方式	来源地
BJ	种子	8	b	采集	河北、安徽、江西

沈氏十大功劳 *Mahonia shenii* Chun

功效主治 根：清热解毒。用于吐泻，痢疾，肝毒，感冒，咳嗽，小便淋痛，烫火伤。

迁地栽培保存

保存地点	种质份数	个体数量	引种方式	生长状况	来源地
GD	1	a	采集	C	待确定
GZ	1	b	采集	C	贵州
GX	*	f	采集	G	贵州

十大功劳 *Mahonia fortunei* (Lindl.) Fedde

功效主治 全株（功劳木）：微苦，寒。清热解毒，止痢。用于痢疾，泄泻，黄疸，关节痛，目赤，湿疹，疮毒，烫火伤。

迁地栽培保存

保存地点	种质份数	个体数量	引种方式	生长状况	来源地
FJ	2	a	采集	A	福建
JS1	1	a	购买	C	江苏
YN	1	b	购买	C	云南
SH	1	b	采集	A	待确定
CQ	1	a	购买	C	重庆
SC	1	f	待确定	G	四川
BJ	1	b	采集	G	待确定
HEN	1	a	赠送	A	河南
GD	1	a	采集	D	待确定
GX	*	f	采集	G	广西

种质库保存

保存地点	保存方式	种质份数	个体数量	引种方式	来源地
BJ	种子	6	b	采集	河北

台湾十大功劳 *Mahonia japonica* (Thunb.) DC.

功效主治 根（茨黄连）、茎：苦，寒。清热泻火，消肿解毒。用于泄泻，黄疸，肺痨，潮热，目赤，带下病，风湿关节痛，痈疽，臁疮。

频危等级　中国植物红色名录评估为无危（LC）。

迁地栽培保存

保存地点	种质份数	个体数量	引种方式	生长状况	来源地
GX	*	f	采集	G	重庆

种质库保存

保存地点	保存方式	种质份数	个体数量	引种方式	来源地
HN	种子	4	b	采集	湖南

细柄十大功劳　*Mahonia gracilipes*（Oliv.）Fedde

功效主治　枝内皮：苦，寒。清热解毒，健胃，止泻，杀虫。用于痢疾，吐泻，肺痨；外用于烫火伤，湿疹，黄水疮。果实：清火。

濒危等级　中国特有植物，中国植物红色名录评估为无危（LC）。

迁地栽培保存

保存地点	种质份数	个体数量	引种方式	生长状况	来源地
GZ	1	b	采集	C	贵州

细齿十大功劳　*Mahonia leptodonta* Gagnep.

濒危等级　中国特有植物，中国植物红色名录评估为易危（VU）。

迁地栽培保存

保存地点	种质份数	个体数量	引种方式	生长状况	来源地
GX	2	f	采集	G	广西

小果十大功劳　*Mahonia bodinieri* Gagnep.

功效主治　根：清热解毒，活血消肿。

濒危等级　中国特有植物，中国植物红色名录评估为无危（LC）。

迁地栽培保存

保存地点	种质份数	个体数量	引种方式	生长状况	来源地
GX	2	f	采集	G	浙江、贵州
CQ	1	b	采集	C	重庆

小叶十大功劳　*Mahonia microphylla* Ying & G. R. Long

濒危等级　中国特有植物，中国植物红色名录评估为濒危（EN）。

迁地栽培保存

保存地点	种质份数	个体数量	引种方式	生长状况	来源地
CQ	1	a	购买	F	重庆

遵义十大功劳　*Mahonia imbricata* Ying & Boufford

濒危等级　中国特有植物，中国植物红色名录评估为无危（LC）。

迁地栽培保存

保存地点	种质份数	个体数量	引种方式	生长状况	来源地
GZ	1	a	采集	C	贵州
GX	*	f	采集	G	贵州

桃儿七属　*Sinopodophyllum*

桃儿七　*Sinopodophyllum hexandrum*（Royle）Ying

功效主治　根及根茎：苦，寒。有毒。利气活血，止痛，止咳，祛风除湿。用于风湿痹痛，咳喘，跌打损伤，月经不调。果实：甘，平。有小毒。活血通经，止咳平喘，健脾理气。用于劳伤，咳喘，腰痛，月经不调，胎盘不下，带下病，胞门积聚。

濒危等级　国家重点保护野生植物名录（第二批）二级，CITES 附录Ⅱ物种，中国植物红色名录评估为无危（LC）。

迁地栽培保存

保存地点	种质份数	个体数量	引种方式	生长状况	来源地
BJ	8	d	采集	G	陕西、北京、四川
GX	2	f	采集	G	中国云南，英国

种质库保存

保存地点	保存方式	种质份数	个体数量	引种方式	来源地
BJ	种子	6	b	采集	西藏、云南、海南

小檗属　*Berberis*

城口小檗　*Berberis daiana* Ying

濒危等级　中国特有植物，中国植物红色名录评估为数据缺乏（DD）。

迁地栽培保存

保存地点	种质份数	个体数量	引种方式	生长状况	来源地
GX	*	f	采集	G	重庆

匙叶小檗　*Berberis vernae* C. K. Schneid.

功效主治　根（三颗针）：清热解毒。用于痢疾。

濒危等级　中国特有植物，中国植物红色名录评估为无危（LC）。

迁地栽培保存

保存地点	种质份数	个体数量	引种方式	生长状况	来源地
BJ	1	a	采集	C	四川

川鄂小檗　*Berberis henryana* C. K. Schneid.

功效主治　根皮：清热解毒。用于痢疾，泄泻；外用于目赤。果实（追风子）：用于小儿惊风。

濒危等级　中国特有植物，中国植物红色名录评估为无危（LC）。

迁地栽培保存

保存地点	种质份数	个体数量	引种方式	生长状况	来源地
SH	1	b	采集	A	待确定

刺黑珠 *Berberis sargentiana* C. K. Schneid.

功效主治　根：清热解毒，散瘀。用于痢疾，泄泻，疮痈肿毒，跌打损伤。

濒危等级　中国特有植物，中国植物红色名录评估为无危（LC）。

迁地栽培保存

保存地点	种质份数	个体数量	引种方式	生长状况	来源地
CQ	1	a	采集	B	重庆

刺黄花 *Berberis polyantha* Hemsl.

功效主治　根：清热燥湿，解毒。用于痢疾，泄泻，目赤。

濒危等级　中国特有植物，中国植物红色名录评估为无危（LC）。

种质库保存

保存地点	保存方式	种质份数	个体数量	引种方式	来源地
BJ	种子	1	a	采集	云南

大叶小檗 *Berberis ferdinandi-coburgii* C. K. Schneid.

功效主治　根：清热解毒。用于泄泻，痢疾，咽喉痛，目赤，牙龈痛，疮痈，淋证，烫火伤。

濒危等级　中国特有植物，中国植物红色名录评估为无危（LC）。

迁地栽培保存

保存地点	种质份数	个体数量	引种方式	生长状况	来源地
BJ	1	a	采集	G	山西
HLJ	1	a	采集	A	黑龙江

种质库保存

保存地点	保存方式	种质份数	个体数量	引种方式	来源地
BJ	种子	1	a	采集	山西

短柄小檗 *Berberis brachypoda* Maxim.

功效主治 根、茎皮：苦，寒。清热燥湿，泻火解毒。用于痢疾，咽喉痛，口疮，湿疹，疖肿。

濒危等级 中国特有植物，中国植物红色名录评估为无危（LC）。

迁地栽培保存

保存地点	种质份数	个体数量	引种方式	生长状况	来源地
GX	*	f	采集	G	湖北

种质库保存

保存地点	保存方式	种质份数	个体数量	引种方式	来源地
BJ	种子	1	a	采集	四川

短锥花小檗 *Berberis prattii* C. K. Schneid.

功效主治 根或根皮：清热燥湿，泻火解毒。

濒危等级 中国特有植物，中国植物红色名录评估为无危（LC）。

迁地栽培保存

保存地点	种质份数	个体数量	引种方式	生长状况	来源地
GX	*	f	采集	G	湖北

堆花小檗 *Berberis aggregata* C. K. Schneid.

功效主治 根、茎皮：清热解毒，利湿，散瘀。

濒危等级 中国特有植物，中国植物红色名录评估为无危（LC）。

迁地栽培保存

保存地点	种质份数	个体数量	引种方式	生长状况	来源地
GZ	1	a	采集	C	贵州

鄂西小檗　*Berberis zanlanscianensis* Pamp.

功效主治　根茎：代黄柏用。

濒危等级　中国特有植物，中国植物红色名录评估为无危（LC）。

迁地栽培保存

保存地点	种质份数	个体数量	引种方式	生长状况	来源地
GX	*	f	采集	G	湖北

种质库保存

保存地点	保存方式	种质份数	个体数量	引种方式	来源地
BJ	种子	1	a	采集	海南

粉叶小檗　*Berberis pruinosa* Franch.

功效主治　根（宽叶鸡脚黄连）：苦，寒。清热解毒。用于痢疾，咽喉痛，疟腮，乳痈，疮疖，黄疸，预防感冒。果实：消食理气。用于食积腹胀。

濒危等级　中国特有植物，中国植物红色名录评估为无危（LC）。

迁地栽培保存

保存地点	种质份数	个体数量	引种方式	生长状况	来源地
BJ	1	a	购买	G	北京

种质库保存

保存地点	保存方式	种质份数	个体数量	引种方式	来源地
BJ	种子	1	a	采集	海南

古宗金花小檗　*Berberis wilsoniae* var. *guhtzunica*（Ahrendt）Ahrendt

濒危等级　中国特有植物，中国植物红色名录评估为无危（LC）。

迁地栽培保存

保存地点	种质份数	个体数量	引种方式	生长状况	来源地
GZ	1	a	采集	C	贵州
GX	*	f	采集	G	贵州

豪猪刺 *Berberis julianae* C. K. Schneid.

功效主治 根、茎皮：苦，寒。清热解毒，杀虫，止泻。用于痢疾，泄泻，风火眼痛，疮疡，脓肿；外用于跌打损伤。

频危等级 中国特有植物，中国植物红色名录评估为无危（LC）。

迁地栽培保存

保存地点	种质份数	个体数量	引种方式	生长状况	来源地
CQ	1	a	采集	B	重庆
SH	1	a	采集	A	待确定
JS1	1	a	购买	C	江苏
GZ	1	a	采集	C	贵州
HB	1	a	采集	C	湖北

种质库保存

保存地点	保存方式	种质份数	个体数量	引种方式	来源地
BJ	种子	6	a	采集	湖北、海南

黑果小檗 *Berberis atrocarpa* C. K. Schneid.

功效主治 根：苦，寒。清热利湿，散瘀止痛，凉血。用于黄疸，痢疾，目赤，跌打损伤；外用于刀伤。

频危等级 中国特有植物，中国植物红色名录评估为无危（LC）。

种质库保存

保存地点	保存方式	种质份数	个体数量	引种方式	来源地
BJ	种子	1	a	采集	贵州

黄芦木　*Berberis amurensis* Rupr.

功效主治　根：苦，寒。清热燥湿，泻火解毒。用于泄泻，痢疾，咳嗽，口疮，湿疹，疮疖，丹毒，烫火伤，目赤。

濒危等级　吉林省三级保护植物，中国植物红色名录评估为无危（LC）。

迁地栽培保存

保存地点	种质份数	个体数量	引种方式	生长状况	来源地
BJ	1	a	采集	G	河北
GX	*	f	采集	G	波兰

种质库保存

保存地点	保存方式	种质份数	个体数量	引种方式	来源地
BJ	种子	9	b	采集	四川、云南，待确定

假豪猪刺　*Berberis soulieana* C. K. Schneid.

功效主治　根皮、茎皮（三颗针）：苦，寒。清热泻火。用于咽喉痛，目赤，乳痈，泄泻，痢疾，胆胀，肝毒，胁痛。

濒危等级　中国特有植物，中国植物红色名录评估为无危（LC）。

迁地栽培保存

保存地点	种质份数	个体数量	引种方式	生长状况	来源地
CQ	1	a	采集	F	重庆

金花小檗　*Berberis wilsonii* Hemsl.

功效主治　根（三颗针）：苦，寒。清热解毒，止痢。用于咽喉痛，乳蛾，目赤，痢疾，痈肿疮毒，劳伤吐血。

濒危等级　中国特有植物，中国植物红色名录评估为无危（LC）。

迁地栽培保存

保存地点	种质份数	个体数量	引种方式	生长状况	来源地
BJ	1	a	购买	G	北京

昆明小檗 *Berberis kunmingensis* C. Y. Wu

濒危等级　中国特有植物，中国植物红色名录评估为无危（LC）。

迁地栽培保存

保存地点	种质份数	个体数量	引种方式	生长状况	来源地
GX	*	f	采集	G	浙江

种质库保存

保存地点	保存方式	种质份数	个体数量	引种方式	来源地
BJ	种子	3	a	采集	四川

柳叶小檗 *Berberis salicaria* Fedde

功效主治　根：清热解毒，降火。

濒危等级　中国特有植物，中国植物红色名录评估为无危（LC）。

迁地栽培保存

保存地点	种质份数	个体数量	引种方式	生长状况	来源地
GX	*	f	采集	G	法国

庐山小檗 *Berberis virgetorum* C. K. Schneid.

功效主治　根（黄疸树）、茎（黄疸树）：苦，寒。清热解毒，利湿，健胃。用于吐泻，口疮，目赤，胁痛，胆胀，痢疾，淋浊，带下病，湿疹，丹毒，无名肿毒，烫火伤。

濒危等级　中国特有植物，中国植物红色名录评估为无危（LC）。

迁地栽培保存

保存地点	种质份数	个体数量	引种方式	生长状况	来源地
CQ	2	a	采集	C	重庆
GD	1	a	采集	D	待确定
SH	1	a	采集	A	待确定

南川小檗　*Berberis fallaciosa* C. K. Schneid.

濒危等级　中国特有植物，中国植物红色名录评估为无危（LC）。

种质库保存

保存地点	保存方式	种质份数	个体数量	引种方式	来源地
BJ	种子	1	a	采集	云南

日本小檗　*Berberis thunbergii* DC.

功效主治　全株：清热燥湿，泻火解毒。

迁地栽培保存

保存地点	种质份数	个体数量	引种方式	生长状况	来源地
BJ	2	a	采集	G	北京
JS1	1	a	采集	G	江苏
SH	1	a	采集	A	待确定

种质库保存

保存地点	保存方式	种质份数	个体数量	引种方式	来源地
BJ	种子	1	a	采集	甘肃

西伯利亚小檗　*Berberis sibirica* Pall.

功效主治　根或根皮：苦，寒。清热燥湿。用于痢疾，泄泻。

濒危等级　中国植物红色名录评估为无危（LC）。

迁地栽培保存

保存地点	种质份数	个体数量	引种方式	生长状况	来源地
GX	*	f	采集	G	湖北

西山小檗 *Berberis wangii* C. K. Schneid.

濒危等级 中国特有植物，中国植物红色名录评估为无危（LC）。

迁地栽培保存

保存地点	种质份数	个体数量	引种方式	生长状况	来源地
GZ	1	b	采集	C	贵州

细叶小檗 *Berberis poiretii* C. K. Schneid.

功效主治 根或根皮（三颗针）：苦，寒。清热解毒，健胃。用于吐泻，消化不良，痢疾，咳嗽，胆胀，目赤，口疮，无名肿毒，湿疹，烫火伤，肝阳上亢。

濒危等级 中国植物红色名录评估为无危（LC）。

迁地栽培保存

保存地点	种质份数	个体数量	引种方式	生长状况	来源地
BJ	3	a	采集	C	北京、辽宁、陕西
LN	1	c	采集	C	辽宁
NMG	1	b	购买	C	内蒙古

鲜黄小檗 *Berberis diaphana* Maxim.

功效主治 根：苦，寒。清热解毒，消肿止痛。

濒危等级 中国特有植物，中国植物红色名录评估为无危（LC）。

种质库保存

保存地点	保存方式	种质份数	个体数量	引种方式	来源地
BJ	种子	8	b	采集	四川

异叶小檗　*Berberis hypericifolia* Ying

濒危等级　中国特有植物，中国植物红色名录评估为无危（LC）。

迁地栽培保存

保存地点	种质份数	个体数量	引种方式	生长状况	来源地
GX	*	f	采集	G	西藏

直梗小檗　*Berberis asmyana* C. K. Schneid.

濒危等级　中国特有植物，中国植物红色名录评估为无危（LC）。

迁地栽培保存

保存地点	种质份数	个体数量	引种方式	生长状况	来源地
GX	*	f	采集	G	湖北

中国小檗　*Berberis chinensis* Poir.

迁地栽培保存

保存地点	种质份数	个体数量	引种方式	生长状况	来源地
SH	1	a	采集	A	待确定

紫云小檗　*Berberis ziyunensis* P. G. Xiao

濒危等级　中国特有植物，中国植物红色名录评估为无危（LC）。

迁地栽培保存

保存地点	种质份数	个体数量	引种方式	生长状况	来源地
GZ	1	a	采集	C	贵州

淫羊藿属　*Epimedium*

宝兴淫羊藿　*Epimedium davidii* Franch.

功效主治　全草：补肾壮阳，祛风除湿。根茎：用于劳伤，风湿痛。

濒危等级　中国特有植物，中国植物红色名录评估为近危（NT）。

迁地栽培保存

保存地点	种质份数	个体数量	引种方式	生长状况	来源地
BJ	1	b	采集	C	四川

长蕊淫羊藿　*Epimedium dolichostemon* Stearn

濒危等级　中国特有植物，中国植物红色名录评估为易危（VU）。

迁地栽培保存

保存地点	种质份数	个体数量	引种方式	生长状况	来源地
GX	*	f	采集	G	湖北

朝鲜淫羊藿　*Epimedium koreanum* Nakai

功效主治　全草（淫羊藿）：辛、甘，温。补肝肾，益精，祛风湿。用于阳痿，遗精，早泄，风湿痹痛，四肢麻木，月经不调，肾虚咳喘，胸痛。

濒危等级　吉林省三级保护植物、浙江省重点保护植物，中国植物红色名录评估为近危（NT）。

迁地栽培保存

保存地点	种质份数	个体数量	引种方式	生长状况	来源地
BJ	1	e	采集	G	吉林

川鄂淫羊藿　*Epimedium fargesii* Franch.

功效主治　全草：补肾壮阳，祛风除湿。

濒危等级　中国特有植物，中国植物红色名录评估为濒危（EN）。

迁地栽培保存

保存地点	种质份数	个体数量	引种方式	生长状况	来源地
GX	*	f	采集	G	湖北

粗毛淫羊藿 *Epimedium acuminatum* Franch.

功效主治 全草（尖叶淫羊藿）：辛，温。补肾壮阳，祛风除湿。用于肾虚阳痿，遗精，风湿痛，四肢麻木。

濒危等级 中国特有植物，中国植物红色名录评估为无危（LC）。

迁地栽培保存

保存地点	种质份数	个体数量	引种方式	生长状况	来源地
BJ	2	b	采集	C	四川
CQ	10	b	采集	C	重庆
GZ	1	c	采集	C	贵州
GX	*	f	采集	G	重庆

恩施淫羊藿 *Epimedium enshiense* B. L. Guo & P. G. Xiao

濒危等级 中国特有植物，中国植物红色名录评估为濒危（EN）。

迁地栽培保存

保存地点	种质份数	个体数量	引种方式	生长状况	来源地
GX	*	f	采集	G	上海

方氏淫羊藿 *Epimedium fangii* Stearn

濒危等级 中国特有植物，中国植物红色名录评估为濒危（EN）。

迁地栽培保存

保存地点	种质份数	个体数量	引种方式	生长状况	来源地
GX	*	f	采集	G	湖北

光叶淫羊藿 *Epimedium sagittatum* var. *glabratum* Ying

濒危等级 中国特有植物，中国植物红色名录评估为易危（VU）。

迁地栽培保存

保存地点	种质份数	个体数量	引种方式	生长状况	来源地
GX	*	f	采集	G	重庆

湖南淫羊藿 *Epimedium hunanense* Hand.-Mazz.

功效主治 全草：辛，温。补肾壮阳，强筋壮骨。用于精少不育，肾虚腰痛，手足麻木。

濒危等级 中国特有植物，中国植物红色名录评估为易危（VU）。

迁地栽培保存

保存地点	种质份数	个体数量	引种方式	生长状况	来源地
BJ	1	b	采集	G	河南

绿药淫羊藿 *Epimedium chlorandrum* Stearn

濒危等级 中国特有植物，中国植物红色名录评估为易危（VU）。

迁地栽培保存

保存地点	种质份数	个体数量	引种方式	生长状况	来源地
GX	*	f	采集	G	上海

木鱼坪淫羊藿 *Epimedium franchetii* Stearn

濒危等级 中国特有植物，中国植物红色名录评估为无危（LC）。

迁地栽培保存

保存地点	种质份数	个体数量	引种方式	生长状况	来源地
GX	*	f	采集	G	湖北

黔岭淫羊藿 *Epimedium leptorrhizum* Stearn

功效主治 叶：补肝肾，祛风湿。根茎：苦。清火，祛风。用于风湿痛，劳伤，眩晕。

濒危等级 中国特有植物，浙江省重点保护植物，中国植物红色名录评估为近危（NT）。

迁地栽培保存

保存地点	种质份数	个体数量	引种方式	生长状况	来源地
GZ	1	c	采集	C	贵州
BJ	1	c	采集	C	湖北
GX	*	f	采集	G	湖北

青城山淫羊藿 *Epimedium qingchengshanense* G. Y. Zhong & B. L. Guo

濒危等级 中国特有植物，中国植物红色名录评估为濒危（EN）。

迁地栽培保存

保存地点	种质份数	个体数量	引种方式	生长状况	来源地
BJ	1	b	采集	C	四川

柔毛淫羊藿 *Epimedium pubescens* Maxim.

功效主治 全草（淫羊藿）：补肾壮阳，祛风除湿。

濒危等级 中国特有植物，浙江省重点保护植物，中国植物红色名录评估为无危（LC）。

迁地栽培保存

保存地点	种质份数	个体数量	引种方式	生长状况	来源地
BJ	2	c	采集	G	四川、湖北
GZ	1	b	采集	C	贵州
GX	*	f	采集	G	待确定

三枝九叶草 *Epimedium sagittatum* (Sieb. & Zucc.) Maxim.

功效主治 全草（淫羊藿）：辛，温。祛风除湿，补肾壮阳。用于阳痿，劳倦乏力，风湿痛，跌打损伤，痿证，劳伤咳嗽，肝阳上亢。

濒危等级 中国特有植物，中国植物红色名录评估为近危（NT）。

迁地栽培保存

保存地点	种质份数	个体数量	引种方式	生长状况	来源地
CQ	5	b	采集	C	重庆
BJ	3	d	采集	G	安徽、陕西、山西
HB	1	b	采集	C	湖北
JS1	1	b	购买	C	江苏
GX	*	f	采集	G	湖北

时珍淫羊藿 *Epimedium lishihchenii* Stearn

濒危等级　中国特有植物，中国植物红色名录评估为无危（LC）。

迁地栽培保存

保存地点	种质份数	个体数量	引种方式	生长状况	来源地
BJ	1	a	采集	G	江西

水城淫羊藿 *Epimedium shuichengense* S. Z. He

功效主治　全草：温肾壮阳，祛风湿。用于跌打损伤，骨质疏松。

濒危等级　中国特有植物，中国植物红色名录评估为濒危（EN）。

迁地栽培保存

保存地点	种质份数	个体数量	引种方式	生长状况	来源地
GZ	1	a	采集	C	贵州

四川淫羊藿 *Epimedium sutchuenense* Franch.

功效主治　全草：补肾益肝，祛风除湿。用于阳痿，风湿痛。

濒危等级　中国特有植物，中国植物红色名录评估为无危（LC）。

迁地栽培保存

保存地点	种质份数	个体数量	引种方式	生长状况	来源地
CQ	1	a	采集	C	重庆
GX	*	f	采集	G	四川

天平山淫羊藿　*Epimedium myrianthum* Stearn

迁地栽培保存

保存地点	种质份数	个体数量	引种方式	生长状况	来源地
GZ	1	c	采集	C	贵州

天全淫羊藿　*Epimedium flavum* Stearn

濒危等级　中国特有植物，中国植物红色名录评估为易危（VU）。

迁地栽培保存

保存地点	种质份数	个体数量	引种方式	生长状况	来源地
BJ	1	b	采集	C	四川

巫山淫羊藿　*Epimedium wushanense* Ying

功效主治　全草：补肾壮阳，祛风止咳。

濒危等级　中国特有植物，中国植物红色名录评估为无危（LC）。

迁地栽培保存

保存地点	种质份数	个体数量	引种方式	生长状况	来源地
BJ	1	c	采集	G	湖北
GZ	1	b	采集	C	贵州
GX	*	f	采集	G	上海

淫羊藿　*Epimedium brevicornu* Maxim.

濒危等级　中国特有植物，中国植物红色名录评估为近危（NT）。

迁地栽培保存

保存地点	种质份数	个体数量	引种方式	生长状况	来源地
BJ	5	e	采集	G	江苏、陕西
SC	4	f	待确定	G	四川

续表

保存地点	种质份数	个体数量	引种方式	生长状况	来源地
GX	3	f	采集	G	广西、西藏
FJ	3	a	采集	B	福建、贵州
HB	1	a	采集	C	湖北
GD	1	f	采集	G	待确定

种质库保存

保存地点	保存方式	种质份数	个体数量	引种方式	来源地
BJ	种子	6	b	采集	山西

小二仙草科　Haloragaceae

狐尾藻属　*Myriophyllum*

狐尾藻　*Myriophyllum verticillatum* L.

功效主治　全草：清热。用于痢疾。

迁地栽培保存

保存地点	种质份数	个体数量	引种方式	生长状况	来源地
CQ	2	a	购买	C	重庆
SH	1	b	采集	F	待确定

小二仙草属　*Gonocarpus*

黄花小二仙草　*Gonocarpus chinensis*（Lour.）Merr.

功效主治　全草：清热解毒。用于哮喘，咳嗽。

迁地栽培保存

保存地点	种质份数	个体数量	引种方式	生长状况	来源地
GX	*	f	采集	G	澳门

小二仙草　*Gonocarpus micrantha*（Thunb.）R. Br.

功效主治　全草（小二仙草）：苦，凉。止咳平喘，清热利湿，调经活血。用于咳嗽，哮喘，痢疾，小便淋痛，疔疮，月经不调，跌打损伤，毒蛇咬伤，烫火伤。

迁地栽培保存

保存地点	种质份数	个体数量	引种方式	生长状况	来源地
GD	1	f	采集	G	待确定
GX	*	f	采集	G	广东、广西

小盘木科　Pandaceae

小盘木属　*Microdesmis*

小盘木　*Microdesmis caseariifolia* Planch.

濒危等级　中国植物红色名录评估为无危（LC）。

迁地栽培保存

保存地点	种质份数	个体数量	引种方式	生长状况	来源地
HN	1	a	采集	C	海南
GX	*	f	采集	G	广西、海南

种质库保存

保存地点	保存方式	种质份数	个体数量	引种方式	来源地
BJ	种子	1	a	采集	待确定
HN	种子	1	a	采集	海南

蝎尾蕉科　Heliconiaceae

蝎尾蕉属　*Heliconia*

蝎尾蕉　*Heliconia metallica* Planch. & Linden ex Hook. f.

迁地栽培保存

保存地点	种质份数	个体数量	引种方式	生长状况	来源地
YN	1	b	购买	A	云南
BJ	1	a	采集	G	海南
CQ	1	a	赠送	C	云南
GX	*	f	采集	G	云南

鹦鹉蝎尾蕉　*Heliconia psittacorum* L. f.

迁地栽培保存

保存地点	种质份数	个体数量	引种方式	生长状况	来源地
YN	1	b	购买	C	云南

心翼果科　Cardiopteridaceae

琼榄属　*Gonocaryum*

琼榄　*Gonocaryum lobbianum*（Miers）Kurz

功效主治　根：清热解毒，散郁结。用于黄疸，肝毒，胸胁闷痛。

濒危等级　中国植物红色名录评估为无危（LC）。

迁地栽培保存

保存地点	种质份数	个体数量	引种方式	生长状况	来源地
HN	1	a	采集	C	海南
GX	*	f	采集	G	海南

种质库保存

保存地点	保存方式	种质份数	个体数量	引种方式	来源地
BJ	种子	6	a	采集	待确定
HN	种子	1	a	采集	海南

心翼果属　*Cardiopteris*

心翼果　*Cardiopteris quinqueloba*（Hasskarl）Hasskarl

功效主治　根：通经。用于月经不调。

濒危等级　中国植物红色名录评估为无危（LC）。

迁地栽培保存

保存地点	种质份数	个体数量	引种方式	生长状况	来源地
GX	*	f	采集	G	云南

种质库保存

保存地点	保存方式	种质份数	个体数量	引种方式	来源地
BJ	种子	4	a	采集	江西、云南

绣球科　**Hydrangeaceae**

草绣球属　*Cardiandra*

草绣球　*Cardiandra moellendorffi*（Hance）Migo

功效主治　根茎（草绣球）：苦，微温。活血祛瘀。用于跌打损伤，痔疮出血。

濒危等级　中国植物红色名录评估为无危（LC）。

种质库保存

保存地点	保存方式	种质份数	个体数量	引种方式	来源地
BJ	种子	1	a	采集	江西

常山属　*Dichroa*

常山　*Dichroa febrifuga* Lour.

功效主治　根（常山）：辛、苦，寒。有小毒。截疟，解热，催吐，祛痰。用于疟疾，痰饮停积，感冒。

濒危等级　中国植物红色名录评估为无危（LC）。

迁地栽培保存

保存地点	种质份数	个体数量	引种方式	生长状况	来源地
HB	2	b	采集	C	湖北，待确定
BJ	2	a	采集	G	四川、湖北
CQ	2	a	采集	B	重庆
JS1	1	a	采集	D	江苏
HN	1	a	赠送	C	云南
GZ	1	b	采集	C	贵州
GD	1	f	采集	G	待确定
YN	1	a	购买	C	云南
SH	1	a	采集	A	待确定
GX	*	f	采集	G	广西

种质库保存

保存地点	保存方式	种质份数	个体数量	引种方式	来源地
BJ	种子	25	b	采集	云南、湖北、甘肃

罗蒙常山　*Dichroa yaoshanensis* Y. C. Wu

功效主治　根：用于风湿骨痛，产后风。

濒危等级　中国特有植物，中国植物红色名录评估为无危（LC）。

迁地栽培保存

保存地点	种质份数	个体数量	引种方式	生长状况	来源地
GX	*	f	采集	G	广西

冠盖藤属　*Pileostegia*

冠盖藤　*Pileostegia viburnoides* Hook. f. & Thoms.

功效主治　根、藤茎、叶、花：苦，温。补肾，接骨，活血散瘀，消肿解毒。用于肾虚腰痛，风湿关节痛，跌打损伤，骨折，流注，疮疡不收口。

濒危等级　中国植物红色名录评估为无危（LC）。

迁地栽培保存

保存地点	种质份数	个体数量	引种方式	生长状况	来源地
CQ	1	a	采集	F	重庆
GZ	1	a	采集	C	贵州
GX	*	f	采集	G	广西

种质库保存

保存地点	保存方式	种质份数	个体数量	引种方式	来源地
BJ	种子	9	a	采集	待确定

星毛冠盖藤　*Pileostegia tomentella* Hand.-Mazz.

功效主治　全株或花：活血散瘀。

濒危等级　中国特有植物，中国植物红色名录评估为无危（LC）。

迁地栽培保存

保存地点	种质份数	个体数量	引种方式	生长状况	来源地
GX	*	f	采集	G	广西

山梅花属　*Philadelphus*

东北山梅花　*Philadelphus schrenkii* Rupr.

濒危等级　中国植物红色名录评估为无危（LC）。

种质库保存

保存地点	保存方式	种质份数	个体数量	引种方式	来源地
BJ	种子	1	a	采集	待确定

牯岭山梅花　*Philadelphus sericanthus* var. *kulingensis*（Koehne）Handel-Mazztti

迁地栽培保存

保存地点	种质份数	个体数量	引种方式	生长状况	来源地
GX	*	f	采集	G	江西

种质库保存

保存地点	保存方式	种质份数	个体数量	引种方式	来源地
BJ	种子	1	a	采集	待确定

毛柱山梅花　*Philadelphus subcanus* Koehne

功效主治　根皮：用于疟疾，挫伤，腰胁疼痛，胃痛，头痛。

濒危等级　中国特有植物，中国植物红色名录评估为无危（LC）。

迁地栽培保存

保存地点	种质份数	个体数量	引种方式	生长状况	来源地
GX	*	f	采集	G	重庆

欧洲山梅花　*Philadelphus coronarius* L.

迁地栽培保存

保存地点	种质份数	个体数量	引种方式	生长状况	来源地
SH	1	a	采集	A	待确定

山梅花　*Philadelphus incanus* Koehne

功效主治　根皮：用于挫伤，腰胁痛，胃痛，头痛。

濒危等级　中国特有植物，中国植物红色名录评估为无危（LC）。

迁地栽培保存

保存地点	种质份数	个体数量	引种方式	生长状况	来源地
BJ	1	a	采集	G	北京

种质库保存

保存地点	保存方式	种质份数	个体数量	引种方式	来源地
BJ	种子	1	a	采集	待确定

疏花山梅花　*Philadelphus laxiflorus* Rehd.

濒危等级　中国特有植物，中国植物红色名录评估为无危（LC）。

迁地栽培保存

保存地点	种质份数	个体数量	引种方式	生长状况	来源地
GX	*	f	采集	G	浙江

太平花　*Philadelphus pekinensis* Rupr.

功效主治　根：解热镇痛，截疟。用于疟疾，胃痛，腰痛，挫伤。

濒危等级　中国植物红色名录评估为无危（LC）。

迁地栽培保存

保存地点	种质份数	个体数量	引种方式	生长状况	来源地
BJ	1	a	采集	G	北京
GX	*	f	采集	G	上海

种质库保存

保存地点	保存方式	种质份数	个体数量	引种方式	来源地
BJ	种子	6	b	采集	山西

浙江山梅花　*Philadelphus zhejiangensis* Hwang

濒危等级　中国特有植物，中国植物红色名录评估为无危（LC）。

迁地栽培保存

保存地点	种质份数	个体数量	引种方式	生长状况	来源地
GX	*	f	采集	G	广西

溲疏属　*Deutzia*

长江溲疏　*Deutzia schneideriana* Rehd.

功效主治　全株：除邪气。

濒危等级　中国特有植物，中国植物红色名录评估为无危（LC）。

迁地栽培保存

保存地点	种质份数	个体数量	引种方式	生长状况	来源地
GX	2	f	采集	G	比利时

种质库保存

保存地点	保存方式	种质份数	个体数量	引种方式	来源地
BJ	种子	3	b	采集	江西

齿叶溲疏　*Deutzia crenata* Sieb. & Zucc.

迁地栽培保存

保存地点	种质份数	个体数量	引种方式	生长状况	来源地
GX	*	f	采集	G	日本

大花溲疏　*Deutzia grandiflora* Bunge

功效主治　果实：清热利尿，下气。

濒危等级　中国特有植物，中国植物红色名录评估为无危（LC）。

迁地栽培保存

保存地点	种质份数	个体数量	引种方式	生长状况	来源地
GX	*	f	采集	G	山东

粉背溲疏　*Deutzia hypoglauca* Rehd.

功效主治　枝叶：清热利尿，除烦。

濒危等级　中国特有植物，中国植物红色名录评估为无危（LC）。

迁地栽培保存

保存地点	种质份数	个体数量	引种方式	生长状况	来源地
CQ	1	a	采集	C	重庆

粉红溲疏　*Deutzia rubens* Rehd.

濒危等级　中国特有植物，中国植物红色名录评估为无危（LC）。

迁地栽培保存

保存地点	种质份数	个体数量	引种方式	生长状况	来源地
GX	*	f	采集	G	上海

黄山溲疏 *Deutzia glauca* W. C. Cheng

功效主治 根、叶：苦，寒。清热解毒，利尿，截疟，接骨。

濒危等级 中国特有植物，中国植物红色名录评估为无危（LC）。

迁地栽培保存

保存地点	种质份数	个体数量	引种方式	生长状况	来源地
GX	*	f	采集	G	比利时

种质库保存

保存地点	保存方式	种质份数	个体数量	引种方式	来源地
BJ	种子	1	a	采集	江西

南川溲疏 *Deutzia nanchuanensis* W. T. Wang

濒危等级 中国特有植物，中国植物红色名录评估为无危（LC）。

迁地栽培保存

保存地点	种质份数	个体数量	引种方式	生长状况	来源地
GX	*	f	采集	G	待确定

宁波溲疏 *Deutzia ningpoensis* Rehd.

功效主治 根、叶：辛，寒。清热解毒，截疟，利尿，接骨。用于感冒发热，小便淋痛，疟疾，骨折，疥疮。

濒危等级 中国特有植物，中国植物红色名录评估为无危（LC）。

迁地栽培保存

保存地点	种质份数	个体数量	引种方式	生长状况	来源地
GX	2	f	采集	G	浙江
BJ	1	a	采集	G	待确定

种质库保存

保存地点	保存方式	种质份数	个体数量	引种方式	来源地
BJ	种子	3	b	采集	江西

四川溲疏　*Deutzia setchuenensis* Franch.

功效主治　枝叶：化食，利尿，除胃热，活血，镇痛。根：补肝肾，止遗尿。

濒危等级　中国特有植物，中国植物红色名录评估为无危（LC）。

迁地栽培保存

保存地点	种质份数	个体数量	引种方式	生长状况	来源地
CQ	1	a	采集	C	重庆
GZ	1	a	采集	C	贵州
GX	*	f	采集	G	重庆

溲疏　*Deutzia scabra* Thunb.

功效主治　全株（溲疏）：辛，寒。有毒。用于胃痛，遗尿，疟疾，疥疮，关节痛，骨折。民间用作退热剂。

迁地栽培保存

保存地点	种质份数	个体数量	引种方式	生长状况	来源地
BJ	2	a	采集、购买	G	北京
GX	2	f	采集	G	广西
SC	1	f	待确定	G	四川
JS1	1	a	购买	C	江苏

种质库保存

保存地点	保存方式	种质份数	个体数量	引种方式	来源地
BJ	种子	3	b	采集	江西

小花溲疏　*Deutzia parviflora* Bunge

功效主治　茎皮：用于感冒，咳嗽。

濒危等级 中国植物红色名录评估为无危（LC）。

迁地栽培保存

保存地点	种质份数	个体数量	引种方式	生长状况	来源地
BJ	1	a	采集	G	北京

绣球属 *Hydrangea*

莼兰绣球 *Hydrangea longipes* Franch.

功效主治 根、叶：清热解毒，除湿退黄。

濒危等级 中国特有植物，中国植物红色名录评估为无危（LC）。

迁地栽培保存

保存地点	种质份数	个体数量	引种方式	生长状况	来源地
GX	*	f	采集	G	湖北

种质库保存

保存地点	保存方式	种质份数	个体数量	引种方式	来源地
BJ	种子	2	a	采集	重庆，待确定

广东绣球 *Hydrangea kwangtungensis* Merr.

濒危等级 中国特有植物，中国植物红色名录评估为无危（LC）。

迁地栽培保存

保存地点	种质份数	个体数量	引种方式	生长状况	来源地
GX	*	f	采集	G	广西

蜡莲绣球 *Hydrangea strigosa* Rehd.

功效主治 根（土常山）：辛、酸，凉。有小毒。消食积，涤痰结，解热毒，截疟退热。用于瘰疬，疟疾，疥癣。

濒危等级 中国特有植物，中国植物红色名录评估为无危（LC）。

迁地栽培保存

保存地点	种质份数	个体数量	引种方式	生长状况	来源地
CQ	2	a	采集	C	重庆
SC	1	f	待确定	G	四川
GX	*	f	采集	G	湖北

种质库保存

保存地点	保存方式	种质份数	个体数量	引种方式	来源地
BJ	种子	2	a	采集	江西
HN	种子	3	b	采集	湖南

马桑绣球　*Hydrangea aspera* D. Don

功效主治　全株：用于外伤出血，疝气，乳痈，烫火伤，风湿痛，带下病。根：抗疟。

濒危等级　中国植物红色名录评估为无危（LC）。

迁地栽培保存

保存地点	种质份数	个体数量	引种方式	生长状况	来源地
GX	2	f	采集	G	重庆
CQ	1	a	采集	C	重庆

种质库保存

保存地点	保存方式	种质份数	个体数量	引种方式	来源地
BJ	种子	3	b	采集	云南

西南绣球　*Hydrangea davidii* Franch.

功效主治　根（马边绣球）、叶（马边绣球）：用于疟疾。茎髓：用于麻疹，小便淋痛。

濒危等级　中国特有植物，中国植物红色名录评估为无危（LC）。

种质库保存

保存地点	保存方式	种质份数	个体数量	引种方式	来源地
BJ	种子	3	b	采集	四川、云南

绣球 *Hydrangea macrophylla*（Thunb.）Ser.

功效主治 根（八仙花根）：苦、微辛，寒。有小毒。清热，截疟，杀虫。用于喉痹，胸闷，阴囊湿疹。叶：苦、微辛，寒。有小毒。清热，截疟，杀虫。用于疟疾，心悸，烦躁，头晕。花：苦、微辛，寒。有小毒。清热，截疟，杀虫。用于疟疾，心悸，烦躁。

迁地栽培保存

保存地点	种质份数	个体数量	引种方式	生长状况	来源地
CQ	1	a	采集	C	重庆
YN	1	a	购买	E	云南
SH	1	b	采集	A	待确定
JS1	1	a	购买	C	江苏
HN	1	a	购买	B	广西
HB	1	a	采集	C	待确定
BJ	1	a	采集	G	浙江
GZ	1	b	采集	C	贵州
GX	*	f	采集	G	广西

种质库保存

保存地点	保存方式	种质份数	个体数量	引种方式	来源地
BJ	种子	3	a	采集	甘肃、云南

绣球八仙 *Hydrangea umbellata* Rehder

种质库保存

保存地点	保存方式	种质份数	个体数量	引种方式	来源地
BJ	种子	6	b	采集	江西

圆锥绣球 *Hydrangea paniculata* Sieb.

功效主治 花：祛湿，破血。全株：清热，抗疟。根：截疟退热，消积和中。用于咽喉痛，疟疾，食积不化，胸腹胀满，骨折。

濒危等级　中国植物红色名录评估为无危（LC）。

迁地栽培保存

保存地点	种质份数	个体数量	引种方式	生长状况	来源地
CQ	1	a	采集	F	重庆
GX	*	f	采集	G	日本

种质库保存

保存地点	保存方式	种质份数	个体数量	引种方式	来源地
BJ	种子	3	b	采集	江西

中国绣球　*Hydrangea chinensis* Maxim.

功效主治　根（土常山）：辛、酸，凉。有小毒。解毒，祛痰，截疟。用于疟疾，胸腹胀满，瘰疬，肝毒；外用于癞癣。叶（甜茶）：辛、酸，凉。有小毒。解毒，祛痰，截疟。用于消渴，肝阳上亢，疟疾，胸腹胀满，瘰疬，肝毒；外用于癞癣。

濒危等级　中国植物红色名录评估为无危（LC）。

迁地栽培保存

保存地点	种质份数	个体数量	引种方式	生长状况	来源地
GX	*	f	采集	G	广西

珠光绣球　*Hydrangea candida* Chun

濒危等级　中国特有植物，中国植物红色名录评估为无危（LC）。

迁地栽培保存

保存地点	种质份数	个体数量	引种方式	生长状况	来源地
GX	*	f	采集	G	广西

紫彩绣球　*Hydrangea sargentiana* Rehd.

濒危等级　中国特有植物，中国植物红色名录评估为无危（LC）。

迁地栽培保存

保存地点	种质份数	个体数量	引种方式	生长状况	来源地
GX	*	f	采集	G	法国

钻地风属 *Schizophragma*

钻地风 *Schizophragma integrifolium* Oliv.

迁地栽培保存

保存地点	种质份数	个体数量	引种方式	生长状况	来源地
CQ	1	a	采集	C	重庆

须叶藤科　Flagellariaceae

须叶藤属 *Flagellaria*

须叶藤 *Flagellaria indica* L.

功效主治　叶：用作收敛剂（创伤性收敛）、利尿剂、杀菌剂、避孕药、润肤药。

濒危等级　中国植物红色名录评估为无危（LC）。

迁地栽培保存

保存地点	种质份数	个体数量	引种方式	生长状况	来源地
GX	*	f	采集	G	海南

种质库保存

保存地点	保存方式	种质份数	个体数量	引种方式	来源地
HN	种子	1	b	采集	海南

玄参科　Scrophulariaceae

毛蕊花属　*Verbascum*

抱茎毛蕊花　*Verbascum phlomoides* L.

功效主治　花：发汗，祛痰。用于气喘，腹泻，痰咳。

迁地栽培保存

保存地点	种质份数	个体数量	引种方式	生长状况	来源地
BJ	2	a	赠送	G	波兰、保加利亚

大花黄毛蕊　*Verbascum longifolium* Ten.

迁地栽培保存

保存地点	种质份数	个体数量	引种方式	生长状况	来源地
BJ	1	b	采集	G	江苏

毛瓣毛蕊花　*Verbascum blattaria* L.

功效主治　全草：止血，清热解毒。

濒危等级　中国植物红色名录评估为无危（LC）。

迁地栽培保存

保存地点	种质份数	个体数量	引种方式	生长状况	来源地
GX	*	f	采集	G	法国

毛蕊花　*Verbascum thapsus* L.

功效主治　全草（毛蕊花）：辛、苦，寒。有小毒。清热解毒，止血散瘀。用于咳喘，肠痈；外用于外伤出血，关节扭伤疼痛，疮毒。

迁地栽培保存

保存地点	种质份数	个体数量	引种方式	生长状况	来源地
BJ	2	c	交换、采集	G	北京
LN	1	d	采集	A	辽宁
GZ	1	b	采集	C	贵州
SH	1	b	采集	A	待确定
SC	1	f	待确定	G	四川
HB	1	a	采集	C	湖北
JS2	1	b	购买	C	安徽
JS1	1	a	采集	D	江苏

种质库保存

保存地点	保存方式	种质份数	个体数量	引种方式	来源地
BJ	种子	24	c	采集	云南、广西、吉林

通泉草属 *Mazus*

长蔓通泉草 *Mazus longipes* Bonati

濒危等级 中国特有植物，中国植物红色名录评估为无危（LC）。

迁地栽培保存

保存地点	种质份数	个体数量	引种方式	生长状况	来源地
GZ	1	a	采集	C	贵州

弹刀子菜 *Mazus stachydifolius*（Turcz.）Maxim.

功效主治 全草（弹刀子菜）：微辛，凉。解蛇毒。用于毒蛇咬伤。

迁地栽培保存

保存地点	种质份数	个体数量	引种方式	生长状况	来源地
JS1	1	d	采集	B	江苏

美丽通泉草 *Mazus pulchellus* Hemsl.

功效主治　全草：清热解毒。用于劳伤吐血，跌打损伤。

濒危等级　中国特有植物，中国植物红色名录评估为无危（LC）。

迁地栽培保存

保存地点	种质份数	个体数量	引种方式	生长状况	来源地
GX	*	f	采集	G	广西

匍茎通泉草 *Mazus miquelii* Makino

功效主治　全草：止痛，健胃，解毒。

种质库保存

保存地点	保存方式	种质份数	个体数量	引种方式	来源地
GX	组织	*	f	采集	四川

通泉草 *Mazus japonicus* (Thunb.) Kuntze

功效主治　全草（绿兰花）：苦，平。止痛，健胃，解毒消肿。用于偏头痛，消化不良，疔疮，脓疱疮，无名肿毒，烫火伤，毒蛇咬伤。

濒危等级　中国植物红色名录评估为无危（LC）。

迁地栽培保存

保存地点	种质份数	个体数量	引种方式	生长状况	来源地
BJ	1	d	采集	G	待确定
GD	1	f	采集	G	待确定
GZ	1	c	采集	C	贵州
JS1	1	c	采集	B	江苏
SH	1	b	采集	A	待确定
YN	1	a	采集	C	云南

种质库保存

保存地点	保存方式	种质份数	个体数量	引种方式	来源地
BJ	种子	1	a	采集	重庆

玄参属 *Scrophularia*

翅茎玄参 *Scrophularia umbrosa* Dumort.

濒危等级 中国植物红色名录评估为无危（LC）。

迁地栽培保存

保存地点	种质份数	个体数量	引种方式	生长状况	来源地
GX	*	f	采集	G	法国

丹东玄参 *Scrophularia kakudensis* Franch.

功效主治 根：滋阴，降火，除烦，解毒。用于热病烦渴，发斑，骨蒸劳热，夜寐不安，津伤便秘，咽喉肿痛，痈肿，瘰疬。

濒危等级 中国植物红色名录评估为无危（LC）。

迁地栽培保存

保存地点	种质份数	个体数量	引种方式	生长状况	来源地
GX	*	f	采集	G	法国

秦岭北玄参 *Scrophularia buergeriana* var. *tsinglingensis* Tsoong

濒危等级 中国特有植物，中国植物红色名录评估为无危（LC）。

迁地栽培保存

保存地点	种质份数	个体数量	引种方式	生长状况	来源地
BJ	1	b	采集	G	陕西

玄参 *Scrophularia ningpoensis* Hemsl.

功效主治 根（玄参）：甘、苦、咸，微寒。凉血滋阴，泻火解毒。用于热病伤阴，舌绛烦渴，温毒发斑，津伤便秘，骨蒸劳嗽，目赤，咽喉痛，瘰疬，白喉，痈肿疮毒。

迁地栽培保存

保存地点	种质份数	个体数量	引种方式	生长状况	来源地
BJ	20	d	采集	C	陕西、重庆、湖北、贵州、湖南、浙江
JS1	2	a	赠送	C	浙江、江苏
GZ	1	a	采集	C	贵州
SH	1	a	采集	A	待确定
SC	1	f	待确定	G	四川
JS2	1	b	购买	C	浙江
HB	1	a	采集	C	湖北
FJ	1	a	购买	D	待确定
CQ	1	a	购买	C	重庆
HEN	1	d	赠送	A	河南

种质库保存

保存地点	保存方式	种质份数	个体数量	引种方式	来源地
BJ	种子	13	d	采集	江西、湖北、山西、贵州、湖南、重庆、福建、吉林，待确定

北玄参　*Scrophularia buergeriana* Miq.

功效主治　功效与玄参相同。

迁地栽培保存

保存地点	种质份数	个体数量	引种方式	生长状况	来源地
BJ	1	c	采集	G	辽宁
LN	1	c	采集	B	辽宁

醉鱼草属 *Buddleja*

巴东醉鱼草 *Buddleja albiflora* Hemsl.

功效主治 全株：祛瘀，杀虫。

濒危等级 中国特有植物，中国植物红色名录评估为无危（LC）。

迁地栽培保存

保存地点	种质份数	个体数量	引种方式	生长状况	来源地
CQ	1	a	采集	B	重庆
GX	*	f	采集	G	湖北

种质库保存

保存地点	保存方式	种质份数	个体数量	引种方式	来源地
BJ	种子	3	a	采集	重庆、山西

白背枫 *Buddleja asiatica* Lour.

功效主治 全株（白鱼尾）：苦、微辛，温。有小毒。祛风，化湿，通络，杀虫。用于风寒发热，头身疼痛，风湿关节痛，脾湿腹胀，痢疾，丹毒，跌打损伤，虫积腹痛。果实（白鱼尾果）：用于小儿蛔虫病，疳积。

濒危等级 中国植物红色名录评估为无危（LC）。

迁地栽培保存

保存地点	种质份数	个体数量	引种方式	生长状况	来源地
YN	1	a	购买	C	云南
GD	1	a	采集	C	待确定
HN	1	a	采集	C	海南

种质库保存

保存地点	保存方式	种质份数	个体数量	引种方式	来源地
HN	种子	1	d	采集	海南
BJ	种子	9	a	采集	海南、重庆、四川、云南

大叶醉鱼草 *Buddleja davidii* Franch.

功效主治　根皮、叶：辛、微苦，温。有毒。祛风散寒，活血止痛。用于风湿关节痛，跌打损伤，骨折；外用于足癣。

濒危等级　中国植物红色名录评估为无危（LC）。

迁地栽培保存

保存地点	种质份数	个体数量	引种方式	生长状况	来源地
BJ	2	b	交换、采集	G	江西、北京
JS1	1	a	采集	C	陕西
GX	*	f	采集	G	法国

种质库保存

保存地点	保存方式	种质份数	个体数量	引种方式	来源地
HN	种子	3	c	采集	湖南
BJ	种子	1	a	采集	云南

滇川醉鱼草 *Buddleja forrestii* Diels

功效主治　叶：清热解毒。

濒危等级　中国植物红色名录评估为无危（LC）。

迁地栽培保存

保存地点	种质份数	个体数量	引种方式	生长状况	来源地
BJ	1	a	采集	G	四川

互叶醉鱼草 *Buddleja alternifolia* Maxim.

功效主治　叶、花：辛，温。有小毒。祛风除湿，止咳化痰，散瘀，杀虫。

濒危等级　中国特有植物，中国植物红色名录评估为无危（LC）。

迁地栽培保存

保存地点	种质份数	个体数量	引种方式	生长状况	来源地
SC	2	f	待确定	G	四川

酒药花醉鱼草　*Buddleja myriantha* Diels

功效主治　花：清肝明目。

濒危等级　中国植物红色名录评估为无危（LC）。

种质库保存

保存地点	保存方式	种质份数	个体数量	引种方式	来源地
BJ	种子	3	a	采集	云南

密蒙花　*Buddleja officinalis* Maxim.

功效主治　花序及花蕾（密蒙花）：甘，微寒。清热养肝，明目退翳。用于目赤肿痛，多泪，畏光，眼生翳膜，肝虚目暗，视物昏花。

濒危等级　中国植物红色名录评估为无危（LC）。

迁地栽培保存

保存地点	种质份数	个体数量	引种方式	生长状况	来源地
BJ	2	a	采集	C	四川、贵州
CQ	1	a	采集	B	重庆
GD	1	f	采集	G	待确定
GX	*	f	采集	G	广西

云南醉鱼草　*Buddleja yunnanensis* Gagnep.

濒危等级　中国特有植物，中国植物红色名录评估为易危（VU）。

迁地栽培保存

保存地点	种质份数	个体数量	引种方式	生长状况	来源地
BJ	1	a	采集	G	湖北

皱叶醉鱼草 *Buddleja crispa* Benth.

功效主治 全株：清肝明目，止咳。

濒危等级 中国植物红色名录评估为无危（LC）。

种质库保存

保存地点	保存方式	种质份数	个体数量	引种方式	来源地
BJ	种子	1	a	采集	云南

紫花醉鱼草 *Buddleja fallowiana* Balf. f. & W. W. Sm.

功效主治 花：清热解毒，退黄。

濒危等级 中国特有植物，中国植物红色名录评估为无危（LC）。

迁地栽培保存

保存地点	种质份数	个体数量	引种方式	生长状况	来源地
SC	1	f	待确定	G	四川

种质库保存

保存地点	保存方式	种质份数	个体数量	引种方式	来源地
BJ	种子	1	a	采集	四川

醉鱼草 *Buddleja lindleyana* Fortune

功效主治 根（七里香）：辛、苦，温。有小毒。活血化瘀。用于闭经，癥瘕，血崩，小儿疳积，疰腮。叶（醉鱼草）：辛、苦，温。有毒。祛风，杀虫，活血。用于时行感冒，咳嗽，哮喘，风湿关节痛，蛔虫病，跌打损伤，外伤出血，疰腮，瘰疬。花（醉鱼草花）：辛、苦，温。有小毒。用于痰饮咳喘，久疟成癖，疳积，烫火伤。

濒危等级 中国特有植物，中国植物红色名录评估为无危（LC）。

迁地栽培保存

保存地点	种质份数	个体数量	引种方式	生长状况	来源地
BJ	4	b	交换	G	江西、北京、浙江、湖北

保存地点	种质份数	个体数量	引种方式	生长状况	来源地
SC	2	f	待确定	G	四川
SH	1	b	采集	A	待确定
GD	1	a	采集	B	待确定
GZ	1	a	采集	C	贵州
JS1	1	a	采集	C	江苏
JS2	1	b	购买	C	江苏
GX	*	f	采集	G	四川

种质库保存

保存地点	保存方式	种质份数	个体数量	引种方式	来源地
BJ	种子	13	c	采集	云南、江西、山西、湖北、安徽、福建、甘肃
HN	种子	1	c	采集	湖南

悬铃木科 Platanaceae

悬铃木属 *Platanus*

二球悬铃木 *Platanus acerifolia*（Aiton）Willd.

迁地栽培保存

保存地点	种质份数	个体数量	引种方式	生长状况	来源地
CQ	1	a	购买	C	重庆
GZ	1	b	采集	C	贵州
SH	1	a	采集	A	待确定
HB	1	a	采集	C	湖北
GX	*	f	采集	G	比利时

三球悬铃木 *Platanus orientalis* L.

功效主治 茎皮、叶：滋补，退热，发汗，止泻，抗菌，防腐。用于腹泻，痢疾，疝气，齿痛，急性细菌性结膜炎，烫火伤，石淋。果实：解表，发汗，止血。用于紫癜，出血，急性细菌性结膜炎。芽：用于淋证。

迁地栽培保存

保存地点	种质份数	个体数量	引种方式	生长状况	来源地
BJ	1	b	采集	G	待确定

种质库保存

保存地点	保存方式	种质份数	个体数量	引种方式	来源地
BJ	种子	8	b	采集	海南、上海、安徽、江苏

一球悬铃木 *Platanus occidentalis* L.

功效主治 叶：滋补，退热，发汗，明目。果实：解表，发汗，止血。用于紫癜，出血。茎皮：用于虚证，腹泻。

迁地栽培保存

保存地点	种质份数	个体数量	引种方式	生长状况	来源地
GX	*	f	采集	G	日本

旋花科 Convolvulaceae

打碗花属 *Calystegia*

打碗花 *Calystegia hederacea* Wall.

功效主治 根茎：健脾益气，利尿，调经止带。用于脾虚消化不良，月经不调，带下病，乳汁稀少。花（打碗花）：止痛。外用于牙痛。

濒危等级 中国植物红色名录评估为无危（LC）。

迁地栽培保存

保存地点	种质份数	个体数量	引种方式	生长状况	来源地
HB	1	a	采集	C	湖北
SH	1	b	采集	A	待确定

种质库保存

保存地点	保存方式	种质份数	个体数量	引种方式	来源地
BJ	种子	1	a	采集	云南

鼓子花 *Calystegia silvatica* subsp. *orientalis* Brummitt

濒危等级　中国特有植物，中国植物红色名录评估为无危（LC）。

迁地栽培保存

保存地点	种质份数	个体数量	引种方式	生长状况	来源地
GX	*	f	采集	G	广西

肾叶打碗花 *Calystegia soldanella* (L.) R. Br.

功效主治　全草（滨旋花）：微苦，温。祛风利湿，化痰止咳。用于咳嗽，水肿，风湿关节痛。

濒危等级　中国植物红色名录评估为无危（LC）。

迁地栽培保存

保存地点	种质份数	个体数量	引种方式	生长状况	来源地
GX	2	f	采集	G	法国
BJ	1	b	采集	G	山东

藤长苗 *Calystegia pellita* (Ledeb.) G. Don

功效主治　全草：益气，利尿，强筋壮骨，活血祛瘀。

种质库保存

保存地点	保存方式	种质份数	个体数量	引种方式	来源地
BJ	种子	1	a	采集	待确定

旋花 *Calystegia sepium*（L.）R. Br.

功效主治 根（篱天剑）：甘，寒。清热利湿，理气健脾。用于目赤肿痛，咽喉痛，带下病，疝气。

迁地栽培保存

保存地点	种质份数	个体数量	引种方式	生长状况	来源地
SH	1	a	采集	A	待确定
GZ	1	b	采集	C	贵州
CQ	1	a	采集	C	重庆

种质库保存

保存地点	保存方式	种质份数	个体数量	引种方式	来源地
BJ	种子	6	b	采集	湖北

地旋花属 *Xenostegia*

地旋花 *Xenostegia tridentata*（Linnaeus）D. F. Austin & Staples

功效主治 全草：外用于关节痛。

种质库保存

保存地点	保存方式	种质份数	个体数量	引种方式	来源地
BJ	种子	2	a	采集	云南
HN	种子	3	b	采集	海南

丁公藤属 *Erycibe*

丁公藤 *Erycibe obtusifolia* Benth.

功效主治 藤茎（丁公藤）：辛，温。有毒，祛风除湿，舒筋活络，消肿止痛。用于风湿关节痛，类风湿关节痛，腰腿疼痛，半身不遂，跌打肿痛。

濒危等级 海南省重点保护植物，中国植物红色名录评估为易危（VU）。

迁地栽培保存

保存地点	种质份数	个体数量	引种方式	生长状况	来源地
GD	1	f	采集	G	待确定

九来龙 *Erycibe elliptilimba* Merr. & Chun

功效主治 根、茎：祛风止痛。

濒危等级 中国植物红色名录评估为无危（LC）。

迁地栽培保存

保存地点	种质份数	个体数量	引种方式	生长状况	来源地
HN	2	a	采集	C	海南

种质库保存

保存地点	保存方式	种质份数	个体数量	引种方式	来源地
HN	种子	2	b	采集	海南

番薯属 *Ipomoea*

橙红茑萝 *Ipomoea coccinea*（L.）Moench

迁地栽培保存

保存地点	种质份数	个体数量	引种方式	生长状况	来源地
CQ	2	a	购买	C	重庆
BJ	1	b	采集	G	四川

种质库保存

保存地点	保存方式	种质份数	个体数量	引种方式	来源地
BJ	种子	8	b	采集	江西

丁香茄 *Ipomoea muricatum*（L.）G. Don

功效主治 叶：用于胃脘痛。种子：用于跌打损伤。

迁地栽培保存

保存地点	种质份数	个体数量	引种方式	生长状况	来源地
BJ	1	b	采集	G	广西

番薯 *Ipomoea batatas* (L.) Lam.

功效主治　块茎（甘薯）：甘、涩，微凉。补中，生津，止血，排脓。用于胃痛，崩漏；外用于无名肿毒。

迁地栽培保存

保存地点	种质份数	个体数量	引种方式	生长状况	来源地
GX	2	f	采集	G	广东、福建
HB	1	a	采集	A	待确定
HN	1	c	采集	A	海南
GD	1	b	采集	D	待确定

种质库保存

保存地点	保存方式	种质份数	个体数量	引种方式	来源地
BJ	种子	1	a	采集	安徽

厚藤 *Ipomoea pes-caprae* (L.) Sweet

迁地栽培保存

保存地点	种质份数	个体数量	引种方式	生长状况	来源地
HN	1	d	采集	B	海南
GX	*	f	采集	G	广西

种质库保存

保存地点	保存方式	种质份数	个体数量	引种方式	来源地
BJ	种子	6	b	采集	重庆、海南
HN	种子	2	a	采集	海南

毛牵牛 *Ipomoea biflora*（Linnaeus）Persoon

功效主治 全草：甘、微苦，平。清热解毒，消疳去积。用于感冒，毒蛇咬伤，小儿疳积。种子：用于跌打损伤，毒蛇咬伤。

迁地栽培保存

保存地点	种质份数	个体数量	引种方式	生长状况	来源地
GX	*	f	采集	G	广西

种质库保存

保存地点	保存方式	种质份数	个体数量	引种方式	来源地
BJ	种子	1	a	采集	海南

帽苞薯藤 *Ipomoea pileata* Roxb.

功效主治 鲜全草或叶、叶柄：用于痢疾。

濒危等级 中国植物红色名录评估为无危（LC）。

种质库保存

保存地点	保存方式	种质份数	个体数量	引种方式	来源地
BJ	种子	1	a	采集	云南

茑萝 *Ipomoea quamoclit* L.

功效主治 全草或根（金凤毛）：微苦，温。祛风除湿，通经活络。

迁地栽培保存

保存地点	种质份数	个体数量	引种方式	生长状况	来源地
CQ	2	a	赠送	C	广西
JS2	1	b	购买	C	江苏
BJ	1	b	采集	G	广东
HB	1	a	采集	C	湖北
JS1	1	a	采集	D	江苏

续表

保存地点	种质份数	个体数量	引种方式	生长状况	来源地
SH	1	b	采集	A	待确定
HN	1	a	采集	B	海南

种质库保存

保存地点	保存方式	种质份数	个体数量	引种方式	来源地
BJ	种子	7	b	采集	四川、广西

牵牛　*Ipomoea nil* (L.) Choisy

功效主治　种子（牵牛子）：苦，寒。有毒。泻水通便，消痰涤饮，杀虫攻积。用于水肿胀满，二便不通，痰饮积聚，气逆咳喘，虫积腹痛，蛔虫病，绦虫病。

迁地栽培保存

保存地点	种质份数	个体数量	引种方式	生长状况	来源地
BJ	3	d	采集	G	北京、海南
JS1	1	a	采集	C	江苏
SH	1	b	采集	A	待确定
LN	1	d	采集	B	辽宁
GZ	1	c	采集	C	贵州
GD	1	f	采集	G	待确定
CQ	1	a	采集	C	重庆
SC	1	f	待确定	G	四川
JS2	1	c	购买	C	江苏
GX	*	f	采集	G	新西兰

种质库保存

保存地点	保存方式	种质份数	个体数量	引种方式	来源地
BJ	种子	123	d	采集	海南、重庆、云南、河南、河北、山西、吉林、贵州、安徽、山东、黑龙江、四川
HN	种子	9	c	采集	福建

三裂叶薯 *Ipomoea triloba* L.

濒危等级 中国植物红色名录评估为无危（LC）。

种质库保存

保存地点	保存方式	种质份数	个体数量	引种方式	来源地
BJ	种子	1	a	采集	福建

蕹菜 *Ipomoea aquatica* Forssk.

功效主治 全草（蕹菜）：辛、淡，凉。清热解毒，止血。用于乳痈，牙痛，疮痛，痔漏，食物中毒，蜈蚣、毒蛇咬伤。

迁地栽培保存

保存地点	种质份数	个体数量	引种方式	生长状况	来源地
HN	1	b	采集	A	海南
SH	1	b	采集	A	待确定
FJ	1	a	采集	A	福建
GD	1	f	采集	G	待确定
GZ	1	b	采集	C	贵州
HB	1	a	采集	C	湖北
GX	*	f	采集	G	福建

种质库保存

保存地点	保存方式	种质份数	个体数量	引种方式	来源地
BJ	种子	4	b	采集	四川，待确定

五爪金龙 *Ipomoea cairica*（L.）Sweet

功效主治 茎叶或根（五叶藤）：甘，寒。清热解毒，止咳，止血，利水通淋。用于骨蒸劳热，咳嗽，咯血，淋证，水肿，小便不利，痈肿疮疖。果实：用于跌打损伤。

濒危等级 中国植物红色名录评估为无危（LC）。

迁地栽培保存

保存地点	种质份数	个体数量	引种方式	生长状况	来源地
HN	1	b	采集	B	海南

小心叶薯 *Ipomoea obscura* (L.) Ker-Gawl.

功效主治　种子：逐水，利小便。

迁地栽培保存

保存地点	种质份数	个体数量	引种方式	生长状况	来源地
GX	*	f	采集	G	澳门

心叶莺萝 *Ipomoea hederifolia* L.

种质库保存

保存地点	保存方式	种质份数	个体数量	引种方式	来源地
BJ	种子	1	a	采集	云南

圆叶牵牛 *Ipomoea purpurea* (L.) Voigt

功效主治　全草：用于疝痛。

迁地栽培保存

保存地点	种质份数	个体数量	引种方式	生长状况	来源地
CQ	1	a	采集	C	重庆
HB	1	a	采集	C	湖北
HLJ	1	b	采集	A	黑龙江
SH	1	b	采集	A	待确定
BJ	1	c	赠送	G	保加利亚
GX	*	f	采集	G	美国

种质库保存

保存地点	保存方式	种质份数	个体数量	引种方式	来源地
BJ	种子	73	c	采集	河北、河南、重庆、云南、江西、贵州、山西、湖北、江苏
HN	DNA	1	a	采集	海南

月光花　*Ipomoea aculeatum*（L.）House

功效主治　全草：用于蛇咬伤。种子：用于跌打肿痛，骨折。

迁地栽培保存

保存地点	种质份数	个体数量	引种方式	生长状况	来源地
BJ	1	a	采集	G	广东

种质库保存

保存地点	保存方式	种质份数	个体数量	引种方式	来源地
BJ	种子	1	a	采集	山西

飞蛾藤属　*Dinetus*

飞蛾藤　*Dinetus racemosa* Roxb.

功效主治　全株：辛，温。破血，行气，消积。用于感冒，食积，跌打损伤。

濒危等级　中国植物红色名录评估为无危（LC）。

种质库保存

保存地点	保存方式	种质份数	个体数量	引种方式	来源地
BJ	种子	8	b	采集	河南、云南
HN	种子	1	a	采集	湖南

盒果藤属 *Operculina*

盒果藤 *Operculina turpethum* (L.) Silva Manso

功效主治 全草：甘、微辛，平。利水消肿，舒筋活络。用于水肿，大便秘结，骨折后期筋络挛缩。根皮：用作泻药。

濒危等级 中国植物红色名录评估为无危（LC）。

种质库保存

保存地点	保存方式	种质份数	个体数量	引种方式	来源地
BJ	种子	4	a	采集	云南、广西

鳞蕊藤属 *Lepistemon*

鳞蕊藤 *Lepistemon binectariferum* (Wall.) Kuntze

濒危等级 中国植物红色名录评估为无危（LC）。

迁地栽培保存

保存地点	种质份数	个体数量	引种方式	生长状况	来源地
HN	1	a	采集	B	海南

马蹄金属 *Dichondra*

马蹄金 *Dichondra repens* J. R. Forst. & G. Forst.

功效主治 全草（马蹄金）：辛，平。清热利湿，解毒消肿。用于胁痛，胆胀，痢疾，水肿，淋证，乳蛾，跌打损伤。

濒危等级 中国植物红色名录评估为无危（LC）。

迁地栽培保存

保存地点	种质份数	个体数量	引种方式	生长状况	来源地
GD	1	f	采集	G	待确定

续表

保存地点	种质份数	个体数量	引种方式	生长状况	来源地
HN	1	a	采集	C	海南
JS1	1	b	采集	D	江苏
JS2	1	e	购买	C	江苏
SC	1	f	待确定	G	四川
SH	1	b	采集	A	待确定
GZ	1	e	采集	C	贵州
BJ	1	c	采集	G	浙江

种质库保存

保存地点	保存方式	种质份数	个体数量	引种方式	来源地
BJ	种子	12	b	采集	广西、上海、重庆

三翅藤属 *Tridynamia*

大果三翅藤 *Tridynamia sinensis*（Hemsley）Staples

功效主治　全株：辛，温。行气，破血，消肿。

濒危等级　中国植物红色名录评估为无危（LC）。

迁地栽培保存

保存地点	种质份数	个体数量	引种方式	生长状况	来源地
CQ	2	a	采集	C	重庆
GZ	1	a	采集	C	贵州

土丁桂属 *Evolvulus*

土丁桂 *Evolvulus alsinoides*（L.）L.

功效主治　全草：用于咳嗽痰喘，肾虚腰痛，跌打损伤。

濒危等级　中国植物红色名录评估为无危（LC）。

迁地栽培保存

保存地点	种质份数	个体数量	引种方式	生长状况	来源地
BJ	1	a	采集	G	湖北

菟丝子属 *Cuscuta*

菟丝子 *Cuscuta chinensis* Lam.

功效主治 种子（菟丝子）：甘，温。滋补肝肾，固精缩尿，安胎，明目，止泻。用于阳痿，遗精，尿后余沥，遗尿，尿频，腰膝酸软，目昏，耳鸣，肾虚胎漏，胎动不安，脾肾虚泻；外用于白癜风。

全草（菟丝）：甘、辛，平。清热凉血，利水，解毒。用于吐血，衄血，便血，血崩，淋浊，带下病，痢疾，黄疸，痈疽，疔疮，热毒痱疹。

迁地栽培保存

保存地点	种质份数	个体数量	引种方式	生长状况	来源地
HLJ	1	c	采集	A	黑龙江
BJ	1	b	采集	G	北京

种质库保存

保存地点	保存方式	种质份数	个体数量	引种方式	来源地
BJ	种子	61	c	采集	甘肃、吉林、四川、重庆、内蒙古、安徽、河北、山西、河南、云南、海南
HN	DNA	1	a	采集	广东

金灯藤 *Cuscuta japonica* Choisy

功效主治 功效同菟丝子。

迁地栽培保存

保存地点	种质份数	个体数量	引种方式	生长状况	来源地
GX	2	f	采集	G	日本，中国湖北
BJ	1	b	采集	G	北京

种质库保存

保存地点	保存方式	种质份数	个体数量	引种方式	来源地
HN	种子	1	b	采集	湖南
BJ	种子	7	c	采集	山西、江西、云南

南方菟丝子 *Cuscuta australis* R. Br.

功效主治 功效同菟丝子。

迁地栽培保存

保存地点	种质份数	个体数量	引种方式	生长状况	来源地
SH	1	b	采集	A	待确定

种质库保存

保存地点	保存方式	种质份数	个体数量	引种方式	来源地
BJ	种子	7	b	采集	河北、河南、云南

欧洲菟丝子 *Cuscuta europaea* L.

功效主治 功效同菟丝子。

种质库保存

保存地点	保存方式	种质份数	个体数量	引种方式	来源地
BJ	种子	1	a	采集	甘肃

腺叶藤属 *Stictocardia*

腺叶藤 *Stictocardia tiliifolia* (Desr.) Hallier f.

功效主治 全株：通便。

濒危等级 中国植物红色名录评估为无危（LC）。

迁地栽培保存

保存地点	种质份数	个体数量	引种方式	生长状况	来源地
GX	*	f	采集	G	海南

小牵牛属 *Jacquemontia*

小牵牛 *Jacquemontia paniculata* (Burm. f.) Hallier f.

迁地栽培保存

保存地点	种质份数	个体数量	引种方式	生长状况	来源地
GX	*	f	采集	G	澳门

种质库保存

保存地点	保存方式	种质份数	个体数量	引种方式	来源地
BJ	种子	3	b	采集	云南

旋花属 *Convolvulus*

田旋花 *Convolvulus arvensis* L.

功效主治 全草：微咸，温。活血调经，止痒，止痛，祛风。用于疥癣，风湿关节痛，牙痛。

种质库保存

保存地点	保存方式	种质份数	个体数量	引种方式	来源地
BJ	种子	1	a	采集	四川

银灰旋花 *Convolvulus ammannii* Desr.

功效主治 全草：辛，温。解毒，止咳。用于感冒，咳嗽。

迁地栽培保存

保存地点	种质份数	个体数量	引种方式	生长状况	来源地
BJ	1	b	采集	G	甘肃

银背藤属 *Argyreia*

白鹤藤 *Argyreia acuta* Lour.

功效主治 全株（一匹绸）：微酸、微苦，凉。祛风，利尿，化痰止咳，止血，活络，拔毒生肌。用于水肿，肝硬化腹水，风湿疼痛，崩漏，带下病，咳嗽痰喘，跌打损伤；外用于乳痈，疮疖，脓肿，湿疹。

濒危等级 中国植物红色名录评估为近危（NT）。

迁地栽培保存

保存地点	种质份数	个体数量	引种方式	生长状况	来源地
HN	2	a	采集	C	海南
GD	1	f	采集	G	待确定

东京银背藤 *Argyreia pierreana* Bois

功效主治 全株（山牡丹）或根皮：微温。接骨，止血生肌，清心，润肺止咳。用于臌胀，跌打损伤，内、外伤出血，血崩，带下病，疮毒，烂脚，咳嗽痰喘。

濒危等级 中国植物红色名录评估为无危（LC）。

种质库保存

保存地点	保存方式	种质份数	个体数量	引种方式	来源地
BJ	种子	1	a	采集	四川

灰毛白鹤藤 *Argyreia osyrensis* var. *cinerea* Hand.-Mazz.

濒危等级 中国植物红色名录评估为无危（LC）。

种质库保存

保存地点	保存方式	种质份数	个体数量	引种方式	来源地
BJ	种子	1	a	采集	重庆

头花银背藤　*Argyreia capitata*（Vahl）Choisy

功效主治　叶：生肌止痛。用于跌打损伤。

濒危等级　中国植物红色名录评估为无危（LC）。

迁地栽培保存

保存地点	种质份数	个体数量	引种方式	生长状况	来源地
YN	1	a	采集	D	云南

种质库保存

保存地点	保存方式	种质份数	个体数量	引种方式	来源地
BJ	种子	1	a	采集	云南

鱼黄草属　*Merremia*

北鱼黄草　*Merremia sibirica*（L.）Hallier f.

功效主治　全草：用于跌打损伤，疔疮，腿痛。种子：泻下去积，逐水消肿。用于大便秘结，食积。

濒危等级　中国植物红色名录评估为无危（LC）。

迁地栽培保存

保存地点	种质份数	个体数量	引种方式	生长状况	来源地
BJ	1	b	采集	G	待确定

种质库保存

保存地点	保存方式	种质份数	个体数量	引种方式	来源地
HN	种子	1	b	采集	湖南
BJ	种子	3	a	采集	贵州

金钟藤　*Merremia boisiana*（Gagnep.）Ooststr.

功效主治　茎：用于血虚。

濒危等级　中国植物红色名录评估为无危（LC）。

迁地栽培保存

保存地点	种质份数	个体数量	引种方式	生长状况	来源地
GX	2	f	采集	G	广西
HN	1	a	采集	B	海南

篱栏网 *Merremia hederacea* (Burm. f.) Hallier f.

功效主治 全草（篱栏网）：甘、淡、凉。清热解毒，利咽喉。用于感冒，乳蛾，咽喉痛，目赤肿痛。

濒危等级 中国植物红色名录评估为无危（LC）。

迁地栽培保存

保存地点	种质份数	个体数量	引种方式	生长状况	来源地
GD	1	f	采集	G	待确定
YN	1	a	采集	C	云南

种质库保存

保存地点	保存方式	种质份数	个体数量	引种方式	来源地
BJ	种子	13	b	采集	四川、广西、河北、江西、贵州

木玫瑰 *Merremia tuberosa* (L.) Rendle

迁地栽培保存

保存地点	种质份数	个体数量	引种方式	生长状况	来源地
YN	1	a	采集	C	云南

山土瓜 *Merremia hungaiensis* (Lingelsh. & Borza) R. C. Fang

功效主治 块根（土瓜）：甘，平。清肝利胆，润肺止咳。用于黄疸，小儿疳积，胁痛，咳嗽，虚热，盗汗。

濒危等级 中国特有植物，中国植物红色名录评估为无危（LC）。

种质库保存

保存地点	保存方式	种质份数	个体数量	引种方式	来源地
BJ	种子	6	a	采集	四川、吉林

掌叶鱼黄草　*Merremia vitifolia*（Burm. f.）Hallier f.

功效主治　全草：用于淋证，胃脘痛。

濒危等级　中国植物红色名录评估为无危（LC）。

迁地栽培保存

保存地点	种质份数	个体数量	引种方式	生长状况	来源地
BJ	1	b	采集	G	云南

种质库保存

保存地点	保存方式	种质份数	个体数量	引种方式	来源地
BJ	种子	8	b	采集	山西、云南

熏倒牛科　**Biebersteiniaceae**

熏倒牛属　*Biebersteinia*

熏倒牛　*Biebersteinia heterostemon* Maxim.

功效主治　果实：清热镇痉，祛风解毒。用于预防感冒，小儿高热惊厥，腹胀，腹痛。

濒危等级　中国特有植物，中国植物红色名录评估为无危（LC）。

种质库保存

保存地点	保存方式	种质份数	个体数量	引种方式	来源地
BJ	种子	1	a	采集	甘肃

蕈树科 Altingiaceae

半枫荷属 *Semiliquidambar*

半枫荷 *Semiliquidambar cathayensis* H. T. Chang

功效主治 根：辛，微温。祛风除湿，舒筋活血。用于风湿痹痛，跌打损伤，腰腿痛，痢疾；外用于刀伤出血。

濒危等级 中国特有植物，国家重点保护野生植物名录（第一批）二级，中国植物红色名录评估为易危（VU）。

迁地栽培保存

保存地点	种质份数	个体数量	引种方式	生长状况	来源地
CQ	1	a	采集	C	重庆

枫香树属 *Liquidambar*

枫香树 *Liquidambar formosana* Hance

功效主治 果序（路路通）：苦、涩，平。行气宽中，活血通络，利水，通经。用于关节痛，水肿胀满，乳汁不足，闭经。树脂（枫香脂）：辛、微苦，平。活血止痛，凉血解毒，生肌。用于跌打损伤，痈疽肿痛，吐血，衄血，外伤出血。根：用于痈疽，疔疮，风湿关节痛。

濒危等级 中国植物红色名录评估为无危（LC）。

迁地栽培保存

保存地点	种质份数	个体数量	引种方式	生长状况	来源地
GZ	2	b	采集	C	贵州
BJ	2	a	采集	G	广西、湖北
HB	1	a	采集	C	湖北
SH	1	a	采集	A	待确定
HN	1	e	采集	C	海南
GD	1	a	采集	C	待确定

续表

保存地点	种质份数	个体数量	引种方式	生长状况	来源地
CQ	1	a	采集	C	重庆
JS1	1	b	购买	C	江苏

种质库保存

保存地点	保存方式	种质份数	个体数量	引种方式	来源地
HN	种子	9	c	采集	海南、湖南
BJ	种子	4	a	采集	上海、云南

缺萼枫香树 *Liquidambar acalycina* H. T. Chang

濒危等级 中国特有植物，中国植物红色名录评估为无危（LC）。

迁地栽培保存

保存地点	种质份数	个体数量	引种方式	生长状况	来源地
GX	*	f	采集	G	重庆

蕈树属 *Altingia*

细柄蕈树 *Altingia gracilipes* Hemsl.

功效主治 树皮流出的树脂：解毒，止痛，止血，生肌。

濒危等级 中国特有植物，江西省三级保护植物，中国植物红色名录评估为无危（LC）。

迁地栽培保存

保存地点	种质份数	个体数量	引种方式	生长状况	来源地
ZJ	1	c	购买	A	福建
GX	*	f	采集	G	浙江

蕈树 *Altingia chinensis* (Champ. ex Benth.) Oliv. ex Hance

功效主治 根：用于风湿痹痛，跌打损伤，瘫痪。

濒危等级 江西省三级保护植物、浙江省重点保护植物，中国植物红色名录评估为无危（LC）。

迁地栽培保存

保存地点	种质份数	个体数量	引种方式	生长状况	来源地
GD	1	a	采集	D	待确定
CQ	1	a	采集	E	重庆

云南蕈树 *Altingia yunnanensis* Rehd. & E. H. Wils.

功效主治 根：祛风除湿。

濒危等级 中国特有植物，中国植物红色名录评估为濒危（EN）。

迁地栽培保存

保存地点	种质份数	个体数量	引种方式	生长状况	来源地
BJ	1	a	采集	G	云南

鸭跖草科　Commelinaceae

穿鞘花属　*Amischotolype*

穿鞘花 *Amischotolype hispida* (Less. & A. Rich.) D. Y. Hong

功效主治 全草：清热解毒，利水消肿。用于淋证，毒蛇咬伤。

濒危等级 中国植物红色名录评估为无危（LC）。

种质库保存

保存地点	保存方式	种质份数	个体数量	引种方式	来源地
BJ	种子	6	b	采集	待确定

杜若属　*Pollia*

长花枝杜若 *Pollia secundiflora* (Bl.) Bakh. f.

功效主治 叶：用于跌打损伤。

濒危等级　中国植物红色名录评估为无危（LC）。

迁地栽培保存

保存地点	种质份数	个体数量	引种方式	生长状况	来源地
HN	1	a	采集	B	海南
GX	*	f	采集	G	上海

川杜若　*Pollia miranda*（H. Lévl.）H. Hara

功效主治　全草或根：解毒消肿，补肾壮阳。

濒危等级　中国植物红色名录评估为无危（LC）。

迁地栽培保存

保存地点	种质份数	个体数量	引种方式	生长状况	来源地
YN	1	b	采集	C	云南

种质库保存

保存地点	保存方式	种质份数	个体数量	引种方式	来源地
BJ	种子	1	a	采集	安徽

大杜若　*Pollia hasskarlii* R. S. Rao

功效主治　全草或根：补虚，祛风湿，通经。用于风湿骨痛，腰腿痛，膀胱湿热，阳痿，产后出血；外用于脱肛，疮痈肿毒。

濒危等级　中国植物红色名录评估为无危（LC）。

迁地栽培保存

保存地点	种质份数	个体数量	引种方式	生长状况	来源地
HN	1	a	采集	B	海南

杜若　*Pollia japonica* Thunb.

功效主治　根茎（竹叶莲）：补肾。用于腰痛，跌打损伤。全草（竹叶莲）：理气止痛，疏风消肿。用于气滞作痛，肌肤肿痛，胃痛，淋证；外用于蛇虫咬伤，疔痈疖肿，脱肛。

濒危等级 中国植物红色名录评估为无危（LC）。

迁地栽培保存

保存地点	种质份数	个体数量	引种方式	生长状况	来源地
BJ	3	c	采集	G	安徽、湖北、浙江
CQ	1	b	采集	B	重庆
GZ	1	b	采集	C	贵州
HB	1	a	采集	C	湖北

种质库保存

保存地点	保存方式	种质份数	个体数量	引种方式	来源地
BJ	种子	7	b	采集	陕西、海南、云南、上海、四川、广西
HN	种子	14	c	采集	海南

密花杜若 *Pollia thyrsiflora*（Bl.）Endl. ex Hassk.

功效主治 全草：用于淋证。

濒危等级 中国植物红色名录评估为无危（LC）。

种质库保存

保存地点	保存方式	种质份数	个体数量	引种方式	来源地
BJ	种子	1	a	采集	待确定

假紫万年青属 *Belosynapsis*

假紫万年青 *Belosynapsis ciliata*（Blume）R. S. Rao

濒危等级 中国植物红色名录评估为无危（LC）。

迁地栽培保存

保存地点	种质份数	个体数量	引种方式	生长状况	来源地
GX	2	f	采集	G	广西
YN	1	c	采集	A	云南

聚花草属　*Floscopa*

聚花草　*Floscopa scandens* Lour.

功效主治　全草：清热解毒，利水消肿。用于疮疖肿毒，瘰核，水肿。

濒危等级　中国植物红色名录评估为无危（LC）。

迁地栽培保存

保存地点	种质份数	个体数量	引种方式	生长状况	来源地
HN	1	a	采集	B	海南
GX	*	f	采集	G	广西

种质库保存

保存地点	保存方式	种质份数	个体数量	引种方式	来源地
BJ	种子	3	a	采集	广西

孔药花属　*Porandra*

孔药花　*Porandra ramosa* D. Y. Hong

濒危等级　中国特有植物，中国植物红色名录评估为无危（LC）。

迁地栽培保存

保存地点	种质份数	个体数量	引种方式	生长状况	来源地
GX	*	f	采集	G	广西

种质库保存

保存地点	保存方式	种质份数	个体数量	引种方式	来源地
BJ	种子	1	a	采集	待确定

蓝耳草属 *Cyanotis*

蓝耳草 *Cyanotis vaga* (Loureiro) Schultes & J. H. Schultes

功效主治 根（露水草）：补虚，除湿，舒筋活络。用于虚热不退，水肿，风湿关节痛，湿疹；外用于耳闭，足癣。

迁地栽培保存

保存地点	种质份数	个体数量	引种方式	生长状况	来源地
GZ	1	a	采集	C	贵州
GX	*	f	采集	G	广西

四孔草 *Cyanotis cristata* (L.) D. Don

功效主治 全草：外用于疮痈肿毒。

濒危等级 中国植物红色名录评估为无危（LC）。

迁地栽培保存

保存地点	种质份数	个体数量	引种方式	生长状况	来源地
GX	2	f	采集	G	广西

蛛丝毛蓝耳草 *Cyanotis arachnoidea* C. B. Clarke

功效主治 根：祛风活络，利湿消肿，退热，清肺止咳，通经，止痛。用于风湿关节痛，腰痛，跌打损伤，虚热不退，四肢麻木，水肿，湿疹，足癣，狂犬咬伤，外伤出血，耳闭，喘逆气急，鼻翼扇动，哮喘，刀伤，枪伤。

濒危等级 中国植物红色名录评估为无危（LC）。

迁地栽培保存

保存地点	种质份数	个体数量	引种方式	生长状况	来源地
GX	*	f	采集	G	广西

种质库保存

保存地点	保存方式	种质份数	个体数量	引种方式	来源地
BJ	种子	8	b	采集	海南

水竹叶属　*Murdannia*

波缘水竹叶　*Murdannia undulata* D. Y. Hong

濒危等级　中国特有植物，中国植物红色名录评估为极危（CR）。

迁地栽培保存

保存地点	种质份数	个体数量	引种方式	生长状况	来源地
GX	*	f	采集	G	广西

大苞水竹叶　*Murdannia bracteata*（C. B. Clarke）J. K. Morton ex Hong

功效主治　全草（痰火草）：甘、淡，凉。化痰散结。用于瘰疬，咽喉肿痛，高热，咯血，吐血，小便淋痛；外用于疮疡肿毒。

濒危等级　中国植物红色名录评估为无危（LC）。

迁地栽培保存

保存地点	种质份数	个体数量	引种方式	生长状况	来源地
GD	1	f	采集	G	待确定
GX	*	f	采集	G	广西

大果水竹叶　*Murdannia macrocarpa* D. Y. Hong

功效主治　根：补虚。全草：用于关节痛。

迁地栽培保存

保存地点	种质份数	个体数量	引种方式	生长状况	来源地
BJ	1	a	采集	G	云南

水竹叶 *Murdannia triquetra*（Wall.）Bruckn.

功效主治　全草（水竹叶）：甘，平。清热解毒，利尿消肿。用于肺热咳喘，赤白痢，小便淋痛，咽喉肿痛，痈疖疔肿；外用于关节肿痛，蛇蝎咬伤。

迁地栽培保存

保存地点	种质份数	个体数量	引种方式	生长状况	来源地
BJ	1	a	采集	G	北京

莛花水竹叶 *Murdannia edulis*（Stokes）Faden

功效主治　块根：止咳。用于咳嗽，吐血。

濒危等级　中国植物红色名录评估为无危（LC）。

迁地栽培保存

保存地点	种质份数	个体数量	引种方式	生长状况	来源地
GX	*	f	采集	G	广西

疣草 *Murdannia keisak*（Hassk.）Hand.-Mazz.

功效主治　根：清热解毒，利尿消肿。用于小便淋痛，瘰疬，毒蛇咬伤。

迁地栽培保存

保存地点	种质份数	个体数量	引种方式	生长状况	来源地
GX	*	f	采集	G	日本

网籽草属　*Dictyospermum*

毛果网籽草 *Dictyospermum scaberrimum*（Bl.）J. K. Morton ex Hong

种质库保存

保存地点	保存方式	种质份数	个体数量	引种方式	来源地
BJ	种子	1	a	采集	云南

网籽草 *Dictyospermum conspicuum*（Blume）Hassk.

濒危等级 中国植物红色名录评估为无危（LC）。

种质库保存

保存地点	保存方式	种质份数	个体数量	引种方式	来源地
BJ	种子	1	a	采集	待确定

鸭跖草属 *Commelina*

鸭跖草 *Commelina communis* L.

功效主治 全草（鸭跖草）：甘、淡，寒。清热解毒，利水消肿，退热。用于感冒发热，丹毒，疖腮，黄疸，咽喉肿痛，淋证，水肿，痈疽疔毒，毒蛇咬伤。

迁地栽培保存

保存地点	种质份数	个体数量	引种方式	生长状况	来源地
BJ	1	d	交换	G	北京
CQ	1	b	采集	B	重庆
GD	1	b	采集	B	待确定
GZ	1	e	采集	C	贵州
HB	1	a	采集	C	湖北
HLJ	1	c	采集	A	黑龙江
HN	1	b	采集	B	海南
JS1	1	d	采集	C	江苏
SC	1	f	待确定	G	四川
SH	1	b	采集	A	待确定
GX	*	f	采集	G	广西

种质库保存

保存地点	保存方式	种质份数	个体数量	引种方式	来源地
BJ	种子	15	b	采集	山西、福建、吉林、黑龙江、辽宁，待确定

大苞鸭跖草 *Commelina paludosa* Blume

功效主治　全草：功效同鸭跖草。

濒危等级　中国植物红色名录评估为无危（LC）。

迁地栽培保存

保存地点	种质份数	个体数量	引种方式	生长状况	来源地
CQ	1	b	采集	B	重庆
GZ	1	a	采集	C	贵州

种质库保存

保存地点	保存方式	种质份数	个体数量	引种方式	来源地
BJ	种子	1	a	采集	待确定

饭包草 *Commelina benghalensis* L.

功效主治　全草（竹叶菜）：苦，寒。清热解毒，利水消肿。用于小儿咳嗽，小便不利，淋沥作痛，血痢，疔疮肿毒，毒蛇咬伤。

迁地栽培保存

保存地点	种质份数	个体数量	引种方式	生长状况	来源地
BJ	1	b	采集	G	湖北
JS1	1	b	采集	C	江苏
HN	1	b	采集	B	海南
GX	*	f	采集	G	山东

竹节菜 *Commelina diffusa* N. L. Burm.

功效主治　全草（竹节菜）：淡，寒。清热解毒，利尿消肿，止血。用于咽喉痛，痢疾，白浊，疮疖，小便淋痛不利；外用于外伤出血。

濒危等级　中国植物红色名录评估为无危（LC）。

迁地栽培保存

保存地点	种质份数	个体数量	引种方式	生长状况	来源地
GZ	1	a	采集	C	贵州
HN	1	a	采集	B	海南

紫鸭跖草 *Commelina purpurea* C. B. Clarke

迁地栽培保存

保存地点	种质份数	个体数量	引种方式	生长状况	来源地
GX	*	f	采集	G	广西

竹叶吉祥草属 *Spatholirion*

竹叶吉祥草 *Spatholirion longifolium*（Gagnep.）Dunn

功效主治 根（竹叶藤参）：健脾，温胃，补肾壮阳。花序（珊瑚草）：涩，凉。调经，止痛。用于月经不调，头痛。

濒危等级 中国植物红色名录评估为无危（LC）。

种质库保存

保存地点	保存方式	种质份数	个体数量	引种方式	来源地
BJ	种子	1	a	采集	四川

竹叶子属 *Streptolirion*

竹叶子 *Streptolirion volubile* Edgew.

功效主治 茎、叶：收敛止血，去腐生肌。用于外伤出血，疮疡破溃。

濒危等级 中国植物红色名录评估为无危（LC）。

迁地栽培保存

保存地点	种质份数	个体数量	引种方式	生长状况	来源地
BJ	2	b	采集	G	河北、北京
CQ	1	a	采集	C	重庆
GZ	1	b	采集	C	贵州
GX	*	f	采集	G	广西

紫露草属 *Tradescantia*

白花紫露草 *Tradescantia fluminensis* Vell.

功效主治 花：用于眼病。

迁地栽培保存

保存地点	种质份数	个体数量	引种方式	生长状况	来源地
CQ	1	b	采集	B	重庆

吊竹梅 *Tradescantia zebrina* Bosse

功效主治 全草（吊竹梅）：甘，凉。有毒。清热解毒，凉血，利尿。用于肺痨咯血，咽喉肿痛，目赤红肿，痢疾，水肿，淋证，带下病；外用于痈毒，烫火伤，毒蛇咬伤。

迁地栽培保存

保存地点	种质份数	个体数量	引种方式	生长状况	来源地
BJ	1	c	购买	G	北京
GD	1	b	采集	D	待确定
SH	1	b	采集	A	待确定
YN	1	b	采集	A	云南
GX	*	f	采集	G	广西

毛萼紫露草 *Tradescantia virginiana* L.

功效主治 全草（紫鸭跖草）：甘、淡，凉。活血，利水，消肿，解毒，散结。用于痈疽肿毒，瘰疬，淋证，毒蛇咬伤，跌打损伤，风湿痛。

迁地栽培保存

保存地点	种质份数	个体数量	引种方式	生长状况	来源地
BJ	2	d	交换	G	北京
HN	1	a	采集	B	海南

紫背万年青　*Tradescantia spathacea* Swartz

功效主治　叶（蚌兰叶）：甘、淡，凉。清热，止血，祛瘀。用于肺热燥咳，吐血，便血，尿血，痢疾，跌打损伤。花序（蚌兰花）：甘、淡，凉。清肺化痰，凉血，止痢。用于肺热燥咳，顿咳，瘰疬，吐血，衄血，血痢，便血。

迁地栽培保存

保存地点	种质份数	个体数量	引种方式	生长状况	来源地
BJ	2	b	交换	G	北京，待确定
HN	1	b	采集	B	海南
CQ	1	b	赠送	C	广西

紫露草　*Tradescantia ohiensis* Raf.

迁地栽培保存

保存地点	种质份数	个体数量	引种方式	生长状况	来源地
CQ	1	b	购买	C	重庆
SH	1	b	采集	A	待确定
JS2	1	b	购买	C	江苏

紫竹梅　*Tradescantia pallida*（Rose）D. R. Hunt

迁地栽培保存

保存地点	种质份数	个体数量	引种方式	生长状况	来源地
SC	2	f	待确定	G	四川

续表

保存地点	种质份数	个体数量	引种方式	生长状况	来源地
SH	1	b	采集	A	待确定
CQ	1	b	购买	C	重庆
GZ	1	c	采集	C	贵州

亚麻科　Linaceae

青篱柴属　*Tirpitzia*

米念芭　*Tirpitzia ovoidea* Chun & F. C. How ex W. L. Sha

功效主治　茎、叶：甘，平。散瘀，舒筋活络。根：用于黄疸，筋骨不舒，跌打损伤，骨折，风湿关节痛。叶：用于胁肋痛，积聚，食欲不振。

濒危等级　中国植物红色名录评估为无危（LC）。

迁地栽培保存

保存地点	种质份数	个体数量	引种方式	生长状况	来源地
GX	*	f	采集	G	广西

青篱柴　*Tirpitzia sinensis*（Hemsl.）Hallier f.

功效主治　根、叶：甘，温。活血，止血，止痛。用于劳伤，刀伤出血，跌打损伤，疥疮。

濒危等级　中国植物红色名录评估为无危（LC）。

迁地栽培保存

保存地点	种质份数	个体数量	引种方式	生长状况	来源地
GZ	1	a	采集	C	贵州

种质库保存

保存地点	保存方式	种质份数	个体数量	引种方式	来源地
BJ	种子	1	a	采集	云南

石海椒属 *Reinwardtia*

石海椒 *Reinwardtia indica* Dumort.

功效主治 全株：甘，寒。清热凉血，利尿，排脓。用于小便黄热。

濒危等级 中国植物红色名录评估为无危（LC）。

迁地栽培保存

保存地点	种质份数	个体数量	引种方式	生长状况	来源地
CQ	1	b	采集	B	重庆
GX	*	f	采集	G	重庆

亚麻属 *Linum*

红花亚麻 *Linum grandiflorum* Desf.

种质库保存

保存地点	保存方式	种质份数	个体数量	引种方式	来源地
BJ	种子	1	a	采集	待确定

宿根亚麻 *Linum perenne* L.

功效主治 花、种子：通经，利尿。用于子宫瘀血，闭经，身体虚弱。

濒危等级 中国植物红色名录评估为无危（LC）。

迁地栽培保存

保存地点	种质份数	个体数量	引种方式	生长状况	来源地
BJ	1	b	赠送	G	保加利亚
CQ	1	b	购买	B	重庆
JS2	1	b	购买	C	江苏

种质库保存

保存地点	保存方式	种质份数	个体数量	引种方式	来源地
BJ	种子	3	b	采集	吉林

亚麻 *Linum usitatissimum* L.

功效主治　种子：甘，平。润燥通便，养血祛风。用于风热湿毒，肠燥便秘，皮肤瘙痒，疮疡，湿疹，脱发。

迁地栽培保存

保存地点	种质份数	个体数量	引种方式	生长状况	来源地
JS1	1	a	采集	D	江苏
LN	1	c	采集	A	辽宁
HEN	1	e	赠送	A	河南
BJ	1	e	购买	G	四川
CQ	1	a	购买	F	重庆
GX	*	f	采集	G	四川

种质库保存

保存地点	保存方式	种质份数	个体数量	引种方式	来源地
BJ	种子	7	c	采集	吉林、广西、甘肃，待确定

野亚麻 *Linum stelleroides* Planch.

功效主治　种子：甘，平。养血润燥，祛风解毒。用于便秘，皮肤瘙痒，瘾疹，疮痈肿毒。

迁地栽培保存

保存地点	种质份数	个体数量	引种方式	生长状况	来源地
BJ	3	c	采集	G	山西、辽宁、甘肃

种质库保存

保存地点	保存方式	种质份数	个体数量	引种方式	来源地
BJ	种子	3	b	采集	内蒙古、甘肃

岩菖蒲科　Tofieldiaceae

岩菖蒲属　*Tofieldia*

叉柱岩菖蒲　*Tofieldia divergens* Bureau & Franch.

功效主治　全草（复生草）：淡，平。利尿，调经，滋阴，补虚。用于水肿，头晕，耳鸣，月经不调，胃痛，小儿泄泻，营养不良。

濒危等级　中国特有植物，中国植物红色名录评估为无危（LC）。

种质库保存

保存地点	保存方式	种质份数	个体数量	引种方式	来源地
BJ	种子	1	a	采集	待确定

岩菖蒲　*Tofieldia thibetica* Franch.

濒危等级　中国特有植物，中国植物红色名录评估为无危（LC）。

种质库保存

保存地点	保存方式	种质份数	个体数量	引种方式	来源地
BJ	种子	1	a	采集	待确定

眼子菜科　Potamogetonaceae

眼子菜属　*Potamogeton*

菹草　*Potamogeton crispus* L.

功效主治　全草（菹草）：苦，寒。清热利水，止血，消肿，驱蛔虫。

濒危等级　中国植物红色名录评估为无危（LC）。

迁地栽培保存

保存地点	种质份数	个体数量	引种方式	生长状况	来源地
GX	*	f	采集	G	山东

杨柳科　Salicaceae

箣柊属　*Scolopia*

箣柊　*Scolopia chinensis*（Lour.）Clos

功效主治　全株：活血祛瘀。根：用于风湿骨痛，跌打损伤。叶：用于跌打损伤，内伤疼痛，痈肿疮肿。

迁地栽培保存

保存地点	种质份数	个体数量	引种方式	生长状况	来源地
GX	*	f	采集	G	广东

广东箣柊　*Scolopia saeva*（Hance）Hance

濒危等级　中国植物红色名录评估为无危（LC）。

迁地栽培保存

保存地点	种质份数	个体数量	引种方式	生长状况	来源地
HN	2	a	采集	C	海南

黄杨叶箣柊　*Scolopia buxifolia* Gagnep.

濒危等级　中国植物红色名录评估为无危（LC）。

迁地栽培保存

保存地点	种质份数	个体数量	引种方式	生长状况	来源地
HN	2	a	采集	C	海南

种质库保存

保存地点	保存方式	种质份数	个体数量	引种方式	来源地
BJ	种子	8	a	采集	河北、山东、海南

刺篱木属　*Flacourtia*

刺篱木　*Flacourtia indica*（Burm. f.）Merr.

功效主治　果实：用于消化不良，湿疹，风湿病，便秘。

濒危等级　中国植物红色名录评估为无危（LC）。

迁地栽培保存

保存地点	种质份数	个体数量	引种方式	生长状况	来源地
HN	1	d	采集	C	海南

种质库保存

保存地点	保存方式	种质份数	个体数量	引种方式	来源地
BJ	种子	9	b	采集	安徽、海南
HN	种子	2	b	购买	海南

大果刺篱木　*Flacourtia ramontchi* L'Hér.

功效主治　茎皮、种子：祛风除湿。用于风湿疼痛，霍乱，间歇热。

迁地栽培保存

保存地点	种质份数	个体数量	引种方式	生长状况	来源地
YN	1	a	采集	C	云南

大叶刺篱木　*Flacourtia rukam* Zoll. & Moritzi

功效主治　根、果实：用于腹泻，痢疾。枝、叶：外用于皮肤瘙痒。

迁地栽培保存

保存地点	种质份数	个体数量	引种方式	生长状况	来源地
HN	1	a	采集	C	海南
GX	*	f	采集	G	云南

脚骨脆属　*Casearia*

膜叶脚骨脆　*Casearia membranacea* Hance

濒危等级　中国植物红色名录评估为无危（LC）。

迁地栽培保存

保存地点	种质份数	个体数量	引种方式	生长状况	来源地
HN	3	a	采集	C	海南

种质库保存

保存地点	保存方式	种质份数	个体数量	引种方式	来源地
HN	种子	3	b	采集	海南

球花脚骨脆　*Casearia glomerata* Roxb.

功效主治　根：用于风湿骨痛，跌打损伤。茎皮：用于腹痛，泻痢。

濒危等级　中国植物红色名录评估为无危（LC）。

迁地栽培保存

保存地点	种质份数	个体数量	引种方式	生长状况	来源地
HN	1	a	采集	C	海南

爪哇脚骨脆　*Casearia velutina* Bl.

濒危等级　中国植物红色名录评估为无危（LC）。

迁地栽培保存

保存地点	种质份数	个体数量	引种方式	生长状况	来源地
GX	*	f	采集	G	广西

柳属　*Salix*

白柳　*Salix alba* L.

功效主治　根、枝、叶、芽：苦，寒。清热，祛风，除湿。用于乳蛾，咽喉痛，带下病，水肿，疮疖，黄疸，关节痛初起。

濒危等级　中国植物红色名录评估为无危（LC）。

迁地栽培保存

保存地点	种质份数	个体数量	引种方式	生长状况	来源地
GX	*	f	采集	G	法国

朝鲜柳　*Salix koreensis* Andersson

濒危等级　中国植物红色名录评估为无危（LC）。

迁地栽培保存

保存地点	种质份数	个体数量	引种方式	生长状况	来源地
GX	*	f	采集	G	山东

垂柳　*Salix babylonica* L.

功效主治　根（柳根）：苦，寒。利水通淋，泻火除湿。用于风湿拘挛，筋骨疼痛，带下，牙龈肿痛。枝（柳枝）、叶（柳叶）：苦，寒。消肿散结，利水，解毒透疹。用于小便淋痛，黄疸，风湿痹痛，恶疮。花序（柳花）：苦，寒。散瘀止血。用于吐血。果实：凉。止血，祛湿，溃痈。茎皮：苦，寒。祛风利湿，消肿止痛。用于黄水疮。

濒危等级　中国植物红色名录评估为无危（LC）。

迁地栽培保存

保存地点	种质份数	个体数量	引种方式	生长状况	来源地
SC	1	f	待确定	G	四川
CQ	1	a	购买	C	重庆
GD	1	f	采集	G	待确定
GZ	1	b	采集	C	贵州
HB	1	a	采集	C	湖北
HN	1	a	赠送	C	海南
JS1	1	c	购买	C	江苏
JS2	1	c	购买	C	江苏
YN	1	a	采集	A	云南
NMG	1	a	购买	C	内蒙古
BJ	*	b	购买	G	待确定

旱柳　*Salix matsudana* Koidz.

功效主治　枝、叶：祛风利尿，清热止痛。

濒危等级　中国特有植物，中国植物红色名录评估为无危（LC）。

迁地栽培保存

保存地点	种质份数	个体数量	引种方式	生长状况	来源地
BJ	3	b	购买	G	北京，待确定
NMG	1	a	购买	D	内蒙古

种质库保存

保存地点	保存方式	种质份数	个体数量	引种方式	来源地
BJ	种子	6	b	采集	四川、安徽

龙爪柳　*Salix matsudana* f. *tortuosa*（Vilm.）Rehd.

功效主治　枝（龙爪柳）、叶（龙爪柳）：祛风，利尿，清热，止痛。

迁地栽培保存

保存地点	种质份数	个体数量	引种方式	生长状况	来源地
GZ	1	a	采集	C	贵州

馒头柳 *Salix matsudana* 'Umbraculifera' Rehd.

迁地栽培保存

保存地点	种质份数	个体数量	引种方式	生长状况	来源地
BJ	1	b	购买	G	北京

南川柳 *Salix rosthornii* Seemen

濒危等级 中国特有植物，中国植物红色名录评估为无危（LC）。

迁地栽培保存

保存地点	种质份数	个体数量	引种方式	生长状况	来源地
CQ	1	a	采集	C	重庆

坡柳 *Salix myrtillacea* Andersson

濒危等级 中国植物红色名录评估为无危（LC）。

迁地栽培保存

保存地点	种质份数	个体数量	引种方式	生长状况	来源地
GZ	1	a	采集	C	贵州

种质库保存

保存地点	保存方式	种质份数	个体数量	引种方式	来源地
BJ	种子	7	b	采集	重庆、云南、海南
HN	种子	1	a	采集	海南

杞柳 *Salix integra* Thunb.

濒危等级 中国植物红色名录评估为无危（LC）。

迁地栽培保存

保存地点	种质份数	个体数量	引种方式	生长状况	来源地
GX	*	f	采集	G	湖南

秋华柳 *Salix variegata* Franch.

功效主治 枝皮：祛风除湿，活血化瘀。

濒危等级 中国特有植物，中国植物红色名录评估为无危（LC）。

迁地栽培保存

保存地点	种质份数	个体数量	引种方式	生长状况	来源地
GX	*	f	采集	G	湖北

山东柳 *Salix koreensis* Andersson var. *shandongensis* C. F. Fang

濒危等级 中国特有植物，中国植物红色名录评估为无危（LC）。

迁地栽培保存

保存地点	种质份数	个体数量	引种方式	生长状况	来源地
GX	*	f	采集	G	山东

山柳 *Salix pseudotangii* C. Wang & C. Y. Yu

濒危等级 中国特有植物，中国植物红色名录评估为易危（VU）。

迁地栽培保存

保存地点	种质份数	个体数量	引种方式	生长状况	来源地
BJ	1	a	采集	G	北京
GX	*	f	采集	G	广西

台湾水柳　*Salix warburgii* Seemen

功效主治　根茎：用于疲劳。

濒危等级　中国特有植物，中国植物红色名录评估为无危（LC）。

迁地栽培保存

保存地点	种质份数	个体数量	引种方式	生长状况	来源地
BJ	1	b	采集	G	北京

种质库保存

保存地点	保存方式	种质份数	个体数量	引种方式	来源地
BJ	种子	8	b	采集	重庆、海南

绦柳　*Salix matsudana* ‘Pendula’

濒危等级　中国特有植物，中国植物红色名录评估为无危（LC）。

迁地栽培保存

保存地点	种质份数	个体数量	引种方式	生长状况	来源地
BJ	1	b	购买	G	北京

乌柳　*Salix cheilophila* C. K. Schneid.

功效主治　茎皮、枝、叶：辛、甘，温。祛风解表，清热消肿。用于麻疹初起，斑疹不透，皮肤瘙痒，慢性风湿病。

濒危等级　中国特有植物，中国植物红色名录评估为无危（LC）。

种质库保存

保存地点	保存方式	种质份数	个体数量	引种方式	来源地
BJ	种子	1	a	采集	甘肃

栒子叶柳　*Salix karelinii* Turcz. ex Stschegl.

功效主治　根、枝：祛风除湿。叶：清热解毒。

濒危等级 中国植物红色名录评估为无危（LC）。

种质库保存

保存地点	保存方式	种质份数	个体数量	引种方式	来源地
BJ	种子	41	b	采集	云南、山西、四川

银芽柳 *Salix × leucopithecia* Kimura

迁地栽培保存

保存地点	种质份数	个体数量	引种方式	生长状况	来源地
SH	1	b	采集	F	待确定

云南柳 *Salix cavaleriei* H. Lév.

濒危等级 中国特有植物，中国植物红色名录评估为无危（LC）。

迁地栽培保存

保存地点	种质份数	个体数量	引种方式	生长状况	来源地
GX	*	f	采集	G	广西

皂柳 *Salix wallichiana* Andersson

功效主治 根（皂柳根）：辛、酸，凉。祛风，解热，除湿。用于风湿关节痛，头风痛。

迁地栽培保存

保存地点	种质份数	个体数量	引种方式	生长状况	来源地
CQ	1	a	采集	C	重庆
GZ	1	a	采集	C	贵州
GX	*	f	采集	G	湖北

山拐枣属 *Poliothyrsis*

山拐枣 *Poliothyrsis sinensis* Oliv.

濒危等级 中国特有植物，中国植物红色名录评估为无危（LC）。

种质库保存

保存地点	保存方式	种质份数	个体数量	引种方式	来源地
GX	组织	*	f	采集	陕西
BJ	种子	1	a	采集	江西

山桂花属　*Bennettiodendron*

山桂花　*Bennettiodendron delavayi* Franch.

功效主治　全株：用于消化不良。

濒危等级　中国植物红色名录评估为无危（LC）。

迁地栽培保存

保存地点	种质份数	个体数量	引种方式	生长状况	来源地
YN	1	a	采集	C	云南

山桐子属　*Idesia*

毛叶山桐子　*Idesia polycarpa* var. *vestita* Diels

迁地栽培保存

保存地点	种质份数	个体数量	引种方式	生长状况	来源地
HB	1	a	采集	C	待确定
GX	*	f	采集	G	江西

山桐子　*Idesia polycarpa* Maxim.

功效主治　叶（山桐子）：辛、甘，寒。清热凉血，散瘀消肿。用于骨折，烫火伤，外伤出血，吐血。种子油：杀虫。用于疥癣。

濒危等级　中国植物红色名录评估为无危（LC）。

迁地栽培保存

保存地点	种质份数	个体数量	引种方式	生长状况	来源地
CQ	1	a	采集	C	重庆
GZ	1	a	采集	C	贵州
JS1	1	a	购买	C	陕西
ZJ	1	c	购买	A	陕西
GX	*	f	采集	G	重庆

种质库保存

保存地点	保存方式	种质份数	个体数量	引种方式	来源地
BJ	种子	11	a	采集	安徽、四川、贵州、江西、云南

天料木属 *Homalium*

短穗天料木 *Homalium breviracemosum* F. C. How & Ko

濒危等级 中国特有植物，中国植物红色名录评估为无危（LC）。

迁地栽培保存

保存地点	种质份数	个体数量	引种方式	生长状况	来源地
GX	*	f	采集	G	广西

毛天料木 *Homalium mollissimum* Merr.

濒危等级 中国植物红色名录评估为无危（LC）。

迁地栽培保存

保存地点	种质份数	个体数量	引种方式	生长状况	来源地
HN	1	a	采集	C	海南

斯里兰卡天料木 *Homalium ceylanicum* (Gardner) Benth.

功效主治 叶：清热消肿。外用于疮毒。

濒危等级　中国植物红色名录评估为易危（VU）。

迁地栽培保存

保存地点	种质份数	个体数量	引种方式	生长状况	来源地
GX	2	f	采集	G	广西
HN	2	a	采集	C	海南

天料木　*Homalium cochinchinense* Druce

功效主治　根：收敛，消炎退肿。用于淋病，肝毒。

迁地栽培保存

保存地点	种质份数	个体数量	引种方式	生长状况	来源地
HN	1	a	采集	C	海南
GX	*	f	采集	G	湖南

狭叶天料木　*Homalium stenophyllum* Merr. & Chun

濒危等级　中国特有植物，中国植物红色名录评估为濒危（EN）。

迁地栽培保存

保存地点	种质份数	个体数量	引种方式	生长状况	来源地
HN	1	a	采集	C	海南

显脉天料木　*Homalium phanerophlebium* F. C. How & Ko

濒危等级　中国植物红色名录评估为无危（LC）。

迁地栽培保存

保存地点	种质份数	个体数量	引种方式	生长状况	来源地
HN	1	a	采集	C	海南

杨属 *Populus*

大叶杨 *Populus lasiocarpa* Oliv.

功效主治 根皮：止咳，驱虫。

濒危等级 中国特有植物，中国植物红色名录评估为无危（LC）。

迁地栽培保存

保存地点	种质份数	个体数量	引种方式	生长状况	来源地
GX	*	f	采集	G	湖北

滇杨 *Populus yunnanensis* Dode

功效主治 根：清热解毒，杀虫。

濒危等级 中国特有植物，中国植物红色名录评估为无危（LC）。

迁地栽培保存

保存地点	种质份数	个体数量	引种方式	生长状况	来源地
GZ	1	a	采集	C	贵州

加杨 *Populus canadensis* Moench

功效主治 雄花序：化湿止痢。用于痢疾，肠痈。

迁地栽培保存

保存地点	种质份数	个体数量	引种方式	生长状况	来源地
CQ	1	a	购买	C	重庆

毛白杨 *Populus tomentosa* Carrière

功效主治 茎皮（毛白杨）、花序（杨狗花）：苦、甘，寒。清热利湿，祛痰，止痢。用于痢疾，淋浊，带下病，肺热咳嗽，肝毒，蛔虫病。

濒危等级 中国特有植物，中国植物红色名录评估为无危（LC）。

迁地栽培保存

保存地点	种质份数	个体数量	引种方式	生长状况	来源地
BJ	1	b	购买	G	待确定
CQ	1	a	采集	C	重庆
JS1	1	a	购买	C	江苏
SH	1	a	采集	A	待确定

青杨　*Populus cathayana* Rehder

功效主治　根皮、茎皮、枝叶：祛风，散瘀。

濒危等级　中国特有植物，中国植物红色名录评估为无危（LC）。

种质库保存

保存地点	保存方式	种质份数	个体数量	引种方式	来源地
BJ	种子	1	a	采集	甘肃

响叶杨　*Populus adenopoda* Maxim.

功效主治　根（响叶杨）、茎皮（响叶杨）、叶（响叶杨）：祛风通络，散瘀活血，止痛。用于风湿关节痛，四肢不遂，损伤肿痛。

濒危等级　中国特有植物，中国植物红色名录评估为无危（LC）。

迁地栽培保存

保存地点	种质份数	个体数量	引种方式	生长状况	来源地
GX	*	f	采集	G	湖北

栀子皮属　*Itoa*

栀子皮　*Itoa orientalis* Hemsl.

功效主治　根：祛风除湿，活血通络。用于风湿骨痛，跌打损伤，贫血。

濒危等级　中国植物红色名录评估为无危（LC）。

迁地栽培保存

保存地点	种质份数	个体数量	引种方式	生长状况	来源地
YN	1	a	采集	C	云南

柞木属 *Xylosma*

长叶柞木 *Xylosma longifolia* Clos

功效主治　根皮、茎皮：用于黄疸，水肿，胎死不下。根、叶：用于跌打损伤，骨折，脱臼，肿痛，外伤出血。

濒危等级　中国植物红色名录评估为无危（LC）。

迁地栽培保存

保存地点	种质份数	个体数量	引种方式	生长状况	来源地
GX	*	f	采集	G	广西

南岭柞木 *Xylosma controversa* Clos

功效主治　根、叶：辛、甘，寒。清热凉血，散瘀消肿。用于骨折，烫火伤，外伤出血，吐血。

濒危等级　中国植物红色名录评估为无危（LC）。

迁地栽培保存

保存地点	种质份数	个体数量	引种方式	生长状况	来源地
GX	*	f	采集	G	广西

种质库保存

保存地点	保存方式	种质份数	个体数量	引种方式	来源地
BJ	种子	1	a	采集	河北

柞木 *Xylosma racemosa*（Sieb. & Zucc.）Miq.

功效主治　根（柞木）、叶（柞木）：用于跌打肿痛，骨折，脱臼，外伤出血。根皮、茎皮：用于黄疸，水肿，胎死不下。

迁地栽培保存

保存地点	种质份数	个体数量	引种方式	生长状况	来源地
CQ	1	a	采集	C	重庆
BJ	1	a	采集	G	江西
GD	1	f	采集	G	待确定
GX	*	f	采集	G	广西

杨梅科　Myricaceae

杨梅属　*Myrica*

毛杨梅　*Myrica esculenta* Buch.-Ham. ex D. Don

功效主治　根皮、茎皮、果实：涩，平。清热，收敛，止泻，止血，止痛。用于痢疾，泄泻，崩漏，胃痛。

濒危等级　中国植物红色名录评估为无危（LC）。

迁地栽培保存

保存地点	种质份数	个体数量	引种方式	生长状况	来源地
GX	*	f	采集	G	广西

种质库保存

保存地点	保存方式	种质份数	个体数量	引种方式	来源地
BJ	种子	1	a	采集	待确定

青杨梅　*Myrica adenophora* Hance

功效主治　果实（青杨梅）：祛痰，解酒，止吐。

濒危等级　中国特有植物，中国植物红色名录评估为易危（VU）。

迁地栽培保存

保存地点	种质份数	个体数量	引种方式	生长状况	来源地
HN	1	a	采集	C	海南
GX	*	f	采集	G	广西

杨梅 *Myrica rubra*（Lour.）Sieb. & Zucc.

功效主治 果实（杨梅）：酸、甘，平。生津止渴，和胃消食。用于烦渴，胃痛，食欲不振。根：辛、苦，温。理气止血，化瘀。用于胃痛，膈食呕吐，疝气，吐血，跌打损伤。茎皮：苦，温。理气散瘀，止痛，利湿。用于跌打损伤，胃痛，牙痛，外伤出血。

濒危等级 中国植物红色名录评估为无危（LC）。

迁地栽培保存

保存地点	种质份数	个体数量	引种方式	生长状况	来源地
GZ	2	b	采集、购买	C	贵州
CQ	1	a	购买	C	重庆
FJ	1	a	购买	A	福建
GD	1	f	采集	G	待确定
SH	1	a	采集	A	待确定
YN	1	a	购买	C	云南
ZJ	1	c	购买	A	浙江

种质库保存

保存地点	保存方式	种质份数	个体数量	引种方式	来源地
BJ	种子	8	b	采集	江苏、云南、福建

云南杨梅 *Myrica nana* A. Chev.

功效主治 根皮、茎皮：涩，凉。行气活血，止痛，止血，解毒消肿。果实：酸，凉。用于痢疾，泄泻，消化不良，崩漏，肠痈，脱肛。

濒危等级 中国特有植物，中国植物红色名录评估为无危（LC）。

迁地栽培保存

保存地点	种质份数	个体数量	引种方式	生长状况	来源地
GZ	1	a	采集	C	贵州

种质库保存

保存地点	保存方式	种质份数	个体数量	引种方式	来源地
BJ	种子	1	a	采集	四川

野牡丹科　Melastomataceae

柏拉木属　*Blastus*

柏拉木　*Blastus cochinchinensis* Lour.

功效主治　根（山崩砂）：涩、微酸，平。收敛，止血，消肿解毒。用于产后流血不止，月经过多，泄泻，跌打损伤，外伤出血，疮疡溃烂。全株：拔毒生肌。用于疮疖。

濒危等级　中国植物红色名录评估为无危（LC）。

迁地栽培保存

保存地点	种质份数	个体数量	引种方式	生长状况	来源地
GX	*	f	采集	G	广西

少花柏拉木　*Blastus pauciflorus*（Benth.）Guillaumin

功效主治　根、叶：拔毒，生肌。用于疥疮。

濒危等级　中国特有植物，中国植物红色名录评估为无危（LC）。

迁地栽培保存

保存地点	种质份数	个体数量	引种方式	生长状况	来源地
GD	1	f	采集	G	待确定

蒂牡花属 *Tibouchina*

巴西野牡丹 *Tibouchina semidecandra* (Mart. et Schrank ex DC.) Cogn.

迁地栽培保存

保存地点	种质份数	个体数量	引种方式	生长状况	来源地
YN	1	c	购买	A	云南

肥肉草属 *Fordiophyton*

异药花 *Fordiophyton faberi* Stapf

功效主治 全株：祛风除湿，活血。叶：用于漆疮。

濒危等级 中国特有植物，中国植物红色名录评估为无危（LC）。

迁地栽培保存

保存地点	种质份数	个体数量	引种方式	生长状况	来源地
CQ	2	a	采集	C	重庆
GX	*	f	采集	G	江西

蜂斗草属 *Sonerila*

蜂斗草 *Sonerila cantonensis* Stapf

功效主治 全草：清热解毒。用于痢疾，崩漏；外用于创伤，毒蛇咬伤。

濒危等级 中国植物红色名录评估为无危（LC）。

迁地栽培保存

保存地点	种质份数	个体数量	引种方式	生长状况	来源地
HN	1	a	采集	C	海南
GX	*	f	采集	G	广西

溪边桑勒草 *Sonerila rivularis* Cogn.

功效主治　全株（花花草）：淡，平。清热解毒。用于目赤，肺痨，胃痛，骨折，麻风。

濒危等级　中国植物红色名录评估为无危（LC）。

种质库保存

保存地点	保存方式	种质份数	个体数量	引种方式	来源地
BJ	种子	1	a	采集	待确定

谷木属　*Memecylon*

滇谷木 *Memecylon polyanthum* H. L. Li

种质库保存

保存地点	保存方式	种质份数	个体数量	引种方式	来源地
BJ	种子	1	a	采集	海南

谷木 *Memecylon ligustrifolium* Champ. ex Benth.

功效主治　枝、叶：活血祛瘀，止血。用于跌打损伤，腰背痛。

迁地栽培保存

保存地点	种质份数	个体数量	引种方式	生长状况	来源地
HN	2	a	采集	C	海南

细叶谷木 *Memecylon scutellatum* (Lour.) Hook. & Arn.

功效主治　叶：解毒消肿。外用于疮疡肿毒。

迁地栽培保存

保存地点	种质份数	个体数量	引种方式	生长状况	来源地
HN	1	a	采集	C	海南

尖子木属　*Oxyspora*

尖子木　*Oxyspora paniculata*（D. Don）DC.

功效主治　全株（尖子木）：甘、微涩，平。清热解毒，利湿。用于痢疾，疔疮，泄泻。

濒危等级　中国植物红色名录评估为无危（LC）。

迁地栽培保存

保存地点	种质份数	个体数量	引种方式	生长状况	来源地
GZ	1	b	采集	C	贵州
YN	1	a	采集	C	云南
GX	*	f	采集	G	广西

种质库保存

保存地点	保存方式	种质份数	个体数量	引种方式	来源地
BJ	种子	1	a	采集	待确定

金锦香属　*Osbeckia*

朝天罐　*Osbeckia opipara* C. Y. Wu & C. Chen

功效主治　根（朝天罐）、果实（朝天罐）：甘、涩，平。清热利湿，止咳，调经。用于吐泻，痢疾，消化不良，咳嗽，吐血，月经不调，带下病。

濒危等级　中国植物红色名录评估为无危（LC）。

迁地栽培保存

保存地点	种质份数	个体数量	引种方式	生长状况	来源地
GZ	1	a	采集	C	贵州
YN	1	a	采集	C	云南

种质库保存

保存地点	保存方式	种质份数	个体数量	引种方式	来源地
BJ	种子	8	b	采集	云南、四川

假朝天罐 *Osbeckia crinita* Benth. ex C. B. Clarke

功效主治 根、果实：功效同朝天罐。

濒危等级 中国植物红色名录评估为无危（LC）。

迁地栽培保存

保存地点	种质份数	个体数量	引种方式	生长状况	来源地
CQ	1	a	采集	C	重庆

种质库保存

保存地点	保存方式	种质份数	个体数量	引种方式	来源地
BJ	种子	1	a	采集	待确定

金锦香 *Osbeckia chinensis* L.

功效主治 全草（金锦香）：淡，平。清热利湿，消肿解毒，止咳化痰。用于痢疾，肝痛，感冒咳嗽，咽喉肿痛，哮喘，肺痨，咯血，肠痈，毒蛇咬伤，疔疮疖肿。

迁地栽培保存

保存地点	种质份数	个体数量	引种方式	生长状况	来源地
HN	2	a	赠送	C	海南
GD	1	f	采集	G	待确定
GX	*	f	采集	G	广西

种质库保存

保存地点	保存方式	种质份数	个体数量	引种方式	来源地
BJ	种子	6	b	采集	云南、四川、重庆
HN	种子	1	a	采集	湖南

湿生金锦香 *Osbeckia paludosa* Craib

功效主治 全株：收敛，清热，止血。

种质库保存

保存地点	保存方式	种质份数	个体数量	引种方式	来源地
BJ	种子	6	b	采集	云南

锦香草属 *Phyllagathis*

红敷地发 *Phyllagathis elattandra* Diels

功效主治 全草：用于肺痨咳嗽，疥疮，皮肤病，烫火伤，风热咳喘，胃痛，跌打损伤。

濒危等级 中国特有植物，中国植物红色名录评估为无危（LC）。

迁地栽培保存

保存地点	种质份数	个体数量	引种方式	生长状况	来源地
GX	*	f	采集	G	广西

锦香草 *Phyllagathis cavaleriei*（H. Lév. & Vaniot）Guillaumin

功效主治 全草（熊巴掌）：辛、苦，寒。清热解毒，利湿消肿。用于痢疾，痔疮，小儿阴囊肿大，带下病，月经不调，崩漏。

濒危等级 中国特有植物，中国植物红色名录评估为无危（LC）。

迁地栽培保存

保存地点	种质份数	个体数量	引种方式	生长状况	来源地
GZ	1	c	采集	C	贵州
GX	*	f	采集	G	广西

卷花丹属 *Scorpiothyrsus*

黄毛卷花丹 *Scorpiothyrsus xanthotrichus*（Merr. & Chun）H. L. Li

濒危等级 中国特有植物，中国植物红色名录评估为近危（NT）。

迁地栽培保存

保存地点	种质份数	个体数量	引种方式	生长状况	来源地
GX	*	f	采集	G	广西

疏毛卷花丹　*Scorpiothyrsus oligotrichus* H. L. Li

濒危等级　中国特有植物，中国植物红色名录评估为数据缺乏（DD）。

迁地栽培保存

保存地点	种质份数	个体数量	引种方式	生长状况	来源地
GX	*	f	采集	G	广西

棱果花属　*Barthea*

宽翅棱果花　*Barthea barthei* var. *valdealata* C. Hansen

濒危等级　中国特有植物，中国植物红色名录评估为濒危（EN）。

迁地栽培保存

保存地点	种质份数	个体数量	引种方式	生长状况	来源地
GX	*	f	采集	G	广西

偏瓣花属　*Plagiopetalum*

偏瓣花　*Plagiopetalum esquirolii*（H. Lév.）Rehder

功效主治　根：辛，凉。清热降火，解毒消肿。用于高热，感冒，无名肿毒。

濒危等级　中国植物红色名录评估为无危（LC）。

迁地栽培保存

保存地点	种质份数	个体数量	引种方式	生长状况	来源地
HN	1	a	采集	C	海南

肉穗草属 *Sarcopyramis*

楮头红 *Sarcopyramis napalensis* Wall.

功效主治 全草（楮头红）：酸，凉。清热，平肝。用于肺热咳嗽，头目眩晕，心悸失眠。

迁地栽培保存

保存地点	种质份数	个体数量	引种方式	生长状况	来源地
CQ	1	a	采集	C	重庆

酸脚杆属 *Medinilla*

北酸脚杆 *Medinilla septentrionalis*（W. W. Sm.）H. L. Li

功效主治 根：用于小儿惊风。全株：用于痢疾。

濒危等级 中国植物红色名录评估为无危（LC）。

迁地栽培保存

保存地点	种质份数	个体数量	引种方式	生长状况	来源地
GX	*	f	采集	G	广西

粉苞酸脚杆 *Medinilla magnifica* Lindl.

迁地栽培保存

保存地点	种质份数	个体数量	引种方式	生长状况	来源地
BJ	*	a	采集	G	待确定

附生美丁花 *Medinilla arboricola* F. C. How

濒危等级 中国特有植物，中国植物红色名录评估为近危（NT）。

迁地栽培保存

保存地点	种质份数	个体数量	引种方式	生长状况	来源地
HN	1	a	采集	C	海南
GX	*	f	采集	G	海南

酸脚杆 *Medinilla lanceata*（M. P. Nayar）C. Chen

濒危等级　中国特有植物，中国植物红色名录评估为无危（LC）。

迁地栽培保存

保存地点	种质份数	个体数量	引种方式	生长状况	来源地
YN	1	b	购买	A	云南

野海棠属　*Bredia*

大叶野海棠 *Bredia longiradiosa* C. Chen

功效主治　全株（血螃蟹）：辛、苦，平。清热解毒，润肺止咳。用于吐血，咽喉肿痛，肺热咳嗽。

迁地栽培保存

保存地点	种质份数	个体数量	引种方式	生长状况	来源地
GX	*	f	采集	G	广西

双腺野海棠 *Bredia biglandularis* C. Chen

濒危等级　中国特有植物，中国植物红色名录评估为近危（NT）。

迁地栽培保存

保存地点	种质份数	个体数量	引种方式	生长状况	来源地
GX	*	f	采集	G	广西

心叶野海棠 *Bredia esquirolii* var. *cordata*（H. L. Li）C. Chen

濒危等级　中国特有植物，中国植物红色名录评估为无危（LC）。

种质库保存

保存地点	保存方式	种质份数	个体数量	引种方式	来源地
BJ	种子	1	a	采集	云南

鸭脚茶 *Bredia sinensis* (Diels) H. L. Li

功效主治　根（鸭脚茶根）：用于头痛，疟疾，腰痛。叶（鸭脚茶叶）：用于感冒。

濒危等级　中国特有植物，中国植物红色名录评估为无危（LC）。

种质库保存

保存地点	保存方式	种质份数	个体数量	引种方式	来源地
BJ	种子	1	a	采集	河北

叶底红 *Bredia fordii* (Hance) C. Chen

功效主治　全株（野海棠）：甘、酸，温。益肾调经，补血活血。用于吐血，闭经，跌打损伤，小儿疳积；外用于烫火伤，疥疮。

濒危等级　中国特有植物，中国植物红色名录评估为无危（LC）。

迁地栽培保存

保存地点	种质份数	个体数量	引种方式	生长状况	来源地
CQ	1	a	采集	C	重庆

野牡丹属 *Melastoma*

大野牡丹 *Melastoma imbricatum* Wall.

濒危等级　中国植物红色名录评估为无危（LC）。

种质库保存

保存地点	保存方式	种质份数	个体数量	引种方式	来源地
BJ	种子	2	a	采集	重庆，待确定

地菍 *Melastoma dodecandrum* Lour.

功效主治　全株或根（地菍）：甘、涩，平。清热解毒，祛风利湿，补血止血。用于泄泻，痢疾，肺痈，崩漏，贫血，带下病，腰腿痛，风湿骨痛，外伤出血，毒蛇咬伤。

濒危等级　中国植物红色名录评估为无危（LC）。

迁地栽培保存

保存地点	种质份数	个体数量	引种方式	生长状况	来源地
GZ	1	b	采集	C	贵州
BJ	1	a	采集	G	广西
CQ	1	a	采集	C	重庆
GX	*	f	采集	G	浙江

种质库保存

保存地点	保存方式	种质份数	个体数量	引种方式	来源地
BJ	种子	1	a	采集	待确定

毛菍 *Melastoma sanguineum* Sims

功效主治　根（红毛菍）、叶（红毛菍）：涩，平。止血，止痢。用于便血，月经过多，泄泻，创伤出血。

濒危等级　中国植物红色名录评估为无危（LC）。

迁地栽培保存

保存地点	种质份数	个体数量	引种方式	生长状况	来源地
HN	1	a	采集	B	海南
GX	*	f	采集	G	广西

种质库保存

保存地点	保存方式	种质份数	个体数量	引种方式	来源地
HN	种子	7	e	采集	海南
BJ	种子	2	a	采集	广西、云南

野牡丹 *Melastoma candidum* D. Don

功效主治 根、叶：苦、涩，凉。清热利湿，化瘀止血。用于消化不良，痢疾，泄泻，肝毒，衄血；外用于跌打损伤，外伤出血。

濒危等级 中国植物红色名录评估为无危（LC）。

迁地栽培保存

保存地点	种质份数	个体数量	引种方式	生长状况	来源地
FJ	5	b	采集	A	福建
HN	2	a	采集	B	海南，待确定
YN	1	c	采集	C	云南
BJ	1	a	采集	G	广西
CQ	1	a	采集	C	重庆
GD	1	a	采集	D	待确定
GX	*	f	采集	G	四川

种质库保存

保存地点	保存方式	种质份数	个体数量	引种方式	来源地
BJ	种子	9	b	采集	福建

紫毛野牡丹 *Melastoma penicillatum* Naudin

种质库保存

保存地点	保存方式	种质份数	个体数量	引种方式	来源地
BJ	种子	1	a	采集	甘肃

异形木属 *Allomorphia*

异形木 *Allomorphia balansae* Cogn.

功效主治 根、茎：用于周身骨痛，阴挺，跌打损伤。枝、叶：用于痧证；外用于足癣。全株：用于刀伤。

濒危等级 中国植物红色名录评估为无危（LC）。

迁地栽培保存

保存地点	种质份数	个体数量	引种方式	生长状况	来源地
GX	*	f	采集	G	广西

叶下珠科 Phyllanthaceae

白饭树属 *Flueggea*

白饭树 *Flueggea virosa* (Roxb. ex Willd.) Royle

功效主治 根皮：用于湿疹，脓疱疮，皮癣，疮疖，烫火伤。枝叶：祛风除湿，解毒，杀虫。

濒危等级 中国植物红色名录评估为无危（LC）。

迁地栽培保存

保存地点	种质份数	个体数量	引种方式	生长状况	来源地
GZ	1	a	采集	C	贵州
HN	1	a	采集	B	待确定
GD	1	f	采集	G	待确定
YN	1	a	采集	C	云南

种质库保存

保存地点	保存方式	种质份数	个体数量	引种方式	来源地
BJ	种子	7	b	采集	海南
HN	种子	2	b	采集	海南

聚花白饭树 *Flueggea leucopyrus* Willd.

功效主治 叶汁：用于溃疡，寄生虫病。

濒危等级 中国植物红色名录评估为无危（LC）。

迁地栽培保存

保存地点	种质份数	个体数量	引种方式	生长状况	来源地
GX	*	f	采集	G	湖北

一叶萩 *Flueggea suffruticosa*（Pall.）Baill.

功效主治 嫩枝叶（叶底珠）、根（叶底珠）：辛、苦，温。有毒。活血舒筋，健脾益肾。用于面瘫，小儿麻痹后遗症，眩晕，耳聋，肾虚，多寐，阳痿。

濒危等级 中国植物红色名录评估为无危（LC）。

迁地栽培保存

保存地点	种质份数	个体数量	引种方式	生长状况	来源地
CQ	2	b	采集	B	重庆
BJ	1	c	采集	G	广东
JS1	1	a	采集	C	江苏
SH	1	b	采集	A	待确定
GX	*	f	采集	G	浙江、广西

种质库保存

保存地点	保存方式	种质份数	个体数量	引种方式	来源地
BJ	种子	2	a	采集	吉林、重庆

闭花木属 *Cleistanthus*

闭花木 *Cleistanthus sumatranus*（Miq.）Müll. Arg.

功效主治 叶：用于硅肺，苯中毒。

濒危等级 中国植物红色名录评估为无危（LC）。

迁地栽培保存

保存地点	种质份数	个体数量	引种方式	生长状况	来源地
HN	1	e	采集	C	海南

种质库保存

保存地点	保存方式	种质份数	个体数量	引种方式	来源地
BJ	种子	1	a	采集	待确定
HN	种子	4	c	采集	海南

黑面神属　*Breynia*

黑面神　*Breynia fruticosa* (L.) Hook. f.

功效主治　根（黑面叶）、叶（黑面叶）：微苦，凉。有小毒。清热解毒，散瘀，止痛，止痒。根：用于急性吐泻，咳嗽，石淋，产后子宫收缩痛，风湿关节痛。叶：外用于烫火伤，湿疹，疥癣，皮肤瘙痒，阴痒。

濒危等级　中国植物红色名录评估为无危（LC）。

迁地栽培保存

保存地点	种质份数	个体数量	引种方式	生长状况	来源地
YN	1	b	购买	A	云南
BJ	1	a	采集	G	海南
GD	1	a	采集	D	待确定
HN	1	a	赠送	C	海南
FJ	2	a	赠送	A	福建、广西

种质库保存

保存地点	保存方式	种质份数	个体数量	引种方式	来源地
BJ	种子	3	a	采集	海南
HN	种子	1	a	采集	海南

喙果黑面神　*Breynia rostrata* Merr.

功效主治　根、叶：苦、涩，凉。清热解毒，止血止痛。用于感冒发热，乳蛾，咽喉痛，吐泻，痢疾，崩漏，带下病，痛经；外用于外伤出血，疮疖，湿疹，皮肤瘙痒，烧伤。

濒危等级　中国植物红色名录评估为无危（LC）。

迁地栽培保存

保存地点	种质份数	个体数量	引种方式	生长状况	来源地
HN	1	a	采集	C	海南
GX	*	f	采集	G	广西

小叶黑面神 *Breynia vitis-idaea* (Burm. f.) C. E. C. Fisch.

濒危等级 中国植物红色名录评估为无危（LC）。

迁地栽培保存

保存地点	种质份数	个体数量	引种方式	生长状况	来源地
GX	*	f	采集	G	待确定

木奶果属 *Baccaurea*

木奶果 *Baccaurea ramiflora* Lour.

功效主治 果实（木奶果）：生津止渴，消积。用于津液亏损，食积。

濒危等级 中国植物红色名录评估为无危（LC）。

迁地栽培保存

保存地点	种质份数	个体数量	引种方式	生长状况	来源地
YN	1	a	购买	A	云南
HN	1	a	采集	C	海南
BJ	1	a	采集	G	海南
GX	*	f	采集	G	待确定

种质库保存

保存地点	保存方式	种质份数	个体数量	引种方式	来源地
BJ	种子	6	a	采集	待确定
HN	种子	2	a	采集	海南

秋枫属　*Bischofia*

秋枫　*Bischofia javanica* Bl.

功效主治　根（秋枫）、茎皮（秋枫）：用于风湿骨痛。叶（秋枫）：用于噎膈，胁痛，小儿疳积，风热咳喘，咽喉痛；外用于痈疽，疮疡。

濒危等级　中国植物红色名录评估为无危（LC）。

迁地栽培保存

保存地点	种质份数	个体数量	引种方式	生长状况	来源地
BJ	1	a	采集	G	广西
CQ	1	a	购买	C	重庆
HB	1	a	采集	C	待确定
HN	1	b	购买	B	海南

种质库保存

保存地点	保存方式	种质份数	个体数量	引种方式	来源地
HN	DNA	1	a	采集	海南

重阳木　*Bischofia polycarpa*（H. Lév.）Airy Shaw

功效主治　根、茎皮：行气活血，消肿解毒。用于风湿骨痛，赤白痢。

濒危等级　中国特有植物，江西省三级保护植物，中国植物红色名录评估为无危（LC）。

迁地栽培保存

保存地点	种质份数	个体数量	引种方式	生长状况	来源地
BJ	1	a	采集	G	待确定
YN	1	a	购买	D	云南
SH	1	a	采集	A	待确定
SC	1	f	待确定	G	四川
JS2	1	e	购买	B	江苏
JS1	1	a	购买	C	江苏

保存地点	种质份数	个体数量	引种方式	生长状况	来源地
GD	1	f	采集	G	待确定
HB	1	a	采集	C	待确定

种质库保存

保存地点	保存方式	种质份数	个体数量	引种方式	来源地
BJ	种子	45	c	采集	云南、重庆、江西、江苏、湖北

雀舌木属　*Leptopus*

方鼎木　*Leptopus fangdingianus* P. T. Li

濒危等级　中国特有植物，中国植物红色名录评估为濒危（EN）。

迁地栽培保存

保存地点	种质份数	个体数量	引种方式	生长状况	来源地
GX	*	f	采集	G	广西

雀儿舌头　*Leptopus chinensis*（Bunge）Pojark.

功效主治　嫩苗、叶：用于腹痛，虫积。

濒危等级　中国植物红色名录评估为无危（LC）。

迁地栽培保存

保存地点	种质份数	个体数量	引种方式	生长状况	来源地
BJ	1	a	采集	G	北京
CQ	1	a	采集	C	重庆
SC	1	f	待确定	G	四川

尾叶雀舌木　*Leptopus esquirolii*（H. Lév.）P. T. Li

功效主治　叶：止血，固脱。用于阴挺。

迁地栽培保存

保存地点	种质份数	个体数量	引种方式	生长状况	来源地
CQ	1	a	采集	C	重庆
GZ	1	b	采集	C	贵州

守宫木属　*Sauropus*

茎花守宫木　*Sauropus bonii* Beille

濒危等级　中国植物红色名录评估为无危（LC）。

迁地栽培保存

保存地点	种质份数	个体数量	引种方式	生长状况	来源地
GX	*	f	采集	G	广西

龙脷叶　*Sauropus spatulifolius* Beille

功效主治　叶（龙脷叶）：甘、淡，平。清热化痰，润肺通便。用于肺燥咳嗽，失音，咽喉痛，哮喘，咯血，大便秘结。花（龙脷花）：用于咯血。

濒危等级　中国植物红色名录评估为无危（LC）。

迁地栽培保存

保存地点	种质份数	个体数量	引种方式	生长状况	来源地
BJ	1	b	采集	G	广东
GD	1	b	采集	D	待确定
HN	1	a	采集	C	待确定

守宫木　*Sauropus androgynus*（L.）Merr.

功效主治　根：用于痢疾，便血，淋巴结结核，疥疮。叶：清热化痰，润肺通便。用于肺燥咳嗽，失音，咽喉痛，哮喘，咯血，大便秘结。

濒危等级　中国植物红色名录评估为无危（LC）。

迁地栽培保存

保存地点	种质份数	个体数量	引种方式	生长状况	来源地
HN	2	a	采集	B	待确定
YN	1	b	采集	B	云南
GX	*	f	采集	G	广西

种质库保存

保存地点	保存方式	种质份数	个体数量	引种方式	来源地
BJ	种子	1	a	采集	广西

算盘子属 *Glochidion*

艾胶算盘子 *Glochidion lanceolarium*（Roxb.）Voigt

功效主治 茎、叶：用于口疮，牙龈肿痛。

濒危等级 中国植物红色名录评估为无危（LC）。

迁地栽培保存

保存地点	种质份数	个体数量	引种方式	生长状况	来源地
HN	1	a	采集	C	海南
YN	1	a	购买	C	云南

种质库保存

保存地点	保存方式	种质份数	个体数量	引种方式	来源地
BJ	种子	2	a	采集	重庆、四川

白背算盘子 *Glochidion wrightii* Benth.

功效主治 根、叶：用于痢疾，湿疹，小儿麻疹。

濒危等级 中国特有植物，中国植物红色名录评估为无危（LC）。

迁地栽培保存

保存地点	种质份数	个体数量	引种方式	生长状况	来源地
GX	*	f	采集	G	澳门

种质库保存

保存地点	保存方式	种质份数	个体数量	引种方式	来源地
BJ	种子	1	a	采集	待确定

长柱算盘子 *Glochidion khasicum*（Müll. Arg.）Hook. f.

濒危等级 中国植物红色名录评估为无危（LC）。

迁地栽培保存

保存地点	种质份数	个体数量	引种方式	生长状况	来源地
GX	*	f	采集	G	广西

赤血仔 *Glochidion zeylanicum* var. *tomentosum*（Dalzell）Trimen

迁地栽培保存

保存地点	种质份数	个体数量	引种方式	生长状况	来源地
GX	*	f	采集	G	广西

倒卵叶算盘子 *Glochidion obovatum* Sieb. & Zucc.

濒危等级 中国植物红色名录评估为数据缺乏（DD）。

迁地栽培保存

保存地点	种质份数	个体数量	引种方式	生长状况	来源地
GX	*	f	采集	G	日本

红算盘子 *Glochidion coccineum* (Buch.-Ham.) Müll. Arg.

迁地栽培保存

保存地点	种质份数	个体数量	引种方式	生长状况	来源地
HN	2	a	采集	C	海南
GX	*	f	采集	G	广西

厚叶算盘子 *Glochidion hirsutum* (Roxb.) Voigt

功效主治 根、叶：涩、微甘，平。收敛固脱，祛风消肿。用于风湿骨痛，跌打肿痛，脱肛，阴挺，带下病，泄泻，肝毒。

濒危等级 中国植物红色名录评估为无危（LC）。

迁地栽培保存

保存地点	种质份数	个体数量	引种方式	生长状况	来源地
HN	1	a	采集	C	海南
GD	1	f	采集	G	待确定

湖北算盘子 *Glochidion wilsonii* Hutch.

功效主治 果实（算盘子）：苦，凉。有小毒。清热利湿。用于感冒发热，咽喉痛，疟疾，吐泻，消化不良，痢疾，风湿关节痛，跌打损伤，带下病，痛经。根（算盘子根）：苦，平。清热利湿，活血解毒。用于痢疾，疟疾，黄疸，白浊，劳伤咳嗽，风湿痹痛，崩漏，带下病，咽喉痛，牙痛，痈肿，瘰疬，跌打损伤。叶（算盘子叶）：苦、涩，凉。有小毒。清热利湿，解毒消肿，活血化瘀。用于感冒，咽喉痛，瘿瘤，疟疾，痢疾，吐泻，食滞腹痛，黄疸，白浊，带下病，闭经；外用于蛇咬伤，疮疖肿痛，乳痈，跌打损伤。

濒危等级 中国特有植物，中国植物红色名录评估为无危（LC）。

迁地栽培保存

保存地点	种质份数	个体数量	引种方式	生长状况	来源地
CQ	1	a	采集	C	重庆

种质库保存

保存地点	保存方式	种质份数	个体数量	引种方式	来源地
BJ	种子	6	b	采集	江西、贵州、湖北

里白算盘子　*Glochidion triandrum*（Blanco）C. B. Rob.

濒危等级　中国植物红色名录评估为无危（LC）。

迁地栽培保存

保存地点	种质份数	个体数量	引种方式	生长状况	来源地
CQ	1	a	采集	F	重庆

毛果算盘子　*Glochidion eriocarpum* Champ. ex Benth.

功效主治　根：用于泄泻，痢疾。叶：用于漆疮，疮疡溃烂，皮肤瘙痒，瘾疹，湿疹，红皮病。

濒危等级　中国植物红色名录评估为无危（LC）。

迁地栽培保存

保存地点	种质份数	个体数量	引种方式	生长状况	来源地
GD	1	a	采集	D	待确定
HN	1	a	赠送	C	海南
BJ	1	a	采集	G	广东
YN	1	a	购买	C	云南

算盘子　*Glochidion puberum*（L.）Hutch.

功效主治　果实（算盘子）、根（算盘子根）、叶（算盘子叶）：功效同湖北算盘子。

濒危等级　中国植物红色名录评估为无危（LC）。

迁地栽培保存

保存地点	种质份数	个体数量	引种方式	生长状况	来源地
SH	1	a	采集	A	待确定
BJ	1	a	采集	G	湖北

续表

保存地点	种质份数	个体数量	引种方式	生长状况	来源地
GD	1	f	采集	G	待确定
GZ	1	b	采集	C	贵州
JS1	1	a	采集	C	江苏
GX	*	f	采集	G	待确定

种质库保存

保存地点	保存方式	种质份数	个体数量	引种方式	来源地
BJ	种子	51	c	采集	河南、四川、山西、江西、湖北、贵州、海南、安徽、福建
HN	种子	1	a	采集	湖南

香港算盘子 *Glochidion zeylanicum* (Gaertn.) A. Juss.

功效主治　根皮：用于咳嗽，肝毒。茎皮、叶：用于咳嗽，腰痛，鼻衄。

濒危等级　中国植物红色名录评估为无危（LC）。

迁地栽培保存

保存地点	种质份数	个体数量	引种方式	生长状况	来源地
GD	1	f	采集	G	待确定
HN	1	a	赠送	C	海南
GX	*	f	采集	G	广西

圆果算盘子 *Glochidion sphaerogynum* (Müll. Arg.) Kurz

功效主治　枝、叶：苦、涩，凉。清热解毒。用于感冒发热，暑热口渴，口疮，湿疹，疮疡溃烂。

濒危等级　中国植物红色名录评估为无危（LC）。

迁地栽培保存

保存地点	种质份数	个体数量	引种方式	生长状况	来源地
GX	*	f	采集	G	广西

土蜜树属　*Bridelia*

大叶土蜜树　*Bridelia fordii* Hemsl.

功效主治　全株：用于骨折。

濒危等级　中国植物红色名录评估为无危（LC）。

迁地栽培保存

保存地点	种质份数	个体数量	引种方式	生长状况	来源地
GX	*	f	采集	G	广西

禾串树　*Bridelia insulana* Hance

功效主治　根：用于骨折，跌打损伤。

濒危等级　中国植物红色名录评估为无危（LC）。

迁地栽培保存

保存地点	种质份数	个体数量	引种方式	生长状况	来源地
HN	1	a	采集	C	海南
GX	*	f	采集	G	广西

种质库保存

保存地点	保存方式	种质份数	个体数量	引种方式	来源地
BJ	种子	1	a	采集	待确定

土蜜树　*Bridelia tomentosa* Bl.

功效主治　根皮：用于肾虚，月经不调。茎：用于狂犬咬伤。叶：用于狂犬咬伤。鲜叶：用于疔疮肿毒。

濒危等级　中国植物红色名录评估为无危（LC）。

迁地栽培保存

保存地点	种质份数	个体数量	引种方式	生长状况	来源地
GD	1	a	采集	D	待确定

续表

保存地点	种质份数	个体数量	引种方式	生长状况	来源地
HN	1	a	采集	C	海南
YN	1	a	购买	C	云南
GX	*	f	采集	G	广西

种质库保存

保存地点	保存方式	种质份数	个体数量	引种方式	来源地
BJ	种子	8	a	采集	海南、云南

五月茶属 *Antidesma*

方叶五月茶 *Antidesma ghaesembilla* Gaertn.

功效主治 茎：通经。用于月经不调。叶：用于小儿头疮。

濒危等级 中国植物红色名录评估为无危（LC）。

迁地栽培保存

保存地点	种质份数	个体数量	引种方式	生长状况	来源地
HN	1	a	采集	B	海南
GX	*	f	采集	G	广西

种质库保存

保存地点	保存方式	种质份数	个体数量	引种方式	来源地
BJ	种子	6	a	采集	云南、重庆

黄毛五月茶 *Antidesma fordii* Hemsl.

功效主治 叶：外用于疮痈肿毒。

濒危等级 中国植物红色名录评估为无危（LC）。

迁地栽培保存

保存地点	种质份数	个体数量	引种方式	生长状况	来源地
GX	*	f	采集	G	广西

山地五月茶 *Antidesma montanum* Bl.

濒危等级　中国植物红色名录评估为无危（LC）。

迁地栽培保存

保存地点	种质份数	个体数量	引种方式	生长状况	来源地
HN	1	a	采集	B	海南
GX	*	f	采集	G	印度尼西亚

种质库保存

保存地点	保存方式	种质份数	个体数量	引种方式	来源地
BJ	种子	8	a	采集	待确定

酸味子 *Antidesma japonicum* Sieb. et Zucc.

功效主治　全株：祛风湿。叶：用于胃痛，疮痈肿毒，吐血。

濒危等级　中国植物红色名录评估为无危（LC）。

迁地栽培保存

保存地点	种质份数	个体数量	引种方式	生长状况	来源地
GX	*	f	采集	G	广西

五月茶 *Antidesma bunius* (L.) Spreng.

功效主治　根、叶：酸，温。收敛，止泻，生津止渴，行气活血。用于咳嗽口渴，跌打损伤，疮毒。

濒危等级　中国植物红色名录评估为无危（LC）。

迁地栽培保存

保存地点	种质份数	个体数量	引种方式	生长状况	来源地
GD	1	f	采集	G	待确定
HN	1	a	采集	B	海南
YN	1	a	采集	C	云南

种质库保存

保存地点	保存方式	种质份数	个体数量	引种方式	来源地
BJ	种子	9	b	采集	重庆、云南
HN	种子	12	d	采集	海南

西南五月茶　*Antidesma acidum* Retz.

功效主治　叶：收敛止泻，生津止渴，行气活血。

濒危等级　中国植物红色名录评估为无危（LC）。

迁地栽培保存

保存地点	种质份数	个体数量	引种方式	生长状况	来源地
YN	1	a	采集	C	云南
GX	*	f	采集	G	云南

喜光花属　*Actephila*

喜光花　*Actephila merrilliana* Chun

濒危等级　中国特有植物，中国植物红色名录评估为无危（LC）。

迁地栽培保存

保存地点	种质份数	个体数量	引种方式	生长状况	来源地
HN	2	a	采集	C	海南
GX	*	f	采集	G	海南、广西

叶下珠属　*Phyllanthus*

单花水油甘　*Phyllanthus nanellus* P. T. Li

濒危等级　中国特有植物，中国植物红色名录评估为无危（LC）。

迁地栽培保存

保存地点	种质份数	个体数量	引种方式	生长状况	来源地
HN	2	a	采集	B	海南

海南叶下珠　*Phyllanthus hainanensis* Merr.

功效主治　全株：用于目赤肿痛，肝肿大。

濒危等级　中国特有植物，中国植物红色名录评估为无危（LC）。

迁地栽培保存

保存地点	种质份数	个体数量	引种方式	生长状况	来源地
BJ	1	b	采集	G	海南
HN	1	b	采集	B	海南
GX	*	f	采集	G	海南

红叶下珠　*Phyllanthus ruber* (Lour.) Spreng.

濒危等级　中国植物红色名录评估为无危（LC）。

迁地栽培保存

保存地点	种质份数	个体数量	引种方式	生长状况	来源地
HN	1	b	采集	B	海南
GX	*	f	采集	G	福建

黄珠子草　*Phyllanthus virgatus* Forst. f.

功效主治　全草：甘、苦，平。补脾胃，消食退翳。用于淋证，骨鲠喉，疳积。根：甘、苦，平。补脾胃，消食退翳。用于淋证，骨鲠喉，乳房脓肿。

种质库保存

保存地点	保存方式	种质份数	个体数量	引种方式	来源地
BJ	种子	6	b	采集	河南、河北、重庆

尖叶下珠 *Phyllanthus fangchengensis* P. T. Li

濒危等级 中国特有植物，中国植物红色名录评估为无危（LC）。

迁地栽培保存

保存地点	种质份数	个体数量	引种方式	生长状况	来源地
GX	*	f	采集	G	广西

苦味叶下珠 *Phyllanthus amarus* Schumacher & Thonning

功效主治 全草：止咳祛痰，消积。用于痰咳，小儿疳积，目赤。根：用于黄疸。

濒危等级 中国植物红色名录评估为无危（LC）。

迁地栽培保存

保存地点	种质份数	个体数量	引种方式	生长状况	来源地
BJ	1	b	采集	G	广西
GX	*	f	采集	G	广西

种质库保存

保存地点	保存方式	种质份数	个体数量	引种方式	来源地
BJ	种子	1	a	采集	河南

瘤腺叶下珠 *Phyllanthus myrtifolius*（Wight）Müll. Arg.

迁地栽培保存

保存地点	种质份数	个体数量	引种方式	生长状况	来源地
HN	2	a	赠送	B	海南

落萼叶下珠 *Phyllanthus flexuosus*（Sieb. & Zucc.）Müll. Arg.

功效主治 根：用于小儿疳积。茎、叶：用于风湿病。全株：用于疥癣，小儿夜啼。

濒危等级 中国植物红色名录评估为无危（LC）。

种质库保存

保存地点	保存方式	种质份数	个体数量	引种方式	来源地
BJ	种子	6	a	采集	广西

蜜甘草　*Phyllanthus ussuriensis* Rupr. & Maxim.

功效主治　全草：苦，寒。有小毒。消食止泻，利胆。用于蛇咬伤，小儿疳积，感冒，目赤，暑热腹泻，痢疾，夜盲症，石淋，水肿，黄疸，暑热腹泻，赤白痢，水肿。

迁地栽培保存

保存地点	种质份数	个体数量	引种方式	生长状况	来源地
BJ	1	b	采集	G	北京

种质库保存

保存地点	保存方式	种质份数	个体数量	引种方式	来源地
BJ	种子	6	b	采集	待确定

青灰叶下珠　*Phyllanthus glaucus* Wall. ex Müll. Arg.

功效主治　根：祛风湿，消积。用于风湿关节痛，小儿疳积。
濒危等级　中国植物红色名录评估为无危（LC）。

迁地栽培保存

保存地点	种质份数	个体数量	引种方式	生长状况	来源地
YN	1	b	采集	A	云南
SH	1	a	采集	A	待确定

种质库保存

保存地点	保存方式	种质份数	个体数量	引种方式	来源地
BJ	种子	6	b	采集	海南

沙地叶下珠　*Phyllanthus arenarius* Beille

濒危等级　中国植物红色名录评估为无危（LC）。

迁地栽培保存

保存地点	种质份数	个体数量	引种方式	生长状况	来源地
HN	1	b	采集	B	海南

水油甘 *Phyllanthus parvifolius* Buch.-Ham. ex D. Don

功效主治 全株：清热散结，止痢。用于膀胱结石，腹泻，叶、根：用于发热，感冒头痛，鼻塞，目赤，关节痹痛。

濒危等级 中国特有植物，中国植物红色名录评估为无危（LC）。

迁地栽培保存

保存地点	种质份数	个体数量	引种方式	生长状况	来源地
GX	*	f	采集	G	海南
HN	2	a	采集	B	海南

细枝叶下珠 *Phyllanthus leptoclados* Benth.

濒危等级 中国特有植物，中国植物红色名录评估为无危（LC）。

种质库保存

保存地点	保存方式	种质份数	个体数量	引种方式	来源地
BJ	种子	1	a	采集	福建

小果叶下珠 *Phyllanthus reticulatus* Poir.

功效主治 全株：祛风活血，散瘀消肿。用于风湿骨痛，跌打损伤。

濒危等级 中国植物红色名录评估为无危（LC）。

迁地栽培保存

保存地点	种质份数	个体数量	引种方式	生长状况	来源地
GD	1	b	采集	D	待确定
HN	1	a	采集	B	海南
GX	*	f	采集	G	广西

叶下珠 *Phyllanthus urinaria* L.

功效主治 全草（珍珠草）：甘、苦，凉。平肝清热，利水解毒。用于泄泻，痢疾，肝瘟，水肿，小便淋痛，小儿疳积，赤眼目翳，口疮，头癣，无名肿毒。

迁地栽培保存

保存地点	种质份数	个体数量	引种方式	生长状况	来源地
FJ	2	a	采集	B	福建
HN	1	b	赠送	B	海南
SH	1	b	采集	A	待确定
GD	1	f	采集	G	待确定
YN	1	d	采集	A	云南
CQ	1	b	采集	B	重庆
BJ	1	e	采集	G	广西
GZ	1	b	采集	C	贵州
GX	*	f	采集	G	福建、海南

种质库保存

保存地点	保存方式	种质份数	个体数量	引种方式	来源地
BJ	种子	66	c	采集	海南、吉林、云南、四川、湖北、福建、重庆

余甘子 *Phyllanthus emblica* L.

功效主治 果实（余甘子）：甘、微涩，凉。清热利咽，润肺止咳。用于感冒发热，咽喉痛，咳嗽，口干烦渴，耳痛，坏血病。根（油柑根）：辛，寒。有毒。消食，利水，化痰，杀虫。用于肝阳上亢，胃痛，泄泻，瘰疬。叶（油柑叶）：辛，平。祛湿利尿。用于水肿，皮肤湿疹。茎皮（油柑木皮）：甘、酸，寒。去腐，止血。用于口疮，疔疮，痔疮，肾囊风，外伤出血。树枝的虫瘿（油柑虫节）：用于胃痛，疝气，遗精，小儿疳积，牙痛。

濒危等级 中国植物红色名录评估为无危（LC）。

迁地栽培保存

保存地点	种质份数	个体数量	引种方式	生长状况	来源地
FJ	4	a	购买	A	福建
HN	2	a	赠送	C	海南
YN	1	a	采集	A	云南
GD	1	f	采集	G	待确定
BJ	1	a	采集	G	云南
GX	*	f	采集	G	泰国

种质库保存

保存地点	保存方式	种质份数	个体数量	引种方式	来源地
BJ	种子	8	b	采集	云南、福建、贵州
HN	种子	2	b	采集	海南、广东

越南叶下珠 *Phyllanthus cochinchinensis*（Lour.）Spreng.

功效主治　全株（树乌蝇羽）：甘、淡、微涩，凉。清热解毒，消中止痛。用于腹泻下痢，五淋，白浊，小儿积热，小儿头癣，皮肤湿毒，疥疮。

濒危等级　中国植物红色名录评估为无危（LC）。

迁地栽培保存

保存地点	种质份数	个体数量	引种方式	生长状况	来源地
CQ	1	a	采集	C	重庆
GD	1	b	采集	D	待确定
HN	1	a	采集	B	海南
GX	*	f	采集	G	澳门

浙江叶下珠 *Phyllanthus chekiangensis* Croizat & F. P. Metcalf

濒危等级　中国特有植物，中国植物红色名录评估为无危（LC）。

迁地栽培保存

保存地点	种质份数	个体数量	引种方式	生长状况	来源地
GX	*	f	采集	G	广西

止痢草　*Phyllanthus matsumurae* Hayata

迁地栽培保存

保存地点	种质份数	个体数量	引种方式	生长状况	来源地
GX	*	f	采集	G	广西

银柴属　*Aporosa*

毛银柴　*Aporosa villosa*（Lindl.）Baill.

功效主治　全株：用于麻风。

濒危等级　中国植物红色名录评估为无危（LC）。

迁地栽培保存

保存地点	种质份数	个体数量	引种方式	生长状况	来源地
HN	2	a	采集	C	海南
YN	1	a	采集	C	云南

种质库保存

保存地点	保存方式	种质份数	个体数量	引种方式	来源地
BJ	种子	8	b	采集	云南、海南

银柴　*Aporosa dioica*（Roxb.）Müll. Arg.

功效主治　叶（大沙叶）：拔毒生肌。

濒危等级　中国植物红色名录评估为无危（LC）。

迁地栽培保存

保存地点	种质份数	个体数量	引种方式	生长状况	来源地
GD	1	f	采集	G	待确定
HN	1	d	采集	C	海南
GX	*	f	采集	G	澳门

种质库保存

保存地点	保存方式	种质份数	个体数量	引种方式	来源地
HN	种子	1	b	采集	海南
BJ	种子	5	b	采集	云南

云南银柴 *Aporosa yunnanensis* (Pax & K. Hoffm.) F. P. Metcalf

濒危等级 中国植物红色名录评估为无危（LC）。

迁地栽培保存

保存地点	种质份数	个体数量	引种方式	生长状况	来源地
YN	1	a	采集	C	云南
HN	1	a	采集	C	海南

种质库保存

保存地点	保存方式	种质份数	个体数量	引种方式	来源地
BJ	种子	3	a	采集	云南，待确定

玳子木属 *Phyllanthodendron*

龙州珠子木 *Phyllanthodendron breynioides* P. T. Li

濒危等级 中国特有植物，中国植物红色名录评估为无危（LC）。

迁地栽培保存

保存地点	种质份数	个体数量	引种方式	生长状况	来源地
GX	*	f	采集	G	广西

圆叶珠子木 *Phyllanthodendron orbicularifolium* P. T. Li

濒危等级　中国特有植物，中国植物红色名录评估为无危（LC）。

迁地栽培保存

保存地点	种质份数	个体数量	引种方式	生长状况	来源地
GX	*	f	采集	G	广西

枝翅珠子木 *Phyllanthodendron dunnianum* H. Lév.

功效主治　根（枝翅珠子木）：止血，止痢。用于牙龈出血，痢疾，咽喉痛。

濒危等级　中国特有植物，中国植物红色名录评估为无危（LC）。

迁地栽培保存

保存地点	种质份数	个体数量	引种方式	生长状况	来源地
GX	*	f	采集	G	广西

罂粟科　Papaveraceae

白屈菜属　*Chelidonium*

白屈菜 *Chelidonium majus* L.

功效主治　全草（白屈菜）：苦，凉。有毒。止咳平喘，镇痛。用于咳喘痰嗽，顿咳，泻痢，脘腹痛；外用于毒蛇咬伤，疥癣，疣，水渍疮。根：破瘀消肿，止血，止痛。

濒危等级　中国植物红色名录评估为无危（LC）。

迁地栽培保存

保存地点	种质份数	个体数量	引种方式	生长状况	来源地
BJ	6	d	采集	G	北京、河北、陕西
JS1	1	b	采集	B	江苏
SH	1	a	采集	F	待确定

续表

保存地点	种质份数	个体数量	引种方式	生长状况	来源地
LN	1	c	采集	B	辽宁
HLJ	1	d	采集	A	黑龙江
CQ	1	b	赠送	B	重庆
GX	*	f	采集	G	法国

种质库保存

保存地点	保存方式	种质份数	个体数量	引种方式	来源地
BJ	种子	8	b	采集	内蒙古、山西、河北

博落回属 *Macleaya*

博落回 *Macleaya cordata* (Willd.) R. Br.

功效主治 全株（博落回）：苦，温。大毒。消肿，镇痛解毒，杀虫。外用于疔毒脓肿，跌打损伤，耳闭，阴痒，烫火伤，顽癣。

迁地栽培保存

保存地点	种质份数	个体数量	引种方式	生长状况	来源地
BJ	6	b	交换	G	北京、湖北、辽宁、陕西
SC	3	f	待确定	G	四川
SH	2	b	采集	A	待确定
HB	1	c	采集	B	湖北
ZJ	1	e	采集	A	广东
LN	1	d	采集	B	辽宁
JS2	1	b	购买	C	江苏
HLJ	1	d	购买	A	河北
GZ	1	b	采集	C	贵州
CQ	1	a	采集	C	重庆
JS1	1	b	采集	B	江苏
GX	*	f	采集	G	法国

种质库保存

保存地点	保存方式	种质份数	个体数量	引种方式	来源地
HN	种子	1	b	采集	湖南
BJ	种子	10	b	采集	湖北、安徽、山西、江西、云南

小果博落回　*Macleaya microcarpa*（Maxim.）Fedde

功效主治　全株：苦，寒。有毒。杀虫，祛风，解毒，散瘀消肿。用于风湿关节痛，跌打损伤，痈疖肿毒，蜂螫伤，下肢溃疡，阴痒，烫火伤。

迁地栽培保存

保存地点	种质份数	个体数量	引种方式	生长状况	来源地
BJ	1	b	赠送	G	德国
CQ	1	a	采集	C	重庆
HEN	1	a	采集	A	河南

荷包牡丹属　*Lamprocapnos*

荷包牡丹　*Lamprocapnos spectabilis*（L.）Lem.

功效主治　全草：苦，温。镇痛，解痉。用于胃痛。根（荷包牡丹根）：辛，温。消肿散血，调经。用于疮毒，月经不调。

濒危等级　中国植物红色名录评估为无危（LC）。

迁地栽培保存

保存地点	种质份数	个体数量	引种方式	生长状况	来源地
HB	1	a	采集	C	待确定

荷青花属　*Hylomecon*

荷青花　*Hylomecon japonica*（Thunb.）Prantl & Kündig

功效主治　全草：苦，平。祛风通络，散瘀消肿，止血镇痛。用于风湿关节痛，跌打损伤，劳伤，四肢乏力，胃痛，腹痛，痢疾。

濒危等级　中国植物红色名录评估为无危（LC）。

迁地栽培保存

保存地点	种质份数	个体数量	引种方式	生长状况	来源地
BJ	2	b	采集	G	吉林、安徽
HB	1	c	采集	C	湖北

花菱草属　*Eschscholzia*

花菱草　*Eschscholzia californica* Cham.

功效主治　花、果实：镇痛，清热。

迁地栽培保存

保存地点	种质份数	个体数量	引种方式	生长状况	来源地
BJ	1	e	采购	G	英国
GX	*	f	采集	G	法国

黄药属　*Ichtyoselmis*

黄药　*Ichtyoselmis cavaleriei* H. Lév.

功效主治　全草：苦，温。镇痛，活血行气。用于头痛，腹痛。

濒危等级　中国植物红色名录评估为无危（LC）。

迁地栽培保存

保存地点	种质份数	个体数量	引种方式	生长状况	来源地
GX	*	f	采集	G	湖北

蓟罂粟属　*Argemone*

蓟罂粟　*Argemone mexicana* L.

功效主治　全草：苦，凉。消肿利胆，祛痰，止泻。用于黄疸，水肿。根：用于疮痈疥癣。种子：催吐，祛痰，止痛。

迁地栽培保存

保存地点	种质份数	个体数量	引种方式	生长状况	来源地
LN	1	c	采集	A	辽宁
BJ	1	a	采集	G	广西

种质库保存

保存地点	保存方式	种质份数	个体数量	引种方式	来源地
BJ	种子	1	a	采集	广西

角茴香属　*Hypecoum*

角茴香　*Hypecoum erectum* L.

功效主治　全草：苦、辛，凉。泻火，清热解毒，镇咳。用于目赤，咽喉痛，伤风感冒。

迁地栽培保存

保存地点	种质份数	个体数量	引种方式	生长状况	来源地
NMG	1	b	采集	D	内蒙古
BJ	1	a	采集	G	北京
GX	*	f	采集	G	山东

金罂粟属　*Stylophorum*

金罂粟　*Stylophorum lasiocarpum*（Oliv.）Fedde

功效主治　全草：苦、涩，平。活血调经，行气散瘀，止血止痛。用于跌打损伤，劳伤，外伤出血，月经不调，疮痈肿疖。

濒危等级　中国特有植物，中国植物红色名录评估为近危（NT）。

迁地栽培保存

保存地点	种质份数	个体数量	引种方式	生长状况	来源地
GX	*	f	采集	G	湖北

绿绒蒿属 *Meconopsis*

多刺绿绒蒿 *Meconopsis horridula* Hook. f. & Thoms.

功效主治 全草：苦、淡，寒。活血，止痛。用于外伤痛，各种剧烈性刺痛。根：补虚，止痢，定喘。花：苦，寒。清热解毒。用于肺热咳嗽，肝毒。

濒危等级 中国植物红色名录评估为近危（NT）。

种质库保存

保存地点	保存方式	种质份数	个体数量	引种方式	来源地
BJ	种子	1	a	采集	贵州

红花绿绒蒿 *Meconopsis punicea* Maxim.

功效主治 全草（红花绿绒蒿）：苦，平。清热凉血，利咽，镇咳，止痛，止泻。用于外感发热，头痛，目赤，衄血。

濒危等级 中国特有植物，国家重点保护野生植物名录（第一批）二级，中国植物红色名录评估为无危（LC）。

种质库保存

保存地点	保存方式	种质份数	个体数量	引种方式	来源地
BJ	种子	1	a	采集	甘肃

全缘叶绿绒蒿 *Meconopsis integrifolia* (Maxim.) Franch.

功效主治 全草：清热，止咳。

濒危等级 中国植物红色名录评估为无危（LC）。

迁地栽培保存

保存地点	种质份数	个体数量	引种方式	生长状况	来源地
BJ	1	b	采集	C	四川

种质库保存

保存地点	保存方式	种质份数	个体数量	引种方式	来源地
BJ	种子	2	a	采集	甘肃、海南

秃疮花属 *Dicranostigma*

秃疮花 *Dicranostigma leptopodum*（Maxim.）Fedde

功效主治 全草（秃疮花）：苦，寒。清热解毒，消肿止痛，杀虫。用于牙痛，乳蛾，咽喉痛，瘰疬；外用于秃疮，疥癣，痈肿疮毒。

濒危等级 中国特有植物，中国植物红色名录评估为无危（LC）。

迁地栽培保存

保存地点	种质份数	个体数量	引种方式	生长状况	来源地
GX	*	f	采集	G	广西

血水草属 *Eomecon*

血水草 *Eomecon chionantha* Hance

功效主治 根茎：苦，寒。有毒。消热解毒，行气止痛。用于目赤，劳伤，噎膈，痈肿疔毒，跌打损伤，毒蛇咬伤，疥癣，湿疹。

濒危等级 中国特有植物，中国植物红色名录评估为无危（LC）。

迁地栽培保存

保存地点	种质份数	个体数量	引种方式	生长状况	来源地
BJ	3	b	采集	C	湖北、浙江、江西
GZ	1	b	采集	C	贵州
CQ	1	a	采集	B	重庆
HB	1	f	采集	C	湖北
GX	*	f	采集	G	湖南

烟堇属 *Fumaria*

短梗烟堇 *Fumaria vaillantii* Loisel.

濒危等级 中国植物红色名录评估为无危（LC）。

迁地栽培保存

保存地点	种质份数	个体数量	引种方式	生长状况	来源地
GX	*	f	采集	G	法国

药用烟堇 *Fumaria officinalis* L.

功效主治 全草或新鲜汁、叶：在欧洲可用于气喘；在土耳其可用于肝病，胆病，牛皮癣，皮肤病。

迁地栽培保存

保存地点	种质份数	个体数量	引种方式	生长状况	来源地
GX	*	f	采集	G	法国

罂粟属 *Papaver*

白花罂粟 *Papaver somniferum* var. *album*

迁地栽培保存

保存地点	种质份数	个体数量	引种方式	生长状况	来源地
BJ	1	a	采集	G	四川

高山罂粟 *Papaver alpinum* L.

迁地栽培保存

保存地点	种质份数	个体数量	引种方式	生长状况	来源地
GX	*	f	采集	G	法国

鬼罂粟　*Papaver orientale* L.

功效主治　全草：止泻，镇痛。

濒危等级　中国植物红色名录评估为无危（LC）。

迁地栽培保存

保存地点	种质份数	个体数量	引种方式	生长状况	来源地
BJ	1	d	赠送	G	前苏联
LN	1	c	采集	B	辽宁
GX	*	f	采集	G	北京

野罂粟　*Papaver nudicaule* L.

功效主治　全草：酸、微苦、涩，凉。有毒。镇痛，止咳，定喘，止泻。用于头痛，咳喘，泻痢，便血，痛经。

迁地栽培保存

保存地点	种质份数	个体数量	引种方式	生长状况	来源地
BJ	1	c	赠送	G	前苏联
GX	*	f	采集	G	法国

种质库保存

保存地点	保存方式	种质份数	个体数量	引种方式	来源地
BJ	种子	1	a	采集	甘肃

罂粟　*Papaver somniferum* L.

功效主治　果实：涩。有毒。止痛，镇静，镇咳，止泻。用于久咳，久泻，久痢，心腹痛，筋骨痛，便血，脱肛，尿频，遗精，带下病。果壳（罂粟壳）：酸、涩，凉。止咳敛肺，止痛，涩肠。用于久咳，久泻，心腹痛，筋骨痛。种子（罂粟子）：甘，寒。止痢，润燥。

迁地栽培保存

保存地点	种质份数	个体数量	引种方式	生长状况	来源地
BJ	2	a	采集	G	四川、安徽
HB	1	a	采集	C	湖北

种质库保存

保存地点	保存方式	种质份数	个体数量	引种方式	来源地
BJ	种子	6	b	采集	缅甸，中国云南、甘肃

虞美人　*Papaver rhoeas* L.

功效主治　全草（虞美人）或花、果实：苦、涩，凉。镇痛，镇咳，止泻。用于咳嗽，痢疾，腹痛。

迁地栽培保存

保存地点	种质份数	个体数量	引种方式	生长状况	来源地
BJ	1	e	赠送	G	前苏联
CQ	1	b	购买	C	重庆
HB	1	a	采集	C	湖北
HN	1	a	赠送	C	海南
JS1	1	c	购买	C	江苏
LN	1	c	采集	A	辽宁
SC	1	f	待确定	G	四川
SH	1	b	采集	A	待确定

种质库保存

保存地点	保存方式	种质份数	个体数量	引种方式	来源地
BJ	种子	8	b	采集	上海、重庆、甘肃、广西

紫堇属　*Corydalis*

齿瓣延胡索　*Corydalis turtschaninovii* Besser

功效主治　块茎：苦，温。行气止痛，镇静，止血，活血散瘀。用于胃腹疼痛，痛经，关节痛，外伤肿痛，泻痢。

濒危等级　中国植物红色名录评估为无危（LC）。

迁地栽培保存

保存地点	种质份数	个体数量	引种方式	生长状况	来源地
BJ	1	c	采集	G	浙江
GX	*	f	采集	G	北京

大叶紫堇　*Corydalis temulifolia* Franch.

功效主治　全草：苦，寒。清热解毒，镇痛。用于腰痛，胃痛，臀疮。

濒危等级　中国植物红色名录评估为无危（LC）。

迁地栽培保存

保存地点	种质份数	个体数量	引种方式	生长状况	来源地
CQ	1	a	采集	G	重庆

地丁草　*Corydalis bungeana* Turcz.

功效主治　全草（苦地丁）：苦、辛，寒。清热解毒，活血消肿。用于疔疮痈疽，瘰疬，感冒，咳嗽，目赤，肝毒，水肿，肠痈，泄泻。

濒危等级　中国植物红色名录评估为无危（LC）。

迁地栽培保存

保存地点	种质份数	个体数量	引种方式	生长状况	来源地
BJ	2	c	采集	G	北京、陕西
JS2	1	e	购买	C	安徽
LN	1	d	采集	A	辽宁
GX	*	f	采集	G	河北

种质库保存

保存地点	保存方式	种质份数	个体数量	引种方式	来源地
BJ	种子	9	b	采集	海南、云南、山西、河北

地锦苗 *Corydalis sheareri* S. Moore

功效主治 块根：镇痛。

濒危等级 中国植物红色名录评估为无危（LC）。

迁地栽培保存

保存地点	种质份数	个体数量	引种方式	生长状况	来源地
CQ	1	b	采集	B	重庆

黄堇 *Corydalis pallida* (Thunb.) Pers.

功效主治 全草（菊花黄连）：苦、涩，寒。有毒。清热解毒，消肿，杀虫。用于热毒痈肿，脓耳，顽癣，目赤，腹痛，痢疾，痔疮。

迁地栽培保存

保存地点	种质份数	个体数量	引种方式	生长状况	来源地
CQ	1	a	采集	B	重庆
GX	*	f	采集	G	广西

种质库保存

保存地点	保存方式	种质份数	个体数量	引种方式	来源地
BJ	种子	1	a	采集	河北

黄紫堇 *Corydalis ochotensis* Turcz.

功效主治 全草：苦，凉。清热解毒，止痢，止血。用于痈肿疮毒，痢疾，肺痨咯血。

濒危等级 中国植物红色名录评估为无危（LC）。

迁地栽培保存

保存地点	种质份数	个体数量	引种方式	生长状况	来源地
GX	*	f	采集	G	日本

胶州延胡索 *Corydalis kiautschouensis* Poelln.

功效主治 块茎：行气止痛，活血散瘀。

濒危等级 中国植物红色名录评估为无危（LC）。

迁地栽培保存

保存地点	种质份数	个体数量	引种方式	生长状况	来源地
GX	*	f	采集	G	山东

刻叶紫堇 *Corydalis incisa* (Thunb.) Pers.

功效主治 全草或根（紫花鱼灯草）：苦、涩，寒。有毒。解毒杀虫。用于疮毒，疥癣，毒蛇咬伤，脱肛。

濒危等级 中国植物红色名录评估为无危（LC）。

迁地栽培保存

保存地点	种质份数	个体数量	引种方式	生长状况	来源地
BJ	1	d	采集	G	安徽
JS1	1	b	采集	C	江苏

毛黄堇 *Corydalis tomentella* Franch.

功效主治 全草：苦，凉。祛瘀止痛，凉血，止血。用于跌打损伤，关节痛，咯血，劳伤吐血。

濒危等级 中国特有植物，中国植物红色名录评估为无危（LC）。

迁地栽培保存

保存地点	种质份数	个体数量	引种方式	生长状况	来源地
CQ	1	a	采集	B	重庆

蛇果黄堇 *Corydalis ophiocarpa* Hook. f. & Thoms.

功效主治 全草或根：清热解毒，祛风除湿，镇痛，活血散瘀。用于肺痨咳嗽，流行性感冒发热，胆胀，肝毒，瘫痪，痢疾；外用于疮疖痈肿，皮肤瘙痒，跌打损伤，风瘙痒。

濒危等级 中国植物红色名录评估为无危（LC）。

迁地栽培保存

保存地点	种质份数	个体数量	引种方式	生长状况	来源地
CQ	1	a	采集	B	重庆

薯根延胡索 *Corydalis ledebouriana* Kar. & Kir.

功效主治　块茎：苦，温。活血散瘀，行气镇痛。用于胃痛，头痛，腰痛，胁痛，痛经，疝痛。

濒危等级　中国植物红色名录评估为无危（LC）。

迁地栽培保存

保存地点	种质份数	个体数量	引种方式	生长状况	来源地
BJ	1	b	采集	G	新疆

夏天无 *Corydalis decumbens*（Thunb.）Pers.

功效主治　块茎（夏天无）：苦、微辛，温。舒筋活络，活血止痛，平肝镇痉。用于中风偏瘫，痿证，跌打损伤，腰肌劳损，腰腿痛，肝阳上亢，假性近视。

迁地栽培保存

保存地点	种质份数	个体数量	引种方式	生长状况	来源地
BJ	2	d	采集	G	安徽、湖北

小花黄堇 *Corydalis racemosa*（Thunb.）Pers.

功效主治　全草（黄堇）：苦、涩，寒。有毒。清热解毒，杀虫。用于暑热泻痢，痢疾，湿热黄疸，肺痨咯血，小儿惊风，目赤，疮毒痈肿，流火，毒蛇咬伤。

迁地栽培保存

保存地点	种质份数	个体数量	引种方式	生长状况	来源地
GD	1	f	采集	G	待确定

种质库保存

保存地点	保存方式	种质份数	个体数量	引种方式	来源地
BJ	种子	3	b	采集	云南、广西

小花紫堇 *Corydalis minutiflora* C. Y. Wu

功效主治　全草：清热解毒，凉血止血。用于瘟疫。

濒危等级　中国特有植物，中国植物红色名录评估为无危（LC）。

迁地栽培保存

保存地点	种质份数	个体数量	引种方式	生长状况	来源地
BJ	1	a	采集	G	山东

小黄紫堇　*Corydalis raddeana* Regel

功效主治　全草：清热解毒，利尿，止痢。用于疮毒，肿痛，痢疾，肺痨。

濒危等级　中国植物红色名录评估为无危（LC）。

迁地栽培保存

保存地点	种质份数	个体数量	引种方式	生长状况	来源地
BJ	1	c	采集	G	陕西

小药巴蛋子　*Corydalis caudata*（Lam.）Pers.

功效主治　块茎（山延胡索）：苦、微辛，温。活血散瘀，行气止痛。用于气滞心腹作痛，产后瘀血作痛，痛经，癥瘕，跌打损伤，疝痛。

濒危等级　中国特有植物，中国植物红色名录评估为无危（LC）。

迁地栽培保存

保存地点	种质份数	个体数量	引种方式	生长状况	来源地
GX	*	f	采集	G	山东

延胡索　*Corydalis yanhusuo* W. T. Wang ex Z. Y. Su & C. Y. Wu

功效主治　块茎（延胡索）：微辛，温。行气止痛，活血散瘀。用于气滞血瘀，周身疼痛，痛经，闭经，癥瘕，产后瘀血阴滞，疝痛，跌打损伤。孕妇忌服。

濒危等级　中国特有植物，浙江省重点保护植物，中国植物红色名录评估为易危（VU）。

迁地栽培保存

保存地点	种质份数	个体数量	引种方式	生长状况	来源地
BJ	3	d	采集	G	四川、陕西、浙江

保存地点	种质份数	个体数量	引种方式	生长状况	来源地
GX	2	f	采集	G	浙江、重庆
JS1	1	b	采集	D	江苏
SH	1	b	采集	A	待确定
LN	1	c	采集	B	辽宁
JS2	1	e	购买	C	江苏
HEN	1	c	赠送	B	河南
FJ	1	b	购买	A	浙江
CQ	1	b	采集	F	浙江

籽纹紫堇 *Corydalis esquirolii* H. Lév.

功效主治 全草（高山羊不吃）：有小毒。清热，止痛。

濒危等级 中国特有植物，中国植物红色名录评估为无危（LC）。

迁地栽培保存

保存地点	种质份数	个体数量	引种方式	生长状况	来源地
GX	*	f	采集	G	广西

紫堇 *Corydalis edulis* Maxim.

功效主治 全草或根（紫堇）：苦、涩，凉。有毒。解毒，清热解暑。用于腹痛，中暑头痛，肺痨咯血；外用于疮疡肿毒，毒蛇咬伤，耳闭，刀伤。

迁地栽培保存

保存地点	种质份数	个体数量	引种方式	生长状况	来源地
BJ	1	d	采集	G	四川
SH	1	b	采集	A	待确定
CQ	1	a	采集	B	重庆
GZ	1	b	采集	C	贵州

种质库保存

保存地点	保存方式	种质份数	个体数量	引种方式	来源地
BJ	种子	1	a	采集	待确定

瘿椒树科　Tapisciaceae

瘿椒树属　*Tapiscia*

瘿椒树　*Tapiscia sinensis* Oliv.

功效主治　根、果实：解表，清热，祛湿。

濒危等级　中国特有植物，中国植物红色名录评估为无危（LC）。

迁地栽培保存

保存地点	种质份数	个体数量	引种方式	生长状况	来源地
CQ	2	a	采集	C	重庆
HB	1	a	采集	C	待确定
GX	*	f	采集	G	贵州

种质库保存

保存地点	保存方式	种质份数	个体数量	引种方式	来源地
BJ	种子	1	a	采集	湖北

榆科　Ulmaceae

榉属　*Zelkova*

大叶榉树　*Zelkova schneideriana* Hand.-Mazz.

功效主治　茎皮（榉树皮）：苦，大寒。清热，利水。用于时行头痛，热毒下痢，水肿。叶（榉树叶）：苦，寒。用于火赤疮，疔疮。

濒危等级　中国特有植物，国家重点保护野生植物名录（第一批）二级，中国植物红色名录评估为近危（NT）。

迁地栽培保存

保存地点	种质份数	个体数量	引种方式	生长状况	来源地
GX	*	f	采集	G	湖南

榉树　*Zelkova serrata* (Thunb.) Makino

功效主治　茎皮：解热，祛湿，止痢，安胎。用于孕妇腹痛。叶：用于肿烂恶疮。

濒危等级　中国植物红色名录评估为无危（LC）。

迁地栽培保存

保存地点	种质份数	个体数量	引种方式	生长状况	来源地
JS1	1	b	购买	C	江苏
JS2	1	c	购买	C	江苏
GX	*	f	采集	G	日本

榆属　*Ulmus*

大果榆　*Ulmus macrocarpa* Hance

功效主治　果实（芜荑）：苦、辛，温。杀虫，消积。用于虫积腹痛，小儿疳泻，冷痢，疥癣，恶疮。

濒危等级　中国植物红色名录评估为无危（LC）。

迁地栽培保存

保存地点	种质份数	个体数量	引种方式	生长状况	来源地
NMG	1	a	购买	F	内蒙古
BJ	1	a	采集	G	北京

黑榆　*Ulmus davidiana* Planch.

功效主治　枝、叶：利水消肿，清热，驱虫。

濒危等级　中国植物红色名录评估为无危（LC）。

迁地栽培保存

保存地点	种质份数	个体数量	引种方式	生长状况	来源地
GX	*	f	采集	G	山东

榔榆　*Ulmus parvifolia* Jacq.

功效主治　树皮（榔榆皮）、根皮（榔榆皮）：甘，寒。利水，通淋，消痈。用于解颅。茎叶（榔榆茎叶）：苦，平。用于疮肿，腰背酸痛，牙痛。

濒危等级　中国植物红色名录评估为无危（LC）。

迁地栽培保存

保存地点	种质份数	个体数量	引种方式	生长状况	来源地
SH	3	a	采集	A	待确定
BJ	1	a	采集	G	安徽
GZ	1	a	采集	C	贵州
JS1	1	a	购买	C	江苏

种质库保存

保存地点	保存方式	种质份数	个体数量	引种方式	来源地
BJ	种子	8	a	采集	江西、上海

榆树　*Ulmus pumila* L.

功效主治　树皮（榆白皮）、根皮韧皮部（榆白皮）：甘，平。利水，通淋，消肿。用于小便不通，淋浊，水肿，痈疽，背疽，丹毒，疥癣。叶（榆叶）：利小便。用于石淋。花（榆花）：用于小儿癫痫，小便不利。果实（榆荚仁）、种子（榆荚仁）：甘、酸，寒。清湿热，杀虫。用于带下病，小儿疳病。

濒危等级　中国植物红色名录评估为无危（LC）。

迁地栽培保存

保存地点	种质份数	个体数量	引种方式	生长状况	来源地
CQ	1	a	采集	C	重庆
SH	1	a	采集	A	待确定
NMG	1	c	购买	C	内蒙古
LN	1	b	采集	C	辽宁
JS1	1	a	采集	C	江苏
HB	1	a	采集	C	待确定
BJ	1	b	采集	G	北京
HLJ	1	a	购买	A	黑龙江

种质库保存

保存地点	保存方式	种质份数	个体数量	引种方式	来源地
BJ	种子	4	a	采集	内蒙古、安徽、甘肃

雨久花科　Pontederiaceae

凤眼蓝属　*Eichhornia*

凤眼蓝　*Eichhornia crassipes*（Mart.）Solms

功效主治　全草（水葫芦）：淡，凉。清热解暑，利尿消肿，祛风湿。用于中暑烦渴，水肿，小便不利；外用于热疮。

迁地栽培保存

保存地点	种质份数	个体数量	引种方式	生长状况	来源地
BJ	1	b	采集	G	待确定
CQ	1	a	采集	C	重庆
GD	1	f	采集	G	待确定
HN	1	a	采集	B	海南
SH	1	b	采集	F	待确定

梭鱼草属　*Pontederia*

梭鱼草　*Pontederia cordata* L.

迁地栽培保存

保存地点	种质份数	个体数量	引种方式	生长状况	来源地
CQ	1	a	购买	C	重庆

种质库保存

保存地点	保存方式	种质份数	个体数量	引种方式	来源地
BJ	种子	1	a	采集	广西

雨久花属　*Monochoria*

箭叶雨久花　*Monochoria hastata*（L.）Solms

功效主治　全草：清热解毒，定喘，消肿。

迁地栽培保存

保存地点	种质份数	个体数量	引种方式	生长状况	来源地
HN	1	a	采集	B	海南

鸭舌草　*Monochoria vaginalis*（Burm. f.）C. Presl

功效主治　全草（鸭舌草）：苦，凉。清热解毒。用于泄泻，痢疾，乳蛾，齿龈脓肿，丹毒；外用于蛇虫咬伤，疮疖。

迁地栽培保存

保存地点	种质份数	个体数量	引种方式	生长状况	来源地
GX	2	f	采集	G	广西
ZJ	1	e	采集	B	浙江
HN	1	a	采集	B	海南
GZ	1	b	采集	C	贵州

玉蕊科　Lecythidaceae

玉蕊属　*Barringtonia*

滨玉蕊　*Barringtonia asiatica*（L.）Kurz

濒危等级　海南省重点保护植物，中国植物红色名录评估为无危（LC）。

迁地栽培保存

保存地点	种质份数	个体数量	引种方式	生长状况	来源地
HN	1	a	采集	C	海南
GX	*	f	采集	G	新加坡

锐棱玉蕊　*Barringtonia reticulata* Miq.

功效主治　根：用于疥癣，胃肠不适，腹泻。

种质库保存

保存地点	保存方式	种质份数	个体数量	引种方式	来源地
BJ	种子	1	a	采集	待确定

梭果玉蕊　*Barringtonia fusicarpa* Hu

功效主治　根：退热。果实：止咳。

濒危等级　中国特有植物，中国植物红色名录评估为易危（VU）。

迁地栽培保存

保存地点	种质份数	个体数量	引种方式	生长状况	来源地
HN	2	a	采集	C	待确定
YN	1	a	购买	C	云南

种质库保存

保存地点	保存方式	种质份数	个体数量	引种方式	来源地
HN	种子	1	b	采集	广东
BJ	种子	1	a	采集	云南

玉蕊　*Barringtonia racemosa*（L.）Spreng.

功效主治　根、果实：退热止咳。用于发热，咳嗽。

濒危等级　中国植物红色名录评估为濒危（EN）。

迁地栽培保存

保存地点	种质份数	个体数量	引种方式	生长状况	来源地
HN	2	a	采集	C	海南
YN	1	a	采集	C	云南
GX	*	f	采集	G	新加坡

种质库保存

保存地点	保存方式	种质份数	个体数量	引种方式	来源地
BJ	种子	3	a	采集	云南、海南

鸢尾科　Iridaceae

番红花属　*Crocus*

白番红花　*Crocus alatavicus* Semen. & Regel

功效主治　球茎：有毒。将本种球茎代马钱子药用，应慎用。

濒危等级　中国植物红色名录评估为无危（LC）。

迁地栽培保存

保存地点	种质份数	个体数量	引种方式	生长状况	来源地
BJ	1	b	采集	G	新疆

番红花 *Crocus sativus* L.

功效主治　柱头（番红花）：甘，平。活血，祛瘀，止痛。用于血滞月经不调，产后恶露不行，血瘀疼痛，跌打损伤，忧郁痞闷，胸胁胀闷。

迁地栽培保存

保存地点	种质份数	个体数量	引种方式	生长状况	来源地
BJ	2	d	购买	G	四川、浙江
SH	1	b	采集	A	待确定
CQ	1	a	购买	C	四川
HEN	1	c	赠送	A	河南
JS1	1	d	购买	C	江苏
JS2	1	f	采集	G	待确定
GX	*	f	采集	G	河南

红葱属 *Eleutherine*

红葱 *Eleutherine plicata* Herb.

功效主治　鳞茎：苦，凉。止血，活血，清热解毒，散瘀消肿。用于月经过多，崩漏，衄血，胃肠出血，痢疾，跌打损伤，刀伤，癫痫抽搐，关节疼痛，头晕，心慌，胸闷呕吐，全身疲乏无力。

迁地栽培保存

保存地点	种质份数	个体数量	引种方式	生长状况	来源地
HN	1	c	采集	B	海南
YN	1	c	采集	A	云南

射干属　*Belamcanda*

射干　*Belamcanda chinensis*（L.）DC.

功效主治　根茎（射干）：苦，寒。有小毒。清热解毒，利咽消痰。用于咽喉肿痛，痰咳气喘。

濒危等级　河北省重点保护植物、吉林省三级保护植物，中国植物红色名录评估为无危（LC）。

迁地栽培保存

保存地点	种质份数	个体数量	引种方式	生长状况	来源地
FJ	5	a	采集	A	福建
BJ	4	d	采集	A	浙江、陕西、河北、山西
SC	3	f	待确定	G	四川
JS1	20	d	采集	B	江苏
HEN	2	d	采集	A	河南
JS2	1	d	购买	C	江苏
LN	1	d	采集	B	辽宁
HN	1	a	采集	B	海南
HLJ	1	c	购买	A	河北
HB	1	c	采集	B	湖北
GZ	1	a	采集	C	贵州
YN	1	b	购买	A	云南
GD	1	b	采集	D	待确定
XJ	1	c	购买	A	河北
CQ	1	a	购买	B	重庆

种质库保存

保存地点	保存方式	种质份数	个体数量	引种方式	来源地
BJ	种子	110	e	采集	河北、四川、湖北、山西、广西、安徽、辽宁、吉林、黑龙江、江西、河南、重庆、云南、海南、江苏
HN	种子	5	c	采集	福建

唐菖蒲属 *Gladiolus*

剑兰 *Gladiolus hortulanus* L. H. Bailey

迁地栽培保存

保存地点	种质份数	个体数量	引种方式	生长状况	来源地
BJ	1	b	采集	C	贵州

唐草蒲 *Gladiolus hybridus* C. Morren

迁地栽培保存

保存地点	种质份数	个体数量	引种方式	生长状况	来源地
SH	1	b	采集	A	待确定

唐菖蒲 *Gladiolus gandavensis* Van Houtte

迁地栽培保存

保存地点	种质份数	个体数量	引种方式	生长状况	来源地
FJ	5	a	采集	A	福建
JS1	1	b	购买	C	江苏
HEN	1	d	采集	A	河南
HB	1	f	采集	A	湖北
GZ	1	a	采集	C	贵州
JS2	1	c	购买	C	江苏
BJ	1	d	购买	G	北京
CQ	1	a	购买	C	重庆

小苍兰属　*Freesia*

小苍兰　*Freesia refracta* Klatt

功效主治　球茎：清热解毒，活血。用于蛇咬伤，疮痛。

迁地栽培保存

保存地点	种质份数	个体数量	引种方式	生长状况	来源地
CQ	1	b	购买	C	重庆
BJ	1	b	购买	G	待确定

雄黄兰属　*Crocosmia*

雄黄兰　*Crocosmia crocosmiiflora*（Lemoine）N. E. Br.

功效主治　球茎：散瘀止痛，清热，止血，生肌。用于全身筋骨疼痛，腹痛，跌打损伤，外伤出血，痄腮，疮疡肿毒。

迁地栽培保存

保存地点	种质份数	个体数量	引种方式	生长状况	来源地
BJ	1	b	采集	G	云南
CQ	1	a	购买	B	重庆
GZ	1	b	采集	C	贵州
HB	1	f	采集	C	待确定
YN	1	a	购买	C	云南

鸢尾属　*Iris*

矮鸢尾　*Iris kobayashii* Kitag.

濒危等级　中国特有植物，中国植物红色名录评估为极危（CR）。

迁地栽培保存

保存地点	种质份数	个体数量	引种方式	生长状况	来源地
SH	1	b	采集	A	待确定
GX	*	f	采集	G	待确定

白花鸢尾 *Iris tectorum* Maxim. f. *alba*（Dykes）Makino

迁地栽培保存

保存地点	种质份数	个体数量	引种方式	生长状况	来源地
GZ	1	b	采集	C	贵州

北陵鸢尾 *Iris typhifolia* Kitag.

功效主治 根：用于乳痈，口疮。

迁地栽培保存

保存地点	种质份数	个体数量	引种方式	生长状况	来源地
BJ	1	b	采集	G	山东

扁竹兰 *Iris confusa* Sealy

功效主治 根茎：苦，寒。清热解毒。用于乳蛾，咽喉肿痛，咳嗽痰喘，乌头、蕈类食物中毒。

迁地栽培保存

保存地点	种质份数	个体数量	引种方式	生长状况	来源地
CQ	1	b	采集	B	重庆
GZ	1	b	采集	C	贵州
SC	1	f	待确定	G	四川
YN	1	c	购买	B	云南
GX	*	f	采集	G	重庆

种质库保存

保存地点	保存方式	种质份数	个体数量	引种方式	来源地
BJ	种子	3	a	采集	云南

大锐果鸢尾 *Iris goniocarpa* Baker var. *grossa* Zhao

濒危等级　中国特有植物，中国植物红色名录评估为无危（LC）。

迁地栽培保存

保存地点	种质份数	个体数量	引种方式	生长状况	来源地
BJ	1	b	采集	C	四川

单苞鸢尾 *Iris anguifuga* Zhao & X. J. Xue

功效主治　根茎（蛇不见）：消肿解毒，泻下通便。

迁地栽培保存

保存地点	种质份数	个体数量	引种方式	生长状况	来源地
BJ	1	d	采集	G	广西

单花鸢尾 *Iris uniflora* Pall. ex Link

功效主治　根：泻下，逐腹水，通便利尿。种子：清热解毒。用于咽喉肿痛，黄疸，小便不利。
濒危等级　中国植物红色名录评估为无危（LC）。

迁地栽培保存

保存地点	种质份数	个体数量	引种方式	生长状况	来源地
BJ	1	b	采集	G	山东

德国鸢尾 *Iris germanica* L.

功效主治　茎叶：活血化痰，祛风利湿。

迁地栽培保存

保存地点	种质份数	个体数量	引种方式	生长状况	来源地
BJ	2	d	采集	G	中国山东，波兰
XJ	1	b	赠送	A	北京
SH	1	b	采集	A	待确定
JS2	1	e	购买	C	江苏
JS1	1	b	赠送	C	江苏
HN	1	c	赠送	B	广西
GZ	1	b	采集	C	贵州

蝴蝶花 *Iris japonica* Thunb.

功效主治 种子（白蝴蝶花子）：用于小便淋痛不利。

濒危等级 中国植物红色名录评估为无危（LC）。

迁地栽培保存

保存地点	种质份数	个体数量	引种方式	生长状况	来源地
JS1	2	c	购买	C	江苏
JS2	1	c	购买	C	江苏
HB	1	b	采集	C	湖北
GZ	1	d	采集	C	贵州
CQ	1	b	采集	B	重庆
BJ	1	b	采集	G	浙江
SH	1	b	采集	A	待确定

黄菖蒲 *Iris pseudacorus* L.

功效主治 苦辣味的汁用作峻泻药。浸剂：用于腹泻，痛经，带下病，牙痛。种子：用于祛风，健胃。

迁地栽培保存

保存地点	种质份数	个体数量	引种方式	生长状况	来源地
SH	1	b	采集	A	待确定

续表

保存地点	种质份数	个体数量	引种方式	生长状况	来源地
JS1	1	b	赠送	C	江苏
BJ	1	d	采集	G	待确定

种质库保存

保存地点	保存方式	种质份数	个体数量	引种方式	来源地
BJ	种子	1	a	采集	待确定

黄花鸢尾　*Iris wilsonii* C. H. Wright

功效主治　根茎：用于咽喉肿痛。

迁地栽培保存

保存地点	种质份数	个体数量	引种方式	生长状况	来源地
JS2	1	c	购买	C	江苏
CQ	1	b	购买	B	重庆

金脉鸢尾　*Iris chrysographes* Dykes

功效主治　根茎、种子：消积破瘀，利水。用于食滞腹胀，气痛，肿毒。

迁地栽培保存

保存地点	种质份数	个体数量	引种方式	生长状况	来源地
SC	1	f	待确定	G	四川

卷鞘鸢尾　*Iris potaninii* Maxim.

功效主治　根、花、种子：甘，平。除湿热，解毒，止血。

濒危等级　中国植物红色名录评估为无危（LC）。

种质库保存

保存地点	保存方式	种质份数	个体数量	引种方式	来源地
BJ	种子	1	a	采集	待确定

马蔺 *Iris lactea* Pall. var. *chinensis* (Fisch.) Koidz.

功效主治　根（马蔺根）：甘，平。清热解毒。用于急性咽喉肿痛，胁痛，痔疮，牙痛。花（马蔺花）：咸、酸、苦，微凉。清热凉血，利尿消肿。用于吐血，咯血，衄血，咽喉肿痛，小便淋痛；外用于痈疖疮疡，外伤出血。种子（马蔺子）：甘，平。清热，利湿，止血解毒。用于黄疸，泄泻，吐血，衄血，血崩，带下病，喉痹，痈肿，癥瘕积聚。

迁地栽培保存

保存地点	种质份数	个体数量	引种方式	生长状况	来源地
BJ	3	b	采集	G	北京、山西、河北
JS1	2	a	采集	C	江苏
JS2	1	d	购买	C	江苏
LN	1	d	采集	B	辽宁

种质库保存

保存地点	保存方式	种质份数	个体数量	引种方式	来源地
BJ	种子	43	c	采集	云南、辽宁、河北、上海、吉林、宁夏、甘肃

锐果鸢尾 *Iris goniocarpa* Baker

功效主治　根、种子：清热解毒，凉血利湿。用于咽喉肿痛，黄疸。

濒危等级　中国植物红色名录评估为无危（LC）。

迁地栽培保存

保存地点	种质份数	个体数量	引种方式	生长状况	来源地
BJ	1	b	采集	C	四川

山鸢尾 *Iris setosa* Pall. ex Link

功效主治　根茎、花：外用于疥疮，牙痛，脓肿。

濒危等级　中国植物红色名录评估为无危（LC）。

迁地栽培保存

保存地点	种质份数	个体数量	引种方式	生长状况	来源地
LN	1	c	采集	B	辽宁
GX	*	f	采集	G	日本

扇形鸢尾　*Iris wattii* Baker

功效主治　根茎：苦，寒。清热消肿。用于乳蛾，咽喉痛，咳嗽痰喘。全草：淡、微苦，平。解毒。用于乌头、蕈类及其他食物中毒。

迁地栽培保存

保存地点	种质份数	个体数量	引种方式	生长状况	来源地
GZ	1	b	采集	C	贵州
GX	*	f	采集	G	贵州

西伯利亚鸢尾　*Iris sibirica* L.

功效主治　根茎：用于消渴。

迁地栽培保存

保存地点	种质份数	个体数量	引种方式	生长状况	来源地
CQ	1	b	购买	B	重庆

西南鸢尾　*Iris bulleyana* Dykes

功效主治　种子：解毒，止痛，杀虫，生肌。用于胃肠寒热往来，肠绞痛，胀闷，胸部壅塞，黄疸，虫病，疮口死肉，烫火伤。花（研调油）：外用于烫火伤。

迁地栽培保存

保存地点	种质份数	个体数量	引种方式	生长状况	来源地
BJ	1	d	采集	G	甘肃
CQ	1	a	采集	B	重庆

种质库保存

保存地点	保存方式	种质份数	个体数量	引种方式	来源地
BJ	种子	1	a	采集	云南

溪荪 *Iris sanguinea* Donn ex Hornem.

功效主治 根及根茎：辛，平。消积行水。用于胃痛。

迁地栽培保存

保存地点	种质份数	个体数量	引种方式	生长状况	来源地
CQ	1	a	采集	B	重庆

种质库保存

保存地点	保存方式	种质份数	个体数量	引种方式	来源地
BJ	种子	1	a	采集	上海

溪荪 （原变种） *Iris sanguinea* var. *sanguinea*

迁地栽培保存

保存地点	种质份数	个体数量	引种方式	生长状况	来源地
GX	*	f	采集	G	江苏

细叶鸢尾 *Iris tenuifolia* Pall.

功效主治 根：微苦，凉。安胎养血。用于胎动血崩。种子：清热，利湿，止血解毒，安胎养血。用于黄疸，泄泻，吐血，衄血，血崩，带下病，喉痹，痈肿，癥瘕积聚，胎动血崩。

濒危等级 中国植物红色名录评估为无危（LC）。

迁地栽培保存

保存地点	种质份数	个体数量	引种方式	生长状况	来源地
JS2	1	c	购买	C	江苏

香根鸢尾　*Iris pallida* Lam.

迁地栽培保存

保存地点	种质份数	个体数量	引种方式	生长状况	来源地
BJ	1	c	赠送	G	波兰

小花鸢尾　*Iris speculatrix* Hance

功效主治　根茎：辛、苦，寒。有小毒。消积，化瘀，行水，解毒。用于食滞腹胀，癥瘕积聚，跌打损伤，痔漏，痈肿疔毒。

濒危等级　中国特有植物，中国植物红色名录评估为无危（LC）。

迁地栽培保存

保存地点	种质份数	个体数量	引种方式	生长状况	来源地
CQ	1	a	采集	B	重庆
GX	*	f	采集	G	重庆

小鸢尾　*Iris proantha* Diels

功效主治　根茎：用于妇女产后劳伤。

濒危等级　中国特有植物，中国植物红色名录评估为无危（LC）。

迁地栽培保存

保存地点	种质份数	个体数量	引种方式	生长状况	来源地
BJ	2	c	采集	C	湖北

燕子花　*Iris laevigata* Fisch. ex Fisch. & C. A. Mey.

功效主治　根茎：祛痰。

濒危等级　中国植物红色名录评估为无危（LC）。

迁地栽培保存

保存地点	种质份数	个体数量	引种方式	生长状况	来源地
GX	*	f	采集	G	湖北

野鸢尾 *Iris dichotoma* Pall.

功效主治　根茎（白射干）：苦，寒。有小毒。清热解毒，活血消肿。用于咽喉肿痛，乳蛾，肝毒，肝痈，胃痛，乳痈，牙龈肿痛。

濒危等级　中国植物红色名录评估为无危（LC）。

迁地栽培保存

保存地点	种质份数	个体数量	引种方式	生长状况	来源地
BJ	4	d	采集	G	北京、山东、河北、辽宁
LN	1	c	采集	B	辽宁
GX	*	f	采集	G	法国

种质库保存

保存地点	保存方式	种质份数	个体数量	引种方式	来源地
BJ	种子	1	a	采集	黑龙江

玉蝉花 *Iris ensata* Thunb.

功效主治　根茎：辛，苦。有小毒。清热消食。用于食积饱胀，胃痛，气胀水肿。

濒危等级　中国植物红色名录评估为近危（NT）。

迁地栽培保存

保存地点	种质份数	个体数量	引种方式	生长状况	来源地
SH	1	b	采集	A	待确定
GX	*	f	采集	G	日本

鸢尾 *Iris tectorum* Maxim.

功效主治　根茎（鸢尾）：甘、微苦，寒。有小毒。活血祛瘀，祛风利湿，解毒，消积。用于跌打损伤，风湿疼痛，咽喉肿痛，食积腹胀，疟疾；外用于痈疖肿痛，外伤出血。

迁地栽培保存

保存地点	种质份数	个体数量	引种方式	生长状况	来源地
BJ	3	d	采集	C	山西、河北、江西
SC	2	f	待确定	G	四川
JS1	12	c	赠送	B	江苏
JS2	1	c	购买	C	江苏
HLJ	1	c	购买	B	黑龙江
HB	1	f	采集	C	湖北
GZ	1	c	采集	C	贵州
GD	1	f	采集	G	待确定
SH	1	b	采集	A	待确定
CQ	1	b	购买	B	重庆
GX	*	f	采集	G	北京

种质库保存

保存地点	保存方式	种质份数	个体数量	引种方式	来源地
BJ	种子	46	c	采集	云南、上海、湖北、江苏、四川

紫苞鸢尾　*Iris ruthenica* Ker-Gawl.

功效主治　根茎：辛，温。有毒。活血祛瘀，接骨，止痛。全草：用于疮疡肿毒。

濒危等级　中国植物红色名录评估为无危（LC）。

迁地栽培保存

保存地点	种质份数	个体数量	引种方式	生长状况	来源地
GX	*	f	采集	G	山东

鸢尾蒜科　Ixioliriaceae

鸢尾蒜属　*Ixiolirion*

鸢尾蒜　*Ixiolirion tataricum*（Pall.）Herb.

濒危等级　中国植物红色名录评估为数据缺乏（DD）。

迁地栽培保存

保存地点	种质份数	个体数量	引种方式	生长状况	来源地
BJ	1	b	采集	G	新疆

远志科　Polygalaceae

蝉翼藤属　*Securidaca*

蝉翼藤　*Securidaca inappendiculata* Hassk.

功效主治　根（蝉翼藤）：辛、苦，寒。活血散瘀，消肿止痛，清热利尿。用于跌打损伤，风湿病，骨折，胃痛，产后恶露不净。

濒危等级　中国植物红色名录评估为无危（LC）。

迁地栽培保存

保存地点	种质份数	个体数量	引种方式	生长状况	来源地
YN	1	a	采集	C	云南
GX	*	f	采集	G	广西

齿果草属　*Salomonia*

齿果草　*Salomonia cantoniensis* Lour.

功效主治　全草（吹云草）：辛，平。解毒，消肿，散瘀，镇痛。用于水肿，风湿关节痛，血崩，疮痈肿毒，毒蛇咬伤，跌打损伤，骨折。

濒危等级　中国植物红色名录评估为无危（LC）。

迁地栽培保存

保存地点	种质份数	个体数量	引种方式	生长状况	来源地
GX	*	f	采集	G	广西

黄叶树属　*Xanthophyllum*

黄叶树　*Xanthophyllum hainanense* Hu

濒危等级　中国植物红色名录评估为无危（LC）。

种质库保存

保存地点	保存方式	种质份数	个体数量	引种方式	来源地
HN	种子	1	a	采集	海南

远志属　*Polygala*

长毛华南远志　*Polygala chinensis* var. *villosa*（C. Y. Wu & S. K. Chen）S. K. Chen & J. Parnell

濒危等级　中国特有植物，中国植物红色名录评估为无危（LC）。

迁地栽培保存

保存地点	种质份数	个体数量	引种方式	生长状况	来源地
GX	*	f	采集	G	广西

长毛籽远志　*Polygala wattersii* Hance

功效主治　根（山桂花）：甘、涩，温。活血解毒，滋补强壮，舒筋散血。用于跌打损伤，乳房肿痛。

濒危等级　中国植物红色名录评估为无危（LC）。

迁地栽培保存

保存地点	种质份数	个体数量	引种方式	生长状况	来源地
GX	*	f	采集	G	广西

大叶金牛 *Polygala latouchei* Franch.

功效主治 全草：清热解毒，祛痰止咳，活血散瘀。用于咳嗽，咯血，小儿疳积，失眠，跌打损伤，毒蛇咬伤。

濒危等级 中国特有植物，中国植物红色名录评估为无危（LC）。

迁地栽培保存

保存地点	种质份数	个体数量	引种方式	生长状况	来源地
GX	*	f	采集	G	广西

瓜子金 *Polygala japonica* Houtt.

功效主治 全草或根（瓜子金）：辛、微温。活血散瘀，化痰止咳。用于咳嗽多痰，肺热咳喘，乳蛾，口疮，咽喉痛，吐血，便血，崩漏，乳痈，流行性脑脊髓膜炎，风湿关节痛，痢疾，不寐，健忘。

濒危等级 吉林省三级保护植物，中国植物红色名录评估为无危（LC）。

迁地栽培保存

保存地点	种质份数	个体数量	引种方式	生长状况	来源地
BJ	5	d	采集	G	浙江、陕西、安徽、湖北

荷包山桂花 *Polygala arillata* Buch.-Ham. ex D. Don

功效主治 根、根皮：清热解毒，润肺安神，补气活血，祛风除湿，补虚消肿，调经，消食健胃。用于风湿疼痛，跌打损伤，肺痨，水肿，小儿惊风，肝毒，肺痈，吐泻，顿咳，妇女腰痛，阴挺，月经不调，脾胃虚弱，脚气水肿，感冒，不寐，乳痈，心悸，脱证。

濒危等级 中国植物红色名录评估为无危（LC）。

迁地栽培保存

保存地点	种质份数	个体数量	引种方式	生长状况	来源地
HB	1	a	采集	C	湖北
GX	*	f	采集	G	云南

华南远志　*Polygala glomerata* Lour.

功效主治　全草：用于小儿疳积。

濒危等级　中国植物红色名录评估为无危（LC）。

迁地栽培保存

保存地点	种质份数	个体数量	引种方式	生长状况	来源地
HN	2	a	采集	B	海南
GD	1	f	采集	G	待确定
GX	*	f	采集	G	广西

黄花倒水莲　*Polygala fallax* Hemsl.

功效主治　全株（黄花倒水莲）：甘、微苦，平。补益气血，健脾利湿，活血调经。用于产后、病后体虚，腰膝酸痛，跌打损伤，黄疸，水肿，阴挺，带下病，崩漏，月经不调。

濒危等级　中国特有植物，中国植物红色名录评估为无危（LC）。

迁地栽培保存

保存地点	种质份数	个体数量	引种方式	生长状况	来源地
GD	1	f	采集	G	待确定
GX	*	f	采集	G	广西

种质库保存

保存地点	保存方式	种质份数	个体数量	引种方式	来源地
BJ	种子	7	c	采集	云南

金花远志　*Polygala linarifolia* Willd.

濒危等级　中国植物红色名录评估为无危（LC）。

迁地栽培保存

保存地点	种质份数	个体数量	引种方式	生长状况	来源地
HN	2	a	采集	B	海南
GX	*	f	采集	G	广东

蓼叶远志 *Polygala persicariifolia* DC.

濒危等级　中国植物红色名录评估为无危（LC）。

迁地栽培保存

保存地点	种质份数	个体数量	引种方式	生长状况	来源地
GX	*	f	采集	G	广西

密花远志 *Polygala tricornis* Gagnep.

功效主治　根：用于跌打损伤，身体虚弱，肾虚。

迁地栽培保存

保存地点	种质份数	个体数量	引种方式	生长状况	来源地
GX	*	f	采集	G	广西

曲江远志 *Polygala koi* Merr.

功效主治　全草：止咳化痰。用于咳嗽，小儿疳积，咽喉肿痛，月经不调。

濒危等级　中国特有植物，中国植物红色名录评估为无危（LC）。

迁地栽培保存

保存地点	种质份数	个体数量	引种方式	生长状况	来源地
GX	*	f	采集	G	广西

尾叶远志 *Polygala caudata* Rehder & E. H. Wilson

功效主治　根：止咳平喘，清热利湿，通淋。用于咳嗽，哮喘，黄疸，肝毒，尿血。

濒危等级　中国特有植物，中国植物红色名录评估为无危（LC）。

迁地栽培保存

保存地点	种质份数	个体数量	引种方式	生长状况	来源地
CQ	1	a	采集	C	重庆
GZ	1	a	采集	C	贵州

西伯利亚远志　*Polygala sibirica* L.

功效主治　全草（小丁香）：苦、微辛，寒。清热解毒，祛风止痛，生肌。用于疔疮痈肿，小儿咳喘，胃痛，痢疾，跌打损伤，胸胁痛。

濒危等级　中国植物红色名录评估为无危（LC）。

迁地栽培保存

保存地点	种质份数	个体数量	引种方式	生长状况	来源地
BJ	2	d	采集	G	北京、山东
GX	*	f	采集	G	广西

狭叶香港远志　*Polygala hongkongensis* Hemsl. var. *stenophylla* Migo

功效主治　全草：苦、辛，温。益智安神，散瘀，化痰，退肿。用于失眠，跌打损伤，咳喘，附骨疽，痈肿，毒蛇咬伤。

濒危等级　中国特有植物，中国植物红色名录评估为无危（LC）。

迁地栽培保存

保存地点	种质份数	个体数量	引种方式	生长状况	来源地
BJ	1	b	采集	G	江西

香港远志　*Polygala hongkongensis* Hemsl.

功效主治　全草：苦、微辛，温。活血，化痰，解毒。用于跌打损伤，咳嗽，附骨疽，失眠，毒蛇咬伤。

濒危等级　中国特有植物，中国植物红色名录评估为无危（LC）。

迁地栽培保存

保存地点	种质份数	个体数量	引种方式	生长状况	来源地
BJ	1	b	采集	G	浙江

小扁豆 *Polygala tatarinowii* Regel

功效主治 全草：安神，止咳，清热，截疟，补虚。用于不寐，咳嗽发热，疟疾。

濒危等级 中国植物红色名录评估为无危（LC）。

迁地栽培保存

保存地点	种质份数	个体数量	引种方式	生长状况	来源地
GX	*	f	采集	G	贵州

小花远志 *Polygala arvensis* Willd.

功效主治 全草：散瘀止血，化痰止咳，解毒消肿，破血。用于咳嗽胸痛，肺结核，咯血，尿血，便血，月经不调，霍乱吐泻，百日咳，瘰证，肝毒，毒蛇咬伤，跌打损伤，罂粟中毒。鲜品捣烂醋调可用于角膜薄翳，角膜溃疡，急性细菌性结膜炎。

濒危等级 中国植物红色名录评估为无危（LC）。

迁地栽培保存

保存地点	种质份数	个体数量	引种方式	生长状况	来源地
HN	2	a	采集	B	海南

远志 *Polygala tenuifolia* Willd.

功效主治 根（远志）：苦、辛，温。安神益智，祛痰，消肿。用于失眠多梦，健忘惊悸，神志恍惚，咳痰不爽，疮疡肿毒，乳房肿痛。全草（小草）：苦，温。安神，化痰，消肿。用于惊悸健忘，咳嗽多痰，疮痈肿毒。

濒危等级 内蒙古自治区重点保护植物、吉林省二级保护植物、河北省重点保护植物，中国植物红色名录评估为无危（LC）。

迁地栽培保存

保存地点	种质份数	个体数量	引种方式	生长状况	来源地
BJ	8	e	采集	G	北京、河北、山西、山东、内蒙古、辽宁、甘肃
JS2	1	b	购买	F	安徽
HLJ	1	b	采集	A	黑龙江
HEN	1	c	采集	A	河南
GX	*	f	采集	G	河北、广西

种质库保存

保存地点	保存方式	种质份数	个体数量	引种方式	来源地
BJ	种子	93	d	采集	云南、重庆、海南、山西、陕西、河北

芸香科　Rutaceae

白鲜属　*Dictamnus*

白鲜　*Dictamnus dasycarpus* Turcz.

功效主治　根皮（白鲜皮）：苦，寒。清热燥湿，祛风解毒。用于湿热疮毒，黄水疮，湿疹，疥癣疮癞，风湿热痹，黄疸尿赤。

濒危等级　北京市二级保护植物、吉林省三级保护植物、内蒙古自治区重点保护植物，中国植物红色名录评估为无危（LC）。

迁地栽培保存

保存地点	种质份数	个体数量	引种方式	生长状况	来源地
BJ	7	c	采集	G	辽宁、内蒙古、河北、陕西
FJ	3	a	购买	C	内蒙古、辽宁
LN	1	c	采集	B	辽宁
HLJ	1	b	采集	A	黑龙江

种质库保存

保存地点	保存方式	种质份数	个体数量	引种方式	来源地
BJ	种子	31	b	采集	内蒙古、辽宁

羊鲜草 *Dictamnus albus* L.

迁地栽培保存

保存地点	种质份数	个体数量	引种方式	生长状况	来源地
GX	*	f	采集	G	法国

臭常山属 *Orixa*

臭常山 *Orixa japonica* Thunb.

功效主治 根（臭山羊）：苦、辛，凉。有小毒。截疟，涌吐痰涎，舒筋活络。用于风热感冒，咳嗽，咽喉痛，牙痛，胃痛，风湿关节痛，痢疾，无名肿毒。

濒危等级 中国植物红色名录评估为无危（LC）。

迁地栽培保存

保存地点	种质份数	个体数量	引种方式	生长状况	来源地
BJ	2	b	采集	C	浙江、江西
GX	2	f	采集	G	日本
JS1	1	a	购买	D	江苏
CQ	1	a	采集	C	重庆
GZ	1	a	采集	C	贵州
SH	1	a	采集	A	待确定

种质库保存

保存地点	保存方式	种质份数	个体数量	引种方式	来源地
BJ	种子	6	b	采集	海南、云南

单叶藤橘属　*Paramignya*

单叶藤橘　*Paramignya confertifolia* Swingle

濒危等级　中国植物红色名录评估为无危（LC）。

迁地栽培保存

保存地点	种质份数	个体数量	引种方式	生长状况	来源地
HN	2	a	采集	C	海南

飞龙掌血属　*Toddalia*

飞龙掌血　*Toddalia asiatica*（L.）Lam.

功效主治　根及根皮（飞龙掌血）：辛、微苦，温。散瘀止血，祛风除湿，消肿解毒，止痛。用于感冒风寒，胃痛，风湿关节痛，胸胁痛，跌打损伤，腰腿痛，牙痛，痢疾，疟疾，疮疖肿毒，毒蛇咬伤，外伤出血。

濒危等级　中国植物红色名录评估为无危（LC）。

迁地栽培保存

保存地点	种质份数	个体数量	引种方式	生长状况	来源地
CQ	2	a	采集	C	重庆
YN	1	b	采集	C	云南
HN	1	a	赠送	C	海南
GD	1	a	采集	D	待确定
GZ	1	a	采集	C	贵州

种质库保存

保存地点	保存方式	种质份数	个体数量	引种方式	来源地
BJ	种子	39	b	采集	安徽、内蒙古、云南、陕西、福建

柑橘属　*Citrus*

粗皮香圆　*Citrus wilsonii* Tanaka

功效主治　果实（香橼）：疏肝理气，宽中化痰。

迁地栽培保存

保存地点	种质份数	个体数量	引种方式	生长状况	来源地
JS1	1	a	购买	D	江苏
BJ	1	a	交换	G	北京

佛手　*Citrus medica* 'Fingered'

迁地栽培保存

保存地点	种质份数	个体数量	引种方式	生长状况	来源地
CQ	1	a	购买	C	四川
HN	1	a	购买	C	广西
JS1	1	a	购买	C	江苏
JS2	1	b	购买	C	四川
SH	1	a	采集	A	待确定
YN	1	a	购买	D	云南
BJ	1	不	采集	G	云南

福橘　*Citrus reticulata* 'Tangerina'

迁地栽培保存

保存地点	种质份数	个体数量	引种方式	生长状况	来源地
FJ	2	a	购买	A	福建

柑橘　*Citrus reticulata* Blanco

功效主治　成熟的果皮（陈皮）：苦、辛，温。理气健脾，燥湿化痰。用于胸脘胀满，食少吐泻，咳嗽痰多。幼果（青皮）：苦、辛，温。疏肝理气，消积化滞。用于胸肋痛，疝气，乳核，乳痈，食积腹痛。成熟果皮的外层（橘红）：辛、苦，温。散寒，燥湿，利气，消痰。用于风寒咳嗽，喉痒痰多，食积伤酒，呕恶痞闷。种子（橘核）：苦，平。理气散结止痛。用于小肠疝气，子痈，乳痈肿痛。叶（橘叶）：苦，平。疏肝行气，消肿。维管束（橘络）：苦，平。通络化痰。

濒危等级 中国植物红色名录评估为无危（LC）。

迁地栽培保存

保存地点	种质份数	个体数量	引种方式	生长状况	来源地
SH	2	a	采集	A	待确定
CQ	2	a	购买	C	重庆
BJ	2	a	采集	G	四川、湖北
HN	2	a	购买	B	海南
JS2	1	b	购买	C	江苏
GZ	1	b	采集	C	贵州
JS1	1	a	购买	C	江苏

种质库保存

保存地点	保存方式	种质份数	个体数量	引种方式	来源地
HN	种子	6	c	采集	福建
BJ	种子	5	a	采集	安徽

金柑 *Citrus japonica* (Thunb.) Swingle

功效主治 果实：辛、甘，温。理气，解郁，化痰，醒酒。用于胸闷，伤酒，口渴，食滞胃呆。叶：苦、辛，凉。疏肝解郁，理气散结。用于噎膈，瘰疬。根：辛、苦，温。健脾理气。用于胃痛，疝气，产后气滞，腹痛。

濒危等级 中国特有植物，中国植物红色名录评估为濒危（EN）。

迁地栽培保存

保存地点	种质份数	个体数量	引种方式	生长状况	来源地
GZ	1	a	采集	C	贵州
JS1	1	a	购买	C	江苏
HN	1	b	购买	B	海南

种质库保存

保存地点	保存方式	种质份数	个体数量	引种方式	来源地
HN	种子	1	a	采集	海南
BJ	种子	1	a	采集	湖北

柠檬 *Citrus limon* (L.) Burm. f.

功效主治 根：辛、苦，温。行气止痛，止咳平喘。用于胃痛，疝气痛，咳嗽。果实：酸、甘，平。化痰止咳，生津健胃。用于咳嗽，顿咳，食欲不振，中暑烦渴。

迁地栽培保存

保存地点	种质份数	个体数量	引种方式	生长状况	来源地
CQ	1	a	购买	C	四川
HN	1	a	采集	C	海南
YN	1	a	购买	C	云南
ZJ	1	c	购买	B	福建

种质库保存

保存地点	保存方式	种质份数	个体数量	引种方式	来源地
BJ	种子	3	b	采集	四川、云南

瓯柑 *Citrus reticulata* 'Suavissima'

功效主治 成熟果实：生津止渴，清热利尿，除烦醒酒。用于口渴咽干，小便不利，恶心呕吐，饮酒过多、狂躁昏睡。叶：理气消滞，消肿散毒。

迁地栽培保存

保存地点	种质份数	个体数量	引种方式	生长状况	来源地
ZJ	1	d	采集	A	浙江

葡萄柚 *Citrus paradisi* Macf.

功效主治 果实：用于发热，腹泻，肝阳上亢。

迁地栽培保存

保存地点	种质份数	个体数量	引种方式	生长状况	来源地
ZJ	1	d	购买	A	浙江

四季橘 *Citrus × microcarpa* Bunge

迁地栽培保存

保存地点	种质份数	个体数量	引种方式	生长状况	来源地
HN	1	a	购买	B	海南

酸橙 *Citrus aurantium* L.

功效主治 未成熟果实（枳壳）：理气宽中，行滞消胀。用于胸胁气滞，胀满疼痛，食积不化，痰饮内停，内脏下垂。幼果（枳实）：破气消积，化痰散痞。用于积滞内停，痞满胀痛，泻痢后重，大便不通，痰滞气阻，胸痹，结胸，内脏下垂。花蕾（代代花）：甘、微苦，微温。理气宽胸，和胃止痛。用于气郁不舒，胸腹胀满。

迁地栽培保存

保存地点	种质份数	个体数量	引种方式	生长状况	来源地
BJ	2	a	交换	G	北京
SH	2	a	采集	A	待确定
CQ	2	a	购买	C	重庆
JS1	1	a	购买	C	江苏
HN	1	a	采集	B	海南

种质库保存

保存地点	保存方式	种质份数	个体数量	引种方式	来源地
BJ	种子	5	a	采集	安徽、湖北

甜橙 *Citrus sinensis* (L.) Osb.

功效主治 幼果（枳实）：功效同酸橙。

迁地栽培保存

保存地点	种质份数	个体数量	引种方式	生长状况	来源地
HN	2	a	购买	B	海南
SH	1	a	采集	A	待确定

温州蜜柑 *Citrus reticulata* ' Unshiu'

功效主治 果皮（陈皮）：在日本作陈皮药用。

迁地栽培保存

保存地点	种质份数	个体数量	引种方式	生长状况	来源地
FJ	1	a	购买	A	福建

香橙 *Citrus junos* Sieb. ex Tanaka

功效主治 果实：辛、苦、酸，温。理气宽中，化痰，止痛。用于气滞腹胀痛，胃痛，咳嗽气喘，疝气痛。

迁地栽培保存

保存地点	种质份数	个体数量	引种方式	生长状况	来源地
BJ	1	a	交换	G	北京

香橼 *Citrus medica* L.

功效主治 果实（佛手）：辛、苦、酸，温。疏肝理气，和胃止痛。用于肝气郁结，胃痛，胸闷，咳嗽痰多，嗳气少食，消化不良，呕吐。花（佛手花）：辛、微苦，温。理气，散瘀。用于肝胃气痛，月经不调。

濒危等级 中国植物红色名录评估为无危（LC）。

迁地栽培保存

保存地点	种质份数	个体数量	引种方式	生长状况	来源地
FJ	13	b	采集	A	福建
SH	1	a	采集	A	待确定
YN	1	a	购买	C	云南

保存地点	种质份数	个体数量	引种方式	生长状况	来源地
CQ	1	a	购买	C	四川
JS1	1	a	购买	D	江苏
HN	1	a	采集	C	海南
JS2	1	c	购买	C	江苏

种质库保存

保存地点	保存方式	种质份数	个体数量	引种方式	来源地
HN	种子	1	b	采集	海南
BJ	种子	2	a	采集	江苏、江西

宜昌橙　*Citrus ichangensis* Swingle

功效主治　果实：酸、甘，平。化痰止咳，生津健胃。用于咳嗽，顿咳，食欲不振，中暑烦渴。根：苦、辛，温。行气，止痛。止咳平喘。用于胃痛，疝气痛，咳嗽。

迁地栽培保存

保存地点	种质份数	个体数量	引种方式	生长状况	来源地
CQ	1	a	采集	C	重庆
GZ	1	a	采集	C	贵州
GX	*	f	采集	G	湖北

柚　*Citrus maxima*（Burm.）Merr.

功效主治　外层果皮（化橘红）：辛、苦，温。散寒，燥湿，利水，消痰。用于风寒咳嗽，喉痒痰多，食积伤酒，呕恶痞闷。根：用于肺痨。叶：解毒消肿。用于头风痛，乳痈，乳蛾。种子：苦，平。用于疝气痛，子痈。

迁地栽培保存

保存地点	种质份数	个体数量	引种方式	生长状况	来源地
JS1	2	a	采集、购买	C	江苏

保存地点	种质份数	个体数量	引种方式	生长状况	来源地
YN	1	a	购买	A	云南
ZJ	1	d	购买	A	浙江
SH	1	a	采集	A	待确定
BJ	1	a	采集	G	广西
HN	1	a	购买	C	海南
CQ	1	a	购买	C	重庆
GZ	1	a	采集	C	贵州

种质库保存

保存地点	保存方式	种质份数	个体数量	引种方式	来源地
BJ	种子	7	b	采集	湖北、四川、广西、海南
HN	种子	1	a	采集	湖南

枳 *Citrus trifoliata* (L.) Raf.

功效主治 未成熟的果实（枸桔梨）：辛、苦，温。理气健胃，消肿止痛。用于肝胃气痛，疝气，食积痰滞，痞胀，跌打损伤，阴挺，乳痈。叶：用于反胃，呕吐。

迁地栽培保存

保存地点	种质份数	个体数量	引种方式	生长状况	来源地
SH	2	a	采集	A	待确定
HEN	2	c	赠送	A	河南
SC	2	f	待确定	G	四川
ZJ	1	d	购买	A	浙江
BJ	1	a	采集	G	四川
CQ	1	a	购买	B	重庆
FJ	1	a	采集	A	福建
GD	1	f	采集	G	待确定
JS1	1	a	购买	C	江苏
GX	*	f	采集	G	法国

种质库保存

保存地点	保存方式	种质份数	个体数量	引种方式	来源地
BJ	种子	31	b	采集	山西、陕西、安徽、江西、江苏
HN	种子	1	a	采集	福建

枳壳　*Citrus aurantium* var. *decumana* L.

迁地栽培保存

保存地点	种质份数	个体数量	引种方式	生长状况	来源地
BJ	1	a	采集	C	江西
GZ	1	a	采集	C	贵州

贡甲属　*Maclurodendron*

贡甲　*Maclurodendron oligophlebia* Merr.

功效主治　根、叶、果实：理气止咳，活血祛瘀，消肿止痛，消滞开胃。用于喘咳，感冒发热，心气痛，疝气痛，食欲不振，消化不良，跌打损伤。

濒危等级　中国植物红色名录评估为无危（LC）。

迁地栽培保存

保存地点	种质份数	个体数量	引种方式	生长状况	来源地
HN	1	a	采集	B	海南

种质库保存

保存地点	保存方式	种质份数	个体数量	引种方式	来源地
HN	种子	3	b	采集	海南

花椒属　*Zanthoxylum*

刺花椒　*Zanthoxylum acanthopodium* DC.

功效主治　根（岩椒）：辛，温。温中散寒，止痛，杀虫，避孕。用于虫积腹痛，伤风感冒，避孕。果实：

温胃杀虫。用于心腹冷痛，冷痢，带下病。

濒危等级 中国植物红色名录评估为无危（LC）。

种质库保存

保存地点	保存方式	种质份数	个体数量	引种方式	来源地
BJ	种子	4	b	采集	待确定

刺壳花椒 *Zanthoxylum echinocarpum* Hemsl.

功效主治 根：祛风除湿，行气活血。用于风湿麻木，跌打损伤，外伤出血。

濒危等级 中国特有植物，中国植物红色名录评估为无危（LC）。

迁地栽培保存

保存地点	种质份数	个体数量	引种方式	生长状况	来源地
GX	*	f	采集	G	广西

种质库保存

保存地点	保存方式	种质份数	个体数量	引种方式	来源地
HN	种子	2	b	采集	湖南

刺异叶花椒 *Zanthoxylum dimorphophyllum* var. *spinifolium* Rehder et E. H. Wilson

濒危等级 中国特有植物，中国植物红色名录评估为无危（LC）。

迁地栽培保存

保存地点	种质份数	个体数量	引种方式	生长状况	来源地
CQ	1	a	采集	C	重庆

大叶臭花椒 *Zanthoxylum myriacanthum* Wall. ex Hook. f.

功效主治 根、叶：辛、苦，微温。祛风除湿，消肿止痛。用于风湿痹痛，跌打损伤，骨折，疥疮，痈疖，湿疹。

濒危等级 中国植物红色名录评估为无危（LC）。

种质库保存

保存地点	保存方式	种质份数	个体数量	引种方式	来源地
BJ	种子	7	b	采集	云南，待确定

朵花椒 *Zanthoxylum molle* Rehd.

功效主治　果皮：温中止痛，驱虫健胃。用于胃痛，腹痛，蛔虫病，湿疹，皮肤瘙痒，龋齿疼痛。种子：利尿消肿。用于水肿，腹水。根：祛风湿，止痛。用于胃寒腹痛，牙痛，风寒痹痛。

濒危等级　中国特有植物，陕西省稀有保护植物，中国植物红色名录评估为易危（VU）。

迁地栽培保存

保存地点	种质份数	个体数量	引种方式	生长状况	来源地
GX	*	f	采集	G	湖北

花椒 *Zanthoxylum bungeanum* Maxim.

功效主治　果实（花椒）：辛，温。温中止痛，杀虫止痒。用于脘腹冷痛，呕吐泄泻，虫积腹痛，蛔虫病，湿疹瘙痒。种子（椒目）：苦、辛，寒。行水消肿。用于胸腹胀满，小便淋痛。

濒危等级　中国植物红色名录评估为无危（LC）。

迁地栽培保存

保存地点	种质份数	个体数量	引种方式	生长状况	来源地
HEN	1	b	赠送	A	河南
SH	1	a	采集	A	待确定
JS1	1	a	购买	D	江苏
HB	1	a	采集	C	湖北
GZ	1	a	采集	C	贵州
CQ	1	a	购买	F	重庆
BJ	1	a	采集	G	广西
SC	1	f	待确定	G	四川

种质库保存

保存地点	保存方式	种质份数	个体数量	引种方式	来源地
BJ	种子	95	d	采集	河北、安徽、云南、重庆、四川、山西、辽宁、河南、湖北、甘肃、海南

尖叶花椒 *Zanthoxylum oxyphyllum* Edgew.

功效主治 根皮及树皮：辛、苦，平。有小毒。祛风湿，通经络，活血，散瘀。用于风湿骨痛，跌打肿痛。

濒危等级 中国植物红色名录评估为无危（LC）。

迁地栽培保存

保存地点	种质份数	个体数量	引种方式	生长状况	来源地
GX	*	f	采集	G	云南

簕欓花椒 *Zanthoxylum avicennae* (Lam.) DC.

功效主治 根（鹰不沾）：辛，温。祛风化湿，消肿通络。用于黄疸，早期肝硬化，水肿，感冒咳嗽，顿咳，肠痛，风湿痹痛，跌打损伤，心胃气痛，痢疾，痔疮肿痛。叶：用于跌打损伤，腰肌劳损，乳痈，疖肿。果实：用于胃痛，腹痛。

濒危等级 中国植物红色名录评估为无危（LC）。

迁地栽培保存

保存地点	种质份数	个体数量	引种方式	生长状况	来源地
HN	1	a	采集	C	海南
GZ	1	f	采集	F	贵州
BJ	1	a	采集	G	广西
GD	1	f	采集	G	待确定

种质库保存

保存地点	保存方式	种质份数	个体数量	引种方式	来源地
HN	种子、DNA	6	b	采集	海南

两面针 *Zanthoxylum nitidum*（Roxb.）DC.

功效主治　根（入地金牛）、枝叶（入地金牛）：用于风湿关节痛，跌打肿痛，腰肌劳损，牙痛，胃痛，咽喉痛，毒蛇咬伤。

濒危等级　中国植物红色名录评估为无危（LC）。

迁地栽培保存

保存地点	种质份数	个体数量	引种方式	生长状况	来源地
FJ	3	a	采集	A	福建、广西
HN	2	e	赠送、采集	C	海南
JS1	1	a	采集	D	江苏
GD	1	a	采集	A	待确定
BJ	1	a	采集	G	海南

种质库保存

保存地点	保存方式	种质份数	个体数量	引种方式	来源地
BJ	种子	6	b	采集	云南、四川、海南
HN	种子	5	c	采集	湖南、海南

菱叶花椒 *Zanthoxylum rhombifoliolatum* Huang

濒危等级　中国特有植物，中国植物红色名录评估为近危（NT）。

迁地栽培保存

保存地点	种质份数	个体数量	引种方式	生长状况	来源地
CQ	1	a	采集	C	重庆

种质库保存

保存地点	保存方式	种质份数	个体数量	引种方式	来源地
BJ	种子	1	a	采集	甘肃

琉球花椒 *Zanthoxylum beecheyanum* K. Koch

迁地栽培保存

保存地点	种质份数	个体数量	引种方式	生长状况	来源地
CQ	1	a	赠送	F	云南
YN	1	a	采集	C	云南

毛大叶臭花椒 *Zanthoxylum myriacanthum* var. *pubescens* (Huang) Huang

濒危等级 中国特有植物，中国植物红色名录评估为易危（VU）。

种质库保存

保存地点	保存方式	种质份数	个体数量	引种方式	来源地
BJ	种子	4	a	采集	云南

毛叶花椒 *Zanthoxylum bungeanum* var. *pubescens* Huang

濒危等级 中国特有植物，中国植物红色名录评估为无危（LC）。

迁地栽培保存

保存地点	种质份数	个体数量	引种方式	生长状况	来源地
GX	*	f	采集	G	广西

毛叶两面针 *Zanthoxylum nitidum* var. *tomentosum* Huang

濒危等级 中国特有植物，中国植物红色名录评估为无危（LC）。

迁地栽培保存

保存地点	种质份数	个体数量	引种方式	生长状况	来源地
GX	*	f	采集	G	广西

毛竹叶花椒 *Zanthoxylum armatum* var. *ferrugineum* (Rehd. et Wils.) Huang

濒危等级 中国特有植物，中国植物红色名录评估为无危（LC）。

迁地栽培保存

保存地点	种质份数	个体数量	引种方式	生长状况	来源地
GX	*	f	采集	G	广西

种质库保存

保存地点	保存方式	种质份数	个体数量	引种方式	来源地
BJ	种子	1	a	采集	云南

拟蚬壳花椒 *Zanthoxylum laetum* Drake

功效主治　根：用于牙痛，跌打损伤，疝气，月经过多。

濒危等级　中国植物红色名录评估为无危（LC）。

迁地栽培保存

保存地点	种质份数	个体数量	引种方式	生长状况	来源地
HN	2	a	采集	C	待确定
GX	*	f	采集	G	广西

青花椒 *Zanthoxylum schinifolium* Sieb. et Zucc.

功效主治　果皮：温中散寒，除湿止痛，杀虫，解鱼蟹毒。用于积食停饮，心腹冷痛，呕吐，嗳气，咳嗽气逆，风寒湿痹，泄泻，痢疾，疝痛，牙痛，蛔虫病，蛲虫病，阴痒，疥疮。

濒危等级　北京市二级保护植物，中国植物红色名录评估为无危（LC）。

迁地栽培保存

保存地点	种质份数	个体数量	引种方式	生长状况	来源地
BJ	3	b	采集	C	贵州、四川、辽宁
JS1	1	a	购买	D	江苏
SH	1	a	采集	A	待确定
GX	*	f	采集	G	广西

种质库保存

保存地点	保存方式	种质份数	个体数量	引种方式	来源地
BJ	种子	8	b	采集	甘肃、贵州、山西、江西

石山花椒 *Zanthoxylum calcicola* Huang

濒危等级　中国特有植物，中国植物红色名录评估为近危（NT）。

迁地栽培保存

保存地点	种质份数	个体数量	引种方式	生长状况	来源地
GX	*	f	采集	G	广西

蚬壳花椒 *Zanthoxylum dissitum* Hemsl.

功效主治　果实（大叶花椒）：辛、苦，温。祛风活络，散瘀止痛，解毒消肿。用于破伤风，风湿关节痛，胃痛，跌打扭伤，龋齿痛，毒蛇咬伤，霍乱。

濒危等级　中国特有植物，中国植物红色名录评估为无危（LC）。

迁地栽培保存

保存地点	种质份数	个体数量	引种方式	生长状况	来源地
BJ	1	a	采集	G	待确定
YN	1	a	采集	C	云南
CQ	1	a	采集	C	重庆
GZ	1	a	采集	C	贵州

种质库保存

保存地点	保存方式	种质份数	个体数量	引种方式	来源地
HN	种子	1	a	采集	湖南
BJ	种子	4	a	采集	待确定

小花花椒 *Zanthoxylum micranthum* Hemsl.

功效主治　根：止血。

濒危等级　中国特有植物，浙江省重点保护植物，中国植物红色名录评估为无危（LC）。

迁地栽培保存

保存地点	种质份数	个体数量	引种方式	生长状况	来源地
GX	*	f	采集	G	湖北

野花椒 *Zanthoxylum simulans* Hance

功效主治　果实：辛，温。有小毒。温中止痛，驱虫健胃。用于胃痛，腹痛，蛔虫病，湿疹，皮肤瘙痒，龋齿痛。种子：苦、辛，凉。利尿消肿。用于水肿，腹水。根：辛，温。祛风湿，止痛。用于胃寒腹痛，牙痛，风寒痹痛。

濒危等级　中国特有植物，中国植物红色名录评估为无危（LC）。

迁地栽培保存

保存地点	种质份数	个体数量	引种方式	生长状况	来源地
BJ	1	a	采集	G	浙江
SH	1	b	采集	A	待确定

种质库保存

保存地点	保存方式	种质份数	个体数量	引种方式	来源地
BJ	种子	9	b	采集	江西、山西、云南、安徽、福建

异叶花椒 *Zanthoxylum ovalifolium* Wight

功效主治　枝叶（羊山刺）：用于脚气病，目翳。果实：辛，温。有小毒。散寒温中，杀虫，燥湿。用于心胃气痛，冷痢，风寒湿痹。

濒危等级　中国植物红色名录评估为无危（LC）。

迁地栽培保存

保存地点	种质份数	个体数量	引种方式	生长状况	来源地
CQ	1	a	采集	C	重庆
GX	*	f	采集	G	广西

异叶花椒 （原变种） *Zanthoxylum ovalifolium* Wight var. *ovalifolium*

迁地栽培保存

保存地点	种质份数	个体数量	引种方式	生长状况	来源地
GX	*	f	采集	G	贵州

竹叶花椒 *Zanthoxylum armatum* DC.

功效主治 果实（竹叶椒）：辛，温。温中止痛，杀虫止痒。用于脘腹冷痛，呕吐泄泻，虫积腹痛，蛔虫病，湿疹瘙痒。

迁地栽培保存

保存地点	种质份数	个体数量	引种方式	生长状况	来源地
BJ	4	b	采集	G	浙江、广西、江西、安徽
GD	1	a	采集	D	待确定
GZ	1	a	采集	C	贵州
HN	1	a	赠送	C	广西
LN	1	c	采集	A	辽宁
SC	1	f	待确定	G	四川
SH	1	a	采集	A	待确定
YN	1	a	采集	A	云南
CQ	1	a	采集	C	重庆

种质库保存

保存地点	保存方式	种质份数	个体数量	引种方式	来源地
BJ	种子	6	b	采集	重庆、山西

黄檗属　*Phellodendron*

川黄檗　*Phellodendron chinense* Schneid.

功效主治　茎皮：用于肝毒症，虚劳腰痛，口疮，痢疾，无名肿毒。

濒危等级　中国特有植物，国家重点保护野生植物名录（第一批）二级，中国植物红色名录评估为无危（LC）。

迁地栽培保存

保存地点	种质份数	个体数量	引种方式	生长状况	来源地
SH	2	a	采集	A	待确定
CQ	1	a	采集	C	重庆
FJ	1	a	购买	A	福建
BJ	1	c	采集	G	四川
LN	1	c	采集	C	辽宁

种质库保存

保存地点	保存方式	种质份数	个体数量	引种方式	来源地
BJ	种子	8	c	采集	重庆、山西、江西

黄檗　*Phellodendron amurense* Rupr.

功效主治　茎皮（黄柏）：苦，寒。清热燥湿，泻火除蒸，解毒疗疮。用于湿热泻痢，黄疸，带下病，热淋，脚气病，痿躄，骨蒸劳热，盗汗，遗精，疮疡肿毒，湿疹瘙痒。

濒危等级　国家重点保护野生植物名录（第一批）二级，河北省重点保护植物、吉林省二级保护植物，中国植物红色名录评估为易危（VU）。

迁地栽培保存

保存地点	种质份数	个体数量	引种方式	生长状况	来源地
BJ	3	c	采集	G	吉林、辽宁
CQ	1	a	购买	C	重庆
GZ	1	c	采集	C	贵州

保存地点	种质份数	个体数量	引种方式	生长状况	来源地
HLJ	1	a	购买	A	黑龙江
JS1	1	a	购买	C	江苏
SH	1	a	采集	A	待确定

种质库保存

保存地点	保存方式	种质份数	个体数量	引种方式	来源地
BJ	种子	94	d	采集	山西、云南、湖北、四川、北京、黑龙江、吉林、辽宁
HN	种子	1	b	采集	湖南

黄皮树 *Phellodendron sinii* Y. C. Wu

功效主治 茎皮：清热燥湿，泻火除蒸。

迁地栽培保存

保存地点	种质份数	个体数量	引种方式	生长状况	来源地
HB	1	a	采集	C	待确定
SC	1	f	待确定	G	四川

秃叶黄檗 *Phellodendron chinense* Schneid. var. *glabriusculum* Schneid.

迁地栽培保存

保存地点	种质份数	个体数量	引种方式	生长状况	来源地
BJ	1	c	采集	C	贵州

种质库保存

保存地点	保存方式	种质份数	个体数量	引种方式	来源地
BJ	种子	4	b	采集	安徽

黄皮属　*Clausena*

齿叶黄皮　*Clausena dunniana* Lévl.

功效主治　根：用于感冒高热，胃痛，水肿，疟疾。叶：用于麻疹，湿疹，骨折，扭挫伤，关节痛。

迁地栽培保存

保存地点	种质份数	个体数量	引种方式	生长状况	来源地
CQ	1	a	采集	F	重庆
GX	*	f	采集	G	湖南

种质库保存

保存地点	保存方式	种质份数	个体数量	引种方式	来源地
BJ	种子	3	a	采集	待确定

光滑黄皮　*Clausena lenis* Drake

功效主治　叶：解表散热。用于感冒发热，咳嗽。

濒危等级　中国植物红色名录评估为无危（LC）。

迁地栽培保存

保存地点	种质份数	个体数量	引种方式	生长状况	来源地
YN	1	a	购买	C	云南

黄皮　*Clausena lansium*（Lour.）Skeels

功效主治　根（黄皮根）：辛、微苦，温。消肿，止痛，利小便。用于黄疸，疟疾，预防时行感冒。茎皮（黄皮树皮）：辛、苦，温。消风，祛疳积，散热积，通小便。叶（黄皮叶）：辛、苦，平。疏风解表，除痰行气。用于温病身热，咳嗽，哮喘，气胀腹痛，黄肿病，疟疾，小便淋痛，热毒疥癞。果实（黄皮果）：甘、酸，温。消食，理气，化痰。用于食欲不振，胸膈满痛，痰饮咳喘。果皮、种子：辛、微苦，温。消肿，止痛，利小便。用于黄疸，疟疾，胃病，疝气，疮疖。

濒危等级　中国植物红色名录评估为无危（LC）。

迁地栽培保存

保存地点	种质份数	个体数量	引种方式	生长状况	来源地
SC	2	f	待确定	G	四川
HN	1	a	购买	C	海南
BJ	1	a	采集	G	云南
GD	1	a	采集	D	待确定
CQ	1	a	购买	D	重庆
YN	1	b	购买	A	云南

种质库保存

保存地点	保存方式	种质份数	个体数量	引种方式	来源地
BJ	种子	10	b	采集	湖北、云南

假黄皮 *Clausena excavata* Burm. f.

功效主治 全株（山黄皮）：苦、辛，温。接骨，散瘀，祛风湿。用于胃脘冷痛，关节痛。叶：疏风解表，散寒，截疟。用于风寒感冒，腹痛，疟疾，扭伤，毒蛇咬伤。

迁地栽培保存

保存地点	种质份数	个体数量	引种方式	生长状况	来源地
GD	1	a	采集	D	待确定
HN	1	a	采集	C	海南
YN	1	a	购买	A	云南
GX	*	f	采集	G	广西

种质库保存

保存地点	保存方式	种质份数	个体数量	引种方式	来源地
BJ	种子	3	a	采集	重庆、云南
HN	种子	2	a	采集	海南

细叶黄皮 *Clausena anisumolens*（Blanco）Merr.

功效主治 枝、叶、果实：疏风散寒，行气止痛，消食健胃，化痰。用于感冒，胃痛，腹泻，急腹痛，水肿，风湿痹痛，黄疸，肾绞痛，石淋。

种质库保存

保存地点	保存方式	种质份数	个体数量	引种方式	来源地
HN	种子	2	a	采集	广西

九里香属　*Murraya*

豆叶九里香　*Murraya euchrestifolia* Hayata

功效主治　叶：用于疟疾，感冒。

濒危等级　中国特有植物，中国植物红色名录评估为无危（LC）。

迁地栽培保存

保存地点	种质份数	个体数量	引种方式	生长状况	来源地
GX	*	f	采集	G	广西

广西九里香　*Murraya kwangsiensis* Huang

功效主治　根：用于咳嗽，胃痛。枝叶：用于感冒，跌打损伤，目翳。

濒危等级　中国特有植物，中国植物红色名录评估为无危（LC）。

迁地栽培保存

保存地点	种质份数	个体数量	引种方式	生长状况	来源地
GX	2	f	采集	G	广西

九里香　*Murraya exotica* L.

功效主治　枝叶、根（九里香）：苦、辛，微温。行气，活血，祛风，除湿。用于风湿痹痛，腰痛，跌打损伤，子痈，湿疹，疥癣，胃痛，牙痛，破伤风，头风，蛇虫咬伤。

濒危等级　中国植物红色名录评估为无危（LC）。

迁地栽培保存

保存地点	种质份数	个体数量	引种方式	生长状况	来源地
HN	1	b	购买	B	海南
SH	1	a	采集	A	待确定
GD	1	a	采集	D	待确定
CQ	1	a	赠送	C	广西
BJ	1	a	采集	G	广西
YN	1	e	购买	A	云南
GX	*	f	采集	G	广西

种质库保存

保存地点	保存方式	种质份数	个体数量	引种方式	来源地
HN	种子	3	b	采集	福建
BJ	种子	12	c	采集	海南、云南、四川、河北

咖喱树 *Murraya koenigii*（Linn.）Spreng.

功效主治 根、叶：祛风活络。用于风湿骨痛，跌打损伤。

濒危等级 中国植物红色名录评估为无危（LC）。

迁地栽培保存

保存地点	种质份数	个体数量	引种方式	生长状况	来源地
YN	1	a	采集	C	云南

小叶九里香 *Murraya microphylla*（Merr. & Chun）Swingle

濒危等级 中国特有植物，中国植物红色名录评估为濒危（EN）。

迁地栽培保存

保存地点	种质份数	个体数量	引种方式	生长状况	来源地
HN	2	a	采集	C	海南
GX	*	f	采集	G	海南

酒饼簕属　*Atalantia*

广东酒饼簕　*Atalantia kwangtungensis* Merr.

功效主治　根：微苦、辛，温。祛风，解表，化痰止咳，行气止痛。用于疟疾，感冒头痛，咳嗽，风湿痹痛，胃冷疼痛，牙痛。

濒危等级　中国植物红色名录评估为近危（NT）。

迁地栽培保存

保存地点	种质份数	个体数量	引种方式	生长状况	来源地
HN	1	a	采集	C	待确定
GX	*	f	采集	G	广西

厚皮酒饼簕　*Atalantia dasycarpa* Huang

濒危等级　中国植物红色名录评估为无危（LC）。

迁地栽培保存

保存地点	种质份数	个体数量	引种方式	生长状况	来源地
GX	*	f	采集	G	广西

尖叶酒饼簕　*Atalantia acuminata* Huang

迁地栽培保存

保存地点	种质份数	个体数量	引种方式	生长状况	来源地
GX	*	f	采集	G	广西

酒饼簕　*Atalantia buxifolia*（Poir.）Oliv.

功效主治　根（东风橘根）：辛，温。祛瘀止痛，理气化痰，接骨。用于外感风寒，咳嗽，胃痛，胃溃疡，风湿关节痛，跌打损伤，骨折，疟疾，时行感冒。

濒危等级　中国植物红色名录评估为无危（LC）。

迁地栽培保存

保存地点	种质份数	个体数量	引种方式	生长状况	来源地
BJ	1	a	采集	G	广西
GD	1	f	采集	G	待确定
HN	1	a	采集	C	海南
YN	1	a	购买	C	云南

种质库保存

保存地点	保存方式	种质份数	个体数量	引种方式	来源地
HN	种子	1	a	采集	海南

裸芸香属 *Psilopeganum*

裸芸香 *Psilopeganum sinense* Hemsl.

功效主治 全草（山麻黄）：微辛，温。解表，健脾，行水，消积止呕。用于感冒咳喘，呕吐，水肿。

濒危等级 中国特有植物，中国植物红色名录评估为濒危（EN）。

迁地栽培保存

保存地点	种质份数	个体数量	引种方式	生长状况	来源地
BJ	1	b	采集	G	湖北

蜜莱萸属 *Melicope*

单叶吴萸 *Melicope simplicifolia* Ridl.

功效主治 叶：消肿止痛，祛风除湿。用于风湿痹痛，关节肿痛，瘿瘤，疟腮，胃痛，跌打损伤，刀枪伤，腹内热盛。

濒危等级 中国植物红色名录评估为无危（LC）。

迁地栽培保存

保存地点	种质份数	个体数量	引种方式	生长状况	来源地
YN	1	a	购买	C	云南

三桠苦　*Melicope lepta*（Spreng.）Merr.

功效主治　根或根皮（三叉虎根）：苦，寒。清热解毒，祛风除湿。用于肺热咳嗽，肺痈，风湿关节痛，创伤感染发热。叶（三丫苦叶）：苦，寒。清热解毒，祛风除湿。用于咽喉痛，疟疾，黄疸，风湿骨痛，湿疹，疮疡。

濒危等级　中国植物红色名录评估为无危（LC）。

迁地栽培保存

保存地点	种质份数	个体数量	引种方式	生长状况	来源地
FJ	3	a	采集	A	福建、广东
HN	1	a	采集	B	海南
YN	1	a	购买	C	云南
GD	1	f	采集	G	待确定

种质库保存

保存地点	保存方式	种质份数	个体数量	引种方式	来源地
HN	种子	1	b	采集	海南
BJ	种子	7	b	采集	重庆、海南、陕西、云南、广西

木橘属　*Aegle*

木橘　*Aegle marmelos*（L.）Correa

功效主治　果实：清热，止泻。用于痢疾腹泻，咽喉肿痛。

濒危等级　中国植物红色名录评估为易危（VU）。

迁地栽培保存

保存地点	种质份数	个体数量	引种方式	生长状况	来源地
YN	1	a	采集	A	云南

牛筋果属 *Harrisonia*

牛筋果 *Harrisonia perforata*（Blanco）Merr.

功效主治　根：清热解毒。用于疟疾。叶：苦，寒。清热解毒。用于目疾。

濒危等级　中国植物红色名录评估为无危（LC）。

迁地栽培保存

保存地点	种质份数	个体数量	引种方式	生长状况	来源地
HN	1	a	采集	C	海南

种质库保存

保存地点	保存方式	种质份数	个体数量	引种方式	来源地
BJ	种子	1	a	采集	安徽

三叶藤橘属 *Luvunga*

三叶藤橘 *Luvunga scandens*（Roxb.）Buch.-Ham. ex Wight & Arn.

功效主治　枝叶：用于风湿病，跌打损伤。全草：活血化瘀、杀虫止痒。用于胸部刺痛，心悸不宁，皮肤湿痒，湿疹，疥癣。

濒危等级　中国植物红色名录评估为无危（LC）。

迁地栽培保存

保存地点	种质份数	个体数量	引种方式	生长状况	来源地
HN	2	a	采集	C	海南

山小橘属 *Glycosmis*

海南山小橘 *Glycosmis montana* Pierre

濒危等级　中国植物红色名录评估为无危（LC）。

迁地栽培保存

保存地点	种质份数	个体数量	引种方式	生长状况	来源地
HN	1	a	采集	C	待确定

华山小橘 *Glycosmis pseudoracemosa*（Guill.）Swingle

濒危等级 中国植物红色名录评估为数据缺乏（DD）。

迁地栽培保存

保存地点	种质份数	个体数量	引种方式	生长状况	来源地
GX	*	f	采集	G	广西

亮叶山小橘 *Glycosmis lucida* Wall. ex Huang

濒危等级 中国植物红色名录评估为无危（LC）。

迁地栽培保存

保存地点	种质份数	个体数量	引种方式	生长状况	来源地
YN	1	a	购买	C	云南

山橘树 *Glycosmis cochinchinensis*（Lour.）Pierre ex Engl.

功效主治 根、叶、果实：止咳行气。用于食积腹痛，跌打损伤，感冒咳嗽。

濒危等级 中国植物红色名录评估为无危（LC）。

迁地栽培保存

保存地点	种质份数	个体数量	引种方式	生长状况	来源地
YN	1	a	购买	C	云南

山小橘 *Glycosmis pentaphylla*（Retz.）Correa

功效主治 叶：清热解毒，祛痰，止咳行气，散瘀消肿，消积杀虫。用于发热黄疸，痈疽疮毒，肠道寄生虫病。

濒危等级 中国植物红色名录评估为无危（LC）。

迁地栽培保存

保存地点	种质份数	个体数量	引种方式	生长状况	来源地
YN	1	a	采集	C	云南

种质库保存

保存地点	保存方式	种质份数	个体数量	引种方式	来源地
BJ	种子	3	b	采集	云南

少花山小橘 *Glycosmis oligantha* Huang

濒危等级 中国特有植物，中国植物红色名录评估为近危（NT）。

迁地栽培保存

保存地点	种质份数	个体数量	引种方式	生长状况	来源地
GX	*	f	采集	G	广西

小花山小橘 *Glycosmis parviflora*（Sims）Kurz

功效主治 根、叶（山小橘）：微辛、苦，平。祛风解表，化痰，消积，散瘀。用于感冒咳嗽，胃脘胀痛，消化不良，疝气痛，跌打瘀痛，风湿关节痛，毒蛇咬伤，冻疮。

濒危等级 中国植物红色名录评估为无危（LC）。

迁地栽培保存

保存地点	种质份数	个体数量	引种方式	生长状况	来源地
HN	2	a	采集	C	海南
YN	1	a	购买	C	云南

山油柑属 *Acronychia*

山油柑 *Acronychia pedunculata*（L.）Miq.

功效主治 心材、根（沙塘木）：甘，平。行气活血，健脾止咳。用于感冒咳嗽，胃痛，疝气痛，食欲不振，消化不良，腹痛，刀伤出血，跌打肿痛。果实（山油柑）：甘，平。健胃，助消化，平喘。用于风湿痛，感冒咳嗽。

濒危等级　中国植物红色名录评估为无危（LC）。

迁地栽培保存

保存地点	种质份数	个体数量	引种方式	生长状况	来源地
BJ	1	a	采集	G	广东
GD	1	f	采集	G	待确定
GX	*	f	采集	G	澳门

种质库保存

保存地点	保存方式	种质份数	个体数量	引种方式	来源地
HN	种子	1	b	采集	海南
BJ	种子	2	a	采集	云南、山西

石椒草属　*Boenninghausenia*

臭节草　*Boenninghausenia albiflora*（Hook.）Reichb.

功效主治　全草：酸、苦，温。散瘀，止痛，截疟，杀虫。用于疟疾，感冒，咳嗽，跌打损伤，外伤出血，痈疽疮疡。

濒危等级　中国植物红色名录评估为无危（LC）。

迁地栽培保存

保存地点	种质份数	个体数量	引种方式	生长状况	来源地
SC	2	f	待确定	G	四川
GX	2	f	采集	G	重庆、贵州
GZ	1	b	采集	C	贵州
HB	1	a	采集	B	湖北

种质库保存

保存地点	保存方式	种质份数	个体数量	引种方式	来源地
BJ	种子	1	a	采集	待确定

吴茱萸属 *Tetradium*

臭檀吴萸 *Tetradium daniellii* (Benn.) F. B. Forbes & Hemsl.

功效主治 果实：止痛，开郁。用于胃痛，头痛，心腹气痛。

濒危等级 中国植物红色名录评估为无危（LC）。

迁地栽培保存

保存地点	种质份数	个体数量	引种方式	生长状况	来源地
BJ	1	b	采集	G	陕西

种质库保存

保存地点	保存方式	种质份数	个体数量	引种方式	来源地
BJ	种子	6	b	采集	重庆

华南吴萸 *Tetradium austrosinensis* Hand.-Mazz.

功效主治 果实：温中散寒。行气止痛。用于胃痛，头痛。

濒危等级 中国植物红色名录评估为无危（LC）。

迁地栽培保存

保存地点	种质份数	个体数量	引种方式	生长状况	来源地
GX	*	f	采集	G	广西

楝叶吴萸 *Tetradium glabrifolia* (Champ. ex Benth.) Huang

功效主治 全株（树腰子）：辛，温。温中散寒，理气止痛。用于胃痛，头痛，心腹气痛。

濒危等级 中国植物红色名录评估为无危（LC）。

迁地栽培保存

保存地点	种质份数	个体数量	引种方式	生长状况	来源地
BJ	1	a	采集	G	待确定
YN	1	a	购买	C	云南
GX	*	f	采集	G	广西

种质库保存

保存地点	保存方式	种质份数	个体数量	引种方式	来源地
HN	种子	19	b	采集	海南、广东
BJ	种子	9	b	采集	安徽、江西、广西

牛科吴萸 *Tetradium trichotomum* Lour.

功效主治 果实：温中散寒，理气止痛。用于胃痛，心腹痛，头痛。

濒危等级 中国植物红色名录评估为无危（LC）。

迁地栽培保存

保存地点	种质份数	个体数量	引种方式	生长状况	来源地
GX	*	f	采集	G	广西

种质库保存

保存地点	保存方式	种质份数	个体数量	引种方式	来源地
BJ	种子	4	b	采集	云南

石山吴萸 *Tetradium calcicola* Chun ex Huang

功效主治 叶：用于疮疡肿毒。

濒危等级 中国特有植物，中国植物红色名录评估为无危（LC）。

迁地栽培保存

保存地点	种质份数	个体数量	引种方式	生长状况	来源地
GX	*	f	采集	G	广西

吴茱萸 *Tetradium rutaecarpa*（Juss.）Benth.

功效主治 未成熟果实（吴茱萸）：辛、苦，热。有小毒。散寒止痛，降逆止呃，助阳止泻。用于厥阴头痛，寒疝腹痛，寒湿脚气，经行腹痛，脘腹胀痛，呕吐吞酸，五更泄泻，口疮，肝阳上亢。

濒危等级 中国植物红色名录评估为无危（LC）。

迁地栽培保存

保存地点	种质份数	个体数量	引种方式	生长状况	来源地
BJ	5	b	采集	C	四川、江西、湖北
CQ	3	a	赠送、采集	C	重庆
SH	2	a	采集	A	待确定
HB	2	a	采集	C	湖北
SC	1	f	待确定	G	四川
LN	1	b	采集	C	辽宁
JS2	1	b	购买	C	安徽
YN	1	a	购买	D	云南
JS1	1	a	购买	C	江苏
ZJ	1	d	购买	A	浙江
GZ	1	a	采集	C	贵州

种质库保存

保存地点	保存方式	种质份数	个体数量	引种方式	来源地
BJ	种子	67	c	采集	浙江、四川、云南、山西、重庆、湖北、海南、甘肃、江西

小芸木属 *Micromelum*

大管 *Micromelum falcatum* (Lour.) Tanaka

功效主治 根或根皮（白木）：微苦、辛，凉。散瘀行气，止痛活血。用于胸痹，跌打扭伤，毒蛇咬伤。

濒危等级 中国植物红色名录评估为无危（LC）。

迁地栽培保存

保存地点	种质份数	个体数量	引种方式	生长状况	来源地
GX	2	f	采集	G	广西
HN	2	a	采集	C	海南

种质库保存

保存地点	保存方式	种质份数	个体数量	引种方式	来源地
BJ	种子	9	b	采集	云南，待确定
HN	种子	1	b	采集	海南

小芸木　*Micromelum integerrimum*（Buch.-Ham.）Roem.

功效主治　根（小芸木）、树皮（小芸木）、叶（小芸木）：苦、辛，温。祛风湿，温中，散瘀。用于时行感冒，疟疾，跌打损伤，咳嗽，胃痛，风湿骨痛，骨折。

濒危等级　中国植物红色名录评估为无危（LC）。

迁地栽培保存

保存地点	种质份数	个体数量	引种方式	生长状况	来源地
GX	*	f	采集	G	广西

种质库保存

保存地点	保存方式	种质份数	个体数量	引种方式	来源地
BJ	种子	3	b	采集	云南

茵芋属　*Skimmia*

茵芋　*Skimmia reevesiana* Fort.

功效主治　茎叶（茵芋）：苦，温。有毒。祛风除湿。用于风湿痹痛，四肢拘急，两足痿软。

濒危等级　中国植物红色名录评估为无危（LC）。

迁地栽培保存

保存地点	种质份数	个体数量	引种方式	生长状况	来源地
GX	3	f	采集	G	中国广西、重庆，日本
CQ	1	a	采集	C	重庆

芸香属 *Ruta*

芸香 *Ruta graveolens* Linn.

功效主治 全草（臭草）：辛、苦，凉。清热解毒，散瘀止痛。用于感冒发热，牙痛，月经不调，小儿湿疹，疮疖肿毒，跌打损伤。

濒危等级 中国植物红色名录评估为无危（LC）。

迁地栽培保存

保存地点	种质份数	个体数量	引种方式	生长状况	来源地
BJ	1	e	赠送	G	保加利亚
CQ	1	b	购买	C	重庆
GD	1	f	采集	G	待确定
HEN	1	b	赠送	A	河南
JS1	1	a	采集	D	江苏
SH	1	a	采集	F	待确定

种质库保存

保存地点	保存方式	种质份数	个体数量	引种方式	来源地
BJ	种子	6	b	采集	黑龙江

泽泻科 Alismataceae

慈姑属 *Sagittaria*

矮慈姑 *Sagittaria pygmaea* Miq.

功效主治 全草（鸭舌头）：甘、苦，凉。清热解毒，除湿镇痛。用于无名肿毒，小便淋痛，咽喉痛；外用于痈肿，毒蛇咬伤。

迁地栽培保存

保存地点	种质份数	个体数量	引种方式	生长状况	来源地
HN	1	a	采集	B	海南
GX	*	f	采集	G	广西

华夏慈姑 *Sagittaria trifolia* L. subsp. *leucopetala*（Miquel）Q. F. Wang

种质库保存

保存地点	保存方式	种质份数	个体数量	引种方式	来源地
BJ	种子	1	a	采集	吉林

野慈姑 *Sagittaria trifolia* L.

功效主治 球茎（慈姑）：苦、甘，凉。行血通淋。用于产后血瘀，胎衣不下，淋证，咳嗽痰血。叶（慈姑叶）：甘、微苦，寒。消肿，解毒。用于疮肿，丹毒，恶疮。花（慈姑花）：明目，祛湿。用于疔肿痔漏。

濒危等级 中国植物红色名录评估为无危（LC）。

迁地栽培保存

保存地点	种质份数	个体数量	引种方式	生长状况	来源地
SH	2	b	采集	A	待确定
GX	2	f	采集	G	广西
BJ	2	c	采集	G	北京
CQ	1	a	采集	C	重庆
HN	1	a	赠送	B	待确定
GZ	1	b	采集	C	贵州

种质库保存

保存地点	保存方式	种质份数	个体数量	引种方式	来源地
BJ	种子	6	b	采集	内蒙古、河北、山东

冠果草属 *Lophotocarpus*

冠草果 *Lophotocarpus guayanensis*（Kunth）Griseb.

迁地栽培保存

保存地点	种质份数	个体数量	引种方式	生长状况	来源地
GX	*	f	采集	G	广西

黄花蔺属 *Limnocharis*

黄花蔺 *Limnocharis flava*（L.）Buch.

迁地栽培保存

保存地点	种质份数	个体数量	引种方式	生长状况	来源地
GX	*	f	采集	G	福建

种质库保存

保存地点	保存方式	种质份数	个体数量	引种方式	来源地
BJ	种子	1	a	采集	待确定

泽苔草属 *Caldesia*

泽苔草 *Caldesia parnassifolia*（Bassi ex Linn.）Parl.

功效主治 根：用于湿疹，肺痈。

濒危等级 中国植物红色名录评估为极危（CR）。

迁地栽培保存

保存地点	种质份数	个体数量	引种方式	生长状况	来源地
BJ	1	c	采集	G	待确定
CQ	1	a	购买	B	重庆
GX	*	f	采集	G	广西

泽泻属　*Alisma*

东方泽泻　*Alisma orientale*（Sam.）Juz.

功效主治　球茎（泽泻）：甘，寒。利小便，清湿热。用于小便淋痛，水肿胀满，泄泻，尿少，痰饮眩晕，热淋涩痛，脂浊。叶（泽泻叶）：咸，平。用于慢性咳嗽痰喘，乳汁不通。果实（泽泻实）：甘，平。用于风痹，消渴。

濒危等级　内蒙古自治区重点保护植物，中国植物红色名录评估为无危（LC）。

迁地栽培保存

保存地点	种质份数	个体数量	引种方式	生长状况	来源地
GX	2	f	采集	G	日本
BJ	2	b	采集	G	福建
CQ	1	a	采集	B	重庆
SH	1	b	采集	A	待确定

膜果泽泻　*Alisma lanceolatum* With.

功效主治　块茎：清热，渗湿，利尿。

濒危等级　新疆维吾尔自治区二级保护植物，中国植物红色名录评估为无危（LC）。

迁地栽培保存

保存地点	种质份数	个体数量	引种方式	生长状况	来源地
GX	*	f	采集	G	意大利

泽泻　*Alisma plantago-aquatica* L.

迁地栽培保存

保存地点	种质份数	个体数量	引种方式	生长状况	来源地
FJ	13	b	采集	B	福建、江西、广西
CQ	1	a	购买	A	四川
GD	1	f	采集	G	待确定

保存地点	种质份数	个体数量	引种方式	生长状况	来源地
HB	1	a	采集	C	湖北
JS1	1	a	采集	D	江苏

种质库保存

保存地点	保存方式	种质份数	个体数量	引种方式	来源地
BJ	种子	91	d	采集	四川、江西、福建

窄叶泽泻 *Alisma canaliculatum* A. Braun & Bouché

功效主治 全草（大箭）：淡、微辛，平。清热，渗湿。用于皮肤疱疹，小便淋痛，水肿，毒蛇咬伤。

迁地栽培保存

保存地点	种质份数	个体数量	引种方式	生长状况	来源地
BJ	1	b	采集	G	广西
GX	*	f	采集	G	日本

种质库保存

保存地点	保存方式	种质份数	个体数量	引种方式	来源地
BJ	种子	9	c	采集	重庆，待确定

樟科　Lauraceae

檫木属　*Sassafras*

檫木　*Sassafras tzumu*（Hemsl.）Hemsl.

功效主治 全株（檫树）：甘、淡，微温。活血散瘀，祛风除湿。用于风湿痛，腰肌劳损，扭挫伤，胃痛。

迁地栽培保存

保存地点	种质份数	个体数量	引种方式	生长状况	来源地
GX	3	f	采集	G	广西
BJ	1	a	采集	G	湖北
GZ	1	a	采集	C	贵州
HB	1	a	采集	C	待确定

种质库保存

保存地点	保存方式	种质份数	个体数量	引种方式	来源地
BJ	种子	1	a	采集	待确定

假杉木 *Sassafras tsumu* Hemsl.

迁地栽培保存

保存地点	种质份数	个体数量	引种方式	生长状况	来源地
CQ	1	a	采集	C	重庆

鳄梨属 *Persea*

鳄梨 *Persea americana* Mill.

功效主治 果实（油梨）：用于消渴。

迁地栽培保存

保存地点	种质份数	个体数量	引种方式	生长状况	来源地
HN	1	a	赠送	C	海南
GX	*	f	采集	G	云南

厚壳桂属 *Cryptocarya*

黄果厚壳桂 *Cryptocarya concinna* Hance

濒危等级 中国植物红色名录评估为无危（LC）。

迁地栽培保存

保存地点	种质份数	个体数量	引种方式	生长状况	来源地
GX	*	f	采集	G	广西

种质库保存

保存地点	保存方式	种质份数	个体数量	引种方式	来源地
HN	种子	1	a	采集	海南

硬壳桂 *Cryptocarya chingii* W. C. Cheng

濒危等级 中国植物红色名录评估为无危（LC）。

迁地栽培保存

保存地点	种质份数	个体数量	引种方式	生长状况	来源地
GX	*	f	采集	G	广西

黄肉楠属 *Actinodaphne*

峨眉黄肉楠 *Actinodaphne omeiensis* (Liou) C. K. Allen

功效主治 根皮：用于风湿骨痛，跌打损伤。

濒危等级 中国特有植物，中国植物红色名录评估为无危（LC）。

迁地栽培保存

保存地点	种质份数	个体数量	引种方式	生长状况	来源地
GX	*	f	采集	G	四川

种质库保存

保存地点	保存方式	种质份数	个体数量	引种方式	来源地
BJ	种子	6	a	采集	重庆

红果黄肉楠 *Actinodaphne cupularis* (Hemsl.) Gamble

功效主治 根、叶（红果楠）：辛，凉。解毒，清热。用于疮疡，痔疮，烫火伤，足癣。

濒危等级 中国特有植物，陕西省濒危保护植物，中国植物红色名录评估为无危（LC）。

迁地栽培保存

保存地点	种质份数	个体数量	引种方式	生长状况	来源地
CQ	1	a	采集	B	重庆

柳叶黄肉楠 *Actinodaphne lecomtei* C. K. Allen

功效主治 根（柳叶黄肉楠）：用于风湿骨痛，跌打损伤。

濒危等级 中国特有植物，中国植物红色名录评估为无危（LC）。

迁地栽培保存

保存地点	种质份数	个体数量	引种方式	生长状况	来源地
CQ	1	a	采集	C	重庆

毛黄肉楠 *Actinodaphne pilosa*（Lour.）Merr.

功效主治 茎皮（香胶木）、叶（香胶木）：辛，凉。祛风，散瘀，消肿，解毒，止咳。用于跌打损伤，疮疖，腰腿痛。

濒危等级 中国植物红色名录评估为无危（LC）。

迁地栽培保存

保存地点	种质份数	个体数量	引种方式	生长状况	来源地
GX	2	f	采集	G	广西
BJ	1	a	采集	G	海南
HN	1	a	采集	C	海南

檬果樟属 *Caryodaphnopsis*

檬果樟 *Caryodaphnopsis tonkinensis*（Lecomte）Airy Shaw

濒危等级 中国植物红色名录评估为近危（NT）。

迁地栽培保存

保存地点	种质份数	个体数量	引种方式	生长状况	来源地
GX	*	f	采集	G	云南

木姜子属　*Litsea*

豹皮樟　*Litsea coreana* H. Lévl. var. *sinensis* (Allen) Yang et P. H. Huang

濒危等级　中国特有植物，江西省三级保护植物，中国植物红色名录评估为无危（LC）。

迁地栽培保存

保存地点	种质份数	个体数量	引种方式	生长状况	来源地
GD	1	f	采集	G	待确定

豺皮樟　*Litsea rotundifolia* Hemsl. var. *oblongifolia* (Nees) Allen

功效主治　根（豺皮樟根）：辛，温。祛风除湿，行气止痛，活血通经。用于风湿关节痛，跌打损伤，痛经，胃痛，泄泻，水肿。

迁地栽培保存

保存地点	种质份数	个体数量	引种方式	生长状况	来源地
GD	1	a	采集	D	待确定

潺槁木姜子　*Litsea glutinosa* (Lour.) C. B. Rob.

功效主治　叶（潺槁蔃）、茎皮（潺槁蔃）：外用于疮疖痈肿，痄腮，乳蛾，跌打损伤，外伤出血。根（潺槁蔃根）：用于跌打损伤，泄泻，消渴。

濒危等级　中国植物红色名录评估为无危（LC）。

迁地栽培保存

保存地点	种质份数	个体数量	引种方式	生长状况	来源地
GD	1	f	采集	G	待确定
HN	1	a	采集	B	海南
YN	1	a	采集	A	云南

种质库保存

保存地点	保存方式	种质份数	个体数量	引种方式	来源地
BJ	种子	6	b	采集	待确定
HN	种子	4	b	采集	海南

朝鲜木姜子 *Litsea coreana* H. Lévl.

功效主治 根：用于水肿，胃痛。

濒危等级 中国植物红色名录评估为无危（LC）。

迁地栽培保存

保存地点	种质份数	个体数量	引种方式	生长状况	来源地
GX	*	f	采集	G	广西

大萼木姜子 *Litsea baviensis* Lecomte

濒危等级 中国植物红色名录评估为近危（NT）。

迁地栽培保存

保存地点	种质份数	个体数量	引种方式	生长状况	来源地
GX	*	f	采集	G	广西

大果木姜子 *Litsea lancilimba* Merr.

濒危等级 中国植物红色名录评估为无危（LC）。

迁地栽培保存

保存地点	种质份数	个体数量	引种方式	生长状况	来源地
GX	*	f	采集	G	云南

种质库保存

保存地点	保存方式	种质份数	个体数量	引种方式	来源地
BJ	种子	3	b	采集	待确定

蜂窝木姜子 *Litsea foveolata* Yen C. Yang & P. H. Huang

濒危等级　中国特有植物，中国植物红色名录评估为近危（NT）。

迁地栽培保存

保存地点	种质份数	个体数量	引种方式	生长状况	来源地
GX	*	f	采集	G	广西

桂北木姜子 *Litsea subcoriacea* Yen C. Yang & P. H. Huang

濒危等级　中国特有植物，中国植物红色名录评估为无危（LC）。

迁地栽培保存

保存地点	种质份数	个体数量	引种方式	生长状况	来源地
GX	*	f	采集	G	广西

红河木姜子 *Litsea honghoensis* H. Liu

濒危等级　中国特有植物，中国植物红色名录评估为易危（VU）。

迁地栽培保存

保存地点	种质份数	个体数量	引种方式	生长状况	来源地
GX	*	f	采集	G	云南

红皮木姜子 *Litsea pedunculata*（Diels）Yen C. Yang & P. H. Huang

濒危等级　中国特有植物，中国植物红色名录评估为无危（LC）。

迁地栽培保存

保存地点	种质份数	个体数量	引种方式	生长状况	来源地
CQ	1	a	采集	C	重庆
GX	*	f	采集	G	广西

红叶木姜子 *Litsea rubescens* Lecomte

功效主治 果实（樟树果）、根：辛，微温。祛风散寒，消食化滞。用于胃寒腹痛，食滞腹胀，风湿骨痛，跌打损伤，感冒头痛。

濒危等级 中国特有植物，中国植物红色名录评估为无危（LC）。

迁地栽培保存

保存地点	种质份数	个体数量	引种方式	生长状况	来源地
GX	*	f	采集	G	贵州

种质库保存

保存地点	保存方式	种质份数	个体数量	引种方式	来源地
BJ	种子	4	a	采集	四川，待确定

湖北木姜子 *Litsea hupehana* Hemsl.

功效主治 叶：止泻痢。用于痢疾，腹泻。

濒危等级 中国特有植物，中国植物红色名录评估为无危（LC）。

迁地栽培保存

保存地点	种质份数	个体数量	引种方式	生长状况	来源地
GX	*	f	采集	G	湖北

华南木姜子 *Litsea greenmaniana* C. K. Allen

濒危等级 中国特有植物，中国植物红色名录评估为无危（LC）。

迁地栽培保存

保存地点	种质份数	个体数量	引种方式	生长状况	来源地
GX	*	f	采集	G	广西

黄椿木姜子 *Litsea variabilis* Hemsl.

濒危等级 中国植物红色名录评估为无危（LC）。

迁地栽培保存

保存地点	种质份数	个体数量	引种方式	生长状况	来源地
HN	1	a	采集	B	待确定
GX	*	f	采集	G	海南

黄丹木姜子 *Litsea elongata*（Nees）Hook. f.

功效主治 根：祛风除湿。

濒危等级 中国植物红色名录评估为无危（LC）。

迁地栽培保存

保存地点	种质份数	个体数量	引种方式	生长状况	来源地
GX	*	f	采集	G	湖北

假柿木姜子 *Litsea monopetala*（Roxb.）Pers.

功效主治 叶：外用于关节脱臼。

濒危等级 中国植物红色名录评估为无危（LC）。

迁地栽培保存

保存地点	种质份数	个体数量	引种方式	生长状况	来源地
HN	1	a	采集	B	海南
YN	1	a	采集	C	云南

种质库保存

保存地点	保存方式	种质份数	个体数量	引种方式	来源地
BJ	种子	3	a	采集	待确定
HN	种子	1	a	采集	海南

近轮叶木姜子 *Litsea elongata* var. *subverticillata*（Yang）Yang et P. H. Huang

濒危等级 中国特有植物，中国植物红色名录评估为无危（LC）。

迁地栽培保存

保存地点	种质份数	个体数量	引种方式	生长状况	来源地
GX	*	f	采集	G	广西

卵叶木姜子　*Litsea fruticosa*（Hemsl.）Gamble

迁地栽培保存

保存地点	种质份数	个体数量	引种方式	生长状况	来源地
CQ	1	a	采集	C	重庆

轮叶木姜子　*Litsea verticillata* Hance

功效主治　根（跌打老）、茎皮、叶：辛，温。祛风通络，活血消肿，止痛。用于风湿关节痛，四肢麻痹，腰腿痛，跌打肿痛，痛经。

濒危等级　中国植物红色名录评估为无危（LC）。

迁地栽培保存

保存地点	种质份数	个体数量	引种方式	生长状况	来源地
CQ	1	a	采集	F	重庆
GX	*	f	采集	G	广西

毛豹皮樟　*Litsea coreana* H. Lévl. var. *lanuginosa*（Migo）Yang et P. H. Huang

濒危等级　中国特有植物，中国植物红色名录评估为无危（LC）。

迁地栽培保存

保存地点	种质份数	个体数量	引种方式	生长状况	来源地
CQ	1	a	采集	C	重庆

毛叶木姜子　*Litsea mollis* Hemsl.

功效主治　果实（木姜子）：祛痰止痛，顺气止呕。用于痧证。

濒危等级　中国植物红色名录评估为无危（LC）。

迁地栽培保存

保存地点	种质份数	个体数量	引种方式	生长状况	来源地
HB	1	a	采集	C	待确定
CQ	1	a	采集	C	重庆
GX	*	f	采集	G	湖北

种质库保存

保存地点	保存方式	种质份数	个体数量	引种方式	来源地
BJ	种子	9	b	采集	海南、重庆

木姜子　*Litsea pungens* Hemsl.

功效主治　果实（木姜子）、叶（木姜子叶）：苦、辛，温。祛风行气，健脾燥湿，消食，解毒。用于胃寒腹痛，食积气滞，中暑吐泻；外用于疮疡肿毒。

濒危等级　中国特有植物，山西省重点保护植物，中国植物红色名录评估为无危（LC）。

迁地栽培保存

保存地点	种质份数	个体数量	引种方式	生长状况	来源地
FJ	4	a	采集	A	福建
HB	1	a	采集	C	湖北
CQ	1	b	采集	C	重庆
GX	*	f	采集	G	广西

种质库保存

保存地点	保存方式	种质份数	个体数量	引种方式	来源地
BJ	种子	10	c	采集	山东、云南、四川

绒叶木姜子　*Litsea wilsonii* Gamble

濒危等级　中国特有植物，中国植物红色名录评估为无危（LC）。

种质库保存

保存地点	保存方式	种质份数	个体数量	引种方式	来源地
BJ	种子	6	b	采集	重庆、安徽、河南、甘肃

伞花木姜子　*Litsea umbellata*（Lour.）Merr.

濒危等级　中国植物红色名录评估为无危（LC）。

种质库保存

保存地点	保存方式	种质份数	个体数量	引种方式	来源地
BJ	种子	1	a	采集	待确定

山鸡椒　*Litsea cubeba*（Lour.）Pers.

功效主治　根、果实：健胃消食，温脾肾。

濒危等级　中国植物红色名录评估为无危（LC）。

迁地栽培保存

保存地点	种质份数	个体数量	引种方式	生长状况	来源地
BJ	2	a	采集	G	海南、江西
HN	1	d	采集	B	海南
YN	1	a	采集	E	云南
HB	1	a	采集	C	待确定
GZ	1	b	采集	C	贵州
CQ	1	a	采集	C	重庆

种质库保存

保存地点	保存方式	种质份数	个体数量	引种方式	来源地
BJ	种子	14	b	采集	四川、江西，待确定
HN	种子	4	b	采集	福建、海南

栓皮木姜子　*Litsea suberosa* Yen C. Yang & P. H. Huang

濒危等级　中国特有植物，中国植物红色名录评估为无危（LC）。

迁地栽培保存

保存地点	种质份数	个体数量	引种方式	生长状况	来源地
GX	*	f	采集	G	广西

天目木姜子 *Litsea auriculata* S. S. Chien & W. C. Cheng

功效主治 果实（天目木姜子）、根皮（天目木姜子）：用于绦虫病。叶：外用于筋骨损伤。

濒危等级 中国特有植物，浙江省重点保护植物，中国植物红色名录评估为易危（VU）。

迁地栽培保存

保存地点	种质份数	个体数量	引种方式	生长状况	来源地
GX	*	f	采集	G	浙江

五桠果叶木姜子 *Litsea dilleniifolia* P. Y. Pai & P. H. Huang

濒危等级 中国特有植物，广西壮族自治区重点保护植物，中国植物红色名录评估为易危（VU）。

迁地栽培保存

保存地点	种质份数	个体数量	引种方式	生长状况	来源地
GX	*	f	采集	G	广西

种质库保存

保存地点	保存方式	种质份数	个体数量	引种方式	来源地
BJ	种子	1	a	采集	待确定

宜昌木姜子 *Litsea ichangensis* Gamble

功效主治 果实：用于胸腹胀满，食积气滞；外用于疮毒肿痛。

迁地栽培保存

保存地点	种质份数	个体数量	引种方式	生长状况	来源地
CQ	1	a	采集	C	重庆
GX	*	f	采集	G	湖北

圆叶豺皮樟 *Litsea rotundifolia* Hemsl.

功效主治 根：用于风湿骨痛。

濒危等级 中国植物红色名录评估为无危（LC）。

迁地栽培保存

保存地点	种质份数	个体数量	引种方式	生长状况	来源地
GX	*	f	采集	G	广西

云南木姜子 *Litsea yunnanensis* Yen C. Yang & P. H. Huang

濒危等级 中国植物红色名录评估为无危（LC）。

种质库保存

保存地点	保存方式	种质份数	个体数量	引种方式	来源地
BJ	种子	1	a	采集	待确定

楠属 Phoebe

白楠 *Phoebe neurantha* (Hemsl.) Gamble

功效主治 茎皮、根皮：理气温中，利水消肿。

濒危等级 中国特有植物，中国植物红色名录评估为无危（LC）。

迁地栽培保存

保存地点	种质份数	个体数量	引种方式	生长状况	来源地
GX	*	f	采集	G	江西

种质库保存

保存地点	保存方式	种质份数	个体数量	引种方式	来源地
BJ	种子	10	a	采集	江西

粉叶楠 *Phoebe glaucophylla* H. W. Li

濒危等级 中国特有植物，中国植物红色名录评估为极危（CR）。

迁地栽培保存

保存地点	种质份数	个体数量	引种方式	生长状况	来源地
GX	*	f	采集	G	广西

光枝楠 *Phoebe neuranthoides* S. K. Lee & F. N. Wei

濒危等级 中国特有植物，中国植物红色名录评估为无危（LC）。

迁地栽培保存

保存地点	种质份数	个体数量	引种方式	生长状况	来源地
HB	1	a	采集	C	待确定

黑叶楠 *Phoebe nigrifolia* S. K. Lee & F. N. Wei

濒危等级 中国特有植物，中国植物红色名录评估为近危（NT）。

迁地栽培保存

保存地点	种质份数	个体数量	引种方式	生长状况	来源地
GX	*	f	采集	G	广西

红梗楠 *Phoebe rufescens* H. W. Li

濒危等级 中国特有植物，中国植物红色名录评估为易危（VU）。

种质库保存

保存地点	保存方式	种质份数	个体数量	引种方式	来源地
BJ	种子	1	a	采集	待确定

红毛山楠 *Phoebe hungmoensis* S. K. Lee

迁地栽培保存

保存地点	种质份数	个体数量	引种方式	生长状况	来源地
GX	*	f	采集	G	广西

闽楠 *Phoebe bournei* (Hemsl.) Yen C. Yang

功效主治 木材、枝叶、茎皮：用于吐泻；外用于转筋，水肿。

濒危等级 中国特有植物，国家重点保护野生植物名录（第一批）二级，中国植物红色名录评估为易危（VU）。

迁地栽培保存

保存地点	种质份数	个体数量	引种方式	生长状况	来源地
GX	3	f	采集	G	广西、江西
ZJ	1	c	购买	A	福建

种质库保存

保存地点	保存方式	种质份数	个体数量	引种方式	来源地
HN	种子	1	b	采集	湖南

披针叶楠 *Phoebe lanceolata* (Nees) Nees

濒危等级 中国植物红色名录评估为无危（LC）。

迁地栽培保存

保存地点	种质份数	个体数量	引种方式	生长状况	来源地
YN	1	a	采集	C	云南

普文楠 *Phoebe puwenensis* W. C. Cheng

濒危等级 中国特有植物，中国植物红色名录评估为易危（VU）。

迁地栽培保存

保存地点	种质份数	个体数量	引种方式	生长状况	来源地
YN	1	a	赠送	C	云南

山楠 *Phoebe chinensis* Chun

功效主治 根：用于吐泻，水肿。

种质库保存

保存地点	保存方式	种质份数	个体数量	引种方式	来源地
BJ	种子	1	a	采集	山西

乌心楠 *Phoebe tavoyana* (Meisn.) Hook. f.

濒危等级 中国植物红色名录评估为无危（LC）。

迁地栽培保存

保存地点	种质份数	个体数量	引种方式	生长状况	来源地
HN	2	a	采集	C	海南

湘楠 *Phoebe hunanensis* Hand.-Mazz.

功效主治 根、叶：用于小儿疳积，风湿痛。

濒危等级 中国特有植物，江西省三级保护植物，中国植物红色名录评估为无危（LC）。

迁地栽培保存

保存地点	种质份数	个体数量	引种方式	生长状况	来源地
GX	*	f	采集	G	湖北

种质库保存

保存地点	保存方式	种质份数	个体数量	引种方式	来源地
BJ	种子	1	a	采集	江西

浙江楠 *Phoebe chekiangensis* C. B. Shang

濒危等级 中国特有植物，国家重点保护野生植物名录（第一批）二级，中国植物红色名录评估为易危（VU）。

迁地栽培保存

保存地点	种质份数	个体数量	引种方式	生长状况	来源地
ZJ	1	c	购买	A	福建

竹叶楠　*Phoebe faberi*（Hemsl.）Chun

功效主治　心材：辛，温。散寒止痛，温胃止呕。

迁地栽培保存

保存地点	种质份数	个体数量	引种方式	生长状况	来源地
HB	1	a	采集	C	待确定
GX	*	f	采集	G	湖北

紫楠　*Phoebe sheareri*（Hemsl.）Gamble

功效主治　叶（紫楠）：辛，温。温中理气。用于腹胀，脚气水肿。根（紫楠）：辛，温。祛瘀消肿。用于跌打损伤。

濒危等级　中国植物红色名录评估为无危（LC）。

迁地栽培保存

保存地点	种质份数	个体数量	引种方式	生长状况	来源地
GX	2	f	采集	G	湖南、浙江
ZJ	1	c	购买	A	浙江

种质库保存

保存地点	保存方式	种质份数	个体数量	引种方式	来源地
BJ	种子	6	a	采集	江西

琼楠属　*Beilschmiedia*

广东琼楠　*Beilschmiedia fordii* Dunn

濒危等级　中国植物红色名录评估为无危（LC）。

迁地栽培保存

保存地点	种质份数	个体数量	引种方式	生长状况	来源地
GX	*	f	采集	G	广西

贵州琼楠 *Beilschmiedia kweichowensis* C. Y. Cheng

濒危等级 中国特有植物，中国植物红色名录评估为无危（LC）。

迁地栽培保存

保存地点	种质份数	个体数量	引种方式	生长状况	来源地
CQ	1	a	采集	F	重庆

琼楠 *Beilschmiedia intermedia* C. K. Allen

功效主治 叶：活血，消肿。用于跌打损伤。果实：用于疮痈肿毒。

濒危等级 中国植物红色名录评估为无危（LC）。

迁地栽培保存

保存地点	种质份数	个体数量	引种方式	生长状况	来源地
HN	1	a	采集	B	海南

种质库保存

保存地点	保存方式	种质份数	个体数量	引种方式	来源地
BJ	种子	1	a	采集	云南

山潺 *Beilschmiedia appendiculata*（Allen）S. K. Lee & Y. T. Wei

濒危等级 中国特有植物，中国植物红色名录评估为无危（LC）。

迁地栽培保存

保存地点	种质份数	个体数量	引种方式	生长状况	来源地
GX	*	f	采集	G	广东

紫叶琼楠 *Beilschmiedia purpurascens* H. W. Li

濒危等级 中国特有植物，中国植物红色名录评估为近危（NT）。

种质库保存

保存地点	保存方式	种质份数	个体数量	引种方式	来源地
BJ	种子	1	a	采集	云南

润楠属　*Machilus*

扁果润楠　*Machilus platycarpa* Chun

迁地栽培保存

保存地点	种质份数	个体数量	引种方式	生长状况	来源地
GX	*	f	采集	G	广东

薄叶润楠　*Machilus leptophylla* Hand.-Mazz.

功效主治　根（大叶楠根）：消肿解毒。用于跌打损伤，疮疖，痢疾。

濒危等级　中国特有植物，江西省三级保护植物，中国植物红色名录评估为无危（LC）。

迁地栽培保存

保存地点	种质份数	个体数量	引种方式	生长状况	来源地
GX	*	f	采集	G	广西

川黔润楠　*Machilus chuanchienensis* S. K. Lee

濒危等级　中国特有植物，中国植物红色名录评估为近危（NT）。

迁地栽培保存

保存地点	种质份数	个体数量	引种方式	生长状况	来源地
CQ	1	a	采集	F	重庆

簇序润楠　*Machilus fasciculata* H. W. Li

濒危等级　中国特有植物，中国植物红色名录评估为近危（NT）。

迁地栽培保存

保存地点	种质份数	个体数量	引种方式	生长状况	来源地
GX	*	f	采集	G	广西

大苞润楠 *Machilus grandibracteata* S. K. Lee & F. N. Wei

濒危等级 中国植物红色名录评估为无危（LC）。

迁地栽培保存

保存地点	种质份数	个体数量	引种方式	生长状况	来源地
GX	*	f	采集	G	广西

滇润楠 *Machilus yunnanensis* Lecomte

功效主治 叶（冻青叶）：甘、涩，凉。消肿解毒。用于疮毒，疖腮，烫火伤，跌打骨折，风湿痛。

濒危等级 中国特有植物，中国植物红色名录评估为无危（LC）。

种质库保存

保存地点	保存方式	种质份数	个体数量	引种方式	来源地
BJ	种子	3	a	采集	待确定

短序润楠 *Machilus breviflora*（Benth.）Hemsl.

濒危等级 中国特有植物，中国植物红色名录评估为无危（LC）。

迁地栽培保存

保存地点	种质份数	个体数量	引种方式	生长状况	来源地
GX	*	f	采集	G	广西

种质库保存

保存地点	保存方式	种质份数	个体数量	引种方式	来源地
HN	种子	1	a	采集	广东

广东润楠 *Machilus kwangtungensis* Yen C. Yang

濒危等级 中国特有植物，中国植物红色名录评估为无危（LC）。

迁地栽培保存

保存地点	种质份数	个体数量	引种方式	生长状况	来源地
GX	*	f	采集	G	广西

红梗润楠 *Machilus rufipes* H. W. Li

濒危等级 中国特有植物，中国植物红色名录评估为近危（NT）。

种质库保存

保存地点	保存方式	种质份数	个体数量	引种方式	来源地
BJ	种子	3	a	采集	云南

红楠 *Machilus thunbergii* Siebold & Zucc.

功效主治 根皮（红楠皮）、茎皮（红楠皮）：舒筋活血，消肿止痛。用于扭挫伤，脚肿，吐泻不止。

濒危等级 江西省三级保护植物，中国植物红色名录评估为无危（LC）。

迁地栽培保存

保存地点	种质份数	个体数量	引种方式	生长状况	来源地
GX	2	f	采集	G	广西、湖南

华润楠 *Machilus chinensis*（Benth.）Hemsl.

濒危等级 中国植物红色名录评估为无危（LC）。

迁地栽培保存

保存地点	种质份数	个体数量	引种方式	生长状况	来源地
GX	*	f	采集	G	广西

种质库保存

保存地点	保存方式	种质份数	个体数量	引种方式	来源地
HN	种子	1	c	采集	海南

黄枝润楠 *Machilus versicolora* S. K. Lee & F. N. Wei

濒危等级 中国特有植物，中国植物红色名录评估为无危（LC）。

迁地栽培保存

保存地点	种质份数	个体数量	引种方式	生长状况	来源地
GX	*	f	采集	G	广西

基脉润楠 *Machilus decursinervis* Chun

濒危等级 中国植物红色名录评估为无危（LC）。

迁地栽培保存

保存地点	种质份数	个体数量	引种方式	生长状况	来源地
GX	*	f	采集	G	广西

建润楠 *Machilus oreophila* Hance

功效主治 枝叶、茎皮：活血散瘀，止痢。用于霍乱，吐泻，跌打损伤。

濒危等级 中国特有植物，中国植物红色名录评估为无危（LC）。

迁地栽培保存

保存地点	种质份数	个体数量	引种方式	生长状况	来源地
GX	*	f	采集	G	广西

乐会润楠 *Machilus lohuiensis* S. K. Lee

濒危等级 中国植物红色名录评估为近危（NT）。

种质库保存

保存地点	保存方式	种质份数	个体数量	引种方式	来源地
HN	种子	1	a	采集	海南

梨润楠　*Machilus pomifera*（Kosterm.）S. K. Lee

濒危等级　中国特有植物，中国植物红色名录评估为近危（NT）。

迁地栽培保存

保存地点	种质份数	个体数量	引种方式	生长状况	来源地
HN	1	a	采集	B	海南

柳叶润楠　*Machilus salicina* Hance

功效主治　叶：消肿解毒。

濒危等级　中国植物红色名录评估为无危（LC）。

迁地栽培保存

保存地点	种质份数	个体数量	引种方式	生长状况	来源地
HN	1	a	采集	B	海南

种质库保存

保存地点	保存方式	种质份数	个体数量	引种方式	来源地
HN	种子	1	b	采集	广东

木姜润楠　*Machilus litseifolia* S. K. Lee

濒危等级　中国特有植物，中国植物红色名录评估为无危（LC）。

迁地栽培保存

保存地点	种质份数	个体数量	引种方式	生长状况	来源地
GX	*	f	采集	G	广西

刨花润楠 *Machilus pauhoi* Kaneh.

功效主治 茎（刨花润楠）：甘、微辛，凉。清热润燥。用于烫火伤，大便秘结。

濒危等级 中国特有植物，中国植物红色名录评估为无危（LC）。

迁地栽培保存

保存地点	种质份数	个体数量	引种方式	生长状况	来源地
GX	*	f	采集	G	湖南

琼桂润楠 *Machilus foonchewii* S. K. Lee

迁地栽培保存

保存地点	种质份数	个体数量	引种方式	生长状况	来源地
GX	*	f	采集	G	广西

绒毛润楠 *Machilus velutina* Champ. ex Benth.

功效主治 根（野枇杷）、叶（野枇杷）：苦，凉。化痰止咳，消肿止痛，收敛止血。用于咳嗽痰喘；外用于烫火伤，痈肿，外伤出血，骨折。

濒危等级 中国植物红色名录评估为无危（LC）。

迁地栽培保存

保存地点	种质份数	个体数量	引种方式	生长状况	来源地
GX	2	f	采集	G	澳门
HN	1	a	采集	B	海南

润楠 *Machilus pingii* W. C. Cheng ex Yen C. Yang

功效主治 木材、枝叶、茎皮：暖胃正气。用于霍乱吐泻，吐泻转筋，水肿。

濒危等级 中国特有植物，国家重点保护野生植物名录（第一批）二级，中国植物红色名录评估为濒危（EN）。

迁地栽培保存

保存地点	种质份数	个体数量	引种方式	生长状况	来源地
CQ	1	a	采集	C	重庆
GZ	1	a	采集	C	贵州
BJ	1	a	交换	G	北京
HB	1	a	采集	C	湖北

种质库保存

保存地点	保存方式	种质份数	个体数量	引种方式	来源地
BJ	种子	1	a	采集	云南

赛短花润楠　*Machilus parabreviflora* Hung T. Chang

濒危等级　中国特有植物，中国植物红色名录评估为近危（NT）。

迁地栽培保存

保存地点	种质份数	个体数量	引种方式	生长状况	来源地
GX	*	f	采集	G	广西

细毛润楠　*Machilus tenuipilis* H. W. Li

功效主治　叶：消肿止痛。

濒危等级　中国特有植物，中国植物红色名录评估为近危（NT）。

迁地栽培保存

保存地点	种质份数	个体数量	引种方式	生长状况	来源地
YN	1	a	采集	C	云南

种质库保存

保存地点	保存方式	种质份数	个体数量	引种方式	来源地
BJ	种子	1	a	采集	待确定

小果润楠 *Machilus microcarpa* Hemsl.

功效主治 果实：止咳，消胀。

濒危等级 中国特有植物，中国植物红色名录评估为无危（LC）。

迁地栽培保存

保存地点	种质份数	个体数量	引种方式	生长状况	来源地
GX	*	f	采集	G	湖北

宜昌润楠 *Machilus ichangensis* Rehder & E. H. Wilson

功效主治 茎皮：舒经络，止呕吐。

濒危等级 中国植物红色名录评估为无危（LC）。

迁地栽培保存

保存地点	种质份数	个体数量	引种方式	生长状况	来源地
GX	*	f	采集	G	湖北

浙江润楠 *Machilus chekiangensis* S. K. Lee

濒危等级 中国特有植物，中国植物红色名录评估为近危（NT）。

迁地栽培保存

保存地点	种质份数	个体数量	引种方式	生长状况	来源地
ZJ	1	c	购买	A	浙江

山胡椒属 *Lindera*

川钓樟 *Lindera pulcherrima*（Ness）Hook. f. var. *hemsleyana*（Diels）H. P. Tsui

濒危等级 中国特有植物，中国植物红色名录评估为无危（LC）。

迁地栽培保存

保存地点	种质份数	个体数量	引种方式	生长状况	来源地
GX	*	f	采集	G	湖北

大果山胡椒　*Lindera praecox* (Siebold & Zucc.) Blume

濒危等级　中国植物红色名录评估为无危（LC）。

迁地栽培保存

保存地点	种质份数	个体数量	引种方式	生长状况	来源地
GX	2	f	采集	G	日本

蜂房叶山胡椒　*Lindera foveolata* H. W. Li

功效主治　果实：消食理气，逐水。

濒危等级　中国特有植物，中国植物红色名录评估为无危（LC）。

迁地栽培保存

保存地点	种质份数	个体数量	引种方式	生长状况	来源地
GX	*	f	采集	G	广西

广东山胡椒　*Lindera kwangtungensis* (H. Liu) C. K. Allen

濒危等级　中国特有植物，中国植物红色名录评估为无危（LC）。

迁地栽培保存

保存地点	种质份数	个体数量	引种方式	生长状况	来源地
GX	*	f	采集	G	广西

黑壳楠　*Lindera megaphylla* Hemsl.

功效主治　根（黑壳楠）、枝（黑壳楠）、茎皮（黑壳楠）：辛、微苦，温。祛风除湿，消肿止痛。用于风湿麻木疼痛，咽喉肿痛。

濒危等级 中国特有植物，江西省三级保护植物，中国植物红色名录评估为无危（LC）。

迁地栽培保存

保存地点	种质份数	个体数量	引种方式	生长状况	来源地
CQ	1	a	采集	C	重庆
GX	*	f	采集	G	湖北

种质库保存

保存地点	保存方式	种质份数	个体数量	引种方式	来源地
BJ	种子	8	a	采集	海南、云南、辽宁、贵州

红果山胡椒 *Lindera erythrocarpa* Makino

功效主治 枝、叶：用于无名肿毒。根皮：收敛止血。外用于疥疮。

濒危等级 中国植物红色名录评估为无危（LC）。

迁地栽培保存

保存地点	种质份数	个体数量	引种方式	生长状况	来源地
GX	*	f	采集	G	上海

种质库保存

保存地点	保存方式	种质份数	个体数量	引种方式	来源地
BJ	种子	1	a	采集	待确定

红脉钓樟 *Lindera rubronervia* Gamble

功效主治 茎叶：杀虫，止痒。

濒危等级 中国特有植物，中国植物红色名录评估为无危（LC）。

迁地栽培保存

保存地点	种质份数	个体数量	引种方式	生长状况	来源地
BJ	1	a	采集	G	江西

种质库保存

保存地点	保存方式	种质份数	个体数量	引种方式	来源地
BJ	种子	3	a	采集	江西

绿叶甘橿　*Lindera neesiana（Wallich ex Nees）Kurz*

功效主治　果实：用于胃寒痛，胸腹胀满，胁下气痛。

濒危等级　中国植物红色名录评估为无危（LC）。

迁地栽培保存

保存地点	种质份数	个体数量	引种方式	生长状况	来源地
GX	*	f	采集	G	重庆，待确定

种质库保存

保存地点	保存方式	种质份数	个体数量	引种方式	来源地
BJ	种子	1	a	采集	江西

绒毛钓樟　*Lindera floribunda（C. K. Allen）H. B. Cui*

功效主治　根皮、茎皮：用于泄泻，关节痛；外用于跌打损伤，外伤出血。

濒危等级　中国特有植物，中国植物红色名录评估为无危（LC）。

迁地栽培保存

保存地点	种质份数	个体数量	引种方式	生长状况	来源地
GX	*	f	采集	G	湖南

绒毛山胡椒　*Lindera nacusua（D. Don）Merr.*

濒危等级　中国植物红色名录评估为无危（LC）。

迁地栽培保存

保存地点	种质份数	个体数量	引种方式	生长状况	来源地
GX	*	f	采集	G	广西

三股筋香 *Lindera thomsonii* C. K. Allen

功效主治 果实、果油：用于蚊虫叮咬。

濒危等级 中国植物红色名录评估为无危（LC）。

迁地栽培保存

保存地点	种质份数	个体数量	引种方式	生长状况	来源地
GX	*	f	采集	G	广西

三桠乌药 *Lindera obtusiloba* Blume

功效主治 茎皮（三钻风）：辛，温。活血舒筋，散瘀消肿。用于跌打损伤，瘀血肿痛，疮毒。

濒危等级 中国植物红色名录评估为无危（LC）。

迁地栽培保存

保存地点	种质份数	个体数量	引种方式	生长状况	来源地
GX	2	f	采集	G	中国山东，日本
BJ	1	b	采集	G	安徽

山胡椒 *Lindera glauca* (Siebold & Zucc.) Blume

功效主治 全株（山胡椒）：辛，温。祛风活络，消肿解毒，止血，止痛。用于风湿麻木，筋骨痛，跌打损伤，胃寒气痛，风寒头痛，水肿。叶：外用于疔疮肿毒，毒蛇咬伤，外伤出血。

濒危等级 山西省重点保护植物，中国植物红色名录评估为无危（LC）。

迁地栽培保存

保存地点	种质份数	个体数量	引种方式	生长状况	来源地
YN	1	a	采集	C	云南
JS1	1	a	采集	D	江苏
BJ	1	b	采集	G	湖北
GX	*	f	采集	G	广西

种质库保存

保存地点	保存方式	种质份数	个体数量	引种方式	来源地
BJ	种子	11	c	采集	云南、四川、江西、安徽

山橿 *Lindera reflexa* Hemsl.

功效主治 根（山橿根）：辛，温。止血，消肿，杀虫，行气止痛。用于胃痛，疥癣，瘾疹，刀伤出血。

濒危等级 中国特有植物，山西省重点保护植物，中国植物红色名录评估为无危（LC）。

迁地栽培保存

保存地点	种质份数	个体数量	引种方式	生长状况	来源地
BJ	2	b	采集	C	湖北
GX	*	f	采集	G	上海

种质库保存

保存地点	保存方式	种质份数	个体数量	引种方式	来源地
BJ	种子	1	a	采集	江西

四川山胡椒 *Lindera setchuenensis* Gamble

功效主治 根（石桢楠根）：外用于疮毒。

濒危等级 中国特有植物，中国植物红色名录评估为无危（LC）。

迁地栽培保存

保存地点	种质份数	个体数量	引种方式	生长状况	来源地
GX	2	f	采集	G	上海

乌药 *Lindera aggregata* (Sims) Kosterm.

功效主治 根（乌药）、茎皮（乌药）：辛，温。温中散寒，理气止痛。用于心胃气痛，泄泻，痛经，风湿痛，跌打伤痛。

濒危等级 中国植物红色名录评估为无危（LC）。

迁地栽培保存

保存地点	种质份数	个体数量	引种方式	生长状况	来源地
GX	3	f	采集	G	广西
BJ	3	b	采集	G	陕西、安徽、上海
GD	1	f	采集	G	待确定
ZJ	1	d	购买	A	浙江
JS1	1	b	购买	C	江苏
HN	1	a	赠送	B	广西

种质库保存

保存地点	保存方式	种质份数	个体数量	引种方式	来源地
HN	种子	1	b	采集	福建
BJ	种子	6	a	采集	江西、安徽

西藏钓樟 *Lindera pulcherrima*（Nees）Hook. f.

功效主治 根、茎皮、叶：行气，开郁宽中，消食，止痛，止血生肌，排石。用于宿食不消，反胃吐食，风湿关节痛。果实：用于阴毒伤寒。

濒危等级 中国植物红色名录评估为无危（LC）。

迁地栽培保存

保存地点	种质份数	个体数量	引种方式	生长状况	来源地
GX	*	f	采集	G	广西

狭叶山胡椒 *Lindera angustifolia* W. C. Cheng

功效主治 全株（狭叶山胡椒）：辛、微涩，温。祛风利湿，舒筋活络，解毒消肿。用于感冒，头痛，食积气滞，泄泻，风湿麻木，跌打损伤。

濒危等级 中国植物红色名录评估为无危（LC）。

迁地栽培保存

保存地点	种质份数	个体数量	引种方式	生长状况	来源地
GX	2	f	采集	G	广西、浙江
SH	1	a	采集	A	待确定

香叶树　*Lindera communis* Hemsl.

功效主治　叶（香叶树）、茎皮（香叶树）、种子油（香果脂）：微苦，温。散瘀消肿，止血止痛，解毒。用于跌打损伤，骨折，外伤出血，疮疖痈肿。

濒危等级　中国植物红色名录评估为无危（LC）。

迁地栽培保存

保存地点	种质份数	个体数量	引种方式	生长状况	来源地
GX	2	f	采集	G	云南、广西
CQ	1	a	采集	C	重庆
JS1	1	a	购买	D	江苏
YN	1	a	采集	C	云南

种质库保存

保存地点	保存方式	种质份数	个体数量	引种方式	来源地
BJ	种子	9	c	采集	河南、四川、云南

香叶子　*Lindera fragrans* Oliv.

功效主治　茎皮（香叶子）：温经通脉，行气散结。枝、叶：顺气。用于胃痛，食积气滞。

濒危等级　中国特有植物，中国植物红色名录评估为无危（LC）。

迁地栽培保存

保存地点	种质份数	个体数量	引种方式	生长状况	来源地
CQ	1	a	采集	C	重庆
GX	*	f	采集	G	湖北

小叶乌药 *Lindera aggregata*（Sims）Kosterm. var. *playfairii*（Hemsl.）H. P. Tsui

濒危等级　中国特有植物，中国植物红色名录评估为无危（LC）。

迁地栽培保存

保存地点	种质份数	个体数量	引种方式	生长状况	来源地
HN	1	a	采集	B	海南

土楠属 *Endiandra*

土楠 *Endiandra hainanensis* Merr. & F. P. Metcalf

濒危等级　中国特有植物，海南省重点保护植物，中国植物红色名录评估为近危（NT）。

迁地栽培保存

保存地点	种质份数	个体数量	引种方式	生长状况	来源地
GX	*	f	采集	G	云南

无根藤属 *Cassytha*

无根藤 *Cassytha filiformis* L.

功效主治　全草（无爷藤）：甘、微苦，平。有小毒。清热利湿，凉血止血。用于感冒发热，肝毒症，疟疾，咯血，尿血，水肿，石淋，湿疹，疖肿。

迁地栽培保存

保存地点	种质份数	个体数量	引种方式	生长状况	来源地
HN	2	a	赠送	C	海南
GD	1	f	采集	G	待确定
GX	*	f	采集	G	广西

种质库保存

保存地点	保存方式	种质份数	个体数量	引种方式	来源地
HN	种子	2	b	采集	海南、广东

香面叶属　*Iteadaphne*

香面叶　*Iteadaphne caudata*（Nees）Hook. f.

功效主治　根、茎皮、叶（毛叶三条筋）：辛、微甘，温。止血生肌，理气止痛。用于跌打损伤，外伤出血，胸痛。

濒危等级　中国植物红色名录评估为无危（LC）。

迁地栽培保存

保存地点	种质份数	个体数量	引种方式	生长状况	来源地
GX	*	f	采集	G	广西

种质库保存

保存地点	保存方式	种质份数	个体数量	引种方式	来源地
BJ	种子	6	b	采集	云南

新木姜子属　*Neolitsea*

保亭新木姜子　*Neolitsea howii* C. K. Allen

濒危等级　中国特有植物，中国植物红色名录评估为极危（CR）。

迁地栽培保存

保存地点	种质份数	个体数量	引种方式	生长状况	来源地
HN	1	a	采集	C	海南

美丽新木姜子　*Neolitsea pulchella*（Meisn.）Merr.

濒危等级　中国特有植物，中国植物红色名录评估为无危（LC）。

迁地栽培保存

保存地点	种质份数	个体数量	引种方式	生长状况	来源地
GX	*	f	采集	G	广西

南亚新木姜子 *Neolitsea zeylanica*（Nees & T. Nees）Merr.

功效主治 根：祛风止痛。用于风湿痛。

濒危等级 中国植物红色名录评估为无危（LC）。

迁地栽培保存

保存地点	种质份数	个体数量	引种方式	生长状况	来源地
GX	2	f	采集	G	广西

武威山新木姜子 *Neolitsea buisanensis* Yamam. & Kamik.

濒危等级 中国特有植物，中国植物红色名录评估为无危（LC）。

迁地栽培保存

保存地点	种质份数	个体数量	引种方式	生长状况	来源地
GX	*	f	采集	G	广西

下龙新木姜子 *Neolitsea alongensis* Lecomte

濒危等级 中国植物红色名录评估为近危（NT）。

迁地栽培保存

保存地点	种质份数	个体数量	引种方式	生长状况	来源地
GX	*	f	采集	G	广西

显脉新木姜子 *Neolitsea phanerophlebia* Merr.

濒危等级 中国特有植物，中国植物红色名录评估为无危（LC）。

迁地栽培保存

保存地点	种质份数	个体数量	引种方式	生长状况	来源地
GX	*	f	采集	G	广西

锈叶新木姜子 *Neolitsea cambodiana* Lecomte

功效主治　叶：外用于疥疮肿毒。

濒危等级　中国植物红色名录评估为无危（LC）。

迁地栽培保存

保存地点	种质份数	个体数量	引种方式	生长状况	来源地
GX	*	f	采集	G	广西

鸭公树 *Neolitsea chui* Merr.

功效主治　种子：用于胃脘胀痛，水肿。

濒危等级　中国特有植物，中国植物红色名录评估为无危（LC）。

迁地栽培保存

保存地点	种质份数	个体数量	引种方式	生长状况	来源地
GX	*	f	采集	G	广西

云和新木姜子 *Neolitsea aurata* var. *paraciculata*（Nakai）Yang et P. H. Huang

濒危等级　中国特有植物，中国植物红色名录评估为无危（LC）。

种质库保存

保存地点	保存方式	种质份数	个体数量	引种方式	来源地
BJ	种子	1	a	采集	江西

浙江新木姜子 *Neolitsea aurata* var. *chekiangensis*（Nakai）Yang et P. H. Huang

濒危等级　中国特有植物，中国植物红色名录评估为无危（LC）。

迁地栽培保存

保存地点	种质份数	个体数量	引种方式	生长状况	来源地
GX	*	f	采集	G	浙江

种质库保存

保存地点	保存方式	种质份数	个体数量	引种方式	来源地
BJ	种子	1	a	采集	江西

舟山新木姜子 *Neolitsea sericea*（Blume）Koidz.

濒危等级　国家重点保护野生植物名录（第一批）二级，中国植物红色名录评估为濒危（EN）。

迁地栽培保存

保存地点	种质份数	个体数量	引种方式	生长状况	来源地
CQ	1	a	采集	C	重庆
GX	*	f	采集	G	日本

种质库保存

保存地点	保存方式	种质份数	个体数量	引种方式	来源地
BJ	种子	1	a	采集	上海

新樟属 *Neocinnamomum*

川鄂新樟 *Neocinnamomum fargesii*（Lecomte）Kosterm.

功效主治　根皮、果实：用于骨痛，风湿痛，跌打损伤，出血。

濒危等级　中国特有植物，中国植物红色名录评估为无危（LC）。

迁地栽培保存

保存地点	种质份数	个体数量	引种方式	生长状况	来源地
GX	*	f	采集	G	重庆

种质库保存

保存地点	保存方式	种质份数	个体数量	引种方式	来源地
BJ	种子	1	a	采集	待确定

滇新樟 *Neocinnamomum caudatum*（Nees）Merr.

功效主治 茎皮、叶：涩、辛，平。祛风除湿，祛瘀活血，散寒止痛。用于风湿关节痛，跌打肿痛，骨折，

痛经，风寒感冒，麻疹，胃寒痛。

濒危等级 中国植物红色名录评估为无危（LC）。

种质库保存

保存地点	保存方式	种质份数	个体数量	引种方式	来源地
BJ	种子	4	a	采集	安徽

海南新樟 *Neocinnamomum lecomtei* H. Liu

功效主治 全株（木大刀王）：辛，温。有小毒。舒筋活络，活血散瘀，祛风除湿，行气止痛。用于风湿骨

痛，跌打损伤，腰肌劳损，小儿麻痹后遗症，头风。

濒危等级 中国植物红色名录评估为无危（LC）。

迁地栽培保存

保存地点	种质份数	个体数量	引种方式	生长状况	来源地
GX	*	f	采集	G	广西

油丹属 *Alseodaphne*

长柄油丹 *Alseodaphne petiolaris* Hook. f.

濒危等级 中国植物红色名录评估为近危（NT）。

迁地栽培保存

保存地点	种质份数	个体数量	引种方式	生长状况	来源地
GX	2	f	采集	G	广西
YN	1	a	采集	C	云南

种质库保存

保存地点	保存方式	种质份数	个体数量	引种方式	来源地
BJ	种子	2	b	采集	云南

西畴油丹 *Alseodaphne sichourensis* H. W. Li

频危等级 中国特有植物，中国植物红色名录评估为濒危（EN）。

迁地栽培保存

保存地点	种质份数	个体数量	引种方式	生长状况	来源地
GX	*	f	采集	G	广西

油丹 *Alseodaphne hainanensis* Merr.

功效主治 种皮：用于风湿痛。

濒危等级 国家重点保护野生植物名录（第一批）二级，中国植物红色名录评估为易危（VU）。

迁地栽培保存

保存地点	种质份数	个体数量	引种方式	生长状况	来源地
GX	*	f	采集	G	广西

皱皮油丹 *Alseodaphne rugosa* Merr. & Chun

濒危等级 中国特有植物，海南省重点保护植物，中国植物红色名录评估为无危（LC）。

迁地栽培保存

保存地点	种质份数	个体数量	引种方式	生长状况	来源地
HN	1	a	采集	B	海南

月桂属 *Laurus*

月桂 *Laurus nobilis* L.

功效主治 叶和果实提制的芳香油：杀菌。

迁地栽培保存

保存地点	种质份数	个体数量	引种方式	生长状况	来源地
CQ	1	a	购买	C	四川

续表

保存地点	种质份数	个体数量	引种方式	生长状况	来源地
JS1	1	a	购买	D	江苏
SH	1	b	采集	A	待确定
GX	*	f	采集	G	待确定

樟属　*Cinnamomum*

八角樟　*Cinnamomum ilicioides* A. Chev.

功效主治　叶、茎皮：外用于风湿关节痛。

迁地栽培保存

保存地点	种质份数	个体数量	引种方式	生长状况	来源地
GX	*	f	采集	G	广西

柴桂　*Cinnamomum tamala*（Buch.-Ham.）T. Nees & Eberm.

功效主治　茎皮（三条筋）：甘、辛，温。止血，通经活络，接骨。用于消化道出血，外伤出血，跌打损伤，骨折。

濒危等级　中国植物红色名录评估为无危（LC）。

迁地栽培保存

保存地点	种质份数	个体数量	引种方式	生长状况	来源地
GZ	1	a	采集	C	贵州
JS1	1	a	购买	C	江苏

川桂　*Cinnamomum wilsonii* Gamble

功效主治　茎皮、枝：温中散寒，祛风除湿，通经活络，止呕止泻。用于胃病，胸闷腹痛，呕吐，噎膈，腹泻，肝病，淋病，肺痈，筋骨疼痛，腰膝冷痛，跌打损伤。

濒危等级　中国特有植物，中国植物红色名录评估为无危（LC）。

迁地栽培保存

保存地点	种质份数	个体数量	引种方式	生长状况	来源地
CQ	1	a	采集	C	重庆
HB	1	a	采集	C	湖北
GX	*	f	采集	G	湖北

粗脉桂 *Cinnamomum validinerve* Hance

濒危等级 中国特有植物，中国植物红色名录评估为近危（NT）。

迁地栽培保存

保存地点	种质份数	个体数量	引种方式	生长状况	来源地
GX	*	f	采集	G	中国

大叶桂 *Cinnamomum iners* Reinw. ex Blume

功效主治 茎皮、根皮：用于关节疼痛，牙痛，胃腹疼痛；外用于外伤出血，骨折。

濒危等级 中国植物红色名录评估为无危（LC）。

迁地栽培保存

保存地点	种质份数	个体数量	引种方式	生长状况	来源地
YN	1	a	购买	C	云南

滇南桂 *Cinnamomum austroyunnanense* H. W. Li

濒危等级 中国特有植物，中国植物红色名录评估为近危（NT）。

种质库保存

保存地点	保存方式	种质份数	个体数量	引种方式	来源地
BJ	种子	3	a	采集	待确定

钝叶桂 *Cinnamomum bejolghota*（Buch.-Ham.）Sweet

功效主治 茎皮（土肉桂）：甘、辛，温。温中散寒，理气止痛，止血，接骨。用于胃寒痛，风湿痛，腰肌劳损，阳痿，闭经；外用于外伤出血，骨折，毒蛇咬伤。

濒危等级　中国植物红色名录评估为无危（LC）。

迁地栽培保存

保存地点	种质份数	个体数量	引种方式	生长状况	来源地
GX	*	f	采集	G	云南

猴樟　*Cinnamomum bodinieri* H. Lévl.

功效主治　根皮、茎皮或枝叶：微辛，温。祛风，镇痛，行气，温中。用于风寒感冒，风湿麻木，劳伤痛，泄泻，烫火伤。

濒危等级　中国特有植物，中国植物红色名录评估为无危（LC）。

迁地栽培保存

保存地点	种质份数	个体数量	引种方式	生长状况	来源地
GZ	1	b	采集	C	贵州
CQ	1	a	采集	A	重庆
GX	*	f	采集	G	重庆

种质库保存

保存地点	保存方式	种质份数	个体数量	引种方式	来源地
BJ	种子	25	a	采集	湖北、广西、江苏

华南桂　*Cinnamomum austrosinense* Hung T. Chang

濒危等级　中国特有植物，中国植物红色名录评估为无危（LC）。

迁地栽培保存

保存地点	种质份数	个体数量	引种方式	生长状况	来源地
GX	*	f	采集	G	广西

黄樟　*Cinnamomum porrectum*（Roxb.）Kosterm.

功效主治　根、枝、叶：辛、微苦，温。祛风利湿，行气止痛，消食化滞。用于风湿骨痛，泄泻，感冒，跌打损伤。

濒危等级 中国植物红色名录评估为无危（LC）。

迁地栽培保存

保存地点	种质份数	个体数量	引种方式	生长状况	来源地
GD	1	f	采集	G	待确定
YN	1	a	购买	A	云南
HN	1	a	购买	C	海南
GX	*	f	采集	G	广西、云南

种质库保存

保存地点	保存方式	种质份数	个体数量	引种方式	来源地
BJ	种子	5	a	采集	上海、重庆、云南

假桂皮树 *Cinnamomum tonkinense*（Lecomte）A. Chev.

功效主治 茎皮、嫩枝：用于肾虚腰痛，感冒，骨痛。

濒危等级 中国植物红色名录评估为易危（VU）。

迁地栽培保存

保存地点	种质份数	个体数量	引种方式	生长状况	来源地
GX	*	f	采集	G	广西

阔叶樟 *Cinnamomum platyphyllum*（Diels）C. K. Allen

濒危等级 中国特有植物，中国植物红色名录评估为易危（VU）。

迁地栽培保存

保存地点	种质份数	个体数量	引种方式	生长状况	来源地
GX	*	f	采集	G	贵州

种质库保存

保存地点	保存方式	种质份数	个体数量	引种方式	来源地
BJ	种子	1	a	采集	宁夏

兰屿肉桂　*Cinnamomum kotoense* Kaneh. & Sasaki

迁地栽培保存

保存地点	种质份数	个体数量	引种方式	生长状况	来源地
YN	1	a	购买	C	云南

种质库保存

保存地点	保存方式	种质份数	个体数量	引种方式	来源地
HN	种子	1	a	采集	海南

毛桂　*Cinnamomum appelianum* Schewe

功效主治　全株：散血。用于风湿病。茎皮：理气止痛。用于胃寒痛，泄泻，腰膝痛，跌打肿痛。

濒危等级　中国特有植物，中国植物红色名录评估为无危（LC）。

迁地栽培保存

保存地点	种质份数	个体数量	引种方式	生长状况	来源地
GX	*	f	采集	G	广西

毛叶樟　*Cinnamomum mollifolium* H. W. Li

功效主治　枝、叶、根、木材、茎皮：祛风，除湿，理气活血，止痛，杀虫。

濒危等级　中国特有植物，中国植物红色名录评估为濒危（EN）。

迁地栽培保存

保存地点	种质份数	个体数量	引种方式	生长状况	来源地
YN	1	a	购买	C	云南

种质库保存

保存地点	保存方式	种质份数	个体数量	引种方式	来源地
BJ	种子	1	a	采集	待确定

米槁 *Cinnamomum migao* H. W. Li

功效主治 果实：用于腹痛。

濒危等级 中国特有植物，中国植物红色名录评估为近危（NT）。

迁地栽培保存

保存地点	种质份数	个体数量	引种方式	生长状况	来源地
GX	*	f	采集	G	广西

牛樟 *Cinnamomum kanehirae* Hayata

迁地栽培保存

保存地点	种质份数	个体数量	引种方式	生长状况	来源地
GX	*	f	采集	G	台湾

屏边桂 *Cinnamomum pingbienense* H. W. Li

功效主治 茎皮、枝：温中补阳，散寒，止痛。用于胃腹冷痛，寒湿泄泻，肾阳不足，腰寒痹痛，肺寒喘咳。

濒危等级 中国特有植物，中国植物红色名录评估为无危（LC）。

种质库保存

保存地点	保存方式	种质份数	个体数量	引种方式	来源地
BJ	种子	1	a	采集	待确定

肉桂 *Cinnamomum cassia*（L.）C. Presl

功效主治 茎皮（肉桂）：甘、辛，大热。温脾胃，除积冷，通血脉。用于腰膝冷痛，阳痿，宫冷，腹痛泄泻，闭经癥瘕，阴疽。枝（桂枝）：辛、甘，温。发汗，通经脉，助阳化气。用于风寒感冒，脘腹冷痛，闭经，关节痹痛，水肿。

迁地栽培保存

保存地点	种质份数	个体数量	引种方式	生长状况	来源地
GD	2	b	采集	B	待确定
HN	1	a	赠送	C	广西
BJ	1	a	采集	G	广西
YN	1	a	购买	A	云南
CQ	1	a	购买	C	四川

种质库保存

保存地点	保存方式	种质份数	个体数量	引种方式	来源地
BJ	种子	1	a	采集	海南

软皮桂　*Cinnamomum liangii* C. K. Allen

濒危等级　中国植物红色名录评估为无危（LC）。

迁地栽培保存

保存地点	种质份数	个体数量	引种方式	生长状况	来源地
GX	*	f	采集	G	广西

少花桂　*Cinnamomum pauciflorum* Nees

功效主治　茎皮：开胃，健脾，散热。用于胃肠病，腹痛。

濒危等级　中国植物红色名录评估为无危（LC）。

迁地栽培保存

保存地点	种质份数	个体数量	引种方式	生长状况	来源地
GZ	1	d	购买	B	贵州

种质库保存

保存地点	保存方式	种质份数	个体数量	引种方式	来源地
BJ	种子	1	a	采集	待确定

天竺桂 *Cinnamomum japonicum* Siebold

功效主治　茎皮（桂皮）、枝叶：辛，温。祛寒镇痛，行气健胃。用于风湿痛，腹痛，创伤出血。叶及树皮提制的芳香油：杀菌。

濒危等级　国家重点保护野生植物名录（第一批）二级，中国植物红色名录评估为易危（VU）。

迁地栽培保存

保存地点	种质份数	个体数量	引种方式	生长状况	来源地
JS1	1	a	购买	C	江苏
GX	*	f	采集	G	日本

土肉桂 *Cinnamomum osmophloeum* Kaneh.

功效主治　茎皮（土肉桂）：用于腹痛，风湿痛，创伤出血。

迁地栽培保存

保存地点	种质份数	个体数量	引种方式	生长状况	来源地
HN	2	a	赠送	C	海南

锡兰肉桂 *Cinnamomum zeylanicum* Blume

功效主治　茎皮：祛风健胃。

迁地栽培保存

保存地点	种质份数	个体数量	引种方式	生长状况	来源地
YN	1	a	购买	C	云南
HN	1	a	赠送	C	斯里兰卡

狭叶桂 *Cinnamomum heyneanum* Nees

濒危等级　中国植物红色名录评估为无危（LC）。

迁地栽培保存

保存地点	种质份数	个体数量	引种方式	生长状况	来源地
GX	*	f	采集	G	云南

种质库保存

保存地点	保存方式	种质份数	个体数量	引种方式	来源地
BJ	种子	1	a	采集	待确定

香桂　*Cinnamomum subavenium* Miq.

功效主治　茎皮、枝叶、果实：辛，温。温胃散寒，宽中下气。用于胸腹胀痛，胃寒气痛，寒结肿毒，痛经，风湿关节痛；外用于跌打损伤，骨折。

濒危等级　中国植物红色名录评估为无危（LC）。

迁地栽培保存

保存地点	种质份数	个体数量	引种方式	生长状况	来源地
BJ	1	a	采集	G	安徽
GX	*	f	采集	G	湖北

岩樟　*Cinnamomum saxatile* H. W. Li

濒危等级　中国特有植物，中国植物红色名录评估为无危（LC）。

迁地栽培保存

保存地点	种质份数	个体数量	引种方式	生长状况	来源地
GX	*	f	采集	G	广西

野黄桂　*Cinnamomum jensenianum* Hand.-Mazz.

功效主治　茎皮：用于跌打损伤，筋骨痛，风湿痛。

濒危等级　中国特有植物，中国植物红色名录评估为无危（LC）。

种质库保存

保存地点	保存方式	种质份数	个体数量	引种方式	来源地
BJ	种子	1	a	采集	江西

阴香 *Cinnamomum burmanni*（Nees & T. Nees）Blume

功效主治 茎皮（阴香皮）：辛，温。温中，散寒，祛风湿。用于泄泻，胃痛，疖肿疮毒，跌打扭伤，风湿关节痛。

濒危等级 中国植物红色名录评估为无危（LC）。

迁地栽培保存

保存地点	种质份数	个体数量	引种方式	生长状况	来源地
JS1	1	a	采集	D	江苏
YN	1	a	购买	C	云南
GD	1	a	采集	D	待确定
HN	1	a	购买	C	海南

种质库保存

保存地点	保存方式	种质份数	个体数量	引种方式	来源地
BJ	种子	8	b	采集	广西、河北、贵州

银木 *Cinnamomum septentrionale* Hand.-Mazz.

功效主治 茎皮、叶：辛，温。祛风湿，行气血，利关节。

濒危等级 中国特有植物，中国植物红色名录评估为无危（LC）。

种质库保存

保存地点	保存方式	种质份数	个体数量	引种方式	来源地
BJ	种子	5	a	采集	重庆

银叶桂 *Cinnamomum mairei* H. Lévl.

功效主治 茎皮：辛、甘，温。祛风散寒，行气止痛。用于风寒感冒，胃腹冷痛，痛经，风湿关节痛，跌打损伤，骨折。

濒危等级 中国特有植物，中国植物红色名录评估为无危（LC）。

迁地栽培保存

保存地点	种质份数	个体数量	引种方式	生长状况	来源地
CQ	1	a	购买	F	重庆

油樟 *Cinnamomum longipaniculatum* (Gamble) N. Chao ex H. W. Li

功效主治　茎皮、茎、根、枝叶：行气止痛，强心利尿，解热，兴奋。

濒危等级　中国特有植物，国家重点保护野生植物名录（第一批）二级，中国植物红色名录评估为近危（NT）。

迁地栽培保存

保存地点	种质份数	个体数量	引种方式	生长状况	来源地
HN	2	a	采集	C	待确定
CQ	1	a	采集	F	重庆

种质库保存

保存地点	保存方式	种质份数	个体数量	引种方式	来源地
BJ	种子	5	a	采集	河北、安徽

玉桂 *Cinnamomum aromaticum* Nees

功效主治　茎、枝的外皮：用于食欲不振，消化不良，气胀，腹泻，胃肠痉挛。

迁地栽培保存

保存地点	种质份数	个体数量	引种方式	生长状况	来源地
HN	2	a	购买	C	待确定

云南樟 *Cinnamomum glanduliferum* (Wall.) Meisn.

功效主治　枝、叶：苦、辛，温。祛风利湿，行气止痛。用于风湿骨痛，跌打损伤，感冒，胃痛，泄泻。

濒危等级　中国植物红色名录评估为无危（LC）。

迁地栽培保存

保存地点	种质份数	个体数量	引种方式	生长状况	来源地
GX	*	f	采集	G	云南

种质库保存

保存地点	保存方式	种质份数	个体数量	引种方式	来源地
BJ	种子	3	a	采集	贵州

樟 *Cinnamomum camphora*（L.）J. Presl

功效主治 木材（樟木）：辛，温。祛风湿，行气血，利关节。用于跌打损伤，痛风，心腹胀痛，脚气病，疥癣。全株蒸馏制成的结晶（樟脑）：辛，热。通窍，杀虫，止痛，辟秽。用于心腹胀痛，跌打损伤，疮疡疥癣。

濒危等级 国家重点保护野生植物名录（第一批）二级，中国植物红色名录评估为无危（LC）。

迁地栽培保存

保存地点	种质份数	个体数量	引种方式	生长状况	来源地
BJ	4	b	交换	G	广西、北京、安徽、贵州
FJ	2	a	赠送	A	福建
SH	1	b	采集	A	待确定
HB	1	a	采集	C	湖北
GZ	1	b	采集	C	贵州
ZJ	1	c	购买	A	浙江
HN	1	a	购买	C	云南
GD	1	b	采集	A	待确定
CQ	1	a	采集	A	重庆
JS1	1	c	购买	C	江苏

种质库保存

保存地点	保存方式	种质份数	个体数量	引种方式	来源地
BJ	种子	24	b	采集	河北、安徽、四川、江苏、江西、云南、上海、湖北
HN	种子	2	c	采集	海南

沼金花科　Natheciaceae

粉条儿菜属　*Aletris*

粉条儿菜　*Aletris spicata* (Thunb.) Franch.

功效主治　全草或根（小肺筋草）：苦、甘，平。清肺，化痰，止咳，活血，杀虫。用于咳嗽痰喘，顿咳，吐血，气喘，肺痈，乳痈，肠风便血，乳汁不足，闭经，小儿疳积，蛔虫病，痄腮。

濒危等级　中国植物红色名录评估为无危（LC）。

迁地栽培保存

保存地点	种质份数	个体数量	引种方式	生长状况	来源地
GX	2	f	采集	G	中国广西，日本
HB	1	c	采集	C	湖北

无毛粉条儿菜　*Aletris glabra* Bureau & Franch.

功效主治　全草或根：甘、微苦，平。清热利湿，润肺止咳，调经，杀虫。用于消化不良，肝毒，胃酸过多，肺痨，咳嗽，乳汁不足，带下病，闭经腰痛，小儿蛔虫病，风火牙痛，痄腮。

濒危等级　中国植物红色名录评估为无危（LC）。

迁地栽培保存

保存地点	种质份数	个体数量	引种方式	生长状况	来源地
GZ	1	b	采集	C	贵州
GX	*	f	采集	G	贵州

狭瓣粉条儿菜　*Aletris stenoloba* Franch.

功效主治　全草：清热润肺，止咳，驱虫。外用于附骨疽。

濒危等级　中国特有植物，中国植物红色名录评估为无危（LC）。

迁地栽培保存

保存地点	种质份数	个体数量	引种方式	生长状况	来源地
GX	*	f	采集	G	广西

芝麻科　Pedaliaceae

芝麻属　*Sesamum*

芝麻　*Sesamum indicum* L.

功效主治　黑色的种子（黑芝麻）：甘，平。补肝肾，益精血，润肠燥，通乳。用于头晕眼花，耳鸣耳聋，须发早白，病后脱发，肠燥便秘，乳汁不足。种子油（麻油）：用于润肠，润肺。茎（麻秸）：用于哮喘，浮肿，聤耳出脓。叶（胡麻叶）：甘，寒。益气，补脑髓，坚筋骨。用于五脏邪气，风寒湿痹。花（胡麻花）：用于秃发，冻疮。果壳（芝麻壳）：用于半身不遂，烫伤。胡麻饼：用于疽疮有虫。

迁地栽培保存

保存地点	种质份数	个体数量	引种方式	生长状况	来源地
BJ	2	d	采集	G	四川、浙江
JS1	1	b	购买	C	江苏
LN	1	d	采集	A	辽宁
GD	1	f	采集	G	待确定
CQ	1	a	购买	F	重庆
HN	1	b	采集	A	海南
SH	1	b	采集	A	待确定

种质库保存

保存地点	保存方式	种质份数	个体数量	引种方式	来源地
BJ	种子	17	c	采集	云南、四川、湖南、山西、辽宁、吉林
HN	种子	1	a	采集	辽宁

猪笼草科　Nepenthaceae

猪笼草属　*Nepenthes*

猪笼草　*Nepenthes mirabilis*（Lour.）Merr.

功效主治　全草（猪笼草）：甘、淡，凉。清热止咳，利尿，平肝。

濒危等级　海南省重点保护植物，中国植物红色名录评估为易危（VU）。

迁地栽培保存

保存地点	种质份数	个体数量	引种方式	生长状况	来源地
HN	1	a	采集	C	待确定
BJ	1	a	购买	G	北京
CQ	1	a	购买	F	重庆
GD	1	f	采集	G	待确定
HLJ	1	a	购买	E	云南

竹芋科　Marantaceae

芦竹芋属　*Marantochloa*

芦竹芋　*Marantochloa comorensis* Brongn. ex Gris

迁地栽培保存

保存地点	种质份数	个体数量	引种方式	生长状况	来源地
YN	1	a	购买	C	云南

水竹芋属　*Thalia*

水竹芋　*Thalia dealbata* Hort. ex Link

迁地栽培保存

保存地点	种质份数	个体数量	引种方式	生长状况	来源地
CQ	2	a	购买	C	重庆
JS1	1	b	购买	C	江苏
BJ	1	b	采集	G	待确定

肖竹芋属　*Calathea*

彩虹竹芋　*Calathea roseopicta*（Linden）Regel

迁地栽培保存

保存地点	种质份数	个体数量	引种方式	生长状况	来源地
YN	1	b	购买	C	云南

高大肖竹芋　*Calathea altissima*（Poepp. & Endl.）Horan.

迁地栽培保存

保存地点	种质份数	个体数量	引种方式	生长状况	来源地
YN	1	b	购买	C	云南

孔雀竹芋　*Calathea makoyana* É. Morren

迁地栽培保存

保存地点	种质份数	个体数量	引种方式	生长状况	来源地
CQ	1	a	赠送	C	广西

绒叶肖竹芋　*Calathea zebrina*（Sims）Lindl.

迁地栽培保存

保存地点	种质份数	个体数量	引种方式	生长状况	来源地
BJ	1	b	购买	G	北京

双线竹芋　*Calathea sanderiana*（Sander）Gentil

迁地栽培保存

保存地点	种质份数	个体数量	引种方式	生长状况	来源地
YN	1	b	购买	C	云南

肖竹芋　*Calathea ornata*（Lindl.）Körn.

濒危等级　中国植物红色名录评估为无危（LC）。

迁地栽培保存

保存地点	种质份数	个体数量	引种方式	生长状况	来源地
GX	*	f	采集	G	广西

紫背天鹅绒竹芋　*Calathea warscewiczii*（L. Mathieu ex Planch.）Planch. & Linden

功效主治　根、茎、叶：用于伤口疼痛，毒蛇咬伤。

迁地栽培保存

保存地点	种质份数	个体数量	引种方式	生长状况	来源地
YN	1	b	采集	C	云南

栉花芋属 *Ctenanthe*

青叶栉花竹芋 *Ctenanthe compressa*（A. Dietr.）Eichler

种质库保存

保存地点	保存方式	种质份数	个体数量	引种方式	来源地
GX	种子	1	f	采集	上海

银羽竹芋 *Ctenanthe setosa* Eichler

迁地栽培保存

保存地点	种质份数	个体数量	引种方式	生长状况	来源地
YN	1	a	采集	C	云南

栉花芋 *Ctenanthe lubbersiana*（E. Morren）Eichler

迁地栽培保存

保存地点	种质份数	个体数量	引种方式	生长状况	来源地
YN	1	a	采集	C	云南

柊叶属 *Phrynium*

尖苞柊叶 *Phrynium placentarium*（Lour.）Merr.

功效主治 根茎、叶：清热解毒，凉血止血，利尿。根茎：用于肝肿大，痢疾，尿赤。叶：用于失音，咽喉痛。叶柄：用于口腔溃疡。

濒危等级 中国植物红色名录评估为无危（LC）。

迁地栽培保存

保存地点	种质份数	个体数量	引种方式	生长状况	来源地
HN	1	a	采集	B	海南
GX	*	f	采集	G	广西

种质库保存

保存地点	保存方式	种质份数	个体数量	引种方式	来源地
HN	种子	1	a	采集	海南

少花柊叶　*Phrynium oliganthum* Merrill

濒危等级　中国植物红色名录评估为无危（LC）。

种质库保存

保存地点	保存方式	种质份数	个体数量	引种方式	来源地
BJ	种子	1	a	采集	四川

柊叶　*Phrynium capitatum* Willd.

功效主治　根茎：用于肝肿大，痢疾，尿赤。叶：用于失音，咽喉痛。叶柄：用于口腔溃疡。

濒危等级　中国植物红色名录评估为无危（LC）。

迁地栽培保存

保存地点	种质份数	个体数量	引种方式	生长状况	来源地
CQ	2	a	赠送	C	广西
GD	1	f	采集	G	待确定
HN	1	a	采集	B	海南
BJ	1	a	采集	G	云南

种质库保存

保存地点	保存方式	种质份数	个体数量	引种方式	来源地
BJ	种子	6	b	采集	待确定
HN	种子	1	a	采集	海南

竹芋属 *Maranta*

斑叶竹芋 *Maranta arundinacea* L. var. *variegatum* (N. E. Br.-)

迁地栽培保存

保存地点	种质份数	个体数量	引种方式	生长状况	来源地
GX	*	f	采集	G	广东

花叶竹芋 *Maranta bicolor* Ker-Gawl.

功效主治 根茎：微苦、辛，寒。有小毒。清热消肿。

迁地栽培保存

保存地点	种质份数	个体数量	引种方式	生长状况	来源地
HN	1	a	采集	B	海南
GX	*	f	采集	G	广西

竹芋 *Maranta arundinacea* L.

功效主治 块茎：清凉滋养，清肺止咳，清热利尿。用于肺热咳嗽，小便赤痛。

迁地栽培保存

保存地点	种质份数	个体数量	引种方式	生长状况	来源地
BJ	1	b	采集	G	海南
CQ	1	c	赠送	C	广西
GD	1	f	采集	G	待确定
HN	1	a	采集	B	海南
YN	1	a	购买	C	云南

种质库保存

保存地点	保存方式	种质份数	个体数量	引种方式	来源地
BJ	种子	1	a	采集	云南

紫背竹芋属　*Stromanthe*

紫背竹芋　*Stromanthe sanguinea* Sond.

迁地栽培保存

保存地点	种质份数	个体数量	引种方式	生长状况	来源地
YN	1	b	购买	C	云南

紫草科　Boraginaceae

斑种草属　*Bothriospermum*

斑种草　*Bothriospermum chinense* Bunge

功效主治　全草（蛤蟆草）：微苦，凉。解毒消肿，利湿止痒。用于痔疮，肛门肿痛，湿疹。

迁地栽培保存

保存地点	种质份数	个体数量	引种方式	生长状况	来源地
GX	*	f	采集	G	广西

多苞斑种草　*Bothriospermum secundum* Maxim.

功效主治　全草：祛风，解毒，杀虫。用于遍身暴肿，疮毒。

迁地栽培保存

保存地点	种质份数	个体数量	引种方式	生长状况	来源地
GX	*	f	采集	G	山东

柔弱斑种草　*Bothriospermum tenellum*（Hornem.）Fisch. & C. A. Mey.

功效主治　全草（鬼点灯）：有小毒。止咳，止血。

迁地栽培保存

保存地点	种质份数	个体数量	引种方式	生长状况	来源地
GD	1	f	采集	G	待确定
GX	*	f	采集	G	山东

玻璃苣属 *Borago*

玻璃苣 *Borago officinalis* L.

功效主治 全草或花、叶：解毒，开胃，润喉祛痰。

迁地栽培保存

保存地点	种质份数	个体数量	引种方式	生长状况	来源地
LN	1	d	采集	A	辽宁

糙草属 *Asperugo*

糙草 *Asperugo procumbens* L.

功效主治 根：凉血活血，消肿解毒，透疹。

濒危等级 中国植物红色名录评估为无危（LC）。

迁地栽培保存

保存地点	种质份数	个体数量	引种方式	生长状况	来源地
GX	*	f	采集	G	新疆

车前紫草属 *Sinojohnstonia*

车前紫草 *Sinojohnstonia plantaginea* Hu

功效主治 全草：清热利湿，散瘀止血。

濒危等级 中国特有植物，中国植物红色名录评估为无危（LC）。

迁地栽培保存

保存地点	种质份数	个体数量	引种方式	生长状况	来源地
CQ	1	b	采集	C	重庆

滇紫草属　*Onosma*

滇紫草　*Onosma paniculatum* Bur. & Franch.

功效主治　根（滇紫草）：甘、咸，寒。清热凉血，透疹解毒。用于斑疹痘毒。

濒危等级　中国植物红色名录评估为易危（VU）。

迁地栽培保存

保存地点	种质份数	个体数量	引种方式	生长状况	来源地
GX	*	f	采集	G	云南

盾果草属　*Thyrocarpus*

盾果草　*Thyrocarpus sampsonii* Hance

功效主治　全草：苦，凉。清热解毒，消肿。用于痈疖疔疮，痢疾，泄泻，咽喉痛；外用于乳疮，疔疮。

迁地栽培保存

保存地点	种质份数	个体数量	引种方式	生长状况	来源地
CQ	1	a	采集	F	重庆

弯齿盾果草　*Thyrocarpus glochidiatus* Maxim.

功效主治　全草：清热解毒，消肿。

迁地栽培保存

保存地点	种质份数	个体数量	引种方式	生长状况	来源地
GX	*	f	采集	G	山东

肺草属 *Pulmonaria*

腺毛肺草 *Pulmonaria mollissima* A. Kern.

濒危等级 中国植物红色名录评估为无危（LC）。

迁地栽培保存

保存地点	种质份数	个体数量	引种方式	生长状况	来源地
BJ	*	c	采集	G	待确定

附地菜属 *Trigonotis*

钝萼附地菜 *Trigonotis amblyosepala* Nakai & Kitag.

功效主治 全草：清热，止痛，止痢。

迁地栽培保存

保存地点	种质份数	个体数量	引种方式	生长状况	来源地
GX	*	f	采集	G	山东

附地菜 *Trigonotis peduncularis* (Trevis.) Benth. ex Baker & S. Moore

功效主治 全草：甘、辛，温。温中健胃，消肿止痛，止血。用于手脚麻木，胸胁疼痛，遗尿，胃酸作痛，吐血；外用于跌打损伤，骨折。

迁地栽培保存

保存地点	种质份数	个体数量	引种方式	生长状况	来源地
HLJ	1	d	采集	A	黑龙江
SH	1	b	采集	A	待确定
BJ	1	e	采集	G	北京
GX	*	f	采集	G	广西

鹤虱属　*Lappula*

鹤虱　*Lappula myosotis* V. Wolf

功效主治　果实：苦、辛，平。消积杀虫。用于蛔虫病，蛲虫病，绦虫病，虫积腹痛。

迁地栽培保存

保存地点	种质份数	个体数量	引种方式	生长状况	来源地
GX	*	f	采集	G	重庆

种质库保存

保存地点	保存方式	种质份数	个体数量	引种方式	来源地
BJ	种子	6	b	采集	四川、山西、湖南

厚壳树属　*Ehretia*

糙毛厚壳树　*Ehretia dicksonii* Hance

迁地栽培保存

保存地点	种质份数	个体数量	引种方式	生长状况	来源地
CQ	1	a	采集	C	重庆

长花厚壳树　*Ehretia longiflora* Champ. ex Benth.

功效主治　根：用于产后腹痛。

濒危等级　中国植物红色名录评估为无危（LC）。

迁地栽培保存

保存地点	种质份数	个体数量	引种方式	生长状况	来源地
GX	*	f	采集	G	广西

粗糠树　*Ehretia macrophylla* Wall.

功效主治　枝、叶、果实：清热解毒，消食健胃。用于食积腹胀，小儿消化不良。

种质库保存

保存地点	保存方式	种质份数	个体数量	引种方式	来源地
BJ	种子	6	b	采集	陕西、四川

厚壳树 *Ehretia thyrsiflora* (Sieb. & Zucc.) Nakai

功效主治 枝：苦，平。收敛止泻。用于泄泻。心材：甘、咸，平。破瘀生新，止痛生肌。用于跌打损伤，肿痛，骨折，痈疮红肿。叶（厚壳树）：甘、微苦，平。清热解暑，去腐生肌。用于感冒，偏头痛。

迁地栽培保存

保存地点	种质份数	个体数量	引种方式	生长状况	来源地
YN	1	a	采集	C	云南

种质库保存

保存地点	保存方式	种质份数	个体数量	引种方式	来源地
BJ	种子	5	a	采集	云南、广西

毛萼厚壳树 *Ehretia laevis* Roxb.

功效主治 果实：用于梅毒。茎皮：外用于烧伤。

种质库保存

保存地点	保存方式	种质份数	个体数量	引种方式	来源地
HN	种子	1	a	采集	海南

上思厚壳树 *Ehretia tsangii* I. M. Johnst.

功效主治 叶：用于毒蛇咬伤，食物中毒。

濒危等级 中国特有植物，中国植物红色名录评估为无危（LC）。

迁地栽培保存

保存地点	种质份数	个体数量	引种方式	生长状况	来源地
GX	*	f	采集	G	广西

西南粗糠树 *Ehretia corylifolia* C. H. Wright

功效主治　茎皮（滇厚朴）：燥湿，导滞，下气，除满。用于脘腹胀满，食积气滞，泄泻，痢疾，气逆喘咳。

种质库保存

保存地点	保存方式	种质份数	个体数量	引种方式	来源地
BJ	种子	1	a	采集	江苏

基及树属　*Carmona*

基及树 *Carmona microphylla* (Lam.) G. Don

功效主治　全株：用于咯血，便血。

濒危等级　中国植物红色名录评估为无危（LC）。

迁地栽培保存

保存地点	种质份数	个体数量	引种方式	生长状况	来源地
HN	1	c	购买	C	海南
YN	1	a	采集	A	云南
GD	1	f	采集	G	待确定
GX	*	f	采集	G	日本

假狼紫草属　*Nonea*

假狼紫草 *Nonea caspica* (Willd.) G. Don

迁地栽培保存

保存地点	种质份数	个体数量	引种方式	生长状况	来源地
GX	*	f	采集	G	新疆

聚合草属 *Symphytum*

聚合草 *Symphytum officinale* L.

迁地栽培保存

保存地点	种质份数	个体数量	引种方式	生长状况	来源地
SC	3	f	待确定	G	四川
GD	1	f	采集	G	待确定
HB	1	a	采集	C	湖北
JS2	1	b	购买	C	江苏
SH	1	b	采集	A	待确定

琉璃草属 *Cynoglossum*

倒提壶 *Cynoglossum amabile* Stapf & J. R. Drumm.

功效主治 全草（蓝布裙）：苦，凉。清热利湿，散瘀止血，止咳。用于疟疾，肝毒，痢疾，尿痛，带下病，咳嗽；外用于创伤出血，骨折，关节脱臼。

迁地栽培保存

保存地点	种质份数	个体数量	引种方式	生长状况	来源地
CQ	1	a	采集	B	重庆
HB	1	a	采集	C	湖北
SC	1	f	待确定	G	四川

种质库保存

保存地点	保存方式	种质份数	个体数量	引种方式	来源地
BJ	种子	27	b	采集	甘肃、云南、贵州、广西、四川、重庆

流璃草 *Cynoglossum zeylanicum* (Vahl ex Hornem.) Thunb. ex Lehm.

功效主治 根（铁箍散）、叶（铁箍散）：苦，寒。清热解毒，活血散瘀，消肿止痛，拔脓生肌，调经。用于疮疖痈肿，毒蛇咬伤，跌打损伤，骨折，月经不调。

迁地栽培保存

保存地点	种质份数	个体数量	引种方式	生长状况	来源地
BJ	1	c	采集	G	四川
SH	1	b	采集	A	待确定

种质库保存

保存地点	保存方式	种质份数	个体数量	引种方式	来源地
BJ	种子	9	c	采集	四川、山西、广西

绿花琉璃草　*Cynoglossum viridiflorum* Pall. ex Lehm.

濒危等级　中国植物红色名录评估为无危（LC）。

迁地栽培保存

保存地点	种质份数	个体数量	引种方式	生长状况	来源地
GX	*	f	采集	G	新疆

小花琉璃草　*Cynoglossum lanceolatum* Forssk.

功效主治　全草（牙痛草）：苦，寒。清热解毒，利尿消肿，活血。用于水肿，腰痛，牙宣，疮痈肿毒，月经不调，毒蛇咬伤。

濒危等级　中国植物红色名录评估为无危（LC）。

迁地栽培保存

保存地点	种质份数	个体数量	引种方式	生长状况	来源地
BJ	1	b	采集	G	广西
GX	*	f	采集	G	广西

种质库保存

保存地点	保存方式	种质份数	个体数量	引种方式	来源地
BJ	种子	5	b	采集	四川、贵州、广西

牛舌草属 *Anchusa*

牛舌草 *Anchusa italica* Retz.

种质库保存

保存地点	保存方式	种质份数	个体数量	引种方式	来源地
BJ	种子	1	a	采集	安徽

药用牛舌草 *Anchusa officinalis* L.

功效主治 全草：用于狂犬咬伤，牙痛。

迁地栽培保存

保存地点	种质份数	个体数量	引种方式	生长状况	来源地
BJ	1	b	赠送	G	保加利亚

破布木属 *Cordia*

二叉破布木 *Cordia furcans* I. M. Johnst.

濒危等级 中国植物红色名录评估为无危（LC）。

迁地栽培保存

保存地点	种质份数	个体数量	引种方式	生长状况	来源地
GX	*	f	采集	G	广西

破布木 *Cordia dichotoma* G. Forst.

功效主治 根（青桐翠木）：微甘，平。行气止痛，化痰止咳。用于胃胀痛。果实：用于咳嗽。

濒危等级 中国植物红色名录评估为无危（LC）。

迁地栽培保存

保存地点	种质份数	个体数量	引种方式	生长状况	来源地
HN	2	a	采集	C	海南

种质库保存

保存地点	保存方式	种质份数	个体数量	引种方式	来源地
BJ	种子	3	a	采集	云南

算叶破布木　*Cordia alliodora*（Ruiz & Pavón）Oken

功效主治　种子、叶：强壮。外用于疮痈疥癣。

迁地栽培保存

保存地点	种质份数	个体数量	引种方式	生长状况	来源地
HN	2	a	赠送	C	海南

软紫草属　*Arnebia*

黄花软紫草　*Arnebia guttata* Bunge

功效主治　根：凉血，活血，清热，解毒。用于温热斑疹，麻疹不透，湿热黄疸，紫癜，吐血，衄血，尿血，淋浊，血痢，热结便秘，烫火伤，湿疹，丹毒，痈疡。

濒危等级　中国植物红色名录评估为易危（VU）。

种质库保存

保存地点	保存方式	种质份数	个体数量	引种方式	来源地
BJ	种子	1	a	采集	内蒙古

软紫草　*Arnebia euchroma*（Royle）I. M. Johnst.

功效主治　根（紫草）：甘、咸，寒。凉血，活血，解毒透疹。用于血热毒盛，斑疹，麻疹不透，疮疡，湿疹，烫火伤。

濒危等级　国家重点保护野生植物名录（第二批）二级，新疆维吾尔自治区一级保护植物，中国植物红色名录评估为濒危（EN）。

迁地栽培保存

保存地点	种质份数	个体数量	引种方式	生长状况	来源地
BJ	1	b	采集	G	新疆

种质库保存

保存地点	保存方式	种质份数	个体数量	引种方式	来源地
BJ	种子	51	c	采集	新疆

天芥菜属 *Heliotropium*

大尾摇 *Heliotropium indicum* L.

功效主治 全草或根（大尾摇）：苦，平。清热，利尿，消肿，解毒，排脓止痛。用于脓胸，咽喉痛，咳嗽，咯脓痰，石淋，小儿急惊，口腔糜烂，痈肿，子痈。

迁地栽培保存

保存地点	种质份数	个体数量	引种方式	生长状况	来源地
HN	1	b	采集	B	海南

种质库保存

保存地点	保存方式	种质份数	个体数量	引种方式	来源地
BJ	种子	6	b	采集	甘肃、广西

天芥菜 *Heliotropium europaeum* L.

功效主治 全草：解热，利胆，止咳，通经。用于咳嗽，蝎螯伤，毒蛇咬伤，发热，月经不调。叶汁：用于积聚，溃疡，疣。种子：用于发热。

迁地栽培保存

保存地点	种质份数	个体数量	引种方式	生长状况	来源地
GX	*	f	采集	G	法国

微孔草属　*Microula*

甘青微孔草　*Microula pseudotrichocarpa* W. T. Wang

濒危等级　中国特有植物，中国植物红色名录评估为无危（LC）。
迁地栽培保存

保存地点	种质份数	个体数量	引种方式	生长状况	来源地
BJ	1	b	采集	G	甘肃

微孔草　*Microula sikkimensis*（C. B. Clarke）Hemsl.

功效主治　全草：清热解毒，活血。
种质库保存

保存地点	保存方式	种质份数	个体数量	引种方式	来源地
BJ	种子	1	a	采集	甘肃

勿忘草属　*Myosotis*

勿忘草　*Myosotis silvatica* Ehrh. ex Hoffm.

濒危等级　中国植物红色名录评估为无危（LC）。
迁地栽培保存

保存地点	种质份数	个体数量	引种方式	生长状况	来源地
GX	*	f	采集	G	新西兰

紫草属　*Lithospermum*

田紫草　*Lithospermum arvense* L.

功效主治　果实（地仙桃）：甘、辛，温。温中健胃，消肿止痛。用于胃胀反酸，胃寒疼痛，吐血，跌打损伤，骨折。

迁地栽培保存

保存地点	种质份数	个体数量	引种方式	生长状况	来源地
BJ	1	b	采集	G	江苏
GX	*	f	采集	G	山东

小花紫草 *Lithospermum officinale* L.

功效主治 全草（珍珠透骨草）：用于关节痛。

濒危等级 中国植物红色名录评估为无危（LC）。

迁地栽培保存

保存地点	种质份数	个体数量	引种方式	生长状况	来源地
BJ	1	b	采集	G	新疆
GX	*	f	采集	G	日本

梓木草 *Lithospermum zollingeri* A. DC.

功效主治 果实：消肿，止痛。用于疔疮，肿疡。

濒危等级 中国植物红色名录评估为无危（LC）。

迁地栽培保存

保存地点	种质份数	个体数量	引种方式	生长状况	来源地
GZ	1	a	采集	C	贵州

紫草 *Lithospermum erythrorhizon* Sieb. & Zucc.

功效主治 根（紫草）：甘、咸，寒。清热凉血，解毒透疹。用于疹痘未发，斑疹未透，猩红热，疮疡。

濒危等级 吉林省二级保护植物，中国植物红色名录评估为无危（LC）。

迁地栽培保存

保存地点	种质份数	个体数量	引种方式	生长状况	来源地
BJ	1	a	采集	G	山东
NMG	1	b	购买	F	内蒙古

种质库保存

保存地点	保存方式	种质份数	个体数量	引种方式	来源地
BJ	种子	6	c	采集	内蒙古、黑龙江

紫丹属 *Tournefortia*

砂引草 *Tournefortia sibirica* L.

功效主治 全草：排脓敛疮。

濒危等级 中国植物红色名录评估为无危（LC）。

迁地栽培保存

保存地点	种质份数	个体数量	引种方式	生长状况	来源地
BJ	2	b	采集	G	山东、北京
NMG	1	b	采集	C	内蒙古

银毛树 *Tournefortia argentea* (L. f.) I. M. Johnst.

功效主治 叶：用于发热，头痛，疟疾，创伤，食鱼中毒。茎皮：用于食鱼中毒。

濒危等级 中国植物红色名录评估为无危（LC）。

迁地栽培保存

保存地点	种质份数	个体数量	引种方式	生长状况	来源地
HN	2	a	采集	C	海南

紫丹 *Tournefortia montana* Lour.

功效主治 全株：用于风湿骨痛。

濒危等级 中国植物红色名录评估为无危（LC）。

迁地栽培保存

保存地点	种质份数	个体数量	引种方式	生长状况	来源地
GX	*	f	采集	G	广西

紫茉莉科　Nyctaginaceae

避霜花属　*Pisonia*

胶果木　*Pisonia umbellifera* J. R. Forst. & G. Forst.

迁地栽培保存

保存地点	种质份数	个体数量	引种方式	生长状况	来源地
HN	2	a	采集	C	海南
GX	*	f	采集	G	海南

腺果藤　*Pisonia aculeata* L.

濒危等级　中国植物红色名录评估为无危（LC）。

迁地栽培保存

保存地点	种质份数	个体数量	引种方式	生长状况	来源地
HN	2	a	采集	C	海南

黄细心属　*Boerhavia*

红细心　*Boerhavia coccinea* Miller

濒危等级　中国植物红色名录评估为无危（LC）。

迁地栽培保存

保存地点	种质份数	个体数量	引种方式	生长状况	来源地
GX	*	f	采集	G	广西

黄细心　*Boerhavia diffusa* L.

功效主治　根（老来青）：苦、辛，温。活血散瘀，强筋骨，调经，消疳。用于筋骨痛，腰腿痛，月经不调，带下病，脾肾虚浮肿，小儿疳积。

濒危等级　中国植物红色名录评估为无危（LC）。

迁地栽培保存

保存地点	种质份数	个体数量	引种方式	生长状况	来源地
HN	1	a	采集	C	海南
GX	*	f	采集	G	海南

山紫茉莉属　*Oxybaphus*

中华山紫茉莉　*Oxybaphus himalaicus* var. *chinensis*（Heim.）D. Q. Lu

濒危等级　中国特有植物，中国植物红色名录评估为无危（LC）。

迁地栽培保存

保存地点	种质份数	个体数量	引种方式	生长状况	来源地
BJ	2	b	采集	G	安徽

叶子花属　*Bougainvillea*

淡红宝巾花　*Bougainvillea lateritica* Law.

迁地栽培保存

保存地点	种质份数	个体数量	引种方式	生长状况	来源地
HN	1	b	购买	C	海南

光叶子花　*Bougainvillea glabra* Choisy

功效主治　花：苦、涩，温。调和气血。用于带下病，月经不调。

迁地栽培保存

保存地点	种质份数	个体数量	引种方式	生长状况	来源地
BJ	1	a	采集	G	广西

续表

保存地点	种质份数	个体数量	引种方式	生长状况	来源地
GZ	1	a	采集	C	贵州
HN	1	b	购买	C	海南
SH	1	b	采集	A	待确定

叶子花 *Bougainvillea spectabilis* Willd.

功效主治 叶、花：用于感冒，咳嗽，气喘，消渴，牙痛，肾病，创伤。

迁地栽培保存

保存地点	种质份数	个体数量	引种方式	生长状况	来源地
FJ	2	a	购买	A	福建
BJ	2	a	采集	G	广西、云南
HN	1	b	购买	C	海南
JS1	1	a	购买	C	江苏
GD	1	b	采集	D	待确定
YN	1	c	购买	A	云南
CQ	1	a	购买	C	重庆

紫茉莉属 *Mirabilis*

紫茉莉 *Mirabilis jalapa* L.

功效主治 根（紫茉莉根）：甘、苦，平。利尿泻热，活血散瘀。用于淋浊，带下病，肺痨咳嗽，关节痛。
叶：甘，平。用于痈疖，疥癣，创伤。胚乳：用于面部斑痣粉刺。

迁地栽培保存

保存地点	种质份数	个体数量	引种方式	生长状况	来源地
LN	2	d	采集	A	辽宁
HN	1	a	采集	A	海南
YN	1	c	采集	A	云南

续表

保存地点	种质份数	个体数量	引种方式	生长状况	来源地
SH	1	b	采集	A	待确定
JS1	1	a	购买	D	江苏
HB	1	a	采集	C	湖北
GZ	1	e	采集	C	贵州
CQ	1	a	购买	B	重庆
BJ	1	a	采集	G	北京

种质库保存

保存地点	保存方式	种质份数	个体数量	引种方式	来源地
BJ	种子	68	c	采集	湖北、甘肃、云南、海南、河北、重庆、四川、江西、贵州、山西、安徽、福建、辽宁、吉林、河南、黑龙江、江苏
HN	种子	1	a	采集	湖南

紫葳科　Bignoniaceae

菜豆树属　*Radermachera*

菜豆树　*Radermachera sinica*（Hance）Hemsl.

功效主治　根（菜豆树）、叶（菜豆树）、果实（菜豆树）：苦，寒。清热解毒，散瘀消肿，止痛。用于伤暑发热，高热头痛，胃痛，跌打损伤，痈疖，毒蛇咬伤。

濒危等级　中国植物红色名录评估为无危（LC）。

迁地栽培保存

保存地点	种质份数	个体数量	引种方式	生长状况	来源地
GD	1	a	采集	D	待确定
HN	1	a	采集	B	海南

续表

保存地点	种质份数	个体数量	引种方式	生长状况	来源地
CQ	1	a	赠送	C	广西
BJ	1	a	采集	G	广西

种质库保存

保存地点	保存方式	种质份数	个体数量	引种方式	来源地
HN	种子	1	c	采集	海南

海南菜豆树 *Radermachera hainanensis* Merr.

功效主治 根、叶、花、果实：凉血消肿。用于跌打损伤。

濒危等级 中国植物红色名录评估为无危（LC）。

迁地栽培保存

保存地点	种质份数	个体数量	引种方式	生长状况	来源地
HN	2	a	采集	B	海南

种质库保存

保存地点	保存方式	种质份数	个体数量	引种方式	来源地
BJ	种子	4	a	采集	云南

美叶菜豆树 *Radermachera frondosa* Chun & How

濒危等级 中国特有植物，中国植物红色名录评估为无危（LC）。

迁地栽培保存

保存地点	种质份数	个体数量	引种方式	生长状况	来源地
HN	2	a	采集	B	海南

种质库保存

保存地点	保存方式	种质份数	个体数量	引种方式	来源地
BJ	种子	4	a	采集	海南
HN	种子	1	c	采集	海南

小萼菜豆树 *Radermachera microcalyx* C. Y. Wu & W. C. Yin

濒危等级　中国特有植物，中国植物红色名录评估为无危（LC）。

迁地栽培保存

保存地点	种质份数	个体数量	引种方式	生长状况	来源地
GX	*	f	采集	G	云南

种质库保存

保存地点	保存方式	种质份数	个体数量	引种方式	来源地
BJ	种子	6	b	采集	待确定

吊灯树属　*Kigelia*

吊瓜树　*Kigelia africana*（Lam.）Benth.

功效主治　茎皮：用于溃疡。果实：泻下。果实、树皮的提取液：在南非可用于翻花疮。

迁地栽培保存

保存地点	种质份数	个体数量	引种方式	生长状况	来源地
HN	2	a	赠送	C	海南

哈德木属　*Handroanthus*

黄花风铃木　*Handroanthus chrysanthus*（Jacq.）S. O. Grose

迁地栽培保存

保存地点	种质份数	个体数量	引种方式	生长状况	来源地
YN	1	a	购买	C	云南

葫芦树属 *Crescentia*

叉叶木 *Crescentia alata* Miers

功效主治 叶：促进头发生长。

迁地栽培保存

保存地点	种质份数	个体数量	引种方式	生长状况	来源地
YN	1	a	采集	C	云南

葫芦树 *Crescentia cujete* L.

功效主治 种子、叶：用于腹泻，发热，感冒。果实：祛痰，通便，收敛。用于肺病，创伤。

迁地栽培保存

保存地点	种质份数	个体数量	引种方式	生长状况	来源地
HN	2	a	购买	C	海南

种质库保存

保存地点	保存方式	种质份数	个体数量	引种方式	来源地
HN	种子	1	a	采集	海南

黄钟树属 *Tecoma*

黄钟树 *Tecoma stans* (L.) Juss. ex Kunth

功效主治 花：调经，利尿，解热。用于痛经，消渴。根：利尿，强壮，驱虫。用于花柳病。

种质库保存

保存地点	保存方式	种质份数	个体数量	引种方式	来源地
BJ	种子	1	a	采集	待确定

硬骨凌霄 *Tecoma capensis* Lindl.

功效主治 根（竹林标）、叶（竹林标）：微苦、辛，凉。清热解毒，散瘀消肿。用于肺痨，风热咳喘，咽喉肿痛，跌打损伤，骨折，毒蛇咬伤。花：酸，寒。通经，利尿。用于月经不调，小便不利。

迁地栽培保存

保存地点	种质份数	个体数量	引种方式	生长状况	来源地
BJ	1	b	采集	G	北京
CQ	1	a	赠送	C	广西
HN	1	a	采集	C	海南

火烧花属　*Mayodendron*

火烧花　*Mayodendron igneum*（Kurz）Kurz

功效主治　根皮：用于产后体虚，恶露不尽。

濒危等级　中国植物红色名录评估为无危（LC）。

迁地栽培保存

保存地点	种质份数	个体数量	引种方式	生长状况	来源地
YN	1	a	购买	A	云南
GX	*	f	采集	G	广西

种质库保存

保存地点	保存方式	种质份数	个体数量	引种方式	来源地
BJ	种子	1	a	采集	待确定

火焰树属　*Spathodea*

火焰树　*Spathodea campanulata* P. Beauv.

功效主治　花：用于溃疡。

种质库保存

保存地点	保存方式	种质份数	个体数量	引种方式	来源地
BJ	种子	6	b	采集	云南

角蒿属 *Incarvillea*

黄花角蒿 *Incarvillea sinensis* var. *przewalskii*（Batalin）C. Y. Wu et W. C. Yi

濒危等级 中国特有植物，中国植物红色名录评估为无危（LC）。

迁地栽培保存

保存地点	种质份数	个体数量	引种方式	生长状况	来源地
BJ	1	b	采集	G	甘肃

鸡肉参 *Incarvillea mairei*（H. Lév.）Grierson

功效主治 根：甘、苦，凉。生用凉血生津；干用调血；熟用补血，调经。用于骨折肿痛，产后乳少，体虚，久病虚弱，头晕，贫血，消化不良。

迁地栽培保存

保存地点	种质份数	个体数量	引种方式	生长状况	来源地
BJ	1	a	采集	C	四川

角蒿 *Incarvillea sinensis* Lam.

功效主治 全草：辛、苦，平。有小毒。散风祛湿。用于口疮，齿龈溃烂，耳疮，湿疹，疥癣，阴痒。

迁地栽培保存

保存地点	种质份数	个体数量	引种方式	生长状况	来源地
BJ	2	b	采集	C	河北、四川
HLJ	1	c	采集	A	黑龙江

种质库保存

保存地点	保存方式	种质份数	个体数量	引种方式	来源地
BJ	种子	6	b	采集	黑龙江、四川

两头毛 *Incarvillea arguta* (Royle) Royle

功效主治 全草或根（唢呐花）：苦，凉。祛风除湿，解毒止痛，活血散瘀，止血，止痢，消食健胃。用于
泄泻，痢疾，消化不良，风湿骨痛，月经不调，跌打扭伤，胃痛，骨折，痈肿，疮疖。

迁地栽培保存

保存地点	种质份数	个体数量	引种方式	生长状况	来源地
GZ	1	f	采集	F	贵州

种质库保存

保存地点	保存方式	种质份数	个体数量	引种方式	来源地
BJ	种子	3	a	采集	云南、四川

蓝花楹属 *Jacaranda*

蓝花楹 *Jacaranda mimosifolia* D. Don

功效主治 根、茎皮、叶：在阿根廷可发汗，镇吐，通便，催产，避孕。用于花柳病。

迁地栽培保存

保存地点	种质份数	个体数量	引种方式	生长状况	来源地
HN	2	a	赠送	C	海南
YN	1	a	采集	A	云南

种质库保存

保存地点	保存方式	种质份数	个体数量	引种方式	来源地
BJ	种子	1	a	采集	待确定

老鸦烟筒花属 *Millingtonia*

老鸦烟筒花 *Millingtonia hortensis* L. f.

功效主治 茎皮（姊妹树）、叶（姊妹树）：苦，凉。祛风止痒，驱虫解毒，祛痰止咳。用于瘾疹，湿疹，
皮肤过敏，咳嗽痰喘，蛔虫病。

濒危等级 中国植物红色名录评估为近危（NT）。

迁地栽培保存

保存地点	种质份数	个体数量	引种方式	生长状况	来源地
YN	1	a	采集	C	云南

凌霄属 *Campsis*

厚萼凌霄 *Campsis radicans*（L.）Seem.

功效主治 花：行血祛瘀，凉血祛风。

迁地栽培保存

保存地点	种质份数	个体数量	引种方式	生长状况	来源地
CQ	1	a	赠送	C	广西
BJ	1	b	购买	G	北京
SH	1	b	采集	A	待确定

种质库保存

保存地点	保存方式	种质份数	个体数量	引种方式	来源地
BJ	种子	1	a	采集	待确定

凌霄 *Campsis grandiflora*（Thunb.）Schum.

功效主治 花（凌霄花）：甘、酸，寒。行血祛瘀，凉血祛风。用于闭经癥瘕，产后乳肿，风疹发红，皮肤瘙痒，痤疮。根（紫葳根）：苦，凉。活血散瘀，解毒消肿。用于风湿痹痛，跌打损伤，骨折，脱臼，吐泻。茎、叶：苦，平。凉血，散瘀。用于血热生风，皮肤瘙痒，瘾疹，手脚麻木，咽喉肿痛。

濒危等级 中国植物红色名录评估为无危（LC）。

迁地栽培保存

保存地点	种质份数	个体数量	引种方式	生长状况	来源地
BJ	3	b	采集	C	浙江、北京、贵州

续表

保存地点	种质份数	个体数量	引种方式	生长状况	来源地
CQ	1	a	购买	C	重庆
GD	1	f	采集	G	待确定
GZ	1	c	采集	C	贵州
HB	1	a	采集	C	湖北
HN	1	a	赠送	B	广西
JS1	1	a	购买	C	江苏
JS2	1	c	购买	C	江苏
GX	*	f	采集	G	贵州

猫尾木属　*Markhamia*

毛叶猫尾木　*Markhamia stipulata* var. *kerrii* Sprague

濒危等级　中国植物红色名录评估为无危（LC）。

迁地栽培保存

保存地点	种质份数	个体数量	引种方式	生长状况	来源地
HN	2	a	采集	B	海南
YN	1	a	采集	A	云南

种质库保存

保存地点	保存方式	种质份数	个体数量	引种方式	来源地
BJ	种子	6	b	采集	待确定

西南猫尾木　*Markhamia stipulata*（Wall.）Benth.

濒危等级　中国植物红色名录评估为无危（LC）。

种质库保存

保存地点	保存方式	种质份数	个体数量	引种方式	来源地
BJ	种子	1	a	采集	待确定

木蝴蝶属 *Oroxylum*

木蝴蝶 *Oroxylum indicum*（L.）Kurz

功效主治 种子（木蝴蝶）：苦、甘，凉。清肺利咽，疏肝和胃，生肌。用于肺热咳嗽，喉痹，失音，肝胃气痛。茎皮（木蝴蝶树皮）：微苦、甘，凉。清热利湿，消肿解毒。用于肝毒，小便涩痛，咽喉肿痛，湿疹，痈疮溃烂。

濒危等级 中国植物红色名录评估为无危（LC）。

迁地栽培保存

保存地点	种质份数	个体数量	引种方式	生长状况	来源地
YN	1	b	采集	A	云南
GZ	1	a	采集	C	贵州
HN	1	a	采集	B	海南

种质库保存

保存地点	保存方式	种质份数	个体数量	引种方式	来源地
HN	种子	13	c	采集	海南
BJ	种子	30	c	采集	云南

炮仗藤属 *Pyrostegia*

炮仗花 *Pyrostegia venusta*（Ker-Gawl.）Miers

功效主治 全株或茎、叶：苦、微涩，平。清热，利咽喉，润肺止咳。用于肺痨，咳嗽，咽喉肿痛，肝毒，咳喘，跌打损伤，骨折。花：甘，平。润肺止咳。用于咳嗽。

迁地栽培保存

保存地点	种质份数	个体数量	引种方式	生长状况	来源地
BJ	1	a	采集	G	待确定
HN	1	a	赠送	C	广西
YN	1	c	采集	A	云南

蒜香藤属　*Mansoa*

蒜香藤　*Mansoa alliacea*（Lam.）A. H. Gentry

功效主治　嫩叶、叶芽：用于皮肤利什曼病。

迁地栽培保存

保存地点	种质份数	个体数量	引种方式	生长状况	来源地
YN	1	b	购买	A	云南

种质库保存

保存地点	保存方式	种质份数	个体数量	引种方式	来源地
BJ	种子	1	a	采集	待确定

羽叶楸属　*Stereospermum*

羽叶楸　*Stereospermum colais*（Buch.-Ham. ex Dillwya）Mabberley

功效主治　全株：用于感冒，癫狂病，蝎螫伤。

濒危等级　中国植物红色名录评估为无危（LC）。

迁地栽培保存

保存地点	种质份数	个体数量	引种方式	生长状况	来源地
YN	1	a	采集	C	云南
GX	*	f	采集	G	云南

照夜白属　*Nyctocalos*

照夜白　*Nyctocalos brunfelsiiflorum* Teijsm. & Binn.

濒危等级　中国植物红色名录评估为无危（LC）。

迁地栽培保存

保存地点	种质份数	个体数量	引种方式	生长状况	来源地
GX	*	f	采集	G	云南

梓属 *Catalpa*

灰楸 *Catalpa fargesii* Bureau

功效主治 茎皮（泡桐木皮）：苦，平。清热，止痛，消肿。用于风湿潮热，肢体痛，关节痛，浮肿，热毒，疥疮。根皮：用于皮肤病。果实：利尿。

濒危等级 中国特有植物，中国植物红色名录评估为无危（LC）。

迁地栽培保存

保存地点	种质份数	个体数量	引种方式	生长状况	来源地
HB	1	a	采集	C	待确定
GX	*	f	采集	G	广西

种质库保存

保存地点	保存方式	种质份数	个体数量	引种方式	来源地
BJ	种子	1	a	采集	广西

楸 *Catalpa bungei* C. A. Mey.

功效主治 根皮（楸木皮）、茎皮（楸木皮）：苦，凉。清热解毒，散瘀消肿。用于跌打损伤，骨折，疮痈肿毒，痔瘘，呃逆，咳嗽。叶（楸叶）：苦，凉。消肿拔毒，排脓生肌。用于肿疡，瘰疬。花：苦，凉。解毒，止痛，生肌。果实、种子：苦，凉。清热利尿。用于小便淋痛，石淋，热毒，疥疮。

濒危等级 中国特有植物，河北省重点保护植物，中国植物红色名录评估为无危（LC）。

迁地栽培保存

保存地点	种质份数	个体数量	引种方式	生长状况	来源地
GZ	1	a	采集	C	贵州
JS1	1	a	购买	C	江苏

种质库保存

保存地点	保存方式	种质份数	个体数量	引种方式	来源地
BJ	种子	1	a	采集	海南

梓 *Catalpa ovata* G. Don

功效主治　根或茎的韧皮部（梓白皮）：苦，寒。清热解毒，和胃降逆，杀虫。用于腰肌劳损，时病发热，黄疸，反胃，湿疹，皮肤瘙痒，疥疮，小儿头疮。木材（梓木）：用于手足痛风，霍乱。叶（梓叶）：微苦，平。消肿解毒。用于手脚烂疮，疥疮，皮肤瘙痒。果实（梓实）：甘，平。有毒。利尿，消肿，杀虫。用于水肿，小便涩痛，肝硬化腹水。

濒危等级　中国植物红色名录评估为无危（LC）。

迁地栽培保存

保存地点	种质份数	个体数量	引种方式	生长状况	来源地
SH	2	a	采集	A	待确定
NMG	1	c	购买	C	内蒙古
LN	1	b	购买	C	辽宁
GZ	1	a	采集	C	贵州
CQ	1	a	采集	B	重庆
BJ	1	a	交换	G	北京
JS1	1	a	购买	D	江苏
HB	1	a	采集	C	湖北
GX	*	f	采集	G	待确定

种质库保存

保存地点	保存方式	种质份数	个体数量	引种方式	来源地
BJ	种子	10	a	采集	吉林、贵州、安徽、云南

棕榈科　Arecaceae

霸王棕属　*Bismarckia*

霸王棕　*Bismarckia nobilis* Hildebr. & H. Wendl.

迁地栽培保存

保存地点	种质份数	个体数量	引种方式	生长状况	来源地
YN	1	a	采集	B	云南

贝叶棕属　*Corypha*

贝叶棕　*Corypha umbraculifera* L.

功效主治　叶：微苦，平。用于头晕，头痛，发热，咳嗽。

迁地栽培保存

保存地点	种质份数	个体数量	引种方式	生长状况	来源地
YN	1	a	采集	C	云南

槟榔属　*Areca*

槟榔　*Areca catechu* L.

功效主治　种子：杀虫消积，降气，行气，截疟。用于绦虫病，姜片虫病，蛔虫病，食积，脘腹胀痛，痢疾，水肿，脚气病。

迁地栽培保存

保存地点	种质份数	个体数量	引种方式	生长状况	来源地
GX	3	f	采集	G	云南，待确定
BJ	1	a	采集	G	云南

续表

保存地点	种质份数	个体数量	引种方式	生长状况	来源地
YN	1	b	采集	A	云南
HN	1	c	购买	C	海南

三药槟榔　*Areca triandra* Roxb.

迁地栽培保存

保存地点	种质份数	个体数量	引种方式	生长状况	来源地
BJ	1	a	采集	G	云南
YN	1	b	采集	A	云南

种质库保存

保存地点	保存方式	种质份数	个体数量	引种方式	来源地
BJ	种子	2	a	采集	海南
HN	种子	1	a	采集	海南

锡兰槟榔　*Areca concinna* Thwaites

种质库保存

保存地点	保存方式	种质份数	个体数量	引种方式	来源地
BJ	种子	2	b	采集	待确定

菜棕属　*Sabal*

矮菜棕　*Sabal minor*（Jacq.）Pers.

迁地栽培保存

保存地点	种质份数	个体数量	引种方式	生长状况	来源地
HN	2	a	采集	B	海南

种质库保存

保存地点	保存方式	种质份数	个体数量	引种方式	来源地
BJ	种子	1	a	采集	云南

菜棕 *Sabal palmetto*（Walt.）Lodd. ex Roem. & Schult. f.

迁地栽培保存

保存地点	种质份数	个体数量	引种方式	生长状况	来源地
YN	1	a	购买	C	云南

大王椰属 *Roystonea*

菜王棕 *Roystonea oleracea*（Jacq.）O. F. Cook

迁地栽培保存

保存地点	种质份数	个体数量	引种方式	生长状况	来源地
YN	1	a	购买	C	云南

种质库保存

保存地点	保存方式	种质份数	个体数量	引种方式	来源地
BJ	种子	1	a	采集	四川

大王椰 *Roystonea regia*（Kunth）O. F. Cook

功效主治 根：用于哮喘，肺毒，腰痛，淋证，堕胎，肾气虚。

迁地栽培保存

保存地点	种质份数	个体数量	引种方式	生长状况	来源地
YN	1	b	购买	C	云南
HN	1	a	赠送	C	云南

种质库保存

保存地点	保存方式	种质份数	个体数量	引种方式	来源地
BJ	种子	5	a	采集	云南，待确定

桄榔属 *Arenga*

砂糖椰子 *Arenga pinnata*（Wurmb.）Merr.

迁地栽培保存

保存地点	种质份数	个体数量	引种方式	生长状况	来源地
BJ	1	a	采集	G	云南
HN	1	a	采集	C	海南
YN	1	a	采集	D	云南

种质库保存

保存地点	保存方式	种质份数	个体数量	引种方式	来源地
BJ	种子	1	a	采集	海南

山棕 *Arenga engleri* Becc.

功效主治 种子：活血化瘀。果皮：滋养强壮。

种质库保存

保存地点	保存方式	种质份数	个体数量	引种方式	来源地
BJ	种子	2	a	采集	重庆、广西

鱼骨葵 *Arenga tremula*（Blanco）Becc.

种质库保存

保存地点	保存方式	种质份数	个体数量	引种方式	来源地
BJ	种子	1	a	采集	云南

国王椰属 *Ravenea*

国王椰子 *Ravenea rivularis* Jum. et H. Perrier

迁地栽培保存

保存地点	种质份数	个体数量	引种方式	生长状况	来源地
YN	1	a	购买	C	云南

海枣属 *Phoenix*

刺葵 *Phoenix hanceana* Naud.

濒危等级 中国植物红色名录评估为无危（LC）。

迁地栽培保存

保存地点	种质份数	个体数量	引种方式	生长状况	来源地
YN	1	a	购买	C	云南
BJ	1	c	采集	G	云南
GX	*	f	采集	G	澳门

种质库保存

保存地点	保存方式	种质份数	个体数量	引种方式	来源地
HN	种子	3	b	采集	湖南
BJ	种子	6	b	采集	广西、海南、云南

海枣 *Phoenix dactylifera* L.

功效主治 果实：甘，温。补中益气，除痰，补虚损，消食，止咳。

迁地栽培保存

保存地点	种质份数	个体数量	引种方式	生长状况	来源地
CQ	1	a	赠送	C	云南

续表

保存地点	种质份数	个体数量	引种方式	生长状况	来源地
GZ	1	f	采集	F	贵州
GX	*	f	采集	G	广东

加那利海枣　*Phoenix canariensis* Chabaud

迁地栽培保存

保存地点	种质份数	个体数量	引种方式	生长状况	来源地
YN	1	a	购买	C	云南

种质库保存

保存地点	保存方式	种质份数	个体数量	引种方式	来源地
BJ	种子	1	a	采集	待确定

软叶刺葵　*Phoenix roebelenii* O'Brien

功效主治　叶鞘煅炭：收敛止血。用于月经过多，吐血，咯血。

濒危等级　中国植物红色名录评估为易危（VU）。

迁地栽培保存

保存地点	种质份数	个体数量	引种方式	生长状况	来源地
HN	2	a	采集	C	海南
CQ	1	a	购买	C	重庆
GD	1	f	采集	G	待确定

种质库保存

保存地点	保存方式	种质份数	个体数量	引种方式	来源地
BJ	种子	2	a	采集	广西、贵州

无茎刺葵　*Phoenix acaulis* Roxb.

功效主治　根、叶：用于消瘦，恶病质，石淋，咳嗽，肺痨，产褥感染，排尿困难，梦遗。

和质库保存

保存地点	保存方式	种质份数	个体数量	引种方式	来源地
BJ	种子	1	a	采集	吉林

银海枣 *Phoenix sylvestris* Roxb.

功效主治　果实：用作强壮和病后康复药。叶：利尿。

迁地栽培保存

保存地点	种质份数	个体数量	引种方式	生长状况	来源地
YN	1	a	购买	C	云南

红脉葵属　*Latania*

红脉棕　*Latania lontaroides* (Gaertn.) H. E. Moore

迁地栽培保存

保存地点	种质份数	个体数量	引种方式	生长状况	来源地
YN	1	a	购买	A	云南

黄棕榈　*Latania verschaffeltii* Lem.

迁地栽培保存

保存地点	种质份数	个体数量	引种方式	生长状况	来源地
YN	1	a	购买	A	云南

蓝脉葵　*Latania loddigesii* Mart.

迁地栽培保存

保存地点	种质份数	个体数量	引种方式	生长状况	来源地
YN	1	a	购买	A	云南

狐尾椰属　*Wodyetia*

狐尾椰　*Wodyetia bifurcata* A. K. Irvine

迁地栽培保存

保存地点	种质份数	个体数量	引种方式	生长状况	来源地
YN	1	b	采集	A	云南

种质库保存

保存地点	保存方式	种质份数	个体数量	引种方式	来源地
BJ	种子	1	a	采集	待确定
HN	种子	1	a	采集	海南

黄藤属　*Daemonorops*

黄藤　*Daemonorops margaritae*（Hance）Becc.

功效主治　茎：苦，平。驱虫，利尿，祛风镇痛。用于蛔虫病，蛲虫病，绦虫病，小便热淋涩痛，牙痛。

濒危等级　中国植物红色名录评估为无危（LC）。

迁地栽培保存

保存地点	种质份数	个体数量	引种方式	生长状况	来源地
HN	2	a	采集	C	海南

血竭　*Daemonorops draco*（Willd.）Blume

功效主治　树脂：甘、咸，平。活血行瘀，止痛；外用止血，敛疮生肌。用于跌打损伤，瘀血作痛，外伤出血，疮疡久不收口。

迁地栽培保存

保存地点	种质份数	个体数量	引种方式	生长状况	来源地
HN	2	a	赠送	C	马来西亚

假槟榔属　*Archontophoenix*

假槟榔　*Archontophoenix alexandrae*（F. Muell.）H. Wendl. & Drude

功效主治　叶鞘纤维煅炭：止血。用于外伤出血。

迁地栽培保存

保存地点	种质份数	个体数量	引种方式	生长状况	来源地
BJ	1	a	采集	G	云南
CQ	1	a	赠送	C	云南
HN	1	a	采集	C	海南
YN	1	b	购买	A	云南

种质库保存

保存地点	保存方式	种质份数	个体数量	引种方式	来源地
BJ	种子	11	a	采集	甘肃、陕西、安徽、河北、广西、云南

依拉瓦假槟榔　*Archontophoenix cunninghamiana* 'Illawara'

种质库保存

保存地点	保存方式	种质份数	个体数量	引种方式	来源地
HN	种子	1	b	采集	海南

金果椰属　*Dypsis*

三角椰子　*Dypsis decaryi*（Jum.）Beentje & J. Dransf.

迁地栽培保存

保存地点	种质份数	个体数量	引种方式	生长状况	来源地
YN	1	a	采集	C	云南

种质库保存

保存地点	保存方式	种质份数	个体数量	引种方式	来源地
BJ	种子	1	a	采集	待确定

散尾葵 *Dypsis lutescens* H. Wendl.

功效主治　叶鞘：微苦，凉。收敛止血。用于各种出血。

迁地栽培保存

保存地点	种质份数	个体数量	引种方式	生长状况	来源地
SH	1	b	采集	A	待确定
YN	1	b	购买	A	云南
HN	1	a	采集	C	海南
BJ	1	b	采集	G	待确定
CQ	1	a	购买	C	重庆

种质库保存

保存地点	保存方式	种质份数	个体数量	引种方式	来源地
BJ	种子	1	a	采集	河北

酒瓶椰属　*Hyophorbe*

棍棒椰子 *Hyophorbe verschaffeltii* H. Wendl.

迁地栽培保存

保存地点	种质份数	个体数量	引种方式	生长状况	来源地
YN	1	a	购买	A	云南

酒瓶椰 *Hyophorbe lagenicaulis*（L. H. Bailey）H. E. Moore

迁地栽培保存

保存地点	种质份数	个体数量	引种方式	生长状况	来源地
YN	1	a	购买	A	云南

种质库保存

保存地点	保存方式	种质份数	个体数量	引种方式	来源地
BJ	种子	6	b	采集	待确定

酒椰属 *Raphia*

酒椰 *Raphia vinifera* Beauv.

迁地栽培保存

保存地点	种质份数	个体数量	引种方式	生长状况	来源地
YN	1	a	购买	C	云南

鳃风椰属 *Dictyosperma*

冈子椰子 *Dictyosperma album*（Bory）Scheff.

迁地栽培保存

保存地点	种质份数	个体数量	引种方式	生长状况	来源地
YN	1	a	购买	C	云南

帽棕属 *Lanonia*

海南帽棕 *Lanonia hainanensis*（A. J. Hend., L. X. Guo & Barfod）A. J. Hend. & C. D. Bacon

种质库保存

保存地点	保存方式	种质份数	个体数量	引种方式	来源地
HN	种子	1	a	采集	海南

木匠椰属 *Carpentaria*

木匠椰 *Carpentaria acuminata*（H. Wendl. & Drude）Becc.

迁地栽培保存

保存地点	种质份数	个体数量	引种方式	生长状况	来源地
YN	1	a	采集	C	云南

种质库保存

保存地点	保存方式	种质份数	个体数量	引种方式	来源地
BJ	种子	3	a	采集	云南

女王椰子属 *Syagrus*

金山葵 *Syagrus romanzoffiana*（Cham.）Glassm.

迁地栽培保存

保存地点	种质份数	个体数量	引种方式	生长状况	来源地
YN	1	a	购买	C	云南

种质库保存

保存地点	保存方式	种质份数	个体数量	引种方式	来源地
BJ	种子	6	b	采集	云南、海南、福建

蒲葵属 *Livistona*

圆叶蒲葵 *Livistona rotundifolia*（Lam.）Mart.

种质库保存

保存地点	保存方式	种质份数	个体数量	引种方式	来源地
BJ	种子	3	a	采集	待确定

大叶蒲葵 *Livistona saribus*（Lour.）Merr. ex A. Chev.

迁地栽培保存

保存地点	种质份数	个体数量	引种方式	生长状况	来源地
HN	2	a	采集	C	海南
YN	1	a	购买	C	云南

种质库保存

保存地点	保存方式	种质份数	个体数量	引种方式	来源地
BJ	种子	3	a	采集	云南

蒲葵 *Livistona chinensis*（Jacq.）R. Br.

功效主治 根：甘、涩，凉。止痛，止喘。用于哮喘。叶：用于崩漏，带下病，白浊，难产，胎盘不下。叶烧炭：止汗。用于盗汗。种子：苦，寒。有小毒。消积，凉血，止血，止痛。用于癥瘕积聚，血虚，胁痛。

濒危等级 中国植物红色名录评估为易危（VU）。

迁地栽培保存

保存地点	种质份数	个体数量	引种方式	生长状况	来源地
CQ	1	b	赠送	B	广西
GD	1	a	采集	D	待确定
HN	1	a	采集	A	海南
SC	1	f	待确定	G	四川
SH	1	b	采集	A	待确定
YN	1	b	购买	C	云南
BJ	1	a	购买	G	北京

种质库保存

保存地点	保存方式	种质份数	个体数量	引种方式	来源地
BJ	种子	6	b	采集	福建、云南、广西
HN	种子	1	a	采集	海南

巧椰属 *Synechanthus*

合生花棕 *Synechanthus warscewiczianus* H. Wendl.

迁地栽培保存

保存地点	种质份数	个体数量	引种方式	生长状况	来源地
YN	1	c	购买	C	云南

琼棕属 *Chuniophoenix*

琼棕 *Chuniophoenix hainanensis* Burret

濒危等级 中国特有植物，国家重点保护野生植物名录（第二批）二级，海南省重点保护植物，中国植物红色名录评估为濒危（EN）。

种质库保存

保存地点	保存方式	种质份数	个体数量	引种方式	来源地
HN	种子	1	a	采集	海南

山槟榔属 *Pinanga*

变色山槟榔 *Pinanga discolor* Burret

迁地栽培保存

保存地点	种质份数	个体数量	引种方式	生长状况	来源地
HN	2	a	采集	C	海南
YN	1	b	采集	C	云南

蛇皮果属 *Salacca*

滇西蛇皮果 *Salacca secunda* Griff.

濒危等级 中国植物红色名录评估为数据缺乏（DD）。

迁地栽培保存

保存地点	种质份数	个体数量	引种方式	生长状况	来源地
GX	*	f	采集	G	印度尼西亚

蛇皮果 *Salacca zalacca*（Gaertn.）Voss

迁地栽培保存

保存地点	种质份数	个体数量	引种方式	生长状况	来源地
YN	1	a	购买	C	云南

射叶椰属 *Ptychosperma*

穴穗皱果棕 *Ptychosperma schefferi* Becc. ex Martelli

种质库保存

保存地点	保存方式	种质份数	个体数量	引种方式	来源地
BJ	种子	1	a	采集	云南

省藤属 *Calamus*

白藤 *Calamus tetradactylus* Hance

功效主治 全株：有剧毒。用于疔疮，疥疮。

濒危等级 中国植物红色名录评估为无危（LC）。

迁地栽培保存

保存地点	种质份数	个体数量	引种方式	生长状况	来源地
HN	2	a	采集	C	海南
GX	*	f	采集	G	广西

单叶省藤 *Calamus simplicifolius* C. F. Wei

功效主治 全株：解毒。

濒危等级 中国特有植物，中国植物红色名录评估为易危（VU）。

迁地栽培保存

保存地点	种质份数	个体数量	引种方式	生长状况	来源地
GZ	1	a	采集	C	贵州

滇南省藤 *Calamus henryanus* Becc.

濒危等级 中国植物红色名录评估为无危（LC）。

和质库保存

保存地点	保存方式	种质份数	个体数量	引种方式	来源地
BJ	种子	1	a	采集	待确定

高毛鳞省藤 *Calamus hoplites* Dunn

和质库保存

保存地点	保存方式	种质份数	个体数量	引种方式	来源地
BJ	种子	1	a	采集	待确定

尖果省藤 *Calamus oxycarpus* Becc.

濒危等级 中国特有植物，中国植物红色名录评估为无危（LC）。

迁地栽培保存

保存地点	种质份数	个体数量	引种方式	生长状况	来源地
GX	*	f	采集	G	广西

柳条省藤 *Calamus viminalis* Willd.

迁地栽培保存

保存地点	种质份数	个体数量	引种方式	生长状况	来源地
YN	1	a	购买	C	云南

斐济椰属 *Veitchia*

圣诞椰子 *Veitchia merrillii*（Becc.）H. E. Moore

迁地栽培保存

保存地点	种质份数	个体数量	引种方式	生长状况	来源地
YN	1	a	购买	A	云南

种质库保存

保存地点	保存方式	种质份数	个体数量	引种方式	来源地
BJ	种子	1	a	采集	云南

石山棕属　*Guihaia*

两广石山棕　*Guihaia grossefibrosa*（Gagnep.）J. Dransf.

濒危等级　中国植物红色名录评估为濒危（EN）。

迁地栽培保存

保存地点	种质份数	个体数量	引种方式	生长状况	来源地
GX	*	f	采集	G	广西

石山棕　*Guihaia argyrata*（S. K. Lee & F. N. Wei）S. K. Lee，F. N. Wei & J. Dransf.

濒危等级　中国植物红色名录评估为无危（LC）。

迁地栽培保存

保存地点	种质份数	个体数量	引种方式	生长状况	来源地
GD	1	f	采集	G	待确定
GX	*	f	采集	G	广西

丝葵属　*Washingtonia*

大丝葵　*Washingtonia robusta* H. Wendl.

迁地栽培保存

保存地点	种质份数	个体数量	引种方式	生长状况	来源地
GX	*	f	采集	G	澳门

瓦理椰属 *Wallichia*

琴叶瓦理棕 *Wallichia caryotoides* Roxb.

濒危等级 中国植物红色名录评估为无危（LC）。

种质库保存

保存地点	保存方式	种质份数	个体数量	引种方式	来源地
BJ	种子	1	a	采集	待确定

瓦理棕 *Wallichia chinensis* Burret

濒危等级 中国植物红色名录评估为无危（LC）。

迁地栽培保存

保存地点	种质份数	个体数量	引种方式	生长状况	来源地
YN	1	a	购买	C	云南

椰子属 *Cocos*

椰子 *Cocos nucifera* L.

功效主治 根皮（椰子皮）：苦，平。止血止痛。用于鼻衄，胃痛，吐泻。内果皮（椰子壳）：用于杨梅疮，筋骨痛；外用于体癣，足癣。椰肉：甘，平。益气祛风。用于姜片虫病。椰子油：用于疥癣，冻疮。椰子液：甘，温。补虚，生津利尿。用于心性水肿，口干烦渴。

濒危等级 中国植物红色名录评估为无危（LC）。

迁地栽培保存

保存地点	种质份数	个体数量	引种方式	生长状况	来源地
HN	1	b	购买	B	海南
YN	1	b	采集	A	云南

油棕属　*Elaeis*

油棕　*Elaeis guineensis* Jacq.

功效主治　根：苦，凉。消肿祛瘀。用于瘀积肿痛。

迁地栽培保存

保存地点	种质份数	个体数量	引种方式	生长状况	来源地
CQ	1	a	赠送	F	云南
YN	1	b	购买	A	云南

种质库保存

保存地点	保存方式	种质份数	个体数量	引种方式	来源地
BJ	种子	6	b	采集	山西、云南

鱼尾葵属　*Caryota*

董棕　*Caryota urens* L.

功效主治　根：利尿。

濒危等级　国家重点保护野生植物名录（第一批）二级，中国植物红色名录评估为易危（VU）。

迁地栽培保存

保存地点	种质份数	个体数量	引种方式	生长状况	来源地
BJ	1	a	采集	G	云南
CQ	1	a	购买	C	四川
YN	1	a	采集	C	云南

种质库保存

保存地点	保存方式	种质份数	个体数量	引种方式	来源地
BJ	种子	1	a	采集	待确定

短穗鱼尾葵　*Caryota mitis* Lour.

功效主治　髓部加工所得的淀粉：用于痢疾，泄泻（小儿泄泻尤宜）。

迁地栽培保存

保存地点	种质份数	个体数量	引种方式	生长状况	来源地
YN	1	b	采集	A	云南
CQ	1	a	赠送	C	广西
HN	1	a	采集	C	海南

种质库保存

保存地点	保存方式	种质份数	个体数量	引种方式	来源地
BJ	种子	1	a	采集	待确定
HN	种子	1	a	采集	海南

鱼尾葵　*Caryota ochlandra* Hance

功效主治　根、叶：甘、涩，平。根：强筋骨。用于肝肾虚，筋痿软。叶鞘纤维炭：收敛止血。用于吐血，咯血，便血，血崩。

濒危等级　中国植物红色名录评估为无危（LC）。

迁地栽培保存

保存地点	种质份数	个体数量	引种方式	生长状况	来源地
BJ	2	a	交换	G	北京、云南
YN	1	b	采集	A	云南
YN	1	b	购买	A	云南
JS1	1	a	购买	C	江苏
HN	1	a	采集	C	海南
CQ	1	a	赠送	C	云南

种质库保存

保存地点	保存方式	种质份数	个体数量	引种方式	来源地
HN	种子	1	a	采集	海南
BJ	种子	8	b	采集	贵州，待确定

轴桐属　*Licuala*

刺轴桐　*Licuala spinosa* Thunb.

种质库保存

保存地点	保存方式	种质份数	个体数量	引种方式	来源地
BJ	种子	1	a	采集	待确定

竹节椰属　*Chamaedorea*

袖珍椰　*Chamaedorea elegans* Mart.

迁地栽培保存

保存地点	种质份数	个体数量	引种方式	生长状况	来源地
CQ	2	a	赠送	C	云南
BJ	1	c	购买	G	待确定

棕榈属　*Trachycarpus*

棕榈　*Trachycarpus fortunei* (Hook.) H. Wendl.

功效主治　棕榈根：淡，寒。利尿通淋，止血。用于血崩，淋证，小便淋痛不利。茎髓（棕树心）：用于心悸，头晕，崩漏。叶（棕树叶）：用于吐血，劳伤，虚弱，肝阳上亢，预防中风。叶鞘纤维（棕树皮）：苦、涩，平。收敛止血。棕榈花：用于泻痢，肠风，血崩，带下病。果实（棕榈子）：涩肠，止泻，养血。用于泻痢，崩漏，带下病。

迁地栽培保存

保存地点	种质份数	个体数量	引种方式	生长状况	来源地
FJ	2	a	采集	A	福建
JS2	1	b	购买	C	江苏
HB	1	a	采集	C	湖北
SH	1	b	采集	A	待确定
JS1	1	b	购买	C	江苏
HN	1	a	采集	C	海南
GD	1	b	采集	D	待确定
CQ	1	b	采集	C	重庆
BJ	1	a	采集	G	待确定
ZJ	1	c	购买	B	江苏
GZ	1	b	采集	C	贵州

种质库保存

保存地点	保存方式	种质份数	个体数量	引种方式	来源地
BJ	种子	90	b	采集	重庆、四川、江西、贵州、湖北、安徽、江苏、云南

棕竹属 *Rhapis*

矮棕竹 *Rhapis humilis* Bl.

功效主治　叶鞘：收敛止血。用于吐血，咯血，月经过多。

迁地栽培保存

保存地点	种质份数	个体数量	引种方式	生长状况	来源地
HN	2	a	采集	B	待确定

粗棕竹　*Rhapis robusta* Burret

功效主治　须根：用于接骨。

濒危等级　中国植物红色名录评估为无危（LC）。

迁地栽培保存

保存地点	种质份数	个体数量	引种方式	生长状况	来源地
GX	*	f	采集	G	广西

多裂棕竹　*Rhapis multifida* Burret

迁地栽培保存

保存地点	种质份数	个体数量	引种方式	生长状况	来源地
GX	*	f	采集	G	云南

细棕竹　*Rhapis gracilis* Burret

濒危等级　中国植物红色名录评估为无危（LC）。

迁地栽培保存

保存地点	种质份数	个体数量	引种方式	生长状况	来源地
YN	1	a	购买	C	云南
BJ	1	b	购买	G	待确定
HN	1	a	赠送	B	广西
GX	*	f	采集	G	广西

棕竹　*Rhapis excelsa*（Thunb.）Henry ex Rehd.

功效主治　根：用于劳伤。叶鞘纤维炭：用于鼻衄，咯血，产后出血过多。

迁地栽培保存

保存地点	种质份数	个体数量	引种方式	生长状况	来源地
SH	1	b	采集	A	待确定

续表

保存地点	种质份数	个体数量	引种方式	生长状况	来源地
YN	1	c	购买	A	云南
SC	1	f	待确定	G	四川
HN	1	a	采集	B	海南
GD	1	f	采集	G	待确定
CQ	1	a	采集	C	重庆
BJ	1	b	购买	G	北京
GZ	1	a	采集	C	贵州

种质库保存

保存地点	保存方式	种质份数	个体数量	引种方式	来源地
BJ	种子	4	a	采集	云南

拉丁学名索引

E

F

H

K

L

M

O

P

V

W